CONVERSIONS BETWEEN U.S. CUSTOMARY UNITS AND SI UNITS

U.S. Customary unit		Times conversion factor		Equals SI unit	
		Accurate	Practical		
Acceleration (linear)					
foot per second squared	ft/s^2	0.3048*	0.305	meter per second squared	m/s^2
inch per second squared	$in./s^2$	0.0254*	0.0254	meter per second squared	m/s^2
Area					
circular mil	cmil	0.0005067	0.0005	square millimeter	mm^2
square foot	ft^2	0.09290304*	0.0929	square meter	m^2
square inch	$in.^2$	645.16*	645	square millimeter	mm^2
Density (mass)					
slug per cubic foot	$slug/ft^3$	515.379	515	kilogram per cubic meter	kg/m^3
Density (weight)					
pound per cubic foot	lb/ft^3	157.087	157	newton per cubic meter	N/m^3
pound per cubic inch	$lb/in.^3$	271.447	271	kilonewton per cubic meter	kN/m^3
Energy; work					
foot-pound	ft-lb	1.35582	1.36	joule (N·m)	J
inch-pound	in.-lb	0.112985	0.113	joule	J
kilowatt-hour	kWh	3.6*	3.6	megajoule	MJ
British thermal unit	Btu	1055.06	1055	joule	J
Force					
pound	lb	4.44822	4.45	newton ($kg·m/s^2$)	N
kip (1000 pounds)	k	4.44822	4.45	kilonewton	kN
Force per unit length					
pound per foot	lb/ft	14.5939	14.6	newton per meter	N/m
pound per inch	lb/in.	175.127	175	newton per meter	N/m
kip per foot	k/ft	14.5939	14.6	kilonewton per meter	kN/m
kip per inch	k/in.	175.127	175	kilonewton per meter	kN/m
Length					
foot	ft	0.3048*	0.305	meter	m
inch	in.	25.4*	25.4	millimeter	mm
mile	mi	1.609344*	1.61	kilometer	km
Mass					
slug	$lb\text{-}s^2/ft$	14.5939	14.6	kilogram	kg
Moment of a force; torque					
pound-foot	lb-ft	1.35582	1.36	newton meter	N·m
pound-inch	lb-in.	0.112985	0.113	newton meter	N·m
kip-foot	k-ft	1.35582	1.36	kilonewton meter	kN·m
kip-inch	k-in.	0.112985	0.113	kilonewton meter	kN·m

SI EDITION

열유체시스템설계 4e

Design of Fluid Thermal Systems

강태곤 · 곽재수 · 남영석 · 이충엽 · 장석필

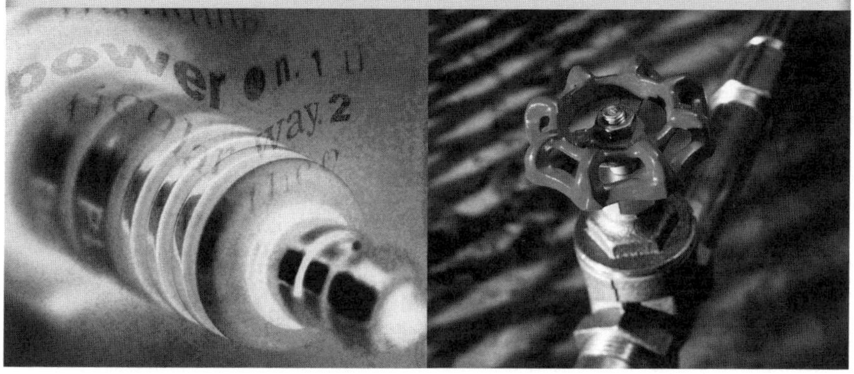

William S. Janna

The University of Memphis

SI Edition Prepared by

Raj P. Chhabra

Indian Institute of Technology, Kanpur

CENGAGE 도서출판 동화기술

Andover • Melbourne • Mexico City • Stamford, CT • Toronto • Hong Kong • New Delhi • Seoul • Singapore • Tokyo

CENGAGE

***Design of Fluid Thermal System*, SI Edition, 4th Edition**

William S. Janna

Design of Fluid Thermal Systems, SI Edition, 4th Edition by William S. Janna
ISBN: 9781305076075

This edition is translated by license from Cengage Engineering, a part of Cengage Learning, for sale in Korea only.

ISBN-13: 978-89-425-9019-3

Cengage Learning Korea Ltd.
14F YTN Newsquare 76 Sangamsan-ro
Mapo-gu Seoul 03926 Korea
Tel: (82) 2 330 7000
Fax: (82) 2 330 7001

Printed in Korea
Print Number: 02 Print Year: 2022

차례
Contents

4판 서문

Preface to the Fourth Edition

이 교재는 기계 시스템 영역의 기계 설계에서 에너지 시스템 (또는 열공학) 분야의 캡스톤 설계 강좌를 위한 것이다. 이 교재는 유체/열 설계를 목표로 하는 공학 분야의 고학년들을 위해 쓰여졌다. 유체역학은 선수 과목이며, 열전달은 선수 과목 또는 적어도 이 강좌와 함께 수강하여야 한다.

내용

이 교재는 두 개의 주요 부분으로 구성되어 있다. 첫 번째 부분은 배관계로, 배관 크기 선정의 경제학과 배관계를 위한 펌프 크기 선정이 포함된다. 두 번째 부분은 열교환기 또는 더 일반적으로 보면 두 개의 공정 유체 사이에서의 열교환에 이용되는 장비에 관한 것이다. 추가될 수 있는 주제의 목록은 거의 무한하다.

교재는 도입 장으로 시작되는데, 여기에서는 유체/열 시스템의 예들을 보여준다. 펌프와 배관계, 가정용 공조기, 걸레받이형 방열기, 물 미끄럼틀, 그리고 진공 청소기가 이런 예들이다. 또한 일반적인 공학 분야(예: 공학 및 영국 중력 단위계)에서 사용되는 차원 및 단위가 제시되고, SI 단위 또한 제시된다. 학생들은 1장에서 제시된 단위계에 대해 배우는데, 이는 부록에서 단위 변위 테이블을 소개하고 이 교재에서 사용되는 표기법에 대해 친숙해지기 위함이다. 설계 프로젝트 예제가 주어져 있으며, 이를 완성하는 데 필요한 단계들이 제시된다. 이 단계들은 입찰 과정, 프로젝트 관리, 프로젝트 활동에 대한 막대 차트 그리기, 서면 및 구도 보고서, 내부 문서, 그리고 결과의 평과 과정을 포함한다.

2장은 유체의 물성치와 유체역학 방정식에 대한 복습에 관한 장이다. 이 장은 학생들이 부록에서의 유체 물성치 표에 좀 더 친숙해지도록 하기 위해 포함되었다. 만약 학생들이 유체역학 문제를 푸는 능력이 충분히 있다면, 한 학기 강좌에서는 이 장은 생략될 수 있다. 여러 가지 널리 사용되는 음식재료(케찹, 땅콩 기름 등)의 점도 데이터가 학생들의 관심을 유발하고자 포함되었다.

3장은 배관계에 관한 것이다. 학생들은 이 강좌를 수강하기 전에, 유체역학의 첫 번째 강좌에서 배관계에 대한 것을 배웠을 것이다. 하지만, 여기에서는 배관계에 대한 내용이 좀 더 자세하고 깊이 있게 다루어진다. 배관 및 관의 사양이 논의된다. 또한 원형, 정사각형, 삼각형, 환형 단면적들이 제시되고, 이 각각의 단면적에서 층류 및 난류 유동의 모델이 제시된다.

4장은 최적화에 대한 새로운 절로 시작된다. 다양한 형태의 문제들이 다루어지는데 이는 어떠한 방식으로 시스템 최적화가 달성되는지 설명하기 위함이다. 이 부분은 최소 연간 비용 방법이 소개되고 전개되는 배관 크기 선정의 경제학의 도입부에 해당된다. 다음 절은, 이음새의 등가 길이에 관한 것으로, 3장에서의 부손실에 대한 대체 방법으로 제시된다. 4장은 또한 등각 투영도에서 어떻게 배관계가 그려지는지에 관한 ANSI 기준을 포함하고 있다. 그리고 주어진 배관계에서 유동이 구동력에 대한 함수로 나타나는, 시스템 거동이 제시된다. 3장 4장 모두 특수한 형태의 문제를 푸는 데 유용한 수정된 배관 마찰 선도를 포함하고 있다.

5장은 유체역학에서 선정된 주제들에 관한 장이다. 이 장은 배관 망에서의 유동에 대한 절로 시작하는데, 특히 Hardy Cross 해법에 초점을 두고 있다. 다음 절은 병렬 배관계에서의 유동을 다룬다. 그 다음은 관로에서의 유량측정에 관한 것으로 벤트리, 오리피스, 터빈 타입, 가변 면적, 엘보우 유량계가 모두 다루어진다. 이 장은 배수 탱크 문제에서 비정상 유동을 모델링하기 위한 식들로 이어진다. 5장은 참고하는 장으로, 한 학기 강좌에서는 생략될 수 있다.

6장은 펌프에 관한 것이다. 여러 가지 종류의 기계들이 논의되고, 원심 펌프의 시험 방법들이 제시된다. 제조사의 카탈로그에서 찾을 수 있는 일반적인 차트들이 설명되고, 배관계에서 펌프 크기를 선정하는 절차를 설명하는 용도로 사용된다. 팬과 팬의 크기 선정 또한 논의된다. 이 장들을 공부한 후에, 공학자는 최적 배관계를 설계할 수 있어야 한다. 즉, 주어진 배관 레이아웃과 요구되는 유량에 대해 학생들은 가장 경제적인 배관 크기, 배관 재료, 배관 이음새, 펌프, 관 걸이, 그리고 관 걸이 간격을 결정할 수 있어야 한다.

7장은 열전달에 대한 기초내용을 소개하는데, 이는 부록에 있는 적절한 열전달 상태량과 열전달 테이블을 제시하기 위함이다. 전도 및 대류 모두가 설명되나, 복사는 다루어지지 않는다. 이 장은 다음 장에 이어지는 열교환기에 대한 도입부로 의도되어 있다. 7장은 어떻게 전도와 대류를 포함하는 일반적인 열전달 문제가 성공적으로 모델링되는지 설명한다.

8장은 이중관 열교환기에 관한 장이다. 로그평균온도차(LMTD) 방법이 유도되고, 기존의 교환기를 해석하는 데 사용된다. 유용도-NTU법 역시 유도되고, 해석을 위해 사용된다. 설계 고려사항, 즉 이중관 열교환기 크기 선정이 다루어지고, 그 과정이 전개된다. 9장은 원통다관형 열교환기로 이어진다. 또다시, LMTD 및 유용도-NTU 법이 기존의 열교환기를 분석하는 데 사용된다. 또한 여기에서는 이런 교환기에서 전달되는 열량을 증대시키는 데 사용되는 방법이 포함되어 있다. 최소 비용을 위한 물의 최적 출구 온도 역시 제시된다.

10장은 판형 열교환기와 직교류형 열교환기에 관한 장이다. 두 열교환기 모두 전통적인 방법을 사용하여 해석된다. 설계 고려사항 역시 제시된다. 열교환기 장에서 강조하는 것은 설계와 선정이다.

대부분의 장들은 "보이고 말하기"라고 명명된 절을 포함하고 있다. 학생들은 각각의 주제에 대해서 매우 간략한 발표를 하도록 요구된다. 예를 들어 3장에서는, 보이고 말하기 절에서 학생들이 일반적으로 사용되는 다양한 형태의 밸브에 대한 발표를 하도록 요구한다. 구할 수 있는 밸브를 수업에 가져와서 각각이 어떻게 작동하는지 설명하기 위해 분리된다(또는 수업 전에 반으로 잘라진다). 이것과 그 외 많은 다른 주제에 대한 보이고 말하기 과제는 사진보다 훨씬 더 효과적이며, 학생들이 구두 발표를 하는 연습을 할 수 있도록 해 준다.

11장은 프로젝트에 대한 소개이다. 이 교재가 사용되는 강좌는 학생들이 학기 과제를 완성할 것을 요구한다. 각각의 프로젝트에는 도입부 설명으로 시작해서 완료되어야 하는 몇 가지 일로 마무리되는 프로젝트에 대한 설명이 함께 있다. 각각의 프로젝트는 주어진 학기 내에 이를 완료하기 위해 필요한 대략적인 공학자의 수를 포함한다. 학생들은 프로젝트 파트너를 선택할 수 있으며, 팀으로서 원하는 프로젝트를 선택할 수 있다. 각각의 팀은 프로젝트 매니저나 팀장을 선택한다.

프로젝트

프로젝트에 관해서는, 교강사는 해결해야 하는 많은 프로젝트 또는 문제들을 가지고 있는 일반적인 계약자와 같다. 학생 팀들은 작은 컨설팅 회사와 같으며, 누가 어떤 프로젝트를 가질 것인지 결정하여야 한다. 프로젝트의 할당은 "가장 낮은 비용" 기준으로 이루어진다. 모든 팀 구성원들은 동일한 임금을 받는다(예: 연당 $55,000 또는 지정된 대로). 마찬가지로 모든 팀장들은 동일한 임금을 받는다(팀원들보다 약간 더 많이). 프로젝트에 주어진 일들을 완성하기 위해 필요한 각각 팀의 예상되는 시수에 기초하여, 개인 비용이 계산된다. 기타 비용으로는 보험, 전문가 비용, 컴퓨터 시수, 및 오버헤드가 있다.

각각의 팀은 팀이 관심이 있는 모든 프로젝트에 대해서—일반적으로 3개 이하—입찰 양식을 채운다. 입찰은 봉투에 봉해지고, 수업시간 중 "입찰 개봉 행사"를 진행한다. 각각의 프로젝트에서 가장 낮은 입찰자는, 선택된 프로젝트가 착수하기를 가장 원하는 프로젝트가 아닐 수 있다는 것을 염두에 두고, 착수할 프로젝트를 승낙할지(또는 승낙하지 않을) 선택할 수 있다. 각각의 팀은 전체 학기 동안 완료할 적어도 하나의 프로젝트를 가져야 한다.

마지막 주에는 막판 서두름 때문에 질적인 문제가 있을 수 있으므로, 프로젝트들은 수업 마지막 주나 두 주 전에 모든 일이 완료될 수 있도록 관리되어야 한다. 각각의 팀은 작업 계획 양식을 완성하여야 한다. 각각의 작업은 누가 그 일을 했는지, 언제 일이 완료되었는지와 함께 양식에 나타나야 한다. 각각의 모든 학생들은 실제 설계부터 단순한 전화 연락에 이르기까지 학생들이 프로젝트와 관련해서 한 모든 일들과 소비된 시간들을 스파이럴 링 노트(또는 비슷한 것)에 기록해야 한다. 팀장들은 책임 있는 팀원들이 작업 계획 양식에 있는 일정에 맞게 주어진 일을 완료하도록 확인해야 한다. 작업 계획 양식은 학기 중 변경될 수 있으나, 노동의 균등한 분등은 지켜져야 하며 개별 작업들은 완료되어야 한다. 학기 말에, 학생들은 자신의 시간들을 계산한 다음 실제 작업을 완료하는 데 쓰인 비용과 입찰 시 예측한 비용을 비교한다.

프로젝트 보고서는 서면과 구두, 두 가지 형태로 제출되어야 한다. 서면 보고서는 처음 기술된 바 또는 교강사와의 논의를 통해 수정된 대로, 프로젝트의 모든 과정에 대한 해결책을 자세히 기술하여야 한다. 구두 보고서는 발견한 것들을 요약하고 추천사항을 제시하여야 하는데, 시간상 제약이 있어야 한다.

이 교재는 어떤 한 분야의 완전한 설명을 제시하지는 않는다는 것을 강조하고자 한다. 본 목적은 현재 활동하는 열/유체 시스템 분야의 공학자들에 의해 사용되는 몇몇 설계 개념을 제시하는 것이다. 학생들은 다양한 시스템의 실제 설계 세부사항을 여러 교재들, 참고 서적 및 정기 간행물에서 찾을 수 있다는 것을 기억해야 한다.

4판에서의 수정사항들

이 교재의 4판은 여러 검토자들의 의견을 반영한 많은 추가 및 수정사항을 포함하고 있다

- 1장에서의 새로운 내용으로는 열유체 시스템을 모델링하는 데 있어 시스템 접근법 대 개별 접근법에 대한 세부사항이 있다.
- 2장에서는 non-Newtonian 유체에 대한 점도 데이터를 추가하였다.
- 3장은 몇몇 절과 주제의 재배치를 제외하고는 기본적으로는 2판과 동일하다.
- 4장은 많은 예제 문제들을 추가하여 최적화에 관한 절을 확장하였다.
- 5장은 배관망, 병렬 배관계, 배관선에서의 유량 측정에 관한 정보를 포함하게 재구성되었다.
- 6장은 제조사의 카탈로그에서 발견할 수 있는 전형적인 펌프 곡선에 대한 더 많은 세부사항을 포함하고 있다. 캐비테이션에 대한 확장된 절이 추가되었다.
- 7장은 열전달에 대한 복습을 포함하는데, 예제 문제들의 추가로 포함되었다.
- 8, 9, 10장은 기본적으로 이전 판들과 동일하다.
- 11장은 설계 프로젝트들에 대한 설명을 제공한다. 많은 새로운 프로젝트들이 추가되었고, 구성 테이블이 업데이트되었다. 보고서 집필은 1장에서 논의된 후, 이 장에서 다시 다루어진다.

예제와 연습 문제들은 적절하다고 판단되는 경우 추가되었고, 각 장 끝에서의 문제들은 여전히 절들에 따라 나뉘어져 있다. 따라서 독자는 각 주제와 관련된 문제들을 쉽게 찾아서 복습할 수 있다.

많은 설계 문제들이 추가되었다. 많은 주제들에 대한 내용이 확장되었고, 교재의 일부는 재구성되었다.

교강사 지침 및 답안 매뉴얼

"*교강사 지침 및 답안 매뉴얼*"은 이 교재와 함께 이용 할 수 있다. *지침*은 교재의 문제들에 대한 답안을 제공하고 강좌의 자세한 개요를 제공한다. 개요는 문제 과제, 보이고 말하기 과제, 그리고 프로젝트 일정을 보여주는 12주 계획으로 배치되어 있다. 이 교과서를 채택한 모든 이들은 *지침*을 이용할 수 있다. 지침서를 얻기 위해서는 출판사에게 학교 용지 위에 쓴 서면 요청서를 보내 주기 바란다.

감사의 말

1판: 본 저자는 교재를 개선하는 데 많은 소중한 제안을 해준 많은 분들, 학생들, 교수진들에게 감사하고 싶다. 특히, 저자는 원고를 검토하고 건설적인 조언을 해 준 다음 분들에게 크게 빚을 지고 있다. *Christian Brothers University*의 Ray W. Brown, *Rose Hulman Institute of Technology*의 Don Dekker, *Loyola Marymount University*의 Gerald S. Jakubowski, *University of New Orleans*의 Edwin P. Russo

2판: 본 저자는 2판 집필 중에 2판을 검토하고 개선을 위한 많은 조언을 해준 다음 분들에 감사 드린다. *Texas Tech University*의 Edward Anderson, *Rose Hulman Institute of Technology*의 Don Dekker, *Loyola Marymount University*의 Gerald S. Jakubowski, *Washington State University*의 Ovid A. Plumb, Penn State *University*의 Gita Talmage

3판: 본 저자는 언제나 필요할 때 도움이 되는 조언과 지도를 해 준 Cenage Learning의 Hilda Gowans에 감사드리고 싶다. 그리고 또한 이 프로젝트를 뒷받침해주고 완성하는 데 힘써준 Cenage Learning의 수많은 분들께 또한 감사드린다. 그리고 원고의 개선을 위해서 많은 조언을 해준 다음 분들에게 나의 감사를 전하고 싶다. *Lamar University*의 Kendrick Aung, *Grove City College*의 Erik R. Bardy, *Drexel University*의 Bakhtier Farouk, *Oregon State University*의 Murty Kanury, *California State Polytechnic University*, *Pomona*의 Charles Ritz

4판: 본 저자는 이 판의 제작에 있어 검토와 도움을 제공해 준 Cenage Learning의 Hilda Gowans와 그 외 분들에게 감사드리고 싶다. 그리고 원고의 개선을 위해 많은 조언을 해준 다음의 분들에게 나의 감사를 표현하고 싶다. *Utah State University*의 Heng Ban, *Drexel University*의 Bakhitier Farouk, *California State University*, Los Angeles의 Darrell Guillaume, *University of New Orleans*의 Martin Guillot, *Louisiana Tech University*의 Hisham Hegab, *Florida Institute of Technology*의 Kunal Mitra, *Iowa State University*의 Ron Nelson, *University of Idaho*의 Steven Pinoncello

또한 본 저자는 이 프로젝트와 관련된 여러 작업과 관련하여 도움을 제공해 준 데 대해 University of Memphis에 감사를 전하고 싶다. 마지막으로, 이 교재의 본 판을 집필하는 동안 많은 희생을 한 나의 사랑스러운 아내 Marla의 격려와 지지에 대해 감사하고 싶다.

William S. Janna

역자 후기

Preface

최근 대학에서는 공학 인증 제도의 도입과 더불어 실제 설계 문제에 대한 관심이 높아지고 있다. 이에 맞추어서 다양한 형태의 공학 설계 입문서 및 캡스톤 디자인 설계에 관한 책들이 많이 출판되었다. 하지만 입문서를 벗어나서 하나의 특정 분야와 연관된 설계 서적은 여전히 많지 않다. 본 책은 열유체 분야의 실제 설계 문제를 다루면서 기존의 여러 열유체 교재들이 다루지 않았던 부분을 보충해 주고 있다. 즉, 기존의 많은 열유체 교재들의 주어진 문제들에 대한 해석과 같이 닫힌 문제들을 다루고 있다면, 본 책은 열유체 분야에서 실제 배관이나 열교환기 설계와 직접적으로 관련된 열린 문제들을 다루고 있다는 점에서 기타 다른 책들과 차별화된다. 또한, 본 책에서는 많은 열유체 문제들을 경제성 문제와 결합하고 있는데, 이는 공학도들에게 실제 문제는 공학 밖의 다양한 요인들을 함께 고려해야 한다는 것을 일깨워 주리라 생각된다.

이 책은 기계공학의 고학년을 대상으로 한 것으로 학생들이 유체역학과 열전달을 접했을 것이라고 가정하고 있다. 비록 이 책은 유체역학과 열전달에 기초에 대한 장을 포함하고 있지만, 광범위한 유체역학과 열전달에 대한 지식을 두 개의 장을 통해 얻기는 사실상 불가능하다. 따라서 만약 유체역학과 열전달의 기초가 부족한 학생이라면 다른 유체역학과 열전달의 교재를 레퍼런스로 사용하여 이 책을 공부한다면 효율적이라 생각된다. 마지막으로 본 교재가 공학도들이 열유체 분야의 설계를 배우는 데 좋은 길잡이가 되기를 바란다.

Nomenclature

Symbol	Definition	Unit	
		SI	Engineering
A	area	m^2	ft^2
a	acceleration	m/s^2	ft/s^2
C_p	specific heat	J/(kg·K)	BTU/(lbm·°R)
C	ratio of capacitances	—	—
C_o	orifice coefficient	—	—
C_v	venturi coefficient	—	—
D	diameter	m	ft
$D_h = 4A/P$	hydraulic diameter	m	ft
D_e	heat transfer characteristic dimension	m	ft
D_{eff}	effective diameter	m	ft
F	force	N	lbf
g	gravitational acceleration	m/s^2	ft/s^2
g_c	conversion factor	—	32.17 lbm·ft/(lbf·s^2)
h	enthalpy	J/kg	BTU/lbm
h_c	convection coefficient	W/(m^2·K)	BTU/(ft^2·hr·°R)
k_f	thermal conductivity	W/(m·K)	BTU/(ft·hr·°R)
L	length	m	ft
m	mass	kg	lbm
$\dot{m}$	mass flow rate	kg/s	lbm/s
Nu	Nusselt number	—	—
N	number of transfer units	—	—
P_T	pitch of tube bank	m	ft
P	perimeter	m	ft
Pr	Prandtl number	—	—
p	pressure	Pa = N/m^2	lbf/in^2
Q	volume flow rate	m^3/s	ft^3/s
Q_{ac}	actual flow rate	m^3/s	ft^3/s
Q_{th}	theoretical flow rate	m^3/s	ft^3/s
q	heat transferred	W	BTU/hr
q''	heat transferred/area	W/m^2	BTU/(ft^2·hr)

(continued)

Nomenclature
(continued)

Symbol	Definition	Unit: SI	Unit: Engineering
R	gas constant	—	—
R	radius	m	ft
R	ratio of capacitances	—	—
R_h	hydraulic radius	m	ft
r	radius or radial coord	m	ft
Ra	Rayleigh number	—	—
Re	Reynolds number	—	—
T	temperature	K or °C	°R or °F
t	time	s	s
U	overall heat transfer coefficient	$W/(m^2 \cdot K)$	$BTU/(ft^2 \cdot hr \cdot °R)$
V	velocity	m/s	ft/s
$\forall$	volume	m^3	ft^3
dW/dt	power	J/s	ft-lbf/s or HP

Greek Letters

Symbol	Definition	SI	Engineering
$\alpha = k_f/\rho C_p$	thermal diffusivity	m^2/s	ft^2/s
η	efficiency	—	—
μ	viscosity	$N \cdot s/m^2$	$lbf \cdot s/ft^2$
$\nu = \mu g_c/\rho$	kinematic viscosity	m^2/s	ft^2/s
ρ	density	kg/m^3	lbm/ft^3
σ	surface tension	N/m	lbf/ft

개요 01
Introduction

*열유체 시스템*은 많은 설계 및 장치를 일컫는 매우 광범위한 용어이다. 펌프와 배관의 조합은 유체를 이송하는 유체 시스템의 한 예이다. 에어컨은 유체가 이송되는 장치이므로 유체 시스템의 예이다. 또한, 에어컨에서 열전달 효과가 중요하므로 이는 열유체 시스템으로 간주할 수 있다.

예를 들어, 식품가공 공정에서 완두콩을 한 곳에서 포장 및 동결이 이루어지는 다른 곳으로 이송하고자 한다고 하자. 이러한 작업은 *운송 배관선*을 사용하여 이루어질 수 있는데 이러한 시스템의 개략도가 그림 1.1에 나타나 있다. 팬에 의해서 공기는 배관계를 따라서 이동하고, 완두콩은 공급 호퍼에 의해 움직이는 공기 유동 속으로 떨어진다. 공기와 완두콩은 분리장치까지 이송되고, 그곳에서 공기는 방출되고 완두콩은 저장된다.

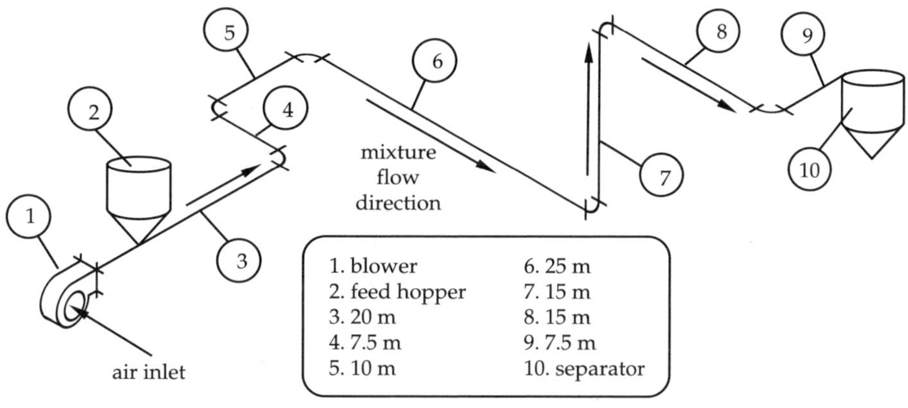

그림 1.1 운송 배관선의 개략도

직경의 범위와 부피, 무게, 밀도와 같은 이송되는 완두콩의 물리적 특성이 이러한 시스템을 설계할 때 필요할 것이다. 건강과 안전에 관한 사항들에 대한 규정에 특히 주의하면서 배관의 치수를 결정하는 것이 필요하다(예를 들어, 식품류에는 스테인리스강이 사용되어야만 한다). 팬, 공급 호퍼 그리고 분리장치를 선택하여야 하고, 설계 완료 후에는 배관의 걸쇠 및 지지대를 선택하여야 한다. 분리장치에서 요구하는 완두콩 양이 이송될 수 있도록 전체 설계에 대한 확인과 재확인이 필요하다. 이러한 공정에 대한 투자 규모는 크기 때문에 시스템의 전체적인 비용은 반드시 적정한 선으로 유지하여야 한다. 설비의 기대 수명뿐만 아니라 초기비용과 운전비용 또한 고려되어야 한다. 이와 같은 특이한 유체 시스템의 설계는 사소한 일이 아니며, 주의 깊은 계획을 필요로 한다. 이와 같은 것들이 유체시스템을 설계할 때 공학자가 관심을 기울이는 것들이다.

공기 조화 또는 냉동 장치를 고려해 보자. 그림 1.2는 이러한 장치에 대한 개략도이다. 내부의 유체(*냉매*)는 시스템 전체를 이동하면서 사이클을 겪게 된다. 유체는 압축기에 의해 압축되고 과열 증기로 배출되고, 증기는 *열교환기*(자동차의 라디에이터와 비슷한)로 들어간다. 송풍기가 대기를 응축기의 코일 또는 관 위로 이동시키면, 열이 관 내부의 냉매로부터 관 바깥의 공기로 전달된다. 이러한 과정 동안 냉매는 응축된다. 액체 냉매는 응축수 용기(그림에는 표시되어 있지 않음)로 이동하고, 그곳에서 액체는 중력에 의해 다른 잔류 증기와 분리된다. 액체는 이 용기의 하부로부터 빠져나와 모세관(capillary tube, 아주 작은 지름의 긴 관)을 통해 움직인다. 액체 냉매가 모세관을 통과하면서 상당한 압력 손실이 발생하며, 그에 따라서 온도도 감소한다. 그리고 차가운 냉매는 *증발기*(응축기와 유사한 장치임)로 이송된다. 증발기 코일의 외부를 지나서 이동하는 공기는 내부의 냉매로 에너지를 잃게 되고, 냉매는 증발할 수 있는 에너지를 얻는다. 증발기를 지난 후 냉매는 저장 용기(accumulator tank)로 이동하고, 그곳에서 액체와 증기가 중력에 의해 분리된다. 증기는 이 용기의 상부로 배출되고 압축기로 다시 돌아오는데, 이와 같은 과정이 반복된다.

이 시스템이 집의 공기를 냉각하거나 또는 냉장고로 사용될 때, 증발기는 집 또는 냉장고의 내부에 위치하고 내부 공기는 코일들을 지나서 이동한다. 응축기와 압축기는 대개 외부에 위치하고 외기가 응축기 코일을 지나서 움직인다. 따라서 냉매는 압축기에서 응축기로 뿐만 아니라 집 내부에 있는 증발기로부터 에너지를 이송한다.

위에서 논의한 것과 같이 압축기는 유체를 전체 시스템으로 이동시킨다. 유체는 시스템 내부에서 상변화를 겪게 되고 증발기에서 응축기로 에너지를 전달한다. 여기에서 우리는 압축기의 파워와 유체 이송 라인의 크기를 결정하고 열교환기를 선정하여야 하며, 전체 시스템에 대한 하우징과 사용 가능한 많은 유체 중에서 하나의 유체를 선택하여야 한다. 이 때 환경에 관한 지침에 유의하여야 한다. 게다가 전체적인 시스템의 비용을 경쟁력과 가용범위의 한계 안에 있도록 유지하여야 한다. 초기 비용, 운전 비용, 그리고 기대 수명도 반드시 고려되어야 한다. 이러한 열유체 시스템을 설계하는 것은 쉬운 일이 아니며 주의 깊은 사고와 상당한 사전 계획을 요구한다. 이러한 것들이 시스템을 설계하는 공학자가 관심을 기울이는 것들이다.

다음으로 발전소의 운전을 고려하자. 전통적인 시스템에서는 증기가 생성되어 터빈을 지난다. 터빈의 하류에는 증기를 물로 응축시키는 역할을 하는 열교환기가 위치한다. 증기의 열은 근처 강이나 호수로부터 취수된 물로 전달된다. 하지만 환경를 고려하였을 때 근처의 강보다는 냉각 연못을 사용하여 시스템으로부터의 방출된 열을 배출하는 것이 바람직할 수 있다. 냉각 연못은 분사 장치를 갖춘 작은 호수 크기의 인공 연못이다. 분사장치는 물 위에 떠 있으면서 물을 위로 분사한다. 분사된 물의 일부는 증발하면서 연못 위의 공기로 열을 전달한다. 다른 형태의 열전달도 존재할 수 있다.

그림 1.3은 발전소 응축기와 냉각 연못의 평면도를 보여준다. 어떠한 공기 온도에 대해서도 냉각 연못을 사용하여 물을 가능한 한 낮은 온도로 냉각하는 것이 요구된다. 결정해야 할 사항들은 배출될 열의 양, 연못의 물의 온도, 공기의 혼합 평균 온도, 발전소와 연못의 근접도, 연못을 위해 사용 가능한 토지의 양, 연못의 크기, 물을 응축기에서 연못으로 이송하고 회수할 때 필요한 펌프의 용량, 그리고 필요한 관의 크기 등이다. 설계 공학자는 이러한 열유체 시스템을 설계할 때 위의 사항들에 대한 결정을 내릴 것이다.

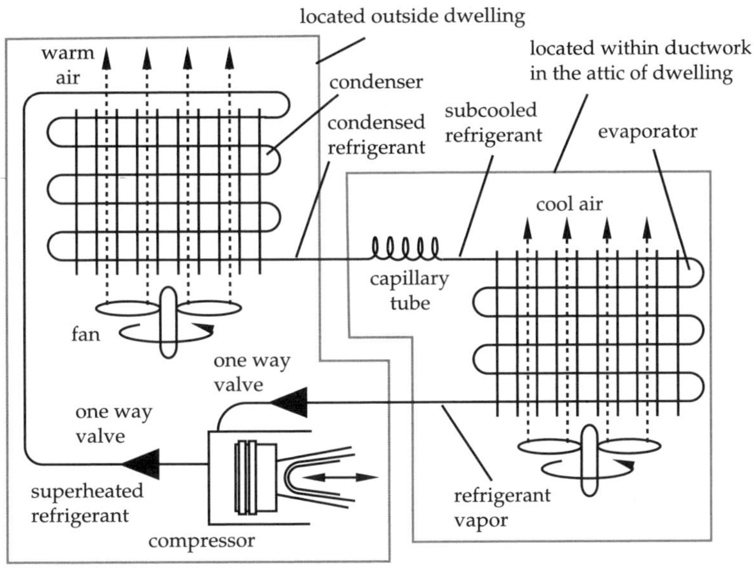

그림 1.2 공기 조화 장치의 개략도

운송 배관선, 공조기기, 그리고 냉각 연못은 현존하거나 또는 설계를 해야 하는 다양한 열유체 시스템의 세 가지 예이다. 다른 예들은 다음과 같다.

- 인쇄소에서 잉크를 여러 곳으로 이송하기 위한 배관계의 배치
- 건강상의 위험을 최소화하고 정리를 쉽게 하기 위해 모래 대신 얼음을 사용하는 샌드블라스터
- 자동차의 순간 갤런당 마일 값을 측정하는 계량기
- 넘치기 전에 사용자에게 그만 부으라고 경고를 주는 깔때기
- 전통적인 벽난로로부터 열을 회수하는 시스템

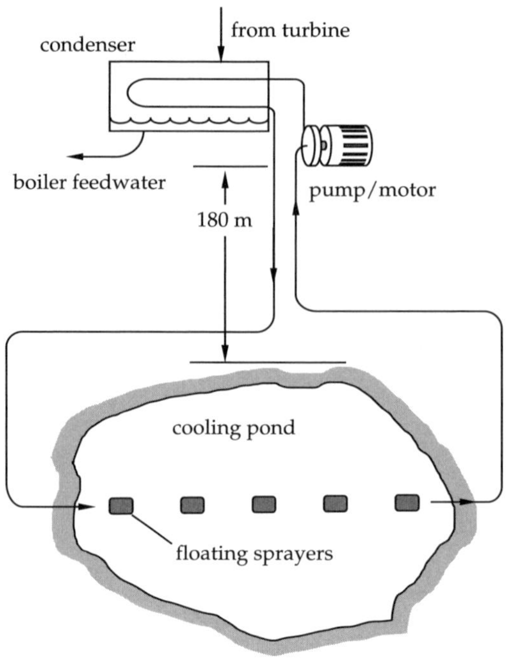

그림 1.3 냉각 연못 설치 개략도

- 스케이트장을 만들기 위해 충분히 열을 제거하는 배관계
- 천장 환풍기 날개의 효율을 시험하는 시스템
- 광산에서의 환기 시스템
- 면도를 위해 따뜻한 거품을 생성하는 장치
- 오리발을 시험하는 잠수사가 생성하는 추력을 측정하는 시스템
- 진동하는 샤워 꼭지에 관해서 제안된 설계를 시험하는 장치
- 놀이공원의 물 미끄럼틀 설계
- 기름 유출의 정화를 도와줄 물과 기름 분리 용기 설계

위의 목록은 더 많은 예를 포함할 수 있다. 각각의 시스템은 상당한 설계 작업, 광범위한 정제, 불가피한 재설계, 그리고 경제성 분석을 필요로 한다. 이 과정 동안 회의와 토의가 있을 것이고 심사숙고 과정에 대한 기록을 보관할 것이다.

이 책의 목적은 공학과 경제학 교과에서 배운 몇 가지 개념에 대해서 논의하고, 실제 응용을 많이 고려한 후 이 개념들을 논리정연한 형태로 종합하는 것이다. 장치와 시스템이 어떻게 설계되는지 보여주기 위해서 유체역학의 기본 개념, 열역학, 열전달, 재료공학, 생산 기법 그리고 경제학이 결합된다. 이 책이 공학자들에게 향후 업무 개선을 이끌 아이디어와 설계 개념을 제공해 줄 수 있을 것으로 희망한다.

1.1 설계 과정

설계 과정("일"을 수락하는 것에서부터 최종보고서를 작성하는 것까지 아우르는)은 단순히 해결책을 찾는 것 이상을 포함한다. 따라서 이 단원에서는 설계과제의 해결책을 얻는 것과 관련된 몇 가지 측면에 대해서 논하고자 한다. 공학설계에서 하나의 설계 문제에 대해 가능한 많은 해가 존재할 수 있다는 점에 유의해야 한다. 여기에서는 공학설계의 속성, 입찰 과정, 과제 관리, 성능 평가에 대해 소개할 것이다.

공학설계의 본질

설계 활동에는 도안을 보는 것, 결정을 내리는 것, 정보를 모으는 것, 회의에 참석하는 것, 대안을 고려하는 것 등 이외에도 많은 활동들을 포함한다. 설계는 단지 하나의 과제가 아닌 전반적인 과정이다. 공학자는 필요로 하는 일을 완수하기 위해 자원을 어떻게 가장 효율적으로 활용할 것인지를 이 과정을 통해 결정한다. 공학자들은 대중의 흥미를 끌 수 있거나 의뢰인의 필요를 만족시킬 수 있는 시스템이나 장치를 설계한다.

설계의 유감스러운 측면은 대부분의 경우에는 의뢰인이 요구하는 것이 공학자와 의뢰인 둘 다에게 불분명할 수 있다는 것이다. 문제 정의문들은 종종 불확실성으로 채워져 있으며 불분명하게 기술되어 있다. 이 이유로 훌륭한 설계 공학자는 문제를 정의하고 그 문제를 어떻게 풀어낼 것인지를 계획하는 데에 상당한 시간을 보낼 것이다. 예상치 못한 요구 조건을 충족시키지 못할 경우, 이를 수정할 시간이 부족하므로 프로젝트의 일은 마지막 순간까지 미루어서는 안 된다. 프로젝트 일은 세심한 계획과 유수한 관리 방법들을 필요로 한다. 그렇지 않으면, 마감 시간을 놓치고 실행 가능한 해결 방안들을 못 얻을 수가 있다. 그러므로 설계는 공학 방법들을 사용하여 이해도가 아주 낮은 상황들 속에서도 "최고의" 변화를 이끌어 내는 것이다. 그리고 가용한 자원으로 마감 시간 내에 변화를 이끌어내야만 한다.

설계 문제의 독특한 특징은 하나의 "정답"이 존재하지 않는다는 것이다. 예를 들자면, 특정 출구온도를 주는 열교환기를 결정하는 과정에서 여러 종류의 열교환기를 쓸 수 있다는 사실을 확인할 수 있을 것이다. 각각의 해결책은 설계 측면적으로 장단점을 지니고 있을 것이다. 대개 많은 수의 밀접하게 연관되어 있는 복잡한 요인들을 고려하여야 하며 다른 필요들을 만족시키기 위해 몇몇 장점들은 도외시해야 할 수도 있다.

설계에서 필수로 고려되어야만 하는 것을 **제한조건**이라고 한다. 공학적 고려사항 이외에 환경에 미치는 영향, 설계 및 일을 해야 하는 개인 건강의 영향, 원가와 운영비를 포함한 경제적 요인들, 제조 가능성, 지속 가능성, 결과에 관한 대중의 의견의 영향들이 제한조건으로 포함될 수 있다.

설계 단계들

설계 과정은 필요함의 인지, 문제 확인, 해결 방안 도출, 설계 최적화를 위한 재설계(필요하다면), 설계의 평가 그리고 결과의 공유 등 많은 단계들을 아우른다. 그림 1.4는 설계의 단계가 합성되는 (많은) 방법들 중 하나를 보여주고 있다.

설계는 의뢰인이 필요함을 느끼고 그 필요를 충족시키기 위해 일을 착수하는 것에서부터 시작한다. 그 필요성은 분명한 무언가일 수도 있고 또는 단지 어떠한 것이 "잘못됐다"고 느끼는 것일 수도 있다. 필요의 인지는 부정적인 상황에서 발생할 수도 있다.

필요를 인지하는 것과 문제를 발견하고 정의하는 것은 다른 것이다. 우리는 건물에 더 맑은 공기가 필요하다는 것을 인지할 수 있고 문제는 부적절한 필터 시스템일 수도 있다. 문제의 정의는 설계될 시스템의 모든 자세한 사양을 포함해야 한다. 이는 크기(치수), 특징, 위치, 비용, 예상 수명, 작동 조건과 한계를 포함한다. 자주 접하게 되는 제한조건들로는 가용한 제조 공정, 노동 기술, 사용할 재료와 재고품의 크기가 포함된다.

문제가 정의되고 제한조건들이 확인되면 최적화된 해결 방안을 찾을 수 있다. 최선의 해결책의 합성은 분석과 최적화를 필요로 한다. 설계는 자세한 세부 사양을 따라야 하며, 만약 최선이 아니라면 재설계를 해야 한다. 설계 과정에서 이 단계는 특성상 반복적이며 "최적의" 결과를 찾을 때까지 계속된다.

설계의 평가는 설계 과정에 있어서 중요한 부분이다. 평가는 설계가 성공적이라는 증거다.

의사소통은 설계 과정의 마지막 단계다. 의사소통은 구두로 혹은 구체적인 보고서로 이루어진다. 공학자가 의뢰인에게 얻어진 결과가 "최선의" 결과라고 납득시키는 일이라는 점에서 결과 발표는 판매의 행위이고, 이 파는 행위는 성공적이어야 한다. 그렇지 않으면 그 노력은 헛되게 된다. 반복적으로 결과를 판매하는 것에 성공하는 공학자는 대개의 경우 그 전문 분야에서 성공할 것이다. 공학자는 서면과 구두로 효과적으로 의사소통하는 기술을 가지고 있어야 한다. 이는 글쓰기, 말하기, 설계하기를 포함하며 연습을 통해 발전하고 개선될 수 있다.

능숙한 공학자는 아이디어 판매에 실패하는 것을 두려워하지 말아야 한다. 가끔의 실패는 예상되는 것이며, 실패로부터 배울 점이 많다. 실패를 무릅쓰는 사람은 많은 것들을 얻을 수 있다. 진정한 실패는 시도조차 하지 않는 것이다. 전통적인 의미에서의 실패는 미래의 설계와 판매 사이클을 개선해 나아갈 수 있는 피드백으로 보아야 할 것이다.

많은 경우에 합리적인 수학적 접근법 대신에 판매를 수월하게 하기 위해 고객이 무엇을 원하는지 아는 것이 더 선호된다. 예를 들자면, 특대의 볼트와 프레임을 사용하면 내구성과 강도에 대한 인상을 줄 수 있어서 판매에서 좋은 장점이다. 매력적인 디자인 또한 고객이 보기 좋아할 것들이다. 이러한 것들은 미적인 요소들이지만, 설계 자체의 온전한 동작을 간섭해서는 안 된다.

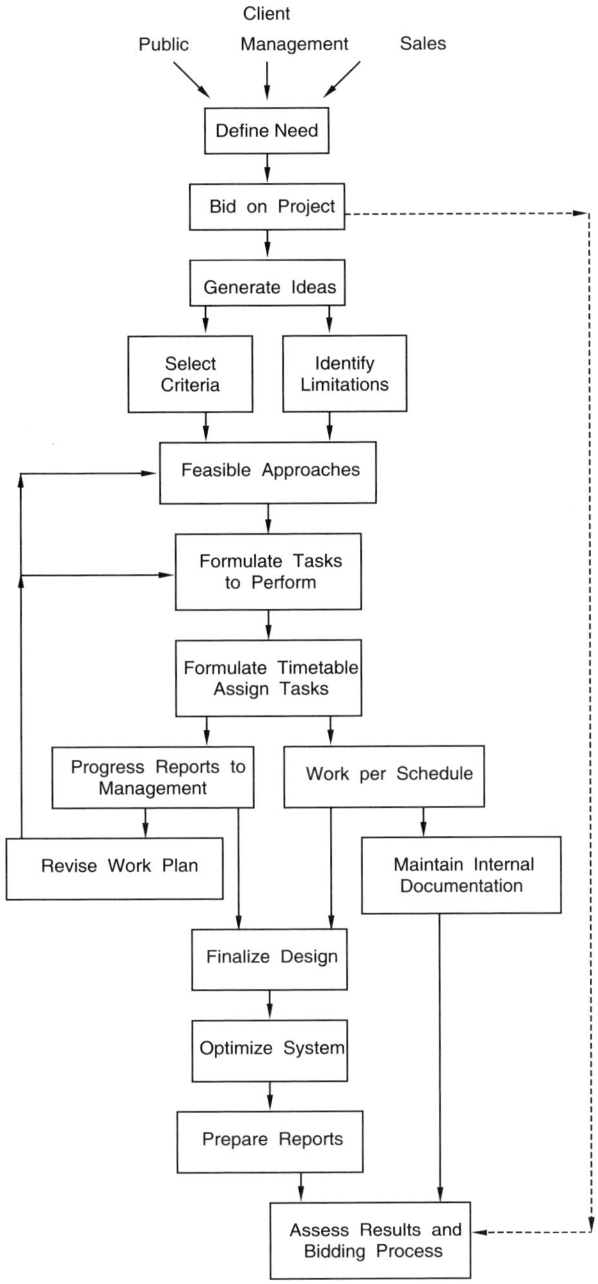

그림 1.4 필요를 정의하는 데서부터 결과를 평가하는 데까지의 설계 과정

코드와 표준

코드란 만들어지는 물건에 대해 최소한으로 용인되는 정도의 안전을 정하는 분석, 설계, 및 제작에 대한 사양이다. 예를 들어, 각 지역은 가정의 배관 시설에 쓰이는 배관 크기에

대한 코드를 가지고 있다. 코드의 목적은 어느 정도의 안전, 성능 및 수준을 보장하기 위함이다. *완전한* 안전성이 코드에 의해서 보장되진 않지만 상당한 수준의 안전성은 보장될 수 있다. 적절한 기관에 의해 제정되어 인정받은 많은 코드와 표준이 있다. 각각의 조직에서는 배관, 공사, 주차장, 보행자 통로와 같이 특정한 분야를 다룬다. 코드와 표준은 가끔 생산자에 의해 제정할 때도 있고 산업체에서 일하는 공학자에 의해서 제정될 때도 있다. 코드나 표준의 대부분은 필요성의 인지에 의해 제정된다.

표준이란 부품의 크기, 재료의 종류, 제조 과정에 대한 자세한 설명서다. 표준의 목적은 대중이나 소비자에게 균일한 크기와 품질을 제공하기 위해서다. 예로 들자면, 한 볼트의 표준이 1/4-20이면 모든 1/4-20 볼트와 너트는 똑같은 나사의 사양 또는 표준을 갖고 있다. 볼트와 너트뿐 아니라 옷의 크기, 종이 크기, 와이어 크기, 신발 크기, 캔 크기, 가구 크기, 신문 크기와 대한 표준이 존재한다.

경제성

비용에 대한 고려는 설계 과정에 있어서 중요한 역할을 한다. 불행하게도, 가끔 비용은 예측할 수 없다. 설계자는 숨겨진 비용을 놓칠 수도 있다. 더불어, 나라의 경제 상황에 따라 매년 비용이 달라지는 경우도 있다. 그럼에도 불구하고 비용은 설계 과정에서 최대한 자세히 고려되어야 한다.

표준 크기를 이용하는 것은 비용을 낮게 유지하기 위해 거의 필수적이다. 좋은 예로는 다양한 크기가 존재하는 관과 배관이다. 펌프, 모터, 잠금장치와 같은 종류는 모두 특정한 표준에 따라 제조되어 있고, 표준 크기를 이용하는 것은 좋은 방법이다.

제품의 안전성

공학자는 설계가 안전하고 하자가 없는지를 보장하는 데 모든 노력을 기울여야 한다. 공학자나 제조사에게는 뜻밖의 하자나 설계가 완료된 후 몇 년이 지난 뒤에 나타나는 하자에 대한 책임이 있을 수 있다. 대중의 안전은 공학자의 가장 중요한 고려사항이다.

1.2 | 입찰 과정

대부분의 설계와 공사 계약은 경쟁 입찰 과정을 통해 얻어진다. 입찰이란 의뢰인(**계약하는 기관**)이 요구하는 일을 수행하고자 하는 기업(**계약자**)에 의한 제안이다. 이러한 입찰 과정을 하는 목적은 가장 적은 비용으로 일을 할 수 있는 기업을 찾기 위해서다. 고려할 두 가지의 큰 영역이 있는데, 하나는 개인 사업자를 위해 일하기 위한 입찰이고 다른 하나는 정부를 위해 일하기 위한 입찰이다.

의뢰인(계약하는 기관)은 입찰 과정을 시작할 때 입찰을 알리는 초청장을 발행한다. 민간 부문에서는, 초대장은 공고 형태로 개인 계약자들에게 보내진다. 여기서 수행할 일을 설명하고 이를 완료해 달라는 입찰을 요청한다. 더불어, 계약하는 기관은 업계 잡지나 지역 신문에 광고를 낼 수도 있다. 그러나 정부 입찰은 입찰 요청에 관한 포괄적인 규정을 준수해야 한다.

계약자가 입찰에 응하기로 결정한 후에는 계약자는 일을 완수하는 데 들어갈 비용을 결정하여야 한다. 이는 자세한 사양의 검토, 일에 필요할 인력과 시간 결정, 간접비용 및 이익 계산 등 때문에 몇 주의 준비기간이 필요할 수도 있다. 모든 것이 결정되면, 계약자는 의뢰인이나 계약하는 기관이 요구하는 입찰 서류를 준비한다. 입찰 서류는 봉인된 봉투나 용기에 넣어져 대체적으로 공고한 마감시간에 맞춰 의뢰인에게 제출된다. 입찰을 제출한 계약자는 입찰 서류 개봉 시에 대리인을 참석시키기를 원할 것이다. 마감시간 이후에 제출되는 입찰은 거절될 수 있다.

모든 입찰은 의뢰인이나 의뢰인의 기관에서 공개되고 검토된다. 이후에는 예상 비용이 공개적으로 공표되며 모든 계약자들은 어떠한 입찰들이 제출되었는지를 확인할 수 있다. 민간 부문에서는 의뢰인은 어떤 계약자가 가장 적은 입찰액을 제출한 것과 관계없이 계약자를 선택해도 상관없다. 그러나 최저 입찰자를 선택하지 않을 특별히 정당한 이유가 없는 한 정부는 입찰액을 가장 적게 한 계약자를 대개 선택하게 된다.

정부 부문에서 경쟁 입찰에 대한 예외적인 많은 상황이 존재한다. 공개적인 경쟁이 비현실적일 때, 한 군데를 제외하고는 요구하는 서비스를 만족시키지 못할 때, 드물게 긴급을 요구할 때, 합의에 의해 제외될 때, 법으로부터 권한을 부여받았을 때나 공개적인 경쟁이 대중의 이익에 부합하지 않을 때가 그 예다.

계약을 하기 전에 계약 기관(의뢰인) 쪽에서는 미래의 계약자의 배경을 검토하는 것이 현명하다. 계약자가 성공적으로 일을 완수할 수 있을지를 결정하는 데 고려할 점은:

- 계약자가 책임감이 있는가?
- 계약자에게 일과 관련하여 법적인 문제가 있었는가?
- 계약자는 경제적으로 안정적인가?
- 계약자가 진행하고 있는 일 중에 방해될 요소는 있는가?
- 계약자는 이전의 일들을 어떻게 수행했는가?
- 계약자는 마감시간을 맞출 수 있는가?
- 계약자는 진실성과 더불어 도덕적 기준이 있는가?

- 계약자는 일을 완수할 수 있는 기술을 지니고 있는가?

일단 입찰이 수용되면, 계약자는 계약서대로 일할 책임이 생긴다.

어떠한 경우에는 계약자가 기술적 오류 또는 사무 착오로 인해 입찰을 철회할 수도 있다. 이 경우에는 입찰을 철회하거나 수정하는 수립된 절차가 있다. 그렇지만 판단의 실수는 수정 불가하다. 예로는 작업의 기간, 간접비용, 이익 혹은 작업의 방식을 정확하게 예측하지 못한 것들이다. (Information from “Competitive Bidding” by I. Genberg, Construction Business Reveiw, Sept.-Oct, 1993, pp. 31-34)

1.3 | 공학 설계의 접근

설계 문제를 해결할 수 있는 접근 방법은 두 가지다. 하나는 *시스템 접근*이고 다른 하나는 *개별적 접근*이다. 시스템 접근은 주어진 문제에 대한 **목적함수(objective function)**를 기술하는 것을 수반한다. 공학 문제에서 목적함수는 어떤 경우에서는 시스템의 전체 비용에 대한 방정식이다. 전체 비용은 초기 비용(예로는 장비)과 운전 비용(전기나 연료)을 포함한다. 초기 비용은 연간 비용으로 바꾸기 위해 수정된다. 그 다음으로는 연간으로 환산한 초기 비용과 운전 비용을 더하면 전체 연간 비용을 알 수 있게 된다. “좋은” 설계에서는 전체 비용을 최소한으로 줄이기 위해 노력하고, 따라서 전체 비용 식을 미분하여 0이 되게 할 것이다. 그러면 특정 변수에 대해 풀 수 있는 방정식을 얻게 될 것이다. 예를 들어 배관의 비용을 최소화하고 싶다고 가정하자. 배관 지름에 대하여 모든 비용 변수를 표현할 것이다. 전체 비용 식을 지름에 대하여 미분하고, 시스템에 대해 최소한의 전체 연간 비용을 줄 수 있는 최적화된 지름에 대해 풀게 된다.

많은 장치들과 연관되어 있는 설계 문제의 총 비용 함수는 꽤 복잡할 것이다. 대개 미분된 비용 방정식을 풀기 위해서는 다른 방정식들이 필요한데, 이 다른 방정식들을 **구속 방정식(constraint equations)**이라고 부른다. 이들은 시스템에 내재되어 있는 모든 장치들을 위해 쓰인 연속 방정식이나 에너지 방정식을 포함할 수 있다. 목적함수와 구속 방정식이 기술되면 다음에는 동시에 풀어야 하는 방정식 시스템을 얻게 되는데, 여러 가지 방법으로 이 방정식들을 풀 수 있다. 시스템 접근은 4장의 배관 결정에 사용된다. (많은 문제들에 적용되는 시스템 접근법과 해법에 대해서 다음을 참조, *Design of Thermal Systems* by W. F. Stoecker, McGraw-Hill Co., 2nd ed., 1980.)

설계 문제에 있어서 다른 접근 방법은 시스템 내부의 각 장치를 개별적으로 고려하는 것이다. 각 장치의 비용을 최소화함으로써 전체 시스템의 총 비용을 최소화한다. 이 접근의 장점은 풀어야 할 방정식들이 간략해진다는 것이다.

1.4 설계 프로젝트의 예시

우리는 앞의 절에서 제기한 요점들을 예시와 구체적인 아이디어로 소개할 것이다. 우리가 생산 시설에 있는 폐열의 회수와 관련된 문제에 관심이 있다고 가정하자. 문제는 아래와 같다.

시트록 공장에서의 열 회수

시트록을 생산하는 데 있어서 필요한 요소들 중 하나가 물이다. 이 과정은 29.5°C 온도를 가진 0.00442 m^3/s의 물을 필요로 한다. 여름 달에는 도시 상수도의 물의 온도는 32.2°C 정도이다. 다른 달에는 도시가 제공하는 물의 평균적인 온도는 7.2°C이다. 이 물을 공정에 성공적으로 사용되기 위해서는 가열하여야 한다. 물은 저장 탱크에서 천연 가스 버너를 이용하여 데워진다.

시트록 제조에서 마지막 단계 중 하나는 건조 단계이다. 가열된 공기는 송풍기로 오븐 내부의 시트록 주변으로 이동된다. 그리고 공기는 배출된다. 배출된 따뜻하고 습한 공기로부터 열을 회수하고, 그 에너지를 이용하여 유입되는 도시 상수를 7.2°C(최악의 경우)부터 가능한 높게 예열하는 것이 요구된다. 회수된 에너지는 주된 난방 장치로 쓰일 천연가스의 필요성을 줄여줄 것이다. 열 회수 시스템은 8개월 동안 하루 24시간(1주일에 6일) 동안 가동될 것이다.

그림 1.5는 건조 오븐과 오수 탱크의 위치를 보여준다. 그림에 나타난 것과 같이 오수 탱크는 오븐으로부터 91.4 m 떨어져 있다.

이 열 회수 프로젝트가 일에 필요로 하는 공학자의 수가 부족한 공장에서 발생했다고 가정하자. 경영진은 문제를 해결하거나 또는 적어도 이 방법이 경제적인지 확인하기 위해 외부 기술 컨설팅 업체를 이용하기로 결정하였다. 경영진은 수많은 컨설턴트들에게 연락하여 프로젝트 입찰에 참여하도록 공개적으로 요청할 것이다. 각 컨설턴트는 경영진(이 경우에는 의뢰인)으로부터 무엇이 진행될지와 설계 일을 수행하기 위해 자문 회사가 얼마나 청구할 것인지에 대해 기술하는 제안서를 제출해 달라고 요청받을 것이다. 의뢰인이 입찰자들에게 요구하는 것에 따라서 실제 공사나 설치는 입찰의 한 부분으로 포함될 수 있다.

"우리" 회사는 이 프로젝트의 설계를 맡기 위해 입찰을 제출해 줄 것을 요청받았다. 그러나 우리가 입찰을 준비하기 전에 적어도 무엇을 하는 것이 필요한지에 대해 생각하여야 한다. 따라서 우리는 이것이 의뢰인에 의해 주어진 전부라고 가정하고 문제 정의문을 검토한다. 그리고 우리는 이전에 언급되었던 사항들에 관한 내용과 관련된 많은 것들을 살펴본다.

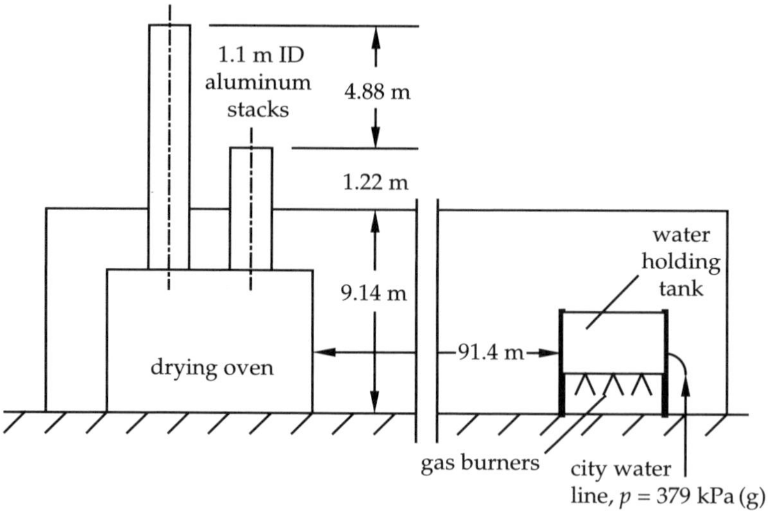

그림 1.5 건조 오븐과 저장 탱크를 보여주는 배치도

부족한 정보

문제 설정은 충분히 분명해 보이지만 누락된 필요한 정보가 있다. 얼핏 봐서는 우리는 모든 굴뚝에 열교환기를 설치하기를 원할지 모른다. 그러나 열교환기의 용량을 정하기 위해서 배기가스의 온도와 흐르는 공기의 유량을 알아야 한다. 의뢰인은 이것들을 모를 수 있으며 우리가 열전대, 디지털 온도계, 피토-정압관, 차압계 등을 가지고 지붕에 접근하는 것이 필요할지도 모른다. 혹시 걸이가 있는 배관을 바닥 대신에 천장이나 벽 옆에 설치할 경우에는 오수 탱크와 굴뚝 사이의 천장 높이를 알아야 한다. 경제적 분석을 수행하기 위해서는 우리는 적어도 1년 동안(3년을 선호) 매달 천연 가스 사용과 도시 상수도 온도에 대한 정보를 획득해야 한다. 이 시점에서는 당연히 부족한 정보가 있기 마련인데, 그 이유 중 하나는 문제를 주는 사람(들)이 공학자들이 문제를 풀기 위해 필요한 것들을 모르기 때문이다.

유일한 해결방안이 없음

우리 회사는 오로지 하나의 굴뚝에 하나의 열교환기가 있는 시스템을 설계할 수 있다. 다른 회사는 각 굴뚝마다 열교환기가 있는 설계를 제안할 수 있다. 에틸렌글리콜과 물을 포함하는 개별 유체 시스템이 굴뚝에 있는 열교환기로부터 오수 탱크에 있는 물로 열을 전달할 때 사용될 수 있다. 대안으로는 도시 상수도가 먼저 굴뚝에 있는 열교환기로 흘려보내진 다음에 오수 탱크로 보내질 수도 있다. 이 설계 문제에는 확실히 다양한 해결책들이 존재한다.

제한조건

가능한 모든 해결책들로부터 이 문제에 대한 "최고의" 해결 방안을 찾는 것은 몇 개를 (종이에다가) 직접 실험하여 어떤 해결책이 제한조건들을 가장 잘 만족하는지를 보는 것이다. 의뢰인이 혹시 이 시스템을 설치함으로써 최대한으로 돈을 절약하기를 바라는가? 환경보호기관에서는 이 시설에서 배출되는 가스의 온도에 제한을 두고 있는가? 목적과 제한점을 확인할 필요가 있다.

입찰 제출

우리는 우리 회사가 문제를 해결하기 위해 필요로 하는 전문성, 시간 그리고 기술을 갖고 있다고 결정 내렸으며, 이제 입찰을 제출하고자 한다. 우리는 구체적으로 어떠한 업무들이 관련되어 있는지를 고려해야 한다. 우리는 필요한 추가 정보를 계약 기관으로부터 제출받았다.

우리는 탱크에서 하나의 굴뚝으로 그리고 뒤로 연결하는 배관계 설계를 해야 하는 것은 분명하다. 우리는 배관 크기, 배관 연결, 적합한 펌프 선택, 그리고 굴뚝에 넣을 열교환기 크기 선정 같은 것들을 구체화해야 한다. 좀 더 구체적으로 완료해야 할 일들은

1. 적절한 열교환기 종류, 크기, 재료
2. 펌프(필요하다면)의 크기, 위치, 재료
3. 배관, 배관 이음새, 크기, 배선 그리고 재료(유량계나 관 단열이 필요함을 고려)
4. 설치, 작동, 관리를 포함한 시스템의 총 비용
5. 투자의 회수기간
6. 표준 크기를 사용 가능한 곳에 쓰는 것
7. 지역 코드를 확인하고 거기에 맞게 하는 것
8. 안전을 위해 시스템을 분석할 것

위에 적힌 목록은 프로젝트의 기술 단계로 전체 설계 과정의 일부분에 지나지 않는다.

입찰

이 문제를 어떻게 해결할 것인가에 대한 개념을 바탕으로 우리가 생각할 때 해야 할 일들을 확인했다. 예비 스케치를 고안하고, 회의 참석과 공장을 둘러보는 것 등에 며칠이 걸렸을 것이다. 우리는 이제 입찰 서류를 제출하기 위한 준비를 완료하였다. 대부분의 경우에는 서류는 의뢰인이 제공하며 우리는 그저 서류를 채워 넣기만 하면 된다. 하지만 가끔

입찰자 자신이 내부 양식의 서류를 준비하여 작성한 다음에 의뢰인에게 제출하는 경우도 있다.

이 예시에서 우리는 그림 1.6과 같이 아주 간략한 서류를 작성한다고 가정하자. 서류에서 무엇이 필요한지를 유심히 살펴보자. 먼저, 예상 입찰 금액과 더불어 프로젝트의 제목은 필수이다. 이 서류를 완성하면 예상 입찰 금액이 계산된다.

서류에 "실제(actual)"라고 첨부된 세로 열을 주목하라. 이 열은 내부 기록관리를 위해 추가된 것이므로 의뢰인에게는 제출되지 않는 것이다.

우리는 입찰 서류의 두 번째 줄의 마감시간에 맞춰서 제출해야 한다는 것을 명심해야 한다. 기한은 우리가 일을 끝내기로 동의한 시점이다. 일을 끝내기 위해 필요한 시간들은 우리가 프로젝트를 위해 할애할 인시(person-hour)를 예상한 것이다. Part A는 프로젝트의 설계 팀에서 일할 사람들의 명단이며 인시와 월급도 함께 적혀 있다. 인시의 수는 기껏해야 예상 수치이지만, 경험이 많은 입찰자는 정확한 평가를 할 수 있다. 프로젝트를 위해 일하는 각 근로자의 **부가 혜택**은 프로젝트의 예산에서 바로 지급된다. 이것은 보험, 의료혜택과 퇴직 혜택과 같은 것들을 포함한다. **기타 비용**(모형을 제작한다면 필요한 재료나 비품 등)은 프로젝트로 청구된다. 단체로 **출장을 가는 것**(예를 들어 시설과 같은 곳으로)은 프로젝트 앞으로 청구된다. 설계 팀에서 전문가(**기술지도**)의 도움이 필요할 수 있는데 이때 전문가의 서비스에 지불되는 금액 또한 프로젝트 앞으로 청구된다. **간접비용**(공공시설에 대한 비용, 사무 공간, 비서직의 도움, 이윤 등의 간접비 포함) 역시 프로젝트 비용의 일부분이다. 이 항목들의 총 금액이 우리(여기서 계약자)가 의뢰인에게 설계를 완성하는 데(시공을 하는 것이 아니라 단지 설계하는 데) 청구할 비용이다. 대부분의 항목들이 처음의 예상되는 인시와 직접적으로 관련되어 있다는 것을 명심하자. 따라서 정확한 예상 수치는 매우 중요하다.

1.5 프로젝트 관리

우리 회사가 가장 작은 금액으로 입찰해서(아니면 우리가 개인적으로 공장 관리자를 알고 있기 때문에) 열 회수 프로젝트가 우리 손에 맡겨졌다고 가정하자. 일을 완수하기 위해서는 체계적이고 잘 관리된 노력이 요구된다. 프로젝트는 몇 가지의 작은 일들로 나누어져서 최종적으로 종합적인 해결책에 융합되어야 한다. 이 단계는 작은 일들을 확인하고, 이 일들을 개인 또는 여러 명에게 배정하는 것과 이 일들을 특정 시간까지 완료하는 것을 포함한다. 이러한 세분화는 프로젝트가 시간 내에, 그리고 예산 안에 완성되는 것을 보장할 책임이 있는 **과제 관리자**나 **과제 책임자**에 의해서 수행된다. 따라서 이 시점에서는 프로젝

			Estimated	Actual
Title of Project			Bid Amount	
Closing Date / Due Date	Hrs Req'd to Complete			
Project Director				
A. Personnel Name	Telephone	Person-hrs	Salary	
1.			$	$
2.			$	$
3.			$	$
4.			$	$
5.			$	$
6. Subtotal			$	$
B. Fringe Benefits (35% of A.6)			$	$
C. Total Salaries, Wages, & Fringe Benefits (A.6 + B)			$	$
D. Miscellaneous Costs 1. Materials & Supplies			$	$
2. Other			$	$
3. Subtotal			$	$
E. Travel			$	$
F. Consultant Services 1.			$	$
2.			$	$
3. Subtotal			$	$
G. Total Direct Costs (C + D.3 + E + F.3)			$	$
H. Indirect Costs (50% of G)			$	$
I. Amount of this Bid (G + H)			$	$
Signatures of Engineers		Date		Initials
1.				
2.				
3.				
4.				
5.				

그림 1.6 예산 제출 양식의 예제

트 총 책임자를 선정하여야 한다. 책임자의 업무는 프로젝트를 시간 내에 완성할 수 있도록 그룹의 인력을 잘 관리하는 것이다.

프로젝트를 완성하는 데 필요한 업무나 작은 일들에 관한 프로젝트 활동들에 관한 개요를 보여주는 **막대그래프**는 프로젝트 매니저에게 유용할 것이다. 막대그래프의 가로축에는 시간이, 세로축에는 프로젝트 활동들이 표시된다. 이러한 레이아웃의 장점들은 모든 활동들이 계획되고 정해져 있다는 것, 활동들의 순서를 쉽게 볼 수 있다는 것과 예상되는 완료 시간이 있는 전체 그림이 있다는 것이다. 이러한 차트의 단점 중 하나는 업데이트에 시간이 많이 필요할 것이라는 점이다.

열 회수 프로젝트에 관한 막대그래프는 그림 1.7에 나타나 있다. 이는 우리가 확인할 수 있는 업무들을 전부 포함하는 "초안"이다. 이것들은 업무의 순서대로 왼쪽에 명시되어 있다. 차트는 다른 업무 이전에 어떤 활동들이나 업무들이 완료되어야 하는지를 보여준다. 프로젝트 전체 기간인 8주에 걸친 계획들과 각 활동이 얼마 정도 걸릴지에 대한 *예상* 시간도 보여주고 있다. 더불어, 각 칠해진 직사각형에 보이는 글자들은 해당 업무를 완성시키는 데 책임이 있는 공학자(들)의 머리글자들이다. 칠해진 직사각형들은 사건의 연속을 의미하는 선과 화살표로 연결되어 있다. 예를 들어 펌프를 선정하기 이전에 배선의 크기, 배선의 연결, 그리고 열교환기가 먼저 선정되어야 한다.

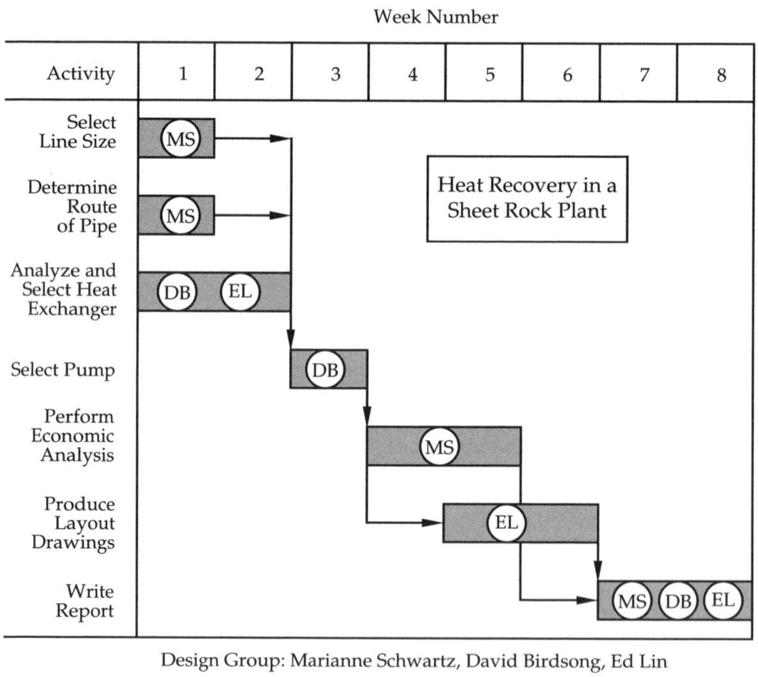

그림 1.7 열교환기 프로젝트를 완성하기 위해 수행해야 할 세부 일들에 대한 막대그래프

시간이 좀 지난 후, 우리가 몇 가지의 다른 업무를 수행할 생각(혹은 맡겨진)을 하거나 몇 개의 업무들이 계획된 완료 시간보다 빨리 완료됐다고 가정해보자. 차트에 새로운 사건들을 추가하고 책임질 사람을 배정한 후, 완성된 작은 일들을 완료했음을 차트에 업데이트하는 것이 바람직할 것이다. 또한 프로젝트가 원래 일정보다 더 빨리(혹은 늦게) 완료될 것

같다고 가정하자. 수정된 차트에서 이 역시 확인 가능할 것이다.

많은 조사 후에 필요한 에너지를 회수하기 위해 두 개의 굴뚝에 교환기를 사용해야 한다는 것을 알게 됐다고 가정하자. 그림 1.8은 수정된 차트를 보여준다. 새로운 활동들과 다른 업무와의 연결성이 보이게 배치되었다는 것을 주목하라.

프로젝트 총 책임자는 프로젝트를 완성하는 데 필요한 예산을 관리하는 책임 역시 지고 있다. 이것은 모든 지불 요청을 승인하는 것과 예산 자금이 어떻게 지출되고 있는지 확인하는 것을 모두 포함한다.

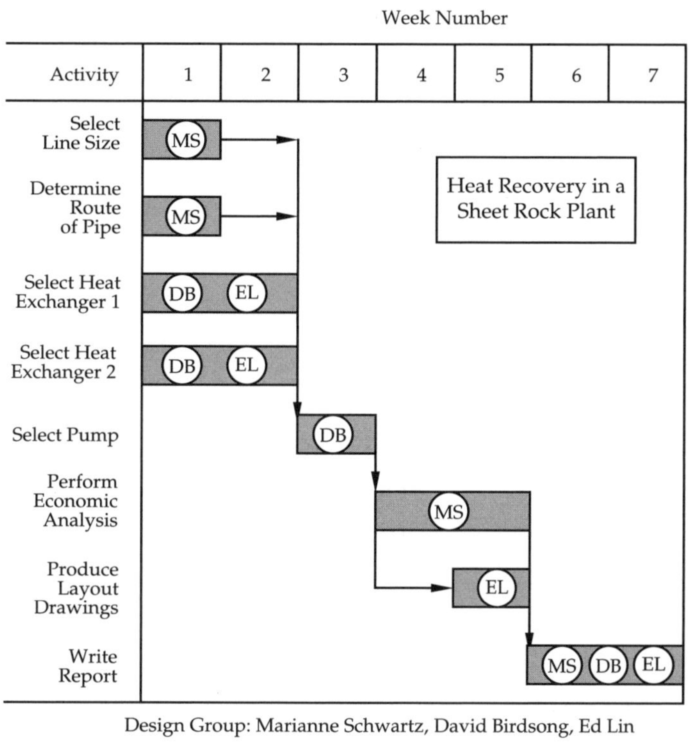

그림 1.8 열교환기 프로젝트를 완성하기 위해 수행해야 할 세부 일들에 대한 수정된 막대그래프

프로젝트 총 책임자는 그룹 일원들에게 도움을 주기 위해 필요한 만큼 자주 만날 것이다.

프로젝트 관리는 많은 연구들의 주제였다. 결과적으로 기술적인 일이 어떻게 완성되는 것보다는 그룹의 일원들이 서로와 어떻게 소통하고 대하는지가 설계 그룹의 업무들 중에 가장 중요하다는 것을 확인할 수 있었다. 기술적인 전문성과 같은 인적 기술은 계속적으로 갈고 닦는 것이 필요하다. 이와 관련하여, 신중하게 기억해야 할 프로젝트 책임자와 그룹 일원들의 기본적인 역할들은 아래와 같다:

- 전체 프로젝트의 목적을 항상 생각하고 있을 것,
- 각 그룹의 일원들이 설계의 전반적인 성공을 위해 어떻게 기여할 것인지에 대해 정확

히 파악하고 있을 것(즉, 각 그룹 일원들은 아무런 문제없이 정확하게 자신의 업무를 알고 있을 것),

- 그룹 일원이 업무를 완수하는 데 방해되는 요소들을 파악하고 있을 것,
- 방해 요소를 제거할 것,
- 모든 그룹 일원들은 서로 간의 효율적인 업무 관계를 유지하기 위해 "보수를 받고 있다"는 것을 명심할 것.

이것들을 위해서, 프로젝트 책임자는 그룹의 정기적인 회의를 계획하고 회의록을 준비해야 할 것이다. 회의록은 누가 의제와 정보를 발표할 책임이 있는가와 같은 광범위한 상세내용을 포함해야 한다. 프로젝트 책임자는 의뢰인을 위해 구두나 서면으로 주기적인 중간보고 또한 준비해야 한다. 의뢰인에게 진척 내용에 대해 정기적으로 정보를 계속 제공해야 한다.

내부 문서

위에 설명된 설계 과정은 다양한 활동들을 포함하며, 최종적으로는 보고서로 작성된다. 이 보고서는 의뢰인에게 제공된다. 그러나 컨설팅 회사는 프로젝트에 대해 서면으로 된 보고에 포함된 것보다 더 많은 정보를 보관해야 한다.

공학자가 프로젝트를 시작하면, 공학자는 노트를 구해 프로젝트와 관련된 모든 일들 중에서도 특히 날짜 및 사용된 시간을 글로 전부 기록해야 한다. 심지어 사소한 기여(전화 통화와 같은)들도 기록되어야 한다. 노트에서 지워지거나 누락되는 부분은 없어야 한다. 노트는 프로젝트에 들어간 기술적인 일이나 계산들을 전부 포함하고 있어야 한다. 노트는 기록이다. 실수는 노트에서 한 줄을 그어 "지워지지만" 읽을 수는 있어야 한다. 각 그룹의 일원은 각 프로젝트를 위해 자신의 개인 노트를 갖고 있을 것이다. 그룹 일원에 의한 진척사항은 일지를 확인함으로써 알 수 있다.

컨설팅 회사 내에 있을 최종 보고서의 복사본은 처음에 제출한 예산-입찰 문서를 포함해야 한다. 프로젝트가 완성될 쯤에는, 예산-입찰 문서의 "실제"라고 표시된 세로 항은 프로젝트의 일부분으로 필요했던 물품의 실제 비용을 보여주게 된다. 이것은 인시에 쓰인 비용과 그 인시로 인해 얻어진 이익을 포함한다. 우리는 이익을 창출하기 위한 "비즈니스" 중이며 프로젝트의 성과는 실제 이익에 비례하여 평가될 것임을 기억하라.

공학자들의 노트들, 최종 보고서와 완성된 예산-입찰 문서는 컨설팅 회사가 미래에 참고를 할 수 있도록 파일로 보관하기를 원하는 문서들이다. 프로젝트가 나중에 다시 검토되어야 한다면, 필요한 세부 자료들을 확보할 수 있다.

보고서

다음으로는, 프로젝트의 기술적인 단계는 완성이 되었고 결과를 발표하는 것이 필요하다고 가정하자. 보통은 의뢰인에게 컨설턴트가 **서면으로 된 보고서**와 **구두 발표**를 진행한다. 서면으로 된 보고는 몇 가지 사항을 포함할 것이다(그림 1.9에서 추천되는 예로 된 양식이 *소개되어* 있다). 각 항목은 아래와 같다.

송달장—프로젝트가 완성되었으며 동봉한 보고서에 결과들이 제시되어 있다는 것을 의뢰인에게 알려줌.

표제지—프로젝트 제목, 완성된 프로젝트의 마감 날짜, 프로젝트에 일한 공학자들, 컨설팅 회사의 이름을 보여줌. 보고서의 모든 페이지는 번호와 날짜가 적혀져 있어야 하며 컨설팅 회사가 표시되어 있어야 함.

문제 기술—프로젝트와 관련된 사람들이 어떤 프로젝트가 완성되었는지를 알 수 있게끔 문제를 간략하게 반복

발견한 것들에 대한 요약—해결책의 상세한 내용들을 요약함. 예를 들어 이 부분은 어떤 펌프를 살 것인지, 어떤 배관 크기를 사용할 것인지, 관을 어떤 배선으로 짤 것인지, 어떤 열교환기를 사용할 것인지, 추천한 공급자들 그리고 모든 요소들의 비용 리스트를 보여줄 수 있다. 시스템의 그림들 또한 포함될 것이다. 요약본은 의뢰인이 모든 부품들의 설치를 완료할 계약자에게 제출할 수 있을 만큼 완성도가 있어야 한다.

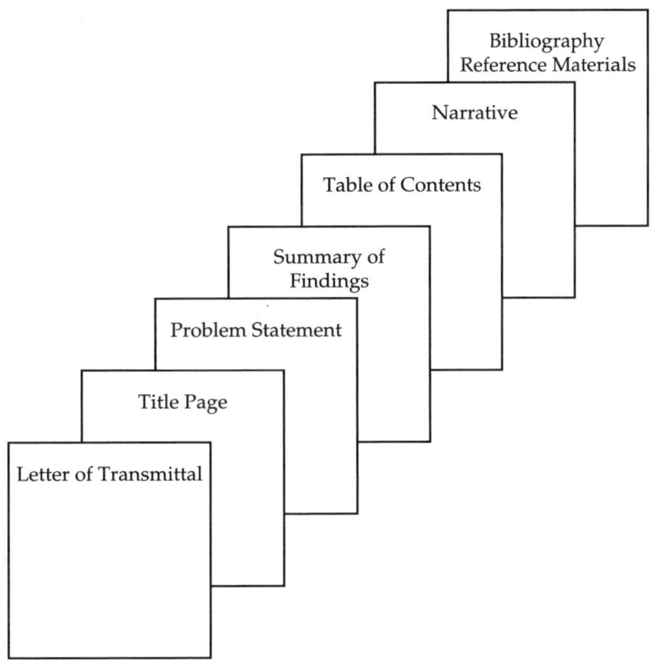

그림 1.9 서면 보고서의 항목들

목차—보고의 어떠한 부분을 읽는 이에게 참조할 수 있게 해줌.

서술—요약에 명시된 모든 요소들의 세부 내용과 왜 각 세부 내용들이 선택되었는지를 보여줌. 예를 들어, 펌프가 어떻게 선택되었는지에 대한 상세 내용은 여기에 포함될 것이다. 서면으로 세부 내용이 충분하게 포함되어야 읽는 이가 개발의 모든 과정을 이해할 수 있다. 글쓴이에 따라 서술 구조와 부제는 다를 것이다. 그러나 *만약에 읽는 이가 보고서를 읽고도 이해를 하지 못한다면 충분하게 설명하지 못한 것이다*. 읽는 이를 배려하여 글을 써야 한다.

참고문헌/참고자료—설계의 세부사항들에 도달하기 위해 쓰인 문헌의 제목과 출판물을 보여줌. 이 부분은 필요하다면 공급자 목록으로부터의 정보(예를 들어 펌프 성능 곡선)를 포함해야 한다.

글로 된 보고서는 어떠한 부분에서도 전문적으로 보여야 한다. 잘 작성된 보고서는 글쓴이가 꼼꼼하다는 것과 이 일을 완성하기 위해 상당히 많은 주의를 기울였다는 것을 의뢰인에게 확인시켜 줄 수 있다. 문서, 그래프, 그림과 차트들은 손으로 직접 그린 것 하나 없이 모두 컴퓨터로 완성된 것이어야 한다. 전체 보고서는 제본되어 있어야 하며 의뢰인은 한 부 이상의 복사본을 제공받아야 한다.

구두로 하는 보고는 짧고 간결해야 한다. 구두로 된 보고는 초기 비용과 운영비를 포함하여야 하고, 문제 기술과 결과들에 대한 요약들로 구성되어 있다. 만약 질문이 있다면, 발표자는 서술되어 있는 세부 내용을 참고할 수 있다. 그러므로 발표자는 연구 *전체*에 대한 세부 내용을 말할 준비가 되어 있어야 하지만 문제 서술과 요약만을 발표해야 한다.

결과에 대한 분석과 평가

프로젝트에서 진행한 일들은 될 수 있으면 평가되어야 한다. 가장 중요한 두 가지 요소는 시스템이 설계대로 작동하는지의 여부와 좋은 제품을 제공하여 이익을 얻을 수 있을지의 여부이다.

일부의 경우에, 의뢰인이 시스템을 몇 개월 혹은 몇 년 동안 제작하지 않을 수 있다. 게다가 설치된 시스템의 성과를 평가하는 데 필요한 기기 장치(열전대, 유량계 등)를 갖고 있지 않을 가능성이 더 높다. 설치된 이후에도, 시스템이 설계대로 움직이는지를 판단하는 데 몇 년이 걸릴 수 있다. 이 장의 열 회수 프로젝트에서, 설치된 후 1년을 기다려야만 천연가스 소비를 적게 하는지를 확인할 수 있다.

시스템이 어떠한 이유로 설계대로 움직이지 않고 일한 사람들도 모든 세부 내용을 기억하지 못하거나 다른 곳에 취업을 했다고 가정하자. 우리는 저장된 공학자들의 일지를 참고하여 의뢰인과 함께 문제점을 적절하게 수정할 수 있다.

좋은 제품이 제공되었는지에 대해서는 평가가 되지 않을 수도 있다. 그러나 실현이익은 평가될 수 있으며 공학이라는 범위 밖에서 정교한 회계 시스템에 의해 계산된다.

전체 투입되는 시간에 비해서 어떤 프로젝트의 기술적 단계는 상대적으로 적은 시간이 필요하다. 수행 내용들을 문서화하는 데 들어간 시간과 노력, 특히 의사소통에 들어간 시간과 노력도 비슷하게 중요하다.

1.6 | 차원과 단위

이 본문에서 쓰인 단위 시스템은 대부분 영국중력단위계(the British Gravitational), 공학 또는 미국 단위계(the Engineering or U.S. Customary system), 그리고 표준단위계(the SI unit system)이다. 각 시스템의 기본 차원과 단위는 표 1.1에 나열되었다. 다른 시스템에서 개발된 차원과 단위도 보여지고 있다[영국 절대(the British absolute)와 CGS 절대(the CGS absolute)].

미국 단위계를 쓸 때, 힘과 질량 사이의 변환 인자가 사용되어야 한다. 이 변환 인자는

$$g_c = 32.2\frac{\text{lbm}\cdot\text{ft}}{\text{lbf}\cdot\text{s}^2} \qquad \text{미국 단위계} \qquad \textbf{(1.1)}$$

표 1.1에 나열된 다른 단위 시스템에서는 변환 인자 g_c는 필요하지도 않고 사용되지도 않는다. 이 책의 방정식들은 g_c를 포함할 것이나, 미국 단위계가 쓰이지 않는다면 독자는 g_c를 무시하거나 이를 다음과 같게 두면 된다.

$$g_c = 1\frac{\text{질량 단위}\cdot\text{길이 단위}}{\text{힘 단위}\cdot\text{시간 단위}^2} \qquad \text{다른 단위 시스템} \qquad \textbf{(1.2)}$$

문제를 풀 때, 사용할 단위 시스템이 선정되어야 한다. 우리가 쓰는 모든 방정식들은 차원이 일치해야 한다. 그러므로 방정식에 대입하는 모든 변수들은 적절한 단위로 되어 있어야 한다. 적절한 단위는 각 시스템의 기본 단위다.

특수한 단위(예를 들어 마력, 에어컨 톤, BTU, 테이블스푼 등)를 가지고 있는 많은 변수들에서 기본적인 단위로의 변환은 필수라는 것을 알 수 있다. 이러한 부담을 덜어주기 위해, 부록 A는 변환 인자 표와 표준단위계를 사용할 경우의 접두어를 제공한다.

표 1.1 일반적인 단위 시스템들

Dimension	British Gravitational	SI	Engineering	British Absolute	CGS Absolute
Mass (M) (derived)	slug				
Mass (M) (fundamental)		kg	l bm	l bm	gram
Force (F) (derived)		N		poundal	dyne
Force (F) (fundamental)	lbf		lbf		
Length (L)	ft	m	ft	ft	cm
Time (T)	s	s	s	s	s
Temperature (t)	°R	K[†]	°R	· R	°K
	°F	°C	°F	°F	°C
Conversion Factor g_c	—	—	$32.2\ \dfrac{\text{lbm·ft}}{\text{lbf·s}^2}$	—	—

[†]Note that in SI, the degree Kelvin is properly written without the ° symbol.

1.7 요약

이 장에서 우리는 열유체 시스템의 몇 가지 예를 살펴보고 간접적으로 이들을 정의하였다. 우리는 설계 과정(설계의 속성, 설계 단계, 코드와 표준, 경제, 제품 안전성, 입찰 과정 등) 또한 논하였다. 뿐만 아니라, 우리는 프로젝트 관리 방법과 보고서 작성 및 결과에 대한 평가 등을 소개하였다. 이러한 주제들은 이어지는 질문들과 문제들에서 더 자세히 서술된다.

우리는 단위 시스템(표준단위계, 미국 단위계, 그리고 영국중력단위계)에 대해서 간략하게 논하였다. 산업계에서 나온 몇 가지 특수한 단위와 기본 단위가 문제를 풀 때 사용되어야 한다는 것에 대해 언급하였다.

1.8 토의를 위한 질문들

4~5명으로 구성된 그룹은 각각의 질문에 10분 정도를 할애하여 다음 질문에 답변하여야 한다. 토의의 끝부분에서는, 3분 이내의 짧은 구두 보고의 형태로 얻어진 결론을 다른 그룹들과 공유하여야 한다.

1. 카세트 또는 CD에 사용되는 플라스틱의 특성에 대하여 토의하여라.

2. 손 계산기를 얼마나 크게 만들지 결정하는 데 영향을 미치는 요소들은 무엇인가?
3. 욕조에 사용되는 재료의 바람직한 특성들은 무엇인가?
4. 태양 집열기 관의 바람직한 특성에 대해 논하여라. 여기서 관은 태양에 의해서 가열된 물을 운송하는 데 사용된다.
5. 수영장에서 사용되는 공기주입식 튜브를 만들 재료의 바람직한 특성들은 무엇인가?
6. 8 km/h 충돌 사고를 견뎌낼 수 있는 자동차 범퍼의 바람직한 특성들은 무엇인가?
7. 일반적인 자동차에서 브레이크 선에 사용되는 재료의 특성들은 어떠해야 하는가?
8. 사다리가 얼마만큼 무게를 지탱하여야 하는지 또한 어떤 재료로 만들어져야 하는지에 대한 결정에 영향을 미치는 요소들에 대하여 토의하여라.
9. 제조사가 마요네즈 용기의 위쪽 산이 얼마나 꽉 조이는지 결정하는 데 영향을 미치는 요소들에 대해서 논하여라.
10. 은제품은 일반적으로 식기를 지칭한다. 하지만 어떤 종류의 용기들은 은으로 만들어져 있는 반면, 다른 종류의 용기들은 스테인리스 강으로 만들어져 있다. 식기를 제작하는 데 어떤 재료가 더 나은 선택인가? 그 이유는 무엇인가?
11. 도로에 선을 긋는 데 사용할 페인트의 기대 특성들은 무엇인가?
12. 파티를 위해 사용할 공기주입식 타입의 풍선에 쓰일 재료의 특성에 대하여 논하여라.
13. 액체 산소를 저장하는 데 사용할 탱크의 바람직한 특성에 대하여 논하여라.
14. 예복용 구두의 솔은 얼마나 오랫동안 지속되는가? 구두의 솔의 특성은 어떠해야 하는가?
15. 가장 낮게 입찰한 입찰자에게 일을 맡기는 것이 언제나 바람직한가? 예외적인 경우를 적고, 왜인지 이유를 제시하여라. 입찰자가 "개인적으로 공장 관리자를 알기" 때문에 입찰을 주는 것이 공정한가? 개인 영역에서 공정할 필요가 있는가? 정부가 관련되었을 때 공정할 필요가 있는가? 여기에서 "공정"이라는 뜻을 정의해 보아라.
16. 컨설팅 사업에서 이익이 항상 동기가 되어야 하는가?
17. "좋은 제품을 공급함으로써 이익을 만들어야 하나?"라는 질문을 고려하여라. 열 회수 프로젝트와 관련하여서 "좋은" 제품을 정의하여라.
18. 진공 청소기의 제조사는 자기 제품이 시장의 어떤 제품보다 "두 배 좋다"라고 한다. 이 주장과 관련하여,
    a. 적절히 많은 요소들을 고려하여서, 진공 청소기의 성능을 어떻게 평가할지 결정하여라.
    b. 가능하다면 어떤 면에서 진공 청소기가 다른 제품보다 "두 배 좋다"라고 할 수 있는지 결정하여라.
19. 무엇이 어떤 세정제가 다른 회사들에 의해 판매되는 것보다 "더 좋다"라고 말할 수 있게 해 주는가? 세탁 세정제의 성능을 어떻게 평가할 것인가? 무엇이 "좋은" 세탁 세정제를 만드는가? 매우

자세한 용어를 사용해서, 어떻게 세정제가 다른 것에 비해 "낫다"라고 할 수 있는지 설명하여라. 이는 세정제가 다른 것에 비해 "두 배 좋게" 깨끗하게 하는 것을 의미하는가? 그렇다면, 이 맥락에서 "두 배 좋게"라는 것은 무엇을 의미하는가?

20. 자동차 왁스는 흥미로운 제품으로 많은 제조사들로부터 구입할 수 있다. 당신은 구매 결정을 하기 전에, 자동차 왁스를 알아보기를 원한다. 자동차 왁스를 다른 것에 비해 "더 낫게" 만드는 요소는 무엇인가? 자동차 왁스를 어떻게 평가할지 결정하여라. 즉, 무엇이 자동차 왁스를 "좋은" 자동차 왁스로 만드는가?

21. 개인 사업자가 된 대학 동료가 전문가인 당신에게 연락하였다. 그녀는 화학자로, 머리 염색 제품을 제조/판매하고 있다. 그녀는 적절한 비용으로 당신의 전문 서비스를 이용할 수 있다고 믿고 있다. 그녀는 그녀가 만드는 머리 염색 제품이 시장의 다른 제품에 비해 "낫다"라고 주장하기를 희망한다. 그녀는 당신이 이를 위한 시험 프로그램을 계획하는 것을 도와주기를 원한다. 머리 염색용으로 판매하는 제품의 바람직한 특성들은 무엇인가?

22. "얼룩 저항성" 화학 약품을 어떻게 평가할지 결정하여라. 전혀 얼룩이 지지 않는 제품에 비교했을 때 얼룩 "저항성"은 무엇을 말하는가? 얼룩 저항성을 정의하고 평가하는 시험 프로그램을 결정하여라. 숫자 단위계가 이런 화학 약품들에 적합할 것인가?

23. 당신은 시력 및 반응시간과 관련하여 어떤 색의 조합이 더 효율적인지 결정하기를 희망한다. 이런 종류의 데이터들은 표지판 회사 및 정부가 차량 운전자들에게 신호를 보내는 표지판을 만들 때 중요하다. 예를 들어, 하얀 바탕 화면에 검은 활자가 녹색 바탕에 노란 활자보다 나은가? 만약 표지판이 이 (또는 다른) 색 조합으로 만들어진다면, 어느 것이 관측자에 의해서 더 빨리 인식될 것인가? 여러 가지 색 조합을 가진 표지판에 사용될 수 있는 색 대비를 측정할 수 있는 시험 방법을 결정하여라.

1.9 | 보이고 말하기

각 학생들은 구두로 다음의 질문들에 대한 답변을 제시하여야 한다.

1. 만약 시스템 성능 평가가 수행된다고 한다면, 열 회수 프로젝트에서 어떤 장비가 필요할 것인가? 각각 장비의 기능과 이를 이용하여 어떤 계산이 수행될 것인가에 대해 설명하여라.

2. 이 장의 열 회수 프로젝트에서 고려되어야 할 인적 안전 요소들은 무엇인가? 지역 안전 코드가 있는가?

3. 계약자나 계약 대행사로부터 입찰 문서들을 얻고, 포함된 항목에 대한 프레젠테이션을 하라.

4. 배관이나 전기 작업에 적용되는 지역 코드를 찾아라. 포함하고 있는 것들에 대한 프레젠테이션을 하라.

5. 산업계에서 사용되는 표준들에 대한 여러 예를 들어라.

1.10 Problems

Conversions and Unit Systems

1. Consult an appropriate source to determine the conversion factors associated with the following conversions:
   a. number of dashes per teaspoon
   b. number of teaspoons per tablespoon
   c. number of tablespoons per cup
   d. number of cups per quart
   e. number of quarts per gallon

2. Consult an appropriate source to determine the meaning of the following units (remember to look up the proper pronunciation as well):
   a. coomb b. scruple c. cord of wood d. ream of paper

3. Consult an appropriate source to determine the meaning of the following units:
   a. gill b. degree-day c. ton versus metric ton d. long ton versus short ton

4. How many "hins" are in a "bath"? How many "baths" are in a gallon?

5. What is the relationship between an ounce (16 ounces per pound) and a fluid ounce (16 ounces equals one pint)?

6. What is the origin of the "horsepower"? Why would anyone wish to express power in the unit of horsepower? How many watts are in one horsepower?

7. The unit for volume flow rate is gallons per minute, but cubic feet per second is preferred. Use the conversion factor tables in Appendix A to obtain a conversion between these two units.

8. Which is heavier—a grain or a dram? Express both in the appropriate English fundamental unit.

9. How many years does a furlong designate? Furthermore, if a furlong is a linear

measurement, what does this have to do with "years"? Why?

10. What is the difference between troy weight and avoirdupois weight? Express a pound in each of these systems in terms of grains.

11. Is something called a "log" a unit of measure for liquid or dry goods? What is the conversion between a log and the appropriate SI unit?

12. In the plastics industry, what is a gaylord?

13. A shotgun gauge refers to what dimension of the firearm?

14. Nine gage wire and eleven gage wire are both used extensively in making chain link fence material. What are the diameters of these wires? What other wire diameters exist, and what is the standard used in sizing wires?

15. Sheet metal screws are sized according to what standard? What is the difference between a machine screw and a sheet metal screw?

Measurement Scales

16. What is the Forel Ule scale used to measure?

17. What is the Snellen Fraction?

18. The Scoville Unit is a measure of what?

19. What is the Shore Hardness scale used to measure?

20. The Shade number is used as a measure of what?

21. The Beaufort scale measures what?

22. What scale is used to measure the "strength" of an earthquake? What is actually being measured?

23. What is the Numeric Rating Scale (NRS-11) used to measure?

24. To what does "Carat Purity" refer?

25. Canned foods are quite common. How are can sizes measured or expressed by can manufacturers? What are the differences in can size specifications used in the United States.? What is used in the metric system?

Miscellaneous Measurements

26. Why is a mile 5 280 ft?

27. By what must a quart be multiplied to obtain a bushel?

28. What is a "hat trick"?

29. How long is the circumference of a racetrack; i.e., how many laps must be made in a one mile race?

30. What is the significance of an acre, and how many square feet are contained in one? Which is larger, an acre or an arpent?

31. What is the definition of the body mass index? What is yours?

32. How many barleycorns are in an inch?

33. How many inches are in a fistmele?

34. Use the conversion factor tables in Appendix A to develop a conversion factor between gallons and cubic feet.

35. What is the equation for calculating the heat index?

36. How long is a "handbreadth"? How long is a "finger"? How many fingers are in a handbreadth?

37. Consult an appropriate source to determine the conversion factors that apply to a. parsecs per mile b. stadia per mile

38. The quantity called a "measure" is used in measuring the capacity of dry goods as well as liquid goods. What is the conversion between a measure and a bushel (dry goods)? What is the conversion between a measure and a gallon?

39. How is blood pressure expressed? Why isn't the result expressed in psig or kPa?

40. How are shoes sized; i.e., what is the relationship between shoe sizes and any other commonly used unit?

유체의 상태량과 기본 방정식 02

Fluid Properties and Basic Equations

이 장에서는 유체역학의 기본 원리들을 복습한다. 독자의 기억을 환기시키고 이 교재에서 사용되는 표기법에 독자들이 익숙해지도록 유체상태량이 간략하게 정의된다. 연속 방정식, 운동량 방정식, 에너지 방정식 그리고 Bernoulli 식을 소개하고, 이러한 방정식들이 필요한 응용문제들도 검토한다.

2.1 | 유체의 상태량

이 절에서는 유체의 상태량인 밀도(density), 비중(specific gravity), 비중량(specific weight), 절대 점도(absolute viscosity) 또는 역학적 점도(dynamic viscosity), 동점도(kinematic viscosity), 비열(specific heat), 내부에너지(internal energy), 엔탈피(enthalpy), 그리고 체적탄성계수(bulk modulus) 등의 정의를 소개한다. 또한 몇 가지 상태량을 측정하는 대표적인 방법들도 알아본다.

밀도, 비중, 비중량

유체의 밀도는 단위 부피당 질량으로 정의되며, 그리스 문자 ρ로 표시한다. 밀도는 M/L^3 (lbm/ft^3 또는 kg/m^3)의 차원을 가지고 있다.

비중은 어떤 물체의 밀도와 4°C 물의 밀도 비를 나타낸 것이다.

$$\text{Sp. Gr.} = \frac{\rho}{\rho_w} \tag{2.1}$$

여기서, ρ_w는 물의 밀도이다. 부록의 상태량 표에 다양한 유체의 비중 값이 나타나 있다. 이때 물의 밀도는 관용적으로 아래와 같이 정의한다.

$$\rho_w = 62.4\ \text{lbm/ft}^3 = 1.94\ \text{slug/ft}^3 = 1\,000\ \text{kg/m}^3$$

비중량은 밀도와 관계된 유용한 양이다. 밀도가 단위 부피당 *질량*인 반면, 비중량은 단위 부피당 *힘*을 나타낸다. 밀도와 비중은 다음과 같은 관계를 갖는다.

$$\mathrm{SW} = \frac{\rho g}{g_c} \tag{2.2}$$

비중량의 차원은 F/L^3 (lbf/ft^3 또는 N/m^3)이다.

액체의 밀도는 액체의 부피와 질량을 측정해서 직접 구할 수 있다. 액체의 비중량은 부피를 알고 있는 물체를 액체에 담가서 구할 수 있다. 어떤 물체가 공기 중에 있을 때의 무게에서 액체에 잠겨 있을 때의 무게를 빼면 그 물체에 작용하는 부력이 되고, 그 부력을 물체의 부피로 나눈 값이 액체의 비중량이 된다.

석유 산업에서 기름의 비중은 Sp. Gr. 60°F/60°F로 표현하는데, 이 비중량은 60°C 물에 대해 60°C 기름의 밀도 비를 나타낸 것이다. 석유 산업에서 널리 사용되는 *API* (*American Petroleum Institute*) *gravity*와 비중의 관계는 다음과 같다.

$$\text{Sp. Gr. } 60°\text{F}/60°\text{F} = \frac{141.5}{131.5 + °\text{API}} \tag{2.3}$$

여기서 API는 "degree API"로 읽는다.

기체의 경우, 비중은 다양한 실험 방법으로 측정될 수 있다. 그중 하나는 표준 상태에서 동일한 부피의 공기와 기체의 무게를 직접 측정, 비교하는 것이다. 이때 공기와 기체의 무게 차이로 비중을 구할 수 있다. 기체의 무게 또는 질량의 차이를 비교하는 다른 방법들로도 기체의 비중을 측정할 수 있다.

점도(Viscosity)

유체에 전단응력이 작용할 때, 유체가 변형에 저항하는 정도를 점도라고 한다. 그림 2.1은 두 개의 나란한 평판 사이에 놓인 두께 Δy인 액체를 나타낸 것이다. 아래쪽 평판은 정지 상태이고 위쪽 평판은 F의 힘으로 오른쪽으로 당겨지므로, 위쪽 평판에 작용하는 전단은력은 $\tau = F/A$이다. 전단응력이 작용할때 액체는 연속적으로 변형한다. 이때의 연속적인 변형은 변형률의 항으로 표현될 수 있는데, 물리적으로 변형률은 선형적 분포를 갖는 액체 속도의 기울기이다. 정지 상태의 평판 표면에서는 유체의 속도가 0이 되고 움직이는 평판에

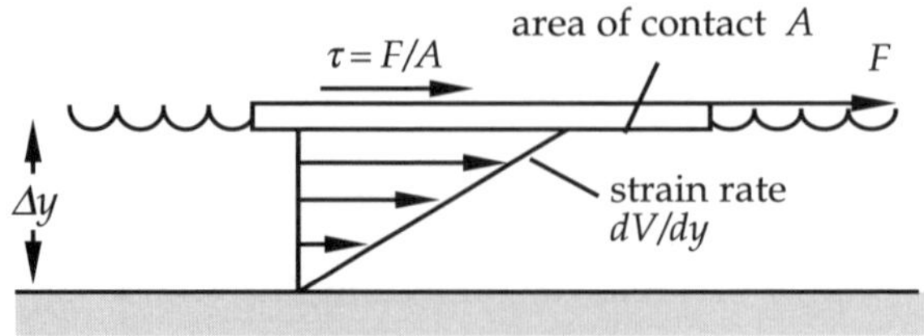

그림 2.1 점도를 구하기 위한 정의도

서는 유체의 속도가 평판의 속도와 동일하다. 이는 고체 표면에서 유체의 속도가 0이라는 것으로, **점착조건(non-slip condition)**으로 부른다. 하나의 전단력에는 하나의 변형률이 발생한다. 여러 가지 전단응력에 대해 변형률을 측정한 결과를 나타낸 것을 **유변학적(rheological) 선도**라 부른다. 그림 2.2는 전형적인 유변학적 선도를 나타낸 것이다. 그림 2.1의 평판 사이에 물이나 기름 등이 채워져 있는 경우, 그림 2.2에서 "Newton" 유체(Newtonian fluid)로 표시된 결과를 보인다. 이 경우, 유변학적 선도에서 직선의 기울기를 액체의 **역학적 점도** 또는 **절대 점도**라 한다. Newton 유체의 경우, 아래 식이 성립한다.

$$\tau = \mu \frac{dV}{dy} \qquad \text{(Newtonian)} \qquad \textbf{(2.4)}$$

여기서, μ는 절대 점도, τ는 가해진 전단응력이고 dV/dy는 변형률이다. 절대 점도의 차원은 $F \cdot T/L^2$ ($lbf \cdot s/ft^2$ 또는 $N \cdot s/m^2$)이다. 다른 Newton 유체의 예로는 공기, 산소, 질소, 글리세린 등이 있다.

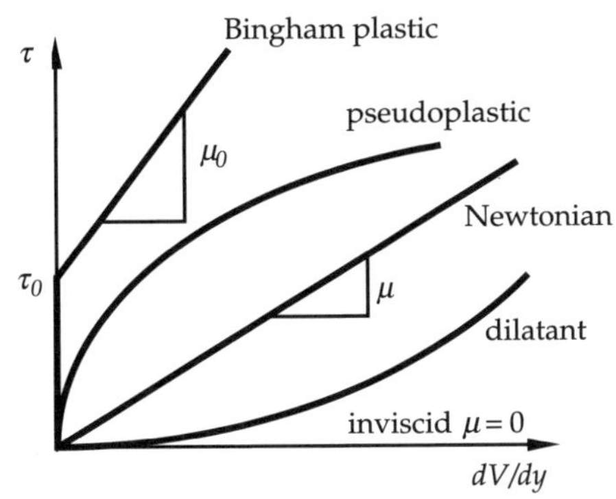

그림 2.2 여러 유체의 유변학적 선도

그림 2.2에서 "Bingham 플라스틱"으로 표시된 유체는 작동하는 전단응력이 유체의 **초기 항복응력** τ_0가 넘기 전에는 고체처럼 거동을 한다. 즉, 그림 2.1의 유체가 Bingham 플라스틱이라면 평판은 가해진 전단응력이 유체의 초기 항복응력을 초과하기 전까지는 움직이지 않는다. 초기 항복응력은 점도와 마찬가지로 유체의 상태량이다. 예를 들어, 땅콩버터가 들어있는 병을 뒤집어도 땅콩버터는 병 밖으로 흘러나오지 않는데, 이것은 중력에 의한 전단응력이 땅콩버터의 초기 항복응력보다 작기 때문이다. 만약 작용 전단응력이 초기 항복응력을 초과한다면 Bingham 플라스틱은 Newton 유체나 의소성(pseudoplastic) 유체처럼 거동한다. 그림 2.2의 Bingham 플라스틱의 거동은 다음과 같이 표현할 수 있다.

$$\tau = \tau_0 + \mu_0 \frac{dV}{dy} \qquad \text{(Bingham 플라스틱)} \qquad \textbf{(2.5)}$$

여기서 μ_0는 겉보기(apparent) 점도이다. 초콜릿 혼합물이나 일부 윤활유, 페인트, 종이 펄프, 비누, 치약 등이 대표적인 Bingham 플라스틱이다.

작용하는 전단응력이 커질수록 점도가 작아지는 유체를 **의소성(pseudoplastic) 유체**라 한다. 그림 2.1의 유체가 의소성 유체라면, 작용 전단응력이 커지면 유동에 저항하는 정도(즉, 점도)는 작아질 것이다. 일부 윤활유, 마요네즈, 녹말 현탁액 등이 의소성 유체에 해당한다. 전단응력과 변형률의 관계는 Ostwald-deWaele 방정식이라 불리는 아래의 멱법칙식(power law equation)으로 나타낼 수 있다.

$$\tau = K\left(\frac{dV}{dy}\right)^{n} \qquad (n < 1 \text{ 의소성}) \tag{2.6}$$

여기서 K는 **컨시스턴시 지수(consistency index)**이고 FT^n/L^2 ($lbf{\cdot}s^n/ft^2$ 또는 $N{\cdot}s^n/m^2$)의 차원을 가지며, n은 무차원 **유동거동지수(flow behavior index)**이다. 앞서 언급한 바와 같이, 의소성 유체는 전단응력이 커질수록 작은 유동 저항이 발생한다. 따라서 많은 양의 의소성 유체를 이송하는 경우가(많은 전단응력이 발생하는 경우), 적은 양을 이송하는 경우보다 마찰의 영향이 더 작다.

전단응력이 커질 때 점도도 커지는 유체를 **팽창성(dilatant) 유체**라고 한다. 젖은 모래, 높은 농도의 분말을 포함한 수용액 등이 이에 해당한다. 이 유체의 거동도 멱법칙식으로 나타낼 수 있다.

$$\tau = K\left(\frac{dV}{dy}\right)^{n} \qquad (n > 1 \text{ 팽창성}) \tag{2.7}$$

의소성 유체와는 반대로, 팽창성 유체의 유동 저항은 유량이 많아지거나 전단력이 커질수록 커진다.

그림 2.2에 포함되지 않은 다른 종류의 유체로는 리오펙틱(rheopetic), 틱소트로픽(thixotropic), 점탄성(viscoelastic) 유체가 있다. **리오펙틱 유체**는 일정 변형률을 유지하기 위한 전단응력이 시간이 지남에 따라 증가하는 유체로, 석고현탁액이 이에 해당한다. **틱소트로픽 유체**는 변형률을 일정하게 유지하기 위한 전단응력이 시간에 따라 감소하는 유체로, 액상 음식이나 쇼트닝(shortening) 등이 틱소트로픽 유체에 해당한다. **점탄성 유체**는 탄성체와 점성체의 특성을 모두 가진 유체로, 유동 중 발생한 변형의 일부가 다시 복원되는 특성을 보이는 유체이다. 밀가루 반죽이 이에 해당한다.

동점도(Kinematic Viscosity)

많은 유체역학 식에서 μ/ρ 항을 자주 볼 수 있다. 이 비를 동점도 ν라 부르고 m^2/s의 차원을 가진다.

예제 2.1 아래 표는 점도계로 토마토 페이스트(paste)의 점성을 측정한 결과이다. 이 유체가 Newton 유체인지 확인하고 이 유체의 거동을 표현하는 식을 구하여라.

τ	(Pa)*	51	71.6	90.8	124.0	162.0
dV/dy	(rad/s)	0.95	4.7	12.3	40.6	93.5

풀이

위 데이터의 그래프는 그림 2.3에 나타나 있다. 그래프에 나타난 전단응력−변형률의 관계로 판단할 때, 유체는 의소성 유체이므로 식 (2.6)을 적용할 수 있다.

$$\tau = K\left(\frac{dV}{dy}\right)^{n}$$

통계적 방법(최소회귀법 등)을 적용하면 K와 n을 구할 수 있다. 결과식은 아래와 같다.

$$\tau = 49.3\left(\frac{dV}{dy}\right)^{0.257}$$

더 선호되는 방법은 스프레드시트를 이용하는 것이다. 전단응력−변형률 데이터에 대해 추세선과 멱법칙식을 빠른 시간에 얻을 수 있다. 결과식은,

$$\tau = 49.93\left(\frac{dV}{dy}\right)^{0.250} \qquad \text{(스프레드시트)}$$

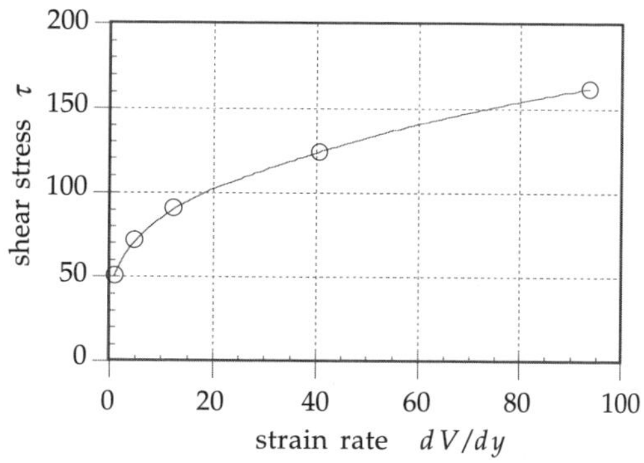

그림 2.3 토마토 페이스트 데이터에 대한 그래프

* Data from *Fundamentals of Food Engineering* by Stanley E. Charm, 2nd ed., Avi Publishing Co., Westport, Conn., 1971, p. 62.

압축성 인자(Compressible Factor)

압축성 인자는 액체의 압력 변화와 밀도 변화의 관계를 나타낸 상태량이다. 압축성 인자는 다음 식으로 표현할 수 있다.

$$\beta = -\frac{1}{\mathcal{V}}\left(\frac{\partial \mathcal{V}}{\partial p}\right)_T \tag{2.8}$$

여기서, $\mathcal{V}$는 부피, $\partial \mathcal{V} / \partial p$ 압력 변화에 따른 부피 변화이고 첨자는 이 과정이 일정 온도 상태에서 일어나는 것을 의미한다. 일반적으로 액체는 비압축성이다. 물의 경우, 압력이 10배 변해도 밀도의 변화는 겨우 1%에 지나지 않는다.

내부에너지(Internal Energy)

내부에너지(U로 표시)는 물질의 분자 운동과 관련된 에너지이다. 물질의 내부에너지 증가는 일반적으로 온도의 증가로 나타난다. 내부에너지는 F·L의 차원을 갖는다. 내부에너지는 종종 단위 질량당의 양으로 표현되는데($u = U/m$), 이 경우 F·L/M (ft·lbf/lbm 또는 BTU/lbm 또는 N·m/kg)의 차원을 갖는다.

엔탈피(Enthalpy)

엔탈피는 내부에너지와 유동일의 합으로 정의된다.

$$H = U + p\mathcal{V}$$

단위 질량당의 양으로 표현하면,

$$h = u + pv = u + \frac{p}{\rho}$$

여기서 $u = U/m$는 비내부에너지(specific internal energy), $h = H/m$는 비엔탈피(specific enthalpy)이고 $v = \mathcal{V}/m$는 비체적(specific volume)이다. 내부에너지와 유동일의 합은 에너지 방정식에 나타나는데, 엔탈피를 사용하면 에너지 방정식을 단순화할 수 있다. 여기서 주목할 것은, 엔탈피는 단순히 이미 알려진 상태량의 합이라는 것이다. 단위 질량당 엔탈피는 단위 질량당 내부에너지와 같은 차원인 F·L/M (ft·lbf/lbm 또는 BTU/lbm 또는 N·m/kg)을 갖는다.

압력

어떤 지점에서의 압력은, 단위 면적에 대해 분자의 충돌에 의해 발생하는 시간 평균된 수직 힘이다. 그 면적은 매우 작아야 하지만 연속체(continuum) 접근법을 위해서는 분자의 이동 거리보다는 충분히 커야 한다. 따라서 압력은 다음과 같이 정의된다.

$$p = \lim_{A \to A^*} \frac{F}{A}$$

여기서 A^*는 충분한 수의 유체 분자들이 충돌할 수 있는 작은 면적이고, F는 시간 평균된 수직력이다. 만약 A^*가 너무 작아져 0이 된다면 어떤 분자도 그 면적에 충돌하지 못해 수직력도 0이 되므로, 압력의 정의가 물리적인 의미를 갖지 못하게 된다. 압력의 차원은 F/L^2이다(영국단위계에서는 lbf/ft^2 또는 psi, SI 단위계에서는 Pa = 1 N/m^2).

2.2 | 점도의 측정

점도는 다양한 상용 점도계를 이용하여 측정할 수 있는데, 기본적인 원리는 동일하다. 유체 내에 층류 유동을 야기한 후 적정한 측정을 수행한다. 층류 유동 조건의 경우 운동 방정식의 엄밀해가 존재하는데, 이 엄밀해와 점도계의 형상, 측정된 데이터를 이용하면 점도를 구할 수 있다.

두 개의 동심 실린더로 구성되어 그중 하나는 자유롭게 회전할 수 있는 점도계를 고려하자(그림 2.4). 유체를 두 개의 실린더 사이에 채운 후, 외부 실린더를 일정 각속도로 회전시키면 외부 실린더의 운동량이 유체로 전달되고, 내부 실린더에도 토크가 가해진다. 내부 실린더가 비틀림 스프링 등에 연결되어 있다면 유체에 의한 각변형량을 측정할 수 있다. 역학적 점도 μ는 전달된 토크와 비례한다. 만약 실린더 사이의 간극이 매우 좁아 내부 실린더 반경의 0.1% 이내라면, 간극 사이의 유속 분포는 거의 선형이다. 간극이 더 큰 경우, 속도 분포는 포물선 형태를 갖는다. 선형 속도 분포를 갖는 경우,

$$\tau = \mu \frac{dV}{dy} = \mu \frac{V}{\delta}$$

$$\tau = \frac{\mu(R + \delta)\omega}{\delta} \tag{2.9}$$

여기서 ω는 회전 속도이다. 내부 실린더에 작용하는 토크는

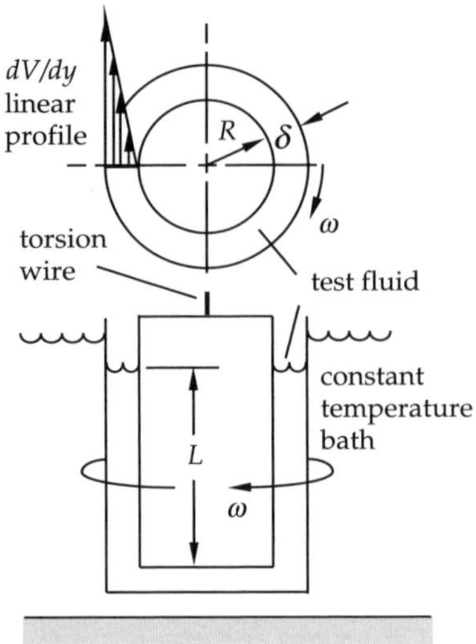

그림 2.4 작은 간극을 갖는 회전식 점도계

T = 전단력 x 거리 = 전단응력 x 면적 x 거리

$T = \tau(2\pi RL)R$

따라서 토크와 전단응력의 관계는

$$\tau = \frac{T}{2\pi R^2 L}$$

식 (2.9)에 대입하면,

$$\frac{T}{2\pi R^2 L} = \frac{\mu(R+\delta)\omega}{\delta}$$

점도에 대해 정리하면

$$\mu = \frac{T\delta}{2\pi R^2(R+\delta)L\omega} \quad \textbf{(2.10)}$$

위 식의 우변에서 토크 T와 회전 속도 ω를 제외한 모든 항들은 점도계의 형상과 관계된 것이다. 즉 토크와 회전 속도에 대한 정보만 있으면 역학적 점도의 측정이 가능하다.

또 다른 점도 측정 장치로는 **모세관 점도계**가 있다(그림 2.5). 이 장치는 세 부분에 표시가 된 작은 직경의 유리관으로 구성되어 있다. 우측에 진공을 형성하여 가장 높은 표시까지 유체를 채운 후, 진공을 제거하면 액체는 중력에 의해 아래로 흐른다. 이때, 액체의 수위가

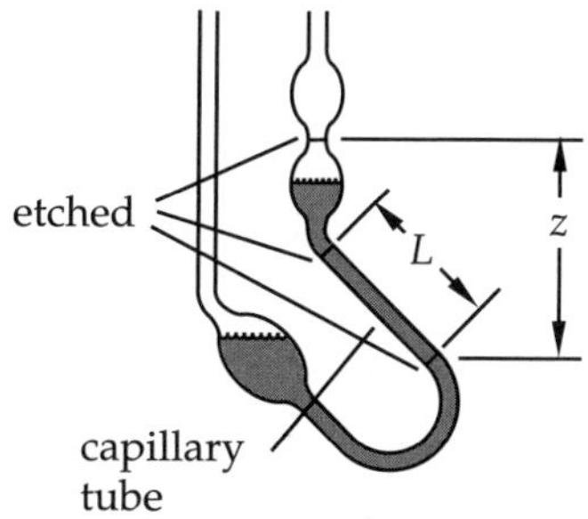

그림 2.5 모세관 점도계

가운데 표시부터 가장 낮은 표시까지 낮아지는 데 걸리는 시간을 측정하면 점도를 구할 수 있다. 이 경우 문제는 비정상(unsteady) 문제이지만 허용 가능한 오차 수준의 결과를 얻을 수 있다.

측정에 사용되는 액체의 부피는 **유출량** $\forall$이고, 이 양은 정확하게 측정되어야 한다. 모세관을 통한 평균 체적유량은

$$Q = \frac{\forall}{t}$$

여기서 t는 튜브 내에서 액체가 흐르는 데 걸리는 시간이다. 층류 유동의 경우,

$$Q = \left(-\frac{dp}{dz}\right)\frac{\pi R^4}{8\mu} \tag{2.11}$$

여기서 R은 튜브의 반경이고 $(-dp/dz)$은 액체의 압력 강하로, 다음과 같이 표현할 수 있다.

$$\left(-\frac{dp}{dz}\right) = \frac{p_2 - p_1}{L}$$

압력 강하는 중력 항을 포함하는 두 지점의 수두차와 같다(중력이 원동력이다):

$$p_2 - p_1 = \rho g z$$

위 식들을 체적유량식에 대입하여 정리하면

$$\frac{\forall}{t} = \rho g \frac{z}{L}\frac{\pi R^4}{8\mu}$$

점도에 대해 정리하면 결과식은 다음과 같다.

$$\frac{\mu}{\rho} = \nu = \left(\frac{z\pi R^4 g}{8L\not{V}}\right)t \tag{2.12}$$

주어진 점도계에서 식 (2.12)의 괄호 안은 상수이므로 동점도는 시간 t에 비례한다.

예제 2.2 그림 2.6은 또 다른 형태의 모세관 점도계를 나타낸다. 이 경우, 계측기가 장착된 관은 수평으로 놓여 있다. 압력은 L만큼 떨어진 지점에서 측정되고 유량은 유량계로 측정된다. 주어진 조건이 아래와 같을 때, 관 내를 흐르는 유체의 점도를 구하여라.

$p_1 - p_2 = 1.4$ kPa　　$L = 150$ mm　　$D = 7.75$ mm

$\rho = 1\,100$ kg/m^3　　$Q = 5 \times 10^{-5}$ m^3/s

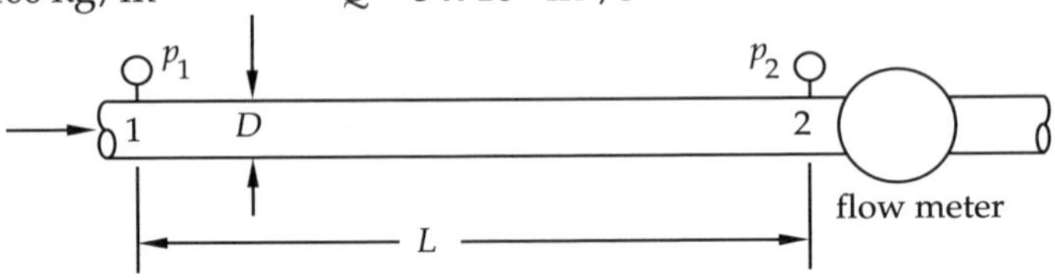

그림 2.6 모세관을 통한 유동

풀이

관 내의 유동이 층류라면 식 (2.11)을 적용할 수 있다.

$$Q = \left(-\frac{dp}{dz}\right)\frac{\pi R^4}{8\mu}$$

μ에 대해 정리한 후 주어진 값을 대입하면

$$\mu = \frac{\Delta p}{L}\frac{\pi R^4}{8Q} = \frac{1\,400}{0.15}\frac{\pi(0.007\,75/2)^4}{8(5 \times 10^{-5})}$$

또는 $\mu = 1.65 \times 10^{-2}$ Pa.s

이 결과는 아래 조건이 만족할 경우에만 성립한다.

$$\frac{\rho VD}{\mu} < 2\,100$$

관 내의 평균 속도는 체적유량을 단면적으로 나누어 구할 수 있다.

$$V = \frac{Q}{A} = \frac{4Q}{\pi D^2} = \frac{4(5 \times 10^{-5})}{\pi(0.007\ 75)^2}$$

또는 $V = 1.06$ m/s

대입하면,

$$\frac{\rho VD}{\mu} = \frac{1\ 100(1.06)(0.007\ 75)}{1.65 \times 10^{-2}} = 547$$

이것은 2100보다 작으므로 위의 결과는 합리적인 것이다. 따라서,

$\mu = 1.65 \times 10^{-2}$ Pa.s

낙구 점도계(falling sphere viscometer)는 투명하거나 반투명한 유체의 점도를 측정할 수 있는 저렴한 장치이다. 이 점도계는 아래가 막히고 액체가 채워진 수직의 튜브로 구성된다. 액체에 떨어진 구가 미리 정해진 거리를 이동하는 데 걸린 시간을 측정하면 점도를 구할 수 있다.

정지된 상태의 구가 유체(액체 또는 기체) 내에서 낙하를 시작하면, 구는 **종단속도(terminal velocity)**가 될 때까지 가속이 된다. 낙구 점도계는 실제로는 종단 속도를 측정하는 것이다(이것은 미리 정해진 거리를 이동 시간으로 나눈 값과 같다).

그림 2.7은 가속되지 않은 잠긴 구의 자유 물체도를 나타낸 것이다. 작용하는 힘은 중력, 부력, 그리고 마찰력(또는 항력)이다. 힘 평형식은

무게 – 부력 – 항력 = 0

$$mg - \rho \forall g - 3\pi DV\mu = 0 \qquad \textbf{(2.13)}$$

여기서 $\forall$는 구의 부피, $\rho\forall$는 구에 의해 배제된 유체의 질량, V는 종단속도, D는 구의 직경이다. 위 식에 나타난 항력은 아래의 조건에서만 성립한다.

$$\frac{\rho VD}{\mu} < 1$$

구의 중량을 구의 밀도 ρ_s를 이용하여 표현하면 $mg = \rho_s \forall g$이고 구의 부피는 $\pi D^3/6$이다. 식 (2.13)에 대입하여 정리하면

$$\rho_s \frac{\pi D^3}{6} g - \rho \frac{\pi D^3}{6} g - 3\pi D V \mu = 0$$

$$\mu = \left(\frac{\rho_s}{\rho} - 1 \right) \rho g \frac{D^2}{18V} \quad \textbf{(2.14)}$$

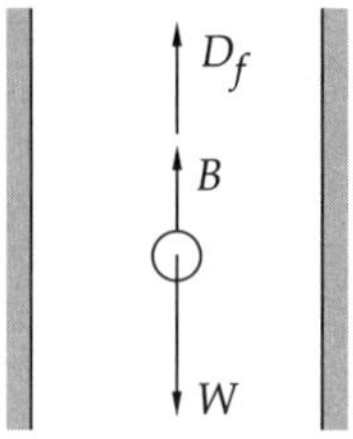

그림 2.7 종단속도로 낙하하는 구에 작용하는 힘들

예제 2.3 낙구 점도계로 비중이 1.18인 꿀의 점도를 측정하고자 한다. 점도계는 내경이 4인치이고 수직으로 놓인 플라스틱 실린더로 구성되며, 실린더는 꿀로 채워져 있다. 직경 6.35 mm인 구(비중 = 7.9)가 액체에 떨어진 후 0.914 m를 이동하는 데 7.5초가 걸렸다. 꿀의 점도를 구하여라.

풀이

만약 $\rho VD/\mu < 1$라면 식 (2.14)를 적용할 수 있다. 이 조건은 점도 계산이 끝난 후 반드시 확인되어야 한다. 식 (2.14)는

$$\mu = \left(\frac{\rho_s}{\rho} - 1 \right) \rho g \frac{D^2}{18V}$$

종단속도는

$$V = \frac{0.914 \text{ m}}{7.5 \text{ s}} = 0.121 \text{ m/s}$$

대입하면

$$\mu = \left(\frac{7900}{1180} - 1 \right) (1180)(9.81) \frac{(0.00635)^2}{18(0.121)}$$

따라서 점도는

$$\mu = 1.22 \text{ Pa.s}$$

또한,

$$\frac{\rho VD}{\mu} = \frac{(1180)(0.121)(0.4)(0.00635)}{1.22} = 0.749$$

이 값은 1보다 작기 때문에 위의 점도 결과는 타당하다. 따라서,

$$\underline{\mu = 1.22 \text{ Pa.s}}$$

이 외에도 **원뿔평판 점도계(cone and plate viscometer)**, **큰 간격 동심 실린더 점도계(wide-gap concentric-cylinder viscometer)**가 있다. 이것들 이외에도 다양한 종료의 점도계가 개발되었고, 산업에 따라 다른 점도의 기준과 측정 방법을 채택하고 있다. 그 중 Saybolt 점도계와 Stormer 점도계를 살펴본다.

Saybolt 점도계

석유산업에서 액체의 점도는 그림 2.8에 나타낸 Saybolt 점도계로 측정한다. 시험용 기름(Newton 유체)은 유욕(oil bath)에 둘러싸인 중앙 컵에 채워지고, 유욕에 의해 시험용 기름의 온도가 조절된다. 원하는 온도에 다다르면 컵 바닥에 있는 마개가 제거되어 시험용 기름이 흘러 나오고, 이때 60 ml의 기름이 표준 오리피스를 통해 미리 교정된 플라스크에 담기는 시간을 측정한다. 점도는 **Saybolt Universal Seconds (SUS)**로 표현된다. **Universal-type 오리피스**는 가벼운 기름에 적용되고 무거운 기름의 경우 **Furol 오리피스**로 불리는 더 큰 오리피스가 사용된다. Saybolt Universal Seconds는 다음의 식으로 동점도로 변환될 수 있다.

a) 34 < SUS < 115

$$\nu\,(\text{m}^2/\text{s}) = 0.224 \times 10^{-6}\,(\text{SUS}) - \frac{185 \times 10^{-6}}{(\text{SUS})} \qquad \textbf{(2.15a)}$$

b) 115 < SUS < 215

$$\nu\,(m^2/s) = 0.223 \times 10^{-6}\,(SUS) - \frac{155 \times 10^{-6}}{(SUS)} \tag{2.15b}$$

c) SUS > 215

$$\nu\,(m^2/s) = 0.2158 \times 10^{-6}\,(SUS) \tag{2.15c}$$

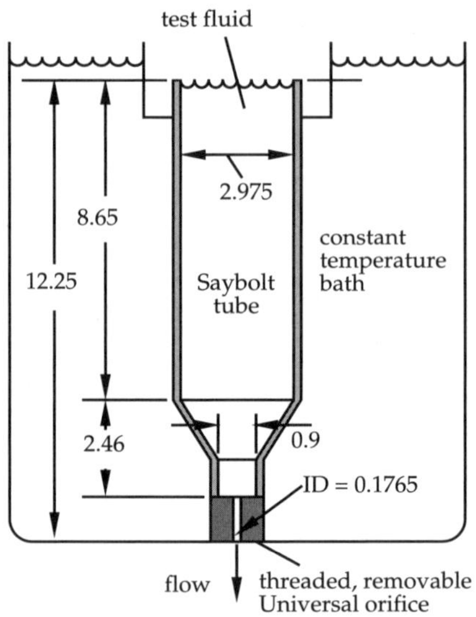

그림 2.8 Saybolt 점도계의 계략도(단위는 cm)

Stormer 점도계

그림 2.9는 페인트 산업에서 페인트의 점도(실제로는 농도)를 측정하는 데 사용되는 Stormer 점도계의 개략도를 나타낸다. 두 개의 날개를 가진 스테인리스 봉이 1 pint(약 0.47리터)의 페인트 통에 담겨 있고, 봉은 기어박스를 통해 구동된다. 무게추가 떨어지면 드럼이 회전하고, 기어박스를 통해 봉을 회전시킨다. 기어박스에 부착된 계수계는 봉의 회전 수를 기록한다. 데이터를 얻는 방법은 무게추를 떨어트린 후 페인트 속에 담긴 봉이 100번 회전하게 하는 것이다. 이때 100번 회전하는 시간을 측정하여 **Kerbs units**로 불리는 점도를 측정한다. 이 방법에서는 $N{\cdot}s/m^2$ 단위의 점도를 측정하는 것은 중요하지 않다. 농도(consistency)와 반복성이 페인트와 이에 관련된 코팅을 평가하는 데 필수적인 요소이다. 최근 들어 이 장치의 많은 부분이 수정되었다. 대표적으로, 낙하 추/풀리 시스템은 일정 속도로 회전하는 모터와 디지털 토크 측정 장치로 대체되어, 측정된 점도는 Kerbs unit 또는 동점도의 단위로 제시될 수 있도록 장치가 보정되었다.

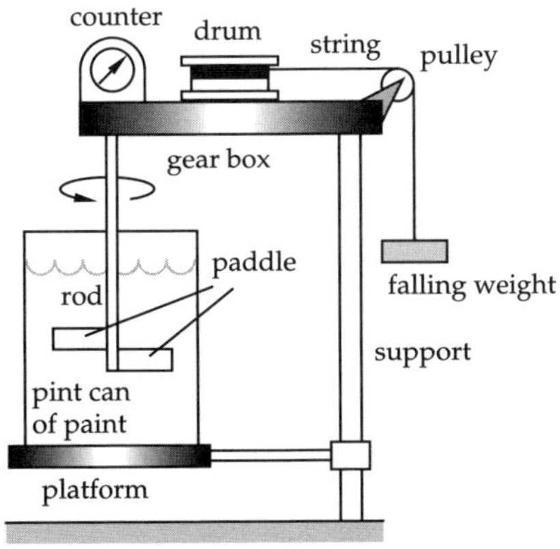

그림 2.9 Stormer 점도계의 개략도

2.3 | 압력 측정

이 절에서는 압력을 측정하는 전통적인 방법 및 장치(압력게이지와 마노미터)에 대해 설명할 것이다.

압력게이지(그림 2.10)는 압력 용기에 부착될 수 있는 피팅을 갖는 하우징으로 구성되고, 하우징 내부에는 Bourdon 튜브로 불리는 타원형의 휘어진 튜브가 들어 있다. 이 튜브는 피팅과 랙(rack)–피니언(pinion) 조립체 사이에 연결되어 있다. 피팅이 고압에 노출되면 튜브는 펴지면서 랙을 당겨 피니언을 회전시킨다. 피니언 기어의 축은 게이지 외부로 연장되어 있고, 이 축의 끝에 부착된 바늘이 압력을 지시한다. 실제로는 튜브 내부와 외부의 압력 차이를 측정하기 때문에, 대기압일 때 게이지의 바늘이 0이 가리키게 보정되어 있다. 이 게이지가 지시하는 압력은 *게이지압력(gage pressure)*으로 근사될 수 있다.

반면 절대압력(absolute pressure)은 완벽한 진공에서 0의 값을 갖는다. 따라서 게이지압력과 절대압력은 다음과 같은 관계를 갖는다.

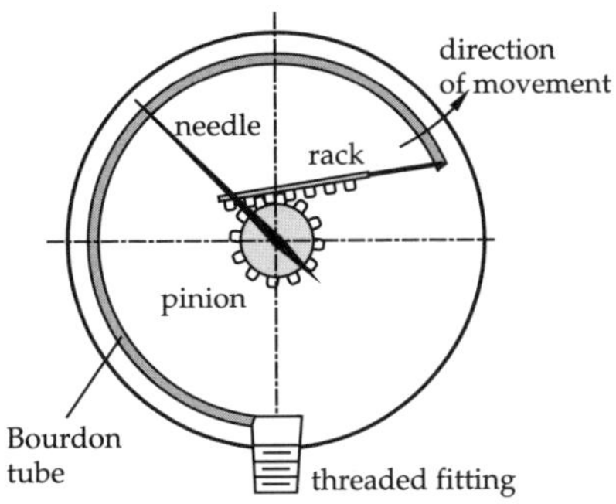

그림 2.10 압력 게이지의 개략도

절대압력 = 게이지압력 + 대기압

공학에서 게이지압력임을 구분하기 위해 "psig" (pounds per square inch gage)로 표현하고 "psia" (pounds per square inch absolute)는 절대압력임을 표시하기 위해 사용된다. SI 단위에서는 "게이지압력으로..." 라는 문구를 사용하며, 절대압력을 표현할 때도 비슷한 문구를 사용한다.

대기압 측정에는 액체가 가득 찬 상태에서 잠긴 채 뒤집힌 긴 튜브로 구성된 기압계(barometer)가 사용된다(그림 2.11 참조). 정수력학 공식을 이용하면 대기압은 아래와 같이 물통 표면으로부터의 액체 높이의 항으로 표현된다.

$$p_{\text{atm}} = \rho g z \qquad \text{(그림 2.11)}$$

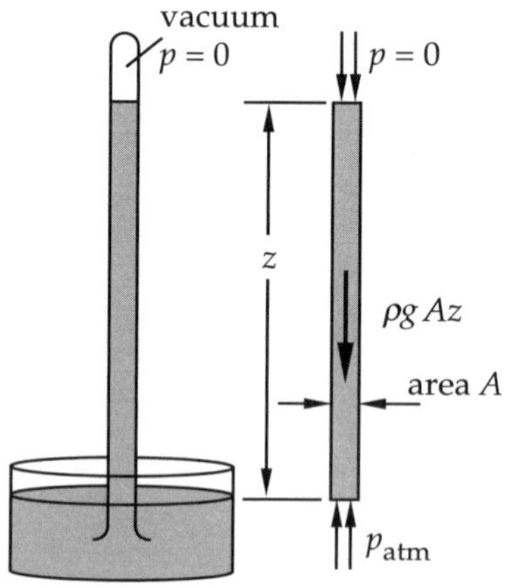

그림 2.11 기압계

이 책에서 대기압은 14.7 psia 또는 101.3 kPa(절대압력)을 의미한다.

압력 차이는 액체의 수직 기둥의 높이를 이용하여 측정할 수 있는데, 대표적인 장치로는 *마노미터(manometer)*가 있다. 마노미터는 응용 분야와 마노미터 액의 최대 높이에 따라 다양하게 구성될 수 있다. 그림 2.12는 U자관 마노미터의 구성을 나타낸 것이다. 마노미터의 한쪽은 압력 용기에 연결되고 다른 쪽은 대기 중에 노출되어 있다. 정수력학 공식($p = \rho g\, \Delta z$)을 마노미터에 적용하면

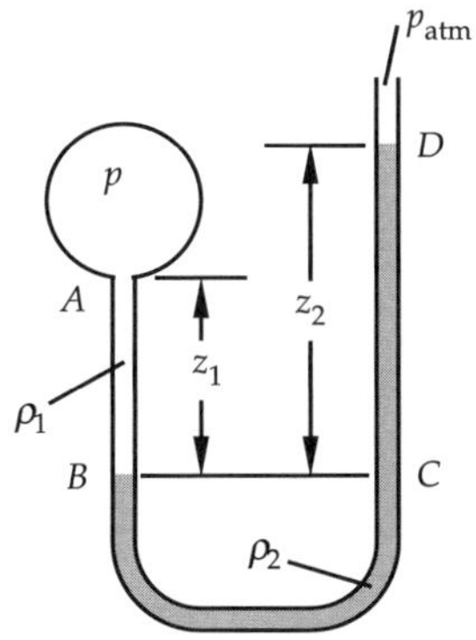

그림 2.12 용기 내의 압력을 측정하는 U자 마노미터

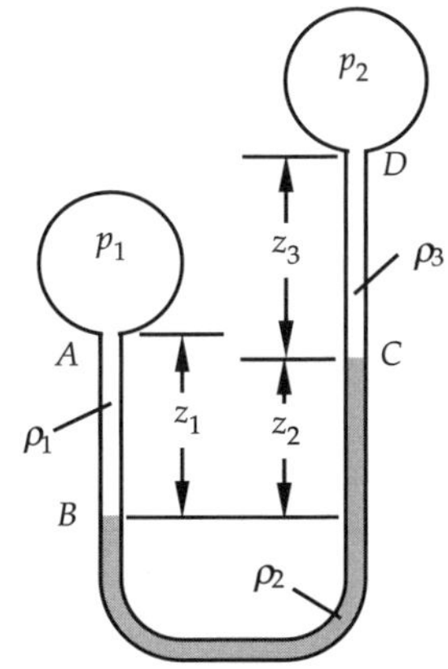

그림 2.13 두 용기 사이의 압력차를 측정하는 U자 마노미터

$$p_A + \rho_1 g z_1 = p_B$$

$$p_B = p_C$$

그리고 $p_C = p_D + \rho_2 g z_2 = p_{atm} + \rho_2 g z_2$

이 식들을 조합하면 아래 결과를 얻을 수 있다.

$$p_A - p_{atm} = (\rho_2 z_2 - \rho_1 z_1) g \quad (\text{그림 } 2.12) \tag{2.16}$$

그림 2.13은 또 다른 마노미터의 구성을 보여주는데, 이 경우에는 U자관 마노미터가 두 압력용기의 압력차를 측정한다. 정수력학 공식을 적용하면,

$$p_A + \rho_1 g z_1 = p_B$$

$$p_D + \rho_3 g z_3 + \rho_2 g z_2 = p_B$$

조합하면,

$$p_A - p_D = (\rho_3 z_3 + \rho_2 z_2 - \rho_1 z_1) g \quad (\text{그림 } 2.13) \tag{2.17}$$

그림 2.14는 세 번째 마노미터 구성을 보여주는데, 뒤집힌 U자관이 두 압력용기 사이의

압력차를 측정한다. 정수력학 공식을 적용하면,

$$p_B + \rho_1 g z_1 = p_A$$

그리고 $p_B + \rho_2 g z_2 + \rho_3 g z_3 = p_D$

조합하면

$$p_A - p_D = (\rho_1 z_1 - \rho_2 z_2 - \rho_3 z_3) g \qquad \text{(그림 2.14)} \qquad \textbf{(2.18)}$$

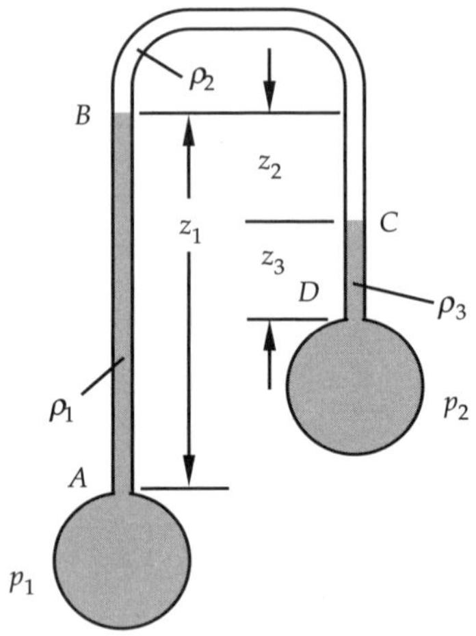

그림 2.14 뒤집힌 차압 측정 U자 마노미터

예제 2.4 그림 2.15는 액체 위에 공기가 있는 U자 마노미터가 장착된 벤투리 유량계를 나타낸 것이다. 이 유량계가 밀도가 ρ인 액체를 이송하는 배관에 설치되었다. 마노미터의 양단이 부착된 지점 1과 지점 2 사이의 압력 강하를 구하여라.

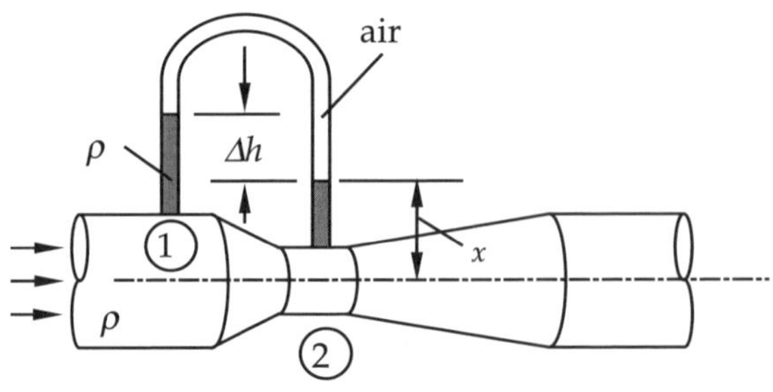

그림 2.15 뒤집힌 U자 마노미터가 장착된 벤투리 유량계

풀이

유량계 중심에서 액체의 가장 낮은 경계면까지의 거리를 x라고 하자. 모든 높이를 유량계 중심을 기준으로 측정하고, 정수력학 공식에 대입하면

$$p_1 - \rho g\, x - \rho g\, \Delta h = p_2 - \rho g\, x - \rho_{air} g\, \Delta h$$

x를 포함한 항들은 서로 상쇄되므로 결과에 영향을 주지 않는다. 또한 공기의 밀도가 액체의 밀도에 비해 매우 작다고 가정하면 ρ_{air}를 포함한 항을 무시할 수 있다. 정리하여 압력 강하에 대해 풀면

$$\underline{p_1 - p_2 = \rho g\, \Delta h}$$

예제 2.5 그림 2.16은 다른 유체를 갖는 여러 개의 마노미터가 연결된 것을 보여 준다. 주어진 구성에 대해 물탱크 A의 압력을 구하여라. (모든 단위는 mm이다.)

풀이

정수력학 공식을 A부터 대기압까지 적용하면

$$p_A + \rho_{H_2O} g(6/12) = p_B$$

$$p_B = p_C + \rho_{oil} g(7/12)$$

$$p_D = p_C + \rho_{air} g(0.1016)$$

$$p_D = p_E + \rho_{Hg} g(0.0508)$$

조합하면,

$$p_A + \rho_{H_2O} g(0.1524) = p_E + \rho_{Hg} g(0.0508) - \rho_{air} g(0.1016) + \rho_{oil} g(0.1778)$$

$p_E = p_{atm} = 101.35$ kPa이고 공기의 밀도 ρ_{air}가 다른 유체의 밀도에 비해 매우 작다고 가정하면, 위 식은 다음과 같이 표현될 수 있다.

$$p_A = 101.35 \times 10^3 - \rho_{H_2O} g(0.1524) + \rho_{Hg} g(0.0508) + \rho_{oil} g(0.1778)$$

대입하면,

$$p_A = 101.35\times10^3 - 1000(9.81)(0.1524) + 13600(9.81)(0.0508) + 1900(9.81)(0.1778)$$

또는 $p_A = 110 \times 10^3\ \text{Pa}$

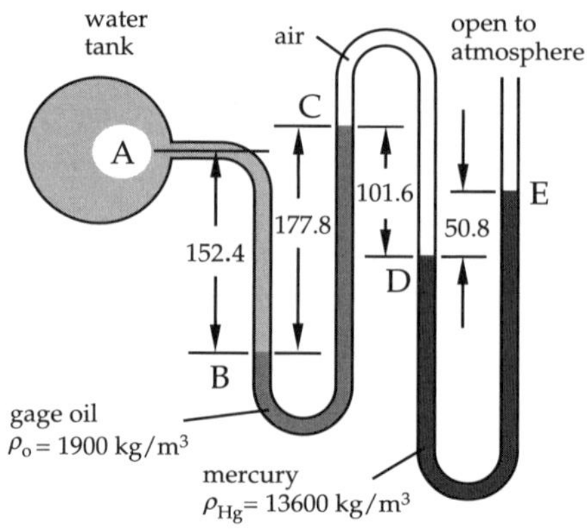

그림 2.16 여러 개의 마노미터가 연결된 문제

2.4 유체역학의 기본 방정식

이 절에서는 유체 유동과 관계된 정의들을 설명한다. 또한 연속 방정식, 운동량 방정식, 에너지 방정식, Bernoulli 식 등의 유체역학의 방정식에 대해서도 설명한다.

유동은 그 구조에 따라 구분될 수 있다. **관로 유동(closed conduit flow)**은 배관 유동과 같이 유동이 고체 표면으로 완전히 구속된 유동이다. **개수로 유동(open channel flow)**은 강처럼 한쪽 면이 대기압에 노출된 유동이다. **비구속 유동(unbounded flow)**은 페인트 스프레이에서 나온 유동처럼 고체 표면과 접촉하지 않는 유동이다.

유동장 내의 구배를 수학적으로 표현하는 방법에 따라 유동을 구분할 수도 있다. 만약 유동의 속도가 유동 방향에 수직한 단면 어느 곳에서나 일정하거나, 또는 유동의 속도가 평균 속도로 나타내어질 수 있다면, 이 유동을 **1차원(one dimensional)** 유동이라 한다. 속도가 일정하더라도 유동의 방향을 변화시킬 수 있는 힘이 존재할 수 있다. 예를 들어 배관 유동에서는 축방향 압력 구배 dp/dz가 존재한다. 이 압력 구배에 의해 유체가 흐른다. 하나의 압력 구배와 어떤 단면에서든 일정한 속도 조건은 1차원 유동(유일한 구배)으로 취급된다. 하나의 압력 구배 dp/dz와 속도 분포가 한 공간 좌표만을 따라 변하는 경우는 2차원 유동[두 구배, 예를 들어 $p(z)$와 $V(r)$]이다. 이 정의는 3차원 유동으로 쉽게 확대될 수 있다.

유동은 **정상(steady)**, **비정상(unsteady)**, 또는 **준정상(quasi steady)** 유동으로 구분될 수 있다. 정상 유동은 유동 조건이 시간에 따라 변하지 않는 유동이고 비정상 유동은 유동 조건이 시간에 따라 변하는 유동이다. 준정상 유동은 실제로는 비정상 유동이지만 유동이 매우 느리게 진행되어 수학적으로 정상 유동과 같이 취급될 수 있는 유동이다.

유체가 흐르는 동안 압력 변화를 겪을 수 있다. 만약 압력 변화의 영향으로 유체의 밀도가 현저히 변한다면 이 유동은 **압축성(compressible)**이다. 만약 유체의 밀도가 압력 변화에도 실질적으로 변하지 않는다면 그 유체는 **비압축성(incompressible)**이다. 일반적으로 기체와 증기는 압축성이고 액체는 비압축성이다. 이 두 경우는 수학적으로 다르게 취급된다.

유체역학 문제를 모델링하기 위해 **검사체적(control volume) 접근법**이 사용될 것이다. 유동장 내에 관심 영역을 선정하고, 여러 방정식들을 그 영역에 적용할 것이다. 검사체적의 표면을 **검사표면(control surface)**이라 부르고 검사체적 외부의 모든 것은 **주위(surroundings)**이다. 검사체적의 경계를 어디에 둘 것인지는 상당부분 경험에 의존하지만 적절한 경우에는 일반적인 지침이 주어질 것이다.

연속 방정식(Continuity Equation)

연속 방정식은 질량보존법칙에 대한 식이다. 주어진 검사 체적에 대해

(유입 질량유량) = (유출 질량유량) + (저장되는 질량의 변화율)

또는

0 = (저장되는 질량의 변화율) + (유효 유출 질량유량)

이를 식으로 나타내면,

$$0 = \frac{\partial m}{\partial t}\bigg|_{CV} + \iint_{CS} \rho V_n dA \tag{2.19}$$

여기서 $\partial m/\partial t$는 검사체적 내의 단위 시간당 질량의 변화율이고, 적분항은 질량이 통과하는 검사표면에서 적용되며, ρ는 유체의 밀도, V_n는 적분되는 검사표면의 면적 dA에 수직

한 속도이다. 1차원(V_n = 일정), 정상상태($\partial m/\partial t = 0$) 유동의 경우, 아래와 같이 표현될 수 있다.

$$\sum_{\text{inlets}} \rho AV = \sum_{\text{outlets}} \rho AV \tag{2.20}$$

ρAV 항은 **질량유량** $\dot{m}$이라 부르며, M/T (lbm/s 또는 kg/s)의 차원을 갖는다. 추가로 유동이 비압축성이면 식 (2.20)은 식 (2.21)로 표현된다.

$$\sum_{\text{inlets}} AV = \sum_{\text{outlets}} AV \tag{2.21}$$

AV 항은 **체적유량** Q라 부르며, $L^3/T\text{ft}^3/\text{s}$ 또는 m^3/s)의 차원을 갖는다.

예제 2.6 벤젠이 그림 2.17과 같은 수축 덕트를 흐르고 있다. 지점 1과 2의 직경이 각각 70 mm, 30 mm이다. 벤젠의 질량유량이 1 kg/s일 때, 지점 1과 2에서의 속도를 구하여라.

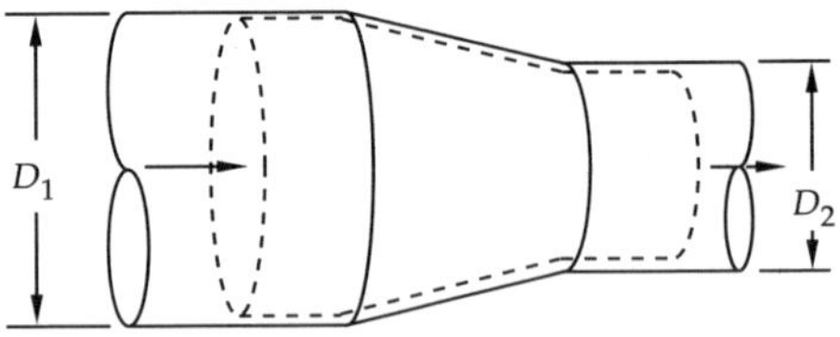

그림 2.17 수축 덕트를 통한 유동

풀이

부록의 표 B.1에서 벤젠의 밀도는 876 kg/m^{3}이다. 1차원 정상 유동의 경우,

$$\dot{m} = (\rho AV)_1 = (\rho AV)_2$$

지점 1의 단면적은

$$A_1 = \frac{\pi D^2}{4} = \frac{\pi(0.07)^2}{4} = 3.84 \times 10^{-3}\ \text{m}^2$$

같은 방법으로

$$A_2 = \frac{\pi(0.03)^2}{4} = 7.07 \times 10^{-4}\ \text{m}^2$$

따라서 지점 1의 속도는

$$V_1 = \frac{\dot{m}}{\rho A_1} = \frac{1}{876(3.84 \text{ x } 10^{-3})}$$

$$\underline{V_1 = 0.3 \text{ m/s}}$$

지점 2는

$$V_2 = \frac{\dot{m}}{\rho A_2} = \frac{1}{876(7.07 \text{ x } 10^{-4})}$$

$$\underline{V_2 = 1.61 \text{ m/s}}$$

예제 2.7 그림 2.18은 두 개의 배관으로 경유가 유입되고 다른 하나의 배관을 통해 유출되는 탱크를 나타낸다. 배관 A(내경 = 52.5 mm)로는 1.83 m/s의 속도로, 배관 B(내경 = 26.6 mm)로는 1.98 m/s의 속도로 경유가 유입되고 있고, 유출 배관(내경 = 40.9 mm)으로는 0.305 m/s의 속도로 경유가 흘러나간다. 이 조건에서 경유의 깊이가 0.305 m에서 1.22 m로 변하는 데 걸리는 시간을 구하여라. 탱크의 직경은 3.05 m이다.

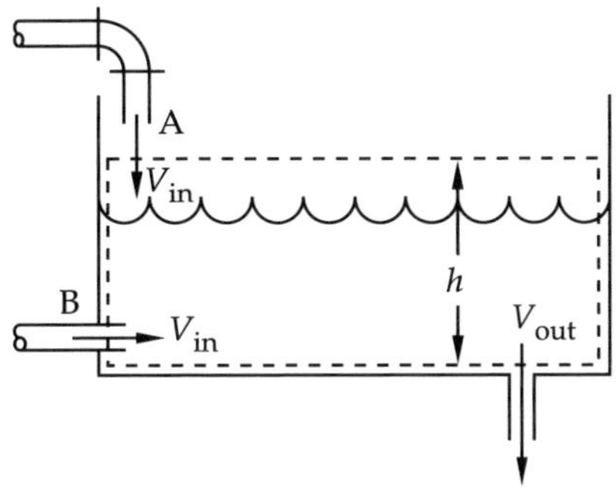

그림 2.18 두 개의 유입구와 하나의 유출구를 갖는 탱크

풀이

부록 B.1의 표에서 경유의 비중은 0.823이다. 이 문제의 경우, 비정상 연속 방정식이 적용된다.

$$0 = \frac{\partial m}{\partial t}\bigg|_{CV} + \iint_{CS} \rho V_n dA$$

이 식을 그림 2.18에 적용하고, 검사체적은 질량이 검사표면을 수직으로 통과하도록 선정한다. 따라서 검사체적으로 들어오거나 나가는 유량은 검사표면에 수직이다. 탱크의 경유의 질량은

$$m = \rho \mathcal{V}$$

탱크 내 유체의 부피를 깊이의 항으로 나타내면,

$$\mathcal{V} = \frac{\pi D^2}{4} h = \frac{\pi (3.05)^2}{4} h$$

$$\mathcal{V} = 7.306h$$

따라서 경유의 질량은

$$m = 823(7.306h) = 6013h$$

연속 방정식에서 비정상(unsteady) 항은

$$\left.\frac{\partial m}{\partial t}\right|_{\mathrm{CV}} = 6013\frac{dh}{dt}$$

다음으로 연속 방정식의 적분항을 계산한다.

$$\int_{\mathrm{cs}}\!\!\int \rho V_n dA = \int_{\mathrm{out}}\!\!\int \rho V_n dA - \int_{\mathrm{in}}\!\!\int \rho V_n dA$$

배관 출구에서 밀도는 일정하고, 검사표면에 수직한 속도 V_n은 0.305 m/s로 일정하다. 따라서,

$$\int_{\mathrm{out}}\!\!\int \rho V_n dA = \rho V_n \int_{\mathrm{out}}\!\!\int dA = (\rho AV)_{\mathrm{outlet}}$$

수치를 대입하면,

$$(\rho AV)_{\mathrm{outlet}} = (823)\frac{\pi (0.0409)^2}{4}(0.305)$$

$$(\rho AV)_{\mathrm{outlet}} = 0.33 \text{ kg/s}$$

같은 방법을 A와 B에 적용하면

$$(\rho AV)_A = (823)\frac{\pi(0.0525)^2}{4}(1.83) = 3.25 \text{ kg/s}$$

$$(\rho AV)_B = (823)\frac{\pi(0.0266)^2}{4}(1.98) = 0.909 \text{ kg/s}$$

이상의 결과를 비정상 연속 방정식에 대입하면

$$0 = 6013\frac{dh}{dt} + 0.33 - (3.25 + 0.909)$$

정리하면

$$\frac{dh}{dt} = 6.37 \times 10^{-4}$$

변수 분리법으로 $h = 0.305$에서 1.22 m까지, $t = 0$부터 t까지 적분하면,

$$\int_{0.305}^{1.22} dh = 6.37 \times 10^{-4} \int_0^t dt$$

$$1.22 - 0.305 = 6.37 \times 10^{-4} t$$

따라서,

$$\underline{t = 1437 \text{ s} = 23.9 \text{ min} = 0.4 \text{ hr}}$$

예제 2.8 공기 압축기가 탱크를 가압하는 데 사용되고 있다. 탱크의 부피는 0.85 m^3이고 탱크 내 공기의 온도는 23.9°C로 일정하다. 공기가 공급되는 관의 내경은 26.6 mm이다. 압축기 출구에서 공기의 압력은 241.3 kPa이고 온도는 23.9°C이다(인터쿨러를 사용함). 관 내의 공기 속도가 1.524 m/s일 때, 탱크 내의 압력이 68.94 kPa에서 137.88 kPa로 변하는 데 걸리는 시간을 구하여라.

풀이

해석을 위한 검사체적은 탱크 자체로 정한다. 비정상 연속 방정식은,

$$0 = \frac{\partial m}{\partial t}\bigg|_{CV} + \iint_{CS} \rho V_n dA$$

탱크 내 공기의 질량은 이상기체 방정식으로 사용하여 구할 수 있다.

$$m = \frac{p\mathcal{V}}{RT}$$

일정 부피, 온도 조건에서 연속 방정식의 비정상 항을 아래와 같이 표현할 수 있다.

$$\left.\frac{\partial m}{\partial t}\right|_{\mathrm{CV}} = \frac{\mathcal{V}}{RT}\frac{dp}{dt}$$

연속 방정식의 적분항을 계산하면,

$$\iint_{\mathrm{cs}} \rho V_n dA = \iint_{\mathrm{out}} \rho V_n dA - \iint_{\mathrm{in}} \rho V_n dA$$

탱크에서 유출되는 공기는 없고 유입되는 공기는 온도와 압력이 일정하다. 이상의 식들에서

$$\iint_{\mathrm{cs}} \rho V_n dA = 0 - \iint_{\mathrm{in}} \frac{p}{RT} V_n dA$$

온도와 압력이 일정하므로

$$\iint_{\mathrm{cs}} \rho V_n dA = \frac{p_{\mathrm{in}}}{RT_{\mathrm{in}}} V_{\mathrm{in}} A_{\mathrm{in}}$$

여기서 p_{in}은 공급 관의 압력과 같다. 비정상 연속 방정식에 대입하면

$$\frac{\mathcal{V}}{RT}\frac{dp}{dt} = \frac{p_{\mathrm{in}}}{RT_{\mathrm{in}}} V_{\mathrm{in}} A_{\mathrm{in}}$$

$RT_{in} = RT$임을 이용하여 정리하면

$$dp = \frac{p_{\mathrm{in}}}{\mathcal{V}} V_{\mathrm{in}} A_{\mathrm{in}} dt$$

대입하면

$$dp = \frac{241.3 \times 10^3}{0.85} (1.524) \frac{\pi (0.0266)^2}{4} dt$$

또는 $dp = 240.42\, dt$

적분하면

$$\int_{68.94}^{137.88} dp = 240.42 \int_{0}^{t} dt$$

$$137.88 \times 10^3 - 68.94 \times 10^3 = 240.42t$$

따라서,

$$\underline{t = 285.6 \text{ s} = 4.76 \text{ min}}$$

운동량 방정식

운동량 방정식은 선형운동량 보존에 대한 식이다. 직교좌표계의 검사체적에 대해 표현하면,

$$\Sigma F_x = \left.\frac{d(mV)_x}{dt}\right|_{\text{system}} = \left.\frac{\partial(mV)_x}{\partial t}\right|_{\text{CV}} + \iint_{\text{CS}} V_x \rho V_n dA \tag{2.22a}$$

$$\Sigma F_y = \left.\frac{d(mV)_y}{dt}\right|_{\text{system}} = \left.\frac{\partial(mV)_y}{\partial t}\right|_{\text{CV}} + \iint_{\text{CS}} V_y \rho V_n dA \tag{2.22b}$$

$$\Sigma F_z = \left.\frac{d(mV)_z}{dt}\right|_{\text{system}} = \left.\frac{\partial(mV)_z}{\partial t}\right|_{\text{CV}} + \iint_{\text{CS}} V_z \rho V_n dA \tag{2.22c}$$

ΣF은 검사체적에 작용하는 모든 외력의 합이다. 두 번째 등가부호 다음의 첫 번째 항은 검사체적(CV) 내에 저장되는 선형운동량의 변화율을 나타낸다. 마지막 항은 검사체적에서 유출되는 선형운동량의 변화율과 유입되는 선형운동량의 변화율을 나타낸다. 정상, 1차원 유동의 경우, 운동량 방정식은 다음과 같다.

$$\Sigma F_i = \iint_{\text{CS}} V_i \rho V_n dA \tag{2.23}$$

이 식은 어떠한 i 방향에도 적용될 수 있다. 질량 유입구와 유출구가 각각 하나씩 있는 정상 유동 시스템의 경우, i 방향에 대해 다음과 같이 표현할 수 있다.

$$\Sigma F_i = V_{\text{out}}(\rho AV)_{\text{out}}\Big|_i - V_{\text{in}}(\rho AV)_{\text{in}}\Big|_i$$

또는 $\Sigma F_i = \dot{m}(V_{out} - V_{in})\Big|_i$

예제 2.9 그림 2.19와 같이 물 제트가 평판에 충돌한다. 지점 1에서 액체 제트의 직경은 25.4 mm이고 속도는 4.57 m/s이다. 제트에 의해 표면에 가해지는 힘을 구하여라.

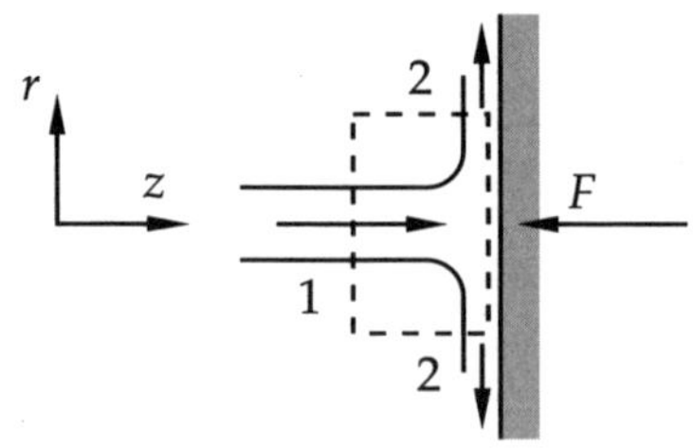

그림 2.19 평판에 충돌하는 액체 제트

풀이

힘과 유체의 상태량 변화 사이의 관계를 나타낸 식은 운동량 방정식이다. 하지만 이 식을 적용하기 전에 먼저 그림에서 보인 것과 같이 좌표축을 선정해야 한다. 또한 해석하고자 하는 검사체적을 선정하여야 한다. 이것 역시 그림에 나타나 있다. 질량이 검사표면을 통과하는 곳에서는 유동과 검사표면이 수직이 되도록 해야 한다. 만약 평판이 정지되어 있다면 그림에 나타낸 것처럼 평판은 유체에 힘 F를 가한다. 이 경우, z 방향의 1차원 운동량 방정식을 적용한다.

$$\Sigma F_z = \dot{m}(V_{out} - V_{in})\Big|_z$$

검사체적에 작용하는 유일한 힘은 음의 z 방향으로 작용하는 F이다. 이 힘은 유체 흐름이 평판에 가하는 힘과 크기는 같지만 방향이 반대이다. z 방향으로 검사체적을 빠져나가는 유동이 없기 때문에 V_{out} 항은 0이 된다. V_{in}은 4.57 m/s로 주어져 있다. 따라서 질량 유량은

$$\dot{m} = \rho AV$$

이 식은 상태량을 알고 있는 어떠한 위치에서 적용된다. 주어진 D_1을 이용하면

$$A_1 = \frac{\pi D_1^2}{4} = \frac{\pi(0.0254)^2}{4} = 5.067 \times 10^{-4}\ \text{m}^2$$

물의 밀도를 1000 kg/m^{3}라 하면

$$\dot{m} = (1000)(5.067 \times 10^{-4})(4.57) = 2.32 \text{ kg/s}$$

운동량 방정식에 대입하면

$$-F = 2.32(0 - 4.57) = -10.58 \text{ N}$$

또는 $\underline{F = 10.58 \text{ N}}$

예제 2.10 그림 2.20과 같이 제트가 정지된 베인에 충돌한다. 입구에서 제트는 수평방향에 대해 θ_1의 각도를 가지며 출구에서의 각도는 θ_2이다. 주어진 조건에 대해, 반력비 F_x/F_y를 구하여라.

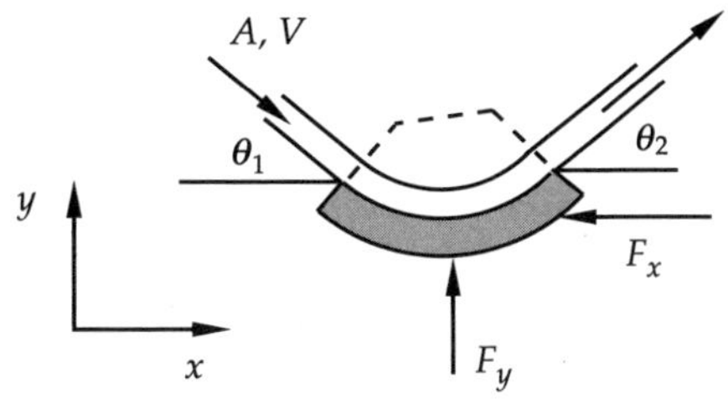

그림 2.20 휘어진 판에 충돌하는 액체 제트

풀이

좌표축과 검사체적을 그림에 나타난 것과 같이 선정한다. 검사체적은 질량이 검사표면을 수직으로 통과하도록 선정하였다. 검사체적으로 액체가 들어오는 지점을 지점 1, 나가는 지점을 지점 2로 표시하였다. 제트가 판 위를 지날 때 마찰 손실이 없다면 지점 2에서의 속도의 크기는 지점 1과 같다.

판이 움직이지 않으려면 액체 제트에 의한 힘은 외력 F_x, F_y와 평형을 이뤄야 한다. 1차원 운동량 방정식을 x 방향에 적용시키면

$$\Sigma F_x = \dot{m}(V_{out} - V_{in})\Big|_x$$

검사체적에 작용하는 유일한 x 방향의 외력은 음의 x 방향으로 작용하는 반력 F_x뿐이다. 이 힘은 유체의 흐름이 판에 가하는 힘과 크기는 같고 방향은 반대이다.

그림에서 V_{out} = V cos θ_2이고 V_{in} =V cos θ_1이다. 질량유량은

$$\dot{m} = \rho AV$$

위 식은 상태량을 알고 있는 어떤 곳(지점 1 또는 2)에도 적용 가능하다. 운동량 방정식에 대입하면

$$-F_x = \rho AV\,(V\cos\theta_2 - V\cos\theta_1) = \rho AV^2\,(\cos\theta_2 - \cos\theta_1)$$

위와 유사한 방법으로 y 방향 운동량 방정식을 적용하면

$$\Sigma F_y = \dot{m}\,(V_{out} - V_{in})\Big|_y$$

대입하면

$$F_y = \rho AV\,[(V\sin\theta_2) - (-V\sin\theta_1)] = \rho AV^2\,(\sin\theta_2 + \sin\theta_1)$$

따라서 반력의 비는 다음과 같다.

$$\frac{F_x}{F_y} = -\frac{(\rho AV^2)\,(\cos\theta_2 - \cos\theta_1)}{(\rho AV^2)\,(\sin\theta_2 + \sin\theta_1)}$$

또는 $$\frac{F_x}{F_y} = \frac{(\cos\theta_1 - \cos\theta_2)}{(\sin\theta_2 + \sin\theta_1)}$$

에너지 방정식

에너지 방정식은 열역학 제1법칙으로도 알려져 있다. 이 식을 이용하여 에너지의 형태가 바뀔 때 일어나는 현상을 설명할 수 있고, 일과 열전달이 시스템에 미치는 영향을 알 수 있다. 에너지 방정식을 글로 표현하면

$$\left\{\begin{array}{c}\text{시스템 내의 전체}\\ \text{에너지 변화율}\end{array}\right\} = \left\{\begin{array}{c}\text{저장된}\\ \text{에너지의}\\ \text{변화율}\end{array}\right\} + \left\{\begin{array}{c}\text{에너지 유출률}\\ \text{에너지 유입률}\end{array}\right\}$$

식으로 나타내면

$$\left.\frac{dE}{dt}\right|_{\text{system}} = \left.\frac{\partial E}{\partial t}\right|_{\text{CV}} + \iint_{\text{CS}} e\,\rho V_n dA \tag{2.24}$$

여기서 E는 시스템의 총 에너지(total energy)이고 e는 단위 질량당 총 에너지이다. 총 에너지는 내부에너지, 운동에너지, 위치에너지의 합이다.

$$E = U + KE + PE$$

그리고 $$e = \frac{E}{m} = u + \frac{V^2}{2} + gz \tag{2.25}$$

어떤 장치에 대한 실험적 관찰과 수학적 모델링을 통해 얻어진 에너지와 열전달, 일의 관계는 다음과 같다.

$$\left\{ \begin{array}{c} \text{시스템 내의 전체} \\ \text{에너지 변화율} \end{array} \right\} = \left\{ \begin{array}{c} \text{시스템으로의} \\ \text{열전달률} \end{array} \right\} - \left\{ \begin{array}{c} \text{시스템에 의해} \\ \text{수행된 일률} \end{array} \right\}$$

또는

$$\left.\frac{dE}{dt}\right|_{\text{system}} = \frac{\partial \tilde{Q}}{\partial t} - \frac{\partial W'}{\partial t} \tag{2.26}$$

여기서 $\tilde{Q}$는 시스템으로의 열전달률이고 W'은 시스템에 의해 행해진 모든 형태의 일이다. 식 (2.24), (2.25), (2.26)에서

$$\left.\frac{dE}{dt}\right|_{\text{system}} = \frac{\partial \tilde{Q}}{\partial t} - \frac{\partial W'}{\partial t} = \left.\frac{\partial E}{\partial t}\right|_{\text{CV}} + \iint_{\text{CS}} e\,\rho V_n dA$$

또는

$$\frac{\partial \tilde{Q}}{\partial t} - \frac{\partial W'}{\partial t} = \left.\frac{\partial E}{\partial t}\right|_{\text{CV}} + \iint_{\text{CS}} \left(u + \frac{V^2}{2} + gz \right) \rho V_n dA \tag{2.27}$$

W'은 전기일, 자기일, 점성 또는 마찰일, 유동일(flow work), 축일(shaft work) 등 검사체적의 경계를 통과하는 모든 형태의 일을 포함한다. 유동일은 질량이 입출구에서 검사표면을 가로지를 때, 시스템으로 또는 시스템에 의해 행하여진 일이다. 일반적으로 일 W'은

두 종류(축일 W'와 유동일 W_f)로 구분한다. 따라서,

$$\frac{\partial W'}{\partial t} = \frac{\partial W}{\partial t} + \frac{\partial W_f}{\partial t}$$

유동일은 다음과 같이 쓸 수 있다.

$$\frac{\partial W_f}{\partial t} = \iint_{cs} \frac{p}{\rho} \rho V_n dA$$

위 식과 식 (2.27)에서

$$\frac{\partial \tilde{Q}}{\partial t} - \frac{\partial W}{\partial t} = \frac{\partial E}{\partial t}\bigg|_{CV} + \iint_{cs} \left(\frac{p}{\rho} + u + \frac{V^2}{2} + gz\right) \rho V_n dA$$

엔탈피의 정의 $h = u + p/\rho$를 위 식에 대입하면,

$$\frac{\partial \tilde{Q}}{\partial t} - \frac{\partial W}{\partial t} = \frac{\partial E}{\partial t}\bigg|_{CV} + \iint_{cs} \left(h + \frac{V^2}{2} + gz\right) \rho V_n dA \tag{2.28}$$

정상상태, 1차원 유동의 경우, 위 식은 다음과 같이 표현된다.

$$\frac{\partial \tilde{Q}}{\partial t} - \frac{\partial W}{\partial t} = \left\{\left(h + \frac{V^2}{2} + gz\right)_{out} - \left(h + \frac{V^2}{2} + gz\right)_{in}\right\} \rho VA \tag{2.29}$$

단열(adiabatic) 과정의 경우, 열전달이 없으므로 위 식은 다음과 같이 쓸 수 있다.

$$-\frac{\partial W}{\partial t} = \left\{\left(h + \frac{V^2}{2} + gz\right)_{out} - \left(h + \frac{V^2}{2} + gz\right)_{in}\right\} \rho VA \tag{2.30}$$

예제 2.11 그림 2.21의 시스템은 펌프로 탱크로부터 하류의 어떤 지점까지 프로필렌을 이송하고 있는 것을 보여주고 있다. 펌프 출구에서 배관의 내경은 77.92 mm이고 출구 측 배관 내의 유속은 2 m/s이다. 출구 배관에 설치된 압력계에서 측정된 압력은 120 kPa이고, 기준선에서 압력계까지의 수직 길이는 1.4 m (= z_2)이다. 탱크의 유체 깊이가 2 m (= z_1)일 때, 유체로 공급되는 에너지(펌프 동력)를 구하여라. 마찰 효과는 무시한다.

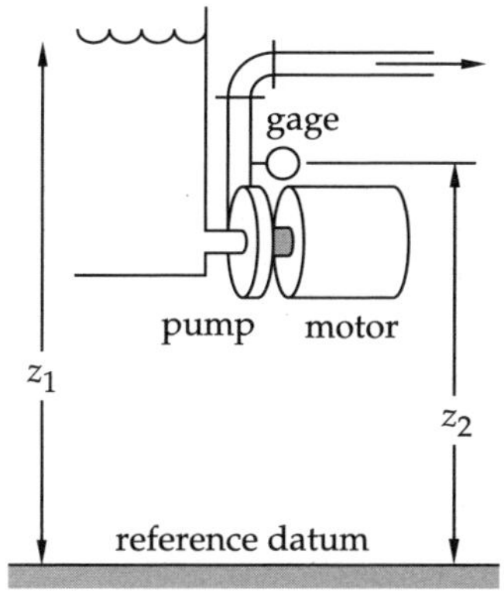

그림 2.21 펌프를 이용한 프로필렌 이송

풀이

펌프나 팬, 압축기 등에는 아래의 식이 적용된다.

$$-\frac{\partial W}{\partial t} = \left\{\left(\frac{p}{\rho} + \frac{V^2}{2} + gz\right)_{\text{out}} - \left(\frac{p}{\rho} + \frac{V^2}{2} + gz\right)_{\text{in}}\right\}\rho VA$$

펌프 동력, $\partial m/\partial t$가 이 문제에서 구하고자 하는 것이다. 위 식은 펌프를 포함하는 임의의 두 지점에 대해서 적용할 수 있다. 편의상 유체의 자유 표면을 "입구"로 정하고 압력계가 있는 위치를 "출구"로 정한다. 출구에서

$$V_{\text{out}} = 2\text{ m/s} \qquad z_{\text{out}} = 1.4\text{ m} \qquad p_{\text{out}} = 120\,000\text{ Pa (gage)}$$

자유 표면에서

$$p_{\text{in}} = p_{\text{atm}} = 0 \qquad V_{\text{in}} = 0 \qquad z_{\text{in}} = 2\text{ m}$$

프로필렌의 밀도는 $0.516 \times 1000\text{ kg/m}^3$이다(부록 표 B.1).
출구 면적은

$$A_{\text{out}} = \frac{\pi(0.077\,92)^2}{4} = 4.77 \times 10^{-3}\text{ m}^2$$

질량유량은 상태량을 알고 있는 어떤 지점에서든지 구할 수 있다. 출구의 압력계에서,

$$\dot{m} = \rho AV = 516(4.77 \times 10^{-3})(2)$$

또는 $\dot{m} = 4.92 \text{ kg/s}$

에너지 방정식에 대입하면

$$-\frac{\partial W}{\partial t} = \left(\frac{120\,000}{516} + \frac{2^2}{2} + 9.81(1.4) - [0 + 0 + 9.81(2)]\right)$$

$$-\frac{\partial W}{\partial t} = (2.33 \times 10^2 + 2 + 13.73 - 19.62)(4.92)$$

펌프에서 공급된 에너지의 많은 부분이 출구에서 압력을 높이는 데 사용된 것을 볼 수 있다. 운동에너지와 위치에너지의 변화는 크지 않다. 정리하면,

$$-\frac{\partial W}{\partial t} = 1125 \text{ W} = \frac{1125}{746} = 1.51 \text{ HP}$$

예제 2.12 수력 터빈이 그림 2.22와 같이 댐에 설치되어 있다. 시스템을 통과하는 물의 체적유량은 3.15 m^3/s이고 출구 배관의 직경은 1.22 m이다. 물이 댐을 통과할 때, 물에 의해 행해진 (물로부터 받은) 일을 계산하여라.

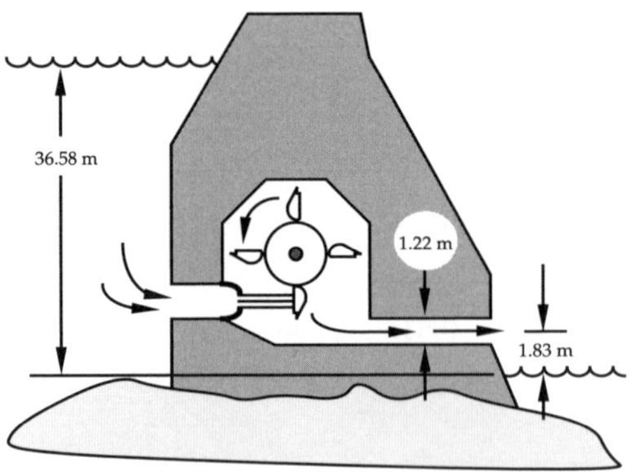

그림 2.22 수력 터빈을 통한 물의 흐름

풀이

물의 밀도는 1000 kg/m^3이다(부록 표 B.1). 문제에 주어진 터빈에는 아래의 식을 적용한다.

$$-\frac{\partial W}{\partial t} = \left\{\left(\frac{p}{\rho} + \frac{V^2}{2} + gz\right)_{\text{out}} - \left(\frac{p}{\rho} + \frac{V^2}{2} + gz\right)_{\text{in}}\right\}\rho V A$$

동력 $\partial m, / \partial t$를 구해야 하며, 위 식은 시스템을 포함하는 어떠한 두 지점에 대해 적용 가능하다. 물의 자유 표면을 "입구"로, 상태량을 알고 있는 출구 배관을 "출구"로 정한다. 출구 배관의 면적은

$$A_{\text{out}} = \frac{\pi(1.22)^2}{4} = 1.17 \text{ m}^2$$

물의 체적유량은 3.15 m^3/s로 주어져 있다. 질량유량은

$$\dot{m} = \rho Q = 1000(3.15) = 3150 \text{ kg/s.}$$

따라서 출구 속도는

$$V_{\text{out}} = \frac{Q}{A} = \frac{3.15}{1.17} = 2.69 \text{ m/s}$$

또한 주어진 상태량은

$$z_{\text{out}} = 1.83 \text{ m} \qquad p_{\text{in}} = p_{\text{out}} = p_{\text{atm}}$$

자유 표면에서 알려진 정보는

$$V_{\text{in}} = 0 \qquad z_{\text{in}} = 36.58 \text{ m}$$

에너지 방정식에 대입하면

$$+\frac{\partial W}{\partial t} = \left((0) + (0) + 9.81(36.58) - [0 + \frac{2.69^2}{2} + 9.81(1.83)]\right)(3150)$$

출력의 부호가 바뀌었음을 주목하라. 36.58 m의 위치에너지가 출력과 출구 운동에너지와 위치에너지로 변환되었다. 계산하면

$$+\frac{\partial W}{\partial t} = (358.85 - 3.618 - 17.95)\frac{\text{m}^2}{\text{s}^2}\,(3150 \text{ s}) = 1.064 \times 10^6 \text{ W}$$

따라서

$$+\frac{\partial W}{\partial t} = 1.064 \text{ x } 10^6 \text{ W 또는 } 1.06 \text{ MW.}$$

예제 2.13 그림 2.23과 같이 창문형 송풍기가 610 × 610 × 152.5 mm의 하우징 내에 설치되어 있다. 송풍기는 6.1 m/s의 속도로 공기를 이송한다. 송풍기 입력 동력이 186 W일 때, 송풍기를 통한 압력 상승을 구하여라.

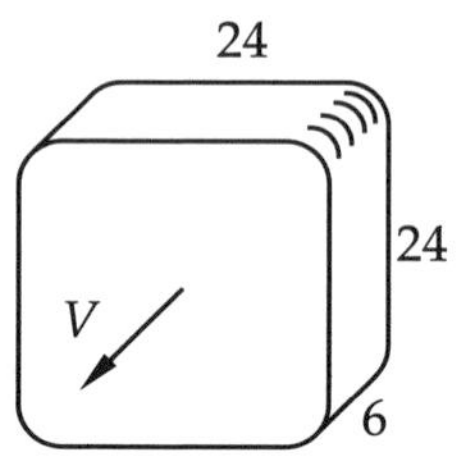

그림 2.23 창문형 송풍기를 통한 공기 흐름

풀이

공기는 이상기체로 거동하고 팬을 통과하는 공기의 온도 상승은 무시한다. 식 (2.30)에서 엔탈피 항들을 압력 항으로 대체하면

$$-\frac{\partial W}{\partial t} = \left\{\left(\frac{p}{\rho} + \frac{V^2}{2} + gz\right)_{\text{out}} - \left(\frac{p}{\rho} + \frac{V^2}{2} + gz\right)_{\text{in}}\right\}\rho VA$$

문제에서 구하는 것은 압력 상승 $p_{\text{out}} - p_{\text{in}}$이다. 연속 방정식은

$$Q = A_{\text{in}}V_{\text{in}} = A_{\text{out}}V_{\text{out}}$$

유로 면적의 변화가 없으므로 연속 방정식에서 $V_{\text{in}} = V_{\text{out}}$이다. 또한 송풍기는 수평으로 놓여 있으므로 $z_{\text{in}} = z_{\text{out}}$이다. 표 C.1에서 공기의 밀도는

$$\rho = 1178 \text{ kg/m}^3$$

입력 동력은

$$-\frac{\partial W}{\partial t} = 186 \text{ W}$$

대입하고 에너지 방정식을 정리하면

$$-\frac{\partial W}{\partial t} = \frac{p_{out} - p_{in}}{\rho}\rho VA = (p_{out} - p_{in})AV$$

$$186 = (p_{out} - p_{in})(0.61)(0.61)(6.1)(24/12)(20)$$

계산하면

$$(p_{out} - p_{in}) = 81.95 \text{ Pa}$$

공기 이송 장치를 다룰 때는 일반적으로 압력 변화를 유체의 높이, 특히 물의 높이(cm 또는 inch)로 표시한다. 따라서,

$$\Delta h = \frac{p_{out} - p_{in}}{\rho_{H_2O}\ g} = \frac{81.95}{1000 \times 9.81}$$

$$\Delta h = 8.35 \times 10^{-3} \text{ m of } H_2O = 8.35 \text{ mm of } H_2O$$

Bernoulli 식

Bernoulli 식은 유동장에서 속도와 높이, 압력의 관계를 보여준다. 이 식은 에너지 방정식(식 2.29)을 일과 열전달이 없고 내부에너지 변화가 무시 가능한 1차원 유동의 가정으로 정리한 결과이다. 또한 Bernoulli 식은 유동장 내 하나의 유선(streamline)에 운동량 방정식을 적용해서도 구할 수 있다. 따라서 특별한 조건에서는 운동량 방정식과 에너지 방정식은 동일한 식으로 단순화될 수 있다. 이러한 이유로 Bernoulli 식은 종종 **역학적 에너지 방정식(mechanical energy equation)**으로 불린다. Bernoulli 식은 다음과 같다.

$$\int_1^2 \frac{dp}{\rho} + \frac{(V_2^2 - V_1^2)}{2} + g(z_2 - z_1) = 0$$

밀도 ρ가 일정한 비압축성 유체의 경우,

$$\frac{p_2 - p_1}{\rho} + \frac{(V_2^2 - V_1^2)}{2} + g(z_2 - z_1) = 0 \tag{2.31}$$

또는

$$\frac{p}{\rho} + \frac{V^2}{2} + gz = \text{상수} \tag{2.32}$$

Bernoulli 식은 마찰이나 축일을 고려하지 않는다.

예제 2.14 물이 수도꼭지에서 수직으로 낙하한다. 물의 유량은 250×10^{-6} m^3인 컵을 8초에 채울 수 있다. 수도꼭지는 배수구보다 280 mm 위에 위치하고 수도꼭지의 출구에서 제트의 직경은 3.5 mm이다. 배수구에 충돌하는 제트의 직경은 얼마인가?

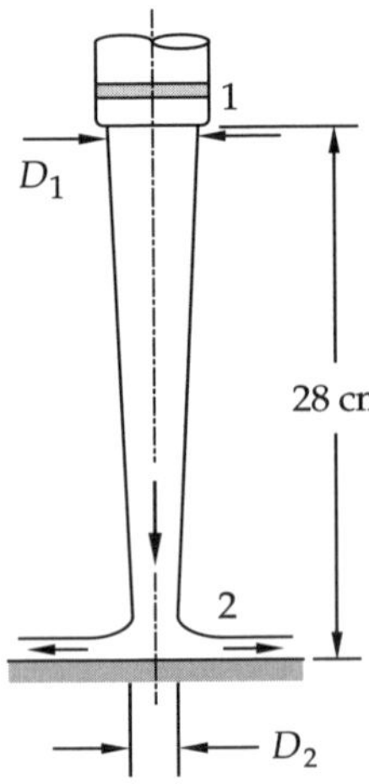

그림 2.24 배수구에 충돌하는 물 제트

풀이

그림 2.24는 수도꼭지에서 나온 물이 평판에 충돌하는 것을 보이고 있다. 지점 1을 수도꼭지, 지점 2를 배수구로 정한다. 1차원 정상 유동으로 가정하면 연속 방정식은

$$Q = A_1V_1 = A_2V_2$$

체적유량은

$$Q = \frac{250 \times 10^{-6}}{8 \text{ s}} = 0.031\ 25 \times 10^{-3} \text{ m}^3/\text{s}$$

유량과 단면적으로 각 지점에서의 속도를 구하면

$$V_1 = \frac{Q}{A_1} = \frac{4Q}{\pi D_1^2} = \frac{4(0.031\ 25 \times 10^{-3})}{\pi(0.003\ 5^2)} = 3.25\ \mathrm{m/s}$$

또한,

$$V_2 = \frac{Q}{A_2} = \frac{4Q}{\pi D_2^2} = \frac{4(0.031\ 25 \times 10^{-3})}{\pi D_2^2} = \frac{3.98 \times 10^{-5}}{D_2^2}$$

두 지점 사이에 Bernoulli 식을 적용하면

$$\frac{p_1}{\rho} + \frac{V_1^2}{2} + gz_1 = \frac{p_2}{\rho} + \frac{V_2^2}{2} + gz_2$$

각 지점에서의 주어진 상태량은

$$p_1 = p_2 = p_{atm}$$

$$z_1 = 0.28\ \mathrm{m} \qquad z_2 = 0$$

Bernoulli 식에 대입해서 정리하면

$$\frac{V_1^2}{2g} + z_1 = \frac{V_2^2}{2g}$$

수치를 대입하면

$$\frac{3.25^2}{2(9.81)} + 0.28 = \left(\frac{3.98 \times 10^{-5}}{D_2^2}\right)^2 \frac{1}{2(9.81)}$$

$$0.538 + 0.28 = \frac{8.07 \times 10^{-11}}{D_2^4}$$

정리하면

$$D_2^4 = 9.86 \times 10^{-11}$$

따라서

$$\underline{D_2 = 3.15 \times 10^{-3}\ \mathrm{m} = 3.15\ \mathrm{mm}}$$

2.5 | 요약

이 장에서는 유체의 상태량을 복습하고 유체역학의 주요 방정식을 나열하였다. 이 장의 의도는 간단한 복습이므로 많은 상세한 내용들이 생략되었다. 이 장에서 언급된 내용에 대한 더 많은 정보는 유체역학 교재를 참고하기 바란다.

2.6 | 보이고 말하기

적절한 제작사로부터 카탈로그를 구한 후 아래의 점도계에 대해 구두로 보고하여라. 모든 경우에 대해 장치의 작동법에 대한 이론적 근거를 제시하고, 가능하다면 장치를 시연하여라.

1. 원뿔평판 점도계(cone and plate viscometer)
2. 낙구 점도계
3. 큰 간격 동심 실린더 점도계(wide-gap concentric-cylinder viscometer)
4. Saybolt 점도계
5. 페인트의 점도 측정을 위한 Stormer 점도계
6. 이 장에서 언급되지 않았지만 직접 접할 수 있는 점도계

압력 측정을 위한 아래의 장치에 대한 적당한 카탈로그를 구한 후 구두로 보고하여라. 모든 경우에 대해 장치의 작동법에 대한 이론적 근거를 제시하여라.

7. 피토관(pitot tube)과 피토 정압관(pitot-static tube)
8. 압력변환기(press ure transducer)

2.7 | Problems

Density, Specific Gravity, Specific Weight

1. What is the specific gravity of 38°API oil?

2. The specific gravity of manometer gage oil is 0.826. What are its density and its °API rating?

3. What is the difference in density between a 50°API oil and a 40°API oil?

4. A 35°API oil has a viscosity of 0.825 N·s/m^2. Express its viscosity in Saybolt Universal Seconds (SUS).

5. Air is collected in a 1.2 m^3 container and weighed using a balance as indicated in Figure P2.5. On the other end of the balance arm is 1.2 m^3 of CO_2. The air and the CO_2 are at 27°C and atmospheric pressure. What is the difference in weight between these two volumes?

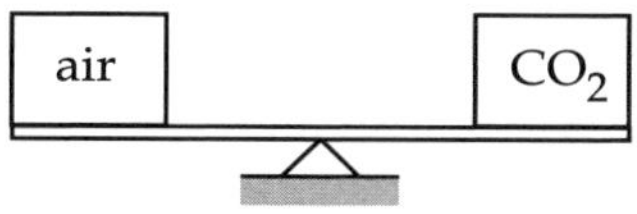

FIGURE P2.5.

6. A container of castor oil is used to measure the density of a solid. The solid is cubical in shape, 30 mm × 30 mm × 30 mm, and weighs 10 N in air. While submerged, the object weighs 7 N. What is the density of the liquid?

7. A brass cylinder (Sp. Gr. = 8.5) has a diameter of 25.4 mm and a length of 100 mm. submerged, the weight of the cylinder is measured as 3.56 N. Determine the density of the liquid. It is submerged in a liquid of unknown density, as indicated in Figure P2.7. While

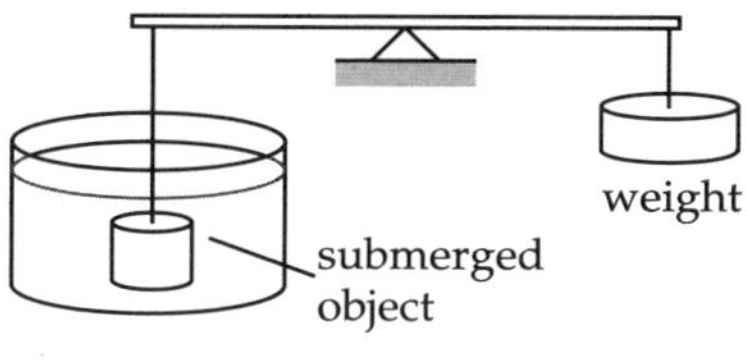

FIGURE P2.7.

Viscosity

8. Actual tests on vaseline yielded the following data:

τ in N/m^2	0	200	600	1 000
dV/dy in 1/s	0	500	1 000	1 200

Determine the fluid type and the proper descriptive equation.

9. A popular mayonnaise is tested with a viscometer and the following data were obtained:

τ in g/cm²	40	100	140	180
dV/dy in rev/s	0	3	7	15

Determine the fluid type and the proper descriptive equation.

10. A cod-liver oil emulsion is tested with a viscometer and the following data were obtained:

τ in Pa	0	1915	2873	3830	5745
dV/dy in rev/s	0	0.5	1.7	3	6

Graph the data and determine the fluid type. Derive the descriptive equation.

11. A rotating cup viscometer has an inner cylinder diameter of 50.8 mm, and the gap between cups is 5.08 mm. The inner cylinder length is 63.5 mm. The viscometer is used to obtain viscosity data on a Newtonian liquid. When the inner cylinder rotates at 10 rev/min, the torque on the inner cylinder is measured to be 0.01243 mN-m. Calculate the viscosity of the fluid. If the fluid density is 850 kg/m^3, calculate the kinematic viscosity.

12. A rotating cup viscometer has an inner cylinder whose diameter is 38 mm and whose length is 80 mm. The outer cylinder has a diameter of 42 mm. The viscometer is used to measure the viscosity of a liquid. When the outer cylinder rotates at 12 rev/min, the torque on the inner cylinder is measured to be 4×10^{-6} N·m. Determine the kinematic viscosity of the fluid if its density is 1 000 kg/m^3.

13. A rotating cup viscometer has an inner cylinder diameter of 57.15 mm and an outer cylinder diameter of 62.25 mm. The inner cylinder length is 76.2 mm. When the inner cylinder rotates at 15 rev/min, what is the expected torque reading if the fluid is propylene glycol?

14. A capillary tube viscometer is used to measure the viscosity of water (density is 1000 kg/m^3 viscosity is 0.89×10^{-3} N·s/m^2) for calibration purposes. The capillary tube inside diameter must be selected so that laminar flow conditions (i.e., $VD/\nu < 2$ 100) exist during the test. For values of $L = 76.2$ mm and $z = 254$ mm, determine the maximum tube size permissible.

15. A Saybolt viscometer is used to measure oil viscosity and the time required for 6×10^{-5} m^3 of oil to pass through a standard orifice is 180 SUS. The specific gravity of the oil is found as 44°API. Determine the absolute viscosity of the oil.

16. A 10^4 mm^3 capillary tube viscometer is used to measure the viscosity of a liquid. For values of $L = 40$ mm, $z = 250$ mm, and $D = 0.8$ mm, determine the viscosity of the liquid. The time recorded for the experiment is 12 seconds.

17. A Saybolt viscometer is used to obtain oil viscosity data. The time required for 6 ×

10^{-5} m^3 of oil to pass through the orifice is 70 SUS. Calculate the kinematic viscosity of the oil. If the specific gravity of the oil is 35°API, find also its absolute viscosity.

18. A 2-mm diameter ball bearing is dropped into a container of glycerine. How long will it take the bearing to fall a distance of 1 m?

19. A 3.175 mm diameter ball bearing is dropped into a viscous oil. The terminal velocity of the sphere is measured as 40.6 mm/s. What is the kinematic viscosity of the oil if its density is 800 kg/m^3?

Pressure and Its Measurement

20. A mercury manometer is used to measure pressure at the bottom of a tank containing acetone, as shown in Figure P2.20. The manometer is to be replaced with a gage. What is the expected reading in psig if Δh = 127 mm and x = 50.8 mm?

21. Referring to Figure P2.21, determine the pressure of the water at the point where the manometer attaches to the vessel. All dimensions are in inches and the problem is to be worked using Engineering or British Gravitational units.

22. Figure P2.22 shows a portion of a pipeline that conveys benzene. A gage attached to the line reads 150 kPa. It is desired to check the gage reading with a benzene-over-mercury U-tube manometer. Determine the expected reading Δh on the manometer.

FIGURE P2.20.

FIGURE P2.21.

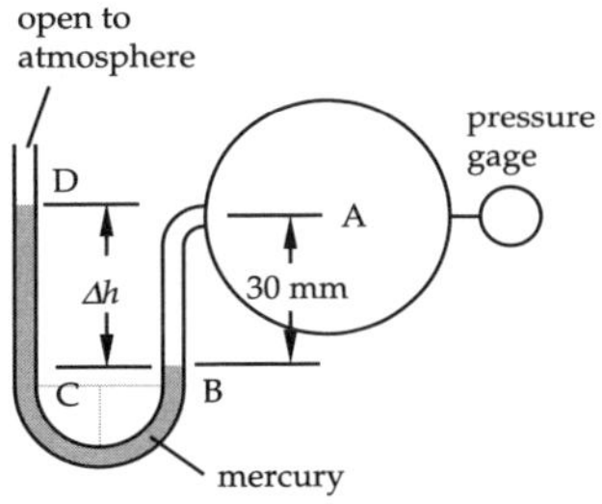

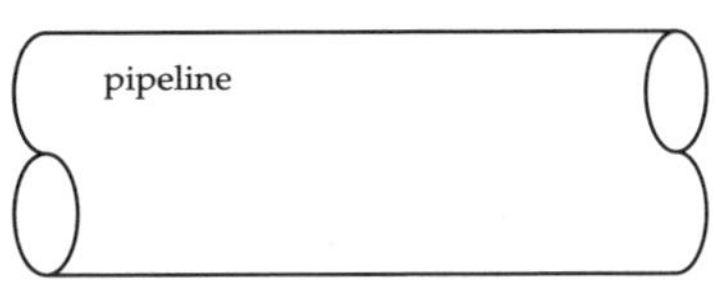

FIGURE P2.22.

23. An unknown fluid is in the manometer of Figure P2.23. The pressure difference between the two air chambers is 700 kPa and the manometer reading Δh is 6 0 mm. Determine the density and specific gravity of the unknown fluid.

24. A U-tube manometer is used to measure the pressure difference between two air chambers, as shown in Figure P2.24. If the reading Δh is 152.4 mm, determine the pressure difference. The manometer fluid is water.

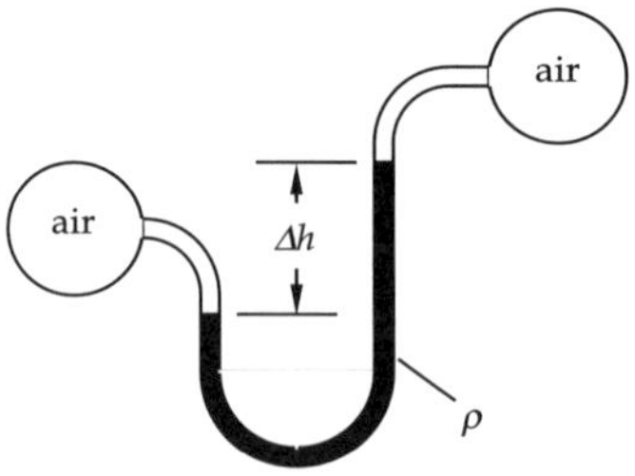

FIGURE P2.23, P2.24.

25. A manometer containing mercury is used to measure the pressure increase experienced by a water pump as shown in Figure P2.25. Calculate the pressure rise if Δh is 70 mm of mercury (as shown). All dimensions are in mm.

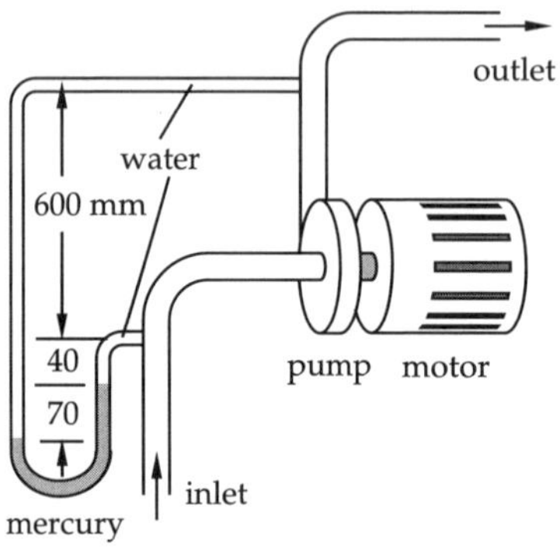

FIGURE P2.25

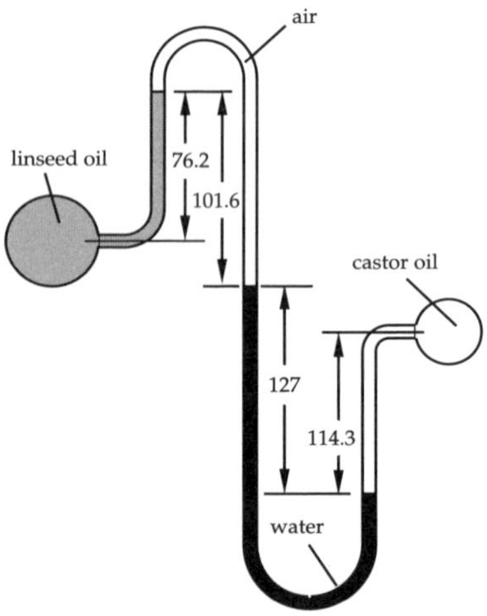

FIGURE P2.26

26. Determine the pressure difference between the linseed and castor oils of Figure P2.26. (All dimensions are in mm.)

27. For the system of Figure P2.27, determine the pressure of the air in the tank.

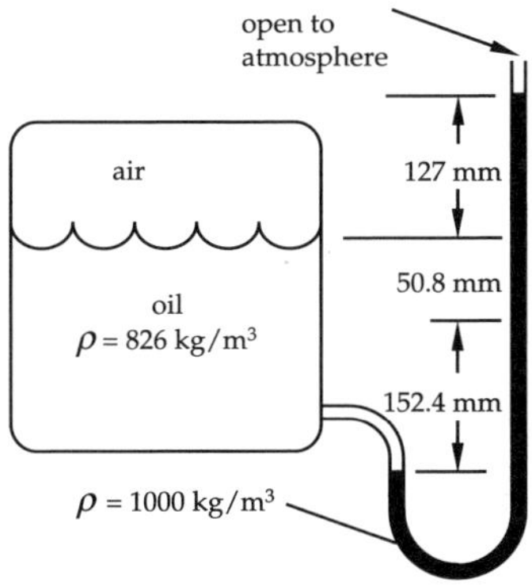

FIGURE P2.27

Continuity Equation

28. Figure P2.28 shows a reducing bushing. A liquid leaves the bushing at a velocity of 4 m/s. Calculate the inlet velocity. What effect does the fluid density have?

29. Figure P2.29 shows a reducing bushing. Flow enters the bushing at a velocity of 0.5 m/s. Calculate the outlet velocity.

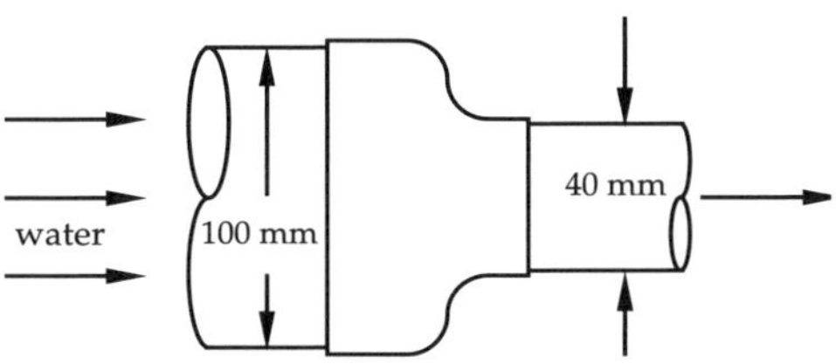

FIGURE P2.28, P2.29.

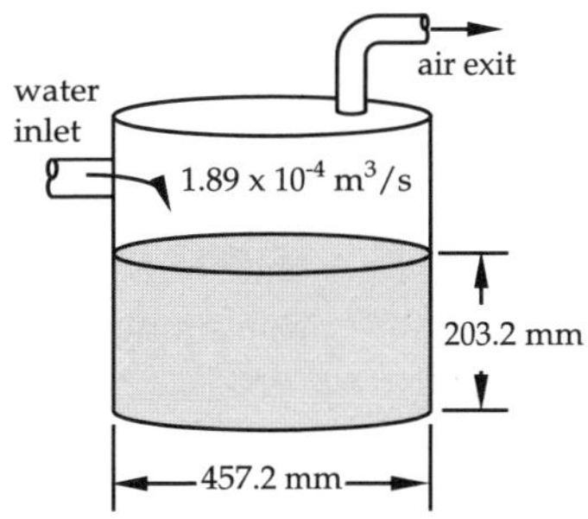

FIGURE P2.30.

30. Water enters the tank of Figure P2.30 @ 0.00189 m^3/s. The inlet line is 63.5 mm in diameter. The air vent is 3 8 mm in diameter. Determine the air exit velocity at the instant shown.

31. An air compressor is used to pressurize a tank of volume 3 m^3. Simultaneously, air leaves the tank and is used for some process downstream. At the inlet, the pressure is 350 kPa, the temperature is 20°C, and the velocity is 2 m/s. At the outlet, the temperature is 20°C, the velocity is 0.5 m/s, and the pressure is the same as that in the tank. Both flow lines (inlet and outlet) have i nter nal di a meter s of 27 mm. The t e mper at ure of t he ai rinthe tank i s a constant at 20°C. If the initial tank pressure is 200 kPa, what is the pressure in the tank after 300 s?

32. Figure P2.32 shows a cross-flow heat exchanger used to condense Freon-12. Freon-12 vapor enters the unit at a flow rate of 0.065 kg/s. Freon-12 leaves the exchanger as a liquid (density = 1915 kg/m^3) at room temperature and pressure. Determine the exit velocity of the liquid.

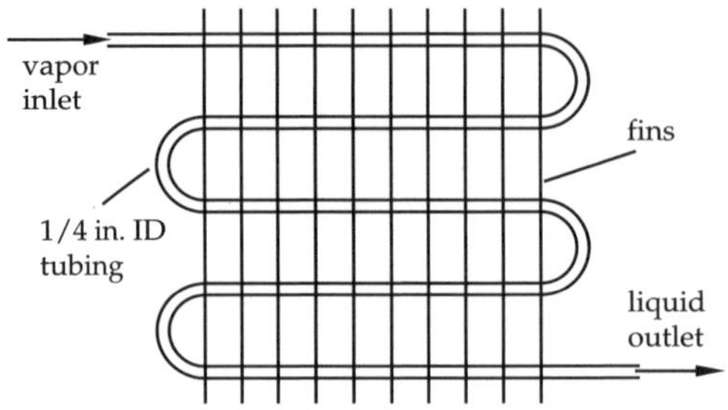

FIGURE P2.32

33. Nitrogen enters a pipe at a flow rate of 90.7 g/s. The pipe has an inside diameter of 101.6 mm. At the inlet, the nitrogen temperature is 26.7°C (ρ = 1.17 kg/m^3) and at the outlet, the nitrogen temperature is 727°C (the inlet and outlet velocities of the nitrogen. Are they equal? Should they be?

Momentum Equation

34. A garden hose is used to squirt water at someone who is protecting herself with a garbage can lid. Figure P2.34 shows the jet in the vicinity of the lid. Determine the restraining force F for the conditions shown.

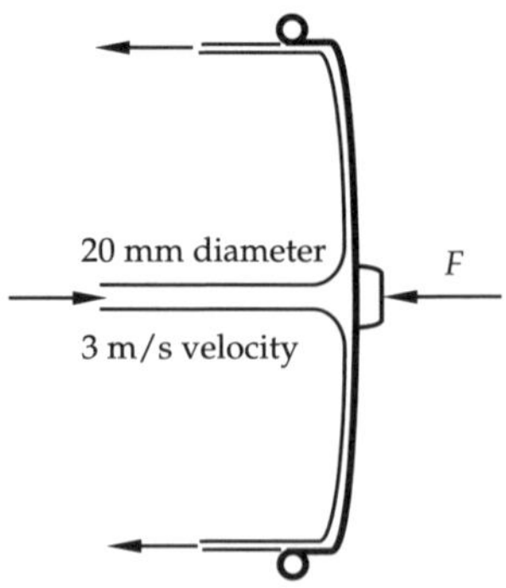

FIGURE P2.34

35. A two-dimensional, liquid jet strikes a concave semicircular object, as shown in Figure P2.35. Calculate the restraining force F.

36. A two-dimensional, liquid jet strikes a concave semicircular object, as shown in Figure P2.36. Calculate the restraining force F.

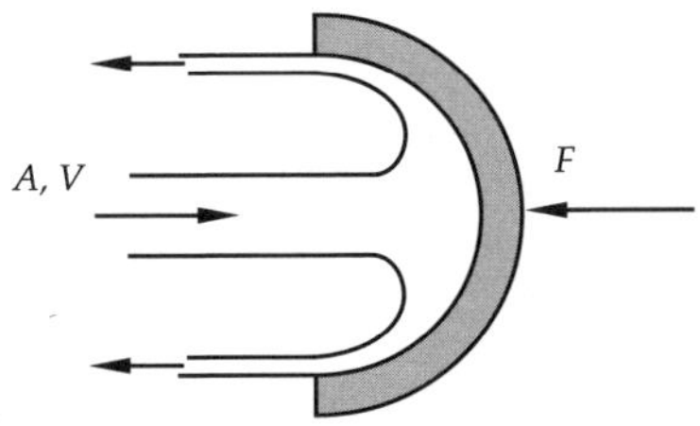

FIGURE P2.35

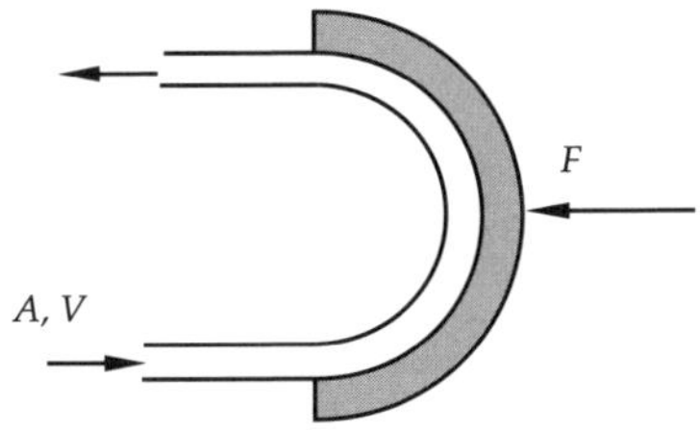

FIGURE P2.36

37. A two-dimensional liquid jet is turned through an angle θ ($0° < \theta < 90°$) by a curved vane, as shown in Figure P2.37. The forces are related by $F_2 = 3F_1$. Determine the angle θ through which the liquid jet is turned.

38. A two-dimensional liquid jet is turned through an angle θ ($0° < \theta < 90°$) by a curved vane as shown in Figure P2.38. The forces are related by $F_1 = 2F_2$. Determine the angle θ through which the liquid jet is turned.

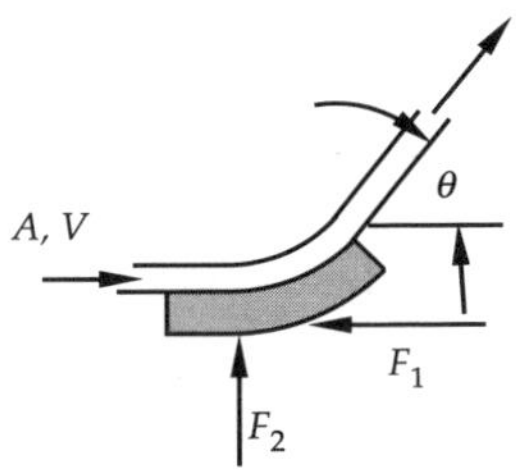

FIGURE P2.37

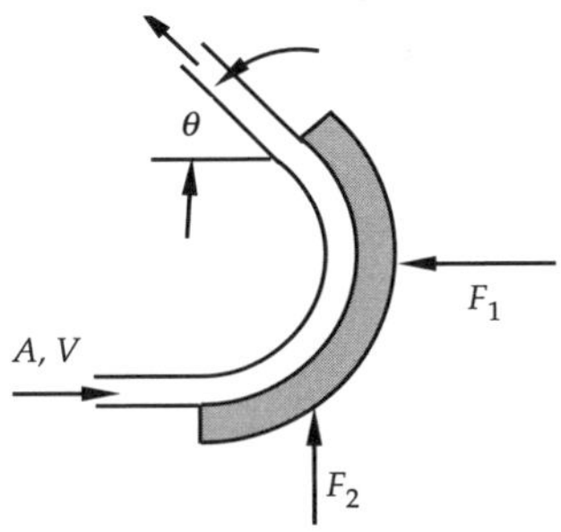

FIGURE P2.38

Energy Equation

39. Figure P2.39 shows a water turbine located in a dam. The volume flow rate through the system is 0.315 m^3/s. The exit pipe diameter is 1.22 m. Calculate the work done by (or power received from) the water as it flows through the dam. (Compare to the results of the example problem in this chapter.)

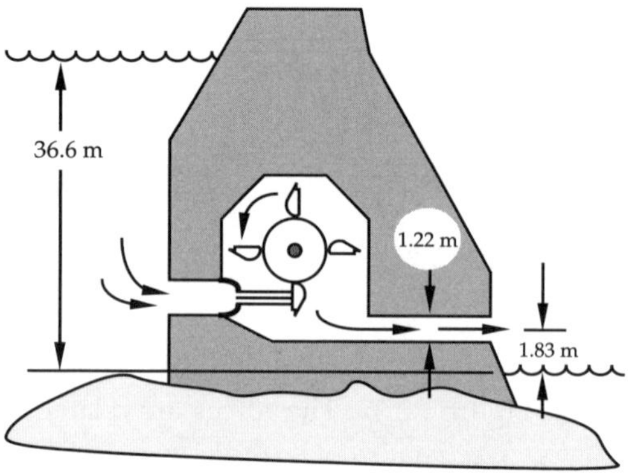

FIGURE P2.39

40. Air flows through a compressor at a mass flow rate of 0.0438 kg/s. At the inlet, the air velocity is negligible. At the outlet, air leaves through an exit pipe of diameter 50.8 mm. The inlet properties are 1.013×10^5 Pa and 23.9°C. The outlet pressure is 827 kPa. For an isentropic (reversible and adiabatic) compression process, we have

$$\frac{T_2}{T_1} = \left\{\frac{p_2}{p_1}\right\}^{(\gamma-1)/\gamma}$$

Determine the outlet temperature of the air and the power required. Assume that air behaves as an ideal gas ($dh = c_p\,dT$, $du = c_v\,dT$, and $= p/RT$).

41. An air turbine is used with a generator to generate electricity. Air at the turbine inlet is at 700 kPa and 25°C. The turbine discharges air to the atmosphere at a temperature of 11°C. Inlet and outlet air velocities are 100 m/s and 2 m/s, respectively. Determine the work per unit mass delivered to the turbine from the air.

42. A pump moving hexane is illustrated in Figure P2.42. The flow rate is 0.02 m^3/s; inlet and outlet gage pressure readings are –4 kPa and 190 kPa, respectively. Determine the required power input to the fluid as it flows through the pump.

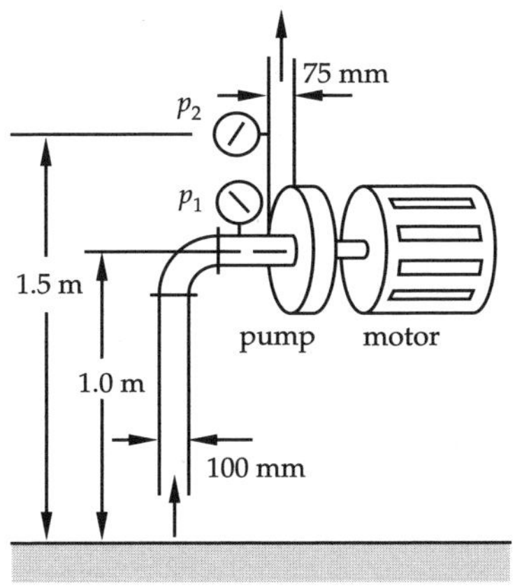

FIGURE P2.42

Bernoulli Equation

43. Figure 2.15 shows a venturi meter. Show that the Bernoulli and continuity equations when applied combine to become

$$Q = A_2\sqrt{\frac{2g\Delta h}{1-(D_2^4/D_1^4)}}$$

44. A jet of water issues from a kitchen faucet and falls vertically downward at a flow rate of 4.44×10^{-5} m per second. At 3 the faucet, which is 355.6 mm above the sink bottom, the jet diameter is 15.88 mm. Determine the diameter of the jet where it strikes the sink.

45. A jet of water issues from a valve and falls vertically downward at a flow rate of 3×10^{-5} m^3/s. The valve exit is 50 mm above the ground; the jet diameter at the ground is 5 mm. Determine the diameter of the jet at the valve exit.

46. A garden hose is used as a siphon to drain a pool, as shown in Figure P2.46. The garden hose has a 19 mm inside diameter (ID). Assuming no friction, calculate the flow rate of water through the hose if the hose is 7.6 m long.

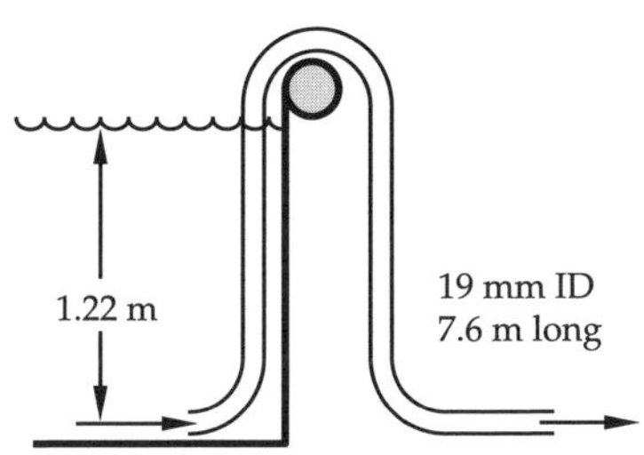

FIGURE P2.46

Miscellaneous Problems

47. A pump draws castor oil from a tank, as shown in Figure P2.47. A venturi meter with a throat diameter of 50.8 mm is located in the discharge line. For the conditions shown, calculate the expected reading on the manometer of the meter. Assume that frictional effects are negligible and that the pump delivers 186.5 W to the liquid. If all that is available is a 1.83 m tall manometer, can it be used in the configuration shown? If not, suggest an alternative way to measure pressure difference. (All measurements are in mm.)

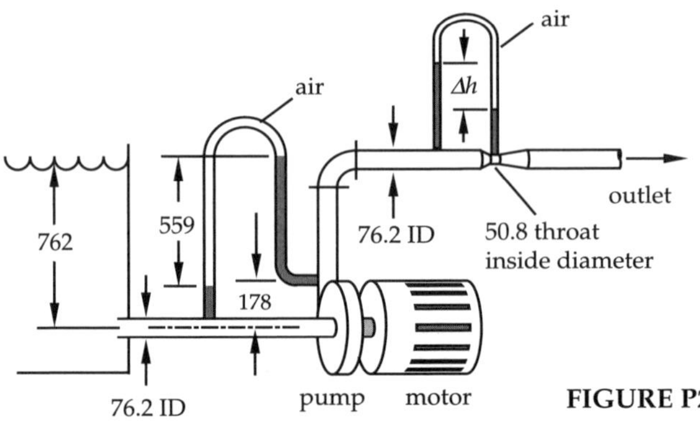

FIGURE P2.46

48. A 42 mm ID pipe is used to drain a tank, as shown in Figure P2.48. Simultaneously, a 52 mm ID inlet line fills the tank. The velocity in the inlet line is 1.5 m/s. Determine the equilibrium height h of the liquid in the tank if it is octane. How does the height change if the liquid is ethyl alcohol? Assume in both cases that frictional effects are negligible and that z is 40 mm.

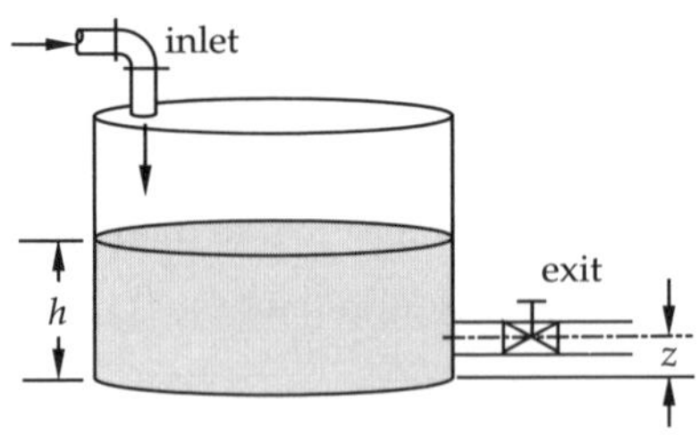

FIGURE P2.48

Computer Problems

49. One of the examples in this chapter dealt with the following impact problem, with the result that the ratio of forces is given by:

$$\frac{F_x}{F_y} = \frac{(\cos\theta_1 - \cos\theta_2)}{(\sin\theta_2 + \sin\theta_1)}$$

For an angle of $\theta_1 = 0$, produce a graph of the force ratio as a function of the angle θ_2.

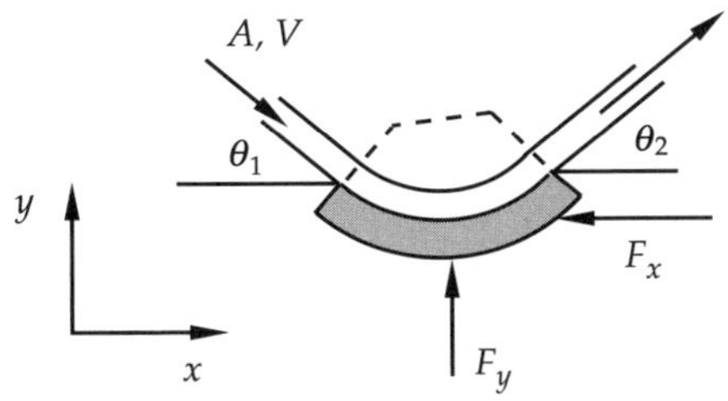

FIGURE P2.49

50. One of the examples in this chapter involved calculations made to determine the power output of a turbine in a dam (see Figure P2.50). When the flow through the turbine was 3.15 m /s, and the upstream height was 3 36.6 m, the power was found to be 1.06 kW. The relationship between the flow through the turbine and the upstream height is linear. Calculate the work done by (or power received from) the water as it flows through the dam for upstream heights that range from 18.3 to 36.6 m.

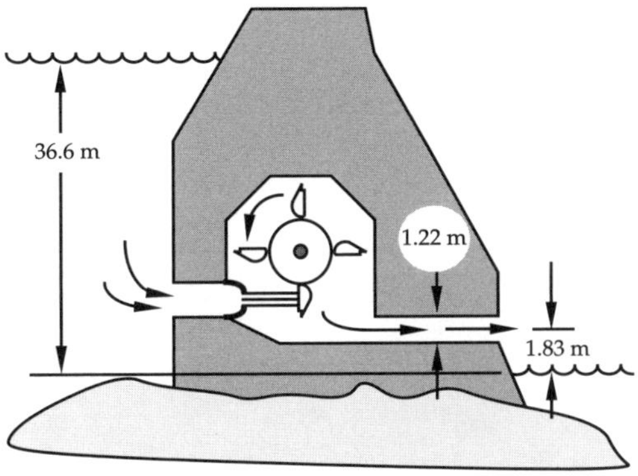

FIGURE P2.50

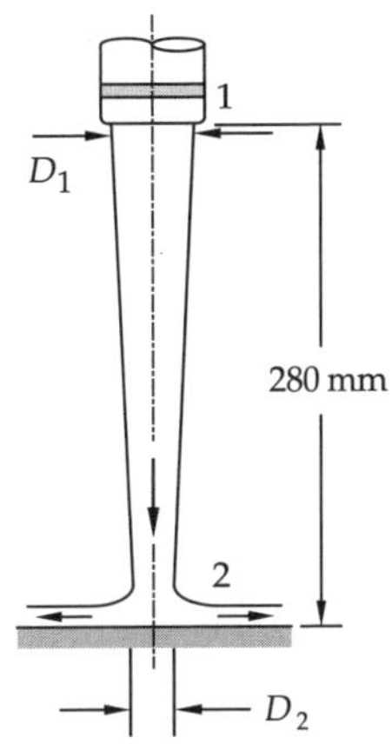

FIGURE P2.51

51. One of the examples in this chapter dealt with a water jet issuing from a faucet. The water flow rate was 3.125×10^{-5} m^3 per second, the jet diameter at faucet exit is 3.5 mm, and the faucet is 280 mm above the sink. Calculations were made to find the jet diameter at impact on the sink surface. Repeat the calculations for volumes per time that range from 1.25×10^{-5} m^3/s to 6.25×10^{-5} m^3/s, and graph jet diameter at 2 as a function of the volume flow rate.

배관계 I 03

Piping Systems I

이 장에서는 배관계와 관련된 몇 가지 기본 개념들을 되짚어 볼 것이다. 유효 수력 지름에 대해서 논하고 닫힌 관로(closed conduits)에서 유동을 모델링하기 위한 운동방정식을 소개한다. 또한, 부손실에 대해서 자세히 살펴보고, 비원형 단면을 가진 관 내부의 유동에 대해서 논한다. 마지막으로 직렬 배관계에 대한 설명으로 이 장을 마무리하고자 한다.

닫힌 관로에서의 유동은 액체를 수송하기 위한 가장 일반적인 방법이므로 매우 중요한 연구 분야이다. 원유와 그 성분들은 유전과 국가 사이를 펌프를 사용하여 관을 통해 이송된다. 가정에서 물은 배관을 통해 집의 다양한 부분으로 이송된다. 냉난방된 공기는 원형 또는 사각형 관을 통해서 주거 공간의 모든 부분으로 배분된다. 닫힌 도관에서의 유동의 예는 모든 곳에 존재한다.

관 유동은 **층류(laminar)** 또는 **난류(turbulent)**가 될 수 있다는 것을 상기하자. 층류 유동이 존재할 때 유체는 층을 이루며 관을 통해 매끄럽게 흐른다. 한 층에서의 유체입자는 그 층에서만 머무른다. 난류가 존재할 때 흐르는 유체 입자는 단면을 돌아다니며 움직인다. 난류 유동에서 발생하는 에디(eddie)와 와류(vortex)는 혼합 작용을 일으키는 원인이다(이러한 에디나 와류는 층류에서는 발생하지 않는다).

층류와 난류 유동을 구분하는 기준은 관찰되는 혼합 현상이다. **Reynolds 수(Reynolds number)**가 2,100보다 작을 때 층류 유동이 존재한다는 것이 실험으로 확인되었다.

$$\mathrm{Re} = \frac{\rho VD}{\mu} = \frac{VD}{\nu} < 2\,100 \qquad \text{(층류 유동)} \qquad \mathbf{(3.1)}$$

여기서 V는 유동의 *평균 속도*이고 D는 관의 단면의 특성 차원(characteristic dimension)이다. 원형 관에 대해서는 대개 관의 내부 지름을 D로 사용한다. 비원형 단면에 대해서는 *수력 지름*(hydraulic diameter, 이 장의 뒷부분에서 논의됨)을 D로 사용한다.

3.1 배관 및 관의 표준

배관 및 관들은 다양한 재료로 만들어진다. 배관은 주조되거나, 또는 관처럼 압출되어 만들어질 수 있다. 배관 및 관의 크기는 표준화되어 있으며, 치수에 관한 공차도 표준화되어 있다.

배관의 규격과 부착 방법

배관은 **공칭지름(nominal diameter)**과 **스케줄 번호(schedule number)**로 특정된다 (예를 들어 공칭치수 2 스케줄 40). 공칭지름은 배관의 내부 또는 외부지름과 반드시 같지는 않다. 각각의 공칭지름은 오직 하나의 외부 지름을 나타낸다. 배관 스케줄은 벽 두께를 특정하는데, 스케줄 번호가 증가할수록 배관벽은 두꺼워진다. 부록의 표 D.1은 공칭치수 1/8에서 공칭치수 40까지 변할 때 배관 크기의 치수를 영국 및 표준 단위로 보여준다. 일반적인 공학응용분야에서는 스케줄 40 배관(또는 표준크기)이 사용된다. 스케줄 80과 이보다 더 두꺼운 배관은 상당히 높은 압력이 가해지는 응용분야에 사용된다.

대부분 배관의 재료는 부록 표 D.1에 주어진 치수까지 생산된다. 따라서 강으로 만들어진 이음새(fittings)는 PVC 배관에도 사용될 수 있다. 스테인리스 강관의 강도로 인해 더 얇은 벽이 가능하다는 점을 명심하자(예를 들어 스케줄 20도 사용 가능하다).

배관은 다양한 방법으로 서로 접합하거나 끼워 맞출 수 있다. 배관의 끝은 나사산으로 할 수 있는데, 이는 주로 더 작은 크기로 만들어진다 (공칭치수 4보다 작음). 나사산의 형상뿐만 아니라 인치당 나사산의 개수는 각각의 배관의 크기에 대해서 표준으로 정해져 있다. 또한 나사가 있는 배관의 끝 부분은 테이퍼져 있다. 배관의 스케줄에 관계없이 공칭지름(즉, 외부지름)이 같은 모든 배관들은 동일한 나사에 관한 사양을 가지고 있다. 나사가 있는 배관을 접합하기 전에 나사산은 끈적한 합성물로 입혀지거나 특수한 테이프로 감겨진다. 나사산 준비와 테이퍼진 나사산을 끼워 넣는 작업은 유체의 유출이 방지되는 연결을 보장한다.

재료의 용접이 가능할 경우 배관은 서로 용접되거나 또는 끼워 맞출 수 있다. 큰 배관일 경우 용접이 더 일반적이다.

배관의 끝 부분은 플랜지에 나사로 연결되거나 용접된다. 그리고 플랜지는 서로 볼트로 채결된다. 연결부에서 누설을 방지하기 위해서 고무나 코르크 게스킷이 플랜지 사이에 보통 설치된다. 플랜지는 많은 배관 크기에 대해 제작되며, 볼트 구멍의 수 및 그 위치와 같이 상세한 내용을 포함하는 설치에 관한 표준이 수립되어 있다.

PVC와 같은 플라스틱 배관은 나사산이나 접착제에 의해서 접합부에 연결된다. 플라스틱 배관도 다른 배관과 동일한 방법으로 사양이 정해진다.

수관(water tubing) 사양과 부착 방법

수관은 **표준 지름**과 **타입**(예를 들어 "1-표준 타입 K")을 사용하여 특정된다. 표준 크기는 반드시 내부 또는 외부 지름과 같지는 않다. 각각의 표준 크기는 유일한 하나의 외부 지름에 대응된다. 타입(K, L 또는 M)은 벽 두께를 나타낸다. 타입 K는 지하의 일반적인 관에 사용된다. 타입 L은 주로 옥내 관에 사용된다. 한편 타입 M은 용접 접합에 사용된다. 부록 표 D.2는 표준 1/4에서 표준 12 범위의 구리 관의 크기를 영국과 표준 단위로 나타낸 치수를 제공한다.

구리는 *관*(tubing)과 *배관*(pipe)의 재질이 될 수 있음을 주목하자. 구리가 배관의 재료로 사용될 경우, 그 치수는 배관의 사양을 따른다. 관은 배관보다 더 얇은 벽을 가지고 있어 배관이 견딜 수 있는 높은 유체의 압력을 견딜 수 없다는 것이 배관과 관의 차이점이다.

에어컨과 열펌프에 흔히 사용되는 다른 종류의 관은 냉동 관이라고 불린다. 이것은 구리 관과 같은 방법으로 사양이 정해지고 구리 합금으로 만들어진다. 구리 관은 아주 단단하지만 냉동 관은 다소 연성이 있다는 차이점이 있다.

또한 관은 열교환기에도 사용되며 그러한 관을 응축기 튜브관(condenser tube)이라고 한다. 이러한 관은 구리 관과는 다른 크기로 생산된다. 응축기 튜브관은 열교환기에 관한 장에서 다루어진다.

관은 여러 가지 방법으로 이음새에 부착될 수 있다. 관 끝은 **벌어질** 수 있고 벌어진 **관 끝 이음새**에 부착될 수 있다 (관의 끝은 **플레어링 공구**를 사용하여 바깥으로 균일하게 벌어진다). 또 다른 부착 방법으로는 **압축 이음새**가 있다. 이때 관의 끝은 이음새 일부가 포함되어 있는 이음새 링을 통해 삽입된다. 이음새 너트가 조여지면 링이 압축되고 구리 관 끝이 이음새의 내벽에 대해서 팽창한다. 세 번째 결합 방법은 경납땜(brazing) 또는 연납땜(soldering)을 포함한다. 관의 끝은 슬리브처럼 맞추는 이음새로 삽입된다. 연결부는 산화물을 제거하기 위해서 *플럭스화*(fluxed)되고, 이음새와 관은 연납땜 또는 경납땜된다 [일반적으로 **스웨팅(sweating)**으로 불린다].

표준단위계(SI unit system)가 사용되는 유럽에서는 미국에서 사용되는 것과는 다른 관 크기 시스템이 존재한다.

벨과 스피곳 배관(Bell and Spigot Pipe)

또 다른 형태의 배관은 벨과 스피곳 배관이다. 이 시스템에서 각각의 배관의 한쪽 끝은 다른 배관과 연결할 수 있도록 확장되어 있다. 이러한 배관의 지름은 다른 배관의 내부 지름과 동일한 크기로 정해진다. 한쪽 배관이 다른 쪽 배관의 확장된 끝 부분으로 서로 연결될 때 유체가 새지 않도록 개스킷 형태의 재료가 부착된다. 이러한 종류의 배관에서 이음새 역시 이용 가능하다. 일반적으로, 벨과 스피곳 배관들은 주철이나 PVC로 제작된다. 이러한 종류의 PVC 관들은 지하의 스피링클러 시스템에 광범위하게 사용된다.

3.2 | 비원형 덕트에 대한 등가 지름

많은 유체 이송 시스템에서 비원형 덕트를 볼 수 있다. 사각 그리고 정사각 단면은 공기조화 또는 난방 덕트 그리고 물받이와 수직 낙수 홈통에 사용된다. 환형 단면은 하나의 관이 다른 관 내부에 있는 이중관 열교환기에 이용된다. 여기에서 무엇을 비원형 덕트의 특성 길이로 사용해야 하는가에 대한 질문이 발생한다. 수력 반지름, 유효 지름 그리고 수력 지름과 같은 세 가지 특성 길이가 제안되었다.

수력 반지름(hydraulic radius) R_h는 개수로 유동에서 널리 사용된다. 수력 반지름은 다음과 같이 정의된다.

$$R_h = \frac{\text{유동 면적}}{\text{접수주변길이}} = \frac{A}{P} \tag{3.2}$$

이 정의는 개수로 유동에 대해서는 전적으로 만족할 만하지만 닫힌 도관을 모델링할 때는 원하지 않은 결과를 가져올 수 있다. 완전히 채워져서 흐르는 원형 덕트에 대해서

$$R_h = \frac{A}{P} = \frac{\pi D^2/4}{\pi D} = \frac{D}{4}$$

따라서 배관 내 유동에서 수력 반지름은 지름의 1/4이다. 전통적으로 $D/4$보다 지름 D가 원형 덕트를 나타낼 때 더 선호되므로, 대체적으로 수력 반지름은 사용되지 않는다.

유효 지름(effective diameter) D_{eff}는 비원형 덕트와 같은 면적을 가지는 원형 덕트의 지름이다. 따라서

$$\frac{\pi D_{\text{eff}}^2}{4} = A_{\substack{\text{비원형}\\ \text{덕트}}} \tag{3.3}$$

예를 들어, 크기가 $h \times w$인 직사각형 덕트를 고려하자. 유효 지름은

$$\frac{\pi D_{\text{eff}}^2}{4} = hw$$

또는

$$D_{\text{eff}} = 2\sqrt{hw/\pi}$$

세 번째 등가 지름은 **수력 지름(hydraulic diameter)** D_h이다.

$$D_h = \frac{4 \cdot \text{유동 면적}}{\text{접수주변길이}} = \frac{4A}{P} \tag{3.4}$$

완전히 채워져 흐르는 원형 덕트에 대해서,

$$D_h = \frac{4A}{P} = \frac{4\pi D^2/4}{\pi D} = D$$

위 식은 만족스러운 결과를 산출한다. 크기가 $h \times w$인 직사각형 덕트에 대해서는

$$D_h = \frac{4hw}{2h + 2w} = \frac{2hw}{h + w}$$

이 식은 식 (3.3)과는 완전히 다른 결과를 가져온다. 수력 지름과 유효 지름은 주어진 h에 대해 어떠한 w에 대해서도 같지 않다는 점을 명심해야 한다.

수력 지름은 운동량 방정식을 닫힌 도관에서의 유동에 적용할 때 나타난다. 전통적으로 수력 지름은 유효 지름보다 더 넓게 사용된다. 이 책에서는 몇 개의 예제를 제외하고는 수력 지름을 사용할 것이다.

예제 3.1 그림 3.1은 열교환기의 단면에 대한 스케치이다. 온수는 중앙의 관을 통해 흐르고 냉각수는 환형 관을 통해 흐른다. 환형 관은 4 표준 타입 K(외부)와 2 표준 타입 K(내부)에 의해 둘러싸여 있다. 환형 유동 영역에 대한 수력 반지름, 유효 지름, 수력 지름을 구하여라.

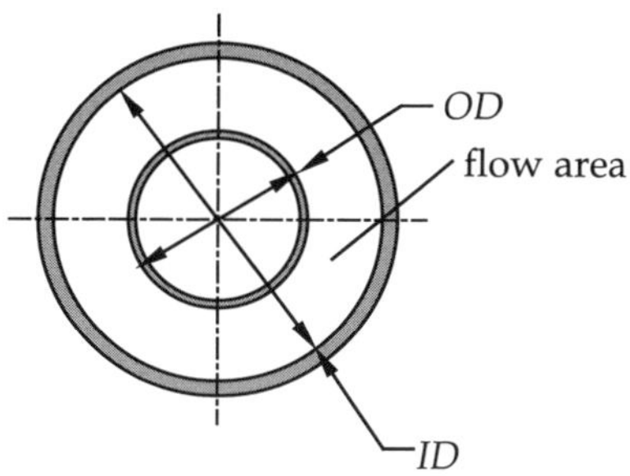

그림 3.1 두 관에 의해 둘러싸인 환형 단면적

풀이

부록의 표에서 다음 자료를 얻을 수 있다.

4 표준 타입 K $ID = 98$ mm
2 표준 타입 K $OD = 53.98$ mm

환형 유동 면적은

$$A = \frac{\pi(ID)^2}{4} - \frac{\pi(OD)^2}{4} = \frac{\pi}{4}(9.8^2 - 5.398^2) \times 10^{-4}$$

$$A = 5.25 \times 10^{-3}\ \text{m}^2$$

이 단면의 접수주변길이(wetted perimeter)는 두 관과 관련된 길이이다.

$$P = \pi(ID) + \pi(OD) = \pi(9.8 + 5.398) \times 10^{-2}$$

$$P = 0.4775\ \text{m}$$

수력 반지름은 다음과 같이 계산된다.

$$R_h = \frac{A}{P} = \frac{5.25 \times 10^{-3}}{0.4775}$$

$$\underline{R_h = 1.1 \times 10^{-2}\ \text{m 또는 } 11\ \text{mm}}$$

유효 지름 D_{eff}는 비원형 덕트와 동일한 면적을 가지는 원형 덕트의 지름이다.

$$\frac{\pi D_{eff}^2}{4} = A$$

또는

$$D_{eff} = \sqrt{\frac{4A}{\pi}} = \sqrt{\frac{4(5.25 \times 10^{-3})}{\pi}}$$

$$\underline{D_{eff} = 0.0818\ \text{m} = 81.8\ \text{mm}}$$

수력 지름 D_h는

$$D_h = \frac{4A}{P} = \frac{4(5.25 \times 10^{-3})}{0.4775}$$

$$\underline{D_h = 4.4 \times 10^{-2}\ \text{m} = 44\ \text{mm}}$$

3.3 덕트 내 유동에 대한 운동방정식

이 절에서는 도관 내부에서 마찰 효과에 따른 압력 손실에 대한 수식을 소개한다. 그림 3.2는 닫힌 도관에서의 유동을 보여준다. 원형 단면이 나타나 있지만, 특정 단면의 형상에 관한 항이 수식에 도입될 때까지 결과는 일반적으로 적용될 수 있다.

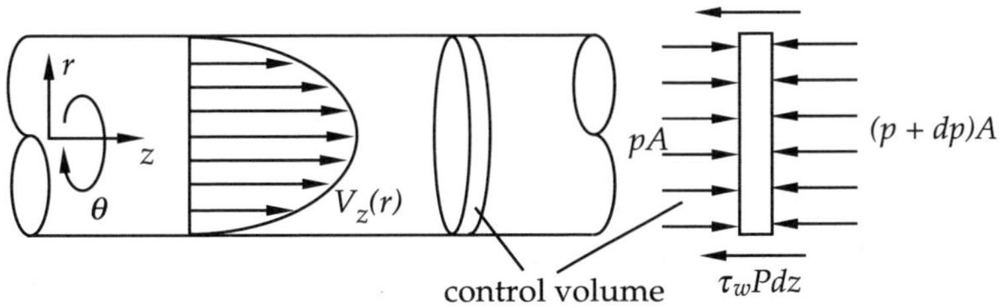

그림 3.2 원형 덕트에서의 층류 유동

좌표계에서 덕트의 축을 따라서 z 방향이 나타나 있다. 또한 지름이 덕트의 지름과 같은 디스크 형상의 검사체적을 정의하였다. 검사체적에 작용하는 힘은 압력과 마찰력이다. 마찰에 의한 힘은 감사체적의 표면에 작용하는 벽면에서의 전단응력이다. 중력은 무시한다. 검사체적에 적용되는 운동량 방정식은

$$\Sigma F_z = \iint_{cs} V_z \rho V_n dA$$

검사체적으로 빠져나오는 z 방향의 속도와 들어가는 z 방향의 속도가 같다는 점을 명심하자. 따라서 운동량 방정식의 우변은 0이 된다. 좌변은 우리가 고려하려는 검사체적에 작용하는 압력과 마찰력을 포함한다. 따라서 이전 식은 다음과 같이 기술된다.

$$pA - \tau_w Pdz - (p + dp)A = 0 \tag{3.5}$$

항 A는 단면적이고, Pdz는 전단응력 τ_w가 작용하는 표면적이며 둘레와 축 방향의 거리의 곱이다. 식 (3.5)는 아래와 같이 정리된다.

$$\frac{dp}{dz} = -\tau_w \frac{P}{A} = -\tau_w \frac{4P}{4A}$$

수력 지름을 사용하면,

$$\frac{dp}{dz} = -\frac{4\tau_w}{D_h} \tag{3.6}$$

따라서 단위 길이당 압력 변화(dp/dz)는 벽면에서의 전단응력과 덕트의 수력 지름의 함수이다. 식 (3.6)은 *어떠한* 단면에도 적용된다.

이제 다음 식과 같이 정의되는 **마찰 계수** f를 도입한다.

$$f = \frac{4\tau_w}{\rho V^2/2} \tag{3.7}$$

여기서 V는 도관 내에서 유동의 평균 속도이다. 앞의 정의는 **Darcy-Weisbach 마찰 계수**이다. 이 식의 분자는 단위 면적당 힘이고 분모는 운동에너지이다.

일부 책에서 사용되는 **Fanning 마찰 계수**는 다음과 같이 정의된다.

$$f' = \frac{\tau_w}{\rho V^2/2}$$

마찰 계수에 관한 두 가지 정의 모두 흔히 사용된다. Darcy-Weisbach 정의는 특성 길이가 수력 지름일 경우 편리하게 적용될 수 있다. Fanning 마찰 계수는 수력 반지름이 특성 길이인 수식에서 사용된다(개수로 유동이 대표적인 예임). 우리는 식 (3.7)의 Darcy-Weisbach 정의를 사용할 것이다.

식 (3.7)을 $4\tau_w$에 대해 풀고 식 (3.6)에 대입하면

$$dp = -\frac{\rho V^2}{2}\frac{fdz}{D_h} \tag{3.8a}$$

단면 1에서 2까지 위 식을 적분하면(여기서 단면 2는 유동 방향으로 거리가 L인 지점임), 다음과 같이 정리된다.

$$p_2 - p_1 = -\frac{\rho V^2}{2}\frac{fL}{D_h} \tag{3.8b}$$

식 (3.8a)와 (3.8b)는 마찰에 의한 압력 강하를 보여준다. 다시 말하지만, 이 식들은 덕트의 단면에 무관하다.

덕트 내에서 유동을 모델링하기 위해 Bernoulli 식을 사용한다. 이전 장에서 살펴보았듯이 Bernoulli 식은 마찰 효과를 고려하지 못한다. 식 (3.8b)에 나타난 것처럼 마찰은 관 유동에서 축 방향으로 압력 손실이 나타나게 한다. 그러므로 덕트 내 유동에서 Bernoulli 식을 사용하기 위해서는 식 (3.8b)가 포함되도록 식을 변형해야 한다. 결과는 다음과 같다.

$$\frac{p_1}{\rho g}+\frac{V_1^2}{2g}+z_1=\frac{p_2}{\rho g}+\frac{V_2^2}{2g}+z_2+\frac{fL}{D_h}\frac{V^2}{2g} \tag{3.9}$$

위 식은 사실은 덕트 내에서 거리가 L만큼 떨어진 두 점에 대해 적용된 에너지 평형식이다. 식의 의미는 다음과 같다.

$$\left(\text{압력 수두 + KE + PE}\right)_1=\left(\text{압력 수두 + KE + PE}\right)_2+\left(\begin{array}{c}\text{마찰에 의한}\\ \text{에너지 손실}\end{array}\right)$$

수두 손실은 마찰 항(fL/D_h)과 유동에서 운동에너지의 곱으로 표현된다. 적절한 수력 지름이 사용된다면 식 (3.9)는 어떤 단면에 대해서도 적용될 수 있다는 점을 명시하자.

3.4 | 마찰 계수와 배관의 거칠기

이 절에서는 층류와 난류 유동 조건에서 원형 덕트에 대한 마찰 계수를 계산하는 방법에 대해 소개할 것이다. 다양한 비원형 덕트에 대해서는 이 장의 후반부에 소개할 것이다.

원형 덕트에서 Newtonian 유체의 층류 유동

여기서 우리의 관심은 속도 구배와, 평균 속도에 관한 식을 얻는 것이다. 그림 3.2는 덕트 내 층류 유동을 극 좌표계를 사용하여 나타내고 있다. z 방향의 순간 속도는

$$V_z=\left(-\frac{dp}{dz}\right)\left(\frac{R^2}{4\mu}\right)\left[1-\left(\frac{r}{R}\right)^2\right] \qquad \left(\begin{array}{c}\text{원형 덕트의}\\ \text{층류 유동}\end{array}\right) \tag{3.10}$$

이 식은 덕트 내부의 검사체적에 운동량 방정식을 적용하여 유도되었다(자세한 유도과정에 대해서는 이 장 끝에 있는 문제를 보라). 축 방향의 거리 z가 증가할수록 압력 p가 감소한다는 점에 주목하자. 따라서 dp/dz는 음수이고 식 (3.10)에서 $(-dp/dz)$가 실제로 양의 값을 가진다. 또한 단위 길이당 압력 강하를 나타내는 $(-dp/dz)$는 상수이다.

식 (3.10)을 단면적에 대해 적분하면 **체적유량** Q가 얻어진다.

$$Q=\iint_{CS} V_n dA=\int_0^{2\pi}\int_0^{R}\left(-\frac{dp}{dz}\right)\left(\frac{R^2}{4\mu}\right)\left[1-\left(\frac{r}{R}\right)^2\right]r\,dr\,d\theta$$

이때 $(-dp/dz)$와 $R^2/4\mu$는 모두 상수이다. 적분을 계산하면, 다음과 같다.

$$Q = \frac{\pi R^4}{8\mu}\left(-\frac{dp}{dz}\right) \quad \textbf{(3.11)}$$

평균 속도는

$$V = \frac{Q}{A} = \frac{R^2}{8\mu}\left(-\frac{dp}{dz}\right) \quad \textbf{(3.12)}$$

식 (3.8a)를 다시 쓰면

$$dp = -\frac{\rho V^2}{2}\frac{fdz}{D_h} \quad \textbf{(3.8a)}$$

식 (3.12)와 (3.8a)에서 압력 강하 항을 제거하고 마찰 계수에 대해서 풀면 다음과 같이 정리된다.

$$f = \frac{32\mu}{\rho VR} = \frac{64\mu}{\rho VD}$$

또는 $f = \dfrac{64}{\text{Re}}$ (원형 덕트의 층류 유동) **(3.13)**

여기서 수력 지름 D_h는 관의 지름 D로 대체되었다.

원형 덕트 내에서 난류 유동

난류 유동에서 우리는 관련 변수들 사이의 관계를 얻기 위해서 실험적 방법에 의존한다. 인공적으로 거칠게 만든 배관 벽을 사용하여 진행된 많은 실험 결과로부터 마찰 계수가 Reynolds 수와 상대 조도(relative roughness) ε/D에 영향을 받는다는 것을 알게 되었다.

$$f = f(\text{Re}, \varepsilon/D) \quad \textbf{(3.14)}$$

여기서 ε은 관의 내부 표면의 거칠기를 나타내는 특성 선형 길이이다.

표면 조도에 대한 상당한 연구가 진행되었고 상호 연관지어졌다. 치수나 지름을 알고 있는 모래 입자(체로 크기를 분리함)가 배관의 내부 벽면에 접착 물질로 부착되었다. 그리고 배관을 사용하여 실험이 진행되었다. 배관을 통해 공급되는 유체의 체적유량에 대한 압력 강하 자료가 얻어졌다. 실험은 많은 배관 크기와 모래 입자의 지름에 대해서 진행되었다. 상용 배관에 대해서 실험(유량에 대한 압력 강하)이 이루어졌을 때 비교가 가능하였다.

예를 들어, 상용 강관은 유량 변화에 대해서 크기가 $\varepsilon = 0.00015$ ft (0.046 mm)인 모래 입자가 도포된 관과 동일한 또는 비슷한 압력 강하 거동을 보인다. 어떤 문헌에서는 ε을 "등가 모래 거칠기 인자(equivalent sand roughness factor)"라고 부른다. 표 3.1에 다양한 재질에 대한 ε 값이 나타나 있다.

주어진 Reynolds 수 Re $(=\rho VD/\mu)$와 상대 조도(ε/D)에 대해서 마찰 계수 f를 예측할 수 있는 자료에 관한 그래프는 관례적으로 **Moody 선도**로 알려져 있다. ("Friction Factors in Pipe Flow," by L. Moody; in Transactions of ASME, 1944, 68, 672.) 엄청난 양의 자료가 축적되어 이 그래프에 통합되어 있다. 그림 3.3은 Moody 선도의 그래프이다.

Moody 선도를 곡선 접합하기 위해서 많은 식이 제안되었다. 오래전의 식(예를 들어 Colebrook 식)들은 주어진 Reynolds 수와 상대 조도 ε/D로부터 마찰 계수 f를 구할 때 반복계산 과정을 포함한다고 알려져 있다. 하지만 최근 발표된 식들은 이러한 어려움을 극복하고 있다. Chen 식, Churchill 식, Haaland 식, 그리고 Swamee-Jain 식은 모두 Re와 ε/D로부터 명시적으로 f를 구할 수 있다. 따라서 Re와 ε/D를 알고 있다면, Moody 선도를 사용할 때와 같이 이 식들로 f를 직접 계산하는 것이 가능하다.

Chen 식은 Re ≥ 2,100인 경우에 유효하다.

$$f=\left[-2.0\log\left\{\frac{\varepsilon}{3.7065D}-\frac{5.0452}{\text{Re}}\log\left(\frac{1}{2.8257}\left[\frac{\varepsilon}{D}\right]^{1.1098}+\frac{5.8506}{\text{Re}^{0.8981}}\right)\right\}\right]^{-2} \quad \textbf{(3.15)}$$

Churchill 식도 Re ≥ 2,100인 경우에 적용할 수 있다.

$$f = 8\left\{\left[\frac{8}{\text{Re}}\right]^{12}+\frac{1}{(B+C)^{1.5}}\right\}^{\frac{1}{12}} \quad \textbf{(3.16)}$$

여기서

$$B=\left[2.457\ln\frac{1}{(7/\text{Re})^{0.9}+(0.27\varepsilon/D)}\right]^{16} \quad \text{and} \quad C=\left(\frac{37\,530}{\text{Re}}\right)^{16}$$

Haaland 식은

$$f=\left\{-0.782\ln\left[\frac{6.9}{\text{Re}}+\left(\frac{\varepsilon}{3.7D}\right)^{1.11}\right]\right\}^{-2} \quad \textbf{(3.17)}$$

표 3.1 여러 가지 배관 재료에 대한 거칠기 인자

Pipe Material	ε, ft	ε, mm
Steel		
Commercial	0.00015	0.046
Corrugated	0.003–0.03	0.9–9
Riveted	0.003–0.03	0.9–9
Galvanized	0.0002–0.0008	0.06–0.25
Mineral		
Brick sewer, Cement–asbestos, Clays, Concrete	0.001–0.01	0.3–3
Wood stave	0.0006–0.003	0.18–0.9
Cast iron	0.00085	0.25
Asphalt coated	0.0004	0.12
Bituminous lined	0.000008	0.0025
Cement lined	0.000008	0.0025
Centrifugally spun	0.00001	0.0031
Drawn tubing	0.000005	0.0015
Miscellaneous		
Brass, Copper, Glass, Lead, Plastic, Tin	0.000005	0.0015
Galvanized	0.0002–0.0008	0.06–0.25
Wrought iron	0.00015	0.046
PVC	Smooth	Smooth

마지막으로 **Swamee-Jain 식**은

$$f = \frac{0.250}{\left\{\log\left[\frac{\varepsilon}{3.7D} + \frac{5.74}{\mathbf{Re}^{0.9}}\right]\right\}^2} \tag{3.18}$$

그림 3.3은 Chen 식을 사용하여 그려진 Moody 선도이다. 수평축은 Reynolds 수이며, 그 값은 1,000 아래부터 100,000,000까지 변한다. 상대 조도는 독립적인 변수이며 범위는 0에서 0.05이다. 마찰 계수는 수직축에 나타나 있으며 범위는 0.1까지이다. 그림 3.3의 마찰 계수는 Darcy-Weisbach 마찰 계수이다. 이것은 층류 유동의 마찰 계수가 $f = 64/\text{Re}$인 것을 통해 알 수 있다.

반복계산(또는 시행착오)이 필요한 문제(예를 들어, 체적유량 Q와 지름 D가 미지수인 경우)에서 계산을 단순화하기 위해서 다른 형태의 Moody 선도가 제안되었다. 여섯 개의

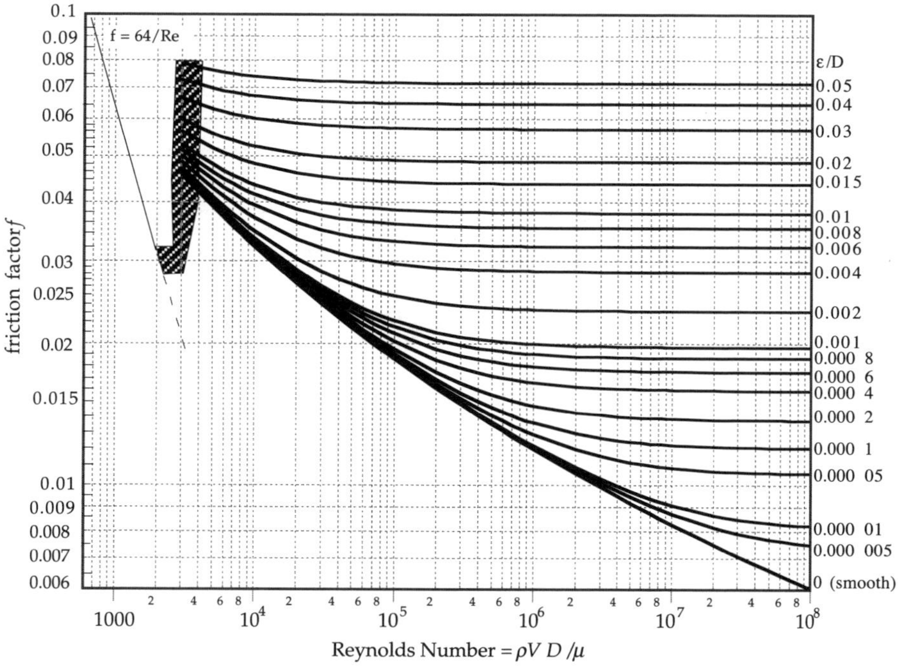

그림 3.3 Chen 방정식을 이용해서 그려진 Moody 선도

변수[Δp(또는 Δh), Q, D, v, L 그리고 ε]가 포함되는 관 유동 문제를 고려하자. 대개 일반적인 문제에서는 이들 변수 중에서 다섯 개는 알려져 있을 때 여섯 번째 변수를 찾는다. 압력 강하 Δp(또는 수두 손실 $\Delta h = \Delta p/\rho g$)가 미지수일 경우, Moody 선도(그림 3.3)를 이용하여 문제를 바로 풀 수 있다. 체적유량 Q가 미지수일 경우, Moody 선도를 사용하여 해를 구할 때 시행착오 과정이 필요하다. 하지만, f와 $\mathrm{Re}\sqrt{f}$에 대한 그래프가 있을 경우, Q가 미지수인 문제를 직접 풀 수 있다. 이러한 그래프가 그림 3.4에 나타나 있다.

Chen 식(식 3.15)이 그림 3.4의 f와 $f^{1/2}\,\mathrm{Re}$의 관계에 대한 그래프를 그리는 데 사용되었다. ε/D의 한 값을 선택하는데, Reynolds 수는 2×10^3에서 10^8까지 변할 수 있다. 마찰 계수를 찾고, $f^{1/2}\,\mathrm{Re}$을 계산할 수 있다. 계산된 값을 이용하여 그려진 그래프가 그림 3.4에 나타나 있다.

지름 D가 미지수일 경우, Moody 선도를 사용할 때 만약 f와 $f^{1/5}\,\mathrm{Re}$에 대한 그래프가 없다면 시행착오 과정이 필요하다. 이러한 그래프가 그림 3.5에 주어져 있다. D가 미지수일 때 필요한 시행착오 과정은 독립변수 ε/D의 변화를 통해서만 없어질 수 있다. 이것은 상대 조도 항이 미지수인 지름 D를 포함하고 있기 때문이다. 배관의 크기 선정의 경제성에 관한 연구에서 거칠기 항에서 지름을 제거하기 위해서 새로운 변수가 도입된다. 새로운 변수는 **조도수(roughness number)**라고 하며, 다음과 같이 정의된다.

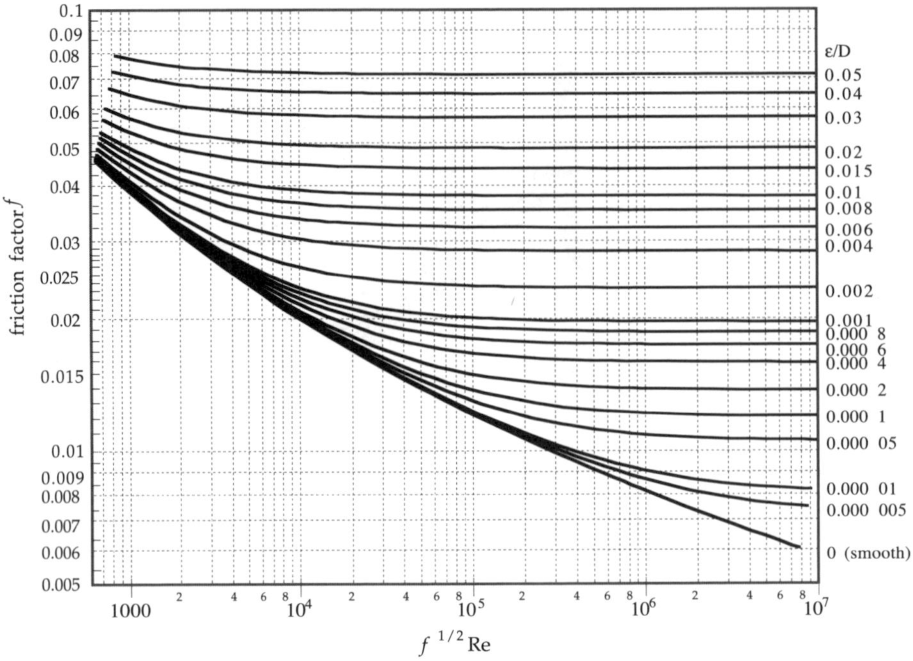

그림 3.4 유량이 알려지지 않은 문제를 푸는 데 사용할 수정된 배관 마찰 선도

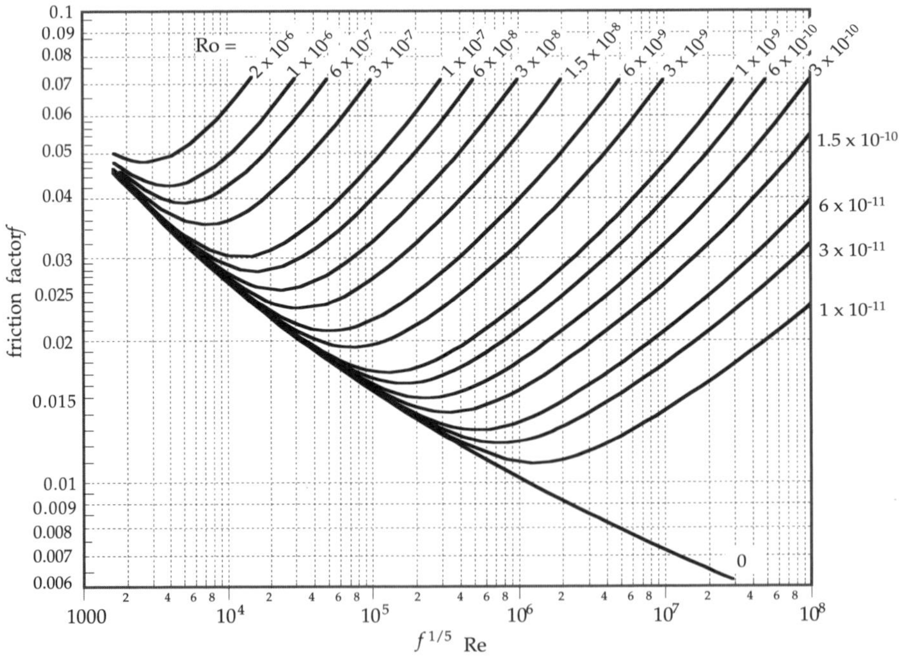

그림 3.5 지름이 알려지지 않은 문제를 푸는 데 사용할 수정된 배관 마찰 선도

$$\text{Ro} = \frac{\varepsilon/D}{\text{Re}} = \frac{(\varepsilon/D)\mu}{\rho VD}$$

이러한 문제들에서는 속도를 유량과 지름으로 나타내는 것이 유리하다. 원형 덕트에 대해서는

$$V = \frac{Q}{A} = \frac{4Q}{\pi D^2}$$

이 식을 사용하면 조도수는 다음과 같다.

$$\text{Ro} = \frac{\pi\varepsilon\mu}{4\rho Q} = \frac{\varepsilon/D}{\text{Re}} \tag{3.19}$$

지름이 미지수인 문제에서는 Ro [=(ε/D)/Re]를 독립변수로 하고 f와 $f^{1/5}$ Re에 대한 그래프를 가지고 있는 좋다. 이 그래프는 그림 3.5에 나타나 있다[이 그래프는 식 (3.15)의 Chen 식을 사용하여 생성되었다]. 하나의 Re를 선택하듯이 하나의 ε/D 값을 선택한다. 마찰 계수를 찾고, 조도수 Ro [=(ε/D)/Re]와 $f^{1/5}$ Re}를 계산한다. Ro가 일정한 값을 유지할 수 있게 해주는 다음 ε/D 값과 Re 값을 선택한다. 여기서 목적은 Ro 값이 동일한 선들을 생성하는 것이다. 그 다음 f, $f^{1/5}$ Re 그리고 Ro의 값들을 그래프로 그리는데, 결과는 그림 3.5에 나타나 있다.

그림 3.4와 3.5의 그래프에서 f의 지수로 1/2 또는 1/5이 선택된다. 이 값들의 선택은 특정한 문제들에 대한 방정식의 해로부터 기인한다. 전통적인 배관 유동 문제를 풀기 위해 그래프들이 어떻게 사용되는지 다음 예제에서 설명한다.

예제 3.2 공칭지수 4, 스케줄 40 배관을 통해 유량 0.01 m^3/s으로 캐스터 오일(caster oil)을 수송하고 있다. 배관은 보통강(commercial steel)으로 제작되었고 길이는 250 m이다. 유체의 압력 강하를 구하여라.

풀이

특성 값에 관한 여러 표들로부터 아래와 같은 자료를 얻는다.

캐스터 오일	$\rho = 960\ \text{kg/m}^3$	$\mu = 650 \times 10^{-3}\ \text{N·s/m}^2$	[부록 표 B.1]
공칭치수 4 스케줄 40	$D = 102.3\ \text{mm}$	$A = 82.19 \times 10^{-4}\ \text{m}^2$	[부록 표 D.1]

보통강 $\varepsilon = 0.046\ \text{mm}$ [표 3.1]

이 시스템에 대한 질량 보존식은

$$Q = A_1V_1 = A_2V_2$$

여기서 아래첨자 "1"은 배관의 입구를 나타내고 "2"는 출구를 나타낸다. 관의 면적이 변하지 않으므로 ($A_1 = A_2$), 따라서 입구 속도와 출구 속도는 동일하다($V_1 = V_2$). 마찰이 포함된 Bernoulli 식은

$$\frac{p_1}{\rho g} + \frac{V_1^2}{2g} + z_1 = \frac{p_2}{\rho g} + \frac{V_2^2}{2g} + z_2 + \frac{fL}{D}\frac{V^2}{2g}$$

입구와 출구의 높이가 같다고 가정한다(문제 정의에서 어떤 구체적인 조건도 주어지지 않았다). 따라서 $z_1 = z_2$이고 Bernoulli 식은 다음과 같이 정리된다.

$$\frac{p_1}{\rho g} - \frac{p_2}{\rho g} = \frac{fL}{D}\frac{V^2}{2g}$$

또는

$$p_1 - p_2 = \frac{fL}{D}\frac{\rho V^2}{2}$$

평균 속도는

$$V = \frac{Q}{A} = \frac{0.01}{82.19 \text{ x } 10^{-4}} = 1.22 \text{ m/s}$$

Reynolds 수는

$$\text{Re} = \frac{\rho VD}{\mu} = \frac{960(1.22)(0.102\ 3)}{650 \text{ x } 10^{-3}}$$

또는 $\text{Re} = 184$

Reynolds 수가 2,100보다 작으므로 유동은 층류이다. 원형 덕트의 층류 유동에 대한 마찰계수 f는 다음과 같다.

$$f = \frac{64}{\text{Re}} = \frac{64}{184}$$

$$f = 0.348$$

Bernoulli 식에 대입하면

$$p_1 - p_2 = \frac{fL}{D}\frac{\rho V^2}{2} = \frac{0.348(250)}{0.102\,3}\frac{960(1.22)^2}{2}$$

$$\underline{p_1 - p_2 = 6.08 \times 10^5\ \text{N/m}^2 = 608\ \text{kPa}}$$

층류 유동이므로 이 결과는 배관의 재질과는 무관하다.

예제 3.3. 클로로포름이 공칭치수 4 스케줄 40인 연철(wrought iron) 배관 속을 0.01 m3/s의 유량으로 흐른다. 배관은 수평으로 설치되어 있고, 길이는 250 m이다. 클로로포름의 압력 강하를 계산하여라.

풀이

특성에 대한 표로부터 아래와 같은 자료를 얻는다.

클로로포름	$\rho = 1470\ \text{kg/m}^3$	$\mu = 0.53 \times 10^{-3}\ \text{N·s/m}^2$	[부록 표 B.1]
공칭치수 4 스케줄 40	$\text{ID} = D = 102.3\ \text{mm}$	$A = 82.19 \times 10^{-4}\ \text{m}^2$	[부록 표 D.1]
연철		$\varepsilon = 0.046\ \text{mm}$	[표 3.1]

정상상태 비압축 배관 유동에 대한 연속 방정식은

$$A_1V_1 = A_2V_2$$

$A_1 = A_2$이므로, $V_1 = V_2$이다. Bernoulli 식은

$$\frac{p_1}{\rho g} + \frac{V_1^2}{2g} + z_1 = \frac{p_2}{\rho g} + \frac{V_2^2}{2g} + z_2 + \frac{fL}{D_h}\frac{V^2}{2g}$$

여기서 점 1과 2는 250 m 떨어져 있고, 수평관에서 $z_1 = z_2$이며, $p_1 - p_2$를 구하고자 한다. 위 식은 다음과 같이 정리된다.

$$p_1 - p_2 = \frac{fL}{D_h}\frac{\rho V^2}{2}$$

유속은

$$V = \frac{Q}{A} = \frac{0.01}{82.19 \times 10^{-4}} = 1.22 \text{ m/s}$$

Reynolds 수는

$$\text{Re} = \frac{\rho V D}{\mu} = \frac{1470(1.22)(0.102\,3)}{0.53 \times 10^{-3}} = 3.46 \times 10^5$$

따라서 유동은 난류이다. 따라서

$$\left.\begin{aligned} \text{Re} &= 3.46 \times 10^5 \\ \text{또한} \quad \frac{\varepsilon}{D} &= \frac{0.046}{102.3} = 0.000\,45 \end{aligned}\right\} f = 0.018 \quad (\text{그림 } 3.3)$$

압력 강하는

$$p_1 - p_2 = \frac{fL}{D_h}\frac{\rho V^2}{2} = \frac{0.018(250)}{0.102\,3}\frac{1470(1.22)^2}{2}$$

$$\underline{p_1 - p_2 = 48\,120 \text{ N/m}^2 = 48.1 \text{ kPa}}$$

이 예제와 이전 예제는 유체의 특성을 제외하고는 동일하다. 이전 예제에서는 유동이 층류이고 압력 강하는 608 kPa이다. 이 예제에서는 유동이 난류이며, 압력 강하는 48.1 kPa이다. 첫 번째 문제에서 마찰 손실은 높은 유체 점도로 인해 더 크다.

예제 3.4 아스팔트가 코팅된 100 m 길이의 주철배관으로 물이 흐른다. 이때 압력 강하는 685 N/m²이다. 관의 규격은 공칭치수 $2^1/_2$ 스케줄 80이다. 이 조건에서 체적유량을 구하여라.

풀이

특성에 대한 표로부터 아래와 같은 자료를 얻는다.

물	$\rho = 1\,000 \text{ kg/m}^3$	$\mu = 0.89 \times 10^{-3} \text{ N·s/m}^2$	[부록 표 B.1]
공칭치수 $2\frac{1}{2}$ 스케줄 80	ID = D = 59.01 mm	$A = 27.35 \times 10^{-4}\text{m}^2$	[부록 표 D.1]
아스팔트 코팅 주철	$\varepsilon = 0.12$ mm		[표 3.1]

정상상태 비압축 관 유동에 대한 연속 방정식은

$$A_1 V_1 = A_2 V_2$$

$A_1 = A_2$이므로, $V_1 = V_2$이다. 마찰을 고려한 Bernoulli 식은

$$\frac{p_1}{\rho g} + \frac{V_1^2}{2g} + z_1 = \frac{p_2}{\rho g} + \frac{V_2^2}{2g} + z_2 + \sum \frac{fL}{D_h} \frac{V^2}{2g}$$

여기서 길이 L과 압력차 $p_1 - p_2$는 모두 주어진다. 높이가 $z_1 = z_2$라고 하면, 앞의 식은 다음과 같이 정리된다.

$$p_1 - p_2 = \Delta p = \frac{fL}{D_h} \frac{\rho V^2}{2}$$

정리하고 속도에 대해서 풀면,

$$V = \sqrt{\frac{2D\Delta p}{\rho f L}}$$

값을 대입하면,

$$V = \sqrt{\frac{2(0.05901)(685)}{1\,000 f(100)}} = \frac{0.028\,43}{\sqrt{f}} \qquad \textbf{(i)}$$

이 유동의 Reynolds 수는

$$\mathrm{Re} = \frac{\rho V D}{\mu} = \frac{1\,000 V(0.05901)}{0.89 \times 10^{-3}}$$

또는

$$\underline{\mathrm{Re} = 6.63 \times 10^4 V} \qquad \textbf{(ii)}$$

그리고

$$\frac{\varepsilon}{D} = \frac{0.12}{59.01} = 0.002 \qquad \textbf{(iii)}$$

여기서 작동 점은 그림 3.6의 요약된 Moody 선도에 나타나 있듯이 이 ε/D 선상의 어딘

가에 위치한다. 우선 마찰 계수 f가 $\varepsilon/D = 0.002$에 해당하는 완전 난류 유동에 대한 값이라고 가정하고 시작한다(그림 3.6). 이 과정은 항상 가능하지는 않다(특히 작은 ε/D 값에 대해서). 또 다른 방법으로 임으로 선택된 f 값을 가지고 시작할 수 있다). 여기서 $f = 0.024$라는 것을 알 수 있다.

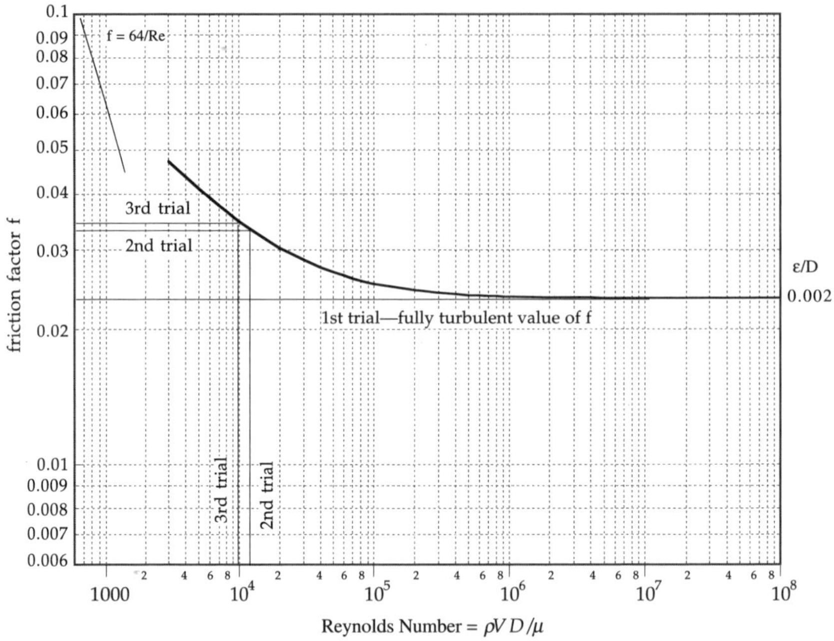

그림 3.6 유량이 미지수인 문제에 대한 시행착오법을 설명하기 위해 요약된 Moody 선도

이 f 값을 가지고 속도를 계산하면,

$$V = 0.028\,43/\sqrt{0.024} = 0.183 \text{ m/s}$$

그러면 Reynolds 수는

$$\left.\begin{aligned} Re &= 6.63 \times 10^4(0.183) = 1.2 \times 10^4 \\ \frac{\varepsilon}{D} &= 0.002 \end{aligned}\right\} \quad f = 0.034$$

새로운 f를 가지고 계산을 반복하면,

$f = 0.034;\ V = 0.154;\ Re = 1.02 \times 10^4;\ f \approx 0.035$ (충분히 가까움)

$f = 0.035;\ V = 0.152 \text{ m/s}$

따라서 속도는 0.152 m이다. 체적유량은 다음과 같다.

$$Q = AV = (27.35 \text{ x } 10^{-4} \text{ m}^3/\text{s})(0.152 \text{ m/s})$$

또는

$$\underline{Q = 4.16 \text{ x } 10^{-4} \text{ m}^3/\text{s}}$$

계산 과정 요약

첫 번째 시도: $f = 0.024$; $V = 0.183$; $\text{Re} = 1.2 \times 10^{-4}$
두 번째 시도: $f = 0.034$; $V = 0.154$; $\text{Re} = 1.02 \times 10^4$; $f \approx 0.035$(충분히 가까움)
세 번째 시도: $f = 0.035$; $V = 0.152$ m/s

만약 그림 3.4를 사용하여 시행착오 과정을 피한다고 하자. 계산을 통해 다음과 같은 결과를 얻을 수 있다(식 i, ii, 그리고 iii).

$$V = \frac{0.028\ 48}{\sqrt{f}} \quad \textbf{(i)}$$

$$\text{Re} = 6.63 \text{ x } 10^4 V \quad \textbf{(ii)}$$

$$\frac{\varepsilon}{D} = 0.002 \quad \textbf{(iii)}$$

식 (i) 과 (ii)를 사용하여 속도 V를 제거하면, 다음 식을 얻는다.

$$\text{Re} = 6.63 \text{ x } 10^4(0.028\ 43/\sqrt{f}\ )$$

또는

$$\left.\begin{aligned} f^{1/2}\text{Re} &= 1.9 \text{ x } 10^3 \\ \frac{\varepsilon}{D} &= 0.002 \end{aligned}\right\} \quad f = 0.035 \qquad (\text{그림 } 3.4)$$

식 (i)에 대입하면,

$$V = 0.028\ 43/\sqrt{0.035} = 0.152 \text{ ft/s}$$

이전과 동일한 결과를 얻는다.

예제 3.5. PVC 플라스틱 배관선으로 초당 50리터의 에틸렌글리콜(ethylene glycol)을 2,000 m 거리를 수송한다. 사용 가능한 펌프는 마찰 손실 200 kPa을 견딜 수 있다. 스케줄 40의 적절한 배관 크기를 구하여라.

풀이

이런 종류의 문제에서 두 조건(0.05 m^3/s과 200 kPa)을 모두 만족할 수는 없을 것이다. 따라서 이 중 어느 것이 더 중요한지 결정하고 문제를 풀어야 한다. 유량 0.05 m^3/s가 요구된다고 가정하고 200 kPa에 가깝지만 넘지는 않는 배관의 크기를 결정한다. 특성에 대한 여러 표로부터 아래와 같은 자료를 얻는다.

에틸렌글리콜	$\rho = 1100\ kg/m^3$	$\mu = 16.2 \times 10^{-3}\ N{\cdot}s/m^2$ [부록 표 B.1]
플라스틱 배관	$\varepsilon =$ "smooth" (≈ 0)	[표 3.1]

정상상태 비압축 유동에 대한 연속 방정식은

$$Q = A_1V_1 = A_2V_2$$

$A_1 = A_2$이므로, $V_1 = V_2$이다. 마찰을 고려한 Bernoulli 식은

$$\frac{p_1}{\rho g} + \frac{V_1^2}{2g} + z_1 = \frac{p_2}{\rho g} + \frac{V_2^2}{2g} + z_2 + \frac{fL}{D_h}\frac{V^2}{2g}$$

$z_1 = z_2$이고 $V_1 = V_2$이므로 앞의 식은 다음과 같이 표현된다.

$$p_1 - p_2 = \frac{fL}{D_h}\frac{\rho V^2}{2}$$

지름을 모를 경우, 식을 다른 형태로 변형하는 것이 편리하다. 이를 위해서 식을 유량에 대해서 다시 기술할 것이다. 원형 관에 대해서

$$V = \frac{4Q}{\pi D^2}$$

속도를 유량에 대해 기술하고 나타내면, 식은 다음과 같다.

$$p_1 - p_2 = \Delta p = \frac{fL}{D}\frac{\rho\, 16Q^2}{2\pi^2 D^4}$$

정리해서 지름 D에 대해 풀면,

$$D = \sqrt[5]{\frac{8\rho Q^2 fL}{\pi^2 \Delta p}}$$

값을 대입하면,

$$D = \sqrt[5]{\frac{8(1.1)(1\ 000)(50 \times 10^{-3})^2 f(2\ 000)}{\pi^2(200\ 000)}}$$

또는

$$D = 0.467 f^{1/5} \qquad \textbf{(i)}$$

유량에 대해서 Reynolds 수는

$$\text{Re} = \frac{\rho VD}{\mu} = \frac{4\rho Q}{\pi D\mu}$$

대입하면,

$$\text{Re} = \frac{4(1.1)(1\ 000)(50 \times 10^{-3})}{\pi D(16.2 \times 10^{-3})} = 4.3 \times 10^3/D \qquad \textbf{(ii)}$$

그림 3.3의 Moody 선도를 사용하기 위해서 시행착오 과정을 시작하기 위한 마찰 계수 값을 가정한다. 만약,

$f = 0.025$ **(임의로 선택)**

그러면

$$D = 0.467(0.025)^{1/5} = 0.223 \text{ m}$$

그리고

$$\left.\begin{aligned} \text{Re} &= 4.3 \times 10^3/0.223 = 1.93 \times 10^4 \\ \frac{\varepsilon}{D} &= \text{“smooth”} \end{aligned}\right\} \quad f = 0.026 \ \ (\text{그림 } 3.3)$$

두 번째 시도에서

$$f = 0.026; \quad D = 0.225; \quad \text{Re} = 1.9 \times 10^4; \quad f \approx 0.026 \qquad \text{(충분히 가까움)}$$

결정된 지름은 0.225 m이다. 부록의 표 D.1을 참조하고 문제에서 스케줄 40 배관을 요구하는 점을 상기하면, 선택한 배관의 크기는 공칭치수 8 스케줄 40과 공칭치수 10 스케줄 40 사이에 있다. 작은 크기의 배관은 요구되는 유량을 공급할 수 있지만 압력 강하가 200 kPa을 초과한다. 따라서 선택된 배관의 지름은

$$\underline{D = \text{공칭치수 10 스케줄 40 배관}}$$

시행착오 과정을 피하고 그림 3.5를 사용한다고 가정하자. 통상의 방법으로 식 (i)과 (ii)에 도달한다. 그리고 D를 제거하기 위해서 식을 합치면,

$$\text{Re} = 4.3 \times 10^3 / 0.467 f^{1/5}$$

또는

$$\left.\begin{aligned} f^{1/5}\text{Re} &= 9.2 \times 10^3 \\ \textbf{Ro} = \frac{\pi\varepsilon\mu}{4\rho Q} &= 0 = \text{"smooth"} \end{aligned}\right\} \quad f = 0.026 \ \text{(그림 3.5)}$$

계산된 지름은

$$D = 0.467(0.026)^{1/5} = 0.225 \text{ m}$$

이 값은 이전에 얻은 값과 같다.

3.5 | 부손실

부손실(minor loss)이란 용어는 배관계에서 유체가 이음새나 밸브를 통해 흐를 때 발생하는 유체의 압력 손실을 일컫는다. 이음새와 밸브는 유동의 방향을 정할 때, 관을 서로 연결할 때, 흐름의 방향을 변경할 때, 그리고 유량을 제어할 때 사용된다. 이음새는 배관계의 결합

부품이며, 이러한 부품이 유체에 어떤 영향을 미치는지가 이 절의 주제이다.

유체 유동이 이음새를 통해 흐를 때 유체는 급격한 유로의 단면 변화(증가 또는 감소)를 겪는다. 또한 유체는 급경사를 돌아야 할 수도 있는데, 이때 이음새 내부에서 박리영역(separation region)이 생성되고 유체는 압력의 손실을 겪게 된다. 각각의 이음새에 손실계수 K를 부여하여 이러한 손실을 수학적으로 처리한다. 압력 손실은 유동의 운동에너지의 배수로 표현된다.

$$p_1 - p_2 = \Sigma K \frac{\rho V^2}{2} \tag{3.20}$$

마찰과 부손실을 포함하는 Bernoulli 식은 다음과 같이 기술된다.

$$\frac{p_1}{\rho g} + \frac{V_1^2}{2g} + z_1 = \frac{p_2}{\rho g} + \frac{V_2^2}{2g} + z_2 + \frac{fL}{D_h}\frac{V^2}{2g} + \Sigma K \frac{V^2}{2g} \tag{3.21}$$

식 (3.21)은 **수정 Bernoulli 식(modified Bernoulli equation)**으로 불린다.

표 3.2는 다양한 이음새에 대한 손실 계수를 보여준다. 표에 있는 대부분의 정보는 이음새들에 대한 측정을 통해 얻은 결과이다. 표에 나타난 많은 이음새들은 일정한 손실 계수 K의 값과 상응하는 식을 가지고 있다. 손으로 계산을 할 때 일정한 값을 사용하는 것이 편리하다(이것이 상수 값이 주어진 이유이다). 한편 컴퓨터를 사용할 때는 표에 제공되는 손실 계수에 관한 수식을 사용하는 것이 편리하다. 표에 나타난 많은 이음새에서 손실 계수는 배관의 지름에 따라서 변한다는 점을 명심하자.

표 3.2는 몇 가지 종류의 밸브에 대한 부손실 계수를 제공한다. 밸브는 다양한 종류와 크기가 있다. 따라서 주의를 기울여서 용도에 적절한 밸브를 선택해야 한다. 잘못 선택된 밸브는 심각한 결과를 초래할 수 있으므로 밸브 선택에 관한 정보를 가지고 있는 것이 바람직하다. 이 장의 요약 부분에 있는 표 3.3은 주어진 응용분야에 적합한 밸브 선택에 대한 일반적인 선택 기준을 제시하고 있다. 이 표에는 밸브의 특성, 장점과 단점들이 포함되어 있다.

배관 문제를 풀기 전에 검사체적의 개념과 수정 Bernoulli 식을 올바르게 적용하는 것을 다시 살펴볼 필요가 있다. 어떤 문제에 대한 해를 구할 때 첫 번째 단계는 검사체적의 경계가 어디에 위치하고 있는지 결정하는 것이다. 이때 물질이 검사 표면을 통과하는 단면을 확인한다. 수정 Bernoulli 식에서 압력 p, 속도 V, 그리고 높이 z에 대한 항들은 물질이 경계를 통과하는 단면에만 적용되어야 한다. 이 항들은 검사체적 외부 또는 내부에 적용되어서는 안 된다. 마찰 항 fl/D_h와 부손실 계수 K는 배관계 내부에 해당되는 곳에 적용된다. 이 항들이 검사체적 외부에서 발생하는 곳에는 적용되면 안 된다.

예를 들어 그림 3.7에 도시된 시스템을 고려하자. 배관이 두 개의 탱크에 연결되어 있다.

동일한 배관에 대한 서로 다른 다섯 개의 검사체적을 살펴보고 각각의 경우에 대해 수정 Bernoulli 식을 기술할 것이다. 그림 3.7a에서는 검사체적이 배관에 있는 유체와 두 탱크 내부의 유체를 모두 포함하고 있다. 단면 1은 왼쪽 탱크의 자유 표면이고 단면 2는 오른쪽 탱크의 자유 표면이다. 양 단면에서 각각의 특성을 계산할 것이다.

표 3.2 배관 이음새에 대한 손실 계수: 입구, 출구 및 엘보우

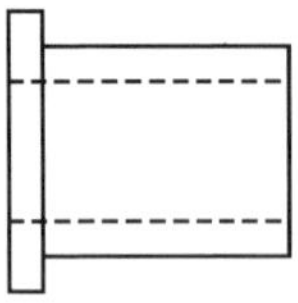 Square edged inlet $K = 0.5$	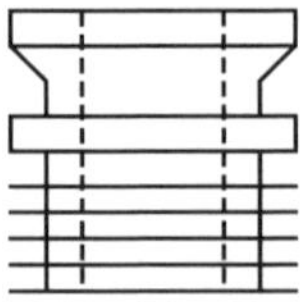 Basket strainer $K = 1.3$	
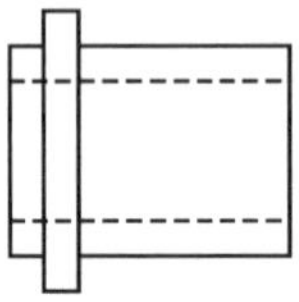 Re-entrant inlet or inward projecting pipe $K = 1.0$	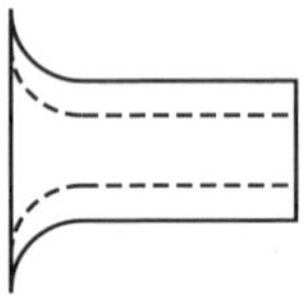 Well rounded inlet or a bell mouth inlet $K = 0.05$	
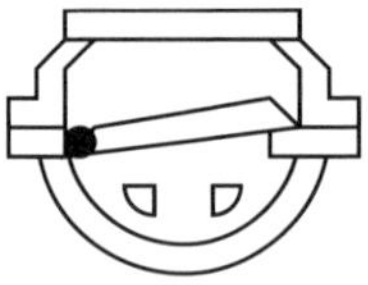 Foot valve $K = 0.8$	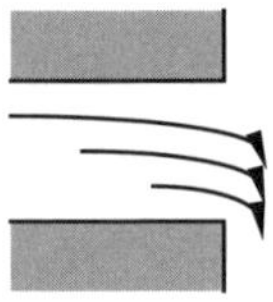 Exit $K = 1.0$	
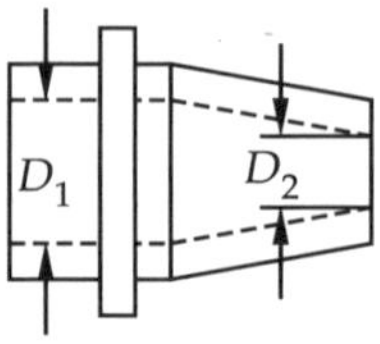 Convergent outlet or nozzle $K = 0.1(1 - D_2/D_1)$, D_2/D_1 from 0.5 to 0.9		
	threaded	flanged, welded, glued, bell & spigot
90° Elbow 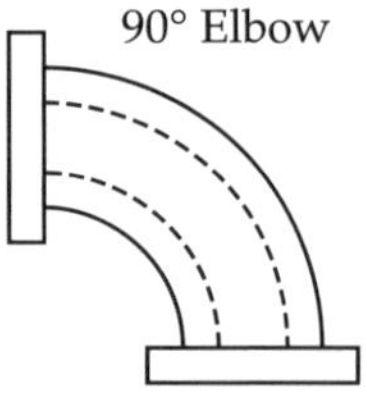	regular $K = 1.4$ $K = 1.4(ID)^{-0.53}$ ID from 0.3 to 4 in long radius $K = 0.75$ $K = 0.75(ID)^{-0.81}$ ID from 0.3 to 4 in	regular $K = 0.31$ $K = 0.44(ID)^{-0.23}$ ID from 1 to 25 in long radius $K = 0.22$ $K = 0.51(ID)^{-0.58}$ ID from 1 to 23 in
45° Elbow 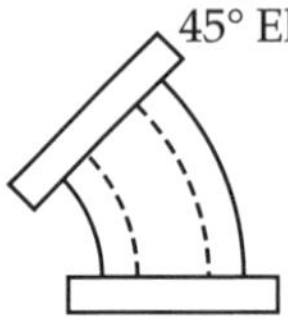	regular $K = 0.35$ $K = 0.35(ID)^{-0.14}$ ID from 0.3 to 4 in	long radius $K = 0.17$ $K = 0.22(ID)^{-0.14}$ ID from 1 to 23 in

표 3.2 배관 이음새에 대한 손실 계수: T-조인트 및 커플링 (계속)

	threaded	flanged, welded, glued, bell & spigot
Return bend 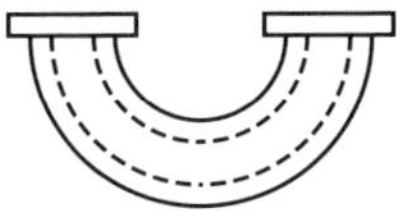	regular $K = 1.5$ $K = 1.5(ID)^{-0.57}$ ID from 0.3 to 4 in	regular $K = 0.3$ $K = 0.43(ID)^{-0.26}$ ID from 1 to 23 in long radius $K = 0.2$ $K = 0.43(ID)^{-0.53}$ ID from 1 to 23 in
T joint 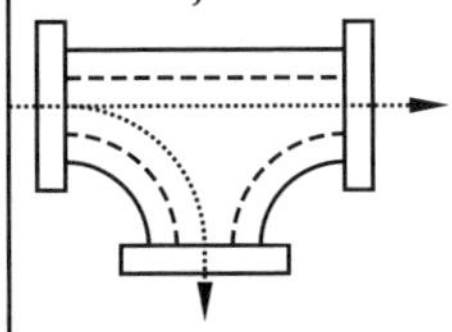	line flow $K = 0.9$ all sizes ID from 0.3 to 4 in branch flow $K = 1.9$ $K = 1.9(ID)^{-0.38}$ ID from 0.3 to 4 in	line flow $K = 0.14$ $K = 0.27(ID)^{-0.46}$ ID from 1 to 20 in branch flow $K = 0.69$ $K = 1.0(ID)^{-0.29}$ ID from 1 to 20 in
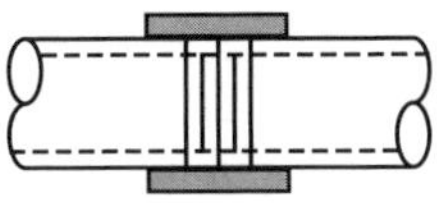 Coupling 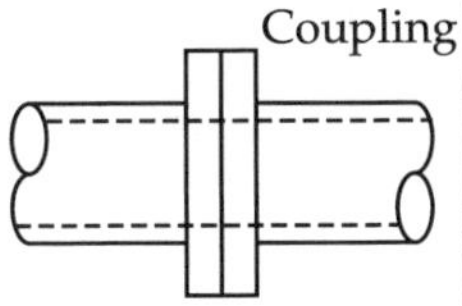	$K = 0.08$ $K = 0.083(ID)^{-0.69}$ ID from 0.4 to 4 in	$K = 0.08$ ID from 0.3 to 23 in
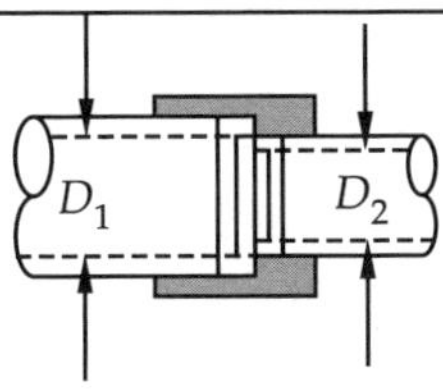 Reducing bushing	$K = 0.5 - 0.167(D_2/D_1) - 0.125(D_2/D_1)^2 - 0.208(D_2/D_1)^3$ $0.25 < D_2/D_1 < 1$	
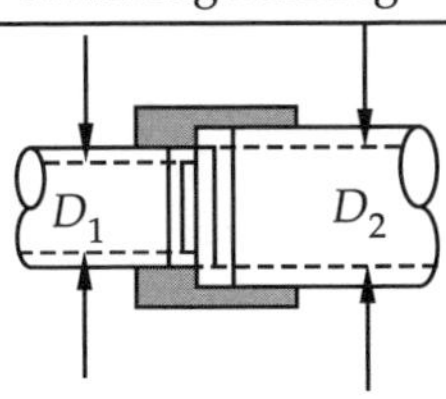 Sudden expansion	$K = ((D_2/D_1)^2 - 1)^2$ $1 < D_2/D_1 < 5$	

표 3.2 배관 이음새에 대한 손실 계수: 밸브 (계속)

<table>
<tr><td></td><td>threaded</td><td>flanged, welded, glued, bell & spigot</td></tr>
<tr><td>Globe valve
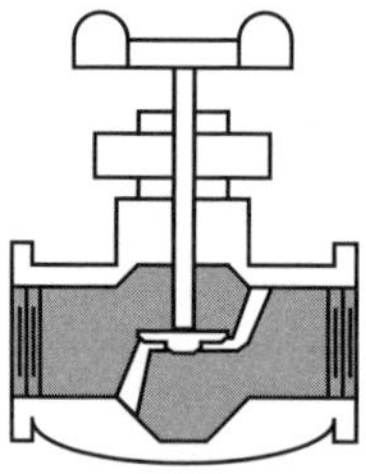</td><td>fully open $K = 10$
$K = \exp\{2.158 - 0.459 \ln(ID) + 0.259[\ln(ID)]^2 - 0.123[\ln(ID)]^3\}$
ID from 0.3 to 4 in</td><td>fully open $K = 10$
$K = \exp\{2.565 - 0.916 \ln(ID) + 0.339[\ln(ID)]^2 - 0.01416[\ln(ID)]^3\}$
ID from 0.3 to 4 in</td></tr>
<tr><td rowspan="2">Gate Valve
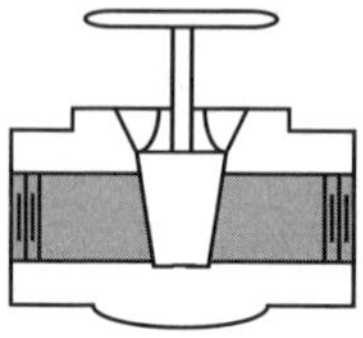</td><td>fully open $K = 0.15$
$K = 0.24(ID)^{-0.47}$
ID from 0.3 to 4 in</td><td>fully open $K = 0.15$
$K = 0.78(ID)^{-1.14}$
ID from 1 to 20 in</td></tr>
<tr><td colspan="2">All sizes<table><tr><td>Fraction closed</td><td>0</td><td>1/4</td><td>3/8</td><td>1/2</td><td>5/8</td><td>3/4</td><td>7/8</td></tr><tr><td></td><td>$K = 0.15$</td><td>0.26</td><td>0.81</td><td>2.06</td><td>5.52</td><td>17.0</td><td>97.8</td></tr></table></td></tr>
<tr><td>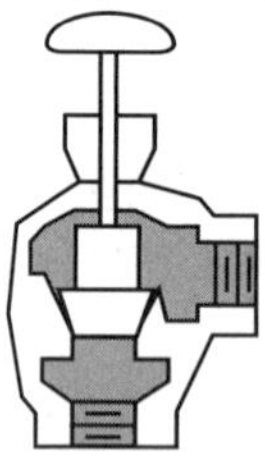
Angle Valve</td><td>fully open $K = 2.0$
$K = 4.5(ID)^{-1.08}$
ID from 0.6 to 4 in</td><td>fully open $K = 2.0$
$K = \exp\{1.569 - 1.43 \ln(ID) + 0.8[\ln(ID)]^2 - 0.137[\ln(ID)]^3\}$
ID from 1 to 20 in</td></tr>
<tr><td>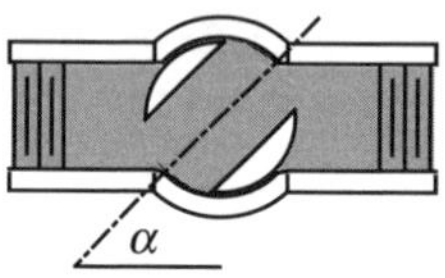
Ball Valve</td><td colspan="2">All sizes<table><tr><td>α :</td><td>0</td><td>10</td><td>20</td><td>30</td><td>40</td><td>50</td><td>60</td><td>70</td><td>80</td></tr><tr><td>K</td><td>= 0.05</td><td>0.29</td><td>1.56</td><td>5.47</td><td>17.3</td><td>25.6</td><td>206</td><td>485</td><td>∞</td></tr></table></td></tr>
<tr><td>Check Valves
Swing Type
Ball Type
Lift Type</td><td>
$K = 2.5$
$K = 70.0$
$K = 12.0$</td><td>
$K = 2.5$
$K = 70.0$
$K = 12.0$</td></tr>
</table>

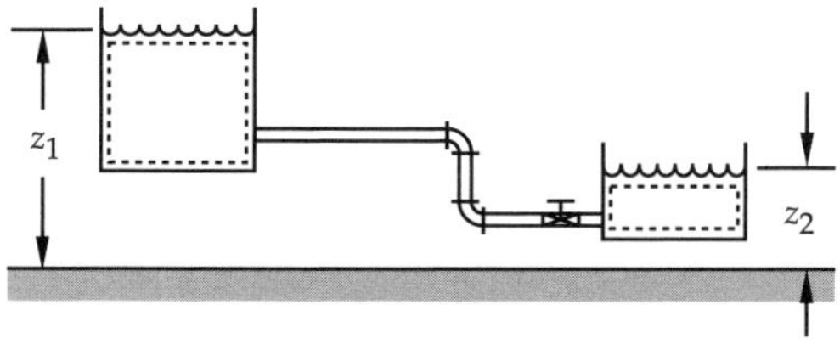

(a) $z_1 = z_2 + \frac{fL}{D_h}\frac{V^2}{2g} + (K_{inlet} + 2K_{90°\,elbow} + K_{valve} + K_{exit})\frac{V^2}{2g}$

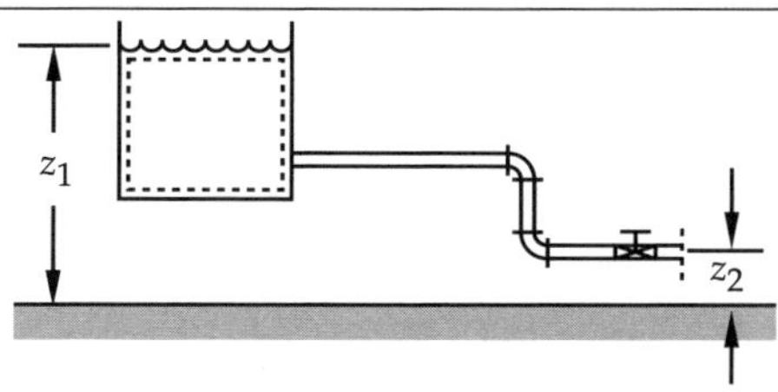

(b) $z_1 = \frac{p_2}{\rho g} + \frac{V_2^2}{2g} + z_2 + \frac{fL}{D_h}\frac{V^2}{2g} + (K_{inlet} + 2K_{90°\,elbow} + K_{valve})\frac{V^2}{2g}$

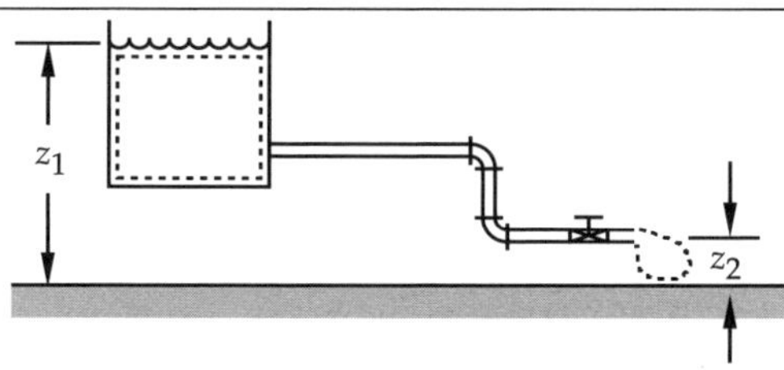

(c) $z_1 = z_2 + \frac{fL}{D_h}\frac{V^2}{2g} + (K_{inlet} + 2K_{90°\,elbow} + K_{valve} + K_{exit})\frac{V^2}{2g}$

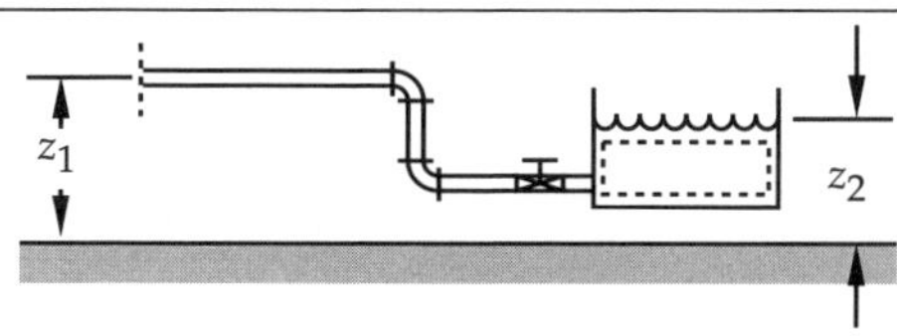

(d) $\frac{p_1}{\rho g} + \frac{V_1^2}{2g} + z_1 = z_2 + \frac{fL}{D_h}\frac{V^2}{2g} + (2K_{90°\,elbow} + K_{valve} + K_{exit})\frac{V^2}{2g}$

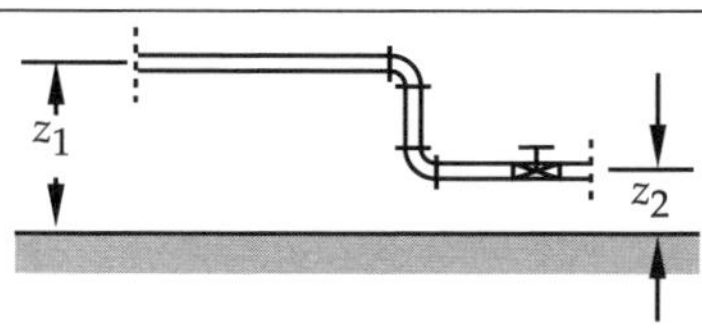

(e) $\frac{p_1}{\rho g} + z_1 = \frac{p_2}{\rho g} + z_2 + \frac{fL}{D_h}\frac{V^2}{2g} + (2K_{90°\,elbow} + K_{valve})\frac{V^2}{2g}$

그림 3.7 여러 가지 시스템에 대해 쓰여진 수정된 Bernoulli 식

$p_1 = p_2 = p_{atm} = 0$

V_1 = 표면 속도 ≈ 0 (배관 내부의 유체의 속도와 비교하여) ; $V_2 = 0$

z_1 = 단면 1의 높이; z_2 = 단면 2의 높이

$\frac{fL}{D}$ = 배관계에 적용되는 마찰 항

ΣK = 유체입자가 단면 1에서 2로 이동(입구, 두 개의 90° 엘보우, 밸브, 그리고 출구)하면서 발생하는 부손실

수정 Bernoulli 식 (3.21)은

$$\frac{p_1}{\rho g} + \frac{V_1^2}{2g} + z_1 = \frac{p_2}{\rho g} + \frac{V_2^2}{2g} + z_2 + \frac{fL}{D_h}\frac{V^2}{2g} + \Sigma K \frac{V^2}{2g} \tag{3.21}$$

이 응용문제에서, 그림 3.7a에 대해서 다음과 같은 식을 얻는다.

$$z_1 = z_2 + \frac{fL}{D_h}\frac{V^2}{2g} + (K_{inlet} + 2K_{90°\,elbow} + K_{valve} + K_{exit})\frac{V^2}{2g} \tag{3.22}$$

이 결과는 그림에도 나타나 있다.

그림 3.7b에서 검사체적은 왼쪽 탱크 내부의 유체와 배관에 있는 유체를 포함한다. 단면 1은 탱크에 있는 유체의 자유 표면이고 단면 2는 배관의 끝이다. 단면 2 이후에 액체는 대기로, 다른 탱크로 또는 다른 펌프로 방출될 수 있다. 단면 2 이후의 액체의 목적지는 해석에서는 상관이 없다. 특성은 다음과 같다.

$p_1 = p_{atm} = 0$; p_2 = 단면 2의 압력 $! = p_{atm}$

V_1 = 표면 속도 ≈ 0(배관 내부의 유체의 속도와 비교하여)

V_2 = 배관 내부의 유체 속도

z_1 = 단면 1의 높이; z_2 = 단면 2의 높이

$\frac{fL}{D}$ = 배관계에 적용되는 마찰 항

ΣK = 유체입자가 단면 1에서 2로 이동(입구, 두 개의 90° 엘보우, 밸브)하면서 발생하는 부손실

이음새에서 압력 손실은 유체가 그 이음새를 통과한 후 발생하므로 그림 3.7b에 대해서는

출구 손실은 고려되지 않는다. 그림 3.7b에 대한 수정 Bernoulli 식은 아래와 같다.

$$z_1 = \frac{p_2}{\rho g} + \frac{V_2^{\,2}}{2g} + z_2 + \frac{fL}{D_h}\frac{V^2}{2g} + (K_{inlet} + 2K_{90°\,elbow} + K_{valve})\frac{V^2}{2g} \quad (3.23)$$

여기서 출구 속도 V_2는 배관에서의 유속 V와 같다. 이 결과는 그림에 포함되어 있다.

그림 3.7c는 그림 3.7b와 같이 오른쪽 용기가 제거된 것을 보여준다. 하지만 그림 3.7c에서는 검사체적이 배관의 끝에서 갑자기 끝나지 않는다. 대신, 단면 2에서 넓은 표면적을 사용한다. 대개의 경우 배관의 출구 압력은 대기압과 같지 않다. 따라서 압력이 대기압(p_{atm})과 같아질 때까지 유체가 팽창하는 것을 허용한다. 따라서 단면 2는 액체의 압력이 대기압과 같아지는 위치라고 가정한다. 또한, 단면 2의 면적이 아주 크므로 액체의 속도(또는 운동에너지)는 무시할 만한 값(관 내부의 유체 속도에 비해서)으로 감소한다. 달리 말하자면, 단면 2에서 압력은 대기압과 같고, 액체의 운동에너지는 소산된다. 특성은 다음과 같다.

$$p_1 = p_2 = p_{atm} = 0 \qquad\qquad V_2 \approx 0$$

($p_2 = p_{atm}$, $V_2 = 0$, 그리고 0이 아닌 출구 손실과 같은 조건들은 이 경우 동시에 고려되어야 한다.)

V_1 = 표면 속도 ≈ 0 (배관 내부의 유체 속도와 비교하여)

z_1 = 단면 1의 높이; z_2 = 단면 2의 높이

$\frac{fL}{D}$ = 배관계에 적용되는 마찰 항

ΣK = 유체입자가 단면 1에서 2로 이동(입구, 두 개의 90° 엘보우, 밸브, 그리고 출구)하면서 발생하는 부손실

그림 3.7c에 적용된 수정 Bernoulli 식은 아래와 같다.

$$z_1 = z_2 + \frac{fL}{D_h}\frac{V^2}{2g} + (K_{inlet} + 2K_{90°\,elbow} + K_{valve} + K_{exit})\frac{V^2}{2g} \quad (3.24)$$

이 결과는 그림에 나타나 있다.

그림 3.7d에서도 탱크로 동일하게 배관이 이어진다. 저장용기, 펌프, 또는 다른 배관으로부터 배관의 입구로 유체가 공급될 수 있지만, 해석에 있어서 차이는 없다. 단면 1은 관의 입구이고 단면 2는 탱크 내부 액체의 자유 표면이다. 특성은 다음과 같다.

p_1 = 단면 1의 압력; $p_2 = p_{atm} = 0$

V_1 = 단면 1의 속도 = 배관 내부의 속도 = V

V_2 = 자유 표면 속도 ≈ 0 (배관 내부의 속도와 비교하여)

z_1 = 단면 1의 높이; z_2 = 단면 2의 높이

$\dfrac{fL}{D}$ = 배관계에 적용되는 마찰 항

ΣK = 유체입자가 단면 1에서 2로 이동(두 개의 90° 엘보우, 밸브, 그리고 출구)하면서 발생하는 부손실

그림 3.7d에 대해서는 수정 Bernoulli 식은

$$\frac{p_1}{\rho g} + \frac{V_1^{\,2}}{2g} + z_1 = z_2 + \frac{fL}{D_h}\frac{V^{\,2}}{2g} + (2K_{90°\,elbow} + K_{valve} + K_{exit})\frac{V^{\,2}}{2g} \qquad \textbf{(3.25)}$$

여기서 $V_1 = V$. 이 결과는 그림에 나타나 있다.

그림 3.7e는 연결된 탱크가 없는 배관을 보여준다. 액체의 공급원 또는 목적지는 해석에 영향을 주지 않는다. 단면 1과 2의 위치가 나타나 있다. 특성은

p_1 = 단면 1의 압력; p_2 = 단면 2의 압력

V_1 = 단면 1의 속도 = 배관 내부의 속도 = V

V_2 = 단면 2의 속도 = 배관 내부의 속도 = V

z_1 = 단면 1의 높이; z_2 = 단면 2의 높이

$\dfrac{fL}{D}$ = 배관계에 적용되는 마찰 항

ΣK = 유체입자가 단면 1에서 2로 이동(두 개의 90° 엘보우와 밸브)하면서 발생하는 부손실

그림 3.7e에 대해서는 수정 Bernoulli 식은

$$\frac{p_1}{\rho g} + z_1 = \frac{p_2}{\rho g} + z_2 + \frac{fL}{D_h}\frac{V^{\,2}}{2g} + (2K_{90°\,elbow} + K_{valve})\frac{V^{\,2}}{2g} \qquad \textbf{(3.26)}$$

이 결과는 그림에 나타나 있다. 이전에 논의된 바와 같이 검사체적의 경계를 명확하게 정의하는 것은 매우 중요하다.

이제 배관 문제를 모델링할 수 있는 준비가 되었다. 다시, 압력 강하 Δp(또는 Δh), 유량 Q, 또는 지름 D가 미지수인 문제를 살펴볼 것이다.

예제 3.6 그림 3.8은 0.047 m^3/s의 유량으로 에틸 알코올을 수송하기 위한 배관계의 일부를 나타낸다. 이 시스템은 길이 54.86 m인 공칭치수 12, 스케줄 40 보통강을 포함하고 있다. 모든 이음새는 긴 반지름 형태이고 플랜지되었다. 만약 $z_1 = z_2$일 경우, 배관의 이 부분에서 압력 강하를 계산하시오.

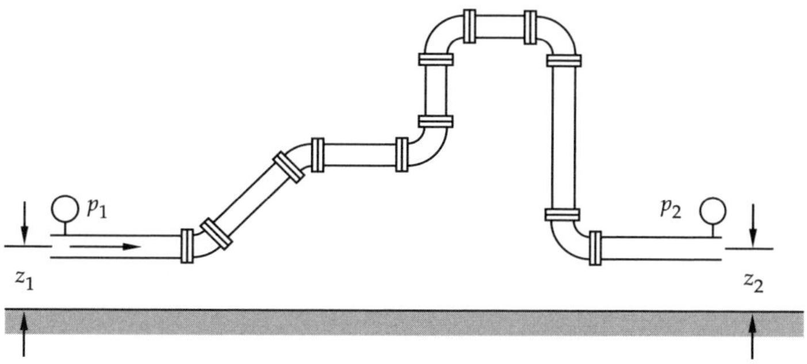

그림 3.8 예제 3.6에서의 배관계

풀이

선택된 검사체적은 배관 내부의 모든 액체를 포함하고 각각의 압력계까지 연장되어 있다. 계산 과정은 다음과 같다.

에틸 알코올 $\rho = 787\ kg/m^3$ $\mu = 1.1 \times 10^{-3}$ Pa·s [부록 표 B.1]

공칭치수 12 스케줄 40 $D = 0.303$ m $A = 0.0718\ m^2$ [부록 표 D.1]

보통강 $\varepsilon = 0.046$ mm [표 3.1]

수정 Bernoulli 식 (3.21):

$$\frac{p_1}{\rho g} + \frac{V_1^2}{2g} + z_1 = \frac{p_2}{\rho g} + \frac{V_2^2}{2g} + z_2 + \frac{fL}{D_h}\frac{V^2}{2g} + \Sigma K \frac{V^2}{2g} \tag{3.21}$$

특성 계산:

$V_1 = V_2$; $z_1 = z_2$; $L = 54.86$ m

$\Sigma K = 2K_{45°\ elbow} + 4K_{90°\ elbow} = 2(0.17) + 4(0.22) = 1.22$

수정 Bernoulli 식은 다음과 같이 정리된다.

$$\frac{p_1}{\rho g} = \frac{p_2}{\rho g} + \left(\frac{fL}{D_h} + \sum K\right)\frac{V^2}{2g}$$

나머지 항들을 계산한다. 유량은

$$Q = 0.047 \text{ m}^3/\text{s}$$

평균 속도:

$$V = \frac{Q}{A} = \frac{0.047}{0.0718} = 0.655 \text{ m/s}$$

Reynolds 수

$$\text{Re} = \frac{\rho V D}{\mu} = \frac{(787)(0.655)(0.303)}{1.1 \times 10^{-3}}$$

상대 조도와 마찰 계수:

$$\left.\begin{aligned} \text{Re} &= 1.43 \times 10^5 \\ \frac{\varepsilon}{D} &= \frac{0.046 \times 10^{-3}}{0.303} = 0.00015 \end{aligned}\right\} f = 0.018 \qquad \text{(그림 3.3)}$$

운동방정식에 대입하면

$$\frac{p_1}{\rho g} = \frac{p_2}{\rho g} + \left(\frac{0.018(54.86)}{0.303} + 1.22\right)\frac{(0.655)^2}{2(9.81)}$$

또는

$$\frac{(p_1 - p_2)}{\rho g} = 98.8 \text{ mm 에틸 알코올}$$

따라서, 단면 1에 2까지 공기-에틸알코올 역 U-관(inverted U-tube) 마노미터를 부착했다면 수두 차이는 $\Delta h = 98.8$ mm일 것이다. 압력 강하는 다음과 같이 계산된다.

$$p_1 - p_2 = 98.8 \times 10^{-3}(787)(9.81) = 762 \text{ Pa}$$

예제 3.7 대형 물 저장소가 길이 60 m인 공칭치수 2, 스케줄 40 아연도금 강관을 사용하여 배수된다. 배관계은 그림 3.9에 나타나 있다. 이음새는 통상적인 것이고 나사산으로 체결된다. z_1 = 5 m이고 z_2 = 2 m일 경우, 이 시스템을 통해 흐르는 체적유량을 계산하시오.

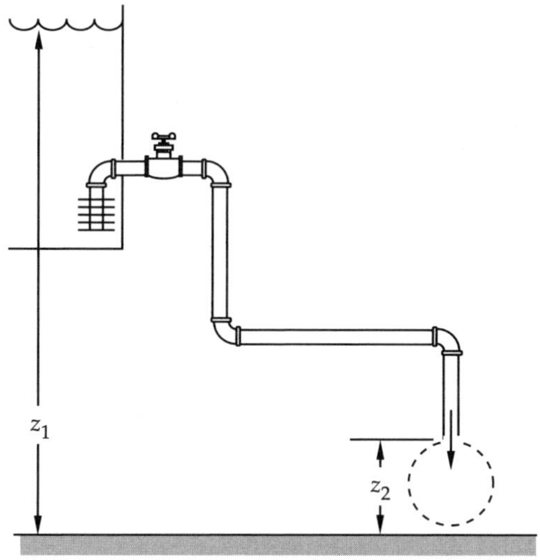

그림 3.9 예제 3.7에서의 배관계

풀이

선택된 검사체적은 저수조와 배관계의 물을 포함한다. 단면 1은 저주소 물의 자유표면이고 단면 2는 $p_2 = p_{atm}$이 되도록 위치하고 있다. 계산은

물	$\rho = 1\,000\ \mathrm{kg/m^3}$	$\mu = 0.89 \times 10^{-3}\ \mathrm{N{\cdot}s/m^2}$	[부록 표 B.1]
공칭치수 2 스케줄 40	$D = 52.52$ mm	$A = 2.166 \times 10^{-4}\ \mathrm{m^2}$	[부록 표 D.1]
아연도금 강	$\varepsilon = 0.155$ mm	(평균 값)	[표 3.1]

수정 Bernoulli 식 (3.21):

$$\frac{p_1}{\rho g} + \frac{V_1^2}{2g} + z_1 = \frac{p_2}{\rho g} + \frac{V_2^2}{2g} + z_2 + \frac{fL}{D_h}\frac{V^2}{2g} + \sum K \frac{V^2}{2g} \tag{3.21}$$

특성 계산

$$p_1 = p_2 = p_{\text{atm}} \qquad V_1 \approx 0 \qquad V_2 = 0$$

$$z_1 = 5\text{ m} \qquad z_2 = 2\text{ m} \qquad L = 60\text{ m}$$

$$\Sigma K = K_{\substack{basket\\strainer}} + 4K_{90°\,elbow} + K_{\substack{globe\\valve}} + K_{exit}$$

$$\Sigma K = 1.3 + 4(1.4) + 10 + 1.0 = 17.9$$

수정 Bernoulli 식은 다음과 같이 정리된다.

$$z_1 = z_2 + \frac{fL}{D_h}\frac{V^2}{2g} + \Sigma K\frac{V^2}{2g}$$

또는

$$5 = 2 + \frac{60f}{0.05252}\frac{V^2}{2(9.81)} + 17.9\frac{V^2}{2(9.81)}$$

정리하여 속도에 대해서 풀면

$$3 = (58.23f + 0.912)V^2$$

또는

$$V = \sqrt{\frac{3}{58.23f + 0.912}} \qquad \textbf{(i)}$$

Reynolds 수 $\text{Re} = \rho DV/\mu$:

$$\text{Re} = \frac{1\,000(V)(0.097\,18)}{0.89 \times 10^{-3}} = 1.09 \times 10^5 V \qquad \textbf{(ii)}$$

$$\frac{\varepsilon}{D} = \frac{0.155}{52.52} = 0.000\,03 \qquad \textbf{(iii)}$$

식 (i), (ii), 그리고 (iii)을 포함하는 시행착오 과정이 요구된다. 우선 $\varepsilon/D = 0.000015$에 대해 완전발달 난류 유동에 해당하는 마찰 계수 값을 가정한다:

첫 번째 시도	$f = 0.009;$	$V = 1.45;$	$\mathrm{Re} = 8.53 \times 10^4$	$f = 0.019$
두 번째 시도	$f = 0.019;$	$V = 1.22;$	$\mathrm{Re} = 7.19 \times 10^4$	$f \approx 0.0195$

(충분히 가까움)

따라서 속도는 1.22 m/s이다. 이때 체적유량은

$$Q = AV = 21.66 \times 10^{-4}\,(1.22)$$

또는

$$\underline{Q = 0.0026\ \mathrm{m^3/s}}$$

예제 3.8 그림 3.10은 두 분기관에 연결된 라인으로 구성된 배관계를 보여준다. 우회 분기관(bypass branch)의 밸브가 닫혀있을 때 유동은 벤젠을 압력 강하($p_1 - p_2$) 58.5 kPa로 8.5 × 10^{-3} $\mathrm{m^3/s}$의 유량으로 이송한다. 배관이 도금되지 않은 주철배관으로 정규 나사 이음새를 가지고 있을 때 배관의 적정 크기를 구하시오. 필요한 배관의 길이는 213.35 m이다. 비용을 고려하여 스케줄 40 배관을 사용하는 것이 바람직하다.

풀이

선택된 검사체적은 단면 1의 게이지에서 단면 2의 게이지까지 배관에 있는 모든 유체를 포함한다(분기관은 제외함). 해법은 다음과 같다.

벤젠 $\rho = 876\ \mathrm{kg/m^3}$ $\mu = 0.60\ \mathrm{mPa{\cdot}s}$ [부록 표 B.1]

비도금 주철 $\varepsilon = 0.26\ \mathrm{mm}$ [표 3.1]

연속 방정식

$$Q = A_1V_1 = A_2V_2 \qquad A_1 = A_2,\ \text{therefore}\ V_1 = V_2.$$

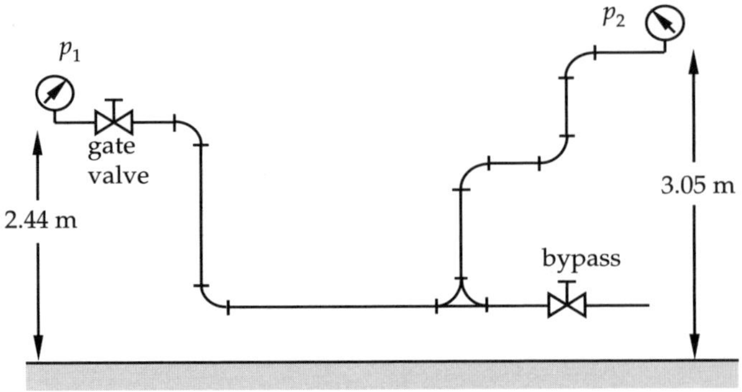

그림 3.10 예제 3.8에서의 배관계

수정 Bernoulli 식 (3.21):

$$\frac{p_1}{\rho g} + \frac{V_1^2}{2g} + z_1 = \frac{p_2}{\rho g} + \frac{V_2^2}{2g} + z_2 + \frac{fL}{D_h}\frac{V^2}{2g} + \Sigma K \frac{V^2}{2g} \tag{3.21}$$

특성 계산:

$$\frac{(p_1 - p_2)}{\rho g} = \frac{58.5 \times 10^3}{876(9.81)} = 6.81 \text{ m(벤젠)}$$

$V_1 = V_2$ $\quad z_1 = 2.44$ m $\quad z_2 = 3.05$ m $\quad L = 213.35$ m

$$\Sigma K = K_{\underset{valve}{gate}} + 5K_{90°\ elbow} + K_{T\text{-}joint}$$

$$\Sigma K = 0.15 + 5(1.4) + 1.9 = 9.05$$

유동 속도 $V = Q/A$:

$$V = \frac{4Q}{\pi D^2} = \frac{4(0.0085)}{\pi D^2} = \frac{0.034}{D^2}$$

운동방정식:

$$\frac{p_1}{\rho g} - \frac{p_2}{\rho g} + z_1 - z_2 = \left(\frac{fL}{D_h} + \Sigma K\right)\frac{V^2}{2g}$$

대입하면

$$6.81 + 2.44 - 3.05 = \left(\frac{213.35f}{D} + 9.05\right)\frac{(0.034)^2}{2D^4(9.81)}$$

또는

$$105228 = \frac{213.35f}{D^5} + \frac{9.05}{D^4}$$

정리하고 단순화하면, 다음과 같다.

$$f = 4932D^5 - 0.0424D \qquad \textbf{(i)}$$

Reynolds 수는 $\mathrm{Re} = \rho VD/\mu$:

$$\mathrm{Re} = \frac{(876)(0.034/D^2)D}{0.6 \times 10^{-3}}$$

$$\mathrm{Re} = \frac{4.96 \times 10^4}{D} \qquad \textbf{(ii)}$$

상대 조도:

$$\frac{\varepsilon}{D} = \frac{0.26 \times 10^{-3}}{D} \qquad \textbf{(iii)}$$

해를 구하는 과정은 시행착오 과정을 수반한다. 이 과정은 지름의 값을 가정하고 시작한다.

1차 시도: $D = 0.0762$ m; $f = 0.00933$ (Eq. i)

그러면

$$\left.\begin{aligned} \mathrm{Re} &= 4.96 \times 10^4/D = 6.5 \times 10^5 \\ \frac{\varepsilon}{D} &= \frac{0.26 \times 10^{-3}}{0.0762} = 0.0034 \end{aligned}\right\} \quad f = 0.028 \quad \text{(그림 3.3)}$$

2차 시도: $D = 0.101$ m; $f = 0.0484$

그러면

$$\left.\begin{aligned} \text{Re} &= 4.96 \times 10^4/D = 4.9 \times 10^5 \\ \frac{\varepsilon}{D} &= \frac{0.26 \times 10^{-3}}{0.101} = 0.0026 \end{aligned}\right\} \quad f = 0.026 \qquad \text{(그림 3.3)}$$

찾고자 하는 지름은 0.0762 m와 0.101 m 사이에 있다. 계속 진행하면,

3차 시도: $D = 0.0914$ m; $f = 0.027$

그러면

$$\left.\begin{aligned} \text{Re} &= 4.96 \times 10^4/D = 5.42 \times 10^5 \\ \frac{\varepsilon}{D} &= \frac{0.26 \times 10^{-3}}{0.0914} = 0.0028 \end{aligned}\right\} \quad f = 0.027 \qquad \text{(그림 3.3)}$$

이 값은 충분히 가깝다. 따라서 $D = 0.0914$ m이다. 부록 표 D.1을 참조하면,

공칭치수 3½ 스케줄 40 $D = 90$ mm
공칭치수 4 스케줄 40 $D = 102.3$ mm

이제 이 중 어느 배관을 선택해야 하는지에 대한 질문이 나온다. 더 작은 배관은 요구되는 유량을 이송할 것이지만 압력 강하는 지정된 값을 초과할 것이다. 그래서 공칭지수 4, 스케줄 40 배관을 사용할 것이다. 여기서 앞의 단계로 돌아가서 실제 압력 강하를 반드시 계산해야 한다. 문제 기술에서 주어진 $\Delta p = 58.5$ kPa과 $Q = 8.5 \times 10^{-3}\,\text{m}^3/\text{s}$는 오직 지름 0.0914 m에서만 만족될 것이다. 그러나 우리가 사용하고자 하는 지름은 필요한 것보다 더 큰 102.3 mm이다.

유량 $Q = 8.5 \times 10^{-3}\,\text{m}^3/\text{s}$에서 실제 압력 강하를 운동방정식을 사용하여 계산한다:

$$\frac{p_1}{\rho g} - \frac{p_2}{\rho g} + z_1 - z_2 = \left(\frac{fL}{D_h} + \sum K\right)\frac{V^2}{2g}$$

$D = 0.1023$ m에 대해서 $A = \pi D^2/4 = 8.21 \times 10^{-3}\,\text{m}^2$이다. 평균 속도는

$$V = \frac{Q}{A} = \frac{8.5 \times 10^{-3}}{8.21 \times 10^{-3}} = 1.03 \text{ m/s}$$

그리고

$$\text{Re} = 1.53 \times 10^5 \qquad \varepsilon/D = 0.00253 \qquad f = 0.027$$

대입하면,

$$\frac{(p_1 - p_2)}{876(9.81)} + 2.44 - 3.05 = \left(\frac{0.027(213.35)}{0.1023} + 9.05\right)\frac{(1.03)^2}{2(9.81)}$$

위 식을 풀면,

$$\underline{p_1 - p_2 = 35.6 \text{ kPa}}$$

이 압력 강하는 주어진 58.5 kPa보다 작다. 공칭치수 $3^1/_2$ 스케줄 40 배관을 사용했다면 압력 강하는 61.3 kPa일 것이다.

3.6 직렬 배관계(Series Piping Systems)

많은 관로 문제는 앞 절에서 고려한 것보다 더 복잡하다. 이러한 복잡한 배관 문제는 하나 이상의 배관의 크기, 병렬 배관 배치 또는 네트워크, 그리고 동시에 배수되는 다수의 용기를 포함하는 시스템을 포함한다. 이러한 또는 다른 복잡한 문제는 이 장에서 제공되는 내용을 사용하여 모델링할 수 있다. 그러나 여기서는 직렬 배관만을 고려할 것이다.

다른 크기 또는 다른 거칠기를 가지는 두 개 이상의 배관이 연결되어 직렬 배관계를 구성한다. 직렬 배관에서는 서로 다른 크기의 배관 내에서 속도가 다르다(Reynolds 수와 마찰계수도 마찬가지로 다르다). 결과적으로 그러한 시스템은 특별히 고려되어야 한다.

직렬 배관에서는 두 가지 종류의 문제를 접할 수 있다. "유형 I" 문제는 알려진 유량에 대해서 압력을 구하는 것이다. "유형 II" 문제는 압력 강하가 알려져 있을 때 유량을 구하는 것이다. 유형 II 문제가 유형 I 문제보다 상대적으로 더 어렵다. 두 문제 모두 수정 Bernoulli 식을 사용하여 다루어지고, 보통의 방법으로 진행된다. 그 과정이 다음 예제들에서 소개된다.

예제 3.9 길이 21.34 m인 공칭치수 2 스케줄 40 배관이 길이 18.29 m인 공칭치수 3 스케줄 40 배관에 직렬로 연결되어 있다(그림 3.11 참조). 공칭치수 2 배관은 게이트 밸브를 포함하고 있다. $3.78 \times 10^3\ \text{m}^3/\text{s}$의 유량에 대해서 압력 강하 $p_1 - p_2$를 구하시오. 유체는 헥산

(hexane)이고 관은 아연도금 강(galvanized steel)이다.

풀이

통상적인 방법으로 진행한다. 다양한 특성 표로부터 다음과 같은 정보를 얻을 수 있다.

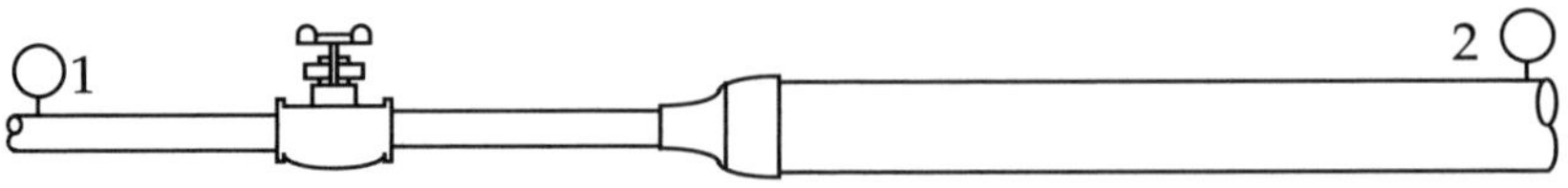

그림 3.11 직렬 배관계

헥산 $\rho = 657 \text{ kg/m}^3$ $\mu = 2.98 \times 10^{-4} \text{ Pa·s}$ [부록 표 B.1]

공칭치수 2 스케줄 40 $D = 52.5$ mm $A = 2.16 \times 10^{-3} \text{ m}^2$

공칭치수 3 스케줄 40 $D = 77.9$ mm $A = 4.77 \times 10^{-3} \text{ m}^2$ [부록 표 D.1]

아연도금 강 $\varepsilon = 0.15$ mm [표 3.1]

배관에 적용된 수정 Bernoulli 식은

$$\frac{p_1}{\rho g} + \frac{V_1^2}{2g} + z_1 = \frac{p_2}{\rho g} + \frac{V_2^2}{2g} + z_2 + \left(\frac{fL}{D} + \Sigma K\right)\frac{V_1^2}{2g} + \left(\frac{fL}{D} + \Sigma K\right)\frac{V_2^2}{2g}$$

여기서 아래첨자 1은 입구에서 특성을 나타내고, 아래첨자 2는 출구에서의 특성을 나타낸다. 시스템을 통한 체적유량은

$$Q = 3.79 \times 10^{-3} \text{ m}^3/\text{s}$$

각각의 라인에서 속도는

$$V_{2\text{-nom}} = \frac{Q}{A} = \frac{3.79 \times 10^{-3}}{2.16 \times 10^{-3}} = 1.75 \text{ m}$$

$$V_{3\text{-nom}} = \frac{3.79 \times 10^{-3}}{4.77 \times 10^{-3}} = 0.8 \text{ m}$$

부손실은 게이트 밸브와 확장 이음새를 포함한다.

$$K_{\text{gate valve}} = 0.15$$

$$K_{\text{exp fitting}} = \left[\frac{(D_{3\text{-nom}})^2}{(D_{2\text{-nom}})^2} - 1\right]^2 = \left[\frac{A_{3\text{-nom}}}{A_{2\text{-nom}}} - 1\right]^2$$

대입하면,

$$K_{\text{exp fitting}} = \left[\frac{4.77 \times 10^{-3}}{2.16 \times 10^{-3}} - 1\right]^2 = 1.448$$

여기서 이 손실은 하류에서의 운동에너지에 기초할 것이다.
요약하면,

$$V_1 = 1.75 \text{ m/s} \qquad V_2 = 0.8 \text{ m/s} \qquad z_1 = z_2$$

$$L_1 = 21.34 \text{ m} \qquad L_2 = 18.29 \text{ m}$$

$$\Sigma K_{2\text{-nom}} = 0.15 \qquad \Sigma K_{3\text{-nom}} = 1.448$$

각 라인의 Reynolds 수는

$$\text{Re}_{2\text{-nom}} = \frac{\rho V D}{\mu} = \frac{(657)(1.75)(0.0525)}{2.98 \times 10^{-4}}$$

또는

$$\left.\begin{aligned} \text{Re}_{2\text{-nom}} &= 2.0 \times 10^5 \\ \frac{\varepsilon}{D} &= \frac{0.15}{52.5} = 0.0029 \end{aligned}\right\} \qquad f_{2\text{-nom}} = 0.027$$

같은 방법으로

$$\left.\begin{aligned} \text{Re}_{3\text{-nom}} &= 1.36 \times 10^5 \\ \frac{\varepsilon}{D} &= \frac{0.15}{77.9} = 0.002 \end{aligned}\right\} \qquad f_{3\text{-nom}} = 0.0245$$

Bernoulli 식에 대입하여 압력 강하에 대해서 풀면,

$$\frac{p_1}{\rho g} + \frac{1.75^2}{2(9.81)} + 0 = \frac{p_2}{\rho g} + \frac{0.8^2}{2(9.81)} + 0 + \left(\frac{0.027(21.34)}{0.0525} + 0.15\right)\frac{1.75^2}{2(9.81)} + \left(\frac{0.0245(18.29)}{0.0779} + 1.448\right)\frac{0.8^2}{2(9.81)}$$

$$\frac{(p_1 - p_2)}{\rho g} = -0.154 + 0.032 + 1.71 + 0.23 = 1.82$$

입력에 대하여 풀면, 다음을 얻는다.

$$p_1 - p_2 = 657 \times 9.81 \times 1.82$$

그리고 최종적으로

$$p_1 - p_2 = 11.73 \text{ kPa}$$

유량이 알려져 있으므로(따라서 속도도 알고 있음), 이 방법은 간단하다.

예제 3.10 구리 관이 윤활시스템의 메틸알코올(methyl alcohol)을 수송하기 위해 사용된다. 시스템은 서로 직렬로 연결된 2 m의 3/4 표준 타입 M 관과 3 m의 1/2 표준 타입 M 구리 관으로 구성된다(그림 3.12). 5 m 길이에서 압력 강하는 100 kPa이다. 시스템을 통한 유량을 구하시오.

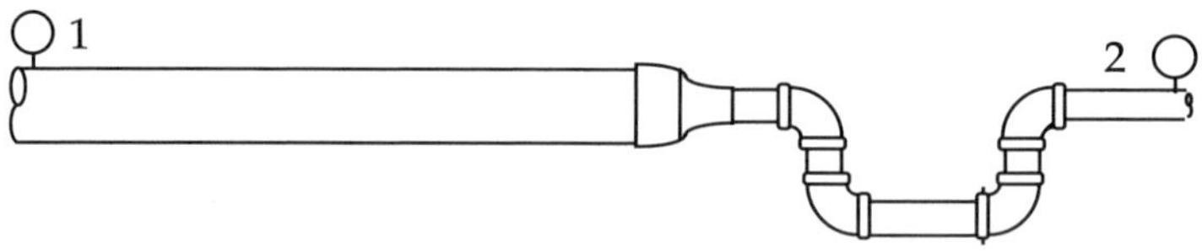

그림 3.12 유량이 미지수인 직렬 배관계

풀이

이 종류의 문제(유량 Q가 미지수)는 압력차 Δp가 미지수인 문제보다 다소 많은 것이 수반된다. 풀이 과정은 익숙할 것이다.

메틸알코올	$\rho = 789 \text{ kg/m}^3$	$\mu = 0.56 \times 10^{-3} \text{ N·s/m}^2$ [부록 표 B.1]
3/4 표준타입 M	$D = 20.6 \text{ mm}$	$A = 3.333 \times 10^{-4} \text{ m}^2$
1/2 표준타입 M	$D = 14.46 \text{ mm}$	$A = 1.642 \times 10^{-4} \text{ m}^2$ [부록 표 D.2]
인발관	$\varepsilon = 0.0015 \text{ mm}$	[표 3.1]

수정 Bernoulli 식은

$$\frac{p_1}{\rho g} + \frac{V_1^2}{2g} + z_1 = \frac{p_2}{\rho g} + \frac{V_2^2}{2g} + z_2 + \left(\frac{fL}{D} + \Sigma K\right)\frac{V_1^2}{2g} + \left(\frac{fL}{D} + \Sigma K\right)\frac{V_2^2}{2g}$$

특성을 계산하면,

$$p_1 - p_2 = 100\,000\ \text{N/m}^2 \qquad z_1 = z_2$$

$$\Sigma K_{3/4\ \text{std}} = 0 \qquad \Sigma K_{1/2\ \text{std}} = K_{\text{contraction}} + 4K_{90°\text{ells}}$$

수축부의 압력 강하는 지름 비를 계산한 후 구할 수 있다.

$$\frac{D_2}{D_1} = \frac{1.642}{2.060} = 0.702$$

표 3.2로부터, 감소 부싱에 대한 손실식은

$$K = 0.5 - 0.167(D_2/D_1) - 0.125(D_2/D_1)^2 - 0.208(D_2/D_1)^3$$

$$K_{\text{contraction}} = 0.5 - 0.167(0.702) - 0.125(0.702)^2 - 0.208(0.702)^3$$

$$K_{\text{contraction}} = 0.25$$

따라서

$$\Sigma K_{1/2\ \text{std}} = 0.25 + 4(0.31) = 1.490$$

이 손실은 유동 하류의 운동에너지에 기초하고 있다.

연속 방정식을 적용하면,

$$A_1 V_1 = A_2 V_2$$

$$V_1 = \frac{A_2}{A_1} V_2 = \frac{1.642}{3.333} V_2$$

$$V_1 = 0.493 V_2 \tag{i}$$

정리하고 V_1을 대입하면, 수정 Bernoulli 식은 아래와 같다.

$$\frac{(p_1 - p_2)}{\rho g} = \left(\frac{fL}{D} + \Sigma K - 1\right)\frac{V_1^2}{2g} + \left(\frac{fL}{D} + \Sigma K + 1\right)\frac{V_2^2}{2g}$$

$$\frac{(p_1 - p_2)}{\rho g} = \left(\frac{fL}{D} + \Sigma K - 1\right)\frac{0.243 V_2^2}{2g} + \left(\frac{fL}{D} + \Sigma K + 1\right)\frac{V_2^2}{2g}$$

운동에너지 항에 대해서 묶으면,

$$\frac{(p_1 - p_2)}{\rho g} = \frac{V_2^2}{2g}\left\{0.243\frac{f_1 L_1}{D_1} + 0.243\ \Sigma K_1 - 0.243 + \frac{f_2 L_2}{D_2} + \Sigma K_2 + 1\right\}$$

알고 있는 값을 대입하면

$$\frac{30\ 000}{789(9.81)} = \frac{V_2^2}{2(9.81)}\left\{0.243\frac{f_1(2)}{0.020\ 60} + 0 - 0.243 + \frac{f_2(3)}{0.013\ 40} + 1.490 + 1\right\}$$

이 식은 다음과 같이 정리된다.

$$253.5 = V_2^2(17.37 f_1 + 223.9 f_2 + 2.311)$$

또는

$$V_2 = \left(\frac{253.5}{17.37 f_1 + 223.9 f_2 + 2.311}\right)^{1/2} \qquad \textbf{(ii)}$$

각 라인에 대한 Reynolds 수는

$$\mathrm{Re}_{3/4\ \mathrm{std}} = \frac{\rho V D}{\mu} = \frac{789 V_1(0.020\ 6)}{0.56 \times 10^{-3}}$$

$$\mathrm{Re}_{3/4\ \mathrm{std}} = 2.9 \times 10^4 V_1$$

또한

$$\frac{\varepsilon}{D} = \frac{0.0015}{20.6} = 0.000\ 073$$

같은 방법으로

$$\mathrm{Re}_{1/2\ \mathrm{std}} = 2.04 \times 10^4 V_2$$

그리고

$$\frac{\varepsilon}{D} = 0.000\ 1$$

1차 시도: 각 마찰 계수에 대해서 완전 난류를 가정하면

$$f_1 = 0.011\,5 \qquad (3/4\ \text{std})$$
$$f_2 = 0.012 \qquad (1/2\ \text{std})$$

식 (ii)에 대입하면,

또는 $$V_2 = \left(\frac{253.5}{17.37(0.011\,5) + 223.9(0.012) + 2.311}\right)^{1/2}$$

$$V_2 = 7.1\ \text{m/s}$$

식 (i)에 대입하면,

$$V_1 = 0.493(7.1) = 3.5\ \text{m/s}$$

Reynolds 수와 마찰 계수는

$$\left.\begin{aligned} Re_{3/4\ std} &= 2.9 \times 10^4 V_1 = 2.9 \times 10^4 \\ \frac{\varepsilon}{D} &= 0.000\,073 \end{aligned}\right\} \quad f_1 = 0.016$$

그리고

$$\left.\begin{aligned} Re_{1/2\ std} &= 2.04 \times 10^4 \\ \frac{\varepsilon}{D} &= 0.000\,1 \end{aligned}\right\} \quad f_2 = 0.02$$

2차 시도: 두 마찰 계수를 사용하면 새로운 속도를 구할 수 있다.

$$V_2 = 6.11\ \text{m/s} \qquad \text{그리고} \qquad V_1 = 3.01\ \text{m/s}$$

이러한 새로운 값을 사용하여 계산을 반복하여, 다음과 같은 결과를 얻게 된다.

$$\left.\begin{aligned} Re_{3/4\ std} &= 2.9 \times 10^4 V_1 = 7.28 \times 10^4 \\ \frac{\varepsilon}{D} &= 0.000\,073 \end{aligned}\right\} \quad f_1 = 0.0163$$

그리고

$$\left.\begin{aligned} Re_{1/2\,std} &= 6.14 \times 10^4 \\ \frac{\varepsilon}{D} &= 0.000\,1 \end{aligned}\right\} \qquad f_2 = 0.02$$

3차 시도: 다시 구한 속도는 다음과 같다.

$$V_2 = 6.11\ \text{m/s} \qquad \textbf{그리고} \qquad V_1 = 3.01\ \text{m/s}(\text{충분히 가까움})$$

체적유량은

$$Q = A_1V_1 = A_2V_2$$

$$Q = 3.333 \times 10^{-4}(3.01)$$

또는 $\underline{Q = 1.0 \times 10^{-3}\ \text{m}^3/\text{s}}$

3.7 비원형 단면을 통한 유동

수학적으로 표현하기 어려운 다양한 형상의 기하학적 인자들 때문에 비원형 단면을 통한 유동은 아주 복잡하다. 많은 비원형 단면을 모델링할 수 있지만 여기서는 더 일반적인 몇 가지 경우를 다룬다. 이러한 경우는 환형, 사각관, 부채꼴, 삼각형, 그리고 핀이 부착된 환형이다.

환형 내부 Newtonian 유체의 층류 유동

그림 3.13은 환형관을 통한 유동을 보여주고 있다. 환형 유동 영역은 내부관의 외경(OD_p)과 외부관의 내경(ID_a)에 의해서 둘러싸여 있다. 해석에 사용되는 검사체적의 절반 또한 그림에 나타나 있다. 검사체적에 작용하는 힘은 압력과 점성에 기인한다. 중력은 무시된다. 속도 분포 V_z에 관한 식을 도출하고자 한다(속도를 단면에 대해 적분하면 평균 속도를 얻을 수 있다). 원형관에 대해 적용한 것과 같이 이 결과는 마찰 계수에 대한 식을 구하기 위해 식 (3.8)과 결합될 수 있다. 운동량 식을 적용하여 z 방향의 속도는 다음과 같이 주어짐을 보일 수 있다.

$$V_z = \left(-\frac{dp}{dz}\right)\left(\frac{R^2}{4\mu}\right)\left[1-\left(\frac{r}{R}\right)^2 - \frac{1-\kappa^2}{ln(\kappa)}\ ln\frac{r}{R}\right] \quad \left(\begin{matrix}\text{환형관에서}\\ \text{층류 유동}\end{matrix}\right) \tag{3.29}$$

여기서 $\kappa = OD_p/ID_a$(이 식의 상세한 유동에 대해서는 문제를 참조). 체적유량은 식 (3.29)를 단면에 대해 적분하여 구할 수 있다.

$$Q = \int_0^{2\pi}\int_{\kappa R}^{R} V_z\, rdrd\theta$$

이 식은 다음과 같이 표현된다.

$$Q = \int_0^{2\pi}\int_{\kappa R}^{R}\left(-\frac{dp}{dz}\right)\left(\frac{R^2}{4\mu}\right)\left[1-\left(\frac{r}{R}\right)^2 - \frac{1-\kappa^2}{ln(\kappa)}\ ln\frac{r}{R}\right] rdrd\theta$$

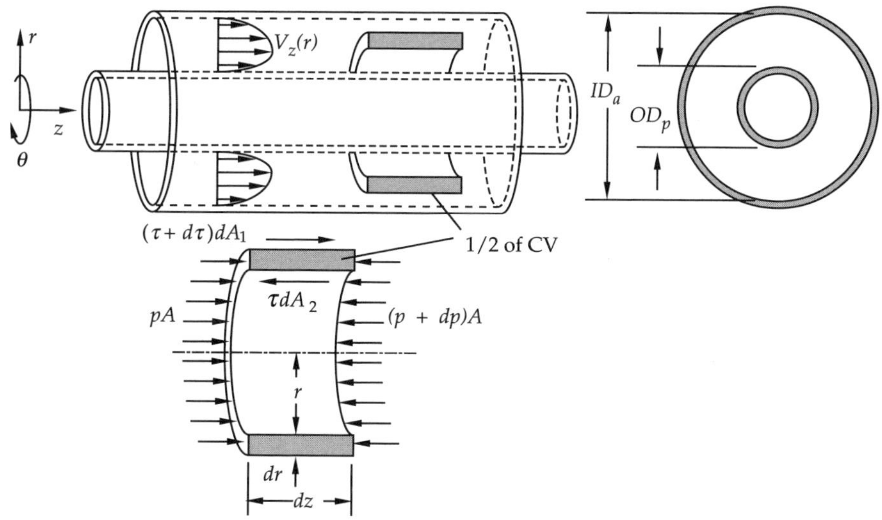

그림 3.13 환형관에서 층류 유동

적분하면 다음과 같은 유량에 관한 식을 얻게 된다.

$$Q = \left(-\frac{dp}{dz}\right)\left(\frac{\pi R^4(1-\kappa^2)}{8\mu}\right)\left(1+\kappa^2+\frac{1-\kappa^2}{ln(\kappa)}\right) \tag{3.28}$$

평균 속도는

$$V = \frac{Q}{A} = \frac{Q}{\pi(R^2-\kappa^2R^2)} = \frac{Q}{\pi R^2(1-\kappa^2)}$$

또는

$$V = \left(-\frac{dp}{dz}\right)\left(\frac{R^2}{8\mu}\right)\left(1 + \kappa^2 + \frac{1-\kappa^2}{ln(\kappa)}\right)$$

(3.29)

환형 유동 영역의 수력 지름은

$$D_h = \frac{4A}{P} = \frac{4(\pi(ID_a/2)^2 - \pi(OD_p/2)^2)}{\pi(ID_a) + \pi(OD_p)}$$

이 식은 다음과 같이 간략화된다.

$$D_h = ID_a - OD_p$$

(3.30)

식 (3.8a)는 압력 강하와 마찰 계수의 관계를 나타낸다.

$$dp = -\frac{\rho V^2}{2}\frac{fdz}{D_h}$$

(3.8a)

식 (3.8a), (3.29), 그리고 (3.30)을 합친 후, 단순화하면

$$\frac{1}{f} = \frac{Re}{64}\left(\frac{1+\kappa^2}{(1-\kappa)^2} + \frac{1+\kappa}{(1-\kappa)ln(\kappa)}\right)$$

(3.31)

여기서

$$Re = \frac{VD}{\nu} = \frac{V(ID_a - OD_p)}{\nu}$$

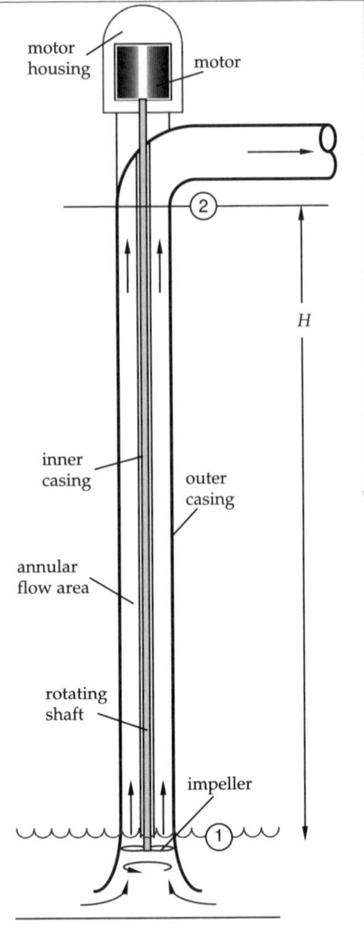

그림 3.14 환형 유로 내의 유동

환형을 통한 난류 유동(Turbulent Flow Through an Annulus)

환형을 통한 난류 유동에 대해서는 속도 구배에 대한 수식을 유도할 수 없고, 층류에 대해 했었던 것을 계속할 수 없다. 대신, 우리는 실험결과에 의존한다. κ $(= DO_P/ID_a)$가

0.75보다 작을 때 Moody 선도는 작은 오차를 가지고 환형 유동의 마찰 계수를 찾기 위해 사용될 수 있다. 하지만 특성 차원 D_h $(= ID_a - OD_p)$는 Reynolds 수$(\mathrm{Re} = VD_h/\nu)$와 상대 조도(ε/D_h)에 반드시 사용되어야 한다.

예제 3.11 축류 펌프(axial flow pump)가 그림 3.14에 나타나 있다. 펌프의 임펠러는 케로신(kerosene) 속에 잠겨있다. 임펠러가 회전하면서 환형 유로를 통해 케로신을 위로 이동시킨다. 환형은 연철(wrought iron)로 제작된 내부 케이싱(공칭치수 2, 스케줄 40 배관)과 외부 케이싱(공칭치수 6, 스케줄 40 배관)으로 둘러싸여 있다. 펌프 파워를 계산하기 위해서 단면 1과 2 사이[거리가 10 m (= H) 떨어짐]의 압력 변화를 계산하는 것이 필요하다. 환형 내부의 평균 속도가 1.83 m/s일 경우 압력 강하 $p_1 - p_2$를 구하시오.

풀이

보통의 방법과 같이 우선 여러 특성 표에서 값을 얻고 진행한다.
케로신

$$\rho = 823\ \mathrm{kg/m^3}$$
$$\mu = 1.64\ \mathrm{mPa{\cdot}s}$$

배관의 크기[부록 표 D.2]

공칭치수 6 스케줄 40; $ID_a = 0.5054\ \mathrm{ft} = 154\ \mathrm{mm}$

공칭치수 2 스케줄 40; $OD_p = 0.1723\ \mathrm{ft} = 52.5\ \mathrm{mm}$

연철[부록 표 B.1]

$$\varepsilon = 0.0457\ \mathrm{mm} \qquad [\text{표 } 3.1]$$

연속 방정식은

$$Q = A_1V_1 = A_2V_2$$

$A_1 = A_2$이므로 $V_1 = V_2$이다. 이 시스템에 적용되는 Bernoulli 식은

$$\frac{p_1}{\rho g} + \frac{V_1^2}{2g} + z_1 = \frac{p_2}{\rho g} + \frac{V_2^2}{2g} + z_2 + \frac{fL}{D_h}\frac{V^2}{2g}$$

운동에너지의 변화가 없으므로 식은 다음과 같이 정리된다.

$$\frac{(p_1 - p_2)}{\rho g} = z_2 - z_1 + \frac{fL}{D_h}\frac{V^2}{2g}$$

또는

$$p_1 - p_2 = (z_2 - z_1)\rho g + \frac{fL}{D_h}\frac{\rho V^2}{2}$$

항들을 계산하면,

$H = 10\ \text{m}$ $\quad V = 1.83\ \text{m/s}$

$D_h = ID_a - OD_p = 154 - 52.5 = 101.5\ \text{mm}$

$D_h = 0.1015\ \text{m}$

$z_2 = 10\ \text{m}$ $\quad z_1 = 0$

Reynolds 수는 다음과 같다.

$$\text{Re} = \frac{\rho V D_h}{\mu} = \frac{(823)(1.83)(0.1015)}{1.64 \times 10^{-3}} = 9.33 \times 10^4$$

따라서 유동은 난류이다. 마찰 계수는

$$\left.\begin{array}{l} \text{Re} = 9.33 \times 10^4 \\ \text{또한} \quad \dfrac{\varepsilon}{D} = \dfrac{0.0457}{101.5} = 0.00045 \end{array}\right\} \quad f = 0.021 \qquad \text{그림 3.3}$$

운동방정식에 대입하면

$$p_1 - p_2 = (z_2 - z_1)\rho g + \frac{fL}{D_h}\frac{\rho V^2}{2}$$

다음과 같은 식을 얻는다.

$$p_1 - p_2 = (10 - 0)(823)(9.81) + \frac{0.021(10)}{0.1015}\frac{823(1.83)^2}{2}$$

$$p_1 - p_2 = 83.59\ \text{kPa}$$

예제 3.12. 이중 관 열교환기가 다른 관 내부에 관으로 구성되어 있다. 관은 용접으로 접합된 구리 인발관이다. 한 열교환기의 길이가 3.66 m이다. 이러한 열교환기 8개가 함께 직렬 구조로 연결되어 수평면에 놓여 있다. 관은 타입 M인 4 표준과 2 표준이다. 아세톤이 환형을 통해 흐르고 유동 방향으로 3450 Pa의 압력 강하가 발생한다. 열교환기를 통한 체적유량을 구하시오.

풀이

보통의 방법과 같이 우선 여러 특성에 관한 표에서 값을 얻고 진행한다.

아세톤 $\rho = 787\ \text{kg/m}^3$ $\mu = 0.316\ \text{mPa·s}$

[부록 표 B.1]

4 표준타입 M $ID_a = 100\ \text{mm}$
2 표준타입 M $OD_p = 53.95\ \text{mm}$ [부록 표 D.2]

인발관 $\varepsilon = 1.52 \times 10^{-3}\ \text{mm}$ [표 3.1]

환형 유동 면적과 수력 지름을 계산한다.

$$A = \pi(ID_a{}^2 - OD_p{}^2)/4 = 5.56 \times 10^{-3}\ \text{m}^2$$

$$D_h = ID_a - OD_p = 0.046\ \text{m}$$

연속 방정식은

$$Q = A_1V_1 = A_2V_2$$

$A_1 = A_2$이므로 $V_1 = V_2$이다. 이 시스템에 적용되는 Bernoulli 식은

$$\frac{p_1}{\rho g} + \frac{V_1{}^2}{2g} + z_1 = \frac{p_2}{\rho g} + \frac{V_2{}^2}{2g} + z_2 + \frac{fL}{D_h}\frac{V^2}{2g}$$

압력 강하는

$$p_1 - p_2 = 3450\ \text{Pa}$$

수평 열교환기에 대해서

$$z_1 = z_2$$

Bernoulli 식을 단순화하고 대입하면 다음과 같다.

$$\frac{(p_1 - p_2)}{\rho g} = \frac{fL}{D_h}\frac{V^2}{2g}$$

$$\frac{3450}{787(9.81)} = \frac{8 \times 3.66f}{0.046}\frac{V^2}{2(9.81)}$$

또는

$$0.447 = 32.44 fV^2$$

그리고 $V = \dfrac{0.117}{\sqrt{f}}$

Reynolds 수는 다음과 같이 계산된다.

$$\mathrm{Re} = \frac{\rho V D_h}{\mu} = \frac{787(V)(0.046)}{0.316 \times 10^{-3}}$$

또는

$$\mathrm{Re} = 1.145 \times 10^5 V$$

상대 조도는

$$\frac{\varepsilon}{D_h} = \frac{1.52 \times 10^{-3}}{46} = 0.000033$$

그림 3.3을 이용한 시행착오 방법이 이 문제를 풀기 위해서 필요하다. 첫 번째 시도에서 앞에서 구한 상대 조도에 해당하는 완전 난류의 마찰 계수 값을 사용한다. 따라서

1차 시도: $f = 0.0095$ ($\dfrac{\varepsilon}{D_h} = 0.000033$에 해당)
그러면

$$V = 0.117/\sqrt{f} = 0.117/\sqrt{0.0095} = 1.2 \text{ m/s}$$

$$\mathrm{Re} = 1.145 \times 10^5 (1.2)$$

또는

$$\left.\begin{aligned} \text{Re} &= 1.37 \times 10^5 \\ \frac{\varepsilon}{D} &= 0.000033 \end{aligned}\right\} \quad f = 0.016 \qquad \text{(그림 3.3)}$$

2차 시도: $f = 0.016$ $V = 0.93$ $\text{Re} = 1.06 \times 10^5$ $f = 0.02$
3차 시도: $f = 0.02$ $V = 0.83$ $\text{Re} = 9.5 \times 10^4$ $f \approx 0.02$ (충분히 가까움)

그러므로

$$V = 0.83 \text{ m/s}$$

그리고

$$Q = AV = 5.56 \times 10^{-3}(0.83)$$

$$\underline{Q = 4.63 \times 10^{-3} \text{ m}^3/\text{s}}$$

다른 방법으로는 그림 3.4를 사용할 수 있다. 속도와 Reynolds 수를 결합하면, 다음과 같다.

$$\text{Re} = 1.145 \times 10^5 \, V = 1.145 \times 10^5 (0.117/\sqrt{f})$$

또는

$$\left.\begin{aligned} f^{1/2}\text{Re} &= 1.34 \times 10^4 \\ \frac{\varepsilon}{D} &= 0.000033 \end{aligned}\right\} \quad f = 0.02 \qquad \text{(그림 3.4)}$$

이것은 그림 3.3을 이용한 것과 같은 결과이다.

직사각형 덕트에서 Newtonian 유체의 층류 유동

직사각형 덕트를 통한 유동이 그림 3.15에 표현되어 있다. 단면에서 높이에 비해 폭이 아주 넓다고 가정한다. 유동은 z 방향이고, 사용하는 검사체적은 벽면까지는 확장되지 않는다. 검사체적에 운동량 식을 적용하면 속도 구배를 결정할 수 있다. z 방향으로 속도는

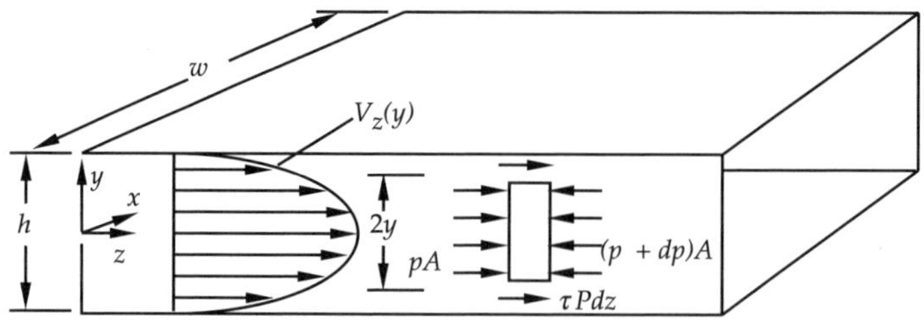

그림 3.15 직사각 덕트를 통한 층류 유동

$$V_z = \left(-\frac{dp}{dz}\right)\left(\frac{h^2}{2\mu}\right)\left(\frac{1}{4} - \frac{y^2}{h^2}\right) \qquad \left(\begin{array}{c}\text{2-D 직사각 덕트에서}\\ \text{층류 유동}\end{array}\right) \tag{3.32}$$

(상세한 과정에 대해서는 문제를 보라.) 체적유량은 속도 V_z를 단면적에 대해서 적분하여 구한다.

$$Q = \int_0^w \int_{-h/2}^{+h/2} \left(-\frac{dp}{dz}\right)\left(\frac{h^2}{2\mu}\right)\left(\frac{1}{4} - \frac{y^2}{h^2}\right) dy\,dx$$

적분하고 단순화하면,

$$Q = \frac{h^3 w}{12\mu}\left(-\frac{dp}{dz}\right) \tag{3.33}$$

그러면 평균 속도는 다음과 같다.

$$V = \frac{Q}{A} = \frac{h^2}{12\mu}\left(-\frac{dp}{dz}\right) \tag{3.34}$$

임의의 단면을 가진 덕트에서 압력 손실과 평균 속도에 대한 관계식 (3.8a)로부터,

$$dp = -\frac{\rho V^2}{2}\frac{f dz}{D_h} \tag{3.8a}$$

또한 이차원 덕트에 대해 수력 지름은

$$D_h = \frac{4A}{P} = \frac{4hw}{2h + 2w} \approx \frac{4hw}{2w}$$

또는 $D_h = 2h$ **(3.35)**

식 (3.8a), (3.34) 그리고 (3.35)를 합치면,

$$f = \frac{96\mu}{\rho V D_h} = \frac{96\mu}{\rho V (2h)}$$

또는 $$f = \frac{96}{\mathrm{Re}} \tag{3.36}$$

여기서

$$\mathrm{Re} = \frac{\rho V (2h)}{\mu}$$

따라서 이차원 덕트에서 Newtonian 유체의 층류 유동에서 마찰 계수와 Reynolds 수의 곱은 96이다. 다른 직사각형 덕트에 대해서 마찰 계수와 Reynolds 수의 곱은 폭에 대한 높이의 비(h/w)의 함수로 나타난다. 결과는 표 3.4에 제공된다.

표 3.4 직사각형 덕트 내에서 Newton 유체 층류 유동에 대한 마찰 계수-Reynolds 수의 곱

Rectangular Duct

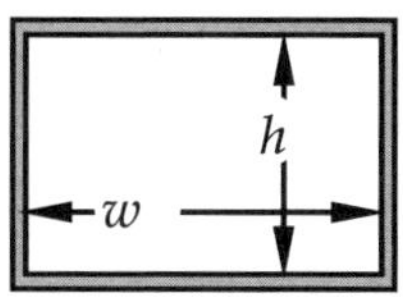

$A = wh$
$P = 2w + 2h$

h/w	$f \cdot \mathrm{Re}$	
0	96	2-D duct
0.05	89.81	
0.1	84.68	
0.125	82.34	
0.167	78.81	
0.25	72.93	
0.4	65.47	
0.5	62.19	
0.75	57.89	
1	56.91	square

직사각형 덕트에서 난류 유동

직사각형 덕트를 통한 난류 유동에 대해서는 속도에 대한 식을 표현할 수 없고 층류 경우에 적용했던 것과 같은 방법으로 해석 과정을 진행할 수 없다. 그러나 Moody 선도를 사용할 수 있다는 것이 경험적으로 알려져 있다. 유일한 제한조건은 특성 차원이 수력 지름이라는 점이다.

$$D_h = \frac{4A}{P} = \frac{2hw}{h+w} \tag{3.37}$$

특성 차원은 Reynolds 수 $\mathrm{Re} = VD_h/\nu$와 상대조도 ε/D_h에 관한 식에 대입된다.

예제 3.13 공기가 길이 30 m인 수평 갱도로 흐른다. 덕트는 직사각형(3 m × 1.5 m)이며 점토로 이루어져 있다. 신선한 공기가 갱도로 속도 6.1 m/s로 흐른다고 할 때 압력 강하를 구하시오.

풀이

공기는 압축성 유체이다. 하지만 압축성 효과는 초당 수백 미터보다 작은 속도에서는 무시할 만하다. 그래서 주어진 속도에서 공기가 비압축성인 것처럼 문제를 모델링할 수 있다. 특성 표로부터 다음과 같은 특성을 얻을 수 있다.

공기 $\rho = 1.17\ \text{kg/m}^3$ $\mu = 18 \times 10^{-6}\ \text{N·s/m}^2$ [부록 표 C.1]

점토 $\varepsilon = \dfrac{0.03 + 0.3}{2}\ \text{cm} = 0.165\ \text{cm} = 0.001\ 65\ \text{m}$ (평균값) [표 3.1]

직사각형 덕트에 대해서

$$A = hw = 3(1.5) = 4.5\ \text{m}^2$$

$$D_h = \frac{2hw}{h + w} = \frac{2(3)(1.5)}{3 + 1.5} = 2\,\text{m}$$

유속은 다음과 같다.

$$V = 6.1\ \text{m/s}$$

덕트의 길이에 대해 적용된 연속 방정식은

$$Q = A_1V_1 = A_2V_2$$

$A_1 = A_2$이므로 $V_1 = V_2$이다. 이 시스템에 적용되는 Bernoulli 식은

$$\frac{p_1}{\rho g} + \frac{V_1^2}{2g} + z_1 = \frac{p_2}{\rho g} + \frac{V_2^2}{2g} + z_2 + \frac{fL}{D_h}\frac{V^2}{2g}$$

$V_1 = V_2$이고 $z_1 = z_2$이므로 앞의 식은 다음과 같이 정리된다.

$$\frac{(p_1 - p_2)}{\rho g} = \frac{fL}{D_h}\frac{V^2}{2g} \qquad \textbf{(i)}$$

결정해야 할 마찰 계수 f를 제외한 모든 변수는 알려져 있다. Reynolds 수는

$$\mathrm{Re} = \frac{\rho V D_h}{\mu} = \frac{1.17(6.1)(2)}{18 \times 10^{-6}}$$

또는

$$\left.\begin{aligned} \mathrm{Re} &= 7.93 \times 10^5 \\ \frac{\varepsilon}{D_h} &= \frac{0.001\,65}{2} = 0.000\,83 \end{aligned}\right\} \quad f = 0.019 \quad (\text{그림 } 3.3)$$

식 (i)의 우변에 대입하면

$$\frac{(p_1 - p_2)}{\rho g} = \frac{0.019(30)}{2} \frac{(6.1)^2}{2(9.81)} = 0.545 \text{ m} \qquad \textbf{(ii)}$$

압력 강하는

$$p_1 - p_2 = 1.17(9.81)(0.545)$$

$$\underline{p_1 - p_2 = 6.2 \text{ N/m}^2 = 6.2 \text{ Pa}}$$

문제는 압력 강하를 요구한다. 그러나 공기 유동을 다룰 때는 압력 손실을 물의 수두 손실로 나타내는 것이 관례적이다.

$$\Delta h_{H_2O} = \frac{(p_1 - p_2)}{\rho_{H_2O} g} = \frac{6.2}{1\,000(9.81)}$$

$$\Delta h_{H_2O} = 0.000\,64 \text{ m of } H_2O = 0.64 \text{ mm of } H_2O$$

다양한 단면(Miscellaneous Cross Sections)

표 3.5는 다양한 단면에서 Newtonian 유체의 층류 유동에 대한 마찰 계수와 Reynolds 수의 곱을 보여준다. 부채꼴, 원호형 단면, 이등변 삼각형, 그리고 정삼각형이 나타나 있다. 마찰 계수와 Reynolds 수의 곱은 단면 형상(특히 각도 또는 반각과 관련된 선형 차원)의 함수이다. 단면의 수력 지름을 계산할 때 유용한 면적과 둘레에 대한 수식도 주어진다.

표 3.5 다양한 비원형 단면적을 통과하는 층류 유동에 대한 마찰 계수-Reynolds 수 곱

Isosceles Triangle

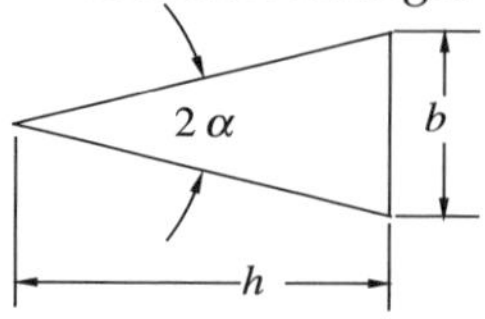

$A = bh/2$
$P = \tan^{-1}(b/2h)$

Right Triangle

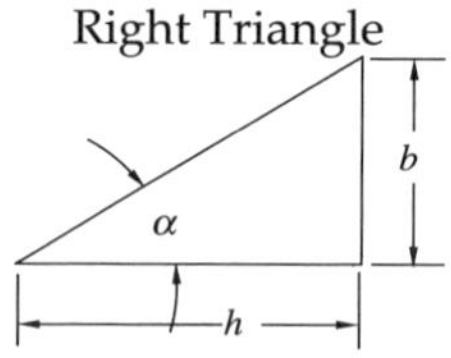

$A = bh/2$
$P = b + h + (b + h)^{1/2}$

α	Isosceles Triangle $f \cdot \mathrm{Re}$	Right Triangle $f \cdot \mathrm{Re}$
0	48.0	48.0
10	51.6	49.9
20	52.9	51.2
30	53.3	52.0
40	52.9	52.4
50	52.0	52.4
60	51.1	52.0
70	49.5	51.2
80	48.3	49.9
90	48.0	48.0

Circular Segment

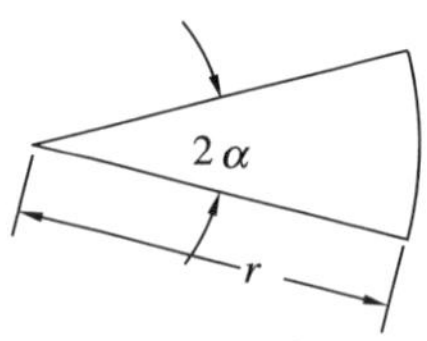

$A = \alpha r^2$
$P = 2r(1 + \alpha)$

α	$f \cdot \mathrm{Re}$
0	62.2
10	62.2
20	62.3
30	62.4
40	62.5
60	62.8
90	63.1
120	63.3
150	63.7
180	64.0

Circular Sector

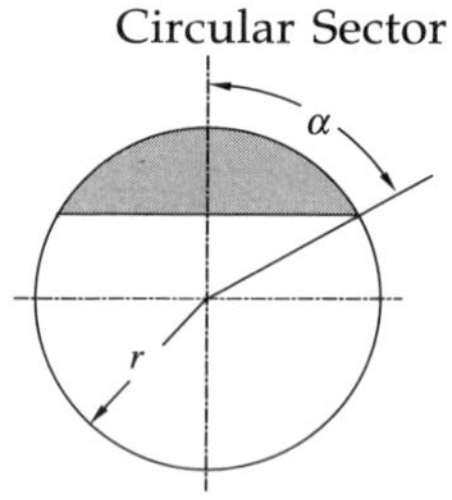

$A = r^2(\alpha - \sin\alpha\cos\alpha)$
$P = 2r(\alpha + \sin\alpha)$

α	$f \cdot \mathrm{Re}$
0	48.0
10	51.8
20	54.5
30	56.7
40	58.4
50	59.7
60	60.8
70	61.7
80	62.5
90	63.1

이러한 비원형 단면을 통한 난류 유동에 대해서는 Moody 선도가 마찰 계수에 대한 타당한 추정치를 얻기 위해서 사용된다. 이 방법에서는 Reynolds 수 $\mathrm{Re} = \rho V D_h/\mu$와 상대 조

도 ε/D_h에서 수력 지름을 특성 차원으로 사용하는 것이 요구된다. 주어진 Reynolds 수와 상대 조도에서 Moody 선도 또는 곡선접합식이 마찰 계수를 구하기 위해 사용될 수 있다.

핀이 부착된 환형(The Finned Annulus)

그림 3.16은 핀이 부착된 환형의 단면을 보여준다. 이러한 형태의 덕트는, 한 유체는 배관의 중심을 따라 흐르고 온도가 다른 유체는 핀 사이의 환형 단면을 통해 흐르는 열교환기에 사용될 수 있다. 핀은 두 유체 사이에 아주 넓은 표면적을 제공하고 핀이 없는 시스템과 비교하여 열전달 특성을 향상시킬 수 있다

핀이 있는 환형의 각각의 공간은 부채꼴(표 3.5)과 형상이 유사하다. 이것은 그림 3.16에도 도시되어 있다.

핀이 있는 환형에서 층류 유동은 성공적으로 모델링되었다. 층류 유동의 속도 구배, 체적유량, 그리고 마찰 계수에 대한 식을 얻을 수 있다. 마찰 계수에 대한 해는 무한급수 형태로 표현되지만 그 유도과정은 이 책의 범위를 넘어선다. 하지만 식에 대한 그래프는 그림 3.17에 나타나 있다. 수평축은 0.25에서 0.95 사이의 범위를 가지는 r_1/r_2이다. 수직축은 13에서 96까지의 f Re이다. 그래프에서 선들은 다양한 각도 θ_0에 대한 것이다. 많은 다른 핀이 있는 환형들에 대한 층류 유동에서 마찰 계수를 이 그래프에서 확인할 수 있다.

다른 비원형 단면과 마찬가지로 핀이 부착된 환형을 통한 난류 유동에 대해서도 Reynolds 수 $\mathrm{Re} = \rho V D_h/\mu$와 상대 조도 ε/D_h 식에서 수력 지름을 특성 차원으로 사용한다면 Moody 선도를 마찰 계수에 대한 타당한 예측치를 얻기 위해 사용할 수 있다.

3.8 요약

이 장에서 배관과 관의 표준에 대해 살펴보았고, 현재 적용되고 있는 사양에 대해 논하였다. 비원형 단면을 나타내기 위한 세 가지 특성 차원을 언급하였다. 원형과 다양한 비원형 단면에 대해서 속도, 유량, Reynolds 수, 그리고 마찰 계수에 관한 식이 소개되었다. Moody 선도에 대해 논하였고, 이 선도의 두 가지 수정된 형태가 소개되었다. 예제 문제가 이러한 선도들의 활용을 보여주기 위해서 주어졌다. 부손실과 이러한 부손실을 고려하기 위해 추천되는 해석 과정이 소개되었다. 또한 직렬 배관계를 정의하고 이에 대해 논하였다.

표 3.3 밸브 선정 지침(출처 "Selecting the proper valve—Parts 1 and 2" J. L. Lyons and C. Askland, Design News, December 1974, p. 56)

Valve Type	Applications	Advantages	Disadvantages
Ball Valve Ported sphere within housing Rotation of sphere by 90° changes from fully open to fully closed Variety of sizes	Flow control Pressure control Shutoff Can be used at high pressures and temperatures Fluids: common, corrosive, cryogenic, viscous and slurries	Low pressure drop Low leakage rate Small size/weight ratio Rapid opening Insensitive to contamination	Seats of ball subject to wear if used as throttle Fluid trapped in ball when closed Quick opening may cause surges or water hammer
Butterfly Valve Disc within housing Disc rotates about a shaft Disc closes against ring seal	Low pressure systems Leakage unimportant Large diameter lines Fluids: common	Low pressure drop Light weight Small face-to-face dimension	Leakage fairly high Seals often damaged by high velocity Require high actuation forces Limited to low pressure systems
Gate Valve Sliding disc or gate Moves perpendicular to flow Not used as a throttle High temperature High pressures	Stop valves—fully open or fully closed Tight seal when fully closed Insensitive to contamination Fluids: common	Low pressure drop when fully open	Prone to vibration Subject to disc and seat wear Slow response characteristics Require high actuation forces Not suited for steam
Globe Valve Closure member travels in direction perpendicular to flow	Throttling purposes Power & process piping General purpose control Fluids: common	Faster to open than gate valve Seating surface less subject to wear Pressure control	High pressure drop Require considerable power to operate Often heavier than other valves
Poppet Valve Closure member moves parallel to fluid flow and perpendicular to sealing surface Closure element can be flat, conical, or spherical	Safety & relief functions Pressure control Check valve Fluids: common	Excellent leakage control Low pressure drop	Subject to pressure imbalances that may cause chattering Some seat surfaces subject to contamination
Swing Valve Similar to butterfly valves Disc hinged at one end	Check valve Unidirectional flow control	Low pressure drop Lightweight Low cost	May have high leakage Seal may erode Introduces turbulence at low flow rates

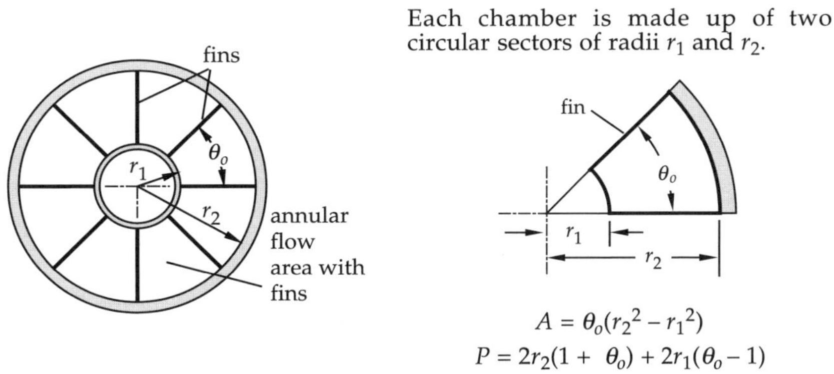

그림 3.16 핀이 있는 환형 단면적에 대한 정의도

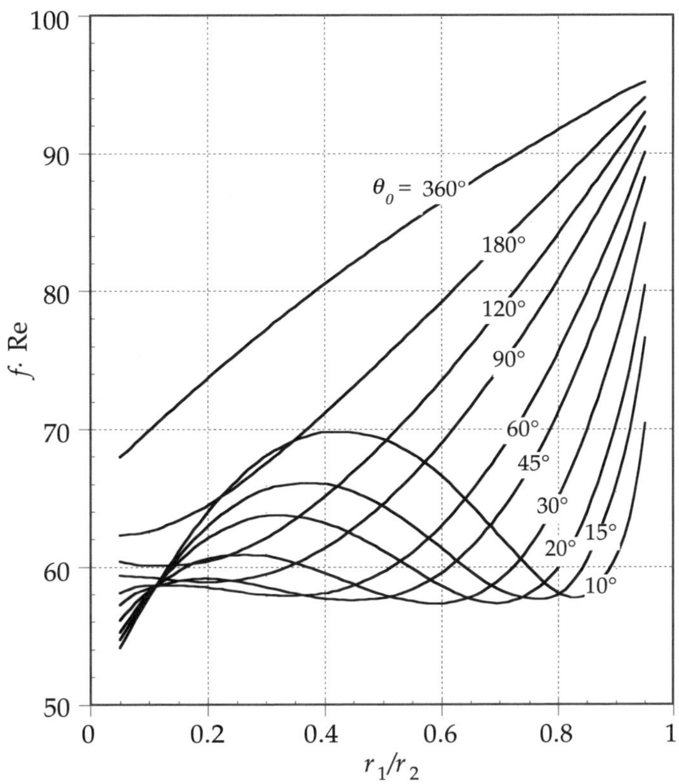

그림 3.17 핀이 있는 환형로를 흐르는 층류 유동에 대한 마찰 계수-Reynolds 수의 곱 (출처 "Laminar flow and pressure drop in internally finned annular ducts," E. M. Sparrow, et al. Int J Heat Mass Transfer, vol. 7, no. 5, May 1964, pp. 583–585)

3.9 | 보이고 말하기

1. (도구 및 장비의 이용 가능 여부에 따라서) 다음을 설명하기 위한 재현을 준비하라.
   a. 배관 나사선의 테이퍼
   b. "배관 도핑" 또는 이음새를 배관에 연결하기 전의 테이프의 사용
   c. 핸드 다이 또는 기계를 사용한 배관의 절단과 나사깍기
2. (도구 및 장비의 이용 가능 여부에 따라서) 다음을 설명하기 위한 재현을 준비하라.
   a. 관 끝을 플레어하기 위한 플레어 도구의 사용
   b. 관을 플레어된 끝단 이음새에 부착
   c. 압축 이음새의 설치
   d. 관 조인트의 스웨팅
3. 다른 종류의 벨(bell) 스피곳(spigot) 배관을 설명하기 위한 재현을 준비하여라. 어떻게 조인트가 실(seal)을 사용하여 만들어지는지 보여라.
4. Victaulic 배관 연결 시스템에 대한 프레젠테이션을 준비하라.
5. 강(steel)과 스테인리스 강(stainless steel)의 일반적인 배관 크기 사이의 차이에 대한 프레젠테이션을 준비하라.
6. 교강사가 정하는 것과 이용 가능성 여부에 따라서, 이 장에서 언급된 밸브들이 어떻게 작동하는지 설명하기 위한 재현을 준비하여라.

3.10 | Problems

Laminar and Turbulent Flows

1. Methyl alcohol flows in a 2-nominal schedule 40 pipe @ 3.785×10^{-4} m^3/s. Is the flow laminar or turbulent?
2. Propane flows through 4 standard type M copper tubing @ 0.015 m^3/s. Is the flow laminar or turbulent?
3. Turpentine flows through a 12-nominal schedule 40 pipe. What is the flow rate that corresponds to a Reynolds number of 2000?
4. Air at standard conditions flows through a 2 standard type M copper tube. What is the maximum velocity allowable for laminar flow conditions to exist? (At standard conditions, air can be treated as incompressible.)

5. Air flows through an 2 standard type M copper tube at the rate of 0.0472 m^3/s. Is the flow laminar or turbulent?

Pressure Drop Unknown; No Minor Losses

6. Acetone flows at a volume flow rate of 3.15×10^{-3} m^3/s through a 2 nominal schedule 40 commercial steel pipe. The pipe is laid out horizontally and is 15.25 m long. Caclulate the pressure drop.

7. A 4 nominal schedule 80 asphalt coated cast iron pipe conveys benzene at a rate of 0.01 m^3/s. The pipe is laid out horizontally and is 60 m long. Calculate the pressure drop.

8. Carbon disulfide flows through a 1 standard type K tube at a rate of 10^{-3} m^3/s. The pipe is laid out horizontally and is 300 m long. Calculate the pressure drop of the carbon disulfide.

9. Castor Oil flows at a rate of 0.0315 m^3/s through a 6 nominal schedule 40 galvanized steel pipe. The pipe is laid out horizontally and is 7.62 m long. Calculate the pressure drop.

10. A $2^1/_2$ nominal schedule 40 commercial steel pipe conveys ether at a flow rate of 0.006 m^3/s. The pipe is laid out horizontally and is 50 m long. Calculate the pressure drop.

11. A $^1/_8$ nominal schedule 40 wrought iron pipe conveys ethylene glycol at a rate of 1×10^{-4} m^3/s. The pipe is laid out horizontally and is 30 m long. Calculate the pressure drop.

12. A 10 nominal schedule 40 PVC pipe conveys heptane at a rate of 0.1 m^3/s. The pipe is laid out horizontally and is 75 m long. Calculate the pressure drop.

13. Hexane flows at 1.25×10^{-4} m^3/s through a 1/4 standard type K copper tube. The tube is laid out horizontally and is 135 m long. Calculate the pressure drop.

14. A 16 nominal schedule 160 commercial steel pipe conveys methyl alcohol at 0.15 m^3/s. The pipe is laid out horizontally and is 50 m long. Calculate the pressure drop.

15. A 4 standard type L copper tube conveys propyl alcohol at 0.015 m^3/s. The pipe is laid out horizontally. It is 60 m long. Calculate the pressure drop.

16. Kerosene flows at a rate of 5×10^{-4} m^3/s through a 3/4 standard type K copper tube. The tube is laid out horizontally and is 425 m long. Calculate the pressure drop.

17. Octane flows at a rate of 3.15×10^{-4} m^3/s through a 1/2 standard type K copper

tube. The tube is laid out horizontally and is 58 m long. Calculate the pressure drop.

18. Propylene flows at 0.0158 m^3/s through a 4 nominal schedule 40 commercial steel pipe. The pipe is laid out horizontally and is 123 m long. Calculate the pressure drop.

19. Turpentine flows at 0.045 m^3/s through an 8 nominal schedule 80 wrought iron pipe. Calculate the pressure drop if the pipe is laid out horizontally and is 46 m long.

20. A 2 nominal schedule 40 PVC pipe conveys hydraulic oil at a rate of 0.003 m^3/s. The pipe is laid out horizontally and is 10 m long. Calculate the pressure drop of the oil. (Hydraulic oil properties: $\rho = 888$ kg/m^3, $\mu = 0.799 \times 10^{-3}$ N·s/m^2.)

Volume Flow Rate Unknown; No Minor Losses

21. A garden hose is used to siphon water as shown in Figure P3.21. The hose is made of a rubber material ("smooth") and is 15.25 m long. For the configuration shown, determine the volume flow rate through the hose if (a) frictional effects are neglected; and (b) if friction is accounted for. The inside diameter of the hose is 15.88 mm. Neglect minor losses.

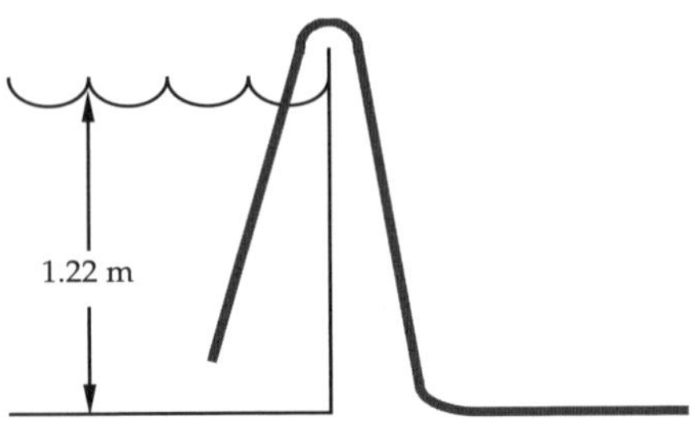

FIGURE P3.21.

22. A 6 nominal schedule 40 galvanized steel pipe is 7.62 m long. It is to convey castor oil. The available pump can provide a pressure drop of 11.3 kPa. Determine the expected flow rate of castor oil in the pipe.

23. A 1/4 standard type K copper tube is 137.2 m long. It is to convey hexane. The available pump can provide a pressure drop of 917 kPa. Determine the expected flow rate of hexane.

24. A 2 standard type K copper tube is 4.57 m long, and is to convey linseed oil. The pressure drop is measured at 7.24 kPa. Determine the expected flow rate of linseed oil in the pipe.

25. Kerosene flows through 3/4 standard type K drawn copper tube. The pressure drop measured at two points 50 m apart is 130 kPa. Determine the flow rate of the kerosene.

26. A 2 nominal schedule 40 PVC pipe is 22.86 m long. It is to convey water. The available pump can provide a pressure drop of 12.7 kPa. Determine the expected flow rate of water in the pipe.

27. A 4 standard type L copper tube is 61 m long. It is to convey propyl alcohol. The available pump can provide a pressure drop of 19.52 kPa. Determine the expected flow rate of propyl alcohol.

28. A 4 nominal schedule 40 commercial steel pipe is 123.5 m long. It is to convey propylene, at a corresponding a pressure drop of 19.3 kPa. Determine the expected flow rate of propylene in the pipe.

29. A 3 nominal schedule 160 galvanized steel pipe is 33.5 m long, and conveys propylene glycol, with a pressure drop of 37 kPa. Determine the expected flow rate of propylene glycol in the pipe.

30. An 8 nominal schedule 80 wrought iron pipe is 45.7 m long. It is to convey turpentine. The available pump can provide a pressure drop of 4.1 kPa. Determine the expected flow rate of turpentine in the pipe.

Diameter Unknown; No Minor Losses

31. A fuel line is to convey octane over a distance of 10.7 m. The required flow rate is 8.5×10^{-3} m^3/s and the allowable pressure drop is 75 kPa. Select an appropriate line size if drawn copper is used.

32. Linseed oil is to be pumped at a flow rate of 7.6×10^{-4} m^3/s over a distance of 18 m. The allowable pressure drop is 103.4 kPa. Centrifugally spun cast iron is to be used as a pipe material. Determine the appropriate line size.

33. A fuel line is to convey 0.08 m^3/s of propane with an allowable pressure drop of 89.26 kPa over a 10 m length. Select a suitable diameter if drawn copper tubing is to be used.

34. A galvanized steel pipe conveys methyl alcohol at a rate of 0.05 m^3/s a distance of 4 000 m. The available pump can overcome a pressure drop of 300 kPa. Select a suitable pipe size for the installation, assuming that either a shedule 40 or a schedule 80 size is to be used.

35. Acetone flows through a 20 m long pipe at a flow rate of 6.31×10^{-4} m^3/s. The pipe is made of commercial steel and should be a schedule 40 size. The pressure drop is

11.97 kPa. Select a suitable schedule 40 size for the installation.

Miscellaneous Problems with Minor Losses

36. Propyl alcohol flows at 0.000 5 m^3/s through the piping system of Figure P3.29. The system is made of 1/2-nominal schedule 40 commercial steel. Determine the pressure drop from section 1 to section 2, if the pipe length is 15 m, and the exit is 1 m lower than the inlet. All fittings are regular and threaded.

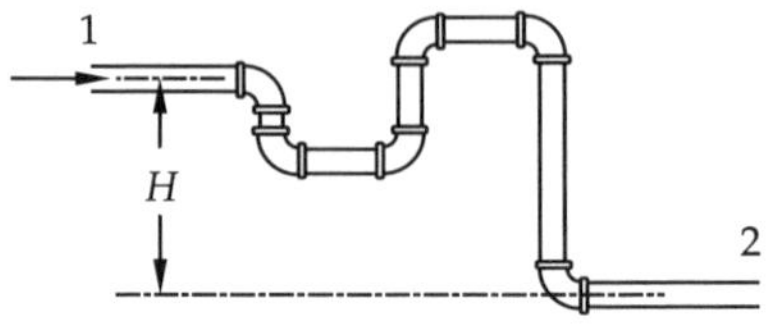

FIGURE P3.36.

37. A pressurized tank and piping system are shown in Figure P3.37. The tank pressure is maintained at 175 kPa. The line is made of 12 m of 1 std type M copper tubing and it conveys gasoline (octane). What is the expected flow rate through the line? All fittings are soldered (same as flanged) and regular.

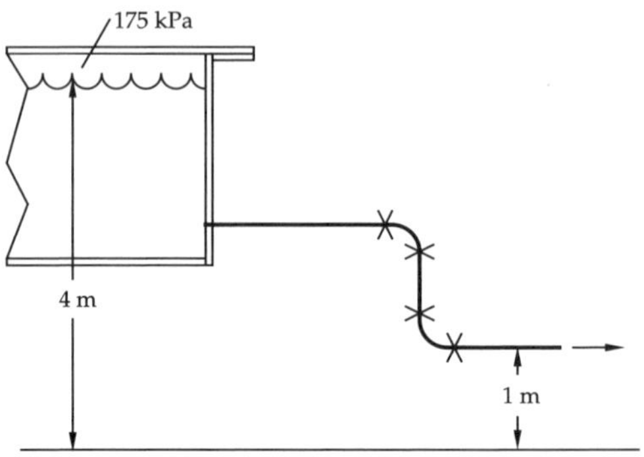

FIGURE P3.37.

38. Castor oil flows through the piping system of Figure P3.38. The pipe is made of 6-nominal schedule 40 galvanized steel. All fittings are flanged and are of the long radius type. Calculate the flow rate of liquid through the pipe if it is 76.2 m long.

39. Suppose the receiver tank and discharge end of the pipe in Problem 38 are changed to the configuration shown in Figure P3.39. Rework the problem with this new setup and compare the following details between the two problems (noting of course the differences in control volume selection):

a. continuity equation

b. modified Bernoulli equation after simplification and before substitution of numbers

c. minor losses

d. Reynolds numbers and friction factors

e. solution

Assume that the pipe is 1.52 m longer in this problem than in Problem 3.38.

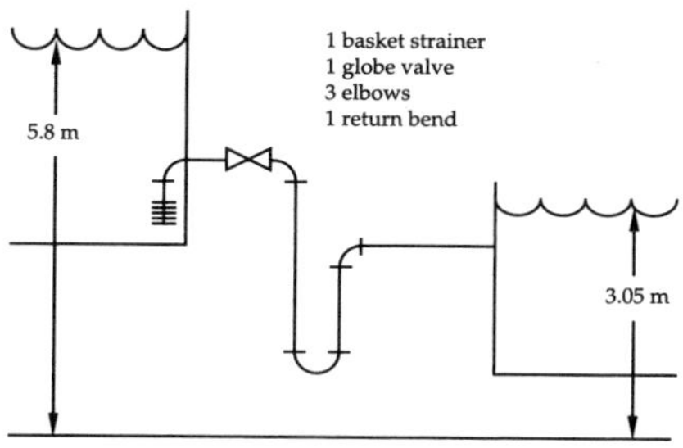

FIGURE P3.38.

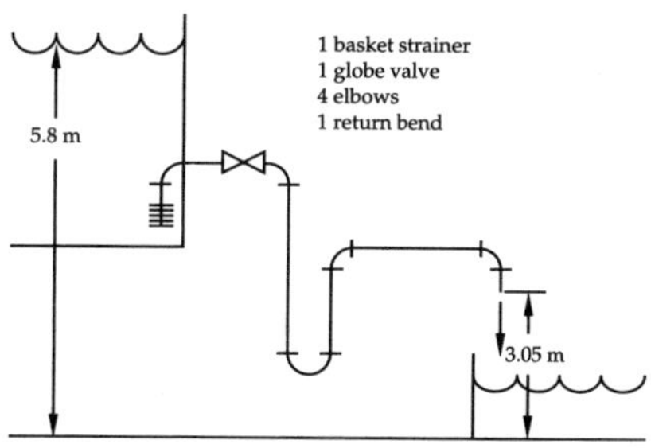

FIGURE P3.39.

40. The tubing arrangement of a cross-flow heat exchanger is given schematically in Figure P3.40. It consists of type M drawn copper tubing with fins attached. There are 2 elbows and 7 return bends, all regular. The tube is to convey 4×10^{-4} m^3/s of propylene glycol. The allowable pressure drop in the system (inlet to outlet) is 85 kPa, and the tube length is 10 m. Select a suitable line diameter. All fittings are regular and soldered (same minor loss as flanged).

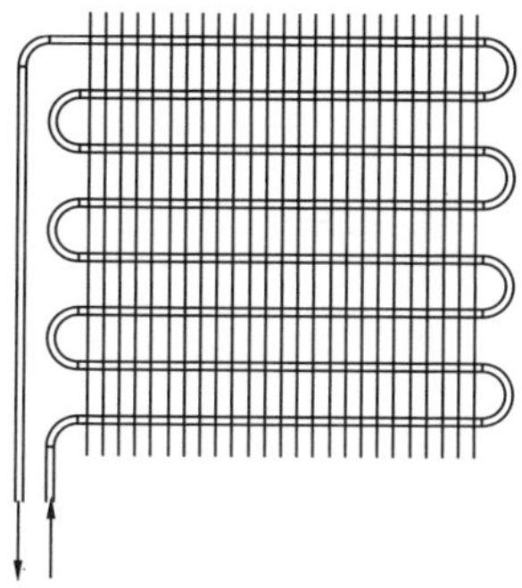

FIGURE P3.40.

41. A commercial steel pipeline is 61 m long and is to convey 0.0252 m^3/s of water. The system will contain three couplings and eight-90° elbows. The flow will be controlled by a gate valve. The inlet is fed by a pump, and the pressure there is 862 kPa (abs.). The outlet height is exactly the same height as the inlet, and water is discharged to the atmosphere. Select a suitable line size. It is desirable to use threaded fittings if the diameter is 2-nominal or smaller and flanged fittings if the diameter is larger than 2-nominal. All fittings are to be regular. Schedule 40 is preferable.

42. A piping system is used to drain a tank as indicated in Figure P3.42. Water enters the tank while it is being drained so that the liquid level remains at a constant depth of 2 m (= d) above the outlet at tank bottom. The piping system is made of PVC and contains a square-edged inlet, five elbows (regular, flanged), and one ball-type check valve. The water is discharged to the atmosphere such that $H = 3$ m. The volume flow rate through the system is 0.005 m^3/s. If the total length of PVC pipe is 25 m, select a suitable line size using a schedule 40 pipe with glued fittings.

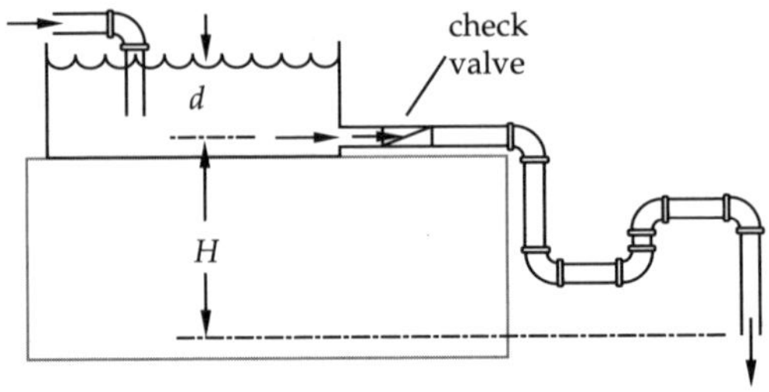

FIGURE P3.42.

Pipes in Series

43. A piping system is shown in Figure P3.43. It consists of 6 m of 6-std type K and 12 m of 4-std type K, both drawn copper tubing. The system conveys ethylene glycol at a rate of 0.013 m^3/s. The pressure drop from section 1 to section 2 is to be calculated. All fittings are soldered (same minor loss as flanged) and regular.

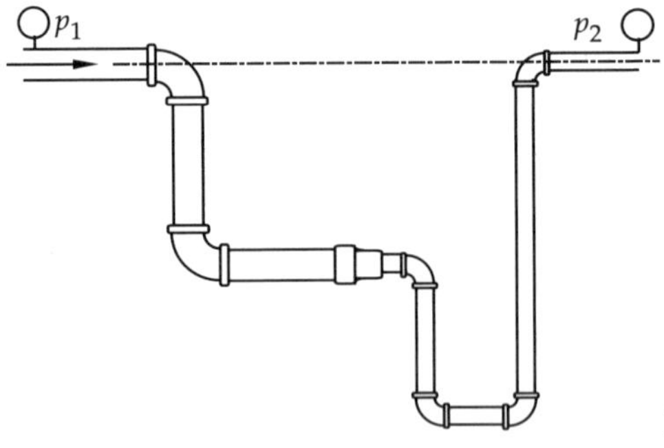

FIGURE P3.43.

44. A series piping system consists of 30.5 m of 2-nominal pipe and 15.25 m of $2^1/2$-nominal pipe, both schedule 40 galvanized steel. The water velocity through the 2-nominal pipe is 1.83 m/s. Calculate the pressure drop through the system for equal inlet and outlet heights.

45. A series piping system conveys methyl alcohol. The system consists of 70 m of 1-nominal pipe followed by 50 m of 2-nominal pipe, both schedule 40 commercial steel. The 1-nominal pipe contains three elbows (regular) and a fully open gate valve, all threaded. The pressure drop through the system is 150 kPa. Determine the volume flow rate for a system that is horizontally laid.

Derivation of Velocity Profiles

46. Refer to Figure P3.46 and derive the equation of velocity for laminar flow in a circular duct by following the steps outlined below

a. Perform a force balance on the control volume in the figure and verify that

$$pA + \tau\, dA_p - (p + dp)A = 0$$

where A is cross sectional area and dA_p is perimeter times axial length.

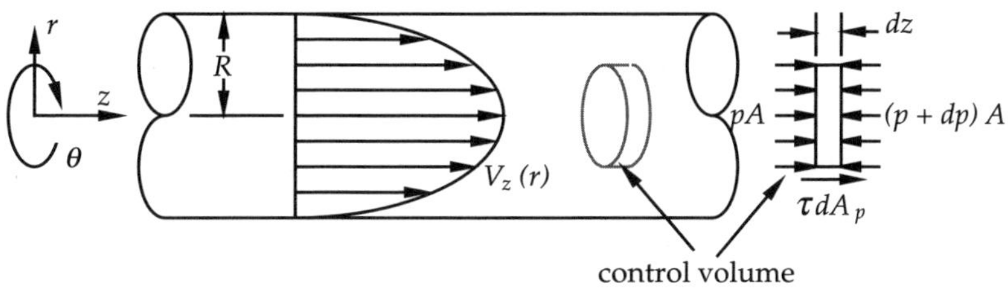

FIGURE P3.46.

b. Substitute $dA_p = 2\pi r dz$ and $A = \pi r^2$ and show that

$$\frac{dp}{dz} = \frac{2\tau}{r}$$

c. Assuming a Newtonian fluid with constant properties, let

$$\tau = \mu \frac{dV_z}{dr}$$

and verify that

$$\frac{dV_z}{dr} = \frac{r}{2\mu}\frac{dp}{dz}$$

d. Verify that the boundary condition $r = R$, $V_z = 0$ is correct. Integrate the equation for dVz/dr above and apply the boundary condition. Show that

$$V_z = \left(-\frac{dp}{dz}\right)\left(\frac{R^2}{4\mu}\right)\left[1-\left(\frac{r}{R}\right)^2\right] \qquad \left(\begin{matrix}\text{laminar flow}\\ \text{circular duct}\end{matrix}\right)$$

47. Start with Equation 3.10 and verify that Equation 3.12 is correct.

48. Combine Equations 3.8a and 3.12 to derive Equation 3.13.

49. Referring to Figure 3.12, derive the equation for velocity for laminar flow in an annulus by following the steps outlined below:

a. The momentum equation applied to the control volume of Figure 3.12 is

$$\Sigma F_z = \iint_{cs} V_z \rho V_n dA$$

Show that this equation becomes

$$pA + (\tau + d\tau)dA_1 - \tau dA_2 - (p + dp)A = 0$$

b. Simplify the preceding equation to obtain

$$(\tau + d\tau)dA_1 - \tau dA_2 - Adp = 0$$

c. The surface areas over which the shear stresses act are evaluated as

$$dA_1 = 2\pi(r + dr)dz \qquad \text{and} \qquad dA_2 = 2\pi r dz$$

The cross sectional area is

$$A = \pi(r + dr)^2 - \pi r^2 = 2\pi r dr$$

Substitute these areas into the momentum equation and show that

$$(\tau + d\tau)\, 2\pi(r + dr)dz - \tau 2\pi r dz - 2\pi r dr\, dp = 0$$

d. Simplify the preceding equation, and neglect the $drd\tau$ term as being small compared to the others. Show that

$$\frac{\tau}{r} + \frac{d\tau}{dr} = \frac{dp}{dz}$$

which becomes

$$\frac{1}{r}\frac{d}{dr}(r\tau) = \frac{dp}{dz}$$

e. For a Newtonian fluid,

$$\tau = \mu \frac{dV_z}{dr}$$

Combine with the preceding equation to get

$$\frac{d}{dr}\left(r\frac{dV_z}{dr}\right) = \frac{r}{\mu}\frac{dp}{dz} \qquad \text{(i)}$$

f. Verify that the boundary conditions are

1. $r = OD_p/2,\ V_z = 0$
2. $r = ID_a/2,\ V_z = 0$

The boundary conditions can be expressed in a slightly different and ultimately more convenient way. Define

$$R = ID_a/2 \qquad \text{and} \qquad \kappa = \frac{OD_p/2}{ID_a/2} = \frac{OD_p}{ID_a}$$

Show that the boundary conditions can now be written as

1. $r = R,\ V_z = 0$
2. $r = \kappa R,\ V_z = 0$

g. Integrate Equation i and apply the boundary conditions; show that the velocity profile is

$$V_z = \left(-\frac{dp}{dz}\right)\left(\frac{R^2}{4\mu}\right)\left[1 - \left(\frac{r}{R}\right)^2 - \frac{1-\kappa^2}{ln(\kappa)}\ ln\frac{r}{R}\right] \quad \left(\begin{matrix}\text{laminar flow}\\ \text{annular duct}\end{matrix}\right)$$

50. a. The volume flow rate for flow through an annulus is found by integrating the velocity profile over the cross section:

$$Q = \int_0^{2\pi} \int_{\kappa R}^{R} V_z \, r dr d\theta$$

b. Substitute the velocity profile for laminar flow through an annulus, namely,

$$V_z = \left(-\frac{dp}{dz}\right)\left(\frac{R^2}{4\mu}\right)\left[1 - \left(\frac{r}{R}\right)^2 - \frac{1-\kappa^2}{ln(\kappa)} ln\frac{r}{R}\right] \quad \left(\begin{array}{c}\text{laminar flow}\\ \text{annular duct}\end{array}\right)$$

into the volume flow rate equation and integrate. Show that

$$Q = \left(-\frac{dp}{dz}\right)\left(\frac{\pi R^4(1-\kappa^2)}{8\mu}\right)\left(1 + \kappa^2 + \frac{1-\kappa^2}{ln(\kappa)}\right)$$

c. With the average velocity found with

$$V = \frac{Q}{A}$$

show that

$$V = \left(-\frac{dp}{dz}\right)\left(\frac{R^2}{8\mu}\right)\left(1 + \kappa^2 + \frac{1-\kappa^2}{ln(\kappa)}\right)$$

51. The hydraulic diameter for an annular flow section is

$$D_h = ID_a - OD_p$$

In terms of the ratio of diameters, we define

$$\kappa = \frac{OD_p/2}{ID_a/2} = \frac{OD_p}{ID_a}$$

Equation 3.8a relates the pressure drop to the friction factor:

$$dp = -\frac{\rho V^2}{2}\frac{f dz}{D_h}$$

The velocity profile for laminar flow in an annulus is given by

$$V = \left(-\frac{dp}{dz}\right)\left(\frac{R^2}{8\mu}\right)\left(1 + \kappa^2 + \frac{1-\kappa^2}{ln(\kappa)}\right)$$

Combine the preceding equations and show that:

$$\frac{1}{f} = \frac{\text{Re}}{64}\left(\frac{1+\kappa^2}{(1-\kappa)^2} + \frac{1+\kappa}{(1-\kappa)ln(\kappa)}\right)$$

where

$$\text{Re} = \frac{VD}{\nu} = \frac{2RV(1-\kappa)}{\nu}$$

52. Flow through a rectangular duct is illustrated in Figure 3.13. The cross section is assumed to be very wide compared to its height. Flow is in the z-direction and the control volume we are working with does not extend to the wall surfaces. The momentum equation applied to the control volume is

$$\Sigma F_z = \iint_{\text{cs}} V_z \rho V_n dA$$

a. Considering forces due to pressure and friction only, show that the above equation when applied to Figure 3.13 becomes

$$pA + \tau P dz - (p + dp)A = 0$$

b. For a rectangular duct, the area and perimeter are

$$A = 2xy$$
$$P = 2y + x + 2y + x = 2x + 4y$$

The x dimension ($\sim w$) is much larger than the y dimension ($\sim 2h$) of the duct. The perimeter term can therefore be reduced to

$$P \approx 2x$$

Show that the momentum equation reduces to

$$\frac{dp}{dz} = \frac{\tau}{y}$$

c. For a Newtonian fluid, $\tau = \mu dV_z/dy$. Combine with the preceding equation and rearrange to obtain

$$\frac{dV_z}{dy} = \frac{y}{\mu}\frac{dp}{dz}$$

d. Verify that the boundary conditions are

1. $y = \pm h/2 \qquad V_z = 0$
2. $y = 0 \qquad \dfrac{\partial V_z}{\partial y} = 0$

e. Integrate the momentum equation and apply the boundary conditions to show that

$$V_z = \left(-\frac{dp}{dz}\right)\left(\frac{h^2}{2\mu}\right)\left(\frac{1}{4} - \frac{y^2}{h^2}\right) \quad \left(\begin{array}{c}\text{laminar flow}\\ \text{2-D rectangular duct}\end{array}\right)$$

53. The volume flow rate for laminar flow through a two-dimensional duct is found by integrating the velocity V_z over the cross-sectional area

$$Q = \int_0^w \int_{-h/2}^{+h/2} \left(-\frac{dp}{dz}\right)\left(\frac{h^2}{2\mu}\right)\left(\frac{1}{4} - \frac{y^2}{h^2}\right) dy dx$$

Show that

$$Q = \frac{h^3 w}{12\mu}\left(-\frac{dp}{dz}\right)$$

54. The average velocity for laminar flow through a two-dimensional rectangular duct is found as

$$V = \frac{Q}{A} = \frac{h^2}{12\mu}\left(-\frac{dp}{dz}\right)$$

Equation 3.8a relates the pressure loss to the average velocity in a duct for any cross section

$$dp = -\frac{\rho V^2}{2}\frac{fdz}{D_h}$$

Also, for a two-dimensional duct, the hydraulic diameter is

$$D_h = \frac{4A}{P} = \frac{4hw}{2h + 2w} \approx \frac{4hw}{2w} = 2h$$

Combine the preceding equations and show that the friction factor is

$$f = \frac{96}{\text{Re}}$$

where

$$\text{Re} = \frac{\rho V(2h)}{\mu}$$

Hydraulic Diameter, Hydraulic Radius, Effective Diameter

55. Determine the hydraulic radius of a two-dimensional rectangular duct in which the width is much greater than the height ($w >> h$).

56. Determine the effective diameter of a two-dimensional rectangular duct in which the width is much greater than the height ($w >> h$).

57. A rectangular duct has dimensions of $h \times w$. The height h is 40 mm. Determine the width w if the hydraulic and effective diameters are equal, if possible.

58. An annular duct consists of two tubes. The inner tube is 2 std and the outer tube is 4 std, both type K. Calculate the hydraulic radius, hydraulic diameter, and effective diameter of the flow passage.

59. A flow passage is bounded by the outside area of a 1 std type L copper tube and the inside of a 152.4 mm × 102 mm square duct. Calculate the hydraulic radius, hydraulic diameter, and effective diameter of the flow passage.

60. Figure P3.60 shows a cross section of a shell and tube heat exchanger. The outer tube is 8-std type K copper tubing. Inside are four smaller tubes, each made of 1 std also type K copper tubing. Determine the hydraulic radius, the effective diameter and the hydraulic diameter of the flow area, which is bounded by the ID of the 8-std tube and the OD of the 1 std tubes.

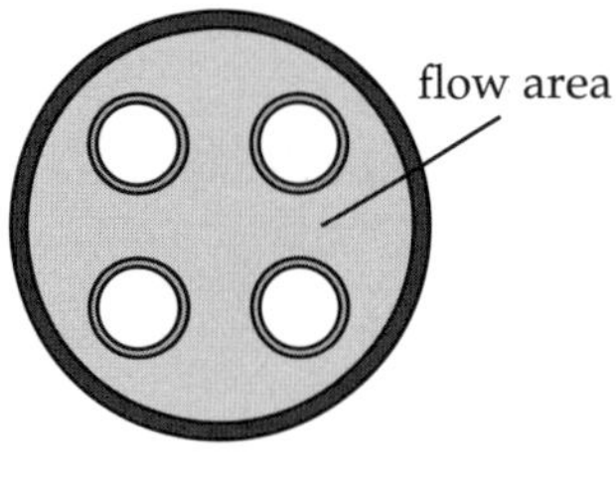

FIGURE P3.60.

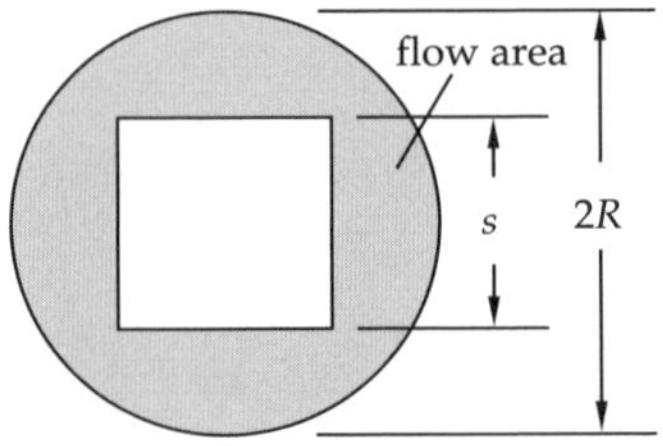

FIGURE P3.61.

61. The cross section of a flow conduit is bounded on the exterior by a circular tube of inside radius R, and the outside surface of a square of side s (See Figure P3.61). For this cross section and for the special case where $R = s$, what is the
   a. hydraulic radius?
   b. the effective diameter?
   c. the hydraulic diameter?

62. A circular segment has a half angle α of 40° and a radius of 152.4 mm. What is the hydraulic diameter of the cross section?

63. A duct in the shape of a circular segment has a half angle α of 20° and a radius of 100 mm. A duct in the shape of an isosceles triangle has a half angle also of 20°. If it has the same hydraulic diameter as the circular segment, what must its height h be?

64. A circular sector has an angle α of 45° and a radius of 1.22 m. Determine its hydraulic diameter.

65. A duct with the shape of a right triangle has an angle α of 50° and a height h of 1 m. Determine its effective and hydraulic diameters.

66. A flow passage is bounded by the outside area of a 1-std type L copper tube and the inside of a 102 mm × 102 mm square duct. Calculate the hydraulic radius, hydraulic diameter, and effective diameter of the flow passage.

67. A duct with the shape of a right triangle has an angle α of 50° and a height h of 1 m. Determine its hydraulic diameter.

Noncircular Cross Sections—Miscellaneous Problems

68. An annular flow passage is 25 m long and is formed by placing a 2-nominal pipe

within a 4-nominal pipe (both schedule 40 and made of uncoated cast iron). The flow passage is to convey 0.0085 m^3/s of carbon disulfide. Calculate the pressure drop over the 5 m length.

69. An annular flow area is formed by 3-std type M copper tube and 1-std type L copper tube, both 1.83 m long. Glycerine is pumped through the annulus. Attached pressure gages show that the pressure drop is 20.7 kPa. Determine the volume flow rate of glycerine.

70. As part of a heat exchanger, an annulus is to convey ethyl alcohol at a flow rate of 0.01 m^3/s. The inner tube is 3/4 std type M copper tubing and the size of the outer tube is to be determined. The available pump can overcome a pressure drop of 34.5 kPa, and the annular flow passage is 2.44 m long. Select a suitable outer tube size.

71. An asphalt-coated, 6-m long rectangular duct has internal dimensions of 0.5 m × 1.5 m. It conveys air at a flow rate of 1.5 m3/s. Calculate the pressure drop.

72. A portion of the railway that leads to Union Station in Chicago is underground, and for health reasons, it is necessary to provide fresh air to the area. This is accomplished by fans that move air through a system of ducts. Consider one such duct that is rectangular, 10.67 m long, and made of galvanized sheet metal. The duct is 0.915 m wide by 1.83 m tall, and delivers cooled air ($T \approx 15.6°C$) with an allowable pressure drop is 0.25 mm of water. Calculate the flow rate of air assuming it to be an ideal gas.

Miscellaneous Problems

73. Equation 3.8b was derived from Equation 3.5 using the Darcy-Weisbach definition of friction factor and the hydraulic diameter. Begin again with Equation 3.5 but use the Fanning friction factor and the hydraulic radius to derive an equation analogous to Equation 3.8b.

74. Benzene flows through a 61 m long 4-nominal schedule 80 pipe at a rate of 0.0158 m^3/s. The corresponding pressure drop is 41.4 kPa. Determine the value of the surface roughness ε for this pipe.

75. Water flows through a portion of a pipe that contains a valve as shown in Figure P3.75. An air-over-liquid manometer attached to the pipeline measures the head loss. The pipe is made of 3-nominal schedule 160 galvanized steel and conveys water at a rate of 7.08×10^{-3} m^3/s. Determine the value of K for a head loss Δh of 152 mm of water.

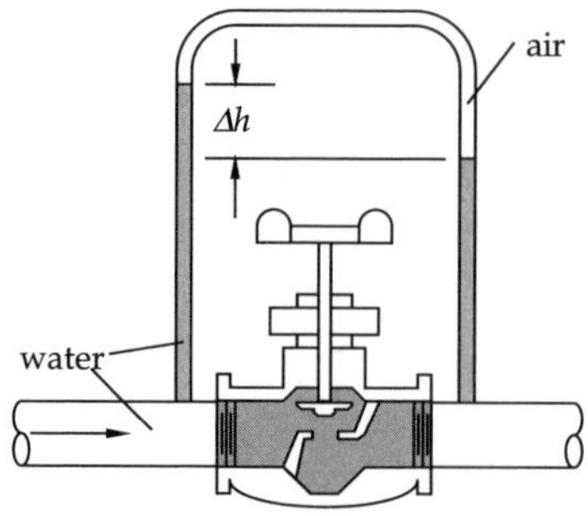

FIGURE P3.75.

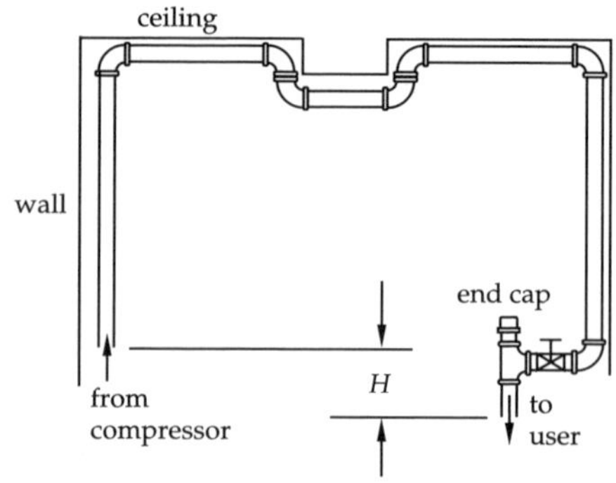

FIGURE P3.76.

Computer Problems

76. Figure P3.76 shows a piping system made of 1-standard type K drawn copper tubing. It conveys air and the pressure drop over the 150 m of drawn tubing is 175 kPa. The fittings are all regular and soldered; the valve is a globe valve. Given that $H = 0.5$ m, determine the flow rate through the tube for air temperatures that range from 0°C to 100°C.

77. Select five values of Reynolds number and ε/D together. Then use the Moody diagram curve fit equations given in this chapter to determine f. Compare the results.

78. Figure P3.78 shows a piping system made of 4-nominal schedule 40 galvanized steel pipe. The system is used to drain a tank of water. Determine the flow rate through the pipe for water temperatures that range from 5°C to 95°C. The elbows are all regular and welded; the check valve is a swing-type. With $H = 2$ m and $L = 25$ m, determine how velocity varies with temperature.

79. Figure P3.79 shows a sketch of the pipeline from one of the examples in this chapter. The pipeline was used to drain a tank that contained water. When $z_1 = 5$ m, and $z_2 =$ 2 m, the flow rate through the line was 0.0027 m^3/s. The pipe is made of 2 nominal schedule 40 galvanized steel, and the fittings are regular and threaded. Determine the volume flow rate through the system for z_1 that ranged from 3 to 10 m. Graph flow rate as a function of z_1.

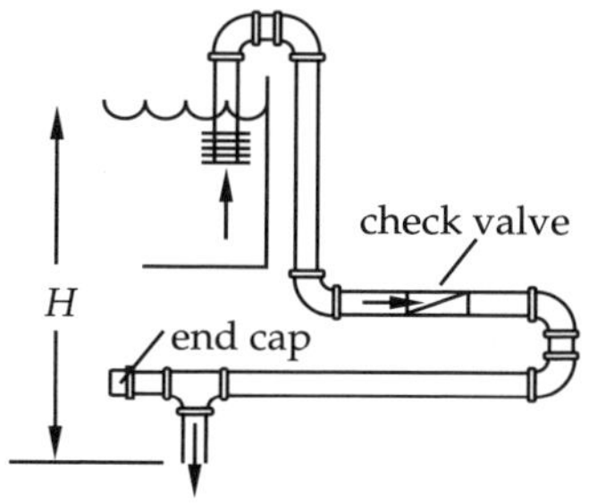

FIGURE P3.78.

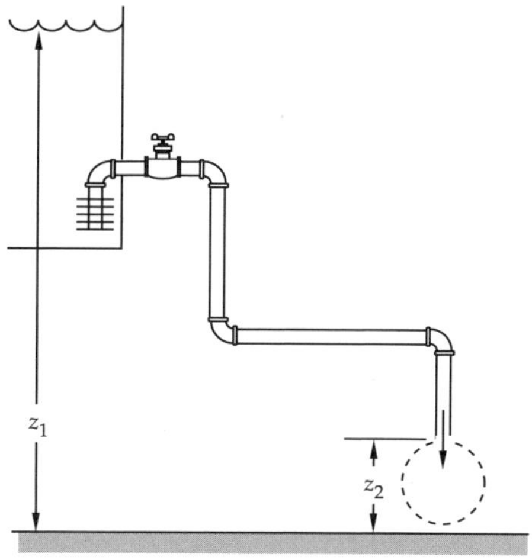

FIGURE P3.79

80. A number of years ago (in the pre-computer, pre-internet era), engineers used nomographs and tables as aids in making design decisions regarding pipe sizes, flow rates, and so on. A compilation of numerous aids was published by the Crane Company as Technical Paper No. 410, which is still available as a downloadable pdf file. Tech Paper 410 included among many other things a chart that related flow through a pipeline in gpm to the pressure drop in psi/100 ft experienced by the fluid. The fluid was water, the pipe was made of schedule 40 steel, and the pipe length was 30.5 m. The chart included line sizes that varied from 3.175 to 610 mm (page 8-14 of Tech Paper 410). The equation that was solved in producing the chart was:

$$p_1 - p_2 = \frac{fL}{D_h}\frac{\rho V^2}{2}$$

The following table is such a chart, and it was produced using a spreadsheet. The fluid is water, and the line size is 1 in-schedule 40 steel. The pressure drop is listed as psi, but it should be remembered that the actual unit is psi/100 ft. This was done so that the user could easily calculate the pressure drop over any length of pipeline. Data used in producing the chart are:

$D = 25.4$ mm $A = 5.07 \times 10^{-4}$ m^2
$\rho = 1000$ kg/m^3 $L = 30.5$ m
$\mu = 9.1 \times 10^{-4}$ Pa·s $\varepsilon = 0.0457$ mm

As assigned by your instructor, produce a similar chart for any of the following combinations:

a) Line size other than 25.4 mm.

b) Fluid other than water.

c) SI units of l/s and kPa.

d) Pipe material other than steel.

e) Flow rate range different from 6.31×10^{-5} to 6.31×10^{-3} m^3/s.

Q, gpm	Q, m^3/s	V, m/s	Re	f	Δp, kPa
1	6.31×10^{-5}	0.113	3313	0.044	0.324
2	1.26×10^{-4}	0.226	6627	0.037	1.069
3	1.89×10^{-4}	0.338	9940	0.033	2.186
4	2.52×10^{-4}	0.451	13253	0.031	3.654
5	3.15×10^{-4}	0.567	16567	0.030	5.474
6	3.79×10^{-4}	0.680	19880	0.029	7.65
8	5.04×10^{-4}	0.905	26507	0.028	12.96
10	6.31×10^{-4}	1.13	33133	0.027	19.65
15	9.46×10^{-4}	1.70	49700	0.026	42.20
20	1.26×10^{-3}	2.26	66266	0.025	73.10
25	1.58×10^{-3}	2.83	82833	0.024	112.4
30	1.89×10^{-3}	3.38	99400	0.024	159.3
35	2.21×10^{-3}	3.96	115966	0.024	215.1
40	2.52×10^{-3}	4.51	132533	0.024	278.5
45	2.84×10^{-3}	5.09	149099	0.024	350.9
50	3.15×10^{-3}	5.67	165666	0.024	430.9
60	3.79×10^{-3}	6.80	198799	0.023	616.4
70	4.42×10^{-3}	7.92	231932	0.023	834.3
80	5.04×10^{-3}	9.05	265065	0.023	1089
100	6.31×10^{-3}	11.3	331332	0.023	1689

배관계 II
Piping Systems II

04

지난 장에서 소개된 배관계에 대한 내용들이 기본 유체역학에서 다뤄지는 내용이었다면, 본 장에서는 지난 장에서 다루어진 내용들과 경제적 분석을 결합하여 배관의 크기를 결정하는 새로운 방법을 개발할 것이다. 이를 위해서, 우리는 열유체 시스템과 관련되어 있는 최적화 개념에 대해서 먼저 살펴볼 필요가 있다. 최적화 과정은 특정 제약 조건을 가진 시스템을 모델링한 방정식을 유도한 다음, 압력 손실이나 배관선의 설치비용들과 같은 양들을 최소화하기 위하여 이 방정식을 미분하는 과정을 포함한다.

이후 경제 배관 직경 선정을 위한 최소 연간 비용 결정법에 대한 방정식들을 유도할 것이다. 이 방정식들은 경제 및 배관 내 마찰과 관련된 변수들을 포함하고 있다. 유도 과정을 통해, 우리는 전통적인 배관 마찰 다이어그램(Moody 다이어그램)과 다른 새로운 형태의 다이어그램을 얻을 것이다. 여기에서는 경제적 변수들 및 전력 비용이 알려져 있을 때, 경제 배관 직경을 결정하는 것을 도와줄 수 있는 세 개의 새로운 그래프가 제시될 것이다. 또한 상대 조도와 Reynolds 수를 결합하여 새로운 무차원 수를 만들 것이다. 그리고 예제 문제를 통하여 이 그래프들의 일반적인 사용 방법 및 문제 해결 방법을 설명할 것이다. 경제 직경을 선정하고 최소 비용(최초 + 운용) 요건들을 충족시키는 데 있어 이 방법은 성공적으로 적용될 수 있다.

다음으로는, 부손실의 등가 길이의 개념을 다룰 것이다. 등가 길이를 정의하고, 이를 설명하기 위한 하나의 예로 이음새에 대한 등가 길이를 계산할 것이다. 또한 시각적으로 배관계를 나타내는 방법 및 ANSI 배관 기호들을 제시할 것이다. 이 장에서는 또한 시스템의 거동에 대하여 설명할 것이다. 배관 내 마찰 효과가 어떻게 체적유량에 영향을 미치는지 보이기 위하여 시스템 곡선을 정의할 것이다. 그리고 배관계를 물리적으로 지지하는 데 이용되는 일반적인 장비들에 대한 절로 이 장을 마칠 것이다.

4.1 | 최적화 과정

미적분학의 중요한 응용 분야 중 하나는 최적화 개념에 있다. 이와 같은 문제들에서, 특정한 양을 최대화 또는 최소화시켜야 할 필요가 있다. 최적화 과정의 예제들은 많은 영역에서 쉽게 찾아볼 수 있는데, 예를 들어 운항 회사는 이익을 최적화시키기 위하여 두 도시 사이에 얼마만큼의 항공편을 배치시킬지 결정하여야 한다. 제조회사는 유지 및 교환 비용을 최소화하기 위하여 얼마나 자주 장비를 교체해야 할지 결정할 필요가 있다. 배관계의 경우 최적 배관 직경을 이용하여 압력 손실을 최소화하길 원할 수도 있고, 설치비용이 최소가 되도록 덕트 내 필터의 위치를 결정하길 원할 수도 있다. 이와 같이 다양한 수의 최적화 문제가 고안될 수 있는데, 아래에서는 이를 설명하기 위해 여러 가지 최적화 예제들을 살펴볼 것이다.

최적화 문제는 시스템을 기술하는 데 도움이 되는 특정 변수를 최소화(또는 최대화)하는 것이다. 최적화 문제의 공식화는 여러 가지 특징을 가지고 있다. 첫째, 우리는 **목적함수 (objective function)** 또는 목적 방정식이라고 알려져 있는 것을 유도하여야 한다. 이 방정식은 다른 변수들 중 하나에 대해서 미분된다. 많은 경우에 목적함수는 서로 연관되어 있는 항들을 포함하고 있기 때문에, 문제를 풀 때 추가적인 방정식이 필요할 수도 있는데, 이 추가 방정식들을 **구속조건식(constraint equations)**이라고 지칭한다. 보통은 구속조건이 주어진 경우 목적함수를 풀어야 하지만 몇몇 문제들에서는 구속조건이 존재하지 않을 때가 있는데, 이를 **비구속 최적화 문제(unconstrained optimization problem)**라고 지칭한다.

예를 들어, $x \geq 0$인 범위에서 아래의 주어진 함수의 최솟값을 살펴보자.

$$f(x) = 2x^3 - 15x^2 + 24x + 19$$

이 방정식의 그래프는 그림 4.1에 나타나 있다. 이 그래프상 가장 낮은 점은 (4,3)이고, 따라서 이 함수의 최솟값은 3이다. 우리는 함수를 미분하여 이를 0과 같다고 둠으로써, 이 값을 얻을 수 있다.

$$\frac{df}{dx} = 6x^2 - 30x + 24 = 0$$

단순화하면,

$$x^2 - 5x + 4 = 0$$

해는 다음과 같이 주어진다.

$$(x - 4)(x - 1) = 0$$

$$x = 4 \text{와} \qquad x = 1$$

이 두 점에서는 함수 f의 그래프 기울기가 0이고, 두 점 모두 $x \geq 0$인 범위 내에 존재한다. 어떤 것이 최솟값인지 결정하기 위해서, 2차 미분을 한다면,

$$\frac{d^2f}{dx^2} = 12x - 30$$

$x = 1$에서 $d^2f/dx^2 < 0$이고, 따라서 이 값이 최댓값이 된다. $x = 4$에서는 $d^2f/dx^2 > 0$이고, 따라서 이 점이 최솟값이 되어서 $x = 4$가 해가 된다.

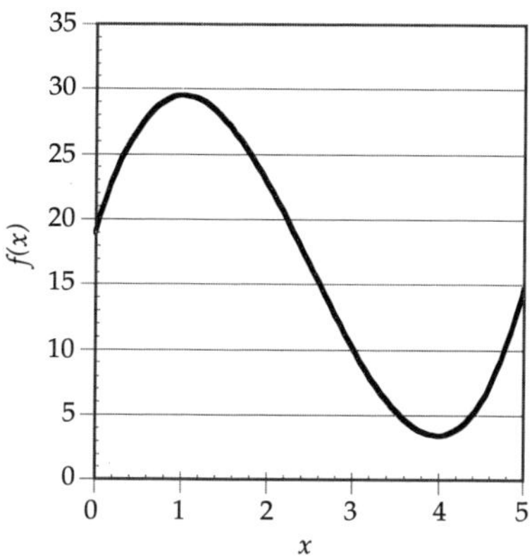

그림 4.1 함수 $f(x) = 2x^3 - 15x^2 + 24x + 19$의 그래프

예제 4.1 한 가공회사가 건물 내에 도구 저장소를 위한 공간을 지정하려고 한다. 그림 4.2에서 보이듯이 이 공간은 직사각형 모양이고, 기존의 벽과 접해서 위치하고 있다고 한다. 만약 12.2 m의 길이를 지닌 울타리 재료를 사용한다고 할 때, 최대의 면적을 가질 수 있도록 이 장소의 크기를 결정하여라.

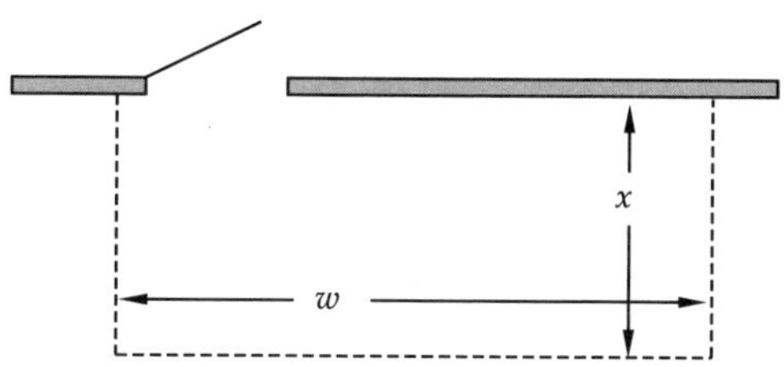

그림 4.2 도구 저장소

풀이

이 장소의 크기는 길이 x, 폭 w이다, 전체 울타리 재료의 길이는 12.2 m이므로, 아래와 같

이 쓸 수 있다.

$$2x + w = L = 12.2\ \text{m} \tag{i}$$

최대화해야 할 면적 A는 다음과 같다.

$$A = wx \tag{ii}$$

w에 관하여 방정식 (i)를 풀면,

$$w = L - 2x \tag{iii}$$

그리고 이를 방정식 (ii)에 대입하면,

$$A = (L - 2x)x = xL - 2x^2$$

미분 후 결과를 0과 같다고 두면, 아래의 식을 얻는다.

$$\frac{dA}{dx} = L - 4x = 0$$

이 식을 풀면,

$$x = \frac{L}{4} = \frac{12.2}{4}$$

$$\underline{x = 3.05\ \text{m}}$$

폭 w는 방정식 (iii)을 이용하여 구할 수 있다.

$$w = 12.2 - 2(3.05)$$

$$\underline{w = 6.1\ \text{m}}$$

이 문제에서는 두 개의 방정식이 주어져 있다. 방정식 (i)는 *목적함수*이고, 이는 많은 해를 가질 수 있다. 방정식 (ii)는 구속조건식이고, 이 방정식은 w와 x가 변하는 방식에 제약을 가한다. 우리는 이런 문제를 *구속 최적화* 문제라고 부른다. 풀이에서 필수적인 단계는 구속조건식을 푼 다음, 이를 면적을 얻기 위한 목적함수에 대입함으로써 오직 하나의 변수만을 가지는 목적함수를 얻는 것이었다. 하지만, 이런 과정이 언제나 가능한 것은 아니다.

예제 4.2 도금 강판 놀이기구 제조사가 선적을 위하여 바깥의 울타리 쳐진 공간에 물건들을 보관하고 있다고 한다. 이 공간의 면적은 55 m^2이고, 그림 4.3에서 보이듯이, 세 면은 삼나무 울타리이고, 마지막 한 면은 콘크리트 블록으로 되어 있다. 삼나무 울타리 비용은 미터 길이당 \$21이고, 콘크리트 블록은 미터 길이당 \$42라고 한다. 이때 총 비용을 최소화할 수 있도록, 울타리의 크기를 결정하여라.

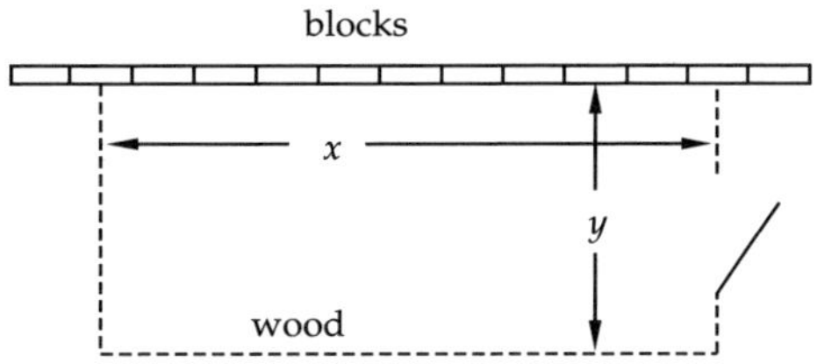

그림 4.3 실외 저장 공간

풀이

그림 4.3에서 보듯이 장소의 길이는 x, y로 주어져 있다. 구속조건식은

$$xy = A = 55 \text{ m}^2 \tag{i}$$

목적함수는 재료들의 총 비용이다, 즉,

[삼나무 비용] = [미터당 비용]•[길이] = (\$21) $(x + 2y)$

또는

$$C_{rw} = 21x + 42y \tag{ii}$$

마찬가지로,

[블록의 비용] = C_b = [미터당 비용]•[길이] = (42)x

이때 총 비용(목적함수)은 다음과 같다.

$$C_{total} = 21x + 42y + 42x = 63x + 42y \tag{iii}$$

y(또는 x)에 대한 방정식 (i)를 풀면, 아래의 식을 얻는다.

$$y = \frac{A}{x}$$

이를 방정식 (iii)에 대입하면,

$$C_{total} = 63x + 42\frac{A}{x}$$

미분 후, 결과를 0과 같다고 두면, 아래의 식을 얻는다.

$$\frac{dC_{total}}{dx} = 63 - \frac{42A}{x^2} = 0$$

재배열하면,

$$x^2 = \frac{42A}{63} = \frac{42(55\ \mathrm{m}^2)}{63} = 36.67\ \mathrm{m}^2$$

그리고

$$\underline{x = 6.05\ \mathrm{m}}$$

$$\underline{y = \frac{55}{6.05} = 9.08\ \mathrm{m}}$$

목적함수의 그래프는 그림 4.4에 나타나 있다. 이 예제에서 비용 방정식으로부터 일련의 곡선들이 얻어지고, 구속조건식은 이 곡선들 중에 적용되는 것을 지정해 준다.

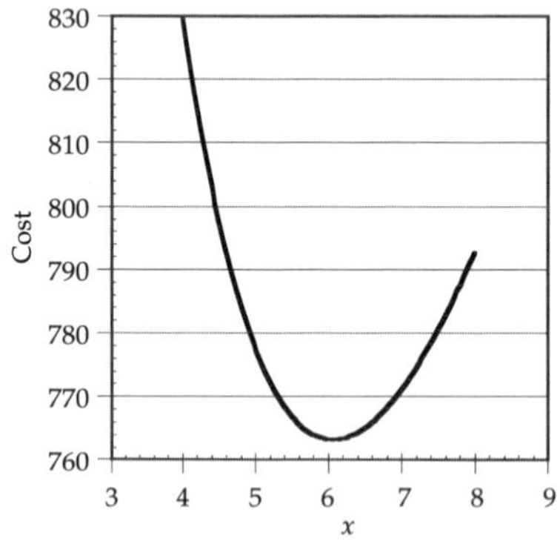

그림 4.4 예제 4.2에서의 목적함수

예제 4.3 한 회사가 여러 곳으로 선적될 작은 품목들을 생산한다고 한다. 이 회사의 포장 담당자는 저장, 배송, 컨테이너 비용을 줄일 수 있는 방법을 고안했다. 만약 컨테이너를 카드보드로 만들고, 실린더 형상에 길이와 둘레를 더한 길이가 2 m보다 크지 않다면 비용을 줄일 수 있다고 한다. 이 경우 최대 부피를 가지는 실린더 형상 컨테이너의 크기를 결정하여라.

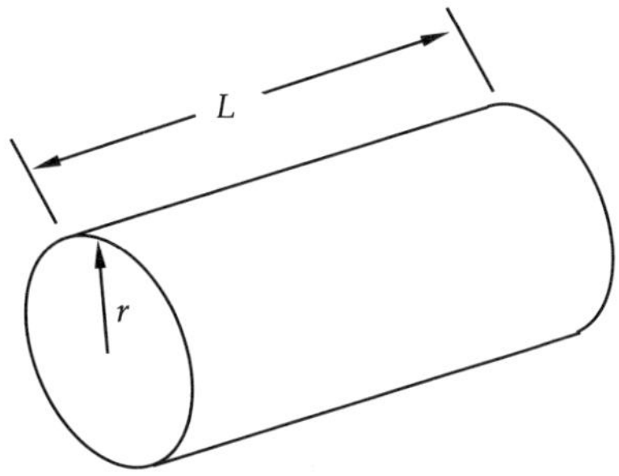

그림 4.5 실린더 형상의 선적용 컨테이너

풀이

그림 4.5는 길이 L, 반지름 r을 가지는 컨테이너를 보여준다. 이 문제에서는 컨테이너 부피가 최대화시켜야 할 목적함수이다.

$$V = \pi r^2 L \tag{i}$$

구속조건식은 다음과 같이 주어진다.

$$L + 2\pi r = 2\text{ m} \tag{ii}$$

L에 대하여 구속조건식을 푼 다음, 이를 목적함수에 대입하면, 아래의 식들을 얻는다.

$$L = 2 - 2\pi r$$

$$V = \pi r^2(2 - 2\pi r) = 2\pi r^2 - 2\pi^2 r^3$$

$L = 0.68$ m일 때, r과 부피에 대한 그래프는 그림 4.6에 나타나 있다. r에 대해서 미분하면, 아래의 식을 얻는다.

$$\frac{dV}{dr} = 4\pi r - 6\pi^2 r^2 = 0$$

식을 간단히 하여 풀면, 아래의 해를 얻는다.

$$r = \frac{0.66}{\pi}$$

$r = 0.21 \text{ m}$

$L = 2 - 2\pi(0.21) = 0.68 \text{ m}$

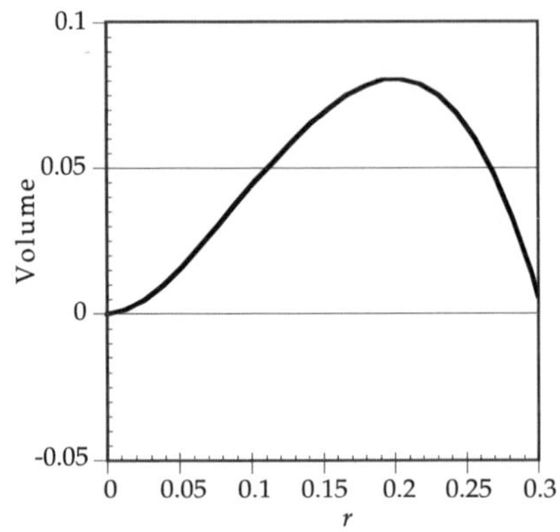

그림 4.6 실린더 컨테이너에 관한 최적화 곡선

위의 예제들은 문제에서 요구하는 최댓값 또는 최솟값을 찾는 방법을 보여준다. 이어지는 예제들은 본 교재에서 다루어지는 분야들에 더 큰 응용성을 가진다.

예제 4.4 그림 4.7에서 보이듯이, 가열된 유체를 운반하는 배관 주위에 단열재를 설치하려고 한다. 공간 제약 때문에 단열재의 외경 D_2는 120 mm를 넘지 않아야 한다. 반면, 유체를 펌핑하는 비용이 과도하지 않도록 배관을 최대한 크게 설계하고자 한다. 또한, 열손실을 최대한 줄이기 위하여 단열재를 최대한 두껍게 설계하고자 한다. 배관을 통한 유체의 펌핑 비용은 아래의 식에 의해서 주어진다.

$$C_p = \frac{3 \times 10^{-6}}{D_1^5}$$

여기에서 D_1의 단위는 m이고, 비용은 \$/년의 단위를 가진다. 유체를 가열하는 비용은 다음과 같이 주어진다.

$$C_h = \frac{9}{2t}$$

여기에서 t는 단열재의 두께($2t = D_2 - D_1$)로 미터의 단위를 가지고 있으며, 비용의 단위는 \$/년으로 주어진다.

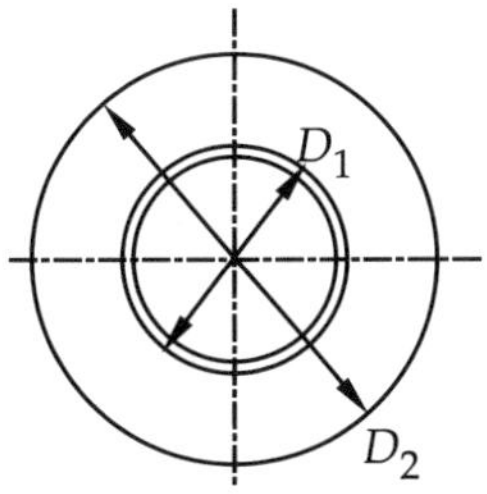

그림 4.7 예제 4.4의 단열 배관

a) 전체 비용에 대한 방정식을 적는다. $D_2 = 120$ mm이 구속조건으로 주어져 있다.

b) 비용 방정식을 미분하고, 이를 0과 같다고 둔다.

c) 지름 D_1에 대해서 푼다.

d) 지름 대 전체 비용에 관한 그래프를 그리고 결과가 맞는지 확인한다.

풀이

전체 비용은 펌핑 비용과 가열 비용의 합으로 주어진다.

$$C_T = \frac{3 \text{ x } 10^{-6}}{D_1^{\,5}} + \frac{9}{2t}$$

$2t = D_2 - D_1 = 0.12 - D_1$을 대입하면, 다음 식을 얻는다.

$$C_T = \frac{3 \text{ x } 10^{-6}}{D_1^{\,5}} + \frac{9}{0.12 - D_1} \qquad \textbf{(i)}$$

그림 4.8은 이 식에 대한 그래프를 보여준다.

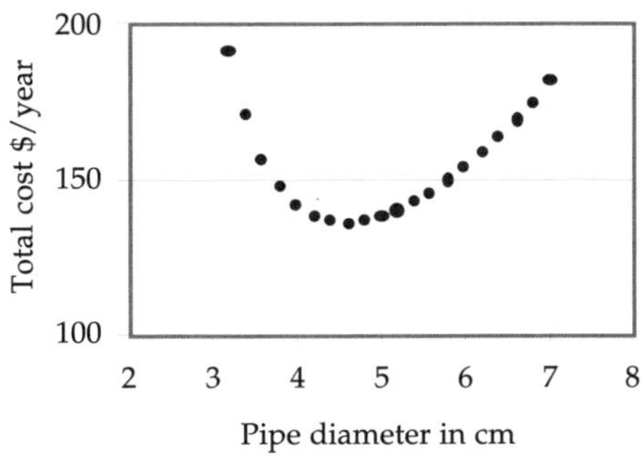

그림 4.8 예제 4.4에서 비용 대 지름에 대한 그래프

D_1에 대해서 미분하면, 아래의 식을 얻는다.

$$\frac{dC_T}{dD_1} = -5(3 \times 10^{-6})D_1^{-6} - \frac{9(-1)}{(0.12 - D_1)^2} = 0$$

$$\frac{1.5 \times 10^{-5}}{D_1^6} = \frac{9}{(0.12 - D_1)^2}$$

이 방정식을 다음과 같이 다시 쓴 다음, 반복 계산 방식으로 풀 수 있다.

$$D_1 = (1.67 \times 10^{-6}(0.12 - D_1)^2)^{1/6}$$

우리는 먼저 D_1의 값을 가정한다. 그런 다음, 우변 항에 가정한 D_1의 값을 대입해서 얻어진 새로운 D_1(좌변 항)을 두 번째 계산에 사용한다. 예를 들어,

$$D_1 = 0.01\ \text{m}; \quad (0.12 - D_1) = 0.11; \quad (1.67 \times 10^{-6}(0.12 - D_1)^2)^{1/6} = 0.052$$

방정식의 우변 항에 0.052를 사용함으로써 $D_1 = 0.044$를 얻는다. 반복해서 계산하면, 해는 빠르게 0.046 m로 수렴해 나감을 알 수 있다. 따라서 해는,

$$\underline{D_1 = 0.046\ \text{m}}$$

예제 4.5 그림 4.9에서 보이는 바와 같이 공기 처리 덕트가 있다고 한다. A를 통해 시스템으로 유동이 들어오고, 유동의 일부는 2로, 다른 일부는 3으로 배출된다. 우리의 목적은 압력 강하를 최소화하기 위하여 덕트의 크기를 결정하는 것이다. 즉, 마찰로 인한 압력 손실을 최소화하기 위하여 지름 D_1과 D_2를 결정하고자 한다. 여기에서 우리는 여러 개의 가정을 하여야만 한다. 먼저, L_1과 L_2 사이의 경계가 지름 변화 지점과 같다고 가정한다. 그런 다음, 양 덕트의 마찰 계수가 동일하다고 가정하는데, 여기에서는 0.02로 둔다.

계산 과정을 보이기 위하여, 유동량은 $Q_1 = 0.7\ \text{m}^3/\text{s}$, $Q_2 = 0.4\ \text{m}^3/\text{s}$, 튜브 길이는 $L_1 = 14\ \text{m}$, $L_2 = 16\ \text{m}$라고 두었다. 공기 밀도가 $1.2\ \text{kg/m}^3$라고 할 때, A지점부터 B지점까지 오직 마찰에 의해서 발생하는 압력 강하는 아래의 식과 같이 쓸 수 있다.

$$\Delta p = \frac{f_1 L_1}{D_1}\frac{\rho V_1^2}{2} + \frac{f_2 L_2}{D_2}\frac{\rho V_2^2}{2}$$

이 식이 우리가 최소화하고자 하는 목적함수이다. 이를 위해서 먼저 우변에 있는 모든 변수들을 D_1(또는 D_2)에 관해서 쓴 다음, 우변을 D_1(또는 D_2)에 관해서 미분할 것이다.

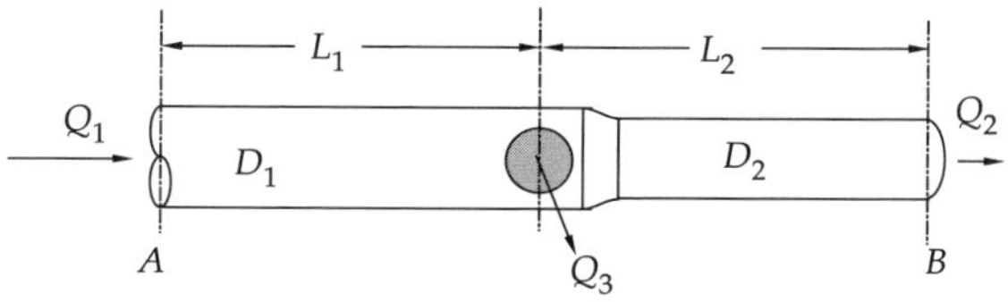

그림 4.9 공기 처리 시스템

여기에서 체적유량은 $Q_1 = 0.7\ m^3/s$, $Q_2 = 0.4\ m^3/s$으로 주어져 있으므로, 각 단면에서의 속도는 아래와 같이 쓸 수 있다.

$$V_1 = \frac{Q_1}{A_1} = \frac{4Q_1}{\pi D_1{}^2} = \frac{4(0.7)}{\pi D_1{}^2} = \frac{0.891}{D_1{}^2}$$

$$V_2 = \frac{Q_2}{A_2} = \frac{4Q_2}{\pi D_2{}^2} = \frac{4(0.4)}{\pi D_2{}^2} = \frac{0.509}{D_2{}^2}$$

위 식으로부터 아래의 식을 얻는다.

$$V_1{}^2 = \frac{0.794}{D_1{}^4}$$

$$V_2{}^2 = \frac{0.259}{D_2{}^4}$$

이 식들을 압력 강하에 대한 식에 대입하고, 정리하면

$$\Delta p = \frac{0.02(14)}{D_1}\frac{1.2}{2}\frac{0.794}{D_1{}^4} + \frac{0.02(16)}{D_2}\frac{1.2}{2}\frac{0.259}{D_2{}^4}$$

$$\Delta p = \frac{0.133}{D_1{}^5} + \frac{0.049\,8}{D_2{}^5}$$

D_1에 대한 위 식의 미분은 아래와 같다.

$$\frac{d\,\Delta p}{dD_1} = -\,5(0.133)D_1{}^{-6} - 5(0.049\,8)D_2{}^{-6}\frac{dD_2}{dD_1} = 0 \qquad \textbf{(i)}$$

압력 강하를 계산하고 D_1에 대한 값을 얻기 위해서는, 우리는 구속조건식인 두 번째 방정식이 필요하다. 특히, 우리는 D_1과 D_2 사이의 관계에 대한 식이 필요하다. 우리는 유동량에 대해서 속도를 쓸 때 연속 방정식을 이미 사용하였다.

여기에서 여러 가지 구속조건 중 하나를 만들어 낼 수 있다. 덕트 자체는 일반적으로 판금(sheet metal)을 잘라서 실린더 형태로 감은 다음, 납땜이나 리벳팅으로 고정시켜서 만들어진다. 예를 들어, 수익에 바탕을 둔 구속조건으로써, 판금이 40 m^2의 일정한 면적을 가진다고 가정할 수 있다. 그렇다면 아래의 방정식이 우리의 구속조건이 된다.

$$\pi D_1 L_1 + \pi D_2 L_2 = 40$$

알고 있는 값들을 대입하면,

$$\pi D_1(14) + \pi D_2(16) = 40$$

재배열 후, D_2에 대해서 풀면,

$$14D_1 + 16D_2 = 12.7$$

$$D_2 = 0.796 - 0.875D_1$$

따라서,

$$\frac{dD_2}{dD_1} = -0.875 \quad [= -\text{ 길이 비} = -\frac{L_1}{L_2}, 40\text{ m}^2\text{ 면적에 독립적}]$$

미분한 압력 강하 방정식 (i)과 결합한 후, 결과를 0과 같다고 두면, 아래의 식을 얻는다.

$$\frac{d\Delta p}{dD_1} = -5(0.133)D_1^{-6} - 5(0.049\,8)(0.796 - 0.875D_1)^{-6}(-0.875) = 0$$

단순화 및 재배열하면, 아래의 식을 얻는다.

$$\frac{0.133}{D_1^{\,6}} = \frac{(0.049\,8)(0.875)}{(0.796 - 0.875D_1)^6}$$

$$\frac{D_1^{\,6}}{(0.796 - 0.875D_1)^6} = 3.05$$

6차근을 취하면,

$$\frac{D_1}{(0.796 - 0.875D_1)} = 1.204$$

또는

$$D_1 = 0.959 - 1.05D_1$$

이를 풀면,

$$D_1 = 0.466 \text{ m}$$

$$D_2 = 0.796 - 0.875(0.466) = 0.387 \text{ m}$$

압력 강하는 다음과 같이 계산된다.

$$\Delta p = \frac{0.133}{D_1^5} + \frac{0.049\,8}{D_2^5} = 11.7 \text{ Pa}$$

4.2 | 경제 배관 지름(Economic Pipe Diameter)

공학자들은 일반적으로 유체역학에 대한 첫 번째 교과목에서 배관계에 대해 배우게 된다. 보통 세 가지 배관 문제들을 다루는데, 압력 강하가 미지수인 경우, 체적유량이 미지수인 경우, 또는 내경이 미지수인 경우이다. 이 모든 경우에, 6개의 변수가 문제에 사용된다(L = 배관 길이, ε = 표면 거칠기, ν = 유체의 동점도, Δp = 압력 강하, Q = 체적유량, D = 내경). 위의 세 가지 문제 종류 중 어느 문제에서든지 5개 변수가 알려져 있을 때, 6번째 변수를 구하게 된다.

하지만 일반적으로 실제 설계 문제에서는 5개 변수의 값은 주어져 있지 않다. 예를 들어, 탱크에 담겨져 있는 액체가 주어진 용량(유량이 특정됨)을 가진 병 충전기로 운송되고 있다고 한다. 배관의 길이, 표면 거칠기, 동점도는 알려져 있을 것이다. 허용되는 압력 강하는 결정하여야 될 양이고, 배관의 크기 역시 선정하여야 한다. 일반적으로, 여러 가지의 다른 배관 크기가 사용될 수 있고, 각각의 크기에 따라 압력 강하가 다를 것이다. 따라서 문제를 해결하기 위해서는, 4개의 알려진 변수 이외에 추가적인 기준이 필요하다.

위의 문제에 대한 선정 기준으로, 비용 도면(cost figure)을 사용하는 것이 합리적이다. 한편으로는, 배관 지름이 커질수록 초기 비용이 커질 것이므로, 작은 지름을 선정하는 것이 적절할 것이다. 반면, 작은 지름을 가진 배관을 흐르는 유체의 경우 더 큰 마찰 손실이 일어날 것이므로, 더 큰 펌프를 사용하여야 한다. 더 큰 펌프는 더 큰 초기 및 운영비용을 의미한다. 일반적으로, 펌프, 배관, 이음새의 총 비용(초기 비용 + 운영비용)을 최소화하는 배관 지름이 존재하는데, 이를 **최적 경제 지름(optimum economic diameter)** D_{opt}라고 하며, 이 지름을 구하는 것이 바로 최적화 문제가 된다.

여기에서, 우리는 경제 배관 지름 선정에서 전통적으로 **최소 연간 비용 방법(least annual cost method)**으로 알려진 방법을 제시한다. 그런 다음, 이 방법에서 나타나는 알맞은 무차원 수들을 유도한다. 얻어진 결과들은 중력에 의해 발생하는 유동 문제에 적용가능하며, 펌프의 유무에 관계없이 사용할 수 있다. 최적 경제 지름 D_{opt}에 대한 방정식을 유도한 다음, 고전적인 Moody 다이어그램을 이용하여 이 방정식을 풀 때에 시행착오 방법이 필요하다. 시행착오 방법을 쓰는 것을 피하기 위해서, $(\varepsilon/D)/\text{Re}$을 독립변수로 두고, Darcy-Weisbach 마찰 계수 f를 $f^x\text{Re}^y$에 대해서 나타낸 3개의 그래프를 제시할 것이다. x와 y에 어떤 값이 사용될지는 이어지는 절들에서 다룰 것이다.

해석(Analysis)

최적 경제 지름은 배관계의 총 비용을 최소화하는 지름이다. 총 비용은 고정 더하기 운영비용으로 구성되는데, 고정 비용은 배관, 이음새, 행어 및 지지대, 펌프, 설치비용을 포함하며, 배관 크기에 관한 함수이다. 운영비용은 펌프의 동력 요구조건과 연관되어 있으며, 전기나 엔진 연료의 형태가 될 수 있는데, 여기에서 동력은 마찰 손실, 수두차, 압력 변화 등을 극복하기 위해서 필요하다. 우리는 배관, 이음새, 설치, 펌프와 관련된 초기 비용과 운영비용에 대한 방정식을 세울 것이다. 그런 다음, 원하는 결과(최소 비용)를 얻기 위하여 이 방정식을 지름에 대해서 미분할 것이다. 정확히 어떤 비용들을 사용할지는 문제마다 달라질 수 있으나, 접근방법은 동일하다.

만약 우리가 최소 연간 비용 분석을 공식화하고자 한다면, 전체 시스템에 대한 초기 비용을 먼저 등가의 연간 비용으로 변환하여야 한다. 우리는 연간 이율 i로 자본을 대출받아서, 이를 m년에 걸쳐 갚거나 상환한다고 가정함으로써 이 변환을 할 수 있다. m년에 걸쳐 \$1의 대출을 갚는 데 따른 연간 비용(연금)은 아래와 같이 주어진다.

$$a = \frac{i}{1 - \left[\dfrac{1}{1+i}\right]^m} \tag{4.1}$$

변수 a는 **상환율(amortization rate)**로 알려져 있다.

배관계(또는 어떤 시스템)의 초기 비용 C_I는 다음의 방정식을 사용하여 연간 비용 C_A로 변환될 수 있다.

$$C_A = aC_I = \frac{iC_I}{1 - \left[\dfrac{1}{1+i}\right]^m}$$

예를 들어, $10,000으로 이음새, 펌프 등을 포함한 관로를 설치한다고 생각하자. 추가적으로, 9% 이율의 빌린 돈으로 설치비용을 충당하는데, 이는 7년 후에 되갚아야 한다고 하자[즉, 7번의 연불($m = 7$)]. 연간 비용은,

$$C_A = \frac{0.09}{1 - \left[\dfrac{1}{1+0.09}\right]^7} 10{,}000 = 0.198\,7(10{,}000)$$

$$\text{연당 } C_A = \$1987$$

상환율은 0.198 7이다. 연간 비용 C_A는 초기 비용 $10,000를 반영할 뿐 아니라, 이자도 포함하고 있다. 7년 후에 갚아야 될 돈은 $13,909이다. 우리가 수행하는 해석에서, 초기 비용은 설치뿐 아니라 펌프, 배관계, 이음새, 배관 지지대에 대한 비용도 포함하고 있다.

표 4.1에는 여러 가지 등급의 배관 비용이 기재되어 있다. 등급은 ANSI 지정 값으로, 재료의 강도를 나타낸다. (보다 많은 정보를 위해서는 Annex A, ASME B16.47.1990을 보라.) 표 4.1에서의 비용은 설치비용으로, 1피트당 달러의 단위로 나타나 있다. 그림 4.10은 표 4.1에서의 배관 크기 대 비용을 그래프로 나타낸 것이다.

표 4.1의 자료는 1982년에 출간된 문서로부터 갱신된 것이다. 비용은 **소비자 물가 지수 (consumer price index)**를 이용하여 현재의 달러(이 책이 쓰인 시점)로 변환된 것이다. 정부 지수에 따르면, 1982년 $100의 가치가 있던 것이 2013년에는 $244이다.

최적 배관 크기를 결정하기 위해, 우리는 방정식들을 표 4.1의 데이터에 접합시킬 것이다. 소비자 물가 지수와 관련하여 우리가 고려하는 유일한 영향은 어떻게 공칭치수 (nominal) 12 배관 비용이 바뀌었는가이다.

최소 연간 비용 방법을 적용하기 위하여, 우리는 배관 비용 데이터에 대한 곡선 접합 방정식을 유도할 필요가 있다. 그림 4.4로부터 알 수 있듯이, 각각의 곡선은 포물선 모양을 지니고 있으며, 따라서 곡선 접합 방정식은 다음의 형태를 취한다.

$$\frac{\text{비용}}{\text{길이}} = B_0 + B_1 D + B_2 D^2$$

계수(B_0, B_1, B_2)은 각각의 곡선에 대해 독립적으로 구해져야 한다. 다른 방법으로, 동일한 데이터를 표 4.11에서 보이듯이 로그-로그 곡선에 그릴 수 있다. 이 곡선들은 대략적으로 선형이다. 따라서 그림 4.11에 보여진 곡선들에 대한 방정식은 다음과 같다.

표 4.1 다양한 크기의 배관로 설치 비용(2013년 달러/피트 단위) (출처 "Direct Determination of Optimum Pipe Diameter for Non-Newtonian Fluids" R. Darby, J. D. Melson, J of pipelines, v. 2, (1982), pp. 11–21.)

Nominal Diameter in Inches	ANSI Designation				
	300 #	400 #	600#	900#	1500 #
4	17	17	20	27	34
6	24	24	27	34	46
8	32	32	39	49	69
10	42	44	51	69	98
12	***54***	***56***	***69***	***88***	***130***
14	64	66	78	95	142
16	73	76	93	117	181
18	86	88	110	144	220
20	95	98	135	169	250
22	105	110	159	196	316
24	115	120	181	232	360
26	132	149	198	274	399
30	161	181	237	330	
32	171	191	264	382	
34	193	213	299	396	
36	210	235	316		

$$C_p = C_1 D^n \tag{4.2}$$

여기에서 C_p는 단위 길이당 통화 단위 = MU/L ($/ft 또는 $/m)로 나타낸 배관 비용이고, C_1는 기준 크기의 비용이며 (MU/L^{n+1}), n은 (무차원) 지수이다.

식 (4.2)를 좀 더 자세히 살펴보면, 이 방정식은 로그–로그 그래프상에서 직선을 나타내고 있다. 이 식의 자연 로그를 취하면,

$$\ln C_P = \ln C_1 + n \ln D$$

이 방정식은 아래와 같은 행태이다.

$$y = d + gx$$

여기에서 g는 직선의 기울기(n에 해당됨)이고, d는 $x = 0$일 때의 절편에 해당된다. 여기서, $x = 0$은 Cartesian 그래프상에서 존재하고, 로그 축에서는 $x = 1$에 해당된다[ln (1) = 0]. 따라서 그림 4.11을 참조하면, 우리는 식 (4.2)의 C_1이 12인치 배관이 되도록 정할 수 있다 [12 in./(12 in./ft; 이는 공학 단위에서 1 ft 지름 또는 SI 단위에서 1 m 지름에 해당].

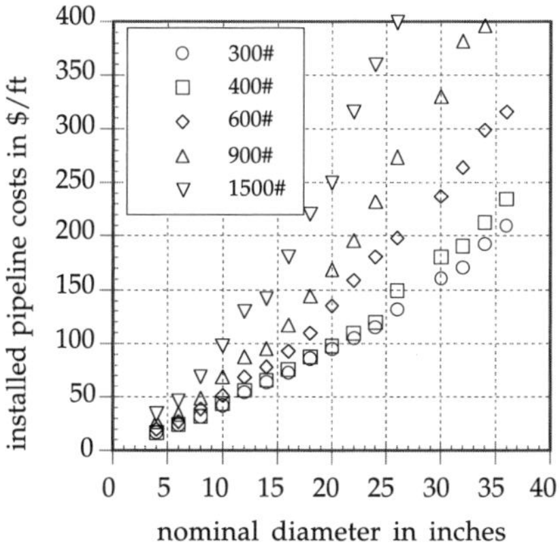

그림 4.10 공칭치수 배관 크기의 함수로 나타낸 설치된 배관로의 비용(좌)

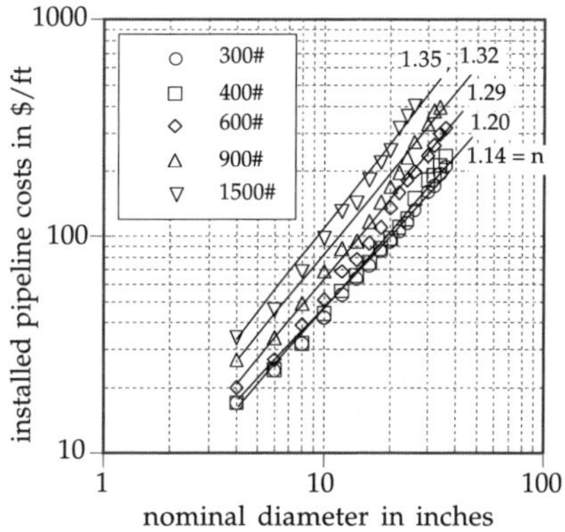

그림 4.11 표 4.1의 데이터에 대한 로그-로그 그래프(데이터 출처는 표 4.1 참조)(우)

지수 n의 값은 1.0에서 약 1.4 내에서 변한다. 만약 소비자 물가 지수 계산을 표 4.1의 원자료에 적용하면, 각각의 직선 기울기는 연수에 따라서는 변하지 않는다. 반면, C_1은 (공칭치수 12 배관에 해당) 일반적으로 1982년 달러 가치 기준으로 $22/ft^{n+1}$에서 약 $55/ft^{n+1}$까지 변한다. 2013년 달러 가치로 변환하면, C_1는 $54/ft^{n+1}$에서 $130/ft^{n+1}$까지 변한다.

곡선 접합식과 관련해서 포물선 곡선을 이용할 수도 있지만, 식 (4.2)가 사용하기에 더 편리하므로, 우리는 이 식을 사용한다.

다음으로는, 이음새, 밸브, 지지대, 펌프 및 설치비용을 F를 배관비용에 곱한 양으로 나타낼 수 있다고 가정한다면, 아래의 식을 얻는다.

$$C_F = FC_P = FC_1D^n$$

여기에서 C_F는 이음새 등의 비용을 MU/L로 나타낸 것이다. 배수 F는 일반적으로 6에서 7 사이이다(표 4.1의 참고문헌 참조). 총 비용(배관, 이음새, 지지대, 설치)은 식 (4.2)와 앞서 식의 합으로 주어진다.

$$C_{PF} = C_P + C_F = C_1D^n + FC_1D^n = (1 + F)C_1D^n \tag{4.3}$$

여기에서 C_{PF}은 MU/L의 차원을 가지고 있고, 시스템의 초기 또는 최초 비용을 나타낸다.

시스템 비용의 연간 상환율 a는 배관과 이음새 비용의 일정 부분을 차지한다. 상환율에 대해서 우리가 사용했던 식은 이율 i와 m번의 정기 상환을 포함하고 있었다. 이 값들이 모든 경우에 알려져 있지는 않으므로, 우리는 a에 대해서 주어진 식 대신 근사치를 사용할 것이다. 여기에서 우리는 상환율 a를 시스템의 기대 연수명의 역수라고 둔다. 즉, 식 (4.3)에서 나타난 초기 비용은 a를 곱함으로써 연 비용으로 변환될 수 있고, 이때 a는 연 단위로 시스템 수명의 역수가 된다. 따라서 (변환된) 배관과 이음새 등의 연간 비용은 아래와 같이 주어진다.

$$C_{PF} = a(1 + F)C_1D^n$$

최초 비용에 대한 상환율과 더불어서, 우리는 설치된 시스템의 유지비용을 포함시키고자 한다. 연 유지 비용은 배관과 이음새 비용의 일부분으로 b로 나타낼 수 있다. 따라서 배관계 설치 및 유지에 대해서 총 상환해야 할 총 비용은 아래와 같이 주어진다.

$$C_{PT} = (a + b)(1 + F)C_1D^n \quad \textbf{(4.4)}$$

C_{PT}는 MU/(L·T) [$/(ft·yr) or $/(m·yr)]로 나타낸 배관계의 총 연간 비용이다. 배관계의 총 비용(펌프 포함)은 연 단위로 나타낸다.

배관계의 총 연간 비용 해석에서 두 번째 고려 요소는 배관으로 유체를 운반하는 데 드는 비용이다. 이 비용은 마찰을 극복하거나 운동/위치에너지를 변화시키는 것과 연관된 비용을 반영한다. 가장 일반적인 경우, 우리는 모델에 이 모든 요소들을 포함시킨다. 배관계로 유체를 운반할 때 요구되는 유체의 단위 질량당 에너지는 일반적인 시스템에 대한 에너지 방정식을 이용하여 알 수 있다.

그림 4.12에서 펌프와 배관계를 고려하면, 구획 1이 배관 입구에 해당하고 구획 2가 배관 출구, 구획 3은 펌프의 상류부에 해당하며, 구획 4는 펌프의 하류부에 해당한다. 이 경우 (마찰 포함) 1부터 3까지에 대한 수정된 Bernoulli 식을 쓰면 아래와 같다.

$$\frac{p_1}{\rho g} + \frac{V_1^2}{2g} + z_1 = \frac{p_3}{\rho g} + \frac{V_3^2}{2g} + z_3 + \frac{fL}{D}\frac{V^2}{2g} + \Sigma K\frac{V^2}{2g}$$

펌프, 구획 3, 구획 4에 대해서는 다음과 같은 에너지 방정식을 쓸 수 있다.

$$\frac{p_3}{\rho g} + \frac{V_3^2}{2g} + z_3 = \frac{p_4}{\rho g} + \frac{V_4^2}{2g} + z_4 + \frac{dW}{\dot{m}\, g\, dt}$$

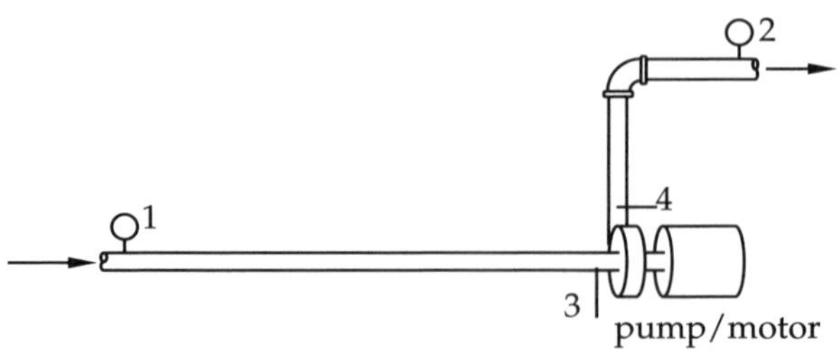

그림 4.12 일반적인 배관계

펌프 출구부의 배관(구획 4부터 2까지)에 대한 수정된 Bernoulli 식은 아래와 같다.

$$\frac{p_4}{\rho g}+\frac{V_4^2}{2g}+z_4=\frac{p_2}{\rho g}+\frac{V_2^2}{2g}+z_2+\frac{fL}{D}\frac{V^2}{2g}+\Sigma K\frac{V^2}{2g}$$

앞서 식들을 더하면, 다음과 같은 펌프와 배관계에 대한 식을 얻는다.

$$\frac{p_1}{\rho g}+\frac{V_1^2}{2g}+z_1=\frac{p_2}{\rho g}+\frac{V_2^2}{2g}+z_2+\left(\frac{fL}{D}\frac{V^2}{2g}+\Sigma K\frac{V^2}{2g}\right)_{\substack{\text{inlet}\\ \text{pipe}}}$$
$$+\left(\frac{fL}{D}\frac{V^2}{2g}+\Sigma K\frac{V^2}{2g}\right)_{\substack{\text{outlet}\\ \text{pipe}}}+\frac{dW}{\dot{m}g\ dt} \tag{4.5}$$

우리는 **수두(head)** 또는 **에너지(energy)** H를 아래와 같이 정의한다.

$$H=\left(\frac{p}{\rho g}+\frac{V^2}{2g}+z\right)$$

식 (4.5)을 H에 대해 쓰면 아래와 같다.

$$H_1=H_2+\left(\frac{fL}{D}\frac{V^2}{2g}+\Sigma K\frac{V^2}{2g}\right)_{\substack{\text{inlet}\\ \text{pipe}}}$$
$$+\left(\frac{fL}{D}\frac{V^2}{2g}+\Sigma K\frac{V^2}{2g}\right)_{\substack{\text{outlet}\\ \text{pipe}}}+\frac{dW}{\dot{m}\,g\ dt}$$

앞의 식들을 단순화하는 많은 방법들이 있다. 본 해석에서는, 우리는 부손실들을 무시할 수 있거나, 어떤 방법으로 다른 마찰항들과 합쳐질 수 있다고 가정한다. 더해서, 우리는 전체 배관계가 오직 하나의 크기의 배관으로 구성되어 있다고 가정한다. 많은 공업용 펌프들은 출구보다 입구에서 더 큰 배관 크기를 가지고 있으나, 지금으로선 이를 고려하지 않을 것이다. 동력에 대해서 정리하여 풀면, 우리는 아래의 식을 얻는다.

$$\frac{dW}{dt}=-\dot{m}\left((H_2-H_1)g+\frac{fL}{D}\frac{V^2}{2}\right) \tag{4.6}$$

편리를 위해 연속 방정식을 이용하여 식 (4.6)의 속도항을 질량유량으로 치환한다.

$$V=\frac{Q}{A}=\frac{\dot{m}}{\rho A}=\frac{4\dot{m}}{\rho\pi D^2} \tag{4.7}$$

식 (4.7)을 식 (4.6)에 대입한 후 단순화하면, 다음의 식을 얻는다.

$$-\frac{dW}{dt} = \dot{m}\left((H_2 - H_1)g + \frac{8fL\dot{m}^2}{\pi^2\rho^2 D^5}\right) \tag{4.8}$$

여기에서 dW/dt는 수두 변화와 마찰 효과를 극복하기 위하여 유체에 공급해 주어야 하는 동력이다. 실제 모터 크기는 $(dW/dt)/\eta$으로 주어지는데, 여기에서 η는 펌프 효율이다.

펌프를 작동시키는 연간 단위의 비용은 아래의 식으로 주어진다.

$$C_{OP} = \frac{C_2\, t(-dW/dt)}{\eta} \tag{4.9}$$

여기에서 C_{OP}는 MU/T ($/yr) 차원으로 나타낸 연간 비용이고, C_2는 MU/(F·L) ($/(kW·hr)) 차원으로 나타낸 에너지의 비용이다. t(hr/yr)는 연당 시스템이 작동하는 시간이고, η는 앞에서 언급하였듯이, 펌프의 효율(무차원)이다.

펌프의 초기 비용은 크기에 따라 달라진다. 펌프가 커질수록 비용 역시 증가한다. 멀리 떨어진 곳에 펌프가 위치하였거나 먼 거리에 걸쳐 유체를 운반하는 경우, 초기 비용은 4000 HP의 장치의 경우 $\$6 \times 10^6$까지 올라갈 수 있다. 반면, 100 HP 미만의 소형 장치의 경우에, 비용은 수백 달러 정도이다. 초기 펌프 비용은 현 해석에서 두 가지 방법 중 하나로 고려될 수 있다. 별개의 항으로 지름의 함수로 표현되든지, 또는 식 (4.4)에서 F의 일부분으로 포함될 수 있다. 본 해석에서는, 펌프 비용은 F에 포함된다고 둔다.

배관계(초기 + 유지 + 운영 + 펌핑) 및 상환율 a와 관련된 총 연간 비용은 식 (4.4)와 4.9의 합으로 주어진다.

$$C_T = LC_{PT} + C_{OP} = (a + b)(1 + F)C_1 D^n L + C_2\, t(-dW/dt)/\eta$$

식 (4.8)로 $-dW/dt$을 대체하면, 비용은 아래와 같게 된다.

$$\begin{aligned} C_T &= LC_{PT} + C_{OP} \\ &= (a+b)(1+F)C_1 D^n L + \frac{\dot{m}C_2 t}{\eta}(H_2 - H_1)g + \frac{8fL\dot{m}^3}{\pi^2\rho^2 D^5}\frac{C_2 t}{\eta} \end{aligned} \tag{4.10}$$

최적 경제 지름은 총 비용에 대한 식 (4.10)을 최소화시키는 지름이다. 최솟값은 식 (4.10)을 지름에 대해서 (다른 모든 변수들은 고정시킨 채) 미분한 다음, 이를 0과 같다고 둠으로써 구할 수 있다.

$$\frac{\partial C_T}{\partial D} = \mathrm{n}(a+b)(1+F)C_1 D^{(\mathrm{n}-1)}L - 5\left(\frac{8fL\dot{m}^3}{\pi^2\rho^2 D^6}\frac{C_2 t}{\eta}\right) = 0$$

여기에서 얻어진 것은 비구속 최적화 문제의 예이다. 즉, 우리는 최적 지름을 풀기 위해서 구속조건식이 필요하지 않았다. 위 식을 정리 후 지름에 대해서 나타내면 아래와 같다.

$$D^{\mathrm{n}+5} = \frac{40f\dot{m}^3 C_2 t}{\mathrm{n}(a+b)(1+F)C_1\eta\pi^2\rho^2} \tag{4.11}$$

또는

$$D_{\mathrm{opt}} = \left[\frac{40f\dot{m}^3 C_2 t}{\mathrm{n}(a+b)(1+F)C_1\eta\pi^2\rho^2}\right]^{\frac{1}{\mathrm{n}+5}} \tag{4.12}$$

식 (4.12)에 나타난 변수들에 대한 정의와 일반적인 값들은 표 4.2에 나타나 있다. 증명하기 간단하지 않지만, 식 (4.12)에서의 차원은 동일하다.

식 (4.12)에서는 몇 가지 중요한 특징들이 눈에 띈다.

- 배관 길이는 식에 나타나지 않는다.
- 유체의 점성은 나타나지 않지만, 밀도는 나타나 있다. 점성 효과는 Reynolds 수에 영향을 주는데, 이는 다시 마찰 계수 f에 영향을 미친다.
- 지름은 미지수인데, Moody 다이어그램이 사용될 경우, 지름이 마찰 계수 f에 대해서 주어져 있으므로, 시행착오 방법을 이용하여 해를 구해야 한다.
- 수두 손실은 식에 나타나 있지 않다.
- 점성 영향이 없다면(즉, $f = 0$), 최적 지름을 계산할 수 없다.

식 (4.12)를 적절하게 조작하여, 새로운 상호 관계를 얻기 위한 무차원 수들을 유도할 수 있는데, 이는 그래프상의 축척 매개 변수로 사용될 수 있다. 여기에서 목표는 식 (4.12)의 우변으로부터 마찰 계수 f를 제거하는 것이다. 식 (4.12)의 역은 아래와 같다.

$$\frac{1}{D_{\mathrm{opt}}} = \left[\frac{\mathrm{n}(a+b)(1+F)C_1\eta\pi^2\rho^2}{40f\dot{m}^3 C_2 t}\right]^{\frac{1}{\mathrm{n}+5}}$$

양변을 $4\dot{m}/\pi\mu$으로 곱해주면, 아래의 식을 얻는다.

$$\frac{4\dot{m}}{\pi\mu D_{\mathrm{opt}}} = \left[\frac{\mathrm{n}(a+b)(1+F)C_1\eta\pi^2\rho^2}{40f\,\dot{m}^3\,C_2\,t}\;\frac{4^{\mathrm{n}+5}\dot{m}^{\mathrm{n}+5}}{\pi^{\mathrm{n}+5}\mu^{\mathrm{n}+5}}\right]^{\frac{1}{\mathrm{n}+5}}$$

표 4.2 최적 경제 지름 해석에서의 인자들

Symbol	Definition	Dimensions (Units)	Typical Values
D_{opt}	the optimum economic diameter	L (ft or m)	—
$\dot{m}$	mass flow rate	M/T	—
f	friction factor	—	—
C_2	cost of energy	MU/(F·L) [\$/(kW·hr)]	\$0.05/(kW·hr) or \$0.05/(738 ft·lbf·hr)
t	time during which system operates per year	(hr/yr)	7 880 hr/yr (10% downtime)
n	exponent of D in curve fit of pipe cost data	—	1.0 to 1.4
a	amortization rate	1/T (1/yr)	1/7 to 1/20
b	yearly maintenance cost fraction	1/T (1/yr)	0.01
F	multiplier of pipe cost representing cost of fittings, pump, installation, etc.	—	6 to 7
C_1	constant in curve fit of pipe cost data	MU/L^{n+1}	\$54/ft^{n+1} to \$130/ft^{n+1} \$627/m^{n+1} to \$1 570/m^{n+1}
η	efficiency of pump	—	0.6 to 0.9
ρ	density of liquid	M/L^3 (lbm/ft^3 or kg/m^3)	—

$$D_{opt} = \left[\frac{40 f \dot{m}^3 C_2 t}{n(a+b)(1+F)C_1 \eta \pi^2 \rho^2} \right]^{\frac{1}{n+5}} \qquad \text{Ro} = \frac{\pi \varepsilon \mu}{4\dot{m}}$$

$$\left(f(\text{Re})^{n+5}\right)^{1/6} = \left[\frac{128}{5\pi^3} \frac{\dot{m}^2}{\mu^5} \left(\frac{4\dot{m}}{\pi\mu} \right)^{n} \left(\frac{n(a+b)(1+F)C_1 \eta \rho^2}{C_2 t} \right) \right]^{1/6}$$

또는

$$\left(\frac{4\dot{m}}{\pi\mu D_{\text{opt}}}\right)^{n+5} = \frac{256}{10\pi^3}\,\frac{\dot{m}^2}{\mu^5}\left(\frac{4\dot{m}}{\pi\mu}\right)^{n}\left(\frac{n\,(a+b)(1+F)C_1\eta\rho^2}{fC_2t}\right) \quad \textbf{(4.13)}$$

좌변의 괄호 안에 있는 항은 Reynolds 수로 볼 수 있다. 양변을 마찰 계수 f로 곱한 후, 6차근을 취하면, 우변에서 마찰 계수 f를 없앨 수 있다.

$$\left(f(\text{Re})^{n+5}\right)^{1/6} = \left[\frac{128}{5\pi^3}\,\frac{\dot{m}^2}{\mu^5}\left(\frac{4\dot{m}}{\pi\mu}\right)^{n}\left(\frac{n(a+b)(1+F)C_1\eta\rho^2}{C_2t}\right)\right]^{1/6} \quad \textbf{(4.14)}$$

마찰 계수 f와 Reynolds 수가 무차원 수이므로, 이들의 곱 역시 무차원이고, 축척 매개 변수로 사용될 수 있다.

Moody 다이어그램을 참조하면, 우리는 ε/D가 중요한 무차원 그룹이라는 것을 알 수 있다. 하지만, 이를 계산할 때 지름을 알고 있어야 한다. 이런 어려움은, 조도수(roughness number)라는 새로운 무차원 수 그룹을 도입함으로서 극복할 수 있다.

$$\text{Ro} = \frac{\varepsilon/D}{\text{Re}} = \frac{\varepsilon}{D}\left(\frac{\pi D\mu}{4\dot{m}}\right)$$

또는

$$\text{Ro} = \frac{\pi\varepsilon\mu}{4\dot{m}} \quad \textbf{(4.15)}$$

최적 경제 지름 문제에서, Ro을 독립변수로 두고 f와 $(f(\text{Re})^{n+5})^{1/6}$에 대한 그래프를 나타내는 것이 편리하다. 식 (4.2)에서 설명하였듯이, n은 배관비용 표현식에서 지름의 지수이다. 지수 n은 1.0에서 1.4까지 변하므로, 다음과 같이 3개의 공식화된 결과에 대한 그래프를 만들 수 있다.

1. R_o을 독립변수로, f와 $(f(\text{Re})^{6})^{1/6}$에 대한 그래프(n = 1.0)
2. R_o을 독립변수로, f와 $(f(\text{Re})^{6.2})^{1/6}$에 대한 그래프(n = 1.2)
3. R_o을 독립변수로, f와 $(f(\text{Re})^{6.4})^{1/6}$에 대한 그래프(n = 1.4)

이 세 개의 그래프는 Chen 방정식을 사용하여 만들어졌다(3장에서 제시). Chen 방정식은 Reynolds 수 Re와 ε/D의 함수로 마찰 계수 f를 나타내는데, 천이 구간과 난류 구간에서 유효하다. 새로운 그래프들에서는, Reynolds 수 Re과 e/D의 값들을 정한 다음, 마찰 계수 f를 계산하였다. 각각의 Re와 ε/D에 대해서, f, $(f(\text{Re})^{n+5})^{1/6}$ 및 Ro (= $\varepsilon/D/\text{Re}$) 각각의 값들을 계산하고, Ro가 고정된 범위 내에서 일련의 Reynolds 수 Re와 ε/D값들을 선택함으로써, 그래프를 완성하였다.

그림 4.13, 4.14, 4.15는 해석의 결과로 얻어진 그래프들이다. 그래프들은 유사한 형태를 지니고 있는데, 각각의 경우에 대해, 마찰 계수가 수직축에 나타나 있다. 모든 경우에 수직축은 0.1까지 변한다. 그림 4.4에서 수평축은 10^3에서 10^8까지 변하고, 그림 4.5와 4.6에서는 10^3에서 10^9까지 변한다. 모든 그래프에서 조도수 Ro는 0(매끄러운 벽면)에서 2.0×10^{-6}까지 변한다. 모든 그래프들은 천이 및 난류 영역을 포함하고 있다.

예제 4.5 아마인유(linseed oil)가 탱크로부터 병 충전기로 운송되고 있다고 한다. 충전기는 1분에 30개의 2리터 용량의 병들을 채운다고 할 때, 이 장치에 대한 최적 배관 크기를 결정하라. 풀이를 위해 다음의 변수들을 사용하여라.

C_2 = \$0.05/(kW·hr)

C_1 = \$955.6/$m^{2.2}$ $\qquad t$ = 7000 hr/yr

F = 6.75 $\qquad$ n = 1.2

a = 1/(10 yr) $\qquad b$ = 0.01

η = 75% = 0.75 $\qquad$ PVC schedule 40 pipe

풀이

우리는 식 (4.12)와 Moody 다이어그램을 사용하여 최적 지름을 계산하고자 한다. 먼저, 관련 표로부터 물성치들을 얻는다.

아마인유 $\qquad \rho = 930\ \text{kg/m}^3 \qquad \mu = 0.033\ \text{Pa·s}$

[부록 표 B.1]

체적유량 및 질량유량은 아래와 같다.

$$Q = 60\ \text{l/min} = 1\ \text{l/s} = 10^{-3}\ \text{m}^3/\text{s}$$

$$\dot{m} = \rho Q = (930)(10^{-3}) = 0.93\ \text{kg/s}$$

이를 식 (4.12)에 대입하면,

$$D_{opt} = \left[\frac{40 f \dot{m}^3 C_2 t}{\text{n}(a+b)(1+F)C_1 \eta \pi^2 \rho^2} \right]^{\frac{1}{\text{n}+5}}$$

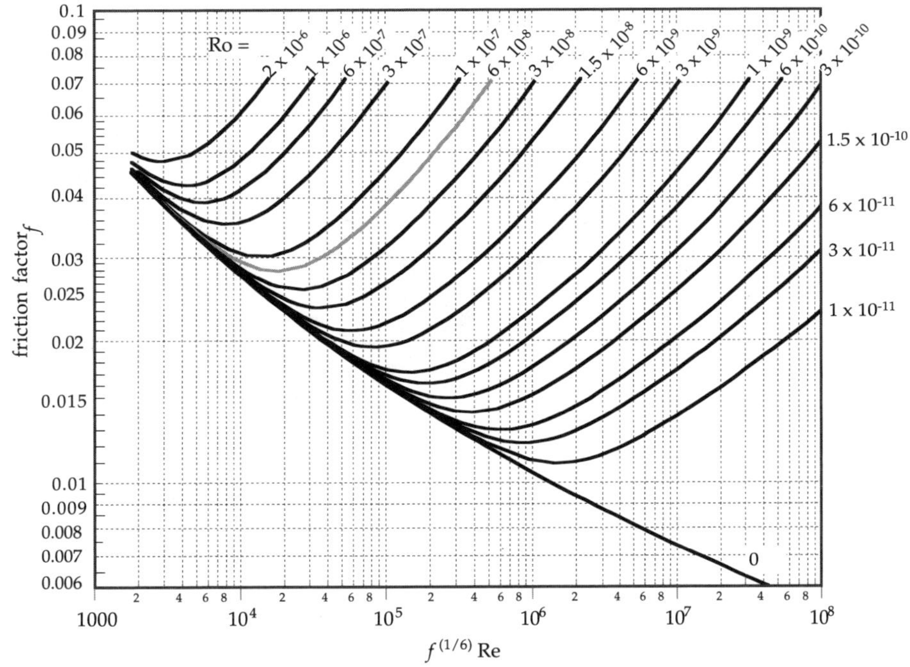

그림 4.13 n = 1에 대한 마찰 계수 그래프

$$D_{\text{opt}} = \left[\frac{40f(0.93)^3(0.05)(7000)}{1.2(1/10 + 0.01)(1 + 6.75)(955.6)(0.75)\pi^2(0.930)^2}\right]^{\frac{1}{6.2}}$$

(비용 \$0.05는 영국 단위에서는 738로, SI 단위에서는 1,000으로 나누어야 **한다는 것**을 염두에 두어라.) 풀면,

$$D_{\text{opt}} = 0.118f^{0.161} \tag{i}$$

유동의 Reynolds 수는,

$$\text{Re} = \frac{\rho VD}{\mu} = \frac{4\rho Q}{\pi D\mu}$$

대입하면,

$$\text{Re} = \frac{4(0.93)}{\pi D(0.033)} = \frac{35.88}{D}$$

PVC 배관에 대해서는, Moody 다이어그램상에서 “매끄러움(smooth)” 곡선을 사용한

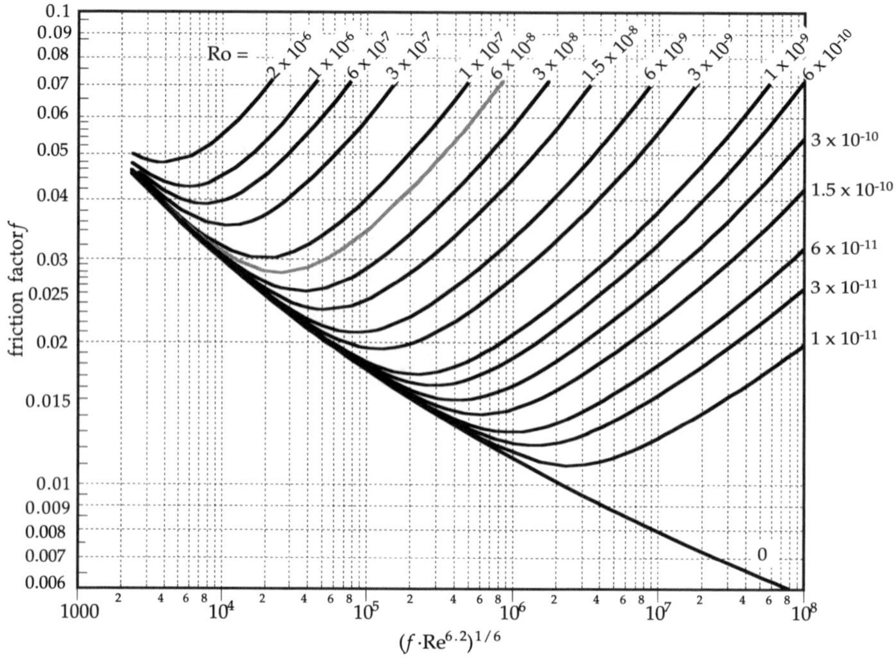

그림 4.14 n = 1.2에 대한 마찰 계수 그래프

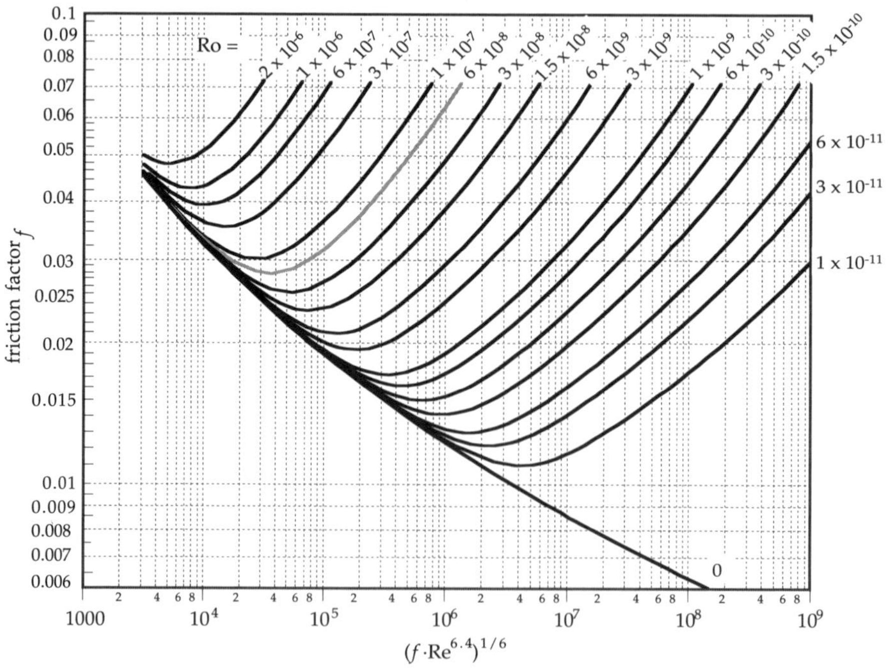

그림 4.15 n = 1.4에 대한 마찰 계수 그래프

다. 일반적으로는 지름의 값을 선택하고, Reynolds 수를 계산하고, 마찰 계수를 결정한 다음, 지름에 대한 새로운 값을 찾는 식으로 문제를 푼다. 하지만, 여기에서는 Reynolds 수에 관한 식에서 분자가 2 100보다 작으므로 (117), 층류일 수 있다고 신중하게 가정하고 시작하는 것이 나을 것이다. 원형 덕트에서 Newtonian 유체가 층류로 흐를 경우, 다음의 식을 적용한다.

$$f = \frac{64}{\mathrm{Re}} = \frac{64D}{35.88} = 1.784D$$

이를 조금 전에 적은 식 (i)에 대입하면, 아래의 식을 얻는다.

$$D_{opt} = 0.118f^{0.161} = 0.118(1.784D_{opt})^{0.161} = 0.130D_{opt}{}^{0.161}$$

이 식을 풀면, 아래의 결과를 얻는다.

$$D_{opt}{}^{(1-0.161)} = 0.130$$

$$D_{opt} = 88.2\ \mathrm{mm}$$

층류 가정에 대한 검증을 위해, 다음 값을 계산한다,

$$\mathrm{Re} = \frac{35.88}{D} = \frac{35.88}{0.088} = 408$$

$$f = \frac{64}{\mathrm{Re}} = \frac{64}{408} = 0.157$$

그리고

$$D_{opt} = 0.118f^{0.161} = 0.118(0.157)^{0.161} = 0.0876\ \mathrm{m}$$

부록 표 D.1을 보면, 이 지름은 공칭치수(nominal) 3 $^1/_2$ 스케줄(schedule) 40에 가깝다는 것을 알 수 있다. 다른 특정 조건이 없으므로, 우리는 스케줄 40을 사용한다. 더 작은 크기는 압력 강하를 증가시키지 않고서는 요구되는 유량을 전달할 수 없다. 더 큰 크기는 요구되는 유량을 전달하면서 더 작은 동력을 소모할 것이다. 따라서 사용해야 할 정확한 크기는 다음과 같다.

$$D_{opt} = \text{공칭치수 } 3^1/_2 \text{ 스케줄 40 배관 } (D = 90.12\ \mathrm{mm})$$

예제 4.6 물이 보통강(commercial steel) 배관계를 따라서 0.0038 m^3/s의 유량으로 운송된다고 한다. 아래의 주어진 조건에 대해서, 최적 경제 배관 크기를 결정하여라.

$$C_2 = \$0.04/(\text{kW}\cdot\text{hr}) = \$0.04/(1\ 000\ \text{W}\cdot\text{hr})$$
$$C_1 = \$700/\text{m}^{2.2}$$
$$t = 6\ 000\ \text{hr/yr} \qquad a = 1/(7\ \text{yr})$$
$$F = 7.0 \qquad b = 0.01$$
$$\text{n} = 1.2 \qquad \eta = 75\% = 0.75$$

풀이

이전 예제에서, 우리는 최적 지름 D_{opt}를 찾기 위하여 식 (4.12)를 직접 사용하였다. 동일한 과정을 여기에서도 사용할 것이다. 또한, 문제 해결 방법을 설명하고 결과를 비교하기 위하여 알맞은 경제 지름 선택 그래프를 사용할 것이다. 먼저, 관련 표로부터 물성치들을 찾으면,

물	$\rho = 1\ 000\ \text{kg/m}^3$	$\mu = 0.89 \times 10^{-3}\ \text{N}\cdot\text{s/m}^2$	[부록 표 B.1]
보통강		$\varepsilon = 0.004\ 6\ \text{cm} = 0.000\ 046\ \text{m}$	[표 3.1]

다음으로는, 시행착오 방법을 적용하기 위해 알려진 모든 변수들을 식 (4.12)에 대입한다. 체적유량은 아래와 같다.

$$Q = 3.8\ \text{l/s} = 0.003\ 8\ \text{m}^3/\text{s}$$

질량유량은 다음과 같이 계산된다.

$$\dot{m} = \rho Q = 1\ 000(0.003\ 8) = 3.8\ \text{kg/s}$$

식 (4.12)는 아래와 같이 된다.

$$D_{opt} = \left[\frac{40f\dot{m}^3C_2t}{\text{n}(a+b)(1+F)C_1\eta\pi^2\rho^2}\right]^{\frac{1}{\text{n}+5}}$$

대입하면 다음의 식을 얻는다.

$$D_{opt} = \left[\frac{40f(3.8)^3(0.04/1\ 000)(6\ 000)}{1.2(1/7+0.01)(1+7.0)(700)(0.75)\pi^2(1\ 000)^2}\right]^{1/6.2}$$

또는

$$D_{opt} = 0.070f^{0.161} \quad \textbf{(i)}$$

유동의 Reynolds 수는 다음과 같다.

$$\text{Re} = \frac{\rho VD}{\mu} = \frac{4\rho Q}{\pi D\mu} = \frac{4\dot{m}}{\pi D\mu}$$

$$\text{Re} = \frac{4(3.8)}{\pi D(0.89 \times 10^{-3})} = \frac{5.44 \times 10^3}{D}$$

먼저, 배관 크기에 관한 표에서 (부록 표 D.1) 가져오거나, 무작위로 선택하는 등의 방법으로 지름을 가정한다. 여기에서는 두 번째 방식을 택한다.

1번째 시도: $D = 4$ cm

$$\left.\begin{array}{l} \text{Re} = 5.44 \times 10^3/0.04 = 1.36 \times 10^5 \\ \dfrac{\varepsilon}{D} = \dfrac{0.004\ 6}{4} = 0.001\ 15 \end{array}\right\} \quad f = 0.022 \ \ (\text{Moody 다이어그램})$$

이 예제에서의 식 (i)를 사용하면,

$$D_{opt} = 0.070(0.022)^{0.161} = 0.037\ 8 \text{ m}$$

2번째 시도: $D = 0.0378$ m

$$\left.\begin{array}{l} \text{Re} = 5.44 \times 10^3/0.037\ 8 = 1.44 \times 10^5 \\ \dfrac{\varepsilon}{D} = \dfrac{0.004\ 6}{3.78} = 0.001\ 2 \end{array}\right\} \quad f \approx 0.022 \ (\text{Moody 다이어그램})$$

우리가 가정한 값과 같다. 따라서,

$$\underline{D_{opt} = 0.037\ 8 \text{ m}} \quad (\text{충분히 가까움})$$

시행착오방법을 사용하는 대신, 문제를 풀기 위해 그림 4.5를 사용할 수 있다. 이는 식 (4.14)를 사용해서 $(f(\text{Re})^{n+5})^{1/6} = (f(\text{Re})^{6.2})^{1/6}$을 계산하는 것이다.

식 (4.14)에 대입하여 아래의 식을 얻는다.

$$(f(\text{Re})^{n+5})^{1/6} = \left[\frac{128}{5\pi^3} \frac{\dot{m}^2}{\mu^5} \left(\frac{4\dot{m}}{\pi\mu} \right)^n \left(\frac{n(a+b)(1+F)C_1\eta\rho^2}{C_2 t} \right) \right]^{1/6} \quad \textbf{(4.14)}$$

$$\left(f(\mathrm{Re})^{6.2}\right)^{1/6} = \left[\frac{128}{5\pi^3(1)^4}\ \frac{3.8^2}{(0.89 \times 10^{-3})^5}\left(\frac{4(3.8)}{\pi(0.89 \times 10^{-3})(1)}\right)^{1.2}\right.$$

$$\left.\times\ \left(\frac{1.2(1/7 + 0.01)(1 + 7)(700)(0.75)(1\,000)^2}{(0.04/1\,000)(6\,000)}\right)\right]^{1/6}$$

풀면,

$$\left(f(\mathrm{Re})^{6.2}\right)^{1/6} = 1.13 \times 10^5$$

조도수는 아래와 같이 계산된다.

$$\mathrm{Ro} = \frac{\pi\varepsilon\mu}{4\dot{m}} = \frac{\pi(0.000\,046)(0.89 \times 10^{-3})(1)}{4(3.8)} = 8.46 \times 10^{-9}$$

이 값들을 사용하면,

$$\left.\begin{aligned}\left(f(\mathrm{Re})^{6.2}\right)^{1/6} &= 1.13 \times 10^5\\ \mathrm{Ro} &= 8.46 \times 10^{-9}\end{aligned}\right\}\quad f \approx 0.022 \qquad \text{(그림 4.5)}$$

따라서,

$$\left(f(\mathrm{Re})^{6.2}\right)^{1/6} = \left(0.022(\mathrm{Re})^{6.2}\right)^{1/6} = 1.13 \times 10^5$$

Reynolds 수는 아래와 같이 계산된다.

$$\mathrm{Re} = \left(\frac{(1.13 \times 10^5)^6}{0.022}\right)^{1/6.2} = 1.44 \times 10^5$$

Reynolds 수 정의로부터,

$$\mathrm{Re} = \frac{4\dot{m}}{\pi D\mu}$$

아래와 같이 쓸 수 있다.

$$D = \frac{4\dot{m}}{\pi\mathrm{Re}\mu} = \frac{4(3.8)}{\pi(1.44 \times 10^5)(0.89 \times 10^{-3})(1)}$$

또는 $D = 3.78 \times 10^{-2}$ m = 37.8 mm

D_{opt}를 구할 때 식 (4.12)를 사용할 경우, 우리는 37.8 mm을 얻었다. 이 두 개의 결과 사이에 차이가 발생한다면 반올림 오차와 그래프를 읽는 데 있어서의 오차 때문이다. 본 예제에서는 무차원 그래프를 사용하는 방법을 설명하였다.

예제 4.7 앞 예제에서의 결과를 바탕으로(37.8 mm), 문제 정의에서 주어졌던 응용분야를 위해 스케줄 40 배관을 사용한다고 할 때, 사용해야 할 배관 크기를 결정하여라.

풀이

배관 크기에 대한 표를 참조하면(부록 표 D.1), 3.78 cm가 스케줄 40 배관 크기들에 명확하게 나와 있지 않은 것이 확실하다. 요구되는 지름은 다음의 두 지름 사이에 위치한다.

공칭치수 $1\frac{1}{4}$ 스케줄 40 $D = 35.04$ mm
공칭치수 $1\frac{1}{2}$ 스케줄 40 $D = 40.90$ mm

얼핏 보면, 3.504 cm가 얻어진 결과에 더 가깝기 때문에, 공칭치수 $1\frac{1}{4}$ 스케줄 40이 사용해야 할 크기 같아 보일 것이다. 하지만, 확실히 우리가 원하는 것은 최소 비용에 해당하는 지름을 택하는 것이라는 것을 상기해 보자.

따라서 우리는 식 (4.10)을 사용하여 실제 비용을 계산해 볼 것이다.

$$C_T = LC_{PT} + C_{OP}$$

$$= (a+b)(1+F)C_1D^nL + \frac{\dot{m}C_2t}{\eta}(H_2 - H_1)g + \frac{8fL\dot{m}^3}{\pi^2\rho^2D^5}\frac{C_2t}{\eta}$$

여기에서 $H_2 - H_1$은 미지수이다. 이 식에서 $H_2 - H_1 = 0$으로 가정한 다음, 비용을 계산할 것이다. 추가적으로 길이는 특정되지 않았으므로, 두 개의 배관 크기에 대해서 길이당 비용을 추정할 것이다. 식 (4.10)은 아래와 같다.

$$\frac{C_T}{L} = (a+b)(1+F)C_1D^n + \frac{8f\dot{m}^3}{\pi^2\rho^2D^5}\frac{C_2t}{\eta}$$

공칭치수 $1\frac{1}{4}$ 스케줄 40 배관에 대해서,

$$\frac{C_T}{L} = (1/7 + 0.01)(1+7)(700)(0.035\,04)^{1.2}$$

$$+ \frac{8(0.023)(3.8)^3}{\pi^2(1\ 000)^2(0.035\ 04)^5(1)} \frac{(0.04/1\ 000)(6\ 000)}{0.75}$$

또는 $\frac{C_T}{L} = \$21.26\ /(\text{yr}\cdot\text{m})$ 배관의 $\left(\begin{array}{c}\text{공칭치수 } 1^1/_2 \text{ 스케줄 } 40 \\ D = 40.9\ \text{mm}\end{array}\right)$

공칭치수 $1^1/_2$ 스케줄 40 배관에 대해서,

$$\frac{C_T}{L} = (1/7 + 0.01)(1 + 7)(700)(0.040\ 9)^{1.2}$$
$$+ \frac{8(0.023)(3.8)^3}{\pi^2(1\ 000)^2(0.040\ 9)^5(1)} \frac{(0.04/1\ 000)(6\ 000)}{0.75}$$

또는 $\frac{C_T}{L} = \$21.20/(\text{yr}\cdot\text{m})$ 배관의 $\left(\begin{array}{c}\text{공칭치수 } 1^1/_2 \text{ 스케줄 } 40 \\ D = 40.9\ \text{mm}\end{array}\right)$

두 개의 결과를 비교하면, 최소 비용 배관은 아래와 같다는 결론에 이른다.

공칭치수 $1^1/_2$ 스케줄 40	$D = 40.9$ mm

앞의 계산들은 같은 유량을 운반할 때, 마찰 계수가 양 배관에서 같다는 가정하에 이루어졌다(이전 예제로부터 $f = 0.022$). 공칭치수 $1^1/_4$ 및 $1^1/_2$ 스케줄 40 배관를 사용하였을 경우 다음의 계산 결과를 얻는다.

Nominal Size	*ID*	Re	ε/D	f
$1^1/_4$-nom sch 40	0.035 04 m	1.55×10^4	0.001 31	0.023
$1^1/_2$-nom sch 40	0.040 9 m	1.33×10^5	0.001 12	0.022

따라서 마찰 계수는 관심 영역 구간에서 거의 일정하다. 사실, 이런 유형의 대부분 계산에서, 마찰 계수는 모든 경우에(심지어 non-Newtonian 유체를 포함해서) 단지 5%에서 30% 정도만 변한다.

그림 4.16은 이 예제에서 제시된 비용 데이터에 관한 그래프인데, 비용 방정식들의 거동을 설명하기 위하여 제시되었다. 수평축은 지름으로 0.02 m부터 0.1 m까지 변한다. 수직축은 길이당 비용(연 기준)이고, 여기에선 총 3개의 그래프가 나타나 있다. 배관비용 곡선은 다음의 식과 예제의 데이터를 이용하여 계산하였다.

$$C_{PT} = (a+b)(1+F)C_1D^n = (1/7+0.01)(1+7)(700)D^{1.2} = 856D^{1.2}$$

운영비용 곡선은 다음과 같이 계산된다($H_2 - H_1 = 0, f = 0.022$로 가정).

$$\frac{C_{OP}}{L} = \frac{8f\dot{m}^3}{\pi^2\rho^2D^5}\ \frac{C_2t}{\eta} = \frac{8(0.022)(3.8)^3}{\pi^2(1\ 000)^2D^5}\ \frac{(0.04/1\ 000)(6\ 000)}{0.75}$$

또는

$$\frac{C_{OP}}{L} = \frac{3.12 \times 10^{-7}}{D^5}$$

총 비용 곡선은 각각의 해당되는 지름의 C_{PT}와 C_{OP}/L을 더함으로써 결정된다. 그림에서 보이듯이, 총 비용은 $D \approx 0.037$ m에서 최소가 된다.

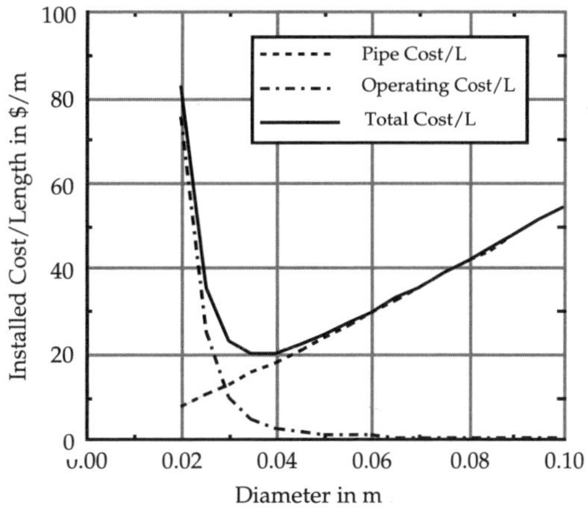

그림 4.16 예제에서 비용 데이터에 대한 그래프

본 예제에서는, 얻어진 최적 지름 결과는 두 개의 배관 크기와 인접하였다. Moody 다이어그램을(또는 주어진 변수들 중의 하나) 읽는 데 있어서 약간의 차이는 더 작은 지름을 사용하라는 결론으로 쉽게 이어질 수 있다. 예를 들어, $t = 6\ 000$ hr/yr 대신 $t = 4\ 000$ hr/yr을 사용했을 때, 더 적은 비용은 $1^1/_4$ 배관에서 발생할 것이다.

한 가지 알아두어야 할 것은, 운영비용(펌프, 압축기 등을 작동시키는 비용)은 절대로 감소되리라고 기대할 수 없다는 것이다. 운영비용이 증가할 때, 총 비용은 오른쪽으로 이동할 것이다. 즉, 최소 비용은 더 큰 지름과 연관되어질 것이다. 따라서 경험법칙으로부터, 최적 지름이 두 개의 배관 크기 사이에 위치할 때 큰 것을 선택하는 것이 좀 더 사려 깊은 행동이다.

최적 경제 지름을 결정하기 위해 사용된 앞에서의 식들에게는 두 가지의 명백한 단점이 있다. 부손실의 문제 및 얻어진 결과들을 비원형 단면에 적용할 때의 어려움이다. 이 단점들은 문제에 대한 약간의 변형된 접근방법을 통해 극복될 수 있다. 주어진 변수들에 대해서 최적 경제 지름을 먼저 일정한 지름을 가진 원형 배관에 대해서 계산한다. 지름이 알려진 경우, 단면적을 계산한 후 유량을 이 값으로 나눈다. 이는 소위 **최적 경제 속도(optimum economic velocity)**로 일컬어진다. 그런 다음 이 최적 경제 속도를 비원형 덕트의 크기를 결정하는 데 사용하고, 이음새들은 적절히 배관계에 추가할 수 있다.

예를 들어, 앞서 두 예제에서의 데이터를 사용하여 최적 경제 속도를 계산할 수 있다. 물의 밀도 1 000 kg/m^3, 질량유량 3.8 kg/s, 지름 40.9 mm로부터, 최적 속도는 아래와 같이 계산된다.

$$V_{\text{opt}} = \frac{\dot{m}}{\rho A} = \frac{4\dot{m}}{\rho \pi D^2} = \frac{4(3.8)}{1\,000\pi(0.040\,9)^2} = 2.9\ \text{m/s}$$

따라서 언급된 조건에서, 물의 속도가 2.9 m/s 또는 그 근처로 유지된 채로 이음새나 비원형 단면적을 가진 배관을 지난다면, 최소 비용 요건이 충족될 것이다.

4.3 | 이음새의 등가 길이(Equivalent Length of Fittings)

지난 장에서 살펴보았듯이, 배관 길이가 상대적으로 짧은 경우 부손실은 압력 손실의 형태로 상당한 양의 에너지를 소모할 수 있다. 또한, 수정된 Bernoulli 식에서의 부손실을 무시하는 경우에 비해서, 손실을 포함하는 것은 반복법(또는 시행착오방법) 문제를 훨씬 더 어렵게 만든다.

결과적으로, **등가 길이(equivalent length)**라는 개념을 사용하여 부손실을 다른 방법으로 나타내고자 하는 노력이 있어 왔다.

수정된 Bernoulli 식을 살펴보면,

$$\frac{p_1}{\rho g} + \frac{V_1^2}{2g} + z_1 = \frac{p_2}{\rho g} + \frac{V_2^2}{2g} + z_2 + \Sigma\frac{fL}{D_h}\frac{V^2}{2g} + \Sigma K\frac{V^2}{2g} \tag{4.16}$$

마찰과 부손실 항은 아래와 같다.

$$\frac{fL}{D_h}\frac{V^2}{2g} + \Sigma K\frac{V^2}{2g} = \left(\frac{fL}{D_h} + \Sigma K\right)\frac{V^2}{2g}$$

등가 길이 개념은 부손실 항을 아래의 주어진 식으로 대체할 수 있게 해 준다.

$$\Sigma K = \frac{fL_{eq}}{D_h} \tag{4.17}$$

여기에서 f는 전체 배관에 적용되는 마찰 계수이고, D는 배관 지름(특성 길이), 그리고 L_{eq}는 등가 길이이다. 물리적으로, 우리는 이음새에서 발생하는 압력 손실과 같은 배관의 길이를(원 배관의 재료, 크기 및 스케줄) 계산하는 것이다. 다음 예제는 손실 계수 K에 대한 데이터로부터 어떻게 등가 길이를 계산하는가를 보여준다.

예제 4.8 수평으로 놓여진 54.86 m 길이의 공칭치수 12 스케줄 40 보통강 배관을 통해 에틸 알코올(ethyl alcohol)을 0.0473 m^3/s의 유량으로 운반하고 있다. 배관계는 두 개의 45도 엘보우와 두 개의 90°C 엘보우를 포함하고 있다고 한다. 이 이음새들에 대한 등가 길이를 결정하여라.

풀이

관련 표로부터 물성치들을 얻으면,

에틸 알코올	$\rho = 787\ kg/m^3$	$\mu = 1.1 \times 10^{-3}\ Pa{\cdot}s$ [부록 표 B.1]
공칭지수 12 스케줄 40	$D = 0.303\ m$	$A = 0.0722\ m^2$ [부록 표 D.1]
보통강	$\varepsilon = 0.0457\ mm$	[표 3.1]

유동 속도 $V = Q/A$

$$Q = 0.0473\ m^3/s \qquad V = \frac{0.0473}{0.0722} = 0.655\ m/s$$

Reynolds 수 $Re = \rho VD/\mu$

$$Re = \frac{(787)(0.655)(0.303)}{1.1 \times 10^{-3}}$$

또는

$$\left.\begin{aligned} &\text{Re} = 1.43 \times 10^5 \\ &\frac{\varepsilon}{D} = \frac{0.0457}{303} = 0.00015 \end{aligned}\right\} \quad f = 0.018 \ \ (\text{Moody 다이어그램})$$

부손실

$$\Sigma K = 2K_{45°\text{ elbow}} + 2K_{90°\text{ elbow}} = 2(0.17) + 2(0.22) = 0.78$$

이때, 우리는 부손실값(0.78)을 대신하여, 식 (4.17)로부터 등가 길이를 구한다.

$$\Sigma K = \frac{fL_{\text{eq}}}{D_h}$$

또는 $0.78 = \dfrac{0.018L_{\text{eq}}}{0.303}$

여기에서는 원래의 배관에 대한 마찰 계수와 지름을 사용한다. 등가 길이에 대해서 풀면, 아래의 값을 얻는다.

$$\underline{L_{\text{eq}} = 13.13 \text{ m}}$$

따라서 두 개의 45° 엘보우와 두 개의 90° 엘보우를 13.13 m 길이의 공칭치수 12 스케줄 40 보통강 배관으로 대체한다면 (일직선 길이 54.86 + 13.13 = 68 m), 이음새를 포함한 원래의 구성에서와 동일한 압력 손실을 얻을 수 있다. 그림 4.17을 보라.

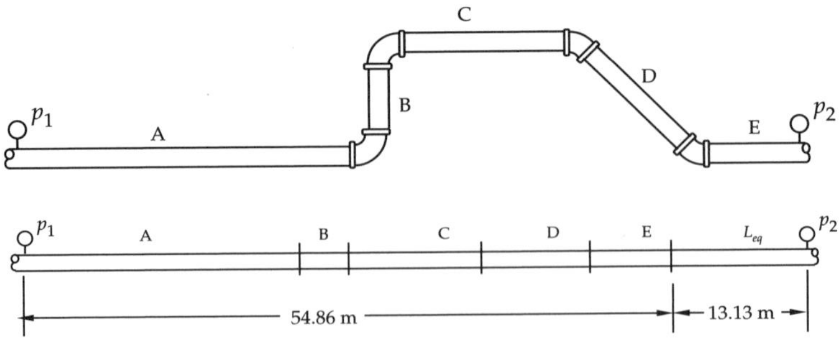

그림 4.17 예제 4.6에서 적용된 등가 길이의 개념

부손실에 대한 어떤 표들은 K 값 대신에 등가 길이 데이터를 제공한다. 예를 들어, 90° 엘보우의 경우 손실 계수로 등가 길이 30 지름(= 30D)을 가지고 있다고 표현한 것을 종종 볼 수 있다.

표 4.3 여러 가지 이음새에 대한 손실 계수 *K*와 등가 길이-지름 비 L_{eq}/D

Fitting	Loss Coefficient K	Equivalent Length-to-Diameter Ratio L_{eq}/D
Reentrant inlet	1.0	
Basket strainer	1.3	
Foot valve	0.8	
90° elbow, threaded		
regular	1.4	30
long radius	0.75	20
90° elbow, flanged		
regular	0.31	
long radius	0.22	
45° elbow, threaded, regular	0.35	16
45° elbow, flanged, long radius	0.17	
Return bend, threaded, regular	1.5	50
Return bend, flanged		
regular	0.30	
long radius	0.20	
T-joint, threaded		
through flow	0.9	20
branch flow	1.9	60
T-joint, flanged		
through flow	0.14	
branch flow	0.69	
Coupling or union	0.08	
Globe valve, fully open	10.0	340
Gate valve, fraction open:		
1/4	17.0	900
1/2	2.06	160
3/4	0.26	35
fully open	0.15	13
Angle valve	2.0	145
Ball valve, fully open	0.05	
Butterfly valve, fully open		40
Check valves		
swing type	2.5	135
ball type	70.0	
lift type	12.0	
Outlet		1.0

출처: 손실 계수 데이터 77, 78쪽 *Engineering Data Book*, 2nd ed., ©1990 by The Hydraulic Institute. Reprinted by permission. 등가 길이/지름 비/데이터 obtained from "Technical Paper No. 410—Flow of Fluids." 11th printing, © Crane Co.

표 4.3은 손실 계수 K 및 길이-지름 비의 형태로 여러 이음새들에 대한 데이터를 제공한다. 간단히 표로부터 주어진 값들을 사용할 수 있다. 수정된 Bernoulli 식에서, 부손실 항 ΣK는 fL_{eq}/D로 대체되는데, 여기에서 f는 배관계 내에서와 동일한 마찰 계수이고 L_{eq}/D는 표로부터 얻을 수 있다.

예제 4.9 프로필 알코올(propyl alcohol)이 0.01 m^3/s의 유량으로 공칭치수 2 스케줄 40의 연철 (wrought iron) 배관을 통해 흐르고 있다. 배관은 수평으로 놓여 있고, 250 m의 길이를 가지고 있다. 배관은 4개의 일반 나사식(threaded) 90° 엘보우와 하나의 글로브 밸브(globe valve)를 포함하고 있다. 손실 계수들을 사용하여 프로필 알코올에 발생하는 압력강하를 계산한 후, 등가 길이를 사용하여 다시 계산하여라.

풀이

물성치 표로부터, 다음의 값들을 얻는다.

프로필 알코올	$\rho = 802\ kg/m^3$	$\mu = 1.92 \times 10^{-3}\ N{\cdot}s/m^2$	[부록 표 B.1]
공칭치수 2 스케줄 40	$ID = D = 52.52\ mm$	$A = 21.66 \times 10^{-4}$	[부록 표 D.1]
연철		$\varepsilon = 0.046\ mm$	[표 3.1]

배관 내를 흐르는 비압축성 정상 유동에 대해서 연속 방정식을 적으면,

$$A_1V_1 = A_2V_2$$

$A_1 = A_2$이므로 $V_1 = V_2$이다. Bernoulli 식을 적용하면:

$$\frac{p_1}{\rho g} + \frac{V_1^2}{2g} + z_1 = \frac{p_2}{\rho g} + \frac{V_2^2}{2g} + z_2 + \frac{fL}{D_h}\frac{V^2}{2g} + \Sigma K \frac{V^2}{2g}$$

1과 2의 위치는 250 m 떨어져 있고, 수평 배관에 대해 $z_1 = z_2$이며 $p_1 - p_2$는 구해야 할 값이다. 위의 방정식은 아래와 같게 된다.

$$p_1 - p_2 = \frac{fL}{D_h}\frac{\rho V^2}{2} + \Sigma K \frac{V^2}{2g}$$

유동 속도는

$$V = \frac{Q}{A} = \frac{0.01}{21.66 \times 10^{-4}} = 4.62\ m/s$$

Reynolds 수는 아래와 같이 계산된다.

$$Re = \frac{\rho VD}{\mu} = \frac{0.802(1\,000)(4.62)(0.052\,52)}{0.53 \times 10^{-3}} = 1.01 \times 10^5$$

따라서 유동은 난류이다.

$$\left.\begin{array}{l} \text{Re} = 1.01 \text{ x } 10^5 \\ \text{그리고 } \dfrac{\varepsilon}{D} = \dfrac{0.046}{52.52} = 0.000\ 88 \end{array}\right\} \quad f = 0.022 \quad (\text{그림 } 3.3)$$

4개의 엘보우와 1개의 글로브 밸브에 대하여, 표 4.3으로부터 값을 찾으면,

$$K = 4(1.4) + 10 = 15.6$$

그리고

$$\frac{L_{eq}}{D} = 4(30) + 340 = 460$$

K 값들을 사용하면, 압력 손실은 아래와 같다.

$$p_1 - p_2 = \left(\frac{fL}{D_h} + K\right)\frac{\rho V^2}{2} = \left(\frac{0.022(250)}{0.052\ 52} + 15.6\right)\frac{0.802(1\ 000)(4.62)^2}{2}$$

$$\underline{p_1 - p_2 = 1\ 022\ 912 \text{ N/m}^2 = 1\ 022 \text{ kPa}} \qquad (K\text{를 사용})$$

등가 길이의 개념을 사용하면, 아래와 같이 쓸 수 있다.

$$p_1 - p_2 = \left(\frac{fL}{D_h} + \frac{fL_{eq}}{D_h}\right)\frac{\rho V^2}{2}$$

$$p_1 - p_2 = \left(\frac{0.022(250)}{0.052\ 52} + 0.022(460)\right)\frac{0.802(1\ 000)(4.62)^2}{2}$$

$$\underline{p_1 - p_2 = 975\ 594 \text{ N/m}^2 = 976 \text{ kPa}} \qquad (L_{eq}/D\text{를 사용})$$

4.4 | 배관계에 관한 도식적 부호들

배관계에 사용될 수 있는 많은 이음새들과 이를 배관에 연결하는 다양한 방법들로 인하여, 배관계를 나타내는 기준들이 확립되어 있다. 미국 국립 표준원(ANSI)은 산업계에서

인정되는 기준이 되는 도식적 부호들을 보여 주는 차트(ANSI Z32.2.3)를 제공하고 있다. 표 4.4는 몇몇 공통적인 이음새와 일반적인 접합방법을 나타낸 것을 보여준다.

표 4.4는 배관계를 하나의 선으로 나타낼 때 사용되는 도식 부호들을 보여준다. 두 개의 선으로 나타낼 때 쓰이는 방법들 역시 확립되어 있는 방법이다. 예를 들어, 그림 4.18에 그려진 배관계 도면은 같은 시스템을 세 가지 방식으로 나타내고 있다(두 개의 선 또는 한 개의 선으로 나타낸 표시법, 등각도). 이 도면들은 플랜지 이음새가 사용되고 있음을 보여준다. 등각도에서는 3차원 효과가 훨씬 명확하게 나타나는데, 그림 4.18의 경우에는 이 장점이 명확하게 드러나지 있지 않다.

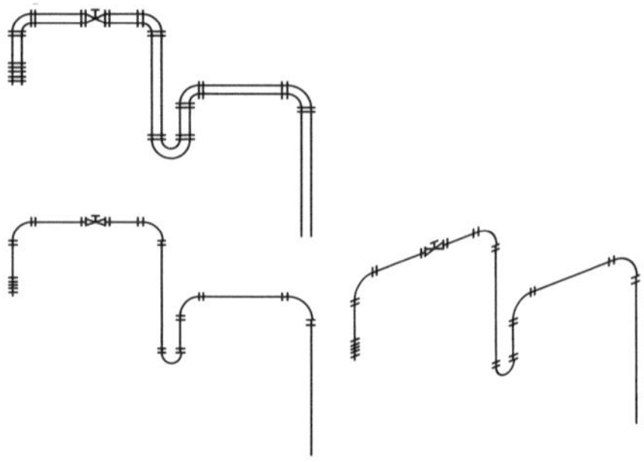

그림 4.18 배관계를 그리는 방법들

그림 4.19는 배관 및 이음새들이 하나의 평면에 위치하지 않을 경우의 배관계를 보여 주고 있다. 여기에서는 배관계를 위에서와 옆에서 보았을 때의 모습이 나타나 있는데, 두 가지의 도면만으로 시스템을 나타내는 것이 적합하지 않아 보인다. 결과적으로 봤을 때, 추가적으로 보여진 등각으로 표현하는 방법이 확실히 더 나은 그림을 제공한다. 등각도에서 컴퍼스 방향이 나타나 있는 것에 주목하여라. 작업자들은 배관계를 연결하는 데 있어 적절히 표기된 등각도(배관의 각각의 길이, 이음새들에 대한 설명, 설치에 관한 주의점 등)를 이용할 수 있는데, 상세하게 잘 표기되어 있는 등각도를 **스풀 드로잉(spool drawing)**이라 부른다.

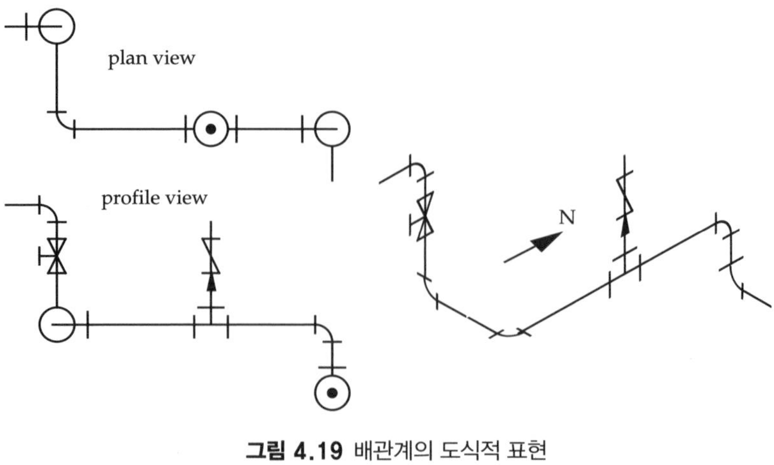

그림 4.19 배관계의 도식적 표현

표 4.4 배관계에 대한 도식적 부호들(ANSI Z32.2.3으로부터 축약)

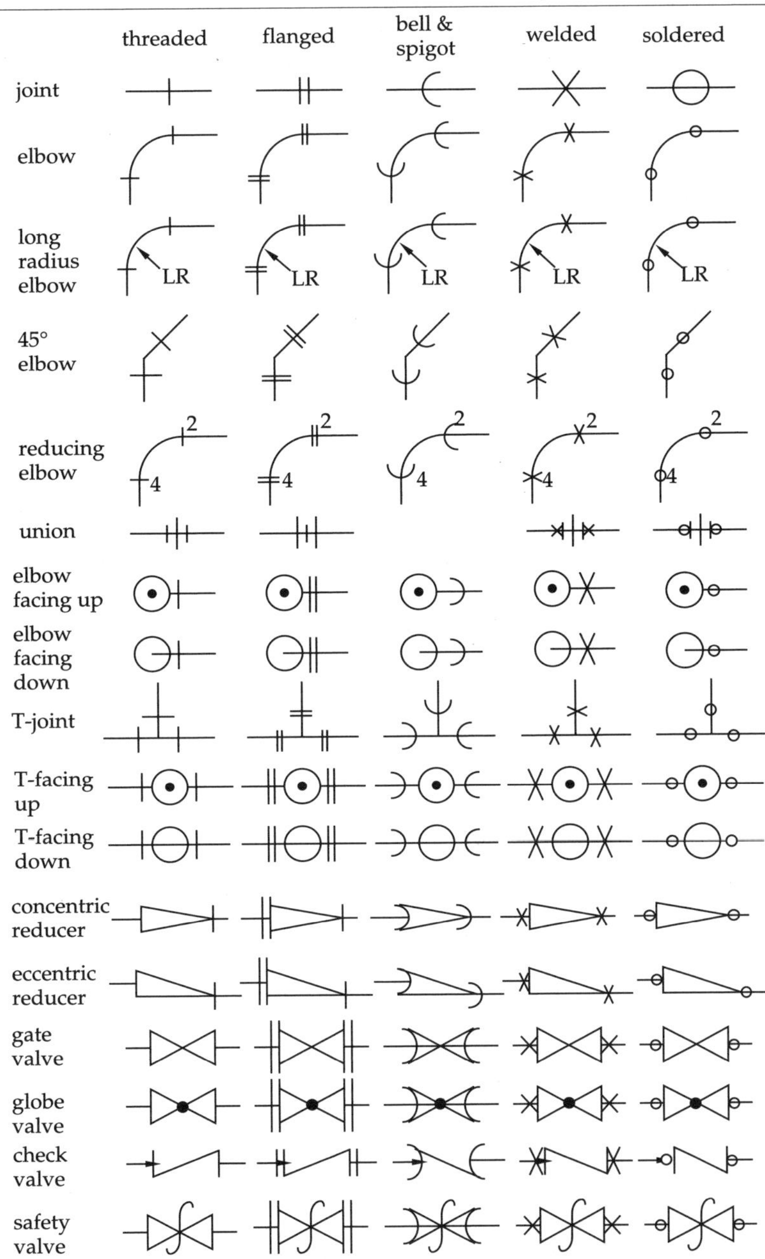

4.5 시스템 거동(System Behavior)

종종, 압력 강하 또는 등가 수두 손실에 따라 주어진 배관계를 통해 흐르는 유량이 어떻게 달라지는지 알 필요가 있다. 수두를 유량에 관한 그래프로 나타낼 때, 이를 **시스템 곡선(system curve)**이라 한다. 많은 경우에 시스템 곡선은 시스템이 설계지점을 벗어났을 때의 거동을 예측하거나 펌프의 크기를 결정하는 데 유용하게 사용된다.

시스템 곡선의 일반적인 형태를 얻기 위하여, 우선 수정된 Bernoulli 식을 살펴보자.

$$\frac{p_1}{\rho g}+\frac{V_1^2}{2g}+z_1=\frac{p_2}{\rho g}+\frac{V_2^2}{2g}+z_2+\Sigma\frac{fL}{D_h}\frac{V^2}{2g}+\Sigma K\frac{V^2}{2g}$$

임의의 단면적에서, 수두 또는 에너지 H의 정의는 아래와 같다.

$$H=\frac{p}{\rho g}+\frac{V^2}{2g}+z$$

여기에서 H의 차원은 L (ft 또는 m)이다. 지름이 일정한 배관계에 대해서 수정된 Bernoulli 식을 H에 대해 쓰면 아래의 식을 얻는다.

$$H_1-H_2=\left(\Sigma\frac{fL}{D_h}+\Sigma K\right)\frac{V^2}{2g} \tag{4.18}$$

식 (4.18)은 속도항을 포함하는데, 우리의 관심은 체적유량에 있다. 따라서 아래의 연속 방정식을 이용하여 속도항을 대체하면,

$$V=\frac{Q}{A}=\frac{4Q}{\pi D^2}$$

아래의 식을 얻는다.

$$\Delta H=H_1-H_2=\left(\Sigma\frac{fL}{D}+\Sigma K\right)\frac{16Q^2}{2\pi^2D^4g}$$

또는

$$\Delta H=Q^2\left(\frac{8(\Sigma fL/D+\Sigma K)}{\pi^2D^4g}\right) \tag{4.19}$$

이는 포물선에 대한 식이므로(ΔH 대 Q), 지름이 알려졌거나 시험값이 지정된 어떤 시스템에 대해서도 그래프로 나타낼 수 있다.

예제 4.10 그림 4.20은 탱크로부터 물을 운반하는 공칭치수 3 스케줄 40의 PVC 배관으로 구성된 시스템을 보여 주고 있다. 탱크 내에서 물의 높이는 가변적이서, 유량이 시스템 내에서 어떻게 달라지는지에 대한 정보를 얻고자 한다. 탱크를 펌프로 대체하는 것이 제안되었는데, 결정을 내리기에 앞서 시스템 곡선을 그릴 필요가 있다. 아래 장치에서 탱크 안의 액체의 높이 z가 0.305부터 2.44 m까지 변한다고 가정하여 ΔH와 Q에 대한 시스템 곡선을 그려라. 배관의 길이는 13.72 m이고, 배관 출구에서 탱크 바닥까지의 거리는 0.914 m이다.

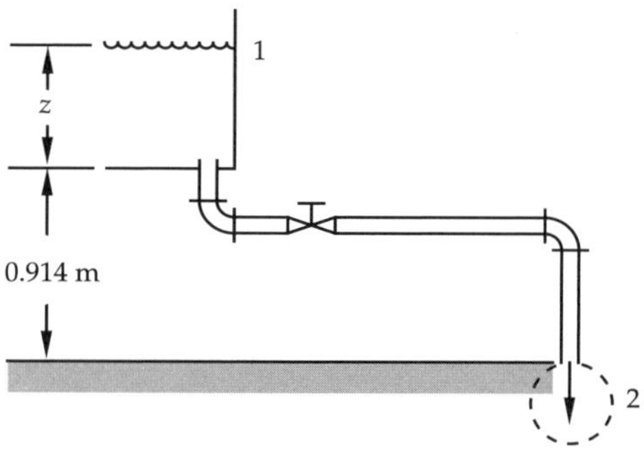

그림 4.20 예제 4.10에서의 배관계

풀이

도면은 이음새가 나사(threaded)로 연결되어 있음을 보여주고 있다(PVC에서 이음새는 접착제로 배관에 부착될 수 있는데, 이런 경우에 부손실은 플랑지(flanged) 이음새의 경우와 같다). 선택한 검사 체적은 탱크와 배관 내에 있는 물을 포함한다. 출구에서는 면적 A_2가 무한대에 가까워진다. 따라서 출구에서의 압력은 대기압이고, 속도는 0이며, 출구에서의 부손실을 포함시켜야 한다.

먼저 물성치들을 표로부터 얻는다.

물	$\rho = 1000\ \text{kg/m}^3$	$\mu = 0.91\ \text{mPa·s}$ [부록 표 B.1]
공칭치수 3 스케줄 40	$ID = 0.078\ \text{m}$	$A = 4.77 \times 10^{-3}\ \text{m}^2$ [부록 표 D.1]
PVC	ε = "smooth" ≈ 0	

수정된 Bernoulli 식;

$$\frac{p_1}{\rho g}+\frac{V_1^2}{2g}+z_1=\frac{p_2}{\rho g}+\frac{V_2^2}{2g}+z_2+\frac{fL}{D_h}\frac{V^2}{2g}+\Sigma K\frac{V^2}{2g}$$

또는

$$H_1=H_2+Q^2\left(\frac{8(fL/D+\Sigma K)}{\pi^2D^4g}\right) \qquad \textbf{(i)}$$

특성값 계산:

$p_1=p_2=p_{\text{atm}}=0;\quad V_1=V_2\approx 0$ 배관 내 속도와 비교했을 경우

$z_1=0.914+z;\quad 0.305\le z\le 2.44\text{ m}\quad z_2=0\quad L=13.72\text{ m}$

$$\Sigma K=\underset{inlet}{K_{reentrant}}+2K_{90^\circ\ elbow}+\underset{valve}{K_{globe}}+K_{exit}$$

$$\Sigma K=1.0+2(1.4)+10+1=14.8\ \text{(threaded, regular)}$$

1지점에서 수두는,

$$H_1=\frac{p_1}{\rho g}+\frac{V_1^2}{2g}+z_1=0+0+0.914+z$$

2지점에서는,

$$H_2=\frac{p_2}{\rho g}+\frac{V_2^2}{2g}+z_2=0$$

따라서 수두 변화는 다음과 같다.

$$\Delta H=H_1-H_2=0.914+z$$

식 (i)에 대입하면,

$$0.914+z=Q^2\left(\frac{8(f(13.72)/(0.078)+14.8)}{\pi^2(0.078)^4(9.81)}\right)$$

또는

$$\Delta H = 0.914 + z = Q^2\,[2234.5(176f + 14.8)] \qquad \textbf{(ii)}$$

유동 속도 $V = Q/A$:

$$V = \frac{4Q}{\pi D^2}$$

Reynolds 수 $\mathrm{Re} = \rho VD/\mu = 4\rho Q/\pi D\mu$

$$\mathrm{Re} = \frac{4(1000)Q}{\pi(0.078)(0.91 \times 10^{-3})} = 1.794 \times 10^7 Q \qquad \textbf{(iii)}$$

그런 다음 유량을 정하고, Reynolds 수를 계산한 뒤, Moody 다이어그램상의 "매끈한(smooth)" 곡선으로부터 마찰 계수를 찾는다. 그리고 마찰 계수와 유량을 식 (ii)에 대입시킨 뒤 ΔH를 계산한다. 원하는 범위의 ΔH를 찾을 때까지 이 과정을 반복해 나간다[공학 단위에서 유량은 분당 갤런(gallons), 즉 gpm으로 나타내는 것이 일반적이다]. 표 4.5는 계산결과를 요약한 것이다. 계산을 할 때, Q의 범위가 알려져 있지 않았다는 것에 유의하자. 따라서 이 범위를 좁히기 위하여 표 4.5의 첫 번째 열에서 유량을 가정하고, z가 요구되는 범위($1 \le z \le 8$ ft) 내에 있는지 확인하고자 하였다.

표 4.5 예제 4.10에서의 계산에 대한 요약

Q, m^3/s	Re	f (Fig. 3.6)	ΔH, mm	z, m	Q, m^3/s
2.83×10^{-4}	5080	0.038	3.05	< 0	too low
2.83×10^{-3}	50800	0.021	332.3	< 0	too low
0.0283	508000	0.013	30693.4	29.78	too high
0.0142	254000	0.015	7812	6.89	too high
8.5×10^{-3}	152000	0.0164	2856	1.94	8.52×10^{-3}
9.06×10^{-3}	162000	0.0162	3243	2.33	9.02×10^{-3}
9.35×10^{-3}	168000	0.0161	3447	2.53	9.27×10^{-3}
7.08×10^{-3}	127000	0.017	1996	1.08	7.07×10^{-3}
5.66×10^{-3}	102000	0.018	1286	0.372	5.68×10^{-3}
6.51×10^{-3}	117000	0.017	1695	0.780	6.5×10^{-3}

그림 4.21은 결과를 그래프로 보여 주고 있다. ΔH와 Q(또는 z 대 Q)에 관한 그래프를 *시스템 곡선*이라고 부른다. 관습적으로, 시스템 곡선에서는 수평축에 체적유량 Q를 둔다.

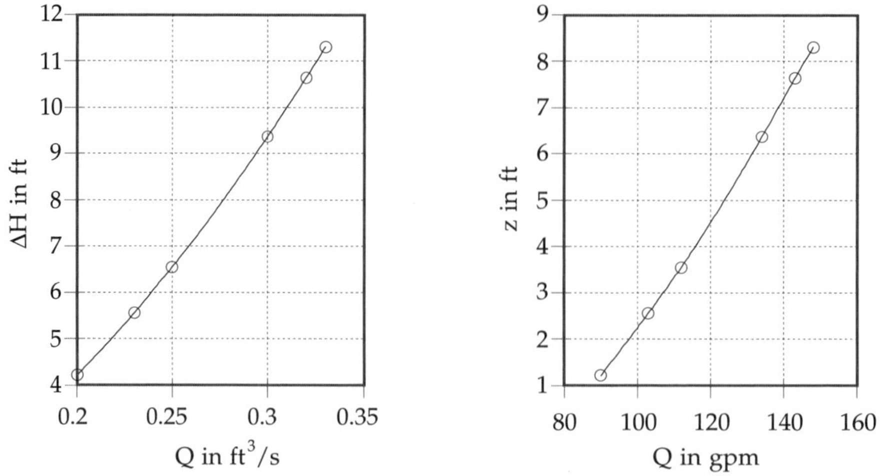

그림 4.21 예제 4.10에서의 배관 구성에 대한 시스템 곡선

4.6 배관 지지 시스템(Support Systems for Pipes)

만약 배관이나 관이 지하에 위치하고 있지 않다면, 이들을 실용적이고 경제적인 시스템을 이용하여 지지할 필요가 있다. 배관 지지대는 일반적으로 **관걸이(pipe hangers)**라 불린다. 관걸이의 주기능은 배관 하중과 움직임(팽창 또는 수축)을 지지하고 배관들이 안전하게 건물 구조물에 포함되도록 해주는 것이다.

많은 업체들이 연결해서 배관 지지 시스템을 구성할 수 있는 품목들을 생산하고 있다. 그림 4.22는 배관들을 지지하는 다양한 방법들을 보여주고 있다. 배관이 사용 중 팽창 및 수축할 경우, 그림 4.22a에서 보인 것과 같은 걸이가 적합할 것이다. 여기에서 배관은 중심에 배관을 지지할 수 있는 형상을 가진 실린더 위에 놓여진다. 실린더는 그네 같은 구조로, 바 형상의 구조물을 통해 천정 지지대에 연결된다. 그림 4.22b에서 배관은 얇고 좁은 판금으로 감싸져 있는데, 이는 하나의 바 형상의 구조물을 통해 천정 지지대에 연결된다. 그림 4.22c는 다른 그네 형상의 구조물을 보여주는데, 여기에서 배관 주위는 볼트로 체결되어 있다. 체결부의 아래 부분은 U자 형상 또는 직사각형 단면적 연결부에 단단히 끼워져 있다. 따라서 그림 4.22c에서의 배관들은 단단히 고정되어 있으며, 그림 4.22a에서와 같이 자유롭게 움직이는 것이 허용되지 않는다. 일반적으로 나사산 이음새의 바 형상의 구조물이 이 걸이들에 사용된다. 그림 4.22a에서와 그림 4.22b에서는 보이는 걸이들은 개별 배관을 위한 것이고, 그림 4.22c에서 보이는 것은 여러 개의 배관들을 지지하는 시스템의 일부분으로 제작될 수 있다.

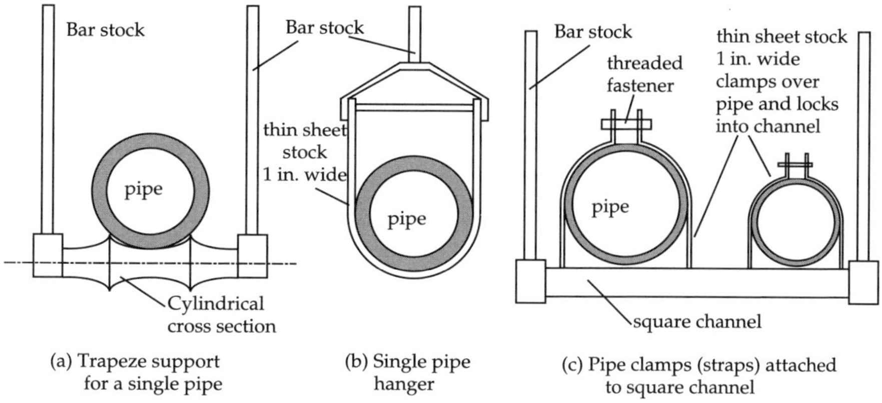

그림 4.22 배관 지지 장치의 예

다음 질문은 적합한 지지를 위해서 각각의 걸이들이 얼마만큼 떨어져 있어야 하는가이다. 경제적인 이유에서 우리는 더 많은 공간을 사용하기를 원하겠지만, 설치물의 안전에 대해서도 고려할 필요가 있다. 배관계에 대해서 이루어진 많은 시험과 계산에 기반을 두어 표 4.6에 있는 차트가 만들어졌다. 표에서 보이듯이 걸이 사이의 거리는 배관 크기와 운송해야 할 유체 종류의 함수로 주어진다. 걸이는 배관의 무게*뿐 아니라* 그 안의 유체의 무게도 지지해야 한다는 것을 기억하라.

4.7 | 요약

이 장에서 우리는 최적화 문제 및 배관 크기 선정에 관한 경제학을 고려하였다. 특히, 배관 크기를 선정할 때 어떻게 비용을 최소화할 것인가에 대해서 살펴보았다. 여기에서 등가길이 개념과 배관계를 그리는 데 사용되는 도식적 기호들에 대해서 논의하였고, 주어진 배관계에서 시스템 곡선을 얻는 것을 보였다. 마지막으로는 물리적으로 배관계를 지지하기 위한 상용 장치들을 살펴보았다.

4.8 | 보이고 말하기

1. 우리는 배관 크기를 특정하기 위하여 공칭치수 지름과 스케줄을 사용하였다. 그런데, 표 4.1은 이들을 ANSI 명칭이라고 지칭하고 있다. ANSI 명칭은 무엇인가? 관(tube)

표 4.6 배관 지지대 사이의 최대 수평 공간(출처: Manufacturers' Standardization Society SP-69, Table 3)

Nominal Diameter	Steel Pipe Water ft	Steel Pipe Water m	Steel Pipe Vapor ft	Steel Pipe Vapor m	Copper Tubing Water ft	Copper Tubing Water m	Copper Tubing Vapor ft	Copper Tubing Vapor m
1/4	7	2.1	8	2.4	5	1.5	5	1.5
3/8	7	2.1	8	2.4	5	1.5	6	1.8
1/2	7	2.1	8	2.4	5	1.5	6	1.8
3/4	7	2.1	9	2.7	5	1.5	7	2.1
1	7	2.1	9	2.7	6	1.8	8	2.4
1 1/4	7	2.1	9	2.7	7	2.1	9	2.7
1 1/2	9	2.7	12	3.7	8	2.4	10	3.0
2	10	3.0	13	4.0	8	2.4	11	3.4
2 1/2	11	3.4	14	4.3	9	2.7	13	4.0
3	12	3.7	15	4.6	10	3.0	14	4.3
3 1/2	13	4.0	16	4.9	11	3.4	15	4.6
4	14	4.3	17	5.2	12	3.7	16	4.9
5	16	4.9	19	5.8	13	4.0	18	5.5
6	17	5.2	21	6.4	14	4.3	20	6.1
8	19	5.8	24	7.3	16	4.9	23	7.0
10	22	6.1	26	7.9	18	5.5	25	7.6
12	23	7.0	30	9.1	19	5.8	28	8.5
14	25	7.6	32	9.8				
16	27	8.2	35	10.7				
18	28	8.5	37	11.3				
20	30	9.1	39	11.9				
24	32	9.8	42	12.8				
30	33	10.1	44	13.4				

Additional hangers required at concentrated loads between supports.

Plastic Pipe Fiberglas Reinforced Pipe Asbestos Cement Pipe	Follow Pipe Manufacturers' Recommendations for Spacing and Service Conditions
Glass Pipe	Follow Pipe Manufacturers' Recommendations Use 8-ft (2.4-m) Max Spacing
Fire Protection	Follow Requirements of National Fire Protection Assoc.

에 대해서도 유사한 명칭이 존재하는가? 기타 다른 명칭에 대해서도 조사하라(ANSI / AWWA C150을 참조).

2. 한 해에서 다른 해로 어떻게 비용 숫자(cost figure)를 변환하는지 결정하라(예: 1990년의 피트당 달러를 2000년의 피트당 달러로 변환). 이와 같은 비용이 어떻게 변환되는지에 대해 설명하고, 날짜에 대한 함수로 피트당 달러의 그래프를 그려라.

3. 배관 엔지니어와 인터뷰를 해서, 실제 엔지니어들은 어떻게 배관 크기 선정을 하는지 조사하여라. 경제적인 이유가 중요한가?

4. "유니온(union)"이라고 불리는 이음새가 있다. 유니온 이음새가 무엇이며, 이 이음새가 왜 필요한가? 벨(bell) 및 스피것(spigot) 배관계에서는 왜 이런 이음새가 필요하지 않는가?

5. “슬리브 이음새(sleeve fitting)”는 무엇인가? 어떤 종류의 배관이나 관에 사용되는가? 이것의 기능은 무엇인가? 이와 같은 종류의 이음새에 대해 조사하여라.
6. 적절한 카탈로그를 구한 뒤 배관 지지대로 이용할 수 있는 여러 가지 시스템에 대해 조사하라.

4.9 | Problems

Optimization Problems

1. Find two positive numbers whose sum is 100, and whose product is as large as possible.
2. Find two positive numbers whose product is 100, and whose sum is as small as possible.
3. An open rectangular box has a square base, x by x. Find the height h of the box if its volume is 5×10^{-5} m^3, and the material needed to construct it is a minimum.
4. A window is shown in Figure P4.4. Find the value of x such that the perimeter of the window is 3 m, and the area of the window is as large as possible.
5. A rectangular area used to enclose machinery is to be fenced off using 300 m of material. What are the dimensions of such a rectangular enclosure if the area is maximized?
6. A large soup can is designed to hold 8.28×10^{-4} m^3 of soup. The can diameter is r, and its height is h. Find the values of r and h, such that the amount of metal needed is as small as possible.

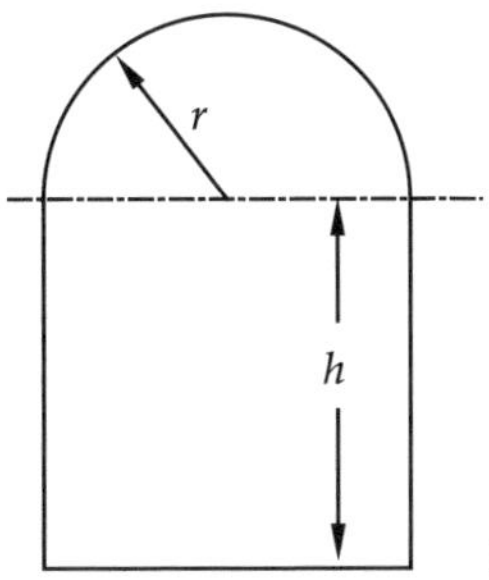

FIGURE P4.4

7 Figure P4.7 shows a pump and tank at A and a tank at B. It is desired to install a pipeline from A to B in the shortest possible distance. The pipeline is to be buried,

and it will have to cross a roadway whose width is w. However, the roadway is used extensively by forklifts and other material handling equipment. So to minimize the disruption involved, it is necessary for the pipeline to cross the roadway at a right angle, and the pipeline will therefore take the path indicated in the figure. Determine the minimum pipeline length from A to B; that is, determine the value of x that minimizes the distance between A and B.

8 A production facility produces metal fasteners, and realizes a profit of $800 per machine per month for 10 machines. Each machine requires cooling water to keep it running effectively. Management wishes to install more machinery, but the cooling water available cannot keep up with unlimited demand, and adding more machines would cause them all to run more slowly. Each additional machine reduces profit by $25 per month. Thus with 10 machines, the profit is $8000 (= 800 × 10). For 11 machines the profit is $8525 [= (800 – 25) x 11]. Likewise for 12 machines, the profit is $9000 [= (800 – 2(25)) × 12]. Determine the optimum number of machines that should be installed to maximize profit.

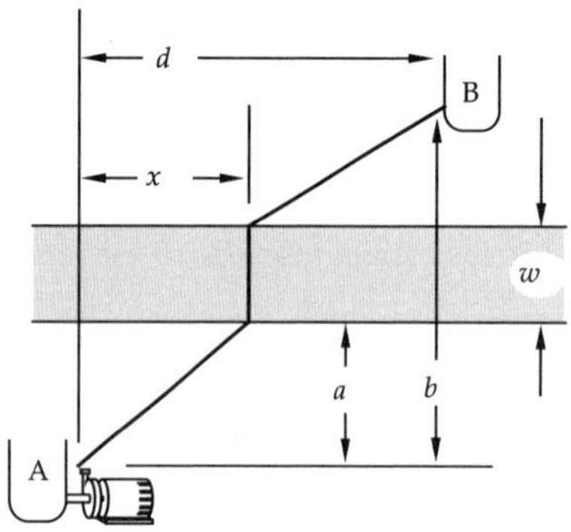

FIGURE P4.7

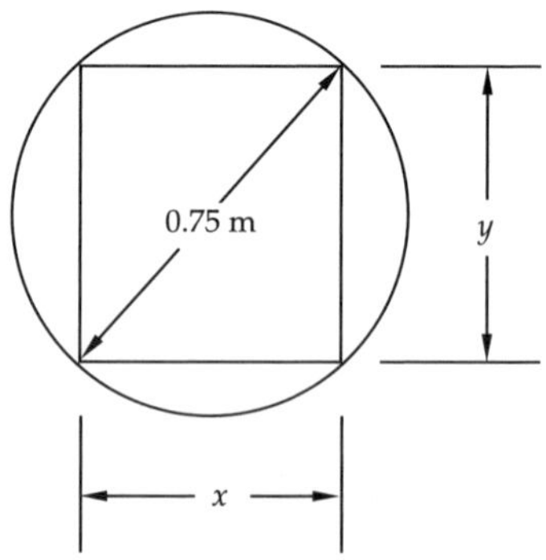

FIGURE P4.8

9. The strength S of a rectangular beam is proportional to its width x and the square of its depth y, so that $S = kxy^2$ where k is a positive constant. The beam is to be cut from a circular log whose diameter is 750 mm. What are the dimensions of the strongest beam that can be cut from such a log? (See Figure P4.8.)

10. Figure P4.10 shows a rectangular open channel conveying a liquid. We wish to find a relationship among the variables that will yield a hydraulically optimum cross section, which is one that provides maximum conveyance or volume carrying capacity for a given flow area.

The Manning equation for flow rate in an open channel is

$$Q = AV = \frac{AR_h^{2/3}S^{1/2}}{n} = \frac{A^{5/3}S^{1/2}}{P^{2/3}n}$$

where A is the cross-sectional area, P is the perimeter, S is the channel slope, and n is a friction term. The flow rate Q can be maximized if the perimeter is minimized. The flow area is given by $A = bz$. The perimeter is given by $P = 2z + b$.

Solve the area equation for b and substitute into the equation for perimeter. Differentiate the resulting equation for perimeter with respect to z and set the result equal to zero. Show that for a hydraulically optimum cross section

$$z = \frac{b}{2}$$

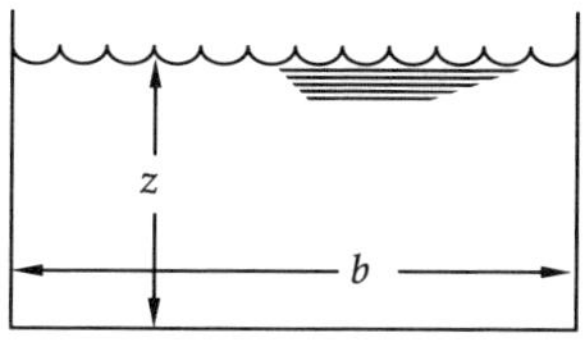

FIGURE P4.10

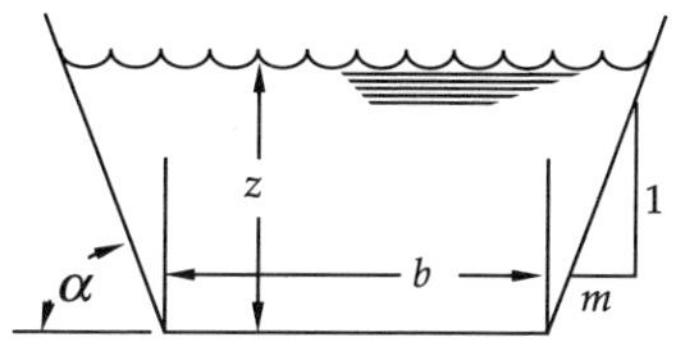

FIGURE P4.11

11. Figure P4.11 shows a trapezoidal open channel conveying a liquid. We wish to find a relationship among the variables that will yield a hydraulically optimum cross section, which is one that provides maximum conveyance or volume carrying capacity for a given flow area.

The Manning equation for flow rate in an open channel is

$$Q = AV = \frac{AR_h^{2/3}S^{1/2}}{n} = \frac{A^{5/3}S^{1/2}}{P^{2/3}n}$$

where A is the cross-sectional area, P is the perimeter, S is the channel slope, and n is a friction term.

The flow rate Q can be maximized if the perimeter is minimized. The flow area is given by $A = bz + z2 \cot \alpha$. The perimeter is given by

$$P = b + \frac{2z}{\sin \alpha}$$

Solve the area equation for b and substitute into the equation for perimeter. Differentiate the resulting equation for perimeter with respect to z and set the result equal to zero. Next take the derivative with respect to α, and set that result equal to zero. Show that for a hydraulically optimum cross section

$$b = \frac{2\sqrt{3}}{3} z$$

12. Figure P4.12 shows a heat exchanger that consists of a shell of inside diameter *ID*, and length *L*. Inside the shell are a number of tubes. One fluid flows through the tubes and another in the shell outside the tubes. Calculations on such an exchanger yield results about the surface area required to exchange heat between the two fluids; specifically, how many tubes and how large a shell are needed to transfer the required heat?

The cost of the shell of inside diameter *D* and length *L* (both in m) is given by

$$C_s = \$1{,}800 D^{2.5} L \qquad \textbf{(i)}$$

Typically, to obtain the preceding equation, we would need data on heat exchanger costs and derive the cost equation by using curve-fitting techniques. This method is not difficult, but gathering and obtaining the necessary data could be cumbersome.

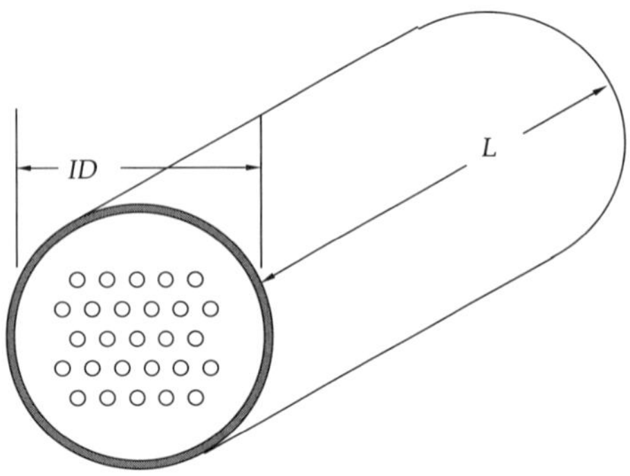

FIGURE P4.12

One problem with such exchangers is that the tube and shell surfaces will become fouled. They will have deposits of minerals or other substances on the surfaces that retard the flow of heat. The heat exchanger will of necessity have to be cleaned annually. The cost of cleaning is an annual cost, but the manufacturer will clean the exchanger for an initial one time fee given by

$$C_f = \$350 DL \qquad \textbf{(ii)}$$

The first cost of the heat exchanger tubing that will be contained within the exchanger is given by

$$C_t = \$2{,}000 \tag{iii}$$

Thus, the first cost of the exchanger is given by the sum of Equations (i), (ii) and (iii):

$$C = 1{,}800D^{2.5}L + 350DL + 2{,}000$$

This cost equation is to be minimized in this problem.

Now tube spacing within a shell-and-tube heat exchanger is dictated by safety concerns as well as performance requirements. The more tubes we can fit into the exchanger, the greater the surface area and, correspondingly, the greater the heat transfer rate. However, the tubes must fit together into a leakproof configuration without weakening the structure of the heat exchanger itself. Ordinarily, we would have an idea of the required tube surface area, and hence tube diameter, that must be used for the heat transfer requirements. From such calculations, suppose it is known that a total tube length of 150 m must be used. That is, the shell area x tube length per area should equal 150 m. Thus

$$(A_t L \text{ m}^3)(200 \text{ tubes/m}^2) = 150 \text{ m}$$

In terms of shell diameter, the preceding equation (our constraint) becomes

$$\frac{\pi D^2}{4} L\,(200) = 150$$

Determine the diameter D and length L of the heat exchanger shell for minimum first cost conditions.

13. Shown in Figure P4.13 are two pumps connected in parallel that move water from one tank up to another. The total volume flow rate to be delivered is a known quantity, $Q = 0.01$ m^3/s. To deliver this flow rate, calculations indicate that the pressure rise to be provided by each pump is given by

$$\Delta p_1 = C_1 Q_1^2 \qquad \text{and} \qquad \Delta p_2 = C_2 Q_2^2 \tag{i}$$

where Δp is in Pa, and the flow rates are in m^3/s for lines 1 and 2, respectively. The two pump/motor combinationss are nearly identical. The efficiency of both pumps is η = 0.75. Determine an equation for the volume flow rates required to minimize the total power by completing the following steps:

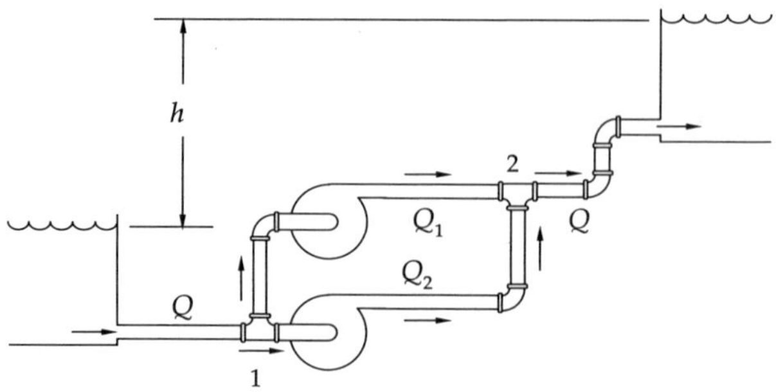

FIGURE P4.13

a. The power delivered by either pump is given by

$$-\frac{\partial W}{\partial t} = \rho AV \left\{ \left[\frac{p}{\rho} + \frac{V^2}{2} + gz \right] \Big|_{\text{out}} - \left[\frac{p}{\rho} + \frac{V^2}{2} + gz \right] \Big|_{\text{in}} \right\}$$

Assuming no changes in kinetic or in potential energies, verify that the power equation reduces to

$$\frac{dW}{dt} = \Delta pQ$$

Accounting for the pump efficiency, we have

$$\frac{dW_a}{dt} = \frac{\Delta pQ}{\eta}$$

Substituting for the pressures, show that the total power is given by:

$$\frac{dW_a}{dt} = \frac{C_1 Q_1{}^3}{\eta} + \frac{C_2 Q_2{}^3}{\eta}$$

which is our objective function. The total flow Q was given so that

$$Q_2 = Q - Q_1$$

which is the constraint. Substitute the constraint equation into the total power equation. Differentiate the resulting equation, and set the result equal to zero. Show that Q_1 is given by

$$Q_1 = \frac{-C_2Q \pm \sqrt{C_2{}^2Q^2 + (C_1 - C_2)C_2Q^2}}{(C_1 - C_2)}$$

b. If $C_1 = 2.5 \times 10^{10}$ and $C_2 = 3.4 \times 10^{10}$, calculate the flow rates required for minimum power. Show that for minimum power,

$$Q_1 = 0.005\,4 \text{ m}^3/\text{s} \qquad \text{and} \qquad Q_2 = 0.004\,6 \text{ m}^3/\text{s}$$

c. Show that the minimum power is 9.6 kW.

14. The inlet to a wind tunnel is in the shape of a converging duct, as shown in Figure P4.14. The duct is configured such that the x axis is coincident with the axial direction. The area of the duct at any location is given by

$$A = 3.5 - 2.5x/3 \quad (\text{in m}^2) \qquad \textbf{(i)}$$

It is desired to locate the place where flow straighteners will be placed. The cost of the straighteners is proportional to the flow area and is given by

$$C = C_1A^n$$

where A is area, C_1 is a constant, and n is another constant. The annual cost of the straighteners is found by multiplying the preceding equation by an amortization rate a:

$$C_S = aC_1A^n$$

The pressure drop across the straighteners is given by

$$\Delta p = K\frac{\rho V^2}{2}$$

where K is the minor loss associated with the straighteners.

a. Express velocity in terms of flow rate and area and pressure drop in terms of Δh (= $\Delta p/\rho g$). Show that

$$\Delta h = \frac{KQ^2}{2A^2g}$$

The pumping cost associated with this loss is

$$C_P = C_2 \Delta h = C_2 \frac{KQ^2}{2A^2 g}$$

where C_2 is a constant. Verify that the total cost is given by

$$C_T = aC_1 A^n + C_2 \frac{KQ^2}{2A^2 g}$$

b. Differentiate this expression with respect to area A and solve for the optimized area A_{opt}.

c. Substitute Equation *i* for area and solve for x.

d. For the following conditions, determine a numerical value for x:

$$Q = 30\ m^3/s \quad a = 0.5/yr \quad C_1 = \$200/(m^2)^n \quad C_2 = \$20.80/m$$
$$K = 0.75 \quad n = 1.1$$

15. The inlet in an open channel that feeds a pump is in the shape of a converging duct as shown in Figure P4.15. The duct is configured such that the x axis is coincident with the axial direction. The area of the duct at any location is given by

$$A = 2.79 - 3.35x/2 + x^2/2 \quad \text{(in m}^2\text{)} \qquad \textbf{(i)}$$

where x varies from 0 to 1.83 m. It is desired to locate the place where flow straighteners will be placed. The cost of the straighteners is proportional to the flow area and is given by

$$C = C_1 A^n$$

where A is area, C_1 is a constant, and n is another constant. The annual cost of the straighteners is found by multiplying the preceding equation by an amortization rate a:

$$C_S = aC_1 A^n$$

The pressure drop across the straighteners is given by

$$\Delta p = K \frac{\rho V^2}{2}$$

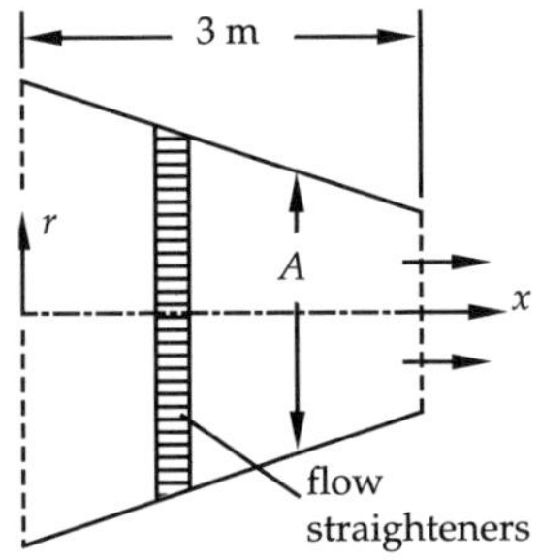

FIGURE P4.14.

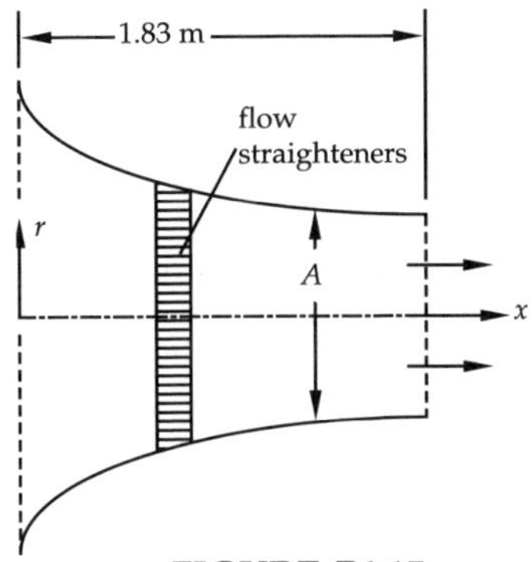

FIGURE P4.15.

where K is the minor loss associated with the straighteners. If we express velocity in terms of flow rate and area and pressure drop in terms of Δh $(= \Delta p/\rho g)$, we obtain

$$\Delta h = \frac{KQ^2}{2A^2 g}$$

The pumping cost associated with this loss is

$$C_P = C_2 \Delta h = C_2 \frac{KQ^2}{2A^2 g}$$

where C2 is a constant.

a. Verify that the total cost is given by

$$C_T = aC_1 A^n + C_2 \frac{KQ^2}{2A^2 g}$$

b. Differentiate this expression with respect to area A and solve for the optimized area A_{opt}.

c. Substitute Equation i for area and solve for x.

d. For the following conditions, determine a numerical value for x:

$Q = 10.76$ m^3/s $a = 0.2$/yr $C_1 = \$1441/(\text{m}^2)^n$ $C_2 = \$1969/\text{m}$
$K = 0.10$ $n = 1.8$

16. The development regarding optimum economic diameter was formulated using pipe costs expressed as

$$C = C_1 D^n$$

Suppose instead that we use a parabolic curve fit:

$$C = B_o + B_1D + B_2D^2$$

Following the development in the text, formulate an equation for the pipe costs; differentiate it and set it equal to zero. Show that the condition for minimum cost is given by

$$D_{opt} = \left[\frac{40f\dot{m}^3C_2t}{(a+b)(1+F)(2B_2D_{opt}+B_1)\eta\pi^2\rho^2} \right]^{1/6}$$

Economic Diameter

17. Using the information in Table 4.2, verify that Equation 4.10 is dimensionally consistent.

18. Beginning with Equation 4.10, derive Equation 4.12.

19. Verify that Equation 4.12 is dimensionally consistent.

20. Verify that the derivation of Equation 4.14 is correct, beginning with Equation 4.12.

21. Verify that Equation 4.14 is dimensionally correct.

22. Shown in the accompanying chart are data on the cost of PVC plastic pipe obtained from the classified section of a newspaper:

Nominal Diameter (schedule 40) in Inches	Cost per Foot (clearance prices)
2	\$1.84/m
3	\$4.43/m
4	\$5.12/m
6	\$13.10/m
8	\$26.12/m

a. Construct a graph of the data on linear paper.

b. Construct a graph of the data on log-log paper.

c. Determine the parameters of the following equation:

$$C_p = C_1D^n$$

where C_p has dimensions of MU/L, C_1 has dimensions of MU/L^{n+1} evaluated numerically for 12-nominal pipe, and D has dimensions of L.

23. Repeat Problem 4.22 for the following data, which are of PVC high-pressure plastic pipe:

Nominal Diameter (schedule 40) in Inches	Cost per meter (clearance prices)
4	\$9.92/m
8	\$26.12/m
10	\$39.24/m
12	\$52.36/m

24. A galvanized steel pipeline conveys ethyl alcohol at a rate of 0.04 m^3/s. Determine the optimum economic pipe size for the installation given that:

C_2 = \$0.05/kWh
C_1 = \$1100/m^{n+1}
t = 6000 hr/yr
F = 6.75

n = 1.2
a = 1/10 = 0.10
b = 0.01
η = 0.75

25. A commercial steel pipeline conveys ethylene glycol at a rate of 0.015 m^3/s. Determine the optimum economic pipe size for the installation given that:

C_2 = \$0.04/kWh
C_1 = \$1050/m^{n+1}
t = 7000 hr/yr
F = 6.5

n = 1.2
a = 1/7 = 0.14
b = 0.01
η = 0.75

26. A commercial steel pipeline conveys kerosene at a rate of 1.893 × 10 m^3/s. Determine the optimum economic pipe size for the installation given that:

C_2 = \$0.01/kWh
C_1 = \$1990/m^{n+1}
t = 7800 hr/yr
F = 6.5

n = 1.4
a = 1/7 = 0.14
b = 0.01
η = 0.8

27. A PVC pipeline conveys heptane at a rate of 0.1 m^3/s. Determine the optimum economic pipe size for the installation given that:

C_2 = \$0.05/kWh
C_1 = \$1300/m^{n+1}
t = 4000 hr/yr
F = 6.75

n = 1.2
a = 1/10 = 0.10
b = 0.01
η = 0.75

28. A drawn tubing pipeline conveys linseed oil at a rate of 0.0010 m^3/s. Determine the optimum economic pipe size for the installation given that:

C_2 = \$0.04/kWh C_1 = \$700/m^{n+1}
t = 7000 hr/yr F = 6.75 n = 1.2
a = 1/10 = 0.10 b = 0.01 η = 0.75

29. A commercial steel pipeline conveys methyl alcohol at a rate of 0.24 m^3/s. Determine the optimum economic pipe size for the installation given that:

C_2 = \$0.05/kWh n = 1
C_1 = \$700/m^{n+1} a = 1/10 = 0.10
b = 0.01
t = 750 hr/yr η = 0.65
F = 6.75

30. Octane flows at a rate of $3.15 \times 10^{-4}\ m^3/s$ through a pipeline made of drawn tubing. Determine the optimum economic pipe size for the installation given that:

C_2 = \$0.05/kWh n = 1.2
C_1 = \$750/m^{n+1} a = 1/5 = 0.20
b = 0.01
t = 4000 hr/yr η = 0.75
F = 6.75

31. A drawn tubing pipeline conveys propane at a rate of 0.15 m^3/s. Determine the optimum economic pipe size for the installation given that:

C_2 = \$0.05/kWh n = 1.2
C_1 = \$850/m^{n+1} a = 1/6 = 0.17
b = 0.01
t = 5000 hr/yr η = 0.65
F = 6.75

32. A galvanized steel pipeline conveys propylene glycol at a rate of 0.1 m^3/s. Determine the optimum economic pipe size for the installation given that:

C_2 = \$0.05/kWh n = 1.2
C_1 = \$1000/m^{n+1} a = 1/10 = 0.10
b = 0.01
t = 4000 hr/yr η = 0.75
F = 6.75

33. A galvanized steel pipeline conveys castor oil at a rate of 0.0120 m^3/s. Determine the optimum economic pipe size for the installation given that:

C_2 = \$0.05/kWh C_1 = 850/m^{n+1}
t = 5000 hr/yr F = 6.75 n = 1.4
a = 1/7 = 0.14 b = 0.01 η = 0.60

34. A wrought iron pipeline conveys turpentine at a rate of 0.075 m^3/s. Determine the optimum economic pipe size for the installation given that:

$$\begin{aligned} C_2 &= \$0.05/\text{kWh} & n &= 1.4 \\ C_1 &= \$1100/\text{m}^{n+1} & a &= 1/5 = 0.20 \\ t &= 4000\ \text{hr/yr} & b &= 0.01 \\ F &= 6.75 & \eta &= 0.75 \end{aligned}$$

35. A commercial steel pipeline conveys propylene at a rate of 0.0158 m^3/s . Determine the optimum economic pipe size for the installation given that:

$$\begin{aligned} C_2 &= \$0.05/\text{kWh} & n &= 1.2 \\ C_1 &= \$956/\text{m}^{n+1} & a &= 1/9 = 0.11 \\ t &= 3000\ \text{hr/yr} & b &= 0.01 \\ F &= 6.75 & \eta &= 0.75 \end{aligned}$$

36. A commercial steel pipeline conveys methyl alcohol at a rate of 0.24 m^3/s. Determine the optimum economic pipe size for the installation given that:

$$\begin{aligned} C_2 &= \$0.05/\text{kWh} & n &= 1 \\ C_1 &= \$700/\text{m}^{n+1} & a &= 1/10 = 0.10 \\ t &= 750\ \text{hr/yr} & b &= 0.01 \\ F &= 6.75 & \eta &= 0.65 \end{aligned}$$

37. A wrought iron pipeline conveys turpentine at a rate of 0.0442 m^3/s. Determine the optimum economic pipe size for the installation given that:

$$\begin{aligned} C_2 &= \$0.05/\text{kWh} & n &= 1.2 \\ C_1 &= \$1092/\text{m}^{n+1} & a &= 1/10 = 0.10 \\ t &= 4000\ \text{hr/yr} & b &= 0.01 \\ F &= 6.75 & \eta &= 0.75 \end{aligned}$$

38. A commercial steel pipeline conveys ethylene glycol at a rate of 0.015 m^3/s. Determine the optimum economic pipe size for the installation given that:

$$\begin{aligned} C_2 &= \$0.04/\text{kWh} & n &= 1.2 \\ C_1 &= \$1050/\text{m}^{n+1} & a &= 1/7 = 0.14 \\ t &= 7000\ \text{hr/yr} & b &= 0.01 \\ F &= 6.5 & \eta &= 0.75 \end{aligned}$$

39. A PVC pipeline conveys glycerine at a rate of 0.0100 m^3/s. Determine the optimum economic pipe size for the installation given that:

$C_2 = \$0.045/\text{kWh}$	$C_1 = \$1200/\text{m}^{n+1}$	
$t = 4000$ hr/yr	$F = 6.75$	$n = 1$
$a = 1/5 = 0.20$	$b = 0.01$	$\eta = 0.70$

40. Water flows through a commercial steel pipeline at a 3.78×10^{-3} m^3/s . Determine the optimum economic pipe size for the installation given that:

$C_2 = \$0.045/\text{kWh}$	$n = 1$
$C_1 = \$1160/\text{m}^{n+1}$	$a = 1/6 = 0.17$
$t = 4000$ hr/yr	$b = 0.01$
$F = 7$	$\eta = 0.75$

41. Construct a graph of cost/length versus diameter, similar to that of Figure 4.16, for Problem 4.40.

42. Construct a graph of cost/length versus diameter, similar to that of Figure 4.16, for Problem 4.40, but take C_2 to be doubled. What is the optimum pipe size in this case?

Equivalent Length of Fittings

43. Determine the equivalent length of a globe valve in a pipeline using the following data:

$f = 0.031$ $K = 10.0$ $L = 30.5$ m $D = 52.5$ mm

How does the equivalent length calculated for the globe valve compare to the length of the pipe itself?

44. Determine the equivalent length of two elbows in the same pipeline for which calculations yielded the following information:

6-std	$f = 0.034$	$D = 0.1458$ m	$K = 0.31$
4-std	$f = 0.03$	$D = 0.0908$ m	$K = 0.31$

Which size has the greater equivalent length in view of the fact that both minor-loss coefficients are equal?

45. Figure P4.45 shows a conduit made of 1-std type K drawn-copper tubing that conveys acetone at a flow rate of 1.133×10^{-3} m^3/s. All fittings are soldered; the gate valve is fully open. (a) Calculate the pressure drop through the system using minor-loss values (K). (b) Calculate the pressure drop through the system using equivalent length values. Compare the results. The total length of tubing is 9.15 m, and the conduit is in a horizontal plane.

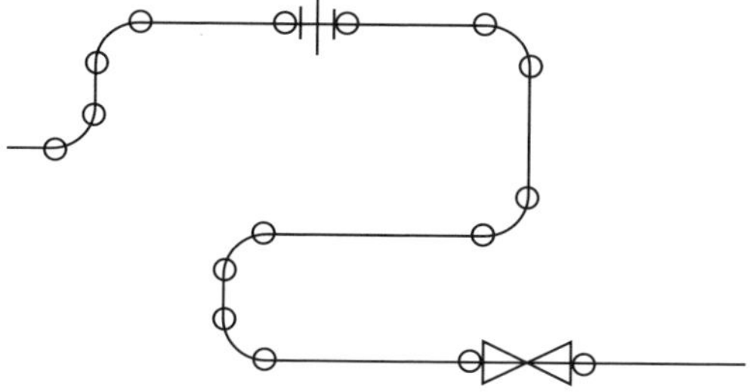

FIGURE P4.45.

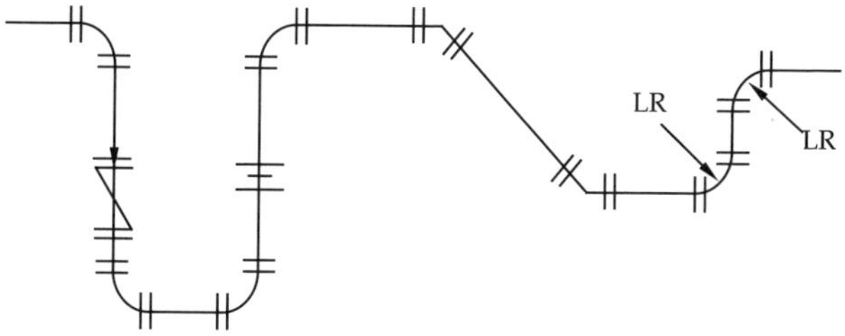

FIGURE P4.46.

46. Figure P4.46 shows a conduit made of 2-nominal schedule 40 commercial steel that conveys ethylene glycol at a flow rate of 0.004 m^3/s. All fittings are regular and threaded, and the pipe length is 40 m^3. (a) Calculate the pressure drop through the system using minor-loss values (K). (b) Calculate the pressure drop through the system using equivalent length values. Compare the results. Take the piping system to be in a horizontal plane and the check valve to be a swing type.

47. Figure P4.47 shows a conduit made of 1-nominal schedule 40 galvanized steel that conveys water. The pressure drop from beginning to end is 17.23 kPa. All fittings are regular and threaded. (a) Calculate the flow rate through the system using minor-loss values (K). (b) Calculate the flow rate through the system using equivalent length values. Compare the results. Calculate the total length of pipe by adding values given in the drawing. Is there any advantage to using equivalent length in this type of problem? (All dimensions are in mm).

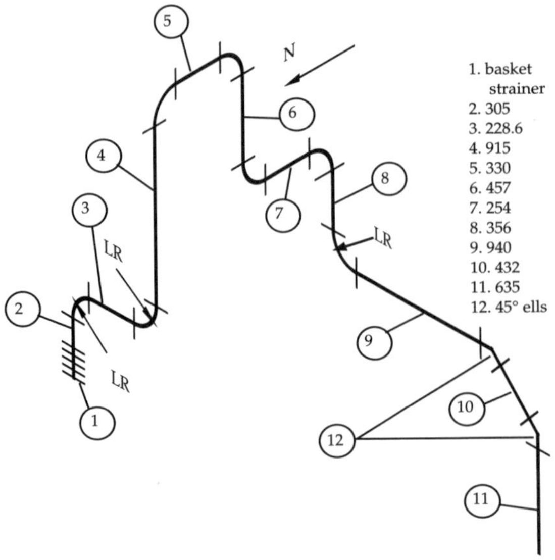

FIGURE P4.47, P4.48, P4.58

Piping System Graphics

48. Sketch front and profile views of the pipeline of Figure P4.47.

49. Figure P4.49 shows front and side views of a piping system. Draw an isometric view of the system, and compose a list of all fittings and attachment methods. The pipe is made of 2-nominal schedule 40 wrought steel.

50. Figure P4.50 shows front and side views of a piping system. Draw an isometric view of the system and compose a list of all fittings and attachment methods. The pipe is made of 1/2-standard type M copper water tubing.

51. Figure P4.51 shows plan, front, and side views of a piping system. Draw an isometric view of the system. List all fittings and attachment methods if the pipe is made of 4-nominal schedule 80 PVC.

52. List all fittings and attachment methods for the piping system of Figure P4.52. The conduit is made up of $2^1/_2$-nominal schedule 40 galvanized pipe. Also, prepare a frontal view (as seen by someone facing east) and a profile view (as seen by someone facing north) of the piping system.

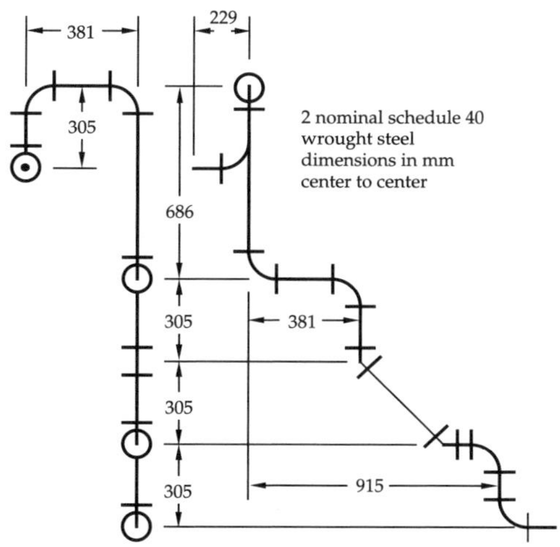

FIGURE 4.49.

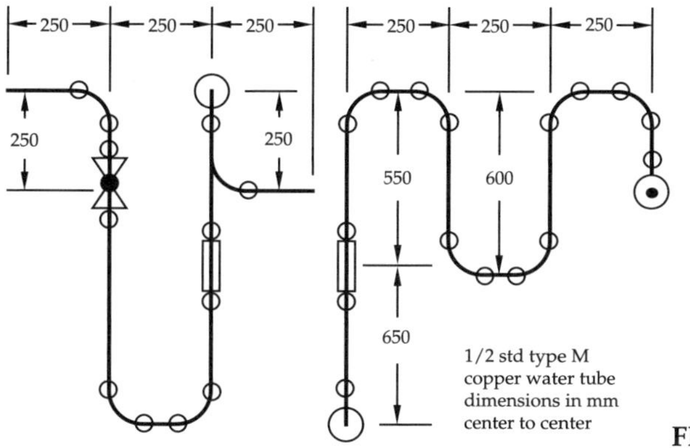

FIGURE P4.50.

53. Sketch to scale what someone facing north would see while looking at the pipeline of Figure P4.53.

54. Sketch to scale what someone facing in the north direction would see while looking at the pipeline of Figure P4.54.

55. Sketch to scale what someone facing in the north direction would see while looking at the pipeline of Figure P4.55.

System Behavior

56. Water flows through the piping system of the figure (P4.56). The conduit is made up of $2^1/_2$-nominal schedule 40 galvanized pipe. Construct a system curve for the water, with flow rate in m /s graphed as a function of pressure drop from inlet to exit in kPa. Let velocity vary from 1.22 to 3.05 m/s.

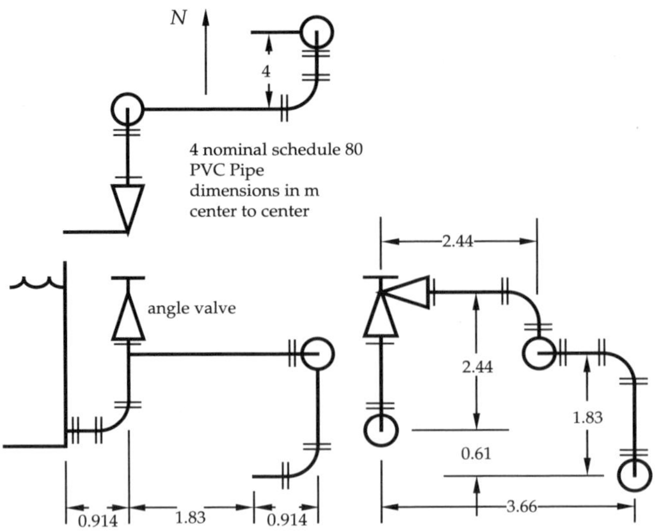

FIGURE P4.51.

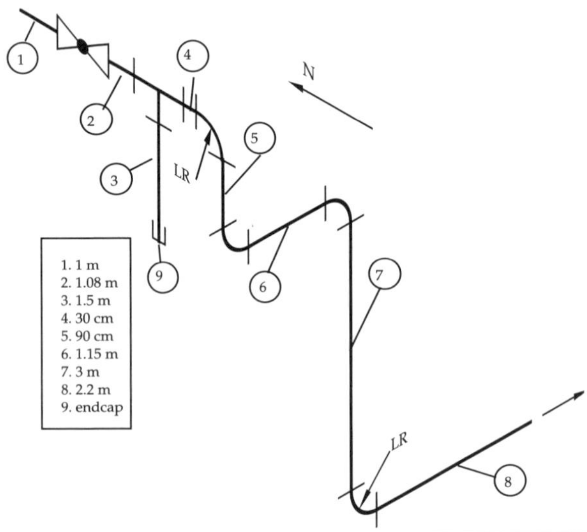

FIGURE P4.52., P4.56

57. The piping system of Figure P4.57 conveys glycerine at a flow rate that varies from 0.3 to 1.2 x 10^{-3} m^3/s. Calculate the pressure drop from inlet to outlet and generate a system curve of volume flow rate in m^3/s vs pressure drop in kPa. The pipe 3 material is 1-std type M drawn copper tubing.

58. The piping system of Figure P4.58 is attached to a tank containing linseed oil. The free surface of the oil varies from 0.61 to 2.44 m above the basket strainer. Generate a system curve of oil height above the basket strainer (2.44 m $\leq h \leq$ 0.61 m) as a function of volume flow rate expressed in m^3/s. The pipe is made up of $^3/_4$-nominal schedule

3 40 commercial steel. Assume that the linseed oil exits to atmospheric pressure.

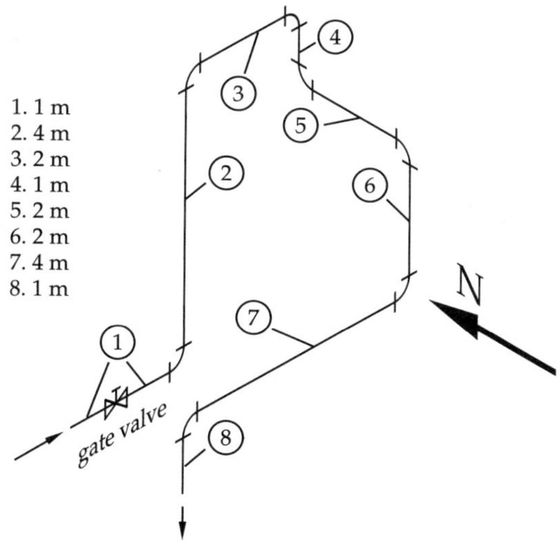

FIGURE P4.53

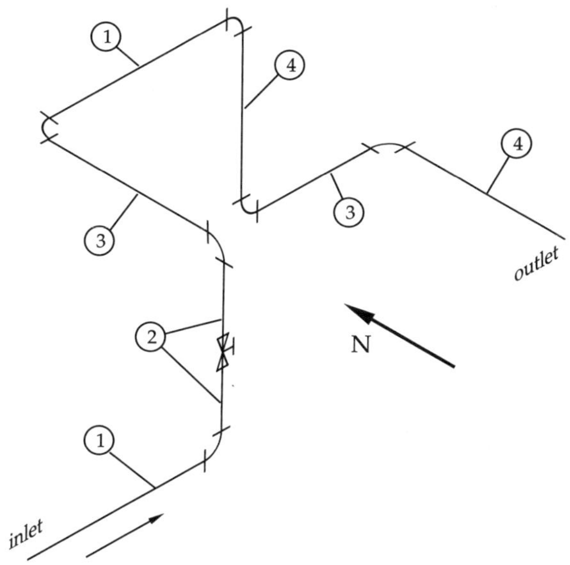

Pipe #	Length
1.	3.66 m
2.	1.52 m
3.	2.44 m
4.	3.05 m

Other fittings: Fully open gate valve.

FIGURE P4.54

59. Draw a system curve for the piping system of Figure P4.59. Let the flow rate be controlled by various settings of the ball valve, and graph volume flow rate in liters per second as a function of the valve angle. The system is made up of 1-std type M copper tubing. The pressure drop in all cases is 400 kPa and the fluid is ethylene glycol.

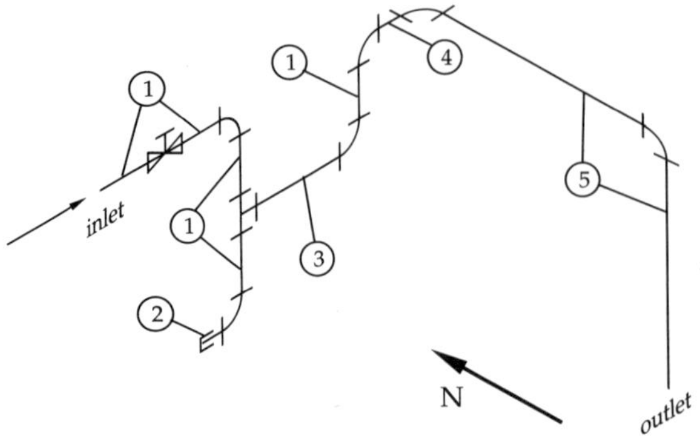

Pipe #	Length or fitting
1.	4m
2.	End cap
3.	6m
4.	2m
5.	12m

Fully open gate valve.

FIGURE P4.55

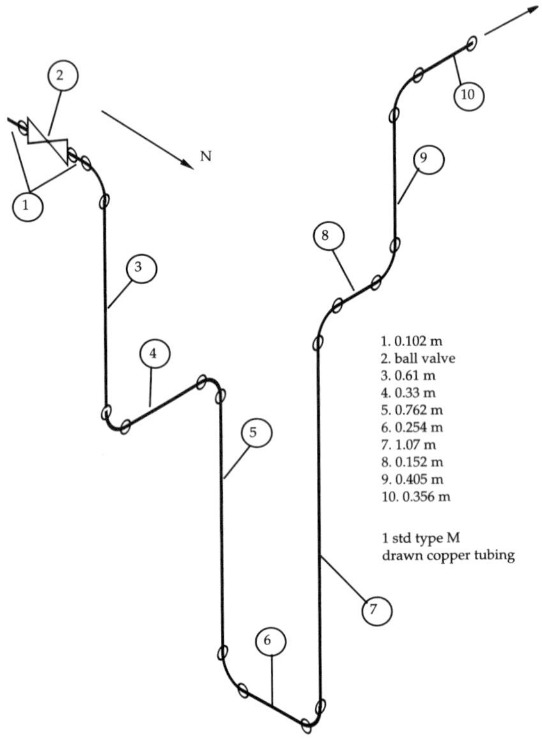

FIGURE P4.57, P4.59

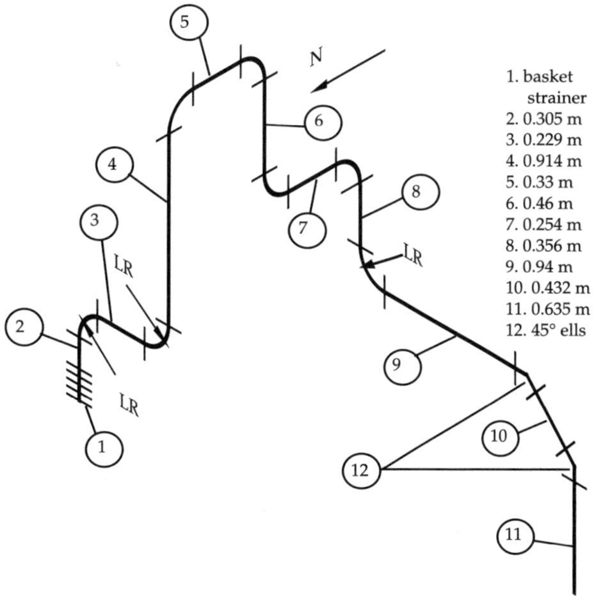

N
1. basket strainer
2. 0.305 m
3. 0.229 m
4. 0.914 m
5. 0.33 m
6. 0.46 m
7. 0.254 m
8. 0.356 m
9. 0.94 m
10. 0.432 m
11. 0.635 m
12. 45° ells
LR
LR
LR

FIGURE P4.58

정선된 유체역학 주제들 05

Selected topics in Fluid Mechanics

이 장에서 우리는 배관망 내에서의 유동, 병렬 배관계를 흐르는 유동, 암거에서 유량의 측정, 비정상 배수 탱크 문제들과 같은 다양한 유체 역학 주제들을 다룬다.

배관망 내의 유동에 대한 절에서는 이와 같은 시스템을 해석하는 데 필요한 배경지식을 제공한다. 망 내 구성 요소들을 확인하는 방법과 함께 망 문제를 푸는 전통적인 방법인 Hardy Cross 방법을 살펴본다. 다음으로 병렬 배관계에서 유동을 모델링할 때 사용하는 풀이 방법을 공식화할 것이다.

또는 우리는 터빈형 미터, 로터미터, 벤투리 미터, 오리피스 미터, 엘보우 미터 등 배관계에서 사용되는 유량계를 살펴본다. 물론 이외 다른 유량계들도 존재하며 이들에 대해서는 인터넷에서 자세한 정보를 찾을 수 있다.

그런 다음 이 장은 배수 탱크 문제들을 모델링하는 절로 이어진다. 배수 탱크를 설명하는 식들을 풀 때 여러 가지 어려움들이 발생할 수 있다. 이를 해결하기 위한 수치 해석 방법을 설명하고, 이를 이용하여 배수 탱크 문제를 푸는 방법을 제시한다.

5.1 배관망 내에서의 유동

배관망은 특정 지역에 있는 사용자들에게 유체를 분배하기 위해서 사용하는 연결된 배관(또는 관)의 집합체이다. 여기에서 지역이라 함은 물을 각각의 거주지로 분해하는 지하 배관망을 가진 거주 지역의 한 부분일 수도 있고, 각각의 기계로 액체 잉크를 분배하는 천장의 배관망을 가진 일련의 인쇄기일 수도 있다. 이와 유사한 시스템들의 많은 예들이 존재한다.

배관망은 다양한 크기, 기하학적 방향, 마찰 특성을 지닌 배관이나 관으로 구성되어 있고 펌프, 밸브, 이음새 등을 포함할 수도 있다. 그림 5.1은 배관망의 평면도를 보여 주고 있는데, 여기에서 유체가 배관계를 들어가고 나가는 위치들을 볼 수 있다. 이 망을 해석하는 목적은 각각의 배관에서의 체적유량을 결정하는 것이다. 이는 쉬운 일은 아니지만, 체계적인 방법을 공식화한 후 이를 따른다면 충분히 가능하다.

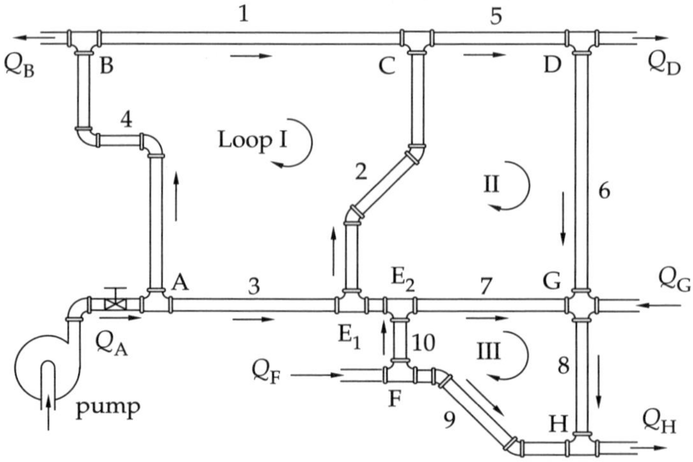

그림 5.1 배관망의 평면도

해석을 위해 시스템의 여러 구성요소를 확인하는 데 사용할 표기 방법을 소개하면, 그림 5.1에서 망의 모든 분기점은 A부터 H까지의 알파벳으로 표기되고, 각각의 배관은 숫자로 표기된다. 예를 들어, 4는 A와 B를 연결하는 선(엘보우를 포함)이다. E_1과 E_2로 표기된 연결 부위는 매우 가까워서 하나의 연결 부위로 취급될 수 있다.

우리는 시스템의 동적 특성을 해석하는 데 사용되는 두 개의 일반식을 가지고 있다(연속 방정식 및 수정된 Bernoulli 식). 전체 망에서 들어오는 모든 유량은 나가는 유량과 같아야 한다. 식으로는 아래와 같이 표현된다.

$$\Sigma Q_{in} = \Sigma Q_{out}$$

또는 $Q_A + Q_F + Q_G = Q_H + Q_D + Q_B$

각각의 연결 부위에 대해서도 유사한 방정식을 쓸 수 있다. 하지만, 우리는 먼저 그림상에 표시된 바와 같이 각각의 배관 내에서 유동의 방향을 가정한다. 여기에서 A로 표기된 연결 부위에서는, 다음과 같이 쓴다.

$$\Sigma Q_{in} = \Sigma Q_{out}$$

$$Q_A = Q_3 + Q_4$$

E로 표기된 연결 부위에서는, 아래와 같이 쓴다.

$$Q_3 + Q_{10} = Q_2 + Q_7$$

모든 연결 부위에 대한 식을 쓰면, 모두 8개의 식을 가지게 된다(각 연결 부위당 1개). 방정식들은 모두 선형이고, 이 중 오직 7개만 독립적인 식이다.

다음으로, 우리는 망 내에 "루프"를 정하고 우리가 정의한 방향을 양의 방향으로 정한다. 예를 들어, 1-2-3-4로 표기된 배관들은 루프 I을 구성한다. 5-6-7-2은 루프 II가 되고, 7-8-9-10은 루프 III이 된다. 그림에 표시되어 있듯이, 모든 루프에서 시계 방향이 양의 방향이다.

이와 같이 정의된 루프는 수정된 Bernoulli 식과 함께 각각의 루프당 한 개씩, 총 세 개의 식을 얻는 데 사용된다. 배관 #1에 대해서, B로부터 C로 갈 때(유동 방향으로), 수정된 Bernoulli 식은 아래와 같다.

$$\frac{p_B}{\rho g} + \frac{V_B^2}{2g} + z_B = \frac{p_C}{\rho g} + \frac{V_C^2}{2g} + z_C + \frac{f_1 L_1}{D_1}\frac{V_1^2}{2g} + \Sigma K \frac{V_1^2}{2g} \tag{5.1}$$

만약 B의 높이가 C와 같다면 $z_B = z_C$, 일정한 관 지름의 경우 $V_B = V_C$이 성립한다. 부손실이 없는 경우, $\Sigma K = 0$이 된다. 이때 수정된 Bernoulli 식은 아래와 같다.

$$\frac{p_B}{\rho g} - \frac{p_C}{\rho g} = \frac{f_1 L_1}{D_1}\frac{V_1^2}{2g}$$

또는 $$\Delta p_{BC} = \frac{f_1 L_1}{D_1}\frac{\rho V_1^2}{2} \tag{5.2}$$

만약 압력 강하가 시계 방향과 일치한다면 이는 양수가 된다. 우리가 구하고자 하는 양은 유량이므로, 속도는 아래의 식으로 대체된다.

$$V_1 = \frac{Q_1}{A_1} = \frac{4Q_1}{\pi D_1^2}$$

이 식을 식 (5.2)에 대입하면, 아래의 식을 얻는다.

$$\Delta p_{BC} = \frac{f_1 L_1}{D_1}\frac{\rho}{2}\frac{16 Q_1^2}{\pi^2 D^4}$$

$$\Delta p_{BC} = \frac{8\rho L_1}{\pi^2 D_1^5} f_1 Q_1^2$$

또는 $$\Delta p_{BC} = C_1 f_1 Q_1^2 \tag{5.3}$$

여기에서 상수 C_1은 다음과 같이 주어진다.

$$C_1 = \frac{8\rho L_1}{\pi^2 D_1^{\,5}}$$

$\mathbf{C}_1$의 단위는 $F \cdot T^2/L^8$이다. 여기에서 우리는 배관 #1과 연관이 있는 상수들을 따로 분리해 내었다. 구체적인 설명을 위해서, 부손실이 없다는 가정 아래 루프 I 내의 다른 압력 강하에 대한 식들을 적어보자. 그러면 식 (5.3)과 유사한 결과를 얻게 된다.

$$\Delta p_{\mathrm{CE}} = -\,C_2 f_2 Q_2^{\,2} \tag{5.4}$$

$$\Delta p_{\mathrm{EA}} = -\,C_3 f_3 Q_3^{\,2} \tag{5.5}$$

그리고

$$\Delta p_{\mathrm{AB}} = C_4 f_4 Q_4^{\,2} \tag{5.6}$$

음의 값은 시계 반대 방향의 유동 방향을 나타낸다. 각각의 루프를 구성하는 모든 배관에서의 총 압력 강하는 0이어야 한다. 따라서 루프 I에서는,

$$\Delta p_{\mathrm{BC}} + \Delta p_{\mathrm{CE}} + \Delta p_{\mathrm{EA}} + \Delta p_{\mathrm{AB}} = 0$$

$$C_1 f_1 Q_1^{\,2} - C_2 f_2 Q_2^{\,2} - C_3 f_3 Q_3^{\,2} + C_4 f_4 Q_4^{\,2} = 0$$

이 과정을 통해 각각의 루프에 대해서 한 개의 식, 총 3개의 비선형 방정식을 얻는다.

연속 방정식 및 수정된 Bernoulli 식을 그림 5.1에 적용하는 과정을 통해서, 총 7개의 독립적인 선형 방정식(연속 방정식으로부터)과 3개의 비선형 방정식을 얻는다. 10개의 유량 값을 구하기 위해서는 이 10개의 방정식을 동시에 풀어야 하는데, 이때 여러 번의 반복 계산을 필요로 하는 시행착오 방법이 사용된다.

이 방정식들을 푸는 많은 방법들이 존재한다. 가장 초기에 알려진 방법은 **Hardy Cross 법(Hardy Cross method)**이라고 불리는데, 이 기법은 **Newton 법(Newton method)**의 특수한 경우이다. 그 외의 방법은 선형화 과정을 포함하고 있다. 여기에서 우리는 스프레드시트를 사용한 해법과 더불어 Hardy Cross 법에 초점을 맞출 것이다. 참고로 관로망에서 어떤 수의 루프도 풀 수 있는 컴퓨터 프로그램을 이용할 수도 있는데(*Analysis of Flow in Pipe Networks* by R. W. Jeppson; Ann Arbor Science; Ann Arbor Michigan; 1982 참조), 이와 관련된 문제 해결방법은 인터넷상에서 찾을 수 있다.

Hardy Cross 법(The Hardy Cross Method)

특정 망에 대한 식들을 세운다고 가정해 보자. N개의 분기점을 가진 시스템에서, 우리

는 연속 방정식으로부터 $N-1$개의 식을 얻는다. 그리고 M개의 루프로부터 M개의 비선형 식을 얻는다. 각각의 배관에서의 체적유량을 결정하기 위해서는 이 식들을 동시에 풀어야만 한다. 비선형 식으로 인하여 전통적인 방법으로 해를 구하는 데 있어 상당한 어려움이 있다. Hardy Cross 법은 이 식들을 푸는 것을 돕기 위하여 개발되었다.

이 방법은 몇 개의 알려지지 않은 유량 값을 합리적인 값으로 가정하는 데서부터 시작한다. 이 가정된 값들을 식들에 대입해서, 압력 강하를 계산한 다음 더한다. 이 결과는 수정값 ΔQ를 찾는 데 사용되는데, 이 수정값을 가정된 값들에 적용해서 개선된 추정치를 얻는다. 이 과정은 수정값 ΔQ가 충분히 작을 때까지 반복된다. 즉, 이 과정은 각각의 루프에서 압력 강하의 합이 더해서 0이 될 때까지 반복된다. 이와 같은 반복 계산 기법을 우리는 Hardy Cross 법이라고 부른다.

계산 단계를 설명하기 위하여, 그림 5.2에 나타난 망을 고려하자. 여기에서는 각각 4개의 배관을 포함한 2개의 루프가 있다. 분기점 또는 연결 부위들은 A에서 F까지의 알파벳으로 표기되어 있고, 배관들은 1에서 7까지의 숫자로 표기되어 있다. 각각의 배관 옆에는 배관의 지름 및 길이가 나타나 있다. 배관 #2는 두 개의 루프에 모두 포함된다. 모든 단위는 SI 단위로 나타내어져 있다.

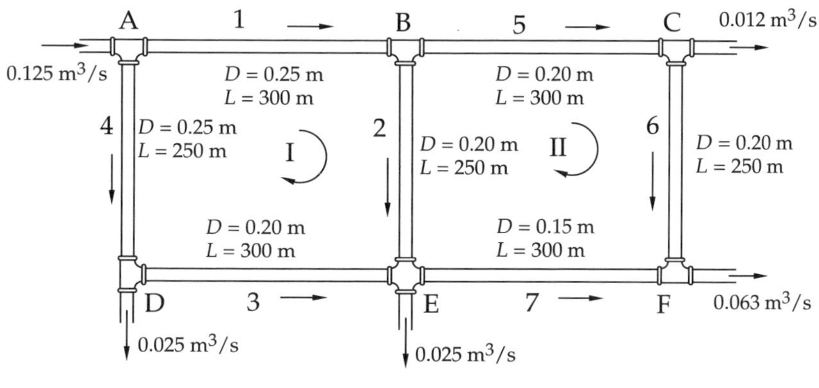

그림 5.2 Hardy Cross 법을 설명하기 위하여 사용된 두 개의 루프를 가진 배관망

단계 1: 각각의 배관에서 유동 방향을 가정한다.

만약 잘못된 방향이 가정된다면, 계산 결과를 통해 수정된다. 그림 5.2에서 각각의 로마체 숫자 옆의 화살표가 가정된 유동 방향을 보여주고 있다.

단계 2: 전체 망에 대해서 연속 방정식을 확인한다.

그림을 보면, 망을 들어오는 모든 유동의 합이 나가는 모든 유동의 합과 같아야 한다. 따라서

$$Q_{in} = 0.125\ \mathrm{m^3/s}$$

$$Q_{out} = 0.012 + 0.063 + 0.025 + 0.025 = 0.125 \text{ m}^3/\text{s}$$

시스템에 들어오는 유량은 나가는 유량과 같아야 한다.

단계 3: 각각의 분기점에 대해서 연속 방정식을 적는다.

그림 5.3을 참조한다. 각각의 분기점에 대해, 우리는 아래와 같이 쓴다.

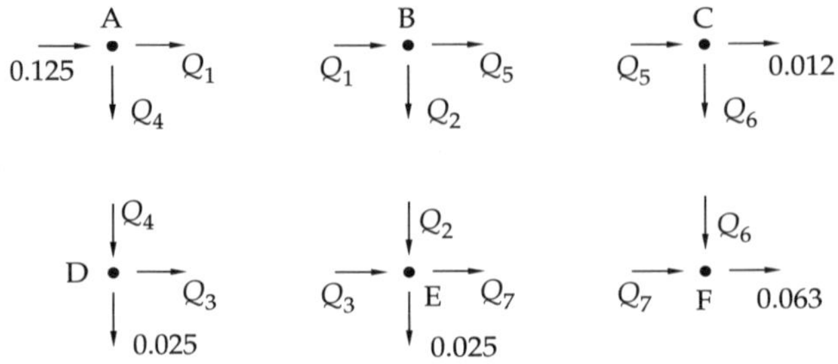

그림 5.3 각각의 분기점에서 유량을 결정하기 위한 추가 다이어그램

$$\left.\begin{aligned}
&\text{A:} && 0.125 = Q_1 + Q_4 \\
&\text{B:} && Q_1 = Q_2 + Q_5 \\
&\text{C:} && Q_5 = 0.012 + Q_6 \\
&\text{D:} && Q_4 = Q_3 + 0.025 \\
&\text{E:} && Q_2 + Q_3 = Q_7 + 0.025 \\
&\text{F:} && Q_7 + Q_6 = 0.063
\end{aligned}\right\} \tag{5.7}$$

우리는 6개의(= N 분기점) 선형 방정식을 얻었고, 이 중에 오직 5개= $(N - 1)$가 서로 독립적이다. 방정식들 중 하나는 다른 식들의 선형 조합을 통해서 얻어질 수 있다.

단계 4: 각각의 루프를 확인하고 양의 방향을 설정한다.

이는 그림에 표시되어 있다. 루프 I, II 모두 시계 방향이 양의 방향이다.

단계 5: 각각의 루프에 대해서 압력 강하 식을 적는다.

부손실이 없는 경우, 각각의 루프에 대해서 아래와 같이 적는다.

$$\text{I:} \quad \Delta p_{AB} + \Delta p_{BE} - \Delta p_{ED} - \Delta p_{DA} = 0$$

$$\text{II:} \quad \Delta p_{BC} + \Delta p_{CF} - \Delta p_{FE} - \Delta p_{EB} = 0$$

또는

$$C_1 f_1 Q_1^2 + C_2 f_2 Q_2^2 - C_3 f_3 Q_3^2 - C_4 f_4 Q_4^2 = 0$$

$$C_5 f_5 Q_5^2 + C_6 f_6 Q_6^2 - C_7 f_7 Q_7^2 - C_2 f_2 Q_2^2 = 0$$

각각의 배관에 대해서 상수 $C = 8\rho L/(\pi^2 D^5)$이다. 양의 값은 각각의 루프에서 "시계 방향"에 해당되고, 그 역이 성립한다.

우리가 연속 방정식 관계식을 대입해서 직접 문제를 풀 수 없는 이유는 이 비선형 식들 때문이다. 부손실이 포함될 경우, 이와 관련된 압력 강하 항은 속도 V 대신 유량 Q에 대해서 나타내 ΣK 항을 포함할 것이다. 앞의 두 방정식과 연속 방정식들은 동시에 풀어야만 한다.

단계 6: 연속 방정식들을 간단히 만든다.

우리는 모든 유량이 Q_1과 Q_2(임의로 선택)에 대해서 나타내어질 수 있도록, 아래와 같이 두 개의 유량에 대해서 문제를 둠으로써 식을 간단히 만들 수 있다.

$$\left.\begin{aligned} &Q_4 = 0.125 - Q_1 \\ &Q_5 = Q_1 - Q_2 \\ &Q_6 = Q_1 - Q_2 - 0.012 \\ &Q_3 = 0.1 - Q_1 \\ \text{그리고}\quad &Q_7 = Q_2 - Q_1 - 0.075 \end{aligned}\right\} \qquad (5.8)$$

우리가 Q_1과 Q_2에 대한 유량 값을 가정한다면, 모든 다른 유량 값들은 위 식을 이용하여 결정될 수 있다.

단계 7: 계산을 요약하기 위하여 풀이표를 만든다.

풀이표를 사용하면 풀이를 상당히 간단하게 만들 수 있는데, 풀이표는 표 5.1에서 보이는 바와 같이 스프레드시트를 이용하면 된다. 표에서 유체 물성치 밀도 ρ 및 점도 μ는 물에 해당하는 것이고, 조도는 주철(cast iron)에 해당하는 것이다. 각각의 배관에 대한 물리적 데이터인 (표에 나타나 있지는 않지만) 지름 D, 길이 L, 상수 C, 상대 조도 ε/D 등 역시 포함될 수 있다.

계산은 각각의 루프에 대해서 개별적으로 수행된다. 첫 번째 반복 계산에서, Q_1 (= 0.060 m^3/s)과 Q_2 (= 0.020 m^3/s)에 대한 "합리적" 추정치를 정하였다. 나머지 유량 값들은 연속 방정식인 식 (5.8)을 이용하여 계산하였다. 표 5.1은 해를 찾고자 하는 첫 번째 시도, 즉 첫 번째 반복 계산에서 얻어진 계산값들을 보여주고 있다. 열 2는 배관의 숫자, 그리고 열 3은 유량을 보여준다.

압력 강하를 계산할 때, 마찰 계수 값들이 필요하다. 그리고 이 값들을 알기 위해서는 아래와 같이 정의되는 Reynolds 수가 필요하다.

표 5.1 유체 물성치, 데이터 표, 그리고 그림 5.2의 망에 대한 첫 번째 반복 계산에 대한 표

유체 물성치 $\rho = 1000\ \text{kg/m}^3$ $\mu = 0.89 \times 10^{-3}\ \text{N·s/m}^2$

주철(cast iron) $\varepsilon = 0.00025\ \text{m}$

a) 데이터 표:

Pipe	*D*,m	*L*,m	C, N·s²/m⁸	ε/D
1	0.250	300	2.49E+08	0.000 184
2	0.200	250	6.33E+08	0.000 230
3	0.200	300	7.60E+08	0.000 230
4	0.250	250	2.08E+08	0.000 184
5	0.200	300	7.60E+08	0.000 230
6	0.200	250	6.33E+08	0.000 230
7	0.150	300	3.20E+09	0.000 307

b) 각각의 루프에 대한 첫 번째 반복 계산:

Loop	Pipe	Q m³/s	Re	f	Δp N/m²	$\Delta p/Q$
I	1	0.060	3.43×10^5	0.021	1.85×10^4	3.09×10^5
	2	0.020	1.43×10^5	0.023	5.73×10^3	2.86×10^5
	3	−0.040	2.86×10^5	0.022	-2.65×10^4	6.64×10^5
	4	−0.065	3.72×10^5	0.021	-1.81×10^4	2.78×10^5
				$\Sigma=$	-2.04×10^4	1.54×10^6
$\Delta Q = -(-2.04 \times 10^4/(2(1.54 \times 10^6)))$					$\Delta Q =$	0.006 6

Loop	Pipe	Q m³/s	Re	f	Δp N/m²	$\Delta p/Q$
II	5	0.040	2.86×10^5	0.022	2.65×10^4	6.64×10^5
	6	0.028	2.00×10^5	0.022	1.10×10^4	3.93×10^5
	7	− 0.035	3.34×10^5	0.023	-9.09×10^4	2.60×10^6
	2	− 0.020	1.43×10^5	0.023	-5.73×10^3	2.86×10^5
				$\Sigma=$	-5.91×10^4	3.94×10^6
$\Delta Q = -(-5.91 \times 10^4/(2(3.94 \times 10^6)))$					$\Delta Q =$	0.007 5

$$\text{Re} = \frac{\rho V D}{\mu}$$

평균 속도 $V = Q/A = 4Q/\pi D^2$이므로, Reynolds 수는 아래와 같이 된다.

$$\text{Re} = \frac{4\rho Q}{\pi D \mu}$$

두 개의 루프에 대해서 이에 따른 계산 결과는 표의 4번째 열에 나타나 있다.

각각의 배관에 대한 마찰 계수는 아래에 주어진 Chen 방정식을 이용하여 계산하였다.

$$f = \left[-2.0 \log \left\{ \frac{\varepsilon}{3.7065D} - \frac{5.0452}{\mathbf{Re}} \log \left(\frac{1}{2.8257} \left[\frac{\varepsilon}{D} \right]^{1.1098} + \frac{5.8506}{\mathbf{Re}^{0.8981}} \right) \right\} \right]^{-2}$$

이 망에 있는 모든 유동은 난류이다. 층류 유동의 경우에는, 층류 관계식 $f = 64/\mathrm{Re}$이 사용된다. 각각의 배관에서의 압력 강하는 아래와 같이 계산된다.

$$\Delta p = CfQ^2$$

이 값은 그 다음 열에 나타나 있다. 각각의 루프에 대해서 압력 강하 값들을 모두 더하였을 때, 우리는 $\Sigma\Delta p_{\mathrm{I}} = -2.04 \times 10^4$ 및 $\Sigma\Delta p_{\mathrm{II}} = -5.91 \times 10^4$(표의 6번째 열)을 얻게 된다. 각각의 루프에서, 우리가 얻고자 하는 값은 0이다.

단계 8: 개선된 유량 값을 결정한 다음, 그 다음 반복 계산을 시작한다.

다음 반복 계산을 시작하기 전, 가정한 유량을 어떻게 수정할 것인가에 대한 문제가 발생하는데, 현재 및 그 다음 반복 계산에서 연속적으로 가정하는 유량 값들이 방정식들을 충족시키는 방향으로 수렴시킬 필요가 있다. 따라서 우리는 가정한 유량을 수정하는 방법을 개발할 것이다.

유량에 대한 다음 방정식을 보면,

$$Q_{2nd} = Q_{1st} + \Delta Q$$

여기에서 Q_{2nd}는 두 번째 반복 계산에서 사용할 개선값이고, Q_{1st}는 첫 번째 반복 계산에서 사용했던 값, 그리고 ΔQ는 우리가 찾고자 하는 수정값이다. 함수 F를 정의하여 앞의 식에 적용하면,

$$F(Q_{2nd}) = F(Q_{1st} + \Delta Q)$$

최종적으로는 우리는 $F = \Sigma\Delta p$가 되도록 놓을 것이다. 함수 F를 Taylor 급수를 이용하여 변환하면,

$$F(Q_{2nd}) = F(Q_{1st} + \Delta Q) = F(Q_{1st}) + \Delta Q \frac{dF}{dQ_{1st}} + (\Delta Q)^2 \frac{d^2F}{dQ_{1st}^2} + \ldots = 0$$

$(\Delta Q_{1st})^2$ 및 고차항들은 무시할 수 있다고 가정한다. 첫 번째와 두 번째 항을 이용하면, 다음과 같이 쓸 수 있다.

$$F(Q_{1st}) + \Delta Q \frac{dF}{dQ_{1st}} = 0$$

ΔQ에 대해 풀면,

$$\Delta Q = -\frac{F(Q_{1st})}{(dF/dQ_{1st})} \quad \textbf{(5.9)}$$

위의 식을 배관망 문제에 적용할 수 있도록, 분자와 분모 값을 살펴보자. 각각의 루프에 대하여, 함수 F가 루프 내의 압력 강하의 합이라고 한다면:

$$F(Q_{1st}) = \Sigma\Delta p \quad \textbf{(5.10)}$$

그리고 각각의 루프에 대해서 $\Sigma\Delta p = \Sigma CfQ^2$이므로, 아래의 식을 얻는다.

$$F(Q_{1st}) = \Sigma CfQ_{1st}^2$$

그리고 마찰 계수가 일정하다고 가정할 때(또는 변화량이 작다고 가정),

$$\frac{dF}{dQ_{1st}} = 2\Sigma CfQ_{1st} \quad \textbf{(5.11)}$$

우리는 아래의 식을 다시 사용하여, 위의 식을 더 간단하게 만들 것이다.

$$\Sigma\Delta p = \Sigma CfQ_{1st}^2$$

Q_{1st}로 나누면, 아래의 식을 얻는다.

$$\Sigma(\Delta p/Q_{1st}) = \Sigma CfQ_{1st}$$

그러면 식 (5.11)은 다음과 같이 된다.

$$\frac{dF}{dQ_{1st}} = 2\Sigma(\Delta p/Q_{1st}) \quad \textbf{(5.12)}$$

위의 식을 식 (5.9)에 대입하면, 수정값에 대한 최종 식을 얻는다.

$$\Delta Q = -\frac{\Sigma\Delta p}{2\Sigma(\Delta p/Q_{1st})} = \frac{\text{식 (5.10)}}{\text{식 (5.12)}} \quad \textbf{(5.13)}$$

즉, 두 번째 반복 계산에서 사용할 유량은 첫 번째 반복 계산에서 사용한 유량에다 수정값

ΔQ을 더한 것이고, 이때 수정값 ΔQ은 식 (5.13)을 이용하여 계산한다.

두 번째 이후 반복 계산에서 사용할 개선값을 얻기 위하여, 모든 루프 내의 각각의 유량에 수정값을 적용하여야 한다. 이때 수정항은 부호에 좌우된다.

표 5.1에서 6번째 열은 계산한 압력 강하 Δp, 7번째 열은 $\Delta p/Q$이다. Δp의 부호는 유량의 부호에 좌우되는데, $\Delta p/Q$는 항상 양의 값을 가진다. 표로부터의 데이터를 사용하면,

$$\Delta Q = -\frac{\Sigma \Delta p}{2\Sigma \Delta p/Q}$$

두 개 루프에 대해서,

$$\Delta Q = -\frac{-2.04 \times 10^4}{2(1.54 \times 10^6)} = 0.006\,6 \qquad \text{(루프 I)}$$

$$\Delta Q = -\frac{-5.91 \times 10^4}{2(3.94 \times 10^6)} = 0.007\,5 \qquad \text{(루프 II)}$$

따라서 두 번째 반복 계산에서의 유량 값은 아래와 같다.

$$Q_{\text{pipe \#1}} = Q_{\text{1st iteration}} + \Delta Q = 0.060 + 0.006\,6 = 0.067$$

하지만 Q_2에 대해서는, 배관 #2가 두 개의 루프 모두에 포함되어 있기 때문에 수정값은 양 루프로부터의 수정값을 모두 포함하여야 한다.

$$Q_{\text{pipe \#2}} = Q_{\text{1st iteration}} + \Delta Q = 0.020 + 0.006\,6 - 0.007\,5 = 0.019$$

루프 II에서 배관 #2의 유동 방향은 시계 반대 방향이므로 0.0075는 음이 된다. 유량의 나머지 값들은 식 (5.8)로부터 결정된다. 두 번째 반복 과정에서는 동일한 계산을 반복한다. 이 두 번째 반복 계산으로부터의 얻어진 결과는 표 5.2에 나타나 있다.

단계 9: 해가 얻어질 때까지 계산 과정을 계속한다.

각각의 루프에서 $\Sigma \Delta p$ ($\sim \Delta Q$)이 충분히 작아져서 수렴할 때까지, 개선된 유량 값들을 다시 결정하고 계산을 반복한다. 그 다음 반복 계산으로부터의 결과는 표 5.3에 나타나 있다. 이때 해는 허용될 수 있을 만큼의 매우 작은 수정값을 산출한다. 그러므로 각각의 배관에 대한 해는 아래와 같다.

$Q_1 = 0.069\ \text{m}^3/\text{s}$ $\quad Q_2 = 0.020\ \text{m}^3/\text{s}$ $\quad Q_3 = 0.031\ \text{m}^3/\text{s}$

$Q_4 = 0.056\ \text{m}^3/\text{s}$ $\quad Q_5 = 0.049\ \text{m}^3/\text{s}$ $\quad Q_6 = 0.037\ \text{m}^3/\text{s}$

$Q_7 = 0.026\ \text{m}^3/\text{s}$

표 5.2 그림 5.2의 배관망에 대한 두 번째 반복 계산 풀이표

Loop	Pipe	Q m^3/s	Re	f	Δp N/m^2	$\Delta p/Q$
I	1	0.067	3.81 x 10^5	0.021	2.28 x 10^4	3.42 x 10^5
	2	0.019	1.37 x 10^5	0.023	5.25 x 10^3	2.75 x 10^5
	3	−0.033	2.39 x 10^5	0.022	−1.86 x 10^4	5.58 x 10^5
	4	−0.058	3.34 x 10^5	0.021	−1.46 x 10^4	2.51 x 10^5
				Σ=	−5.24 x 10^3	1.43 x 10^6
		ΔQ = 5.24 x 10^3/(2(1.43 x 10^6))			ΔQ =	0.001 8
II	5	0.047	3.40 x 10^5	0.022	3.72 x 10^4	7.83 x 10^5
	6	0.035	2.54 x 10^5	0.022	1.75 x 10^4	4.93 x 10^5
	7	−0.028	2.62 x 10^5	0.023	−5.65 x 10^4	2.06 x 10^6
	2	−0.019	1.37 x 10^5	0.023	−5.25 x 10^3	2.75 x 10^5
				Σ=	−7.07 x 10^3	3.61 x 10^6
		ΔQ = 7.07 x 10^3/(2(3.61 x 10^6))			ΔQ =	0.001 0

표 5.3 그림 5.2의 배관망에 대한 세 번째 반복 계산 풀이표

Loop	Pipe	Q m^3/s	Re	f	Δp N/m^2	$\Delta p/Q$
I	1	0.068	3.92 x 10^5	0.021	2.40 x 10^4	3.51 x 10^5
	2	0.020	1.43 x 10^5	0.023	5.71 x 10^3	2.86 x 10^5
	3	−0.032	2.26 x 10^5	0.022	−1.67 x 10^4	5.28 x 10^5
	4	−0.057	3.24 x 10^5	0.021	−1.38 x 10^4	2.43 x 10^5
				Σ=	−6.81 x 10^2	1.41 x 10^6
		ΔQ = 6.81 x 10^2/(2(1.41 x 10^6))			ΔQ =	0.000 2
II	5	0.048	3.47 x 10^5	0.022	3.87 x 10^4	7.99 x 10^5
	6	0.036	2.61 x 10^5	0.022	1.85 x 10^4	5.06 x 10^5
	7	−0.027	2.53 x 10^5	0.023	−5.26 x 10^4	1.98 x 10^6
	2	−0.020	1.43 x 10^5	0.023	−5.71 x 10^3	2.86 x 10^5
				Σ=	−1.15 x 10^3	3.58 x 10^6
		ΔQ = 1.51 x 10^3/(2(3.58 x 10^6))			ΔQ =	0.000 2

여기에서 몇 가지 부연 설명을 하자면, 사용자는 스프레드시트를 이용하여 두 번째 반복 계산 결과를 첫 번째 단계에 대입함으로써, 추가적으로 여러 번의 반복 계산을 하는 것과 같은 효과를 얻을 수 있다. 또한 많은 스프레드시트 프로그램들은 자동적으로 연속적인 반복 계산을 할 수 있도록 해 주기 때문에, 세 개의 표를 만들 필요 없이 하나의 표로도 매우 높은 정확도를 얻을 수 있다. 요약하면, Hardy Cross 법의 절차는 아래와 같다.

단계 1: 각각의 배관에서 유동 방향을 가정한다.
단계 2: 전체 망에 대해서 연속 방정식을 확인한다.
단계 3: 각각의 분기점 대해서 연속 방정식을 적는다.
단계 4: 각각의 루프를 확인하고 양의 방향을 설정한다.
단계 5: 각각의 루프에 대해서 압력 강하 식을 적는다.
단계 6: 연속 방정식들은 간단히 만든다.
단계 7: 계산을 요약하기 위하여 풀이표를 만든다.
단계 8: 개선된 유량 값을 결정한 다음, 그 다음 반복 계산을 시작한다.
단계 9: 해가 얻어질 때까지 계산 과정을 계속한다.

5.2 병렬 배관(Pipes in Parallel)

앞서 보았듯이, 배관선 설계 연구에서 복잡한 문제들 중 일부는 다중-배관계를 포함하고 있다. 이들은 직렬로 연결된 두 개의 다른 크기를 가진 배관이나 병렬로 연결된 여러 개의 배관들, 또는 배관망상의 수백 개의 배관을 포함할 수 있다. 이 모든 경우에, 식을 푸는 방법은 달라질 수 있으나 운동방정식은 동일하다. 여기에서 우리는 병렬로 놓인 배관들을 살펴볼텐데, 이 문제는 오직 하나의 루프를 가진 배관망으로도 모델링할 수 있다. 그렇지만 여기에서는 해를 얻는 다른 방법을 살펴본다.

배관선계에서 하나의 지점에서 다른 지점까지 체적유량을 증가시키고자 할 때, 이를 위한 한 가지 방법은 더 큰 배관을 설치하는 것이다. 하지만 몇몇 응용 분야에서는, 이렇게 하는 것이 불가능한 경우가 있을 수 있다. 다른 방법은 그림 5.4에서 나타난 것처럼 길이의 전부 또는 일부에 대해서 기존 선에 수평하게 배관선을 추가하는 것인데, 이를 *루핑*(looping)이라고 한다. 이런 시스템을 해석하는 목적은 주어진 압력 강하에 대해서 각각의 배관선을 통해 흐르는 유량을 결정하는 것이다. 참고로, 시스템은 임의의 수의 병렬 배관들로 구성되어 있을 수 있으며, 컴퓨터 프로그램들을 이용하여 이와 같은 시스템들을 해석할 수 있다. 이 절에서는, 계산 방법을 설명하기 위하여 오직 2개의 배관을 가진 시스템을 살펴본다.

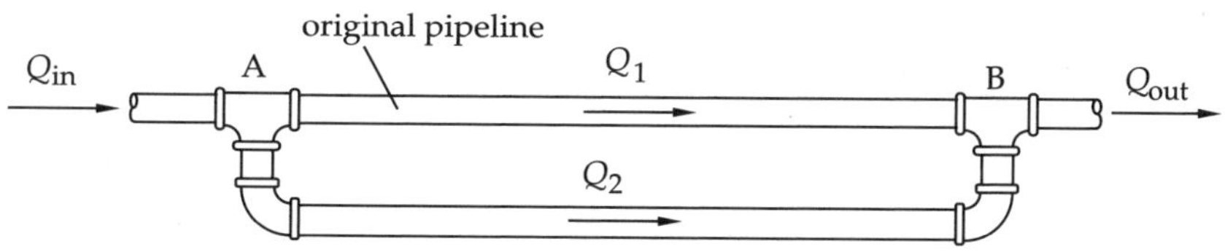

그림 5.4 병렬 배관들을 흐르는 유동

그림 5.4에서 분기점 A(또는 B)에 연속 방정식을 적용하면 아래의 식을 얻는다.

$$Q_{in} = Q_{out} = Q_1 + Q_2$$

여기에서 Q_1과 Q_2는 각각의 배관 내의 유량이다. 병렬 배관 시스템에서, 양 배관을 따라서 압력 강하는 같아야 한다. 즉,

$$\Delta p_1 = \Delta p_2$$

여기에서 Δp_1은 유량이 Q_1인 배관선에서의 압력 강하이다. 수정된 Bernoulli 식을 선 1에 적용하면, 아래의 식을 얻는다.

$$\frac{p_A}{\rho g} + \frac{V_A{}^2}{2g} + z_A = \frac{p_B}{\rho g} + \frac{V_B{}^2}{2g} + z_B + \frac{f_1 L_1}{D_1}\frac{V_1{}^2}{2g} + \Sigma K_1 \frac{V_1{}^2}{2g}$$

같은 지름을 가진 입구와 출구에 대해서 $V_A = V_B$이고, A와 B가 동일한 높이에 있는 경우 $z_A = z_B$이다. 부손실이 없다고 (또는 무시할 정도라고) 가정하면 $\Sigma K = 0$이다. 수정된 Bernoulli 식은 아래와 같이 된다.

$$\frac{p_A}{\rho g} - \frac{p_B}{\rho g} = \frac{\Delta p_1}{\rho g} = \frac{f_1 L_1}{D_1}\frac{V_1{}^2}{2g} \qquad \textbf{(5.14)}$$

이 식을 직접 사용하거나 또는 압력 강하를 유량에 관해서 다시 쓴 후 사용할 수 있다. $V_1 = Q_1/A_1 = 4Q_1/\pi D_1{}^2$이므로, 앞서 방정식은 아래와 같이 된다.

$$\Delta p_1 = \frac{f_1 L_1}{D_1}\frac{\rho V_1{}^2}{2} = \frac{f_1 L_1}{D_1}\frac{\rho}{2}\frac{16 Q_1{}^2}{\pi^2 D_1{}^4}$$

또는 $\Delta p_1 = \dfrac{8\rho L_1}{\pi^2 D_1{}^5} f_1 Q_1{}^2 = C_1 f_1 Q_1{}^2$

여기에서 C_1은 상수이다. 유사한 방식으로, 아래의 식을 얻을 수 있다.

$$\Delta p_2 = \frac{8\rho L_2}{\pi^2 D_2{}^5} f_2 Q_2{}^2 = C_2 f_2 Q_2{}^2$$

이 식들을 병렬 배관계에 적용하기는 어렵지 않으나, 때때로 이 식들을 동시에 푸는 것은 실망스러운 일일 수 있다. 일반적으로 마주치는 문제 유형은 압력 강하가 알려져 있을 때 병렬선에서의 유량을 계산하는 것이다. 이 유량을 알고 난 후에, 동력이 일정하게 유지될 수 있도록 압력 강하량을 바꾸는 것이 바람직하거나 필요할 수 있다. 그렇다면 이런 새로

운 조건하에서 유량을 결정하는 것이 요구된다.

이런 문제를 푸는 데 이용되는 방법 중 하나는 *퍼센티지 법*(percentage method)이라고 하는데, 이 방법에서는 선택한 압력 강하가 시스템상의 각각의 배관에 적용되고, 각각의 유량이 결정된다. 그런 다음 다른 압력 강하 값에 대해서, 이 유량들의 비는 일정하게 유지된다고 가정한다. 이 방법을 사용할 경우 난류 유동의 경우 충분히 좋은 결과를 얻을 수 있으며, 천이 구간 유동의 경우에도 적어도 시작점을 알 수 있다. 앞서 방법의 경우에는 반복 계산법을 적용하여 계산을 수행하였는데, 일반적으로 시스템 내 각각의 배관당 3번의 시도 후 해가 수렴하였다.

앞서 언급하였듯이, 병렬 배관계에 방정식들을 적용할 경우 각각의 배관선에서의 유량을 알 수 있다. 다음 예제에서 이 방법을 설명한다.

예제 5.1 공칭치수 6 스케줄 40의 아연 도금관을 통해 물을 운반하고 있다. 배관선의 길이는 304.8 m이고 이때 압력 강하는 55.1 kPa이다. 시스템 내의 유량을 증대시키기 위하여, 공칭치수 4 스케줄 40의 아연 도금관이 6인치 배관선에 병렬로 추가되었다. (a) 원래 배치에서 공칭치수 6 배관을 통해 흐르는 유량을 결정하여라. (b) 양쪽 선을 통해 흐르는 유량이 총 0.0354 m^3/s ($= Q_1 + Q_2$)일 때, 각각 선에서의 유량을 결정하여라(그림 5.4).

풀이

지금까지와 마찬가지로 관련 표로부터 물성치들을 찾으면 아래와 같다.

물	$\rho = 999\ kg/m^3$	$\mu = 0.91\ mPa{\cdot}s$	[부록 표 B.1]
공칭치수 6 스케줄 40	$D = 0.154\ m$	$A = 0.0186\ m^2$	
공칭치수 4 스케줄 40	$D = 0.102\ m$	$A = 0.00821\ m^2$	[부록 표 D.1]
아연도금 표면	$\varepsilon = 0.152\ mm$		[표 3.1]

문제의 일부로, 원래 배관선인 공칭치수 6 스케줄 40만을 고려하자. 그림 5.4을 참조하여, Q_1선을 따라서 A에서 B까지 수정된 Bernoulli 식을 쓰면 다음과 같다.

$$\frac{p_A}{\rho g} + \frac{V_A^2}{2g} + z_A = \frac{p_B}{\rho g} + \frac{V_B^2}{2g} + z_B + \frac{f_1 L_1}{D_1}\frac{V_1^2}{2g} + \Sigma K_1 \frac{V_1^2}{2g}$$

그리고

$$\Delta p = 55.1 \times 10^3\ Pa \qquad V_A = V_B \qquad z_A = z_B$$

$$L = 304.8\ m \qquad \Sigma K = 0$$

이 문제에서 부손실은 무시할 수 있다고 가정한다. 따라서 운동방정식은 다음과 같이 된다.

$$\Delta p = \frac{f_1 L_1}{D_1}\frac{\rho V_1^2}{2}$$

대입하면,

$$55.1 \times 10^3 = \frac{f(304.8)}{0.154}\frac{999V^2}{2}$$

여기에서 아래첨자 "1"은 생략되었다. 재배열한 후 속도에 대해서 풀면,

$$fV^2 = 0.0557$$

또는

$$V = \sqrt{\frac{0.0557}{f}} \tag{i}$$

Reynolds 수

$$\mathrm{Re} = \frac{\rho VD}{\mu} = \frac{999V(0.154)}{0.91 \times 10^{-3}} = 1.70 \times 10^5 V \tag{ii}$$

조도수

$$\frac{\varepsilon}{D} = \frac{0.152}{0.154} = 0.000989$$

완전 발달된 난류 유동에 해당되는 마찰 계수를 가정한다.

첫 번째 시도:	$f = 0.02$	$V = 1.67$ m/s(식 i)	$\mathrm{Re} = 2.82 \times 10^5$(식 ii)
두 번째 시도:	$f = 0.022$	$V = 1.59$ m/s	$\mathrm{Re} = 2.7 \times 10^5$
	$f = 0.022$ 충분히 가까움		

따라서 속도는 1.59 m/s이다. 체적유량은

$$Q = AV = 0.0186(1.59)$$

(a) $\underline{Q = 0.0296\ \mathrm{m^3/s}}$ (공칭치수 6 배관선 @ 55.1 kPa) (a)에서 우리는 주어진 압력 강하에 대해 공칭치수 6 배관선에서의 체적유량을 계산하였다. 우리는 동일한 압력 강하 조건하에서 공칭치수 4 배관선에서의 유량을 계산할 것이다. 앞에서와 같이, 다음과 같은 운동방정식을 가지고 풀이를 시작한다.

$$\Delta p = \frac{f_2 L_2}{D_2}\frac{\rho V_2^2}{2}$$

대입하면

$$55.1 \times 10^3 = \frac{f(304.8)}{0.102}\frac{999V^2}{2}, \quad 즉, fV^2 = 0.0369$$

여기에서 f와 V의 아래첨자는 생략하였다. 재배열 후 속도에 대해 풀면 아래의 식을 얻는다.

$$V = \sqrt{\frac{0.0369}{f}} \qquad \text{(iii)}$$

그리고

$$\text{Re} = \frac{\rho VD}{\mu} = \frac{999V(0.102)}{0.91 \times 10^{-3}} = 1.12 \times 10^5 V$$

조도수 $\varepsilon/D = 0.152/0.102 = 0.0015$에서 완전 발달 난류 유동에 해당하는 마찰 계수를 가정한다.

첫 번째 시도:	$f = 0.022$	$V = 1.295$ m/s	$\text{Re} = 1.45 \times 10^5$
두 번째 시도:	$f = 0.023$	$V = 1.265$ m/s	$\text{Re} = 1.42 \times 10^5$
	$f = 0.023$ 충분히 가까움		

따라서 속도는 1.265 m/s이다. 체적유량은,

$$Q = AV = 0.00821(1.265)$$

(b) $\underline{Q = 0.0104 \text{ m}^3/\text{s}}$ (공칭치수 4 배관선 @ 55.1 kPa)

따라서 압력 강하가 55.1 kPa일 때, 유량은 다음과 같다.

$$Q_1 = 0.0296 \text{ m}^3/\text{s} \quad 및 \quad Q_2 = 0.0104 \text{ m}^3/\text{s}$$

만약 이 배관선상에 동력원이 존재하여 유량 증가를 뒷받침해 줄 수 있는 경우, 4인치 배관선을 더함으로써, 유량은 0.0296 m^3/s에서 0.04 m^3/s (= 0.0296 + 0.0104)으로 증가한다.

퍼센티지 방법에서, 우리는 다른 조건하에 있는 배관선에서의 보정된 유량을 얻기 위하여 비례의 원리를 사용한다. 즉 난류 유동 조건하에서 압력 강하가 다른 경우에도 각 배관선에서의 유량의 비가 동일하다고 가정한다. 총 유량은 다음과 같이 계산된다.

$$Q_{\text{total}} = Q_1 + Q_2 = 0.0296 + 0.0104 = 0.04$$

이 방정식을 Q_{total}로 나누면,

$$1 = \frac{Q_1}{Q_{\text{total}}} + \frac{Q_2}{Q_{\text{total}}}$$

$Q_{\text{new}} = 0.0354\ m^3/s$의 수정된 조건에서, 앞의 방정식을 Q_{new}로 곱하면 아래의 식을 얻는다.

$$Q_{\text{new}} = Q_{\text{new}}\frac{Q_1}{Q_{\text{total}}} + Q_{\text{new}}\frac{Q_2}{Q_{\text{total}}} = Q_{1\text{new}} + Q_{2\text{new}}$$

새로운 유량은 아래와 같다.

$$Q_{1\text{new}} = 0.0354\,\frac{0.0296}{0.04}$$

$$\underline{Q_{1\text{new}} = 0.0262\ m^3/s}$$

그리고

$$Q_{2\text{new}} = 0.0354\,\frac{0.0104}{0.04}$$

$$\underline{Q_{2\text{new}} = 0.0092\ m^3/s}$$

이 결과들을 검증하기 위하여, 우리는 각각의 배관선에서의 압력 강하를 계산하는데, 이 값들은 서로 같아야 한다.

$$\Delta p_1 = \frac{f_1 L_1}{D_1}\frac{\rho V_1^2}{2} = \frac{0.023(304.8)}{0.154}\,\frac{999(1.59)^2}{2}$$

$$\underline{\Delta p_1 = 57.5\ \text{kPa}} \qquad (\text{공칭지수 } 6)$$

유사한 방식으로 아래의 계산 결과를 얻는다.

$$\Delta p_2 = \frac{0.023(304.8)}{0.102}\frac{999(1.265)^2}{2}$$

$$\underline{\Delta p_2 = 55\ \text{kPa}} \qquad (\text{공칭지수 } 4)$$

이 값들은 충분히 가깝다고 할 수 있다. 오차는 5% 이내인데, 이는 Moody 다이어그램을 읽는 데 있어서의 오차 때문이라고 볼 수 있다.

퍼센티지 방법은 유동이 난류이고 한 번의 반복 계산이 충분할 경우에 잘 작동한다. 하지만 이 모든 경우에 반복 계산법을 이용하여 앞의 예제에서 구한 식 (ii)와 (iii)을 사용할 수도 있다. 이때 계산 과정은 정확한 ε/D에 대한 완전 발달된 난류에 해당하는 마찰 계수 값을 가정하고, 식 (ii)와 (iii)을 사용하여 속도를 구한다. 그리고 Reynolds 수를 계산한 후, 마찰 계수의 개선할 값을 결정한다. 이 과정을 수렴값을 얻을 때까지 반복한다.

5.3 | 관로 내에서의 유량의 측정

관로에서의 유량은 **계수율계(rate meter)**를 이용하여 측정할 수 있다. 계수율계는 배관(또는 관)에 삽입되어서 배관선에서의 체적유량을 결정하는 데 사용되는 장치이다. 이 절에서 우리가 다룰 계수율계는 **터빈 미터(turbine meter)**, **로타미터(rotameter)**[또는 **가변 면적 미터(variable-area meter)**], **벤투리 미터(venturi meter)**, **오리피스 유량계(orifice meter)**, 그리고 **엘보우 미터(elbow meter)**이다. **노즐 타입(nozzle type)** 이나 **종합 계기(totalizing meter)**와 같이 유사한 원리에 기반을 두어 작동하는 다른 유량계들은 여기에서 다루지 않는다.

터빈 미터(Turbine Meter)

그림 5.5는 터빈 미터의 개략도이다. 터빈 미터는 각각의 끝에 알맞은 배관 이음새를 (그림에 나타나 있지 않음) 가진 배관이나 관으로 구성된다. 관 내의 프로펠러 또는 터빈의 양쪽에는 유동 교정기가 있다. 유동이 교정기를 지난 후 유량계로 들어오면 프로펠러는 유량에 비례하는 각속도로 회전하게 된다. 자석식 픽업은 블레이드가 지나가는 것을 감지해서 전체 펄스를 판독하는 장치에 신호를 전달한다. 터빈 미터는 주로 스테인리스 강 또는 황

동으로 만들어지지만 특수한 금속이 사용되는 경우도 있다. 일반적으로 터빈 미터의 정확도는 ±1% 내외이다.

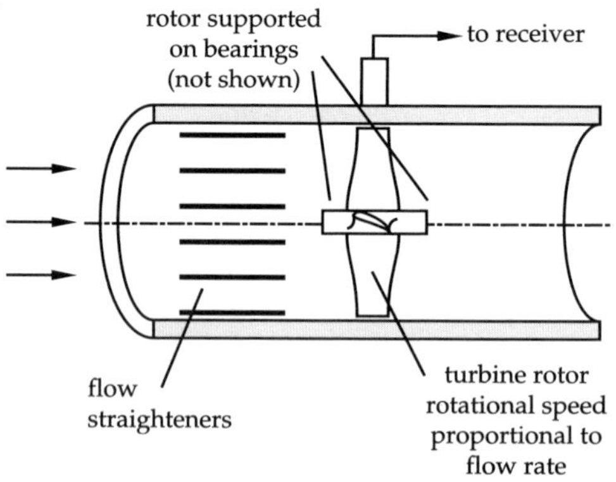

그림 5.5 터빈 미터의 개략도

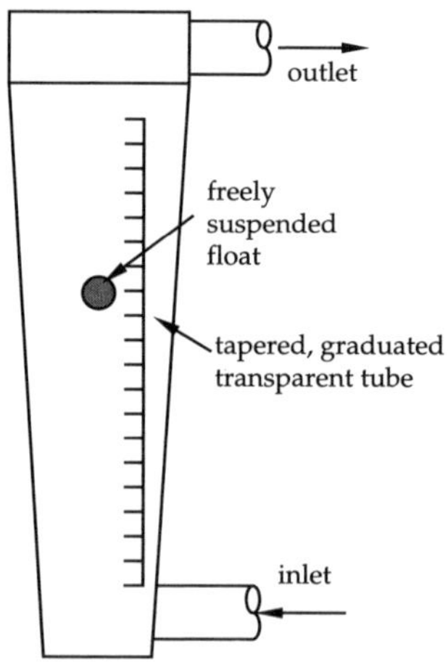

그림 5.6 로타미터 또는 가변 면적 미터의 도식도

로타미터 또는 가변 면적 미터(Rotameter or Variable-Area Meter)

그림 5.6은 로타미터 또는 가변 면적 미터의 도식도이다. 로타미터는 테이퍼가 있고 눈금이 있는, 수직으로 세워진 투명 관(유리 또는 플렉시글라스)으로 구성되어 있다. 관 각각의 끝에는 적절한 배관 이음새가 위치한다. 안에는 자유롭게 움직일 수 있는 부표가 있는데, 부표는 구형이거나 축이 수직방향인 실린더 형상이다. 유동이 미터의 아래쪽으로 들어오면 부표는 평형 위치로 들어 올려진다. 부표의 위치가 높을수록, 부표와 관 사이의 고리모양 면적은 커진다. 항력, 부력, 중력에 의한 힘들이 모두 균형을 이룰 때, 부표는 평형 위치에 도달하게 된다. 유량은 부표 위치의 눈금을 읽음으로써 알 수 있는데, 전자 감지기가 원격 판독 장치에 신호를 전달할 수도 있다. 로타미터의 정확도는 일반적으로 비싼 장비의 경우 ±1% 내외이고 좀 더 저렴한 장비의 경우는 ±5% 내외이다.

벤투리 미터(Venturi Meter)

또 다른 종류의 유량계의 경우 유동의 수축부를 도입하여, 유동의 측정 가능한 특성 중 하나가 변하게 만드는 것을 이용한다. 여기에서 측정하는 양의 변화는 유량계를 통해 흐르는 유량과 연관되어 있다. 벤투리 미터는 이런 종류의 유량계의 하나인데, 그림 5.7은 두 개의 형태를 보여준다.

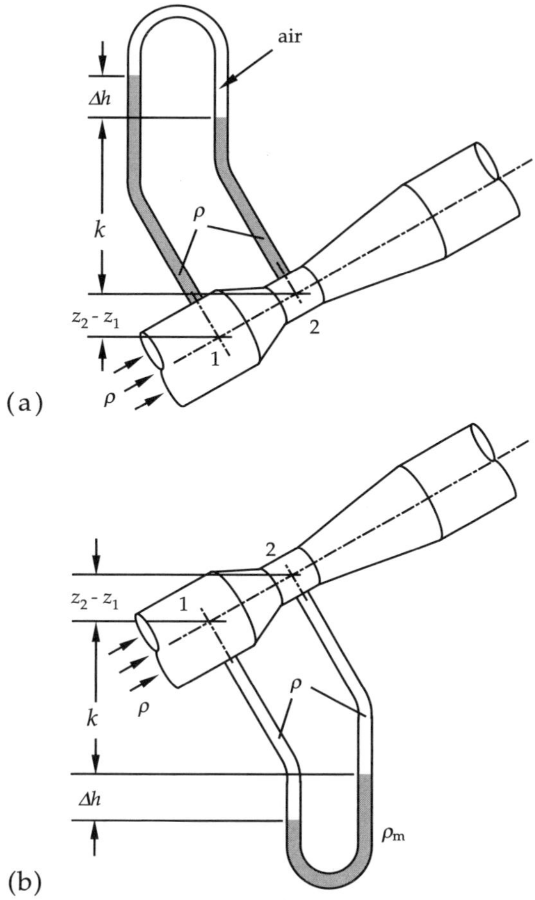

그림 5.7 두 가지 배치로 나타내어진 벤투리 미터

벤투리 미터는 상류부, 목부분으로 연결되는 수축부, 그리고 확대부로 구성된다. 상류부는 배관선과 동일한 지름을 가지고 선에 연결된다. 상류부와 목부분에서 정압 탭들은 액주압력계의 양쪽에 연결될 수 있다. 미터에 도달하기 전에 적어도 배관의 10 지름의 거리를 확보하는 것이 좋은데, 그 이유는 미터 입구에서 완전 발달하고 균일한 유동을 보장하기 위해서이다. 벤투리 미터의 크기는 일반적으로 배관 및 목 부분 크기에 의해서 특정된다. 예를 들어, 6 x 4미터는 공칭치수 6 배관선에 부착되고, 공칭치수 4 배관에 해당하는 목 지름을 가진다.

유동이 유량계를 통해 흐를 때 상류부에서 목까지 속도가 증가하고, 이와 연관되어서 상류에서 목까지 압력 강하가 발생한다. 이 압력 강하는 유량계를 통과하는 유량이 증가함에 따라 증가한다. 유량계에서 유량 대 압력 강하의 그래프는 **보정 곡선(calibration curve)**이라 일컬어진다. 종종 보정 곡선은 실험적으로 결정되는데, 주어진 시간 간격에 걸쳐 유량계를 통해 흐른 유량을 얻어서 실제 체적유량을 구한다. 연관된 압력 강하 역시 측정하여 압력 강하 Δp 또는 수두 손실 Δh의 함수로 실제 유량 Q_{ac}를 구한다.

벤투리 미터(그리고 다른 수축 유량계들)에 대한 표준은 여러 출판물에서 찾아 볼 수 있다(*Fluid Meters—Their Tehory and Application*, 6판, ASME 1971을 특히 추천한다). 이런 출판물에서는 세부 구조 및 추천사항들을 함께 제공하는데, 이는 사용자가 특정 응용 분야에 맞는 유량계를 선택하거나 설계하는 데 도움이 된다.

송출 계수(Discharge coefficient)

유량계에 대한 안내서나 참고 서적을 참조할 때 제공되는 정보는 일반적으로 유량계의 세부 구조와 **송출 계수(discharge coefficient)** 대 Reynolds 수에 대한 무차원 그래프이다. 송출 계수는 유량계를 통한 실제 유량과 Bernoulli 식에 의해서 예측되는 이론 유량을 연관시켜준다. 세부 구조는 배관 지름을 기준으로 표현되는 치수들을 포함한다. 예를 들어, 상류 정압 탭은 수축부 끝에서부터 1/2 배관 지름($D_1/2$)에 위치하고, 유량계 길이는 10 배관 지름($10D_1$)이다. 그림 5.8은 벤투리 미터에서 압력 탭 위치에 대한 일반적인 세부 사항들을 보여주고 있다. 추천하는 치수에 따라서 만들 경우, *실험적으로 유량계를 보정할 필요 없이*, 적용 가능한 송출 계수 대 Reynolds 수 관계식(그래프 또는 식)으로부터 유량계에 대한 보정 곡선을 얻을 수 있다.

이 점을 좀 더 살펴보기 위하여, 우리는 그림 5.7에서의 두 가지 배열 형태에 대해서 식들을 유도할 것이다. 각각의 유량계를 흐르는 비압축성 유체에 대해서, 연속 방정식은 아래와 같이 주어진다.

$$Q = A_1V_1 = A_2V_2$$

목부분 면적 A_2가 상류 면적 A_1보다 작기 때문에, 연속 방정식에 따르면 $V_1 < V_2$일 것이다. 따라서 유체 속도는 목에서 증가하여야만 한다. 유량계를 통한 유동 마찰이 없는 경우 Bernoulli 식은 다음과 같다.

$$\frac{p_1}{\rho g} + \frac{V_1^2}{2g} + z_1 = \frac{p_2}{\rho g} + \frac{V_2^2}{2g} + z_2 \tag{5.15}$$

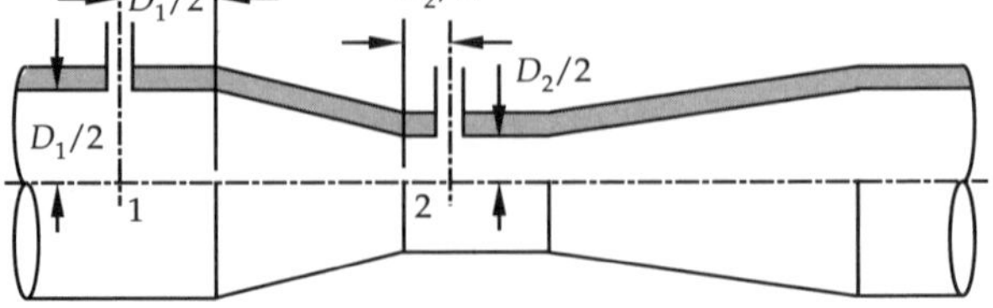

그림 5.8 탭 위치를 보여주는 벤투리 미터의 단면도

재배열 후 $V = Q/A$를 대입하면 아래의 식을 얻는다.

$$\frac{(p_1 - p_2)}{\rho g} + z_1 - z_2 = \frac{Q^2}{2g}\left(\frac{1}{A_2^2} - \frac{1}{A_1^2}\right) = \frac{Q^2}{2gA_2^2}\left(1 - \frac{A_2^2}{A_1^2}\right)$$

유량에 대해서 풀면, 다음 식을 얻는다.

$$Q = A_2\sqrt{\frac{2g\{[(p_1 - p_2)/\rho g] + (z_1 - z_2)\}}{1 - A_2^2/A_1^2}}$$

$A_2^2/A_1^2 = D_2^4/D_1^4$이다. 또한 위 식은 마찰이 없는 비압축성 유동 가정하에 얻어진 벤투리 미터에 대한 이론식이므로 다음과 같이 쓸 수 있다.

$$Q_{th} = A_2\sqrt{\frac{2g\{[(p_1 - p_2)/\rho g] + (z_1 - z_2)\}}{1 - D_2^4/D_1^4}} \tag{5.16}$$

여기에서 "th" 아래첨자는 유량에 대한 이론값이라는 것을 나타낸다. 그림 5.7a에 보여진 형상에 대해, 액주 압력계에 대한 식은 다음과 같다.

$$p_1 - \rho g\,[(z_2 - z_1) + k + \Delta h] = p_2 - \rho g\,k - \rho_{air}\,g\,\Delta h$$

공기 밀도는 액체 밀도에 비해 작으므로, ρ_{air}를 포함하는 항은 무시한다. 식을 재배열한 후 단순화하면 아래의 식을 얻는다.

$$\frac{(p_1 - p_2)}{\rho g} + z_1 - z_2 = \Delta h$$

식 (5.16)에 대입하면 다음의 식을 얻는다.

$$Q_{th} = A_2\sqrt{\frac{2g\Delta h}{1 - D_2^4/D_1^4}} \qquad \left(\begin{array}{c}\text{공기-액체}\\ \text{액주 압력계}\end{array}\right) \tag{5.17}$$

따라서 액주 압력계의 값과 관련된 유량계로부터의 유량의 이론값에서 유량계의 방향은 중요하지 않다[왜냐하면 식 (5.17)에서 $z_2 - z_1$항은 더 이상 나타나지 않는다]. 유량계가 수평, 기울어진 경우, 수직으로 놓인 경우 모두에 동일한 식이 얻어진다.

그림 5.7b의 이유체(two-liquid) 액주 압력계에 대해서 다음과 같은 식을 쓸 수 있다.

$$p_1 + \rho g\,(k + \Delta h) = p_2 + \rho g\,[(z_2 - z_1) + k\,] + \rho_m g\,\Delta h$$

재배열하면,

$$\frac{(p_1 - p_2)}{\rho g} + z_1 - z_2 = \Delta h \frac{\rho_m - \rho}{\rho} = \Delta h \left(\frac{\rho_m}{\rho} - 1\right)$$

식 (5.16)에 대입하면 아래의 식을 얻는다.

$$Q_{th} = A_2 \sqrt{\frac{2g\Delta h(\rho_m/\rho - 1)}{1 - D_2{}^4/D_1{}^4}} \qquad \left(\begin{array}{c}\text{이유체}\\ \text{액주 압력계}\end{array}\right) \tag{5.18}$$

이 식은 $(\rho_m/\rho - 1)$ 항이 있다는 점에서 식 (5.17)과 다른데, 이는 그림 5.7b에서 보이듯이 이유체 액주 압력계라는 점으로 인해 발생한 것이다.

주어진 유량계, 액체, 압력계 유체에 대한 변수들 D_1, D_2, A_2, ρ 및 ρ_m은 모두 알려져 있다. 따라서 식 (5.17) 또는 식 (5.18)을 사용하여 이론 유량 Q_{th} 대 수두 손실 Δh에 대한 곡선을 그릴 수 있다. 그림 5.9의 Q_{th}으로 표기된 선이 바로 이렇게 만들어진 곡선이다. 다음으로는 동일한 유량계를 실험실로 가져가서 Q_{ac} 대 Δh에 대한 실제 측정을 한다고 가정해 보자(즉, 보정 곡선을 결정한다). 이런 일반적인 데이터 역시 그림 5.9에 나타나 있는데, 이는 Q_{ac}으로 표기된 선이다.

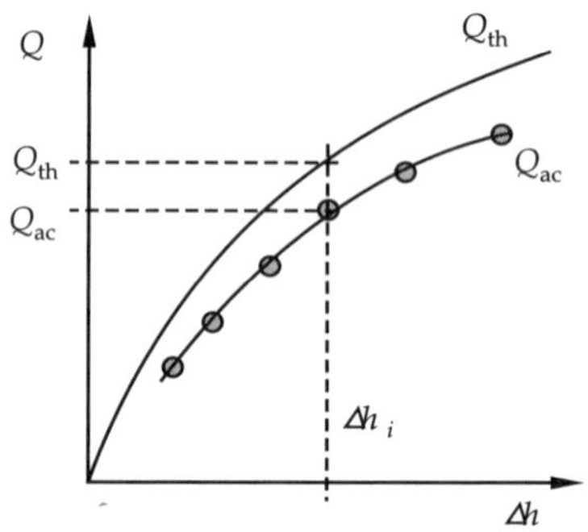

그림 5.9 벤투리 미터에서 압력 강하의 함수로 나타낸 유량

현재 주어진 압력 강하 Δh_i에 대해 Q_{ac} 및 Q_{th} 두 개의 연관된 유량이 존재한다. 이 유량의 비는 아래와 같이 정의된 벤투리 송출 계수 C_v이다.

$$C_v = \frac{Q_{ac}}{Q_{th}} \tag{5.19}$$

계수 C_v는 여러 Δh에 대해서 계산될 수 있는데, 전체 범위에 걸쳐서 달라질 것이다. 실제 유량 Q_{ac}는 마찰 효과 때문에 항상 Q_{th}보다 작을 터인데, 이는 Bernoulli 식에서는 고려되고 있지 않다. 각각의 계산된 C_v에 대해서, 우리는 아래와 같이 정의된 목 Reynolds 수 또한 계산할 수 있다.

$$\mathrm{Re} = \frac{V_2 D_2}{\nu} = \frac{4\rho Q_{ac}}{\pi D_2 \mu} \tag{5.20}$$

Reynolds 수는 실제 유량 Q_{ac}과 목 지름 D_2에 기초하고 있다. 주조된 거친 표면의 입구를 가진 벤투리 미터에 대한 송출 계수는 Reynolds 수가 3×10^4부터 2×10^5까지 변할 때, 0.95에서 0.984까지 변한다. 2×10^5 이상의 경우에, 계수 C_v는 일정한 0.984의 값을 가진다. 정밀하게 가공된 미터의 경우에, 송출 계수는 0.995까지 높아질 수 있다.

데이터 없이 보정 곡선(Q_{ac} 대 Δh)을 생성하는 절차는 간단하지만 지루한 과정이다.

1. 안내서(또는 다른 관련 자료)로부터 유량계에 대해서 추천되는 배치를 얻는다.
2. 유량계에 대한 물리적 측정을 통해 액체 밀도 및 압력계의 유체 밀도를 결정한다.
3. Q_{th} 대 Δh의 그래프를 그린다.
4. 유량계와 함께 제공된 송출 계수 정보를 참조한다.
5. 여러 유량에서, Δh, Re, C_v을 계산한다.
6. Q_{ac}를 결정하기 위하여 C_v 수와 Q_{th}를 이용한다.
7. Q_{ac} 대 Δh의 그래프를 그린다.

벤투리 미터를 보정하는 절차는 다음 예제에서 설명한다.

예제 5.2 배관선 회사가 생산자로부터 소비자까지 헥세인(hexane)을 운반할 책임을 맡고 있다고 한다. 회사는 유량을 확인하기 위하여 배관선 내에 유량계를 설치하고자 한다. 유량계 핸드북을 참조하여, 선 내에 6 x 4 벤투리 미터를 설치하기로 결정하였다고 한다. 만약 압력 탭이 그림 5.8에 나타난 것처럼 위치한다면, 유량계에 대한 송출 계수는 Reynolds 수가 2×10^5보다 클 때, 0.984의 고정된 값이라고 한다. 유량계는 그림 5.10에서 보이는 바와 같이 수평에 대해서 20°의 각도로 우상향의 기울기를 가지는 형태로 설치되어져 있다. 그리고 헥세인-수은 액주 압력계를 사용하는 것이 제안되었다. 이때 최대 0.15 m^3/s의 유량까지에 대해서 이 유량계에 대한 보정 곡선을 만들어라.

풀이

부록으로부터 다음의 값들을 얻는다.

헥세인(hexane) $\rho = 657\ \mathrm{kg/m^3}$ $\mu = 0.297 \times 10^{-3}\ \mathrm{N \cdot s/m^2}$
수은(mercury) $\rho_m = 13600\ \mathrm{kg/m^3}$ [부록 표 B.1]

공칭치수 6 스케줄 40 $D_1 = 0.154\ \mathrm{m}$ $A_1 = 1.865 \times 10^{-2}\ \mathrm{m^2}$
공칭치수 4 스케줄 40 $D_2 = 0.102\ \mathrm{m}$ $A_2 = 0.000822\ \mathrm{m^2}$ [부록 표 C.1]

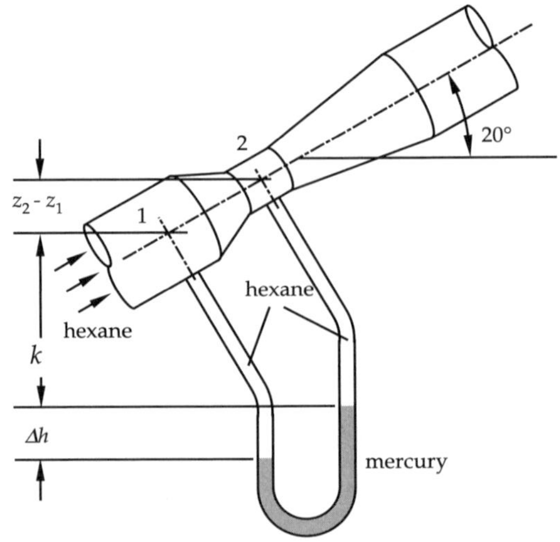

그림 5.10 헥세인을 운반하는 벤투리 미터

액주 압력계에 대하여, 다음과 같은 식을 쓴다.

$$\frac{(p_1 - p_2)}{\rho g} + z_1 - z_2 = \Delta h\left(\frac{\rho_m}{\rho} - 1\right) = \Delta h\left(\frac{13.6(1\ 000)}{0.657(1\ 000)} - 1\right) = 19.7\ \Delta h$$

식 (5.18)에 대입하면 아래의 식을 얻는다.

$$Q_{th} = A_2\sqrt{\frac{2g\Delta h(\rho_m/\rho - 1)}{1 - D_2^4/D_1^4}} \qquad \left(\begin{array}{c}\text{이유체}\\ \text{액주 압력계}\end{array}\right) \qquad \textbf{(5.18)}$$

$$Q_{th} = 82.19 \times 10^{-4}\left(\frac{2(9.81)(19.7)\Delta h}{1 - \left(\frac{10.23}{15.41}\right)^4}\right)^{1/2}$$

또는 $Q_{th} = 0.18\sqrt{\Delta h}$

Q_{th} 대 Δh에 대한 도표는 표 5.4에 제시되어 있다.

흐르는 헥세인에 대한 Reynolds 수는 아래와 같다.

$$\text{Re} = \frac{V_2 D_2}{\nu} = \frac{4\rho Q_{ac}}{\pi D_2 \mu} = \frac{4(0.657)(1\ 000)C_v Q_{th}}{\pi(0.102\ 3)(0.297 \times 10^{-3})}$$

또는 $\dfrac{\text{Re}}{C_v} = 2.75 \times 10^7\ Q_{th}$

표 5.4 예제 5.2에서의 계산 결과

Δh m	Q_{th} m^3/s	Re/C_v	C_v	$Q_{ac} = C_v Q_{th}$ m^3/s
0	0	0	—	0
0.2	0.081	2.21 x 10^6	0.984	0.08
0.4	0.114	3.13 x 10^6	0.984	0.112
0.6	0.139	3.83 x 10^6	0.984	0.137
0.8	0.161	4.43 x 10^6	0.984	0.158

이 식을 가지고 한 계산 결과 역시 표 5.4에 제시되어 있다. 우리는 0.2보다 큰 모든 Δh에 대하여, Re/C_v 비는 2×10^5보다 큰 것을 알 수 있다. 그리고 C_v가 1보다 항상 작기 때문에, Reynolds 수는 2×10^5보다 클 것이다. 따라서 이 예제 계산의 표에서 나타난 것과 같이 $C_v = 0.984$이다. 실제 유량 Q_{ac} (= $C_v Q_{th}$) 역시 표에 나타나 있다. 유량 대 Δh의 그래프는 그림 5.11에 제시되어 있다.

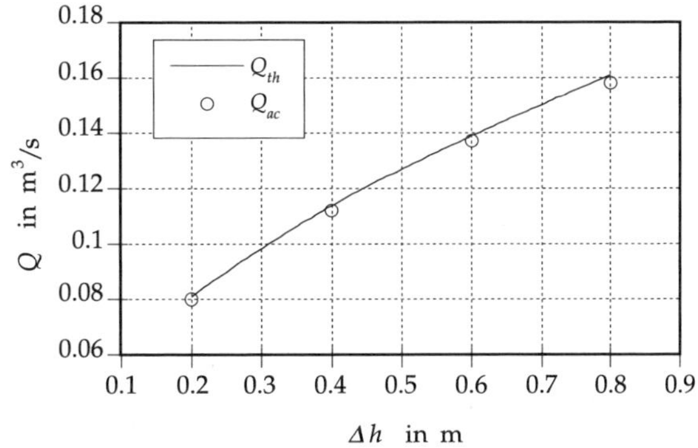

그림 5.11 그래프로 나타낸 예제 5.2의 해

오리피스 미터(orifice meter)

다른 종류의 수축 유량계로는 오리피스 미터가 있는데, 도식도가 그림 5.12에 나타나 있다. 오리피스 미터는 구멍을 가진 평판으로 구성되어 있는데, 이 평판은 배관선 내에, 간편하게는 플랑지 사이에 삽입된다. 구멍은 오리피스가 날카로운 모서리 또는 사각 모서리를 갖도록 뚫린다. 평판을 통한 유동은 그림 5.12에서 보이는 것과 유사한 형태를 따른다. 평판의 하류에서, **유동은 흐름목(vena contracta)**이라고 불리는 최소 면적을 가지는 지점에 도달하게 된다.

그림 5.13에서 보이듯이, 압력 탭들은 여러 추천되는 위치에서 유량계와 연결된다. 1*D*

및 $\frac{1}{2}D$ 위치, $2\frac{1}{2}D$ 및 $8D$ 위치, 구멍들을 플랑지를 통해서 뚫는 플랑지 탭들, 또는 구멍들을 평판의 가장자리로 연결되게 배관 벽을 통해 뚫은 코너 탭들이 있다.

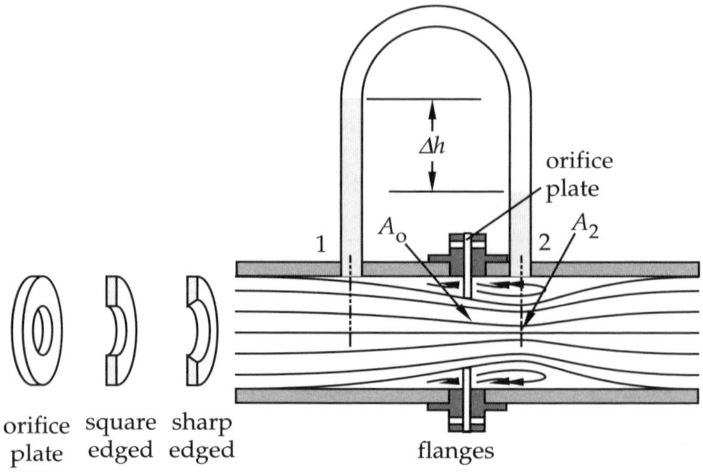

그림 5.12 오리피스 평판과 오리피스 미터를 지나는 유동의 유선

그림 5.12를 참조하면, 우리는 오리피스 미터와 연관된 3개의 다른 면적을 확인할 수 있다.

A_1 = 배관 지름에 해당하는 상류 면적
A_2 = 흐름목에서의 유동 면적
A_3 = 오리피스 구멍 면적(오리피스 지름으로 계산)

p_2가 측정되는 2 지점에서의 면적은 알려져 있지 않으나, 다음과 같이 오리피스 면적에 관한 식으로 표현할 수 있다.

$$A_2 = C_c A_o$$

여기에서 C_c는 *수축 계수*이다.

Bernoulli 식을 액주 압력계가 부착되는 지점(A_1과 A_2)에 적용하면, 벤투리 미터와 동일한 결과를 얻는다.

$$Q_{th} = C_c A_o \sqrt{\frac{2(p_1 - p_2)}{\rho(1 - D_2^4/D_1^4)}} \qquad \left(\begin{array}{c}\text{공기-액체} \\ \text{액주 압력계}\end{array}\right) \qquad \textbf{(5.21)}$$

여기에서 $C_c A_o$이 A_2를 대체하였다. 유량계를 통한 실제 유량은 이론치보다 훨씬 적다. 다음과 같이 송출 계수를 정의하고,

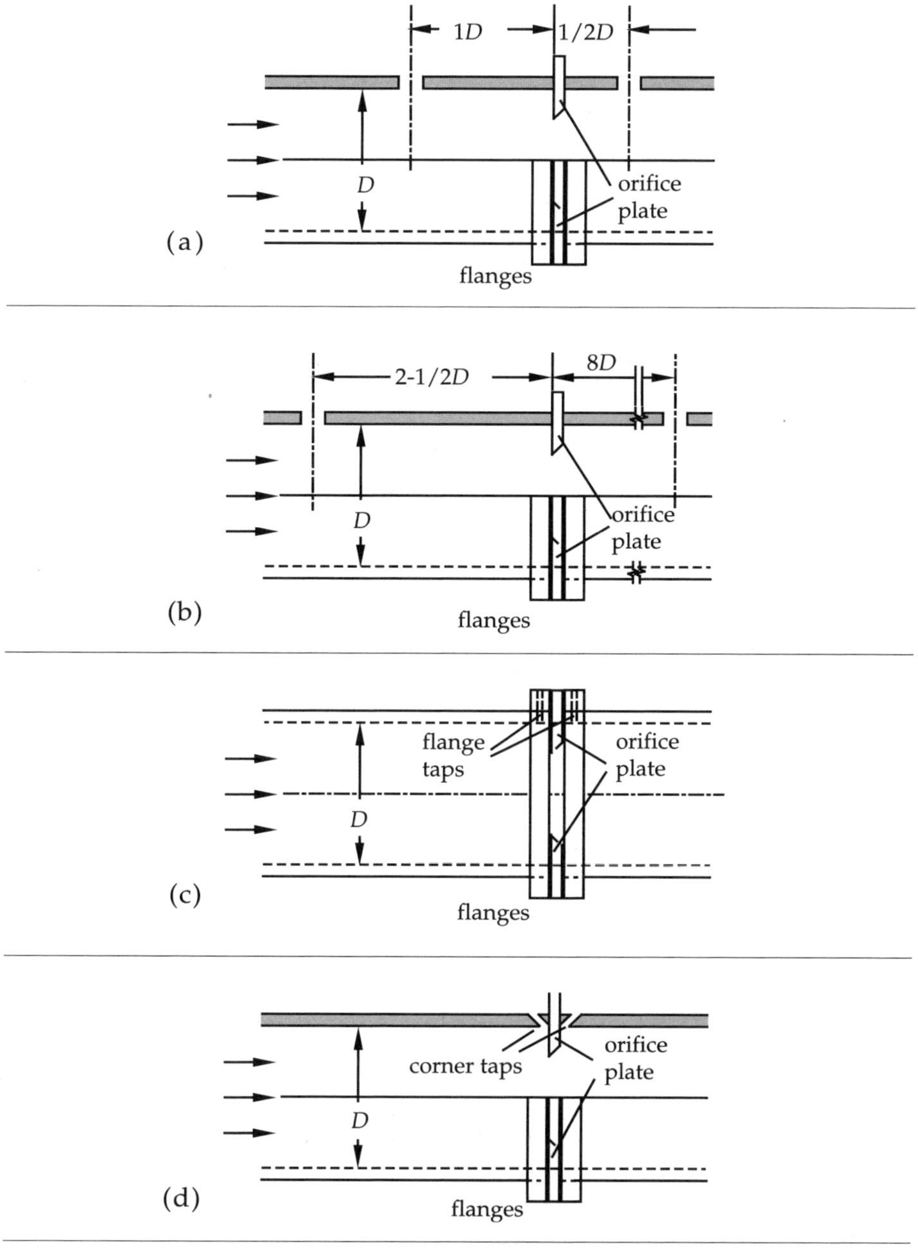

그림 5.13 오리피스 미터에서 압력 탭에 대한 추천되는 위치

$$C = \frac{Q_{ac}}{Q_{th}}$$

식 (5.21)를 결합하면 다음 식을 얻는다.

$$Q_{ac} = CC_cA_o\sqrt{\frac{2(p_1 - p_2)}{\rho(1 - D_2^4/D_1^4)}} \tag{5.22}$$

공식을 간단히 만들기 위해, 식 (5.21)과 식 (5.22)를 다시 쓰면 아래의 식들을 얻는다.

$$Q_{th} \approx A_o\sqrt{\frac{2(p_1 - p_2)}{\rho(1 - D_o^4/D_1^4)}} \qquad \begin{pmatrix}\text{공기-액체}\\ \text{액주 압력계}\end{pmatrix} \tag{5.23}$$

$$Q_{ac} = C_oA_o\sqrt{\frac{2(p_1 - p_2)}{\rho(1 - D_o^4/D_1^4)}} \qquad \begin{pmatrix}\text{공기-액체}\\ \text{액주 압력계}\end{pmatrix} \tag{5.24}$$

이 식들에서 중요한 면적은 압력 p_2가 측정되는 A_2가 아니라, 오리피스 면적인 A_o이다. 추가적으로, 오리피스 계수는 아래와 같이 정의된다.

$$C_o = CC_c = \frac{Q_{ac}}{Q_{th}}$$

정압 p_2가 오리피스 면적 A_o에서 측정되지 않는다는 것을 기억하라. 하지만, 이에 따른 편차와 유체에서의 손실들은 전체 계수 C_o에서 고려된다. 많은 유량계에서의 시험 결과를 통해 손실 계수에 대한 아래의 식이**(Stolz 방정식)** 얻어졌다.

$$\begin{aligned} C_o = {} & 0.595\,9 + 0.031\,2\beta^{2.1} - 0.184\beta^8 + 0.002\,9\beta^{2.5}\left(\frac{10^6}{\text{Re}\,\beta}\right)^{0.75} \\ & + 0.09L_1\left(\frac{\beta^4}{1-\beta^4}\right) - L_2\,(0.003\,37\beta^3) \end{aligned} \tag{5.25}$$

여기에서 $\text{Re} = \frac{\rho V_o D_o}{\mu} = \frac{4\rho Q_{ac}}{\pi D_o \mu}$ $\qquad \beta = \frac{D_o}{D_1}$

$L_1 = 0$ (코너 탭)
$L_1 = 1/D_1$ (플랑지 탭)
$L_1 = 1$ ($1D$ & $\frac{1}{2}D$ 탭)

그리고 만약 $L_1 \geq 0.433\,3$이면, $\left(\frac{\beta^4}{1-\beta^4}\right)$ 항의 계수는 0.039가 된다.

$L_2 = 0$ (코너 탭)
$L_2 = 1/D_1$ (플랑지 탭)
$L_2 = 0.5 - E/D_1$ ($1D$ & $\frac{1}{2}D$ 탭)

그리고 E = 오리피스 평판 두께(0.25 in. = 6.35 mm)

오리피스 계수 C_o에 대한 다른 그래프, 표, 식들이 존재하지만, 식 (5.25)는 사용하기에 가장 간단한 것들 중 하나이다. Stolz 방정식은 $2\frac{1}{2}D$ 및 $8D$ 탭에 대해서는 추천되지 않는다.

벤투리 미터와 마찬가지로, 유량계 상류에 적어도 10 지름 거리를 확보하는 것이 좋다.

예제 5.3 오리피스 미터가 $1D$ 및 $\frac{1}{2}D$ 탭을 가지고 유선이 수평이 되도록 설치되어 있다. 물이 유량계를 통해 흐를 때, 탭에 부착된 압력계의 눈금은 $p_1 = 1.22 \times 10^5$ Pa(절대), $p_2 = 1.006 \times 10^5$ Pa(절대)을 가리킨다. 만약 배관 규격이 공칭치수 2 스케줄 40이고, 오리피스 구멍 지름이 30.5 mm라고 할 때, 유량계를 통해 흐르는 실제 유량을 결정하여라.

풀이

여러 물성치에 대한 표로부터, 아래의 값들을 얻는다.

물	$\rho = 1000\ \mathrm{kg/m^3}$	$\mu = 0.91 \times 10^{-3}\ \mathrm{Pa{\cdot}s}$	[부록 표 B.1]
공칭치수 2 스케줄 40	$D_1 = 52.5$ mm	$A_1 = 2.166 \times 10^{-3}\ \mathrm{m^2}$	[부록 표 D.1]

또한, $D_o = 30.5$ mm가 주어져 있다. 이론 유량 값은 아래의 식을 이용하여 구한다.

$$Q_{th} \approx A_o \sqrt{\frac{2(p_1 - p_2)}{\rho(1 - D_o^4/D_1^4)}}$$

각 항들을 계산하면,

$$A_o = \frac{\pi D_o^2}{4} = \frac{\pi(0.0305)^2}{4} = 7.293 \times 10^{-4}\ \mathrm{m^2}$$

$$\frac{(p_1 - p_2)}{\rho} = \frac{(1.22 - 1.006) \times 10^5}{1000} = 21.4\ \mathrm{m^2/s^2}$$

$$1 - \frac{D_o^4}{D_1^4} = 1 - \frac{(0.0305)^4}{(0.0525)^4} = 0.8865$$

대입하면,

$$Q_{th} = 7.293 \times 10^{-4} \sqrt{\frac{2(21.4)}{0.8865}} = 5.067 \times 10^{-3}\ \mathrm{m^3/s}$$

실제 유량을 찾기 위하여, 우리는 Stolz 식을 이용하여 오리피스 계수 C_o을 먼저 계산하여야 한다. 이 식에서 항들은 다음과 같이 계산된다.

$$\beta = \frac{D_o}{D_1} = \frac{0.0305}{0.0525} = 0.5804$$

$L_1 = 1 \geq 0.4333$, 따라서 $\left(\dfrac{\beta^4}{1-\beta^4}\right)$의 계수는 0.039이다.

$E = 6.25$ mm(두께는 주어져 있지 않으므로, 6.35 mm의 공칭 크기로 가정하자)

$$L_2 = 0.5 - \frac{E}{D_1} = 0.5 - \frac{6.35}{52.5} = 0.3791$$

$$\mathrm{Re} = \frac{V_o D_o}{\nu} = \frac{4\rho Q_{ac}}{\pi D_o \mu} = \frac{4(1000)(5.067 \times 10^{-3})C_o}{\pi(0.0305)(0.91 \times 10^{-3})} = 2.33 \times 10^5 C_o$$

대입 후, Stolz 식은 Reynolds 수에 관하여 쓸 수 있다.

$$C_o = 0.5959 + 0.0312(0.5804)^{2.1} - 0.184(0.5804)^8$$
$$+ 0.0029(0.5804)^{2.5}\left(\frac{10^6}{\mathrm{Re}(0.5804)}\right)^{0.75}$$
$$+ 0.039\left(\frac{(0.5804)^4}{1-(0.5804)^4}\right) - 0.3791[0.00337(0.5804)^3]$$

이 식은 다음과 같이 정리된다.

$$C_o = 0.5959 + 0.009954 - 0.002369 + \frac{35.39}{\mathrm{Re}^{0.75}} + 0.004992 - 0.0002498$$

또는 $C_o = 0.6082 + \dfrac{35.39}{\mathrm{Re}^{0.75}}$

이 문제를 푸는 것은 먼저 C_o을 가정하고 Reynolds 수를 계산한 다음, Stolz 식에 대입하는 것으로부터 시작한다. 계산은 수렴값을 얻을 때까지 반복된다. 가정하면;

1차 시도: $C_o = 0.6$; $\mathrm{Re} = 2.33 \times 10^5(0.6) = 1.40 \times 10^5$

그리고 $C_o = 0.6082 + \dfrac{35.39}{(1.40 \times 10^5)^{0.75}} = 0.6083$

2차 시도: $C_o = 0.6083$; $\mathrm{Re} = 1.422 \times 10^5$ 그리고 $C_o = 0.6083$

이 방법은 빨리 수렴한다. 여기서 실제 유량은

$$Q_{ac} = C_o Q_{th} = 0.6083(5.067 \times 10^{-3})$$

$$\underline{Q_{ac} = 3.08 \times 10^{-3}\ \mathrm{m^3/s}}$$

엘보우 미터(Elbow Meter)

엘보우 미터라고 알려진 유량계 또한 배관 내 유량을 측정하는 데 사용될 수 있다. 엘보우(곡관부)를 포함하고 있는 기존의 배관선에, 엘보우 미터는 아마도 설치하기 가장 쉬운 유량계일 것이다. 필요한 것은 곡관에 구멍을 내서 2개의 탭을 만들고, 이를 압력 강하를 측정하는 장치에 연결하는 것뿐이다. 엘보우 미터의 개략도는 그림 5.14에 나타나 있다. 압력 탭들은 일직선상에 위치*하여야 한다*.

먼저 설치하고자 하는 엘보우의 내부 치수 R과 D을 알고 있어야만 한다. 1/8 공칭 배관 나사산이나 원하는 경우 다른 무언가를 끼워 넣을 수 있도록 특정 위치들에 구멍을 뚫는데, 구멍은 완벽히 일직선상에 정렬되어 있어야 한다. 유량계를 보정하기 위하여, 압력을 측정하여 구한 압력 강하와 이때의 실제 유량을 결정한다. 유량계를 통한 실제 유량은 아래의 식을 이용하여 계산할 수 있다.

$$Q_{\text{ac}} = A\,K\,\sqrt{\frac{R}{D}\frac{\Delta p}{\rho}}$$

여기에서 A = 단면적 = $\pi D^2/4$이고, K는 보정 계수로 다음과 같이 주어진다.

$$K = 1 - \frac{6.5}{\sqrt{\text{Re}}} = \text{보정 계수}$$

이는 아래의 Reynolds 수 영역에서 유효하다.

$$10^4 \le \text{Re} = \rho VD/\mu \ \le 10^6$$

배관선 지름 D는 쉽게 알 수 있으나, K는 엘보우 중심선 지름 R에 좌우된다. 엘보우 지름 값은 그림 5.14와 함께 주어진 표에서 찾을 수 있다.

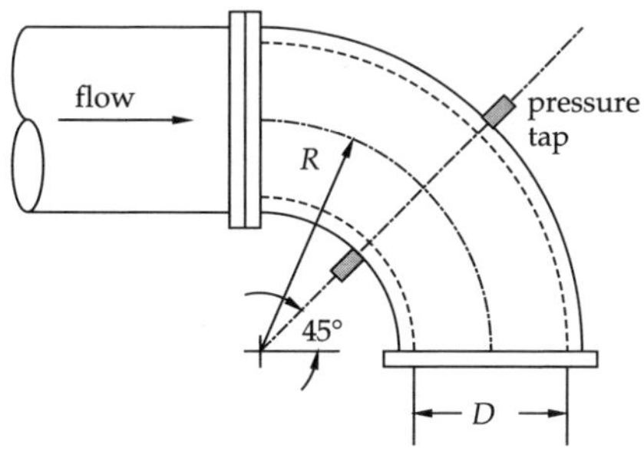

그림 5.14 압력 탭 위치를 보여주는 엘보우 미터의 도식도

Pipe Size Schedule 40	Inside Diameter D		Short Radius Elbow R	
	cm	ft	cm	inches
1	2.664	0.08742	2.54	1
$1^1/_2$	4.090	0.1342	3.81	1.5
2	5.252	0.1723	5.08	2
$2^1/_2$	6.271	0.2058	6.35	2.5
4	10.23	0.3355	10.2	4
6	15.41	0.5054	15.2	6
8	20.64	0.6771	20.3	8
10	26.04	0.8542	25.4	10
12	31.12	1.021	30.5	12

예제 5.4. 공칭치수 4 스케줄 80 배관을 흐르는 물의 유량이 9.46×10^{-3} m^3/s이 되게 설계되어 있다. 이를 확인하기 위하여 실험값을 얻고자 한다. 벤투리 미터나 오리피스 미터를 사용하는 대신, 배관선 내 90° 각도의 숏엘보우(short radius elbow)에 액주 압력계를 부착하였다. 만약 유량이 실제로도 9.46×10^{-3} m^3/s이라 한다면, 예상되는 압력 강하는 얼마인가?

풀이

공칭치수 4 숏엘보우에 대해, 아래의 값들을 얻을 수 있다.

$R = 101.6$ mm (그림 5.14)

$D = 97.5$ mm (부록 표 D.1)

면적을 계산하면,

$$A = \frac{\pi D^2}{4} = \frac{\pi (0.0975)^2}{4} = 7.43 \times 10^{-3} \text{ m}^2$$

물에 대해서,

$$\rho = 1000 \text{ kg/m}^3 \qquad \mu = 0.91 \times 10^{-3} \text{ Pa·s}$$

보정 곡선은 어떤 단위이든 편리한 값을 사용하여, 넓은 범위에 걸쳐 유량계를 흐르는 실제 체적유량과 압력 강하 값을 연관 지어준다. 이런 곡선상에서 우리는 오직 하나의 데이터 점에 대해서 **예상된** 보정 결과를 계산한다. 이 예제에서, 액주 압력계를 사용하기 때문에, 우리는 인치 단위의 물의 높이로 압력 강하를 나타낼 것이다. 유량 9.46×10^{-3} m^3/s에 대해서,

$$Q = 9.46 \times 10^{-3} \text{ m}^3/\text{s}$$

따라서 유동 속도는

$$V = \frac{Q}{A} = \frac{9.46 \times 10^{-3}}{7.43 \times 10^{-3}} = 1.27 \text{ m/s}$$

Δp를 구하기 위해, 우리는 먼저 K를 찾아야 하는데, 이는 Reynolds 수에 좌우된다.

$$\text{Re} = \frac{\rho V D}{\mu} = \frac{1000(1.27)(0.0975)}{0.91 \times 10^{-3}} = 1.36 \times 10^5$$

따라서

$$K = 1 - \frac{6.5}{\sqrt{\text{Re}}} = 1 - \frac{6.5}{\sqrt{1.36 \times 10^5}} = 0.982$$

엘보우 미터에 대해

$$Q_{ac} = A\,K\sqrt{\frac{R}{D}\frac{\Delta p}{\rho}}$$

재배열 후, Δp에 대해 풀면 아래의 식을 얻는다.

$$\Delta p = \rho\left(\frac{Q_{ac}}{A\,K}\right)^2 \frac{D}{R}$$

대입하면,

$$\Delta p = (1000)\left(\frac{9.46 \times 10^{-3}}{7.43 \times 10^{-3}\,(0.982)}\right)^2 \frac{0.0975}{0.1016}$$

또는 $\Delta p = 1717$ Pa

물의 높이에 관해서 나타내면,

$$\text{물의 } \Delta h = \frac{\Delta p}{\rho g} = \frac{1717}{1000(9.81)} = 0.175 \text{ m}$$

또는 물의 $\Delta h = 175$ mm

실험실에서 테스트되지 않은 엘보우에 대한 이런 종류의 계산에서, 계산 결과는 ±4% 내외의 정확성을 가진다. 즉, 물 175 mm Δh을 읽는 데 있어서 유량은 9.84×10^{-3} m^3/s만큼 클 수도, 0.0091 m^3/s만큼 작을 수 있다. 액주 압력계에서 근접한 1/100인치 눈금은 읽을 수 없지만, 일반적으로 근접한 1/10인치 눈금은 읽을 수 있다. 또한 이 결과들은 수정 계수 K에 대한 식에 좌우된다.

본 결과에 따르면, 보정 곡선상의 점은 아래와 같다.

물의 Δh = 175 mm　　　　$Q = 9.46 \times 10^{-3}\,m^3/s \pm 4\%$

유량계를 통한 압축성 유동

압축성 유체(증기 또는 기체)가 유량계를 통해 흐를 때, 압축성 영향을 감안하여야 한다. **압축성 계수(compressibility factor)**를 도입함으로써 압축성 영향을 고려할 수 있는데, 몇몇 유량계(벤투리)들에 대해서는 이 값을 해석적으로 결정할 수 있다. 반면, 오리피스 미터의 경우에는 압축성 계수를 측정하여야 한다.

지금까지 발전시켜 온 식들이나 공식들은 유량계를 통해 흐르는 비압축성 유동에 관한 것이었다. 압축성 유동에서는, 유도 과정이 다소 다르다. 유체가 유량계를 통해 흐르고 면적 변화를 겪을 때, 압력과 마찬가지로 속도가 변하게 된다. 압력이 변할 때 유체의 밀도가 변하고, 정확한 결과를 얻기 위해서는 이의 영향이 고려되어야 한다. 압축성을 감안하기 위하여, 우리는 앞서의 식들을 다시 쓸 것이다.

벤투리 미터(그림 5.8)를 통해 흐르는 등 엔트로피, 아음속, 정상 상태의 이상 기체를 고려해 보자. 연속 방정식은 아래와 같다.

$$\rho_1 A_1 V_1 = \rho_2 A_2 V_2 = \dot{m}_{\text{isentropic}} = \dot{m}_s \tag{5.26}$$

위치 에너지의 변화를 무시하면(엔탈피상의 변화에 비해 무시할 정도), 에너지 방정식은 다음과 같다.

$$h_1 + \frac{V_1^2}{2} = h_2 + \frac{V_2^2}{2} \tag{5.27}$$

엔탈피 변화는 압축성 유체가 이상적이라고 가정함으로써 구할 수 있다.

$$h_1 - h_2 = C_p(T_1 - T_2)$$

이 식과 식 (5.27)을 식 (5.26)에 대입하여, 재배열하면 다음 식을 얻는다.

$$C_pT_1 + \frac{\dot{m}_s^2}{2\rho_1^2A_1^2} = C_pT_2 + \frac{\dot{m}_s^2}{2\rho_2^2A_2^2}$$

또는

$$\dot{m}_s^2\left(\frac{1}{\rho_2^2A_2^2} - \frac{1}{\rho_1^2A_1^2}\right) = 2C_p(T_1 - T_2) = 2C_pT_1\left(1 - \frac{T_2}{T_1}\right) \tag{5.28}$$

만약 유량계를 통한 등 엔트로피 압축 과정을 가정하면, 다음과 같이 쓸 수 있다.

$$\frac{p_2}{p_1} = \left(\frac{T_2}{T_1}\right)^{\frac{\gamma}{\gamma-1}}$$

여기에서 γ 는 비열의 비($\gamma = C_p/C_v$)이다. 또한, 이상 기체에 대한 다음 식을 떠올려 보자.

$$C_p = \frac{R\gamma}{\gamma - 1}$$

이 두 식을 식 (5.28)에 대입하여 재배열한 후 간략하게 만들면, 다음의 식을 얻는다.

$$\frac{\dot{m}_s^2}{\rho_2^2A_2^2}\left(1 - \frac{\rho_2^2A_2^2}{\rho_1^2A_1^2}\right) = 2\frac{R\gamma}{\gamma - 1}T_1\left[1 - \left(\frac{p_2}{p_1}\right)^{\frac{\gamma-1}{\gamma}}\right] \tag{5.29}$$

이상 기체에 대해, $\rho = p/RT$이다. 이전 식에서 RT_1 항을 대체하면, 아래의 식을 얻는다.

$$\frac{\dot{m}_s^2}{A_2^2} = 2\rho_2^2\frac{\gamma}{\gamma - 1}\left(\frac{p_1}{\rho_1}\right)\frac{1 - (p_2/p_1)^{(\gamma-1)/\gamma}}{1 - (\rho_2^2A_2^2/\rho_1^2A_1^2)} \tag{5.30}$$

또한 등 엔트로피 과정에 대하여, 아래와 같이 쓸 수 있다.

$$\frac{p_1}{\rho_1^\gamma} = \frac{p_2}{\rho_2^\gamma}$$

또는 $\rho_2 = \left(\frac{p_2}{p_1}\right)^{1/\gamma}\rho_1$

이로부터 우리는 다음 식을 얻는다.

$$\rho_2^2 = \left(\frac{p_2}{p_1}\right)^{2/\gamma} \rho_1^2$$

식 (5.30)에 대입하면,

$$\frac{\dot{m}_s^2}{A_2^2} = \frac{2\rho_1^2 (p_2/p_1)^{2/\gamma} [\gamma/(\gamma-1)](p_1/\rho_1)[1-(p_2/p_1)^{(\gamma-1)/\gamma}]}{1-(p_2/p_1)^{2/\gamma}(A_2^2/A_1^2)} \tag{5.31}$$

이로부터 마침내 우리는 아래의 식을 얻는다.

$$\dot{m}_s = A_2 \left\{ \frac{2p_1\rho_1 (p_2/p_1)^{2/\gamma} [\gamma/(\gamma-1)] [1-(p_2/p_1)^{(\gamma-1)/\gamma}]}{1-(p_2/p_1)^{2/\gamma}(D_2^4/D_1^4)} \right\}^{1/2} \tag{5.32}$$

따라서 벤투리 미터를 지나는 압축성 유동에 대해, 측정해야 될 값들은 p_1, p_2, T_1, 벤투리 치수 및 유체 물성치들이다. 벤투리 송출 계수 C_v를 도입하면, 유량계를 통한 실제 유량은 다음과 같이 결정된다.

$$\dot{m}_{ac} = C_v \dot{m}_s$$

$$\dot{m}_{ac} = C_v A_2 \left\{ \frac{2p_1\rho_1 (p_2/p_1)^{2/\gamma} [\gamma/(\gamma-1)] [1-(p_2/p_1)^{(\gamma-1)/\gamma}]}{1-(p_2/p_1)^{2/\gamma}(D_2^4/D_1^4)} \right\}^{1/2} \tag{5.33}$$

만약 우리가 압축성 효과가 하나의 항으로 통합되는 방식으로 식 (5.33)을 다시 쓸 수 있다면 훨씬 편리할 것이다. 이를 위해 우리는 **압축성 계수(compressibility factor)** Y라고 불리는 계수를 비압축성 경우에 대한 유량 식에 곱하여 사용할 것이다. 이 식은 아래와 같다.

$$\dot{m}_{ac} = C_v Y \rho_1 A_2 \sqrt{\frac{2(p_1-p_2)}{\rho_1(1-D_2^4/D_1^4)}} \tag{5.34}$$

식 (5.34)가 식 (5.33)과 같다고 두고 Y에 대해 풀면, 다음의 식을 얻는다.

$$Y = \sqrt{\frac{\gamma}{\gamma-1} \frac{[(p_2/p_1)^{2/\gamma} - (p_2/p_1)^{(\gamma+1)/\gamma}](1-D_2^4/D_1^4)}{[1-(D_2^4/D_1^4)(p_2/p_1)^{2/\gamma}](1-p_2/p_1)}} \tag{5.35}$$

비열의 비 γ는 주어진 압축성 유체에 대해 알려져 있을 것이므로, 식 (5.35)는 다양한 D_2/D_1 값에 대해서 압축성 계수 Y 대 압력비 p_2/p_1의 형태로 그려질 수 있다. 식 (5.33) 대신 식 (5.34)를 쓸 때의 이점은 압력항이 비압축성 경우와 유사하게 나타난다는 것이고, 이는 액주 압력계를 이용하여 압력을 측정할 경우에 편리하다. 또한 여기에서 압축성 효과는 하나의 계수 Y로 통합되었다.

예제 5.5. 10 x 6 벤투리 미터가 5 kg/s로 공기를 운반하는 유선에 사용되고 있다. 선의 압력은 150 kPa(게이지 압력)이고, 공기 온도는 25°C이다. (a) 게이지가 목부분에 부착되었을 때 예상되는 압력 측정값을 결정하여라. (b) 만약 실수로 압축성 효과를 무시하였을 경우 예상되는 측정값을 결정하여라. 대기 압력을 101.3 kPa로 두어라.

풀이

부록의 표로부터, 다음의 값을 얻는다.

공기	$R = 286.8$ J/(kg·K)	$\mu = 18 \times 10^{-6}$ N·s/m^2	
	$C_p = 1\,005$ J/(kg·K)	$\gamma = 1.4$	[부록 표 C.1]
공칭치수 10 스케줄 40	$D = 254.6$ mm	$A = 0.0509$ m^2	
공칭치수 6 스케줄 40	$D = 154.1$ mm	$A = 0.01865$ m^2	[부록 표 D.1]

유량계를 통해 흐르는 실제 질량 유량은 아래의 식으로 주어진다.

$$\dot{m}_{ac} = C_v Y \rho_1 A_2 \sqrt{\frac{2(p_1 - p_2)}{\rho_1(1 - D_2{}^4/D_1{}^4)}}$$

지금부터 우리는 각각의 항을 고려한다. 실제 유량은 5 kg/s이다. 이상 유체에 대해서,

$$\rho_1 = \frac{p_1}{RT_1} = \frac{150\,000 + 101\,300}{286.8(273 + 25)} = 2.94 \text{ kg/m}^3$$

배관선에서의 평균 속도는 다음과 같이 구한다.

$$V_1 = \frac{\dot{m}_{ac}}{\rho_1 A_1} = \frac{5}{2.94(509.1 \times 10^{-4})} = 33.4 \text{ m/s}$$

따라서 Reynolds 수는

$$\text{Re} = \frac{\rho_1 V_1 D_1}{\mu} = \frac{2.94(33.4)(0.254\,6)}{18 \times 10^{-6}} = 1.39 \times 10^6$$

따라서 유동은 완전히 난류이고, 이때의 벤투리 송출 계수 C_v는 0.984이다. 지름비는

$$\frac{D_2}{D_1} = \frac{15.41}{25.46} = 0.605$$

이를 질량 유동식에 대입하면 아래의 식을 얻는다.

$$5 = 0.984Y(2.94)(186.5 \times 10^{-4})\sqrt{\frac{2(150\ 000 + 101\ 300 - p_2)}{2.94(1 - 0.605^4)}}$$

재배열 후, 목에서의 압력에 대해서 풀면 다음 값을 얻는다.

$$p_2 = 251\ 300 - \frac{1.093 \times 10^4}{Y^2} \qquad \text{(i)}$$

압축성 계수 Y는 미지수이고 이는 p_2에 종속적이므로, 반복 계산법이 필요하다. 우리는 먼저 p_2에 대한 값을 가정하고, 압력비 p_2/p_1과 Y를 식 (5.35)로부터 계산한다. 그런 다음, 이 값들을 이 예제의 식 (i)에 대입하여 새로운 p_2를 찾는다. 해가 수렴할 때까지 이 과정을 반복한다. 식 (5.35)에 대입하면 다음의 식을 얻는다.

$$Y = \sqrt{\frac{1.4}{1.4-1}\frac{[(p_2/p_1)^{2/1.4} - (p_2/p_1)^{(1.4+1)/1.4}](1-0.605^4)}{[1-(0.605^4)(p_2/p_1)^{2/1.4}](1-p_2/p_1)}} \qquad \textbf{(5.35)}$$

결과는 아래와 같이 주어진다.

p_2	p_2/p_1	Y (Eq 5.35)	p_2 (Eq i)
160 000	0.636	0.754	232 115
232 115	0.923	0.950	239 198
239 198	0.952	0.969	239 653
239 653	0.954	0.970	239 682
239 682	0.954	0.970	239 683

따라서

$p_2 = 239\ 700$ kPa (절대)

또는 $p_2 = 239\ 700 - 101\ 300$

(a) $p_2 = 138\ 400$ Pa (게이지)

만약 압축성을 무시한다면, Y = 1이고, 식 (i)로부터,

$p_2 = 240\ 400$ kPa (절대)

또는 $p_2 = 240\ 400 - 101\ 300$

(b) $p_2 = 139\ 100$ Pa (게이지)

이 예제는 압축성이 무시될 경우, 차이는 0.5% 미만이라는 것을 보여주는데, 이는 벤투리 미터에서 일반적이다. 하지만 오리피스 미터에서 압축성 계수는 훨씬 작으며, 따라서 압축성을 무시할 경우 훨씬 큰 오차가 발생한다. 오리피스 미터에 대한 압축성 계수는 유도가 가능하지 않으며, 측정하여야만 한다. 이런 측정 시험들의 결과로 Buckingham 식이 얻어졌다.

$$Y = 1 - (0.41 + 0.35\beta^4)\frac{(1 - p_2/p_1)}{\gamma} \tag{5.36}$$

이 식은 2½ D x 8D를 제외하고, 어떤 액주 압력계 연결 시스템에서도 유효하게 사용된다.

에너지 비용(Energy Cost)

모든 유량계 설치에 있어, 이음새와 연관된 부손실과 같이, 유량계의 존재로 인한 영구적인 에너지 손실이 존재할 것이다. 추가적인 에너지 비용은 주어진 응용 분야에서 어떤 종류의 유량계를 선정해야 하는가 여부에 영향을 미칠 수 있다.

유량계의 존재로 인한 에너지 손실은 다음의 식을 이용하여 구할 수 있다.

$$\left.\frac{dW}{dt}\right|_{\text{lost}} = \rho g Q h_m \tag{5.37}$$

여기서 h_m은 유량계로 인한 수두 손실인데, 표 5.5에 주어진 알맞은 식을 이용하여 계산할 수 있다.

표 5.5. 다양한 유량계에 대한 손실 방정식(출처: Flow measurement handbook, R. W. Miller, McGraw-Hill Book Co., 1983)

Meter	Loss equation (liquids)
Turbine meter	$h_m = 0.005\,77\dfrac{V^2}{g}$
Venturi meter	$h_m = (0.436 - 0.86\beta + 0.59\beta^2)\Delta h$
Orifice meter	$h_m = (1 - 0.24\beta - 0.52\beta^2 - 0.16\beta^3)\Delta h$

Notes: Δh = meter reading $\beta = \dfrac{\text{throat diameter}}{\text{upstream diameter}}$

유량계 선정 가이드(Meter Selection Guide)

유량계 선정은 많은 변수에 좌우되기 때문에, 최종 결정은 경험에 의한 판단의 문제가 된다. 결정 과정을 돕기 위하여, 유량계 선정 시 다음 사항을 고려하라(출처: *Flow measurement handbook*, R. W. Miller, McGraw-Hill Book Co., 1983)

- 유체 종류—액체, 기체, 증기, 슬러리, 깨끗함, 더러움, 부식성
- 제약—온도, 압력, 속도
- 설치 조건—선 크기, Reynolds 수, 상류 접근 길이, 진동 문제, 정상 또는 비정상 유동
- 성능—요구되는 정확성, 유량 범위
- 경제성—최초 비용, 운영 비용, 신뢰성, 부속품의 이용 가능 여부
- 최초 상대 비용—높은 비용(벤투리); 중간 비용(터빈); 낮은 가격(엘보우, 가변 면적 미터 또는 로타미터, 오리피스 미터)

예제 5.6 예제 5.4에서는 아래의 조건하에 있는 오리피스 미터를 살펴보았다.

$\beta = 0.5804$ $p_1 = 122$ kPa $p_2 = 100.7$ kPa
$\rho = 1000$ kg/m^3 $Q_{ac} = 3.087 \times 10^{-3}$ m^3/s

만약 에너지 비용이 \$0.05/(kW·hr)이라고 할 때, 이 유량계와 연관된 연당 에너지 비용을 결정하여라.

풀이

표 5.5에 따르면 오리피스 미터에서의 손실은 다음과 같다.

$$h_m = (1 - 0.24\beta - 0.52\beta^2 - 0.16\beta^3)\Delta h$$

압력 강하는 아래의 식을 이용하여 구할 수 있다.

$$\frac{(p_1 - p_2)}{\rho g} = \frac{(122 - 100.7) \times 10^3}{1000(9.81)} = 2.17 \text{ m}$$

대입하면 아래의 결과를 얻는다.

$$h_m = (1 - 0.24(0.5804) - 0.52(0.5804)^2 - 0.16(0.5804)^3)(2.17)$$

$$\text{물의 } h_m = 0.65(2.17) = 1.41 \text{ m}$$

유량계로 인한 에너지 손실은 다음과 같다.

$$\left.\frac{dW}{dt}\right|_{\text{lost}} = \rho g Q h_m = (1000)(9.81)(3.087 \text{ x } 10^{-3})(1.41)$$

$$\left.\frac{dW}{dt}\right|_{\text{lost}} = 42.9 \text{ W}$$

에너지 비용은 다음과 같다.

$$\text{에너지 비용} = (42.9 \text{ W})\left(\frac{\$0.05}{1\,000 \text{ W}\cdot\text{hr}}\right)(8760 \text{ hr/yr})$$

$$\underline{\text{에너지 비용} = \$18.79/\text{yr}}$$

5.4 | 비정상 배수 탱크 문제

그림 5.15에서 나타나 있는 배관과 연결되어 있는 액체 탱크를 고려해보자. 이 탱크로부터 액체가 배수될 때 배관 내 마찰이 발생한다. 일반적인 배수 탱크 문제들에서는 탱크 내의 액체 표면의 속도는 무시할 정도라고 가정하지만, 본 해석에서는 배관 내 속도와 탱크 내 액체의 깊이 모두 시간에 따라 어떻게 달라지는가를 결정하고자 한다. 배수되는 탱크로부터 발생하는 비정상 유동을 고려하고, 탱크가 배수되는 데 얼마만큼의 시간이 걸리는지를 결정한다.

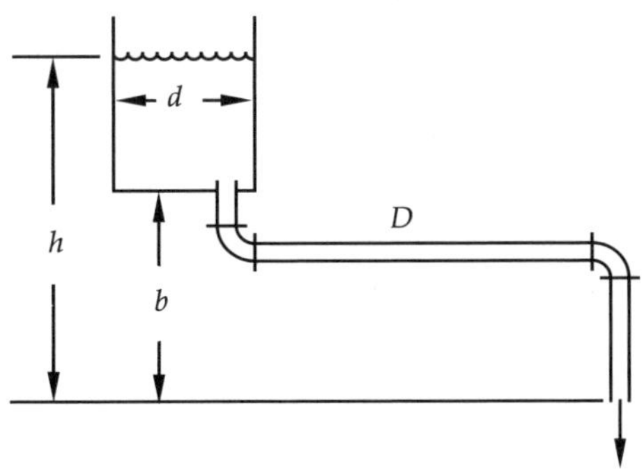

그림 5.15 비정상 배수 탱크 문제

그림 5.15에 나타나 있듯이, 탱크는 지름 d를 가진 원통이다. 배관 지름은 D이고, 배관 출구에서 탱크 내 액체의 자유 표면까지의 거리는 h이다. 탱크 바닥으로부터 배관 출구까

지의 거리는 고정 상수 b이다. 우리는 탱크 내 액체의 자유 표면을 1이라고 두고, 배관 출구를 2라고 둔다. 시간과 깊이에 관계없이 면적과 속도에 관한 식은 다음과 같다.

$$A_1V_1 = A_2V_2$$

따라서 1(V_1)에서의 액체 표면의 속도를 배관 내 속도에 관하여 쓰면 다음과 같다.

$$V_1 = \frac{A_2}{A_1}V_2 \tag{5.38}$$

1로부터 (탱크 내 자유 표면) 2까지의 (배관 출구) 수정된 Bernoulli 식은 다음과 같다.

$$\frac{p_1}{\rho g} + \frac{V_1^2}{2g} + z_1 = \frac{p_2}{\rho g} + \frac{V_2^2}{2g} + z_2 + \frac{fL}{D_h}\frac{V_2^2}{2g} + \Sigma K\frac{V_2^2}{2g}$$

주어진 조건으로부터,

$$p_1 = p_2 = p_{\text{atm}} \quad z_2 = 0 \quad z_1 = h \quad V_2 = V$$

위의 값들과 식 (5.38)을 수정된 Bernoulli 식에 대입하면, 아래의 식을 얻는다.

$$\left(\frac{A_2}{A_1}\right)^2\frac{V^2}{2g} + h = \frac{V^2}{2g} + \left(\frac{fL}{D} + \Sigma K\right)\frac{V^2}{2g}$$

이 식을 정리하면,

$$h = \frac{V^2}{2g}\left[1 - \left(\frac{A_2}{A_1}\right)^2 + \frac{fL}{D} + \Sigma K\right]$$

이를 속도에 대해 풀면,

$$V = \left[\frac{2gh}{1 - (A_2/A_1)^2 + fL/D + \Sigma K}\right]^{1/2} \tag{5.39}$$

이 식은 탱크 내 액체의 깊이와 방출 속도를 연관시켜준다. [본 결과를 여러 단순화를 통해 얻은 식과 비교해보는 것은 흥미로운 일이다. 예를 들어, 1에서의 속도 (V_1)이 배관 출구에서의 속도 (V_2)보다 훨씬 적다고 가정한다면, 면적비를 무시할 수 있다. 더군다나 마찰이 없는 유동에서 f와 ΣK 항은 사라진다. 이 두 개의 가정을 적용하면, 친숙한 결과인 $V = \sqrt{2gh}$를 얻는다.]

다음으로 우리는 탱크 내 액체에 대한 비정상 연속 방정식을 쓴다.

$$0 = \frac{\partial m}{\partial t} + \iint_{cs} \rho V_n \, dA \qquad \textbf{(5.40)}$$

여기에서 $\partial m / \partial t$는 탱크 내 질량의 변화를 나타낸다. 적분항은 질량이 탱크를 떠나는 지점과 질량이 탱크를 들어가는 지점에서 계산된다. 탱크 내 액체의 질량은 다음과 같다.

$$m = \rho \mathcal{V} = \rho \frac{\pi d^2}{4}(h - b) = \frac{\pi d^2}{4}\rho h - \frac{\pi d^2}{4}\rho b$$

시간에 따른 탱크 내 질량의 변화는 다음과 같다.

$$\frac{\partial m}{\partial t} = \frac{\pi d^2}{4}\rho \frac{dh}{dt} \qquad \textbf{(5.41)}$$

적분항은 다음과 같이 된다.

$$\iint_{cs} \rho V_n \, dA = \iint_{out} \rho V_n \, dA - \iint_{in} \rho V_n \, dA$$

들어오는 유체가 없으므로, 앞의 식은 아래와 같이 된다.

$$\iint_{cs} \rho V_n \, dA = \rho \frac{\pi D^2}{4} V - 0$$

이 식과 식 (5.41)을 식 (5.40)에 대입하면, 다음의 식을 얻는다.

$$0 = \frac{\pi d^2}{4}\rho \frac{dh}{dt} + \rho \frac{\pi D^2}{4} V$$

또는

$$0 = A_1 \frac{dh}{dt} + A_2 V$$

이를 재배열하면 아래의 식을 얻는다.

$$\frac{dh}{dt} = -\frac{A_2}{A_1} V \qquad \textbf{(5.42)}$$

배수 탱크 문제에서는 식 (5.39)과 식 (5.42)를 동시에 풀어야 한다. 하지만 식 (5.42)는 시간에 따라 변한다. 마찰 계수는 관심 범위의 액체 깊이 h에서 고정된 값이 아닐 수 있으며, 이와 같은 이유로 해를 직접적으로 구하는 것이 불가능하다. 식 (5.39)는 유체 특성에 대해서 독립적이라는 것에 주목하라. 유체 특성이 영향을 미치는 유일한 부분은 Reynolds 수인데, Reynolds 수는 식 (5.39)에서 마찰 계수를 구하는 데 사용된다.

마찰 계수가 상수가 아닌 비정상 배수 탱크 문제를 풀기 위하여, 식 (5.27)을 다른 형태로 다시 쓰면 다음과 같다.

$$\Delta h = -\frac{A_2}{A_1} V \Delta t \tag{5.43}$$

해를 구하기 위해 먼저 최초 높이 h를 식 (5.39)에 대입한다. Reynolds 수와 상대 조도를 계산하고, 시행착오 방법을 이용하여 속도 및 마찰 계수를 구한다. 충분히 작은 시간 증분 Δt를 선택하고, 이 변수들을 식 (5.43)에 대입시킨다. Δh 값을 계산하고 이를 최초 높이 h에 더해서 새로운 높이를 구한다. 이 새 높이를 식 (5.39)에 대입시키고 동일한 절차를 반복한다. 궁극적으로, 최종 h에 다다르면 계산을 종료한다. 이 계산을 통해 시간 t에 따른 높이 h와 배관 내 속도 V 값을 얻을 수 있다.

예제 5.7 그림 5.15에서 200 mm의 지름(= d)을 가진 탱크 내에 있는 클로로포름이 연결된 배관 시스템을 통해서 배수되고 있다고 한다. 배관은 공칭치수 3 스케줄 40의 보통강으로 만들어져 있고, 길이는 25 m이다. 부손실을 무시하고, 높이 h가 최초 2 m에서 1.2 m까지 변할 때, 시간에 따른 속도와 높이의 변화를 결정하여라.

풀이

먼저 관련된 표로부터 물성값들을 찾으면,

클로로포름	$\rho = 1470\ \mathrm{kg/m^3}$	$\mu = 0.53 \times 10^{-3}\ \mathrm{N{\cdot}s/m^2}$	[부록 표 B.1]
공칭치수 3 스케줄 40	$D = 77.92$ mm	$A = 0.00477\ \mathrm{m^2}$	[부록 표 D.1]
보통강	$\varepsilon = 0.046$ mm		[표 3.1]

0.2 m의 탱크 지름을 사용하여, 아래와 같이 계산한다.

$$A_1 = \frac{\pi d^2}{4} = \frac{\pi (0.2)^2}{4} = 0.031\ 42\ \mathrm{m^2}$$

따라서 면적비는 아래와 같다.

$$\left(\frac{A_2}{A_1}\right)^2 = \left(\frac{47.69 \times 10^{-4}}{0.031\ 42}\right)^2 = 0.023$$

식 (5.43)은 다음과 같이 된다.

$$\Delta h = -\left(\frac{47.69 \times 10^{-4}}{0.031\ 42}\right) V \Delta t$$

또는

$$\Delta h = -0.151\ 8 V \Delta t \tag{i}$$

식 (5.39)에 알려져 있는 값들을 대입하면, 아래식을 얻는다.

$$V = \left[\frac{2gh}{1 - (A_2/A_1)^2 + fL/D + \Sigma K}\right]^{1/2}$$

$$V = \left[\frac{2(9.81)h}{1 - 0.023 + f(25)/0.077\ 92 + 0}\right]^{1/2}$$

또는

$$V = \left(\frac{19.62h}{320.8f + 0.977}\right)^{1/2} \tag{ii}$$

Reynolds 수는

$$\text{Re} = \frac{\rho VD}{\mu} = \frac{1.47(1\ 000)V(0.077\ 92)}{0.53 \times 10^{-3}}$$

$$\text{Re} = 2.16 \times 10^5 V$$

또한

$$\frac{\varepsilon}{D} = \frac{0.004\ 6}{7.792} = 0.000\ 6$$

문제 정의에서 주어진 바와 같이 $h = 2$ m로 놓고 계산을 시작한다.

1번째 단계: $h = 2$ m, 식 (ii)로부터

$$V = \left(\frac{19.62(2)}{320.8f + 0.977}\right)^{1/2}$$

다음을 가정하면 $f = 0.018$ $V = 2.4\ m/s$ $Re = 5.2 \times 10^5$

$f = 0.018$ 충분히 가까움

다음으로 식 (i)에 대입하면,

$$\Delta h = -\,0.151\ 8V\Delta t = -\,0.151\ 8(2.4)\ \Delta t$$

더 진행하기에 앞서, 우리는 Δt 값을 정해야 한다. 엄밀한 증명 없이, 우리는 적어도 10개의 시간 구간을 산출할 수 있는 Δt 값을 정한다. Δt을 정할 때, 때때로 시행착오가 필요하다. 예를 들어, 우리가 Δt = 1초로 두었다고 가정하자. 이 경우 $\Delta h = -\ 0.151\ 8(2.4)(1) = -0.36$ m임을 알 수 있다. 다음 단계에서, 우리가 사용할 h는 이전 값 더하기 Δh이므로, $h = 2 - 0.36 = 1.64$ m이다. 두 번째 또는 세 번째 단계에 이르면 우리는 문제 정의에서 주어진 1.2 m에서 도달할 것이므로, Δt = 1초는 너무 크다는 것을 알 수 있다. 더 나은 선택은 $\Delta t = 0.2$s로 두는 것이다. 이 경우,

$$\Delta h = -\,0.151\ 8(2.4)(0.2) = -\,0.073$$

$h = 2 - 0.073 = 1.93$ m이다.

2번째 단계: $h = 1.93$ m

여기에서 식 (ii)를 사용하여 속도 V를 구하고, 식 (i)을 사용하여 Δh를 구하는 식으로 진행한다. 원하는 Δh가 얻어질 때까지 이 방법으로 계속해 나간다. 해는 표 5.6에 제공되어 있다. 스프레드시트를 이용하면 각 단계들을 쉽게 완성할 수 있다.

표 5.6. 비정상 배수 탱크에 대한 해(Δt = 0.2 s)

h	f	V	Re	Δh	t
2	0.018	2.399	5.19×10^5	−0.0728	0.0
1.93	0.018	2.398	5.09×10^5	−0.0728	0.2
1.85	0.018	2.397	4.99×10^5	−0.0728	0.4
1.78	0.018	2.396	4.89×10^5	−0.0727	0.6
1.71	0.018	2.395	4.79×10^5	−0.0727	0.8
1.64	0.018	2.394	4.68×10^5	−0.0727	1.0
1.56	0.018	2.393	4.58×10^5	−0.0727	1.2
1.49	0.018	2.392	4.47×10^5	−0.0726	1.4
1.42	0.018	2.391	4.35×10^5	−0.0726	1.6
1.35	0.018	2.389	4.24×10^5	−0.0725	1.8
1.27	0.018	2.388	4.12×10^5	−0.0725	2.0
1.20	0.018	2.386	4.00×10^5	−0.0724	2.2

마찰 계수 f가 시간에 따라 변하므로, 우리는 이 단계별 해법을 따른다. 하지만, 본 예제에서 배관 내 유동이 상당한 정도의 난류였기 때문에, 마찰 계수는 상수였다. 하지만 만약 우리가 천이 구간에 있다면, f는 상수가 아닐 것이고, 이때는 수치 해석을 이용하여 해를 얻어야 한다.

앞서 예제에서 언급하였듯이, 단계별 해법은 마찰 계수 f가 상수가 아닌 문제에서 사용하여야 한다. 마찰 계수가 상수일 경우, 우리는 다른 해를 공식화할 수 있다. 배수 탱크 문제에서, 수정된 Bernoulli 식과 앞에서 유도한 비정상 연속 방정식은 아래와 같이 된다.

$$V = \left[\frac{2gh}{1 - (A_2/A_1)^2 + fL/D + \Sigma K}\right]^{1/2} \tag{5.44}$$

$$\Delta h = -\frac{A_2}{A_1} V \Delta t \tag{5.45}$$

식을 간단히 만들면, 식 (5.44)를 아래와 같이 다시 쓸 수 있다.

$$V = \left[\frac{2gh}{C}\right]^{1/2} \tag{5.46}$$

여기에서 상수 C는 아래와 같이 정의된다.

$$C = 1 - (A_2/A_1)^2 + fL/D + \Sigma K \tag{5.47}$$

식 (5.46)과 식 (5.42)를 결합하면, 아래의 식을 얻는다.

$$\frac{dh}{dt} = -\left(\frac{A_2}{A_1}\sqrt{\frac{2g}{C}}\right)h^{1/2}$$

변수를 분리하면,

$$\frac{dh}{h^{1/2}} = -\left(\frac{A_2}{A_1}\sqrt{\frac{2g}{C}}\right)dt$$

우리는 이 식을 높이 = h_o에 해당하는 시간 = 0에서, 액체 높이가 h가 되는 미래의 시간 = t까지 적분할 수 있다.

$$\int_{h_o}^{h} \frac{dh}{h^{1/2}} = -\int_0^t \left(\frac{A_2}{A_1}\sqrt{\frac{2g}{C}}\right)dt$$

적분하면,

$$2(h^{1/2} - h_o^{1/2}) = -\left(\frac{A_2}{A_1}\sqrt{\frac{2g}{C}}\right)t$$

재배열한 후 높이 h에 대해 풀면 아래의 식을 얻는다.

$$h = \left[h_o^{1/2} - \left(\frac{A_2}{2A_1}\sqrt{\frac{2g}{C}}\right)t\right]^2 \tag{5.48}$$

마찰 계수가 상수인 경우, 본 식과 식 (5.47)의 C를 이용하여 모든 시간에 걸쳐 탱크 내에서의 높이 h를 구할 수 있다. h 대 t는 식 (5.48)을 가지고 구하고, V 대 t는 식 (5.46)을 이용하여 구한다.

식 (5.48)을 가지고 계산된 결과와 단계별 해법을 통해 얻어진 결과들을 비교해 보는 것은 흥미로운 일이다. 이는 다음 예제에서 다룬다.

예제 5.8. 이전 예제의 탱크에서 높이 h가 2 m에서 1.2 m까지 배수될 때 걸리는 시간을 결정하여라. 이때, 고정된 마찰 계수 공식이 적용될 수 있다고 가정하라.

풀이

이전 예제에서의 계산 결과로부터, 우리는 마찰 계수가 상수라는 것을 알고 있다. 하지만, 가령 우리가 이를 몰랐다고 가정해 보자. 그러면 어떤 방식으로 우리가 나아가야 하는 가에 대한 의문이 생긴다. 먼저 우리는 일반적인 방법으로 식 (ii)를 얻는다.

$$V = \left(\frac{19.62h}{320.8f + 0.977}\right)^{1/2} \qquad \text{(식 (ii), 예제 5.7)}$$

그런 다음 우리는 $h = 2$ m와 $h = 1.2$ m(문제 정의에서 주어진 h의 범위)를 대입하여, 속도와 마찰 계수를 계산한다. 그 결과 관심 시간 범위 동안 $f = 0.018$이라는 것을 알 수 있다. 그 다음 계산으로는,

$$C = \left[1 - \left(\frac{A_2}{A_1}\right)^2 + \frac{fL}{D} + \Sigma K\right] = \left[1 - 0.023 + \frac{0.018(25)}{0.077\,92} + 0\right]$$

$$C = 6.752$$

이를 식 (5.48)에 대입하면,

$$h = \left[h_o^{1/2} - \left(\frac{A_2}{2A_1} \sqrt{\frac{2g}{C}} \right) t \right]^2$$

$$h = \left[2^{1/2} - \left(\frac{0.151\,8}{2} \sqrt{\frac{2(9.81)}{6.752}} \right) t \right]^2$$

또는

$$h = (1.414 - 0.129\,4t)^2$$

우리는 이 방정식을 사용하여 모든 시간 t에서 탱크 내의 높이 h를 얻을 수 있다.

단계별 해법에 따르면 $h = 1.2$ m에 도달할 때까지 필요한 시간은 2.2 s였다. 위의 식을 이용하여 같은 계산을 수행하면

$$1.2 = (1.414 - 0.129\,4t)^2$$

시간에 대해 풀면, 우리는 다음 값을 얻는다.

$$\underline{t = 2.46 \text{ s}}$$

오차는 약 10%이고, 이는 단계별 해법에서 사용된 근사들 때문이라고 할 수 있다.

5.5 | 요약

이 장에서, 우리는 배관망에서의 유동을 고려하였고, 망 문제를 풀기 위한 방법을 개발하였다. 또한, 우리는 평행한 배관에서의 유동을 해석하기 위한 방법을 개발하였고, 다양한 유량계를 살펴보았다. 그리고 마지막으로 배수 탱크에서 비정상 유동 문제를 살펴보았다.

5.6 | 보이고 말하기

1. 인터넷상에서 망들에 대한 컴퓨터 프로그램 또는 스프레드시트 해들을 찾아보고, 이를 발표하여라.

2. 배관망에 대한 예들을 찾아보고 이를 그려 보아라. 발견한 것들을 발표하여라.
3. 배관망에서의 유동을 모델링하는 다른 방법으로 Hazen-Williams 식이 있다. 이 식은 무엇이고, 접근방법은 이 장에서의 방법과 어떻게 다른가?
4. 인터넷상에서 평행한 배관들에 대한 컴퓨터 프로그램 또는 스프레드시트 해들을 찾아보고, 발견한 것들을 발표하여라.

유량계 핸드북이나 참고 서적을 찾아서, 다음의 유량계들에 대한 추천되는 세부 구조와 적용되는 손실 계수를 포함한 간략한 프레젠테이션을 하라. 액체, 증기, 기체에 대한 정보를 포함시켜라.

8. 벤투리 미터
9. 오리피스 미터
10. 노즐형 미터
11. 엘보우 미터

어떻게 다음의 유량계가 작동하는지와 여러 가지 세부사항에 대한 프레젠테이션을 하라. 예: 유체 종류, 구성 재료, 예상되는 에너지 손실 등

12. 회전 디스크 유량계
13. 동압판 유량계
14. 자기 유량계
15. 와류 미터
16. 로타미터

17. 본 장에서 ASME 유량계 핸드북이 존재한다고 언급하였었다. 여러 가지 측정에 대한 서적을 참조하여 유량계들에 대한 추천사항을 간행하는 다른 기관들이 있는지 찾아보아라. 발견한 것들에 대해서 간략한 프레젠테이션을 하라.
18. 미국 계측 학회(ISA)는 유량계에 대한 정보를 간행한다. ISA로부터 유량계 보정에 관한 정보를 찾아서 발표하여라.

5.7 Problems

Pipe Networks

1. For the piping system shown in Figure P5.1, determine the flow rate in each line. Water is the fluid moving through the system, and the pipe is made of commercial steel, all schedule 40. Neglect minor losses. Data are as follows

Pipe #	Nominal Diameter	L in m
1	3	15
2	2	12
3	2	15
4	3	12
5	2	15
6	2	12
7	1	15

Flow Rates	m^3/s
Q_{in1} =	3.300
Q_{in2} =	3.300
Q_{out2} =	0.891
Q_{out2} =	5.100
Q_{out3} =	0.669

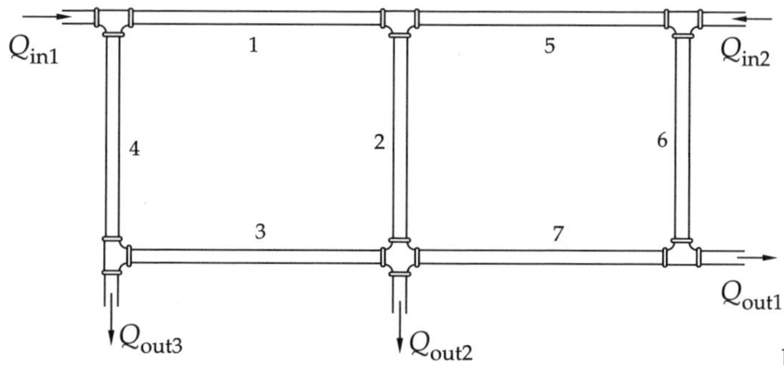

FIGURE P5.1

2. For the piping system shown in Figure P5.2, determine the flow rate in each line. Kerosene is the fluid moving through the system, and the pipe is made of commercial steel, all schedule 40. Neglect minor losses. Data are as follows

Pipe #	Nominal Diameter	L in m
1	4	30
2	2	160
3	3	100
4	4	110
5	4	100
6	3	110
7	3	30

Flow Rates	m^3/s
Q_{in1} =	0.2
Q_{in2} =	0.15
Q_{out1} =	0.15
Q_{out2} =	0.1
Q_{out3} =	0.1

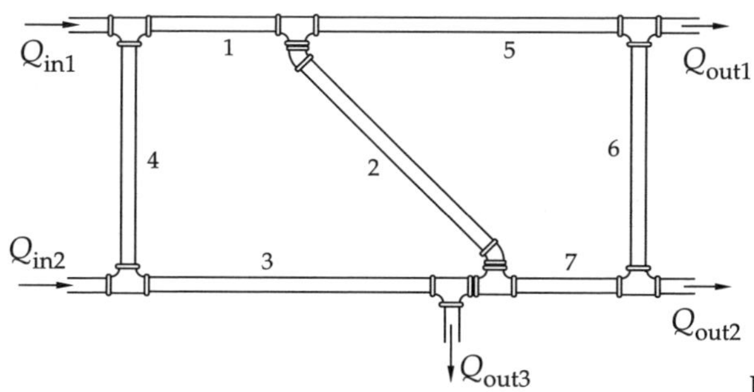

FIGURE P5.2

3. For the piping system shown in Figure P5.3, determine the flow rate in each line. Carbon tetrachloride is the fluid moving through the system, and the pipe is made of commercial steel, all schedule 40. Neglect minor losses. Data are as follows

Pipe #	Nominal Diameter	L in m
1	1	10
2	1/2	20
3	1	10
4	1	20
5	3/4	30
6	3/4	15
7	3/4	15

Flow Rates m^3/s
$Q_{in1} = 0.4$
$Q_{out1} = 0.1$
$Q_{out2} = 0.1$
$Q_{out3} = 0.1$
$Q_{out4} = 0.1$

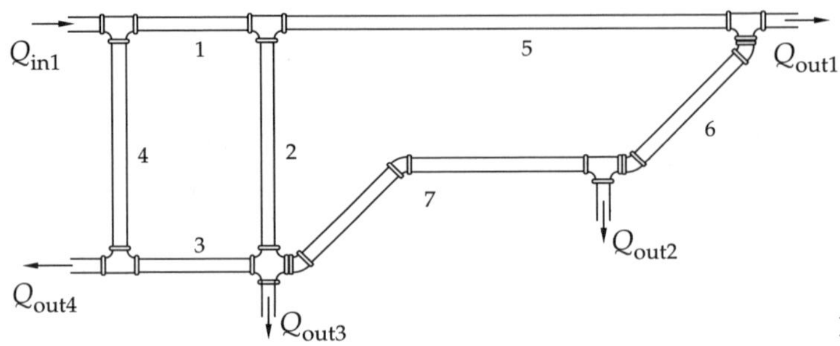

FIGURE P5.3

4. For the piping system shown in Figure P5.3, determine the flow rate in each line. Castor oil is the fluid moving through the system, and the pipe is made of commercial steel, all schedule 40. Neglect minor losses. Data are as follows

Pipe #	Nominal Diameter	L in m
1	4	10
2	4	20
3	4	10
4	4	20
5	4	30
6	4	15
7	4	15

Flow Rates	m^3/s
Q_{in1} =	0.004
Q_{out1} =	0.001
Q_{out2} =	0.001
Q_{out3} =	0.001
Q_{out4} =	0.001

5. For the piping system shown in Figure P5.5, determine the flow rate in each line. Ethylene glycol is the fluid moving through the system, and the pipe is made of commercial steel. Neglect minor losses. Data are as follows

Pipe #	Diameter	L in m
1	0.02664	30
2	0.02093	30
3	0.02664	30
4	0.02664	30
5	0.02093	20
6	0.02093	30
7	0.02093	20

Flow Rates	m^3/s
Q_{in1} =	0.050
Q_{out1} =	0.010
Q_{out2} =	0.020
Q_{out3} =	0.020

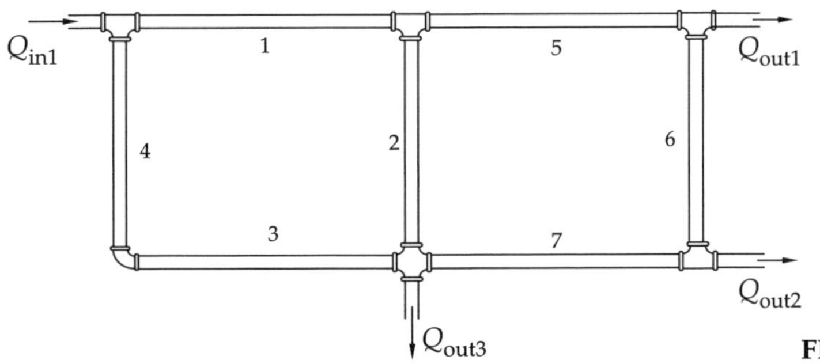

FIGURE P5.5

6. For the piping system shown in Figure P5.6, determine the flow rate in each line. Acetone is the fluid moving through the system, and the pipe is made of commercial steel. Neglect minor losses. Data are as follows

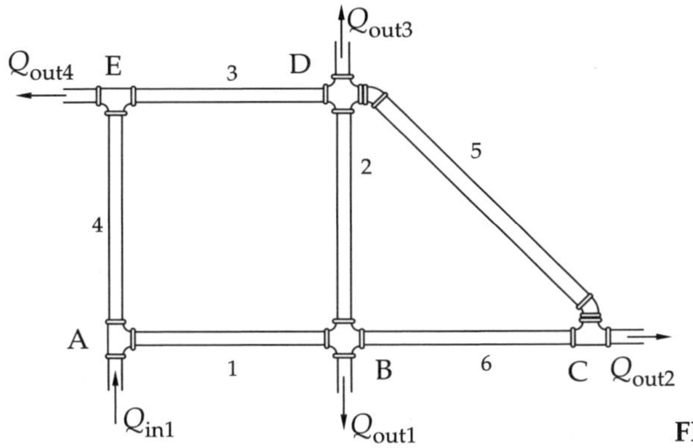

FIGURE P5.6

Pipe #	Diameter	L in m
1	0.05252	50
2	0.04090	30
3	0.05252	50
4	0.04090	30
5	0.02093	42
6	0.05252	30

Flow Rates	m^3/s
Q_{in1} =	0.100
Q_{out1} =	0.040
Q_{out2} =	0.010
Q_{out3} =	0.010
Q_{out4} =	0.040

7. For the piping system shown in Figure P5.7, determine the flow rate in each line. Benzene is the fluid moving through the system, and the pipe is made of commercial steel. Neglect minor losses. Data are as follows

Pipe #	Diameter	L in m
1	0.02664	10
2	0.02093	30
3	0.02664	10
4	0.02664	30
5	0.02093	40
6	0.02093	30
7	0.02093	40

Flow Rates	m^3/s
Q_{in1} =	0.100
Q_{out1} =	0.040
Q_{out2} =	0.025
Q_{out3} =	0.020
Q_{out4} =	0.015

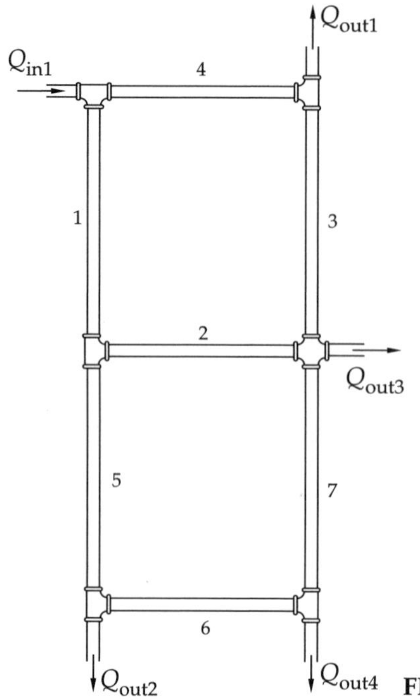

FIGURE P5.7

8. For the piping system shown in Figure P5.8, determine the flow rate in each line. Octane is the fluid moving through the system, and the pipe is made of commercial steel, all schedule 40. Neglect minor losses. Data are as follows

Pipe #	Nominal Diameter	L in m
1	6	100
2	4	80
3	6	100
4	6	80
5	6	30
6	2	80
7	4	30
8	4	70
9	4	80
10	4	70

Flow Rates m^3/s
$Q_{in1} = 0.5$
$Q_{out1} = 0.2$
$Q_{out2} = 0.1$
$Q_{out3} = 0.1$
$Q_{out4} = 0.05$
$Q_{out5} = 0.05$

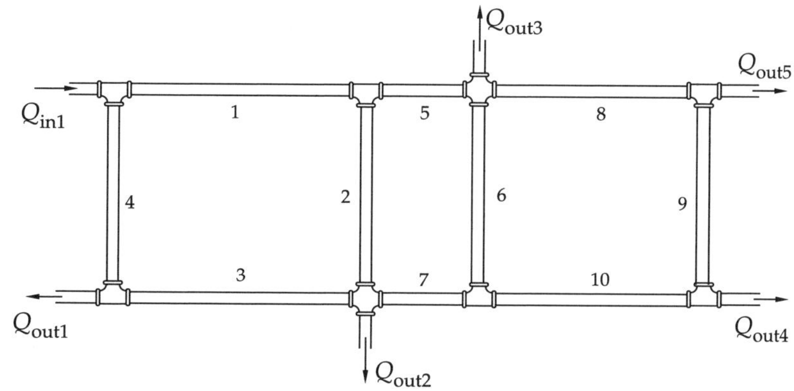

FIGURE P5.8

Parallel Pipes

9. Figure P5.9 shows a parallel piping system that delivers turpentine to a mixing tank, where it will be used to prepare paint thinner. The turpentine must be supplied at a rate of 6.31×10^{-3} m^3/s ($= Q_{out}$). Line 1 is made of 2-nominal pipe that is 45.7 m long from A to B. Line 2 is 1½-nominal pipe that is 38.1 m long. Both pipes are schedule 40 stainless steel. The valve in line 1 is a fully open globe valve, and all fittings are threaded. The pressure at B must be 170 kPa (abs) as required by the mixing process. Determine the flow rate in each line and the pressure at A.

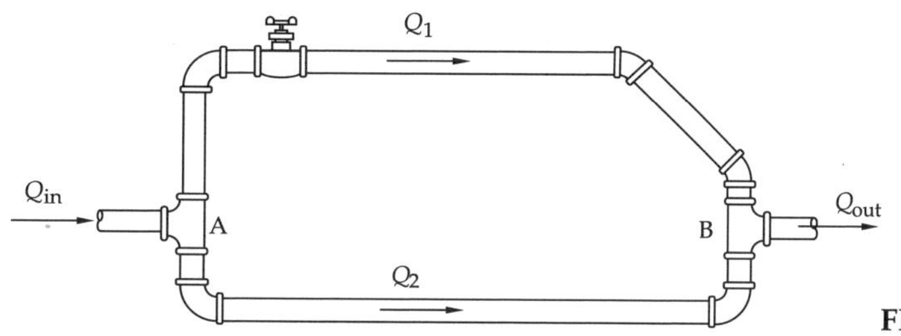

FIGURE P5.9

10. Figure P5.10 shows a parallel piping system that delivers oil which is used for cooling in a machining operation. The oil (same properties as kerosene) must be supplied at a rate of 0.002 m^3/s ($= Q_{out}$). Line 1 is made of 1 standard copper tubing, and line 2 is ¾ standard copper tubing, both type L. Line 1 is 50 m long and line 2 is 30 m. The valve in line 1 is a fully open globe valve, and the valve in line 2 is a ball check valve. All fittings are soldered. If the pressure at B is 200 kPa, determine the flow rate in each line and the pressure at A.

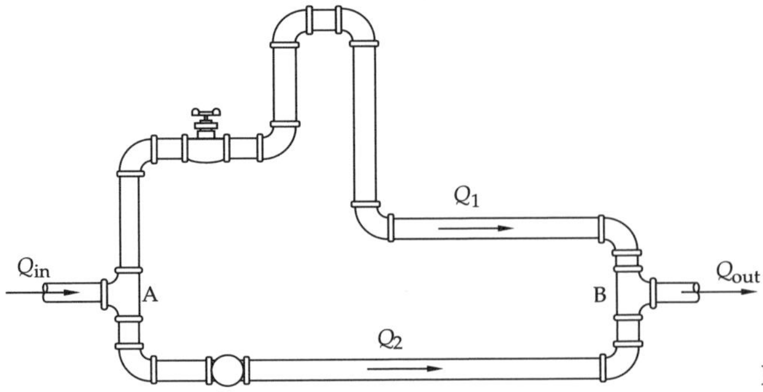

FIGURE P5.10

11. An elevated tank containing oil (Sp. Gr. = 0.888, $\nu = 9 \times 10^{-4}$ m^2/s) drains through a flow line that splits into two other lines. (See Figure P5.11.) Each line provides oil to bearings of a rotating shaft within a machine; the bearings must be lubricated continuously. Downstream of the bearings, the flow lines join together and lead to a second tank. The flow lines are made of ½ standard type M drawn-copper tubing, with regular fittings, all soldered together. Both bearings have a loss coefficient of 10. The flow line on the left (from A to B) is 9.14 m long and, due to the presence of various machine components, takes the path shown. The line on the right (A to B) is only 4.57 m long, and the distance z is 3.66 m. The valves are both ball valves. Determine the flow rate of oil delivered to each bearing. Also, redraw the piping system showing soldered fittings. Take the distance from the upper tank to A to be 305 mm and from B to the lower tank to be 254 mm.

12. Figure P5.12 shows a spraying system for rinsing portions of a car in a car wash. At section 1, the pressure is measured by a gage to be 344.7 kPa (gage). The water is routed through a gate valve, then through a meter (K = 6) that records total flow delivered. Downstream of the meter, the flow line splits at section A. One line leads to a nozzle at B (K = 30), while the other line is routed up to the ceiling and back down to a nozzle (K = 30) at C, which is at the same elevation as B. The nozzles both expand the water to atmospheric pressure in the form of sprays. The flow line is ¾ standard type M drawn-copper tubing, with all fittings soldered. The tube lengths are: 1 to A, 2.5 m; A to B, 1 m; and A to C, 7 m. Determine the flow rate of water delivered to each nozzle. Re-draw the system showing soldered fittings.

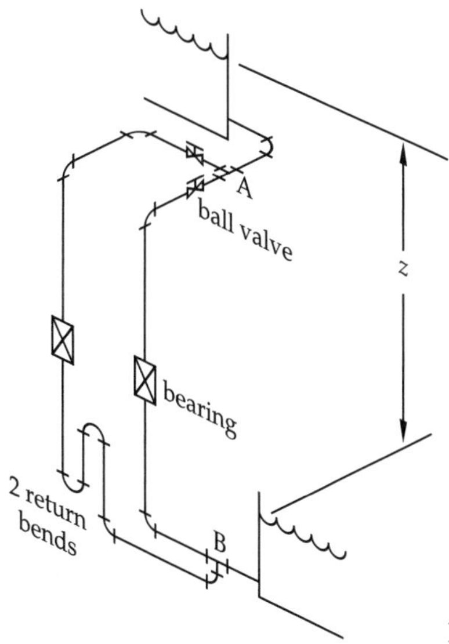

FIGURE P5.11

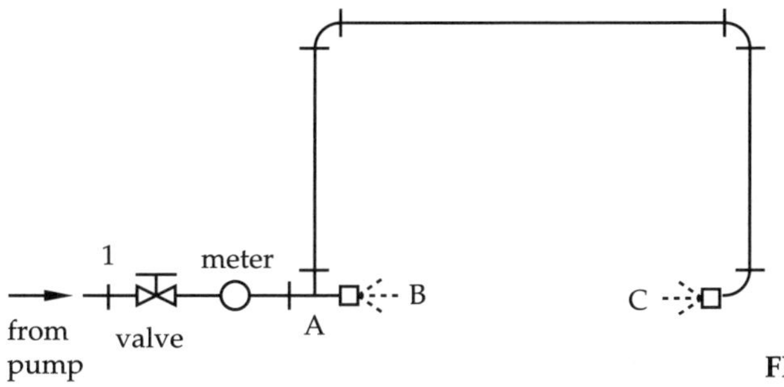

FIGURE P5.12

13. Figure P5.13 shows two views (a and b) of a pipeline connecting two tanks. The original configuration is as shown in (a). It is desired to increase the flow rate from one tank to the other, and so it has been proposed to add a loop as indicated in (b). The original line is 4-nominal schedule 40 commercial steel. The loop is 3-nominal schedule 40 commercial steel. (a) Determine the flow rate from tank to tank in the original system. (b) Determine the flow rate from tank to tank in the modified system. Has adding a second line increased the flow rate? (c) The pipeline is drawn as if threaded fittings were used. If so, it would have to be assembled with union fittings. (d) Where would they be placed? (e) Redraw the systems showing welded fittings. Are union fittings required with welded fittings? Other information: turpentine is the liquid; original line has a length of 250 m; a basket strainer; 2 elbows, and a fully open gate valve. Loop: from T-joint to T-joint, the 4-nominal line is 150 m long; the 3-nominal line is only 100 m long. Length from tank upstream to the first T-joint is 90 m. Loop line contains two 45° elbows, fully open gate valve, and one 90° elbow. The distance h is 1 m.

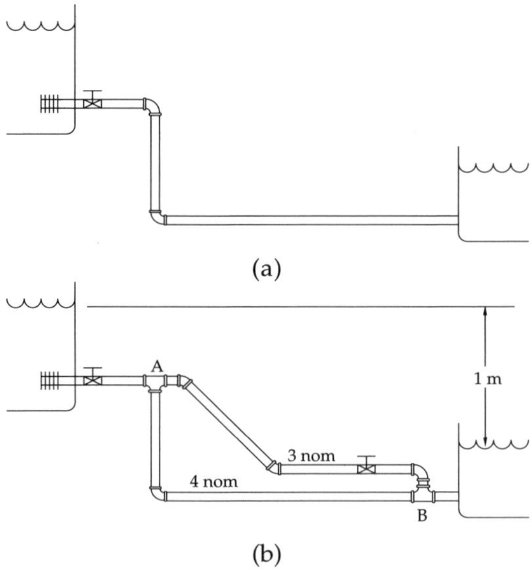

FIGURE P5.13

14. A horizontally laid 2 standard type K copper tube is 457 m long and conveys kerosene at a flow rate of 4.1×10^{-3} m^3/s. (a) Determine the corresponding pressure drop. The pipeline is modified by adding a loop made of 1½ standard type K copper tubing that is only 274 m long. (b) What is the expected increase in flow rate through the system for the same pressure drop as in the original pipeline? Neglect minor losses. (See Figure P5.15.)

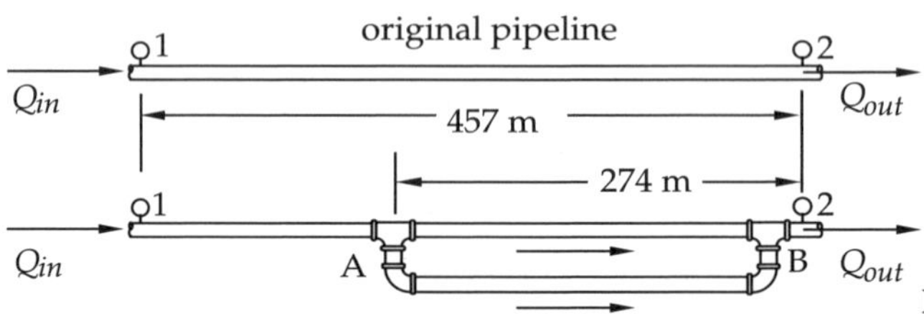

FIGURE P5.14

Fluid Meters

15. A 12 x 10 (both schedule 20) venturi meter is placed in a horizontal flow line that conveys linseed oil. A mercury manometer is attached to the meter. Determine the expected reading on the manometer for a volume flow rate of 1.5 m^3/s. Will a 1-m-tall manometer work, or should pressure gages be used instead?

16. Carbon tetrachloride is flowing in a line that contains a 10 x 8 (both schedule 40) venturi meter. The meter is inclined at an angle of 30° with the horizontal, with flow in the downhill direction. A mercury manometer attached to the meter reads 127 mm.

For a discharge coefficient of 0.984, determine the flow rate through the meter.

17. A venturi meter (1 x ½) is calibrated in the laboratory using water as the working fluid and an air-over-water, inverted U-tube manometer. Data

Q_{ac} in m^3/s	Δh in mm of H_2O	Q_{ac} in m^3/s	Δh in mm of H_2O
5.66×10^{-5}	10.2	2.4×10^{-4}	68.6
1.14×10^{-4}	22.9	2.83×10^{-4}	96.5
1.58×10^{-4}	33.0	3.14×10^{-4}	116.8
1.83×10^{-4}	40.6	3.79×10^{-4}	147.3
2.21×10^{-4}	58.4		

a. Plot the actual flow rate versus Δh.

b. Plot the theoretical flow rate versus Δh on the same axes of part a.

c. Plot C_v $(= Q_{ac}/Q_{th})$ versus Re $(= 4\rho Q_{ac}/\pi D_2 \mu)$ on semilog paper.

18. An orifice meter (D 1= 26mmand Do = 15.9 mm) is calibrated in the laboratory with water as the working fluid and with an air-over-water, inverted U-tube manometer. Data are as follows:

Q_{ac} in m^3/s	Δh in mm of H_2O	Q_{ac} in m^3/s	Δh in mm of H_2O
5.68×10^{-5}	7.62	2.4×10^{-4}	150
1.135×10^{-4}	38.1	2.84×10^{-4}	203
1.588×10^{-4}	58.4	3.15×10^{-4}	249
1.83×10^{-4}	83.8	3.79×10^{-4}	295
2.21×10^{-4}	114.3		

a. Plot the actual flow rate versus Δh.

b. On the same axes of part a, plot the theoretical flow rate versus Δh.

c. Plot C_o $(= Q_{ac}/Q_{th})$ versus Re $(= 4\rho Q_{ac}/\pi D_o \mu)$ on semilog paper.

19. A 10-nominal schedule 40 pipe contains an orifice meter with a hole diameter of 152.4 mm. Heptane flows through the meter, and the pressure drop measured with an air-over-heptane manometer is 1.83 m.

a. Determine the actual flow rate through the meter if flange taps are used.

b. Determine the actual flow rate through the meter if corner taps are used.

20. Octane flows through a horizontal line containing an orifice meter with corner taps. The flow line is 6-nominal schedule 40 and the bore diameter of the orifice plate is 100 mm. For a flow rate of 0.03 m^3/s, determine the expected pressure drop in kPa.

21. A horizontal water main is made of 12-nominal schedule 160 pipe and conveys water at 0.0473 m^3/s. An orifice meter is placed in the line to measure the flow rate. The desired pressure drop for the installation is to be no more than 10.35 kPa. What should the hole diameter be in the orifice plate to meet this condition? Use $1D$ and

½D taps.

22. Repeat Problem 5.21 using flange taps.

23. Repeat Problem 5.21 using corner taps.

24. Figure P5.24 shows a nozzle meter placed in a flow line with pipe wall taps. One (of many) equation(s) for the discharge coefficient is

$$C_n = 0.194\,36 + 0.152\,884(\ln \mathrm{Re}) - 0.009\,778\,5(\ln \mathrm{Re})^2 + 0.000\,209\,03(\ln \mathrm{Re})^3$$

where $\mathrm{Re} = 4\rho Q_{ac}/\pi D_2\mu$ and D_2 = nozzle throat diameter. For the following flow parameters, determine the diameter D_2 required to meet the conditions:

12-nominal schedule 160 pipe

water at 0.0473 m^3/s

pressure drop is to be no more than 10.35 kPa

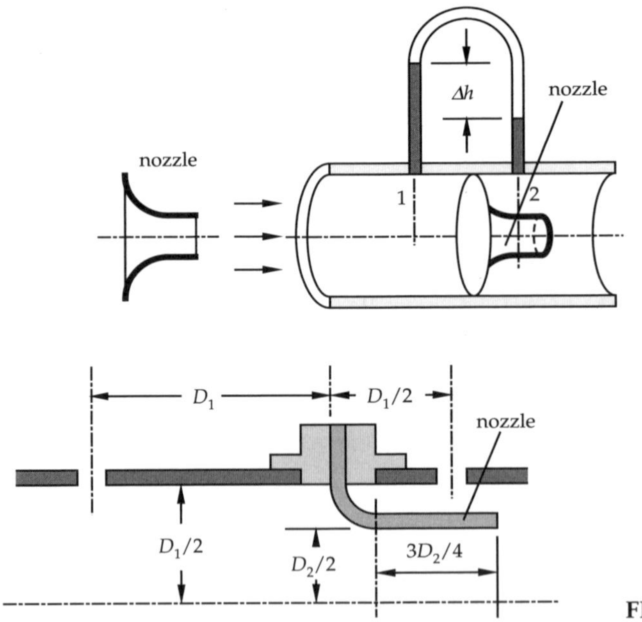

FIGURE P5.24

25. On semilog paper, construct a graph of the orifice coefficient C_o versus Re for $\beta = 0.2$, 0.3, 0.4, 0.5, and 0.6 using the Stolz equation. Let the Reynolds number vary from 10^3 to 10^7, and assume that corner taps are used.

26. On semilog paper, construct a graph of the nozzle coefficient C_n versus Re using the following equation (same as in Problem 5.24):

$$C_n = 0.194\ 36 + 0.152\ 884(\ln Re) - 0.009\ 778\ 5(\ln Re)^2 + 0.000\ 209\ 03(\ln Re)^3$$

Let the Reynolds number vary from 10^3 to 10^7.

27. Air flows through a flow line that contains a 2 x $1^1/2$ venturi meter. The pressure upstream of the meter is 103.4 kPa (gage), the air temperature is 32°C, and the velocity is 30.5 m/s. Calculate the expected pressure at the throat.

28. Oxygen flows through a 6-nominal schedule 40 flow line, and the flow rate is measured with an orifice meter. The meter diameter ratio is 0.8. Gages attached about the meter give readings of 150 kPa and 140 kPa. The line temperature is 25°C. What is the flow rate through the meter?

29. A 4-nominal schedule 40 elbow meter is placed in a horizontal flow line that conveys linseed oil. A U-tube (air over oil) manometer is attached to the meter. Determine the expected reading on the manometer for a volume flow rate of 0.01 5 m^3/s.

30. Acetone is flowing in a 1-nominal schedule 40 line that contains an elbow meter. A U-tube (air over acetone) manometer attached to the meter reads 127 mm. Determine the flow rate through the meter.

31. Octane flows through a line containing an elbow meter. The flow line is 8-nominal schedule 40 pipe. For a flow rate of 0.0315 m^3/s, determine the expected pressure drop within the meter in kPa.

32. A horizontal water main is made of 12-nominal schedule 160 pipe and conveys water at 0.0473 m^3/s. An elbow meter is placed in the line to measure the flow rate. Find the pressure drop for this installation.

33. On semilog paper, construct a graph of K versus Reynolds number for an elbow meter. Let the Reynolds number vary from 1×10^3 to 1×10^7.

Draining Tank Problems

34. Ethyl alcohol is in a 0.3 m-diameter tank as indicated in Figure P5.34. The ethyl alcohol exits the tank through an attached tube (square-edged inlet) made of ½ standard type K drawn copper tubing that is 12 m long. Determine the variation of efflux velocity with time for a liquid height h that varies from 1 m initially to 0.3 m.

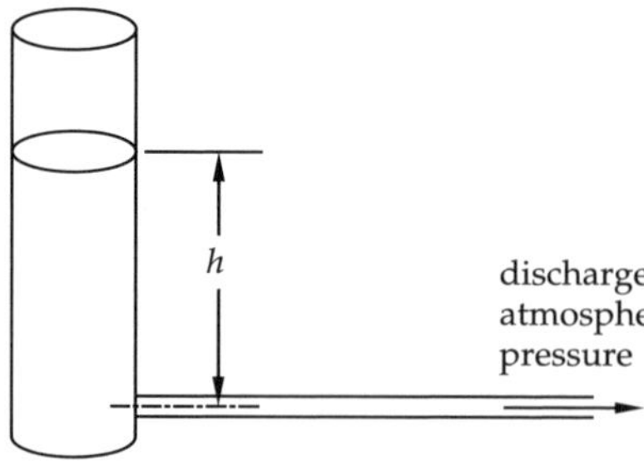

FIGURE P5.34

35. Figure P5.35 shows a tank that contains gasoline (assume same properties as octane). The tank has a cross section of 140 x 216 mm and it is 140 mm tall. Soldered to the side of this tank is 6.35 m m -ID drawn copper tubing that is 610 mm long (squared-edged inlet). Gasoline drains through this tube and is discharged to the atmosphere. Determine the variation of efflux velocity with time for a liquid height h that varies from 102 mm to 12.7 mm.

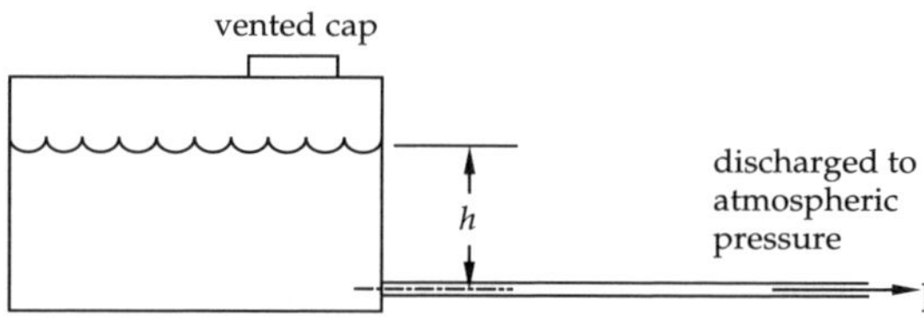

FIGURE P5.35

36. Water flows from a large tank (cross section is 3.66 m x 3.66 m) through a piping system set up as shown in Figure P5.36. The heights $h_1$and h_2 are 3.05 m and 3.66 m, respectively, and the pipe is made of 1-nominal schedule 40 commercial steel. The gate valve is fully open, and the nozzle at the exit has an internal diameter of 12.7 mm. The pipe attaches to the tank with a square-edged inlet, and all fittings are threaded and regular. Determine the variation of velocity with time for a liquid height h_1 that varies from 3.05 m to 152 mm. The pipe length is 4.57 m.

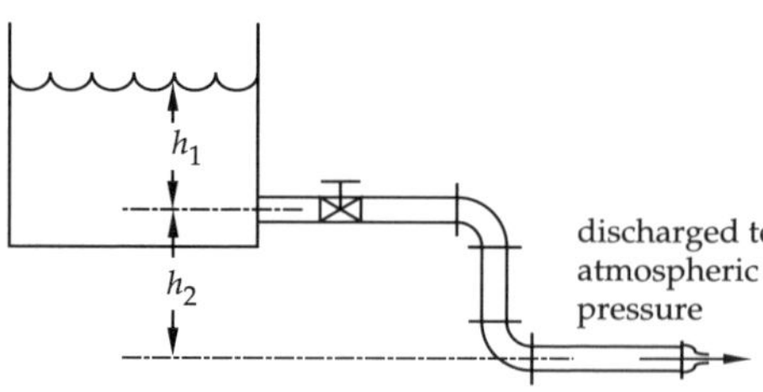

FIGURE P5.36

37. Figure P5.37 shows a tank positioned 1.83 m (= h_2) above a reference plane. Such tanks were used extensively in the 19th century with toilets. When the tank plug was pulled up, water drained out through a 1.83 m (approximately) long tube to the toilet. The tank is 457 mm wide (= w) by 152 mm into the page. Determine the variation of velocity with liquid tank depth for a height h_1 that varies from 229 mm to 50.8 mm. Neglect minor losses, and take the tube size to be 1¼ standard type K and made of drawn copper.

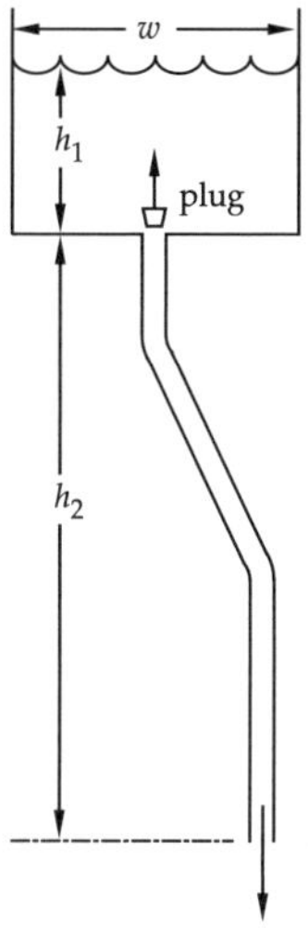

FIGURE P5.37

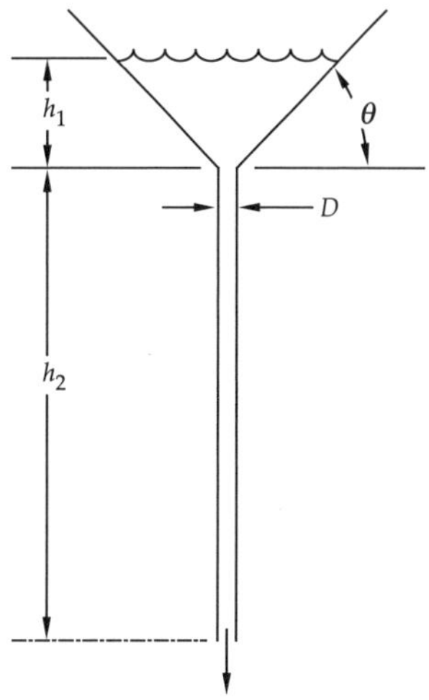

FIGURE P7.38

38. A 45° (= θ) funnel (see Figure P5.38) contains linseed oil that is draining out of the attached tube. The tube itself has an inside diameter of 10 mm (= D) and is 600 mm (= h_2) long. The funnel and the tube are one-piece cast plastic (ε same as drawn tubing). Determine the variation of the efflux velocity with time for a height h_1 that varies from 160 mm to 40 mm.

펌프와 배관계 06

Pumps and Piping Systems

펌프는 배관을 통해 유체를 이송하는 데 사용되는 장치이다. 응용 분야에 따라 많은 종류의 펌프가 설계되었다. 이 장에서는 펌프의 종류를 살펴보고, 주어진 임무에 맞는 펌프를 선택하는 방법을 제시할 것이다. 또 펌프를 시험하는 방법을 논의하고, 원심 펌프에 대해 더 깊게 알아볼 것이다. 또한 주어진 배관 구조에 대해, 펌프 시험 결과가 어떻게 펌프의 크기를 정하는 데 사용되는지도 보일 것이다. 캐비테이션(cavitation)의 개념을 소개하고 유효흡입수두(net positive suction head) 계산을 포함한 설계 절차를 이용하여 캐비테이션 발생을 피하는 방법을 보일 것이다. 마지막으로 펌프 설계 예제로 이 장을 마무리할 것이다.

6.1 펌프의 종류

펌프의 종류로는 크게 동적(dynamic) 또는 터보형 펌프와 용적형(positive displacement) 펌프가 있다. 동적 펌프에는 높은 속도와 압력, 또는 온도의 형태로 유체에 에너지를 공급하는 회전 요소가 있다. 용적형 펌프에는 압축되는 유체를 받아들이고 내보내는 고정된 부피의 공간이 있다.

동적 펌프는 회전축에 대한 유체의 흐름 방향에 따라 다시 구분된다. **축류(axial flow) 펌프**는 유체가 회전축과 나란히 흐르고 **반경류(radial flow) 펌프**는 유체의 흐름 방향이 회전축과 수직이다. **사류(mixed flow) 펌프**는 유체의 흐름이 축류와 반경류 펌프를 혼합한 특성을 보인다.

프로펠러 펌프나 **터빈 펌프**로도 알려진 축류형 펌프는 양정이 작은 곳(이송되는 수직 거리가 짧은 곳)에 적용된다. 전기로 구동되는 모터나 엔진이 이런 펌프들을 움직이는 데 사용될 수 있다. 전기 모터나 엔진이 펌프의 임펠러(impeller)가 부착된 축을 회전시킨다. 회전하는 축은 하우징 내에 위치하고 임펠러 하류의 유로는 하우징과 외부 케이싱으로 둘러싸여 있다. **원심 펌프**로도 알려진 반경류 펌프에서 유동은 케이싱을 통과하는데, 여기서 유체는 회전하는 임펠러에서 유입된 후 반경 방향으로 빠져나온다.

일부 펌프 설계에서는 임펠러 출구를 나온 유동이 다른 임펠러로 바로 유입하게 하는 경우가 있다. 다단 터빈 펌프가 이러한 방식을 사용해 물을 위로 이송한다. 첫 번째 또는 가장 낮은 곳의 임펠러 케이싱을 나온 유동이 두 번째 임펠러로 들어가고, 이러한 과정이 계속 반복된다. 임펠러 케이싱들은 서로 결합되어 원하는 단 수만큼 구성할 수 있다. 또한 앞서 언급한 펌프들은 다양한 임펠러와 조합을 이룰 수 있는데, **반개방형(semiopen) 임펠러**나 **밀폐형(enclosed) 임펠러**도 그중 하나이다.

용적형 펌프도 사용처에 따라 다양한 설계가 존재한다. 예를 들어 **왕복동(reciprocating) 펌프**는 진흙이나 시멘트를 이송하는 데 사용된다. 왕복 피스톤이 흡입 행정 때 유체를 끌어들이고 배출 행정 때 유체를 밀어낸다. 배관에 설치된 일방향(one way) 밸브가 유동의 방향을 제어한다.

로터리 기어 펌프(rotary gear pump)도 용적형 펌프의 한 종류로, 하우징 내에서 서로 맞물려 돌아가는 두 개의 기어로 구성되어 있다. 유체가 두 기어 사이로 유입된 후, 기어의 회전에 의해 인접한 기어 톱니와 하우징 사이의 공간으로 이송된다. 가압된 유체는 하우징 반대편으로 배출된다.

펌프의 상세 설계는 제작사에 따라 달라진다. 이 장의 목적은 다양한 펌프가 어떻게 시험되고 또 적용 분야에 따라 펌프 용량을 어떻게 선정하는지 살펴보는 것이다.

6.2 펌프 시험 방법

이 절에서는 원심 펌프를 이용하여 펌프 시험 방법을 고찰할 것이다. 그림 6.1은 펌프와 배관계를 나타낸 것이다. 펌프의 임펠러는 하우징 내부에 위치한다. 임펠러는 모터 축에 연결되어 있고, 모터는 자유롭게 회전할 수 있도록 장착된다. 모터가 회전하면 임펠러는 액체를 이송하고, 모터 하우징은 임펠러 회전 방향과 반대 방향으로 회전하려는 경향을 보인다. 이때 어떠한 회전 속도에서도 모터가 평형을 이룰 수 있도록 추를 설치한다. 모터의 평형을 위한 추의 무게와 모터 회전축부터 추까지의 거리의 곱은 모터에 의한 *토크*와 같다.

모터의 *회전 속도*는 다양한 방법으로 측정될 수 있다. 회전 속도와 토크의 곱은 모터로부터 임펠러에 공급되는 *입력 동력*(input power)이다.

펌프의 입출구 배관에 설치된 압력계는 계기압력 단위의 *압력* 정보를 제공한다. 기준면에서 압력계까지의 *높이* 정보는 주어진다. 유량계는 펌프를 통과하는 액체의 *체적유량* 정보를 제공한다.

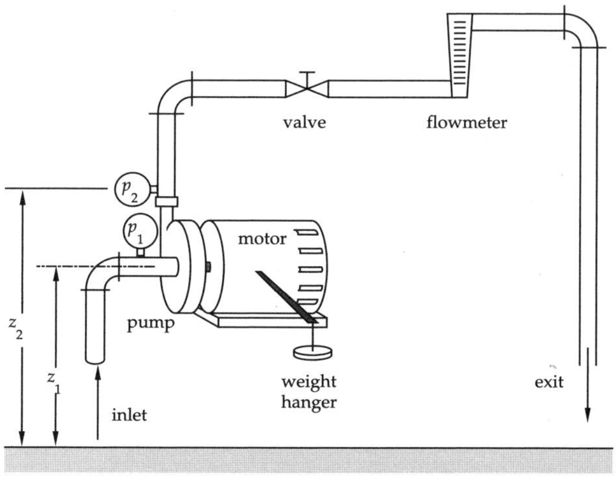

그림 6.1. 원심 펌프 시험 장치의 구성

표 6.1. 펌프 시험 인자

Raw Data				
Parameter	Symbol	Dimensions	Units	
Torque	T	F·L	J=N·m	lbf·ft
Rotational speed	ω	1/T	rad/s	rad/s
Inlet pressure	p_1	F/L^2	kPa	psi (lbf/ft^2)
Outlet pressure	p_2	F/L^2	kPa	psi (lbf/ft^2)
Volume flow rate	Q	L^3/T	m^3/s	ft^3/s (gpm)

출구 배관에 설치된 밸브는 체적유량을 조절하는 데 사용된다. 펌프에 관한 한, 밸브에 의한 저항은 조절 가능한 마찰 손실을 갖는 배관계를 모사한다. 따라서 %로 표시되는 임의의 밸브 개도에 대해서 다음의 데이터를 얻을 수 있다: 토크, 회전 속도, 입구 압력, 출구 압력, 체적유량. 이 인자들이 표 6.1에 정리되어 있다.

시험에서 측정된 위의 데이터들로부터 계산된 펌프의 특성을 나타내는 인자들은 다음과 같다: 펌프 공급 동력, 총 수두(head) 차(출구 빼기 입구), 유체에 공급된 동력, 효율. 이 인자들은 표 6.2에 정리되어 있다.

측정된 데이터들은 환산(reduced) 데이터를 계산하는 데 사용되고, 이 환산 데이터들은 펌프 성능을 기술하는 데 사용된다. 모터에서 펌프로의 입력 동력은 토크와 회전 속도의 곱이다:

표 6.2. 펌프 특성 인자

Reduced Data				
Parameter	Symbol	Dimensions	Units	
input power	dW_a/dt	F·L/T	W = J/s	ft·lbf/s (hp)
total head diff	ΔH	L	m	ft
power to liquid	dW/dt	F·L/T	W	ft·lbf/s (hp)
efficiency	η	—	—	—

$$-\frac{dW_a}{dt} = T\omega \tag{6.1}$$

여기서 음의 부호는 부호 관습에 맞게 추가되었다. 입구 압력이 측정되는 지점 1(그림 6.1 참조)에서 총 수두는 다음과 같이 정의된다.

$$H_1 = \frac{p_1}{\rho g} + \frac{V_1^2}{2g} + z_1$$

여기서 ρ는 액체의 밀도, V_1 (= Q/A_1)은 입구 배관의 속도이다. 유사한 방법으로 출구 압력이 측정되는 지점 2에서의 총 수두는

$$H_2 = \frac{p_2}{\rho g} + \frac{V_2^2}{2g} + z_2$$

총 수두 차는 아래와 같이 주어진다.

$$\Delta H = H_2 - H_1 = \frac{p_2}{\rho g} + \frac{V_2^2}{2g} + z_2 - \left(\frac{p_1}{\rho g} + \frac{V_1^2}{2g} + z_1 \right) \tag{6.2}$$

수두 H의 차원은 L (ft 또는 m)이다. 액체로 전달되는 동력은 정상 유동에너지 방정식을 지점 1과 2에 적용하여 구한다.

$$-\frac{dW}{dt} = \frac{\dot{m}g}{g_c}\left[\left(\frac{p_2}{\rho g} + \frac{V_2^2}{2g} + z_2\right) - \left(\frac{p_1}{\rho g} + \frac{V_1^2}{2g} + z_1\right)\right] \tag{6.3}$$

총 수두 H의 항으로 나타내면

$$-\frac{dW}{dt} = \dot{m}g\,(H_2 - H_1) = \dot{m}g\;\Delta H \tag{6.4}$$

효율은 아래 식으로 구해진다.

$$\eta = \frac{dW/dt}{dW_a/dt} = \frac{\text{액체로 전달되는 동력—식 6.3}}{\text{임펠러에 입력 동력—식 6.1}} \tag{6.5}$$

다음 예제는 측정된 데이터가 어떻게 펌프의 특성을 나타내는 인자로 계산되는지 보여준다.

예제 6.1 그림 6.1과 같이 펌프가 시험된다. 어떤 밸브 개도에 대해 아래의 측정값을 얻었다.

토크 = T = 4.07 N·m
회전 속도 = ω = 30 Hz
입구 압력 = p_1 = 20.7 kPa
출구 압력 = p_2 = 138 kPa
체적유량 = Q = 3.47 x 10^{-3} m^3/s
입구 게이지 높이 = z_1 = 610 mm
출구 게이지 높이 = z_2 = 915 mm
입구 배관 = 공칭치수 2-스케줄 40
출구 배관 = 공칭치수 1½-스케줄 40
유체 = 물

관련된 펌프 성능 인자를 계산하여라.

풀이

모터에서 전달되는 동력은

$$-\frac{dW_a}{dt} = T\omega$$

$$-\frac{dW_a}{dt} = (4.07)(30)\left(2\pi\ \frac{\text{rad}}{\text{rev}}\right)$$

회전 속도를 계산할 때는 시간당 회전 속도(rev/s)가 아닌 시간당 라디안(rad/s)이 사용됨에 주의하라. 계산하면,

$$-\frac{dW_a}{dt} = 767\ \text{W}$$

수두 변화를 계산하기 위해서는 먼저 입출구 배관에서 액체의 속도를 구해야 한다. 표 D.1에서 공칭치수 2 스케줄 40 배관의 경우,

$$ID_1 = 52.5\ \text{mm} \qquad A = 2.165 \times 10^{-3}\ \text{m}^2$$

또한 공칭치수 1½ 스케줄 40 배관의 경우

$$ID_2 = 40.9\ \text{mm} \qquad A = 1.314 \times 10^{-3}\ \text{m}^2$$

측정된 체적유량은

$$Q = 3.47 \times 10^{-3}\ \text{m}^3/\text{s}$$

따라서 입구 속도는

$$V_1 = \frac{Q}{A_1} = \frac{3.47 \times 10^{-3}}{2.165 \times 10^{-3}} = 1.6\ \text{m/s}$$

출구 속도는

$$V_2 = \frac{Q}{A_2} = \frac{3.47 \times 10^{-3}}{1.314 \times 10^{-3}} = 2.64\ \text{m/s}$$

물의 밀도는 1000 kg/m^{3}으로 가정한다. 지점 1에서 총 수두는

$$H_1 = \frac{p_1}{\rho g} + \frac{V_1^2}{2g} + z_1 = \frac{20.7 \times 10^3}{1000(9.81)} + \frac{1.6^2}{2(9.81)} + 0.61$$

또는

$$H_1 = 2.85\ \text{m}$$

지점 2에서는

$$H_2 = \frac{p_2}{\rho g} + \frac{V_2^2}{2g} + z_2 = \frac{138 \times 10^3}{1000(9.81)} + \frac{2.64^2}{2(9.81)} + 0.915$$

또는

$$H_2 = 15.34\ \text{m}$$

앞선 계산에서는 게이지압력이 사용되었다. 수두 차이에 관심이 있기 때문에 절대압력이 사용되어도 동일한 결과를 얻는다. 절대압력이든 게이지압력이든 수두 차이는 동일하다. 총 수두 차는 다음과 같이 주어진다.

$$\Delta H = H_2 - H_1 = 15.34 - 2.85 = 12.5 \text{ m}$$

압력, 속도, 높이의 변화로 구할 수 있는 유체로 전달되는 동력은 다음과 같이 계산된다.

$$-\frac{dW}{dt} = \dot{m}g\,(H_2 - H_1) = \rho Qg\,(H_2 - H_1)$$

수치들을 대입하면,

$$-\frac{dW}{dt} = 1000(3.47 \text{ x } 10^{-3})(9.81)(12.5) = 425.5 \text{ W}$$

효율을 아래와 같이 구할 수 있다.

$$\eta = \frac{dW/dt}{dW_a/dt} = \frac{425.5}{767}$$

또는 $\eta = 0.55 = 55\%$

데이터 측정을 위한 실험 기법은 성능 특성을 표현하는 방법에 따라 달라진다. 예를 들어, 단 하나의 임펠러–케이싱–모터의 조합에서만 데이터가 측정될 수 있다면, 처음에 특정 밸브 개도와 미리 정해진 회전 속도 조건에서 한 데이터를 얻을 수 있다. 그 다음 밸브 개도를 바꾸고, 필요하다면 일정 회전 속도 조건을 만족시키기 위해 모터(그림 6.1에는 나타나 있지 않음)의 속도를 조절한다. 이 모든 실험의 목적은 가능한 모든 작동 조건에서 펌프가 어떻게 작동하는지 보여주는 것이다.

그림 6.2는 원심 펌프의 성능 시험 결과를 나타낸 것이다. 수평축은 펌프의 체적유량이고 수직축은 아래 식으로 정의된 수두 차 ΔH이다.

$$\Delta H = H_2 - H_1$$

여기서

$$H = \frac{p}{\rho g} + \frac{V^2}{2g} + z$$

식 (6.3)에서

$$\Delta H = -\frac{dW}{\dot{m}g \ dt}$$

그림 6.2는 본질적으로 유량과 동력($\propto \Delta H$)의 관계를 나타내는 **성능곡선**이다. 제시된 결과는 특정 펌프의 임펠러-하우징 조합에 대해 네 가지 회전 속도 조건에서 측정된 것이다. 각 곡선에서 체적유량 Q가 증가함에 따라 수두 차 ΔH는 감소하는 경향을 보인다. 곡선은 불연속 점 데이터를 연결하여 그려진 것으로, 관례적으로 점 데이터는 그림에 포함시키지 않는다. **등효율(iso-efficiency)** 곡선을 나타내기 위해 동일한 효율을 갖는 점을 이은 선들이 제시되어 있다. 전체 시험의 목적은 최대 효율을 갖는 영역을 찾기 위한 것으로, 그림 6.2에서 쉽게 그 영역을 찾을 수 있다.

그림 6.3은 데이터를 측정하고 결과를 제시하는 또 다른 방법을 보여준다. 한 가지 펌프 케이싱-모터 조합에 대해 네 가지 다른 크기의 임펠러가 사용되었다. 하지만 모든 데이터는 하나의 회전 속도에서만 측정되었다. 특정 밸브 세팅에서 어떤 임펠러에 대한 데이터가 측정된 후, 밸브의 세팅을 변경하고 필요시 모터를 조절하여 일정 회전 속도(이 경우에는 1760 rpm)로 유지한다. 이 시험의 목적도 역시 가능한 작동 영역에서 펌프가 어떻게 동작하는지 보여주는 것이다. 체적유량 Q의 증가에 따라 수두 차 ΔH가 감소하는 경향을 확연히 보여준다. 최대 효율 영역을 보여주기 위해 등효율 곡선도 나타나 있다.

펌프 제작사는 많은 수의 다른 하우징을 생산하고, 각 하우징에 대해 4~5개의 다른 임펠러를 사용할 수 있다. 이 경우, 각 조합에 대해 성능 시험을 수행하고, 성능곡선을 만들어야 한다. 만약 우리가 그림 6.2에 나타난 펌프(또는 다른 어떠한 펌프)를 사용한다면 우리는

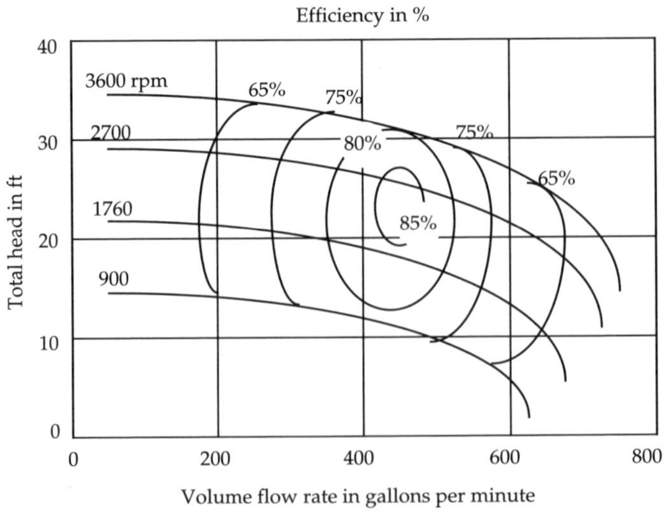

그림 6.2. 네 가지 회전 속도에서 얻어진 하나의 임펠러-케이싱-모터 조합의 성능곡선

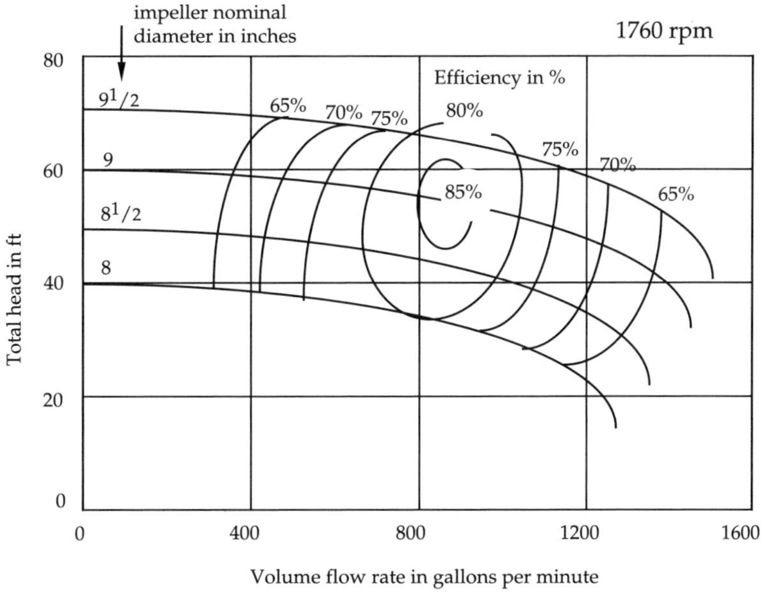

그림 6.3. 하나의 회전 속도에서 얻어진 1개 모터-케이싱 조합과 4개의 다른 임펠러에 대한 성능곡선

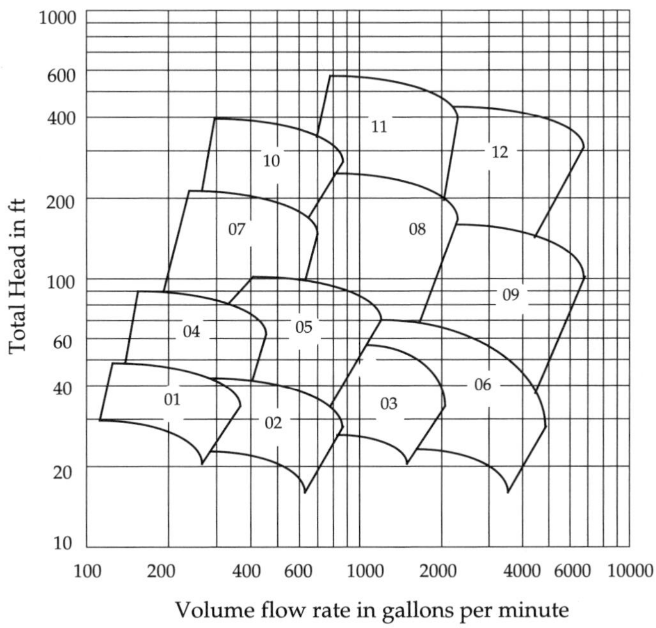

그림 6.4. 20개 펌프에 대해 최대 효율 영역을 보여주는 총 수두 차 대 체적유량에 대한 합성 그래프

최대 효율 영역에서 펌프를 운영하길 원할 것이다. 따라서 생산되는 모든 펌프에 대해, 제작사는 잠재적 고객에게 모든 최대 효율 영역을 종합하고 정리해서 제시하여야 한다.

그림 6.4는 많은 펌프에 대해 각 펌프의 최대 효율 영역만을 보여주는 ΔH 대 Q에 대한

그래프이다. 각 영역에는 그 영역에서 최대 효율을 보이는 펌프의 번호가 나타나 있다. 특정 적용 분야에 필요한 펌프를 선택하는 데 이와 같은 곡선이 사용된다. 이 장에서 논의된 어떠한 종류의 펌프에 대해서도 이런 그래프를 그리는 것이 가능하다. 다음 예제는 주어진 배관계에 적용될 펌프를 선정하는 데 그림 6.4가 어떻게 사용되는지 보여준다.

예제 6.2 그림 6.5는 높은 곳에 위치한 저장 탱크에 물을 공급하는 배관을 보여준다. 12.2 m 길이의 배관이 A에 삽입관 형상(re-entrant inlet)으로 연결되어 있다. 배관은 공칭치수 6 스케줄 40 PVC 배관이고, 3개의 엘보우와 하나의 볼 체크밸브(B)가 설치되어 있다. 펌프는 0.0158 m^3/s의 유량을 이송해야 한다. 이 배관계에 맞는 펌프를 그림 6.4를 이용하여 선정하고, $\Delta z = 9.14$ m일 때 필요한 펌프 동력을 구하여라.

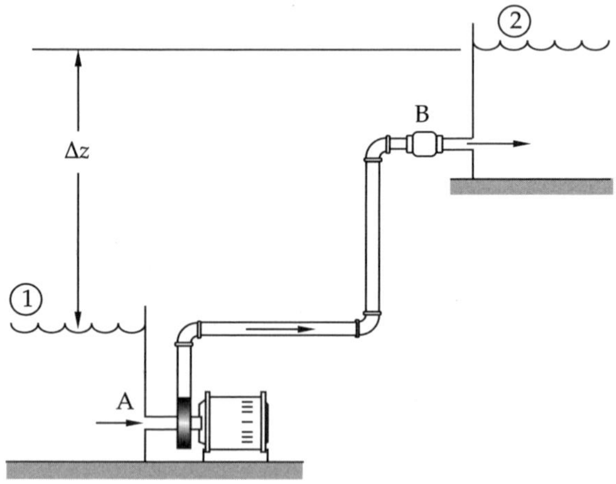

그림 6.5. 예제 6.2의 배관계

풀이

우리는 총 수두 차를 계산한 후, 주어진 유량과 계산한 ΔH에서의 그림 6.4를 참조할 필요가 있을 것이다.

물 $\rho = 1000$ kg/m^3 $\mu = 0.91 \times 10^{-3}$ Pa·s [부록 표 B.1]

공칭치수 6 스케줄 40 $ID = 154$ mm $A = 0.0186$ m^2 [부록 표 D.1]

PVC 배관의 경우, Moody 다이어그램에서 ε/D = "smooth"를 선택한다. 그림 6.5의 배관계에서, 펌프는 높이 9.14 m와 12.2 m 길이의 배관 내의 부손실(minor loss) 및 마찰을 극복할 수 있는 동력을 공급해야 한다. 배관계 내 마찰을 포함한 정상 유동에너지 방정식은 아래와 같다.

$$\frac{p_1}{\rho g} + \frac{V_1^2}{2g} + z_1 = \frac{p_2}{\rho g} + \frac{V_2^2}{2g} + z_2 + \Sigma \frac{fL}{D_h}\frac{V^2}{2g} + \Sigma K \frac{V^2}{2g} + \frac{dW}{\dot{m}g\ dt} \tag{6.6}$$

여기서 지점 1은 공급 탱크의 자유 표면이고 지점 2는 저장 탱크의 자유 표면이다. 먼저 식 (6.6)을 동력(dW/dt)에 대해 정리한 후, 식 (6.4)를 이용하여 ΔH를 구하면 된다. 각 지점의 상태량은,

$$p_1 = p_2 = p_{atm} = 0 \qquad V_1 = V_2 \qquad z_1 = 0 \qquad z_2 = 9.14 \text{ m}$$

$$Q = 0.0158 \text{ m}^3/\text{s} \qquad V = \frac{Q}{A} = \frac{0.0158}{0.0186} = 0.85 \text{ m/s}$$

Reynolds 수 $\text{Re} = \rho VD/\mu$:

$$\text{Re} = \frac{1000(0.85)(0.154)}{0.91 \times 10^{-3}}$$

따라서

$$\left.\begin{aligned} &\text{Re} = 1.43 \times 10^5 \\ &\frac{\varepsilon}{D} = \text{“smooth”} \end{aligned}\right\} \qquad f = 0.0165 \quad (\text{Moody 다이어그램})$$

부손실 [표 3.3] :

$$\Sigma K = 3K_{90^\circ\, elbow} + K_{\substack{re\text{-}entrant \\ inlet}} + K_{\substack{ball\ check \\ valve}} + K_{exit}$$

$$\Sigma K = 3(0.31) + 1.0 + 70 + 1.0 = 72.9$$

식 (6.6)은 다음과 같이 단순화된다.

$$0 = z_2 + \left(\Sigma \frac{fL}{D_h} + \Sigma K\right)\frac{V^2}{2g} + \frac{1}{\dot{m}g}\frac{dW}{dt}$$

수치를 대입하면

$$0 = 9.14 + \left(\frac{0.0165(12.2)}{0.154} + 72.9\right)\frac{0.85^2}{2(9.81)} + \frac{1}{\dot{m}g}\frac{dW}{dt}$$

따라서

$$-\frac{1}{\dot{m}g}\frac{dW}{dt} = \Delta H = 11.87 \text{ m}$$

문제에서 요구된 것은 아니지만 아래의 과정을 통해 동력 역시 구할 수 있다.

$$-\frac{dW}{dt} = \rho Q g\,(11.87) = 1000(0.0158)(9.81)(11.87)$$

$$-\frac{dW}{dt} = 1840 \text{ W}$$

$$-\frac{dW}{dt} = 1.84 \text{ kW}$$

따라서 마찰과 부손실을 극복하고 물을 9.14 m 이송하는 데 필요한 총 수두는 11.87 m이다. 그림 6.4에서 11.87 m와 0.0158 m^3/s에서 가장 좋은 효율로 작동할 수 있는 펌프는 "01"로 표시된 펌프이다.

6.3 캐비테이션과 유효흡입수두

원심 펌프의 흡입관 내의 유체 압력은 대기압보다 상당히 낮을 수 있다. 흡입 압력이 충분히 낮다면 상온에서도 액체가 비등할 수 있다. 예를 들어, 33°C 의 물은 압력이 5.1 kPa일 때 끓는다. 비등이 발생하면 수증기 기포가 발생하는데, 펌프에서 발생하는 이러한 현상을 **캐비테이션(cavitation)**이라 한다.

원심 펌프에서 캐비테이션이 발생할 때 일반적으로 수증기 기포는 임펠러 눈(impeller eye)에서 발생한다. 기포가 액체를 따라 임펠러를 통과하면서 압력이 높은 지점에 도달하게 되면 기포가 붕괴되면서 압력파를 발생시킨다. 이 압력파는 임펠러와 하우징을 침식하는데, 이 현상을 **캐비테이션 침식(cavitation erosion)**이라고 한다. 앞서 언급한 바와 같이, 캐비테이션이 발생하면 임펠러는 더 이상 액체만을 이송하지 못하기 때문에 펌프의 효율은 급격히 저하된다. 만약 상황이 개선되지 않으면, 금속의 침식과 샤프트 베어링 및 기밀부의 피로(fatigue)에 의해 펌프가 파손될 수 있다.

캐비테이션은 시스템 설치 후에 해결되어야 하는 문제가 아니다. 캐비테이션의 개시 시점은 예측 가능하고, 공학자는 캐비테이션이 발생하지 않도록 배관계를 설계하여야 한다. 펌프 제작사들은 펌프에서 캐비테이션이 언제 발생할지 예측하는 데 유용한 실험 정보를 제공한다.

유효흡입수두(Net Positive Suction Head)

그림 6.6의 원심 펌프와 배관계를 고려하자. 두 경우 모두 탱크의 액체를 이송한다. 탱크의 수위가 펌프 임펠러 중심보다 낮은 경우를 흡입높이(suction lift), 탱크의 수위가 펌프 임펠러 중심보다 높은 경우를 흡입수두(suction head)라 한다.

그림 6.6a의 경우에 대해 수정 Bernoulli 식을 지점 1(탱크 내 액체의 자유 표면)과 지점 2(펌프 하우징 입구)에 적용한다. 이를 통해 펌프 입구의 압력을 구하고, 이것을 액체의 증기압과 비교하고자 한다. 만약 펌프 입구에서의 압력이 그곳의 액체 온도에 해당하는 증기압보다 낮다면, 액체는 임펠러에서 비등하고 펌프에 캐비테이션이 발생하게 된다. 수정된 Bernoulli 식은

$$\frac{p_1}{\rho g} + \frac{V_1^2}{2g} + z_1 = \frac{p_2}{\rho g} + \frac{V_2^2}{2g} + z_2 + \Sigma \frac{fL}{D_h}\frac{V^2}{2g} + \Sigma K \frac{V^2}{2g} \tag{6.7}$$

여기서 p_1은 대기압이지만 이것을 0으로 놓고 계산하지 않을 것이다. 이렇게 하면 절대압력으로 표현된 탱크 내 액체의 자유 표면에서의 압력이 대기압보다 높은 경우도 고려할 수 있다. 각 지점에서 상태량은

$V_1 = 0$ $\qquad z_2 - z_1 = +z_s$ $\qquad V_2 = V =$ 배관 내 속도

식 (6.7)을 $p_2/\rho g$에 대해 정리하면,

$$\frac{p_2}{\rho g} = \frac{p_1}{\rho g} - z_s - \left(\Sigma \frac{fL}{D_h} + \Sigma K + 1\right)\frac{V^2}{2g}$$

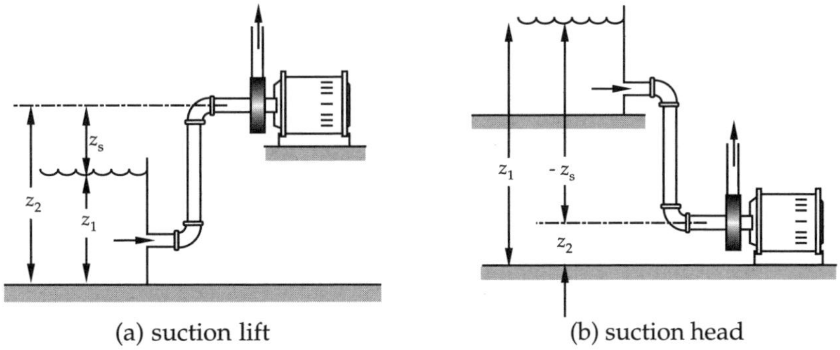

그림 6.6. 펌프의 흡입높이(suction lift)와 흡입수두(suction head)

위 식의 양 변에서 증기압을 뺀 후 정리하면,

$$\frac{p_2}{\rho g}-\frac{p_v}{\rho g}=\frac{p_1}{\rho g}-z_s-\left(\Sigma\frac{fL}{D_h}+\Sigma K+1\right)\frac{V^2}{2g}-\frac{p_v}{\rho g} \quad \textbf{(6.8a)}$$

또는

$$\text{NPSH}_a=\frac{p_2}{\rho g}-\frac{p_v}{\rho g}=\frac{p_1}{\rho g}-z_s-\left(\Sigma\frac{fL}{D_h}+\Sigma K+1\right)\frac{V^2}{2g}-\frac{p_v}{\rho g}$$

(그림 6.6a 흡입높이)

여기서, 좌변은 **가용 유효흡입수두(net positive suction head available)** NPSH_r로 불린다. 식 (6.8a)는 그림 6.6a의 입구 부분에 적용된다. 그림 6.6b의 경우, 식 (6.7)을 적용하면,

$$\frac{p_2}{\rho g}-\frac{p_v}{\rho g}=\frac{p_1}{\rho g}+z_s-\left(\Sigma\frac{fL}{D_h}+\Sigma K+1\right)\frac{V^2}{2g}-\frac{p_v}{\rho g} \quad \textbf{(6.8b)}$$

$$\text{NPSH}_a=\frac{p_2}{\rho g}-\frac{p_v}{\rho g}=\frac{p_1}{\rho g}+z_s-\left(\Sigma\frac{fL}{D_h}+\Sigma K+1\right)\frac{V^2}{2g}-\frac{p_v}{\rho g}$$

(그림 6.6b 흡입수두)

펌프 제작사들은 시험을 통해 결정된 각 펌프들의 필요 **유효흡입수두(required net positive suction head)**를 제공한다. 가용 유효흡입수두가 필요 유효흡입수두보다 크면 캐비테이션이 발생하지 않는다. 또는

$$\text{NPSH}_a > \text{NPSH}_r \qquad \text{(캐비테이션이 발생하지 않음)} \quad \textbf{(6.9)}$$

특정 펌프에 대한 유효흡입수두 정보는 펌프의 성능곡선에 표시되거나 또는 별도로 제공된다.

유효흡입수두를 계산하기 위해서는 증기압에 대한 정보가 필요하다. 그림 6.7은 다양한 액체에 대해 온도–증기압 그래프를 나타낸 것이다.

캐비테이션 식들의 차원은 L (ft 또는 m로 나타낸 액체의 높이)이고 각 항들은 액체의 수두로 표현될 수 있다. 다른 책에서 식 (6.8a)은 아래와 같이 표현되기도 한다.

$$h_{p_2}-h_{vp}=\text{NPSH}_a=h_{p_1}-h_{z_2}-h_f-h_{vp} \quad \textbf{(6.10)}$$

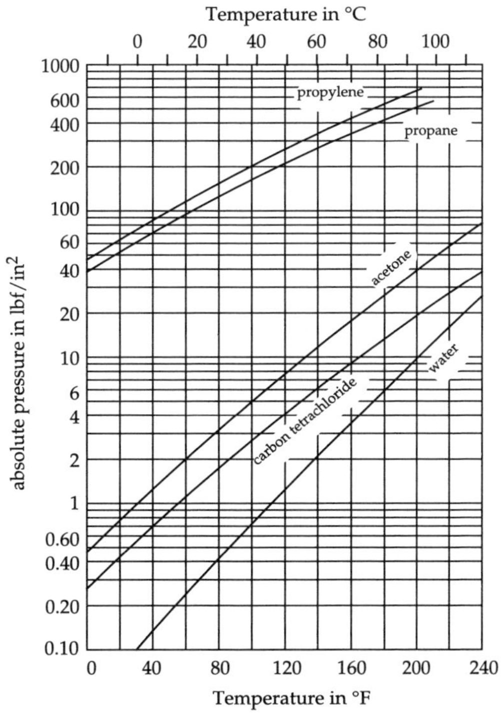

그림 6.7. 다양한 액체에 대한 온도-증기압 그래프

예제 6.3 어떤 펌프가 0.0568 m^3/s의 유량으로 탱크로부터 수두 차 ΔH가 2.44 m인 곳으로 물을 이송하고 있다. 필요 유효흡입수두는 3.05 m이다. 펌프 흡입구가 물탱크의 수위에 대해 어디에 위치해야 하는지 구하여라. 물의 표면은 대기에 노출되어 있다. 마찰의 영향은 무시하고 물의 온도는 32.2°C로 가정한다.

풀이

그림 6.6a와 같이 흡입높이를 가진 경우로 가정하여 흡입 식 (6.8a)를 적용한다.

$$\mathrm{NPSH}_a = \frac{p_1}{\rho g} - z_s - \left(\Sigma \frac{fL}{D_h} + \Sigma K + 1\right)\frac{V^2}{2g} - \frac{p_v}{\rho g} \qquad \left(\begin{array}{c}\text{그림 6.6a}\\ \text{흡입높이}\end{array}\right)$$

$\mathrm{NPSH}_r = 3.05$ m이므로

$$\mathrm{NPSH}_a = \frac{p_2}{\rho g} - \frac{p_v}{\rho g} = 3.05\ \mathrm{m}$$

이것은 캐비테이션을 방지하기 위해서는 임펠러 입구에서의 액체의 압력이 증기압에 비해 3.05 m 이상 높아야 한다는 것을 의미한다. 필요한 상태량들은

물 $\rho = 1000\ \text{kg/m}^3$ [부록 표 B.1]

$p_v = 3.79\ \text{kPa}$ [그림 6.7 @ 90°F, 물]

$p_1 = p_{atm} = 101.325\ \text{kPa}$ 마찰의 영향 = 0

식 (6.8a)에 대입하면

$$3.05 = \frac{1.01325 \times 10^5}{1000(9.81)} - z_s - \frac{3.79 \times 10^3}{1000(9.81)}$$

정리하면

$$-z_s = 3.05 - 10.33 + 0.387$$

또는 $\underline{z_s = 6.89\ \text{m}}$

따라서 그림 6.6a에서 캐비테이션을 방지하기 위해서 z_s (= $z_2 - z_1$)은 6.89 m 이하여야 한다.

6.4 | 펌프의 차원 해석

펌프에 대한 차원 해석 결과는 펌프의 종류(원심형 또는 사류형 또는 축류형)를 선택하는 데 활용될 수 있다. 펌프를 통과하는 비압축성 유체에 대해, 지금까지 소개된 세 개의 변수를 유동 변수들과 연관시키고자 한다. 관심 있는 세 개의 변수는 효율 η, 에너지 전달률 $g\,\Delta H$, 그리고 동력 dW/dt이다. 이 세 개의 변수는 유체의 상태량 밀도 ρ와 점성 μ, 펌프를 통과하는 체적유량 Q, 회전 속도 ω, 그리고 특성 길이(일반적으로 임펠러 직경) D의 함수라고 가정한다. 이것을 함수 관계로 표현하면,

$$\eta = f_1(\rho, \mu, Q, \omega, D, g_c) \qquad \textbf{(6.11)}$$

$$g\,\Delta H = f_2(\rho, \mu, Q, \omega, D, g_c) \qquad \textbf{(6.12)}$$

$$\frac{dW}{dt} = f_3(\rho, \mu, Q, \omega, D, g_c) \qquad \textbf{(6.13)}$$

식 (6.11)에서, 변수들의 관계가 아래와 같다고 가정한다.

$$\eta = a\rho^b \mu^c Q^d \omega^e D^f g_c{}^g \tag{6.14}$$

식 (6.14)의 각 변수들을 차원으로 표현하면,

$$0 = a\left(\frac{\mathrm{M}}{\mathrm{L}^3}\right)^b \left(\frac{\mathrm{F \cdot T}}{\mathrm{L}^2}\right)^c \left(\frac{\mathrm{L}^3}{\mathrm{T}}\right)^d \left(\frac{1}{\mathrm{T}}\right)^e (\mathrm{L})^f \left(\frac{\mathrm{M \cdot L}}{\mathrm{F \cdot T}^2}\right)^g$$

각 차원들에 대한 식으로 표현하면,

M: $0 = b + g$

F: $0 = c - g$

L: $0 = -3b - 2c + 3d + f + g$

T: $0 = c - d - e - 2g$

연립하여 풀면,

$b = -g \qquad c = g \qquad d = -e - g \qquad f = 3e + g$

이 결과를 식 (6.14)에 대입하면,

$$\eta = a\,\frac{1}{\rho^g}\,\mu^g\,\frac{1}{Q^e\,Q^g}\,\omega^e D^{3e} D^g g_c{}^g$$

같은 지수를 갖는 변수끼리 정리하면,

$$\eta = a\left(\frac{Dg_c\mu}{\rho Q}\right)^g \left(\frac{\omega D^3}{Q}\right)^e \tag{6.15}$$

위의 그룹들은 무차원 수이고 그 자체로도 유효하지만, 여기서는 조금 더 정리를 해 보도록 한다. 우변의 그룹들을 정리해서 보다 알아보기 쉬운 형태로 나타내면:

$$\frac{\rho Q}{D\mu} \cdot \frac{\omega D^3}{Q} = \frac{\rho\omega D^2}{\mu}$$

식 (6.15)를 다시 표현하면,

$$\eta = f_1\left(\frac{\rho\omega D^2}{\mu},\ \frac{Q}{\omega D^3}\right) \tag{6.16}$$

마찬가지로, 식 (6.12)와 (6.13)도 아래와 같이 표현될 수 있다.

$$\frac{g\ \Delta H}{\omega^2 D^2} = f_2\left(\frac{\rho\omega D^2}{\mu},\ \frac{Q}{\omega D^3}\right) \tag{6.17}$$

$$\frac{(dW/dt)}{\rho\omega^3 D^5} = f_3\left(\frac{\rho\omega D^2}{\mu},\ \frac{Q}{\omega D^3}\right) \tag{6.18}$$

여기서,

$\dfrac{g\ \Delta H}{\omega^2 D^2}$ = 에너지 전달 계수(energy transfer coefficient)

$\dfrac{Q}{\omega D^3}$ = 체적유량계수(volumetric flow coefficient)

$\dfrac{\rho\omega D^2}{\mu}$ = 회전 Reynolds 수(rotational Reynolds number)

$\dfrac{(dW/dt)}{\rho\omega^3 D^5}$ = 동력계수(power coefficient)

펌프 실험에서는 회전 Reynolds 수($\rho\omega D^2/\mu g_c$)는 유량계수에 비해 영향이 적다. 따라서 펌프를 통한 비압축성 유동의 경우, 식 (6.16), (6.17), (6.18)은 다음과 같이 정리될 수 있다.

$$\eta \approx f_1\left(\frac{Q}{\omega D^3}\right) \tag{6.19}$$

$$\frac{g\ \Delta H}{\omega^2 D^2} \approx f_2\left(\frac{Q}{\omega D^3}\right) \tag{6.20}$$

$$\frac{(dW/dt)}{\rho\omega^3 D^5} \approx f_3\left(\frac{Q}{\omega D^3}\right) \tag{6.21}$$

원심 펌프의 성능 데이터를 모델링할 때, 이 비들은 큰 의미를 가질 수 있다. 예를 들어, 특정 작동 조건에서 작용하는 펌프의 성능 데이터를 가지고 있다고 가정하자. 이 데이터들은 작동 조건, 즉 회전 속도나 임펠러 직경, 체적유량, 유체 밀도 등이 변할 때 성능을 예측하는 데 사용될 수 있다. 위 식들은 펌프의 **상사법칙(similarity laws 또는 affinity law)**으로 알려져 있다. 이 식들의 응용은 다음 예제에 잘 설명되어 있다.

예제 6.4 원심 펌프의 성능 데이터가 아래와 같이 주어져 있다.

$$\text{회전 속도} = \omega = 58.33\ \text{Hz}$$

$$\text{총 수두 차} = \Delta H = 24.4\ \text{m}$$

$$\text{체적유량} = Q = 3.15 \times 10^{-3}\ \text{m}^3/\text{s}$$

$$\text{임펠러 직경} = D = 130.2\ \text{mm}$$

$$\text{유체} = \text{물}$$

회전 속도를 29.17 Hz로, 임펠러 직경을 117.5 mm로 변경하고자 한다. 작동 유체가 물일 때, 이 펌프 구성의 변화가 펌프의 성능에 미치는 영향을 구하여라.

풀이

상사법칙을 적용하여 새로운 변수가 펌프의 성능에 미치는 영향을 구한다. 원래의 펌프 구성을 첨자 "1"로, 새로운 펌프 구성을 첨자 "2"로 표시한다. 상사법칙을 적용할 때에는 무차원 비들이 두 펌프 모두에 적용된다고 가정한다. 식 (6.19)~(6.21)은 필요한 무차원 그룹들을 포함하고 있다. 두 펌프에 적용되는 유량계수는

$$\left.\frac{Q}{\omega D^3}\right|_1 = \left.\frac{Q}{\omega D^3}\right|_2$$

단위환산에 주의해서 수치들을 대입하면,

$$\frac{3.15 \times 10^{-3}}{58.33(0.1302)^3} = \frac{Q_2}{29.17(117.5 \times 10^{-3})^3}$$

따라서 새로운 펌프 구성의 체적유량은

$$\underline{Q_2 = 1.16 \times 10^{-3}\ \text{m}^3/\text{s}}$$

식 (6.20)의 수두계수 정의를 적용하면

$$\left.\frac{g\ \Delta H}{\omega^2 D^2}\right|_1 = \left.\frac{g\ \Delta H}{\omega^2 D^2}\right|_2$$

중력가속도가 상수임을 고려하고 각 수치를 대입하면

$$\frac{24.4}{58.33^2(0.1302)^2} = \frac{\Delta H_2}{29.17^2(0.1175)^2}$$

따라서 새로운 구성의 총 수두는

$$\underline{\Delta H_2 = 4.97\ \text{m}}$$

필요에 따라 식 (6.4)로부터 동력도 구할 수 있다.

$$-\frac{dW}{dt} = \dot{m}g\ \ \Delta H = \rho Qg\ \ \Delta H \tag{6.4}$$

또는 식 (6.21)의 동력계수 $[g_c(dW/dt)/\rho\omega^3D^5]$를 적용해서 동력을 구할 수 있다. 펌프 구성의 변화가 적다면, 효율은 거의 일정하게 유지된다.

이 예제에 제시된 펌프의 성능 데이터는 실제 펌프의 성능곡선에서 가져온 것이다. 제작사가 제시한 변경된 구성의 펌프에 대한 실제 데이터와 비교하면

$Q \approx 1.262 \times 10^{-3}\ \text{m}^3/\text{s}$일 때, $\Delta H \approx 5.18$ m. 위의 계산 결과는 4.97 m.

성능곡선에서 원래 펌프 구성의 효율은 57%이고 새로운 구성의 펌프 효율은 48%이다.

앞의 예제에서 보인 것과 같이, 두 상사한 펌프에 대해 상사법칙은 아래와 같이 표현될 수 있다.

$$\frac{Q_1}{\omega_1 {D_1}^3} = \frac{Q_2}{\omega_2 {D_2}^3}$$

$$\frac{\Delta H_1}{{\omega_1}^2 {D_1}^2} = \frac{\Delta H_2}{{\omega_2}^2 {D_2}^2}$$

$$\frac{(dW/dt)_1}{\rho_1 {\omega_1}^3 {D_1}^5} = \frac{(dW/dt)_2}{\rho_2 {\omega_2}^3 {D_2}^5}$$

산업계에서는 펌프상사법칙을 아래와 같이 표현하기도 한다.

$$\frac{Q_1}{D_1} = \frac{Q_2}{D_2} \qquad \text{또는} \qquad \frac{Q_1}{\omega_1} = \frac{Q_2}{\omega_2}$$

$$\frac{\Delta H_1}{{\omega_1}^2} = \frac{\Delta H_2}{{\omega_2}^2} \qquad \text{또는} \qquad \frac{\Delta H_1}{{D_1}^2} = \frac{\Delta H_2}{{D_2}^2}$$

$$\text{그리고} \quad \frac{(dW/dt)_1}{{\omega_1}^3} = \frac{(dW/dt)_2}{{\omega_2}^3} \qquad \text{또는} \qquad \frac{(dW/dt)_1}{{D_1}^3} = \frac{(dW/dt)_2}{{D_2}^3}$$

6.5 비속도와 펌프의 종류

다양한 펌프 종류(축류형, 사류형, 원심형) 중에서 특정 적용 분야에 어떤 종류의 펌프를 사용할지를 결정할 수 있는 판단 조건이 필요하다. 이때, **비속도(specific speed)**라 불리는 무차원 수를 판단 조건으로 사용할 수 있다. 비속도는 기하학적으로 상사한 펌프가, 1피트 수두에 대해 분당 1갤런을 공급할 때의 회전 속도를 의미한다. 비속도는 수두계수와 유량계수에서 특성길이 D를 제거해서 구할 수 있다.

$$\omega_{ss} = \left(\frac{Q}{\omega D^3}\right)^{1/2} \left(\frac{\omega^2 D^2}{g\ \Delta H}\right)^{3/4}$$

또는 $$\omega_{ss} = \frac{\omega Q^{1/2}}{(g\ \Delta H)^{3/4}} \qquad [\text{무차원}] \qquad (6.22)$$

D를 제거하기 위해 지수 1/2나 3/4 이외의 지수도 사용될 수 있지만 펌프에 대해서는 1/2와 3/4가 관행적으로 사용된다. 비속도의 다른 표현식은

$$\omega_s = \frac{\omega Q^{1/2}}{\Delta H^{3/4}} \qquad \left[\text{rpm} = \frac{\text{rpm(gpm)}^{1/2}}{\text{ft}^{3/4}}\right] \qquad (6.23)$$

여기서 회전 속도 ω는 rpm으로 표현되고, 체적유량 Q는 gpm, 총 수두 ΔH는 액체높이 ft, 비속도 ω_s는 임의적으로 rpm 단위가 할당된다. 식 (6.22)의 ω_{ss}는 무차원이지만 식 (6.23)의 ω_s는 무차원 수가 아니다. 식 (6.22)는 어떠한 단위를 사용하여도 무방하지만, 식 (6.23)은 반드시 주어진 단위를 사용하여야 한다. 게다가 두 식으로 구해진 결과는 큰 차이를 보인다.

펌프의 비속도는 어떠한 작동점에서도 구해질 수 있다. 하지만 펌프가 최대 효율을 보이는 작동점에서만 비속도를 구하는 것이 유용하다. 특정 펌프는 특정 비속도에서 최대 효율을 보일 것이므로, 이 비속도의 값은 펌프를 선정하는 데 사용될 수 있다. 이 개념을 설명하기 위해 그림 6.2의 성능곡선을 고려하자. 최대 효율점에서

$$Q \approx 0.0284\ \text{m}^3/\text{s} \qquad \Delta H \approx 7.32\ \text{m} \qquad \omega \approx 41.67\ \text{Hz} \qquad \eta \approx 85\%$$

식 (6.22)에 대입하면,

$$\omega_{ss} = \frac{262(0.0284)^{1/2}}{(9.81(7.32))^{3/4}} = 1.791$$

식 (6.23)의 결과는

$$\omega_s = \frac{2500(450)^{1/2}}{24^{3/4}} = 4890 \text{ rpm}$$

단위 환산을 고려하면,

$$\omega_s \approx 2736\omega_{ss}$$

표 6.3은 축류형, 사류형, 원심형을 포함한 다양한 종류의 펌프에 대한 실험 결과를 이용하여 작성된 것이다. 이 표를 이용하면 최대 효율점 또는 그 부근에서 작동하는 펌프를 선정할 수 있다.

표 6.3. % 단위 효율을 찾는 데 사용되는 펌프 선정 차트

ω_s rpm	Flow Rate in Gallons per Minute, gpm 100	200	500	1000	3000	10,000	>10,000	ω_{ss}	Pump Type
500	46	54						0.18	Centrifugal or radial flow type
600	52	58						0.22	
700	55	62	70					0.26	
800	58	64	72	76				0.29	
900	61	66	74	77	81			0.33	
1000	62	67	75	78	82			0.37	
1500	67	72	79	82	85	87	89	0.55	Mixed flow type
2000	70	75	81	83	87	89	92	0.73	
3000			81	83	87	89	92	1.10	
4000			79	81	85	88	90	1.46	
5000					84	87	90	1.83	
6000					83	85	87	2.19	
7000					82	84	86	2.56	
8000					80	84	86	2.92	
9000						83	85	3.29	
10,000						82	84	3.65	Axial flow type
15,000						77	80	5.48	

Equations: $$\omega_{ss} = \frac{\omega Q^{1/2}}{(g\Delta H)^{3/4}} \quad \text{[dimensionless]} \qquad (6.22)$$

$$\omega_s = \frac{\omega\, Q^{1/2}}{\Delta H^{3/4}} \quad \left[\text{rpm} = \frac{\text{rpm(gpm)}^{1/2}}{\text{ft}^{3/4}}\right] \qquad (6.23)$$

표 읽는 법: 비속도가 5000 rpm이고 유량이 3000 gpm이면 최대 효율(어떠한 펌프든지)은 대략 84%로 예상할 수 있고, 사류형이 적절하다.

예제 6.5 0.0189 m^3/s의 물을 7.62 m 수두로 이송하는 펌프의 종류를 선정하여라. 모터의 회전 속도는 19.17 Hz이다.

풀이

식 (6.23)을 이용하여 비속도를 계산한다.

$$\omega_s = \frac{\omega Q^{1/2}}{\Delta H^{3/4}} \qquad \left[\text{rpm} = \frac{\text{rpm}(\text{gpm})^{1/2}}{\text{ft}^{3/4}}\right] \tag{6.23}$$

$$\omega_s = \frac{1150(300)^{1/2}}{25^{3/4}} = 1782\ \text{rpm}$$

표 6.3에서 약 1700 rpm인 경우이다. 내삽법을 이용한다면 300 gpm (0.0189 m^3/s)인 경우의 정확한 값을 구할 수 있지만, 이렇게 얻어진 값도 근사치이므로 굳이 내삽법을 사용하여 구할 필요가 없다. 따라서 효율은 대략 75%이다. 가장 우측 행에서 이 경우에 가장 적합한 펌프의 종류는 사류형임을 읽을 수 있다. 따라서, 이 문제의 경우 가장 적절한 종류는 사류형이고, 펌프의 효율은 약 75%임을 예상할 수 있다.

추가로 아래와 같이 에너지 방정식을 사용하여 동력을 구할 수 있다.

$$\frac{dW}{dt} = \rho g Q\, \Delta H = 1000(9.81)(0.0189)(7.62)$$

또는 $$\frac{dW}{dt} = 1412\ \text{W}$$

위의 동력은 유체로 전달되는 값이다. 모터로부터 공급되어야 하는 동력은

$$\frac{dW_a}{dt} = \frac{dW/dt}{\eta} = \frac{1412}{0.75}$$

여기서 $\eta = 75\%$는 표 6.3에서 읽은 값이다. 따라서,

$$\frac{dW_a}{dt} = 1883\ \text{W} \qquad \text{(사류형 임펠러 형상)}$$

6.6 | 배관계 설계 연습

유체를 한곳에서 다른 곳으로 이송시키는 것이 유체의 가치를 높이지는 않는다. 하지만

배관계는 설치비가 가장 많이 필요한 항목 중 하나이다. 예를 들어, 처리공장에서 배관계의 비용은 일반적으로 전체 비용의 15~20%에 달한다. 결과적으로, 배관계는 최소 비용 조건을 만족시켜야 하고, 동시에 작동 필요조건도 충족시켜야 한다. 하지만 다행히 배관은 소수의 크기만 가용하므로, 경제성 분석이 어느 정도 단순화될 수 있다. 최적 시스템을 설계하는 것은 엔지니어의 책임이다.

펌프 제작사의 관점도 고려되어야 한다. 펌프는 오랜 시간 동안 작동하도록 제작된다. 펌프 제작사에게 팔지 못한 펌프는 영구적인 매출 손실이다. 제작사에게 새로운 펌프의 판매는 기밀 부품이나 베어링 등의 교체품 판매를 통한 미래의 수익으로 이어진다.

배관계의 설계와 연관된 관점에서 보면, 다음의 설계 연습은 엔지니어의 의사 결정 과정에 도움이 될 것이다.

4장에서 보인 것처럼, 경제적인 배관 크기는 이음새, 행어(hanger), 펌프, 밸브 및 설치를 포함한 전체 배관의 비용을 최소화할 수 있는 크기를 말한다. 경제적인 배관 크기를 결정하는 데 도움이 되는 차트들을 이미 설명하였다. 앞서 설명하지 않았지만, 반드시 주의를 기울여야 하는 제한 사항이 있다. 액체의 경우, 1000 ft당 25~30 psi (300 m당 175~200 kPa), 기체의 경우 1000 ft당 10~15 psi (300 m당 70~104 kPa)을 초과하는 압력손실은 시스템에 과도하고 피해야 할 진동을 야기한다. 저압 증기의 경우, 압력 손실은 100 ft (30 m)당 4 psi (28 kPa) 이하로 제한되어야 한다.

고려되는 시스템에서 특이한 조건이 없다면, 공학자는 가장 경제적인 배관 크기를 제시하여야만 한다. 일반적으로 배관 해석은 완전하고 철저하게 수행되어야 할 가치가 있는데, 설계 단계에서의 잘못된 결정은 오랜 기간에 걸쳐 비경제적이고 회복 불가능한 불필요한 비용을 초래하기 때문이다. 경제적인 직경 계산 결과는 일반적으로 두 개의 공칭(nominal) 크기 사이 값을 갖는다. 작은 직경을 선택하면 초기 투자가 줄어들고 큰 직경을 선택하면 운영비를 줄일 수 있다. 경제적 관점에서 보면, 총 연간 비용은 어떤 크기의 직경을 선택하든 거의 동일하다. 공학적 관점에서 보면, 큰 직경을 선택하는 것이 더 큰 설계 융통성을 갖게 한다. 또한, 큰 직경의 선택은 유량 용량이나 실수로 인한 설계 변경도 가능하게 한다. 에너지 비용은 낮아질 가능성이 적으므로, 낮은 운영비도 장점 중 하나이다. 게다가, 작은 직경의 경우 진동으로 이어지는 과도한 압력 강하를 야기할 수 있다. 마지막으로, 작은 직경의 배관은 큰 직경의 배관에 비해 도관 표면의 부식과 침전에 더 취약하다.

타당한 시스템 설계는 많은 것들이 고려되어야 한다. 경제적 배관 크기가 결정되어야 하고, 압력 강하와 동력 또한 계산되어야 한다. 만약 펌프가 필요하다면, 펌프 또한 선정되어야 하고, 캐비테이션을 피하기 위해 유효흡입수두도 계산되어야 한다. 적절하지 않은 흡입관은 전체 설비에 대한 문제를 야기할 수 있는데, 특히 캐비테이션이 발생한 펌프가 이송할 수 있는 양보다 많은 양의 액체를 하류 측에서 필요로 하는 경우에 그러하다.

배관계의 상류와 하류의 유동 조건을 결정하는 것이 중요하다. 구체적으로 압력 그리고/또는 저장소의 유동 수위를 알아야 한다. 상류의 최소 작동압력과 하류의 최대 작동압력도 계산되어야 한다. 탱크가 있는 경우, 상류 탱크의 최소 유체 수위(일반적으로 배관입구 위로 60 cm 정도)와 하류의 최대 수위(일반적으로 가득찬 상태)가 계산되어야 한다. 이러한 계산은 설치 후에 발생할 수 있는 문제를 예방하는 데 필수적이다.

만약 배관이 언젠가 설계값보다 더 많은 유량을 이송해야 한다고 생각하더라도, 공학자는 설계를 변경해서는 안 된다. 만약 체적유량의 증가가 설계 조건의 일부로 규정되어 있지 않다면, 공학자는 설계를 변경하여서는 안 된다. 초과 용량의 필요성을 결정하는 것은 관리자의 책임이고, 이것이 가치 있을 수도 있다고 관리자에게 알려주는 것은 공학자의 책임이다.

중력이용 공급시스템(펌프보다는 중력이 주 구동력인 경우)의 경우, 유량 조건을 만족시키기 위해서 경제적인 배관 직경보다 더 큰 배관 크기가 필요할 수 있다. 중력이 사용되는 어떤 경우에는 펌프와 작은 크기의 배관을 사용하는 것이 더 경제적일 수도 있다. 따라서 이 경우에는 최적의 경제적 크기를 선택하는 절차가 적용되지 않는다.

모든 배관계에서 배관 중에 공기가 차는 경우가 발생할 수 있다. 공기가 배관 내에 머물러있지 않도록, 배관을 유동 방향이 약간 위로 향하도록 기울여 설치하는 것이 좋다. 이것이 불가능하다면, 공기(또는 증기) 축적될 수 있는 곳에 작은 밸브가 설치되어야 한다.

배관계 설계–제안 절차

1. 주어진 시스템의 경제성 변수들로부터, 경제적 배관 크기를 결정한다. 배관 단면이 원형이 아니거나 이음새를 포함하고 있다면, 직선 원형 배관으로 가정하고 계산을 진행한다. 계산된 경제적 직경에 대해 최적의 경제속도를 구한다. 이 경제속도를 이용하여 행어의 위치를 포함한 배관의 상세 설계를 완성한다. 표 6.4는 다양한 유체에 대해 계산된 경제적 또는 타당한 속도 범위를 나타낸다.

2. 최적의 경제적 배관 크기를 이용하여 시스템에 필요한 펌프 동력을 계산한다. 용인되지 못하는 진동을 일으키는 과도한 압력 강하가 발생하는지 점검한다. 시스템의 ΔH와 Q를 작성한다.

3. 입구보다 출구의 높이가 더 낮고 마찰과 부손실이 작은 경우, 주어진 유량에서 출구의 압력이 입구의 압력보다 높을 수 있다. 이것은 유체가 펌프 없이 중력만으로도 흐를 수 있다는 것을 의미한다. 게다가, 최적 속도를 만족시키는 것이 불가능할 수도 있다. 하지만 만약 펌프가 사용된다면, 어떤 펌프가 선정되어야 할지는 적절한 차트에서 결정되어야 한다. 가능하다면 펌프 성능곡선을 참고하고, 그 위에 시스템 특성곡선을 겹쳐서 정확한 작동점을 찾는다. NPSH 데이터를 이용하여 펌프의 정확한 위치를 명시한다.

표 6.4. 최적의 경제적 직경식으로 계산된 다양한 유체에 대한 경제적 속도

Fluid	Economic Velocity Range m/s
Acetone	1.5–3.0
Ethyl Alcohol	1.5–3.0
Methyl Alcohol	1.5–3.0
Propyl Alcohol	1.4–2.8
Benzene	1.4–2.8
Carbon Disulfide	1.3–2.6
Carbon Tetrachloride	1.2–2.4
Castor Oil	0.5–1.0
Chloroform	1.2–2.4
Decane	1.5–3.0
Ether	1.5–3.0
Ethylene Glycol	1.2–2.4
R-11	1.2–2.4
Glycerine	0.43–0.86
Heptane	1.5–3.0
Hexane	1.6–3.2
Kerosene	1.4–2.8
Linseed Oil	1.5–3.0
Mercury	0.64–1.3
Octane	1.5–3.0
Propane	1.7–3.4
Propylene	1.7–3.4
Propylene Glycol	1.4–2.8
Turpentine	1.4–2.8
Water	1.4–2.8

4. 탱크가 있다면 탱크의 최소, 최대 수위를 명시한다.

5. 시스템 도면과 계산의 결과만 적은 요약 명세서를 작성한다. 요약 명세서에 계산 과정을 첨부한다.

위의 리스트가 종합적이진 않지만, 이것은 배관계 배치를 설계하는 단계에서 반드시 수행되어야 하는 것들에 대한 유용한 체크리스트가 된다.

예제 6.6 그림 6.8은 600 gpm의 propylene glycol을 탱크로부터 대기 조건으로 이송하는 배관과 펌프시스템을 나타낸다. 제안 절차를 따라 이 배관계에 대한 사양을 추천하여라.

풀이

설계 절차를 순차적으로 따른다.

1. 경제적 배관 크기

표 6.4에서 propylene glycol의 경제속도는

$$1.37 \leq V_{opt} \leq 2.74 \text{ m/s}$$

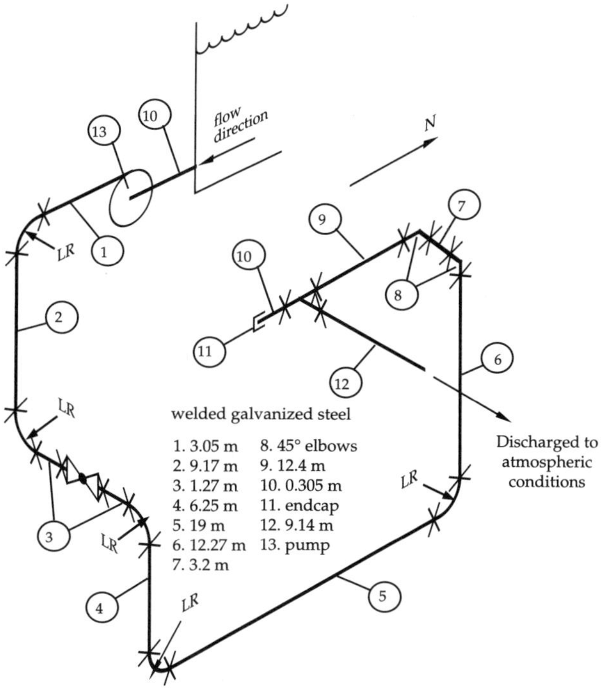

그림 6.8. 예제 6.6의 배관계

표의 값들은 현재와 계획된 경제성 인자들을 이용하여 경제적 직경을 결정하기 위해 준비된 것이다. 계산된 직경은 유량으로부터 경제속도를 구하는 데 사용된다. 범위 내의 어떠한 값을 사용할 수 있지만, 사용할 속도는 임무에 적합한 배관 크기에 의해 결정된다. 가용할 크기를 결정하기 위해, 먼저 1.37 m/s와 2.74 m/s 모두에 대한 계산을 수행한다. 체적 유량 0.0379 m^3/s에 대해 두 유동 면적을 계산하면,

$$A_{\substack{\text{upper}\\\text{limit}}} = \frac{Q}{V} = \frac{0.0379}{1.37} = 0.0277 \text{ m}^2$$

$$A_{\substack{\text{lower}\\\text{limit}}} = \frac{0.0379}{2.74} = 0.0138 \text{ m}^2$$

배관 크기 표에서, 이 범위 내의 배관은 공칭치수 6 스케줄 40뿐이다. 이 배관 크기로 다음 계산을 수행한다.

<u>경제적 배관 크기 = 공칭치수 6 스케줄 40</u>

2. 펌프 동력

펌프 동력을 구하기 위해, 먼저 상태량을 구한 후 수정 Bernoulli 식에 대입한다. 일상적

인 방법으로 계산하면,

propylene glycol $\rho = 968\ \text{kg/m}^3$ $\mu = 0.042\ \text{Pa·s}$ [부록 표 B.1]

6-nominal schedule 40 $ID = 154\ \text{mm}$ $A = 0.0186\ \text{m}^2$ [부록 표 D.1]

아연도금 표면 (galvanized surface) $\varepsilon = 0.152\ \text{mm}$ (평균값) [표 3.1]

펌프 동력을 포함한 수정 Bernoulli 식은

$$\frac{p_1}{\rho g} + \frac{V_1^2}{2g} + z_1 = \frac{p_2}{\rho g} + \frac{V_2^2}{2g} + z_2 + \Sigma \frac{fL}{D_h}\frac{V^2}{2g} + \Sigma K \frac{V^2}{2g} + \frac{dW}{\dot{m}g\ dt}$$

지점 1을 탱크 내 propylene glycol의 자유 표면으로 정하고, 지점 2는 "12"로 표시된 배관 출구로 정한다. 앞서 정한 바와 같이, 지점 2에서의 압력을 대기압으로 하고 속도는 0으로 정한다면, 출구 손실을 부손실 계산에 포함시켜야 한다. 상태량을 구하면,

$$p_1 = p_2 = p_{\text{atm}} \qquad V_1 = V_2 = 0$$

배관 내의 속도는,

$$V = \frac{Q}{A} = \frac{0.0379}{0.0186} = 2.04\ \text{m/s}$$

#5에서부터 높이를 측정하면,

$$z_1 = 0.914 + 6.25 + 9.17 = 16.33\ \text{m}$$

0.914 m (3 feet)는 탱크 내 유체의 *최소* 높이를 고려하기 위해 더해진 것이다. 또한

$$z_2 = 12.27 + 3.2 \sin 45° = 14.53\ \text{m}$$

따라서,

$$L = 0.305 + 3.05 + 9.17 + 1.27 + 1.27 + 6.25 + 19 + 12.27 + 3.2 + 12.4 + 9.14$$

또는 $L = 77.33\ \text{m}$

표 3.3으로부터 부손실 값을 읽으면,

$$\Sigma K = K_{inlet} + 5K_{\underset{90^\circ\ ells}{long\ radius}} + K_{\underset{valve}{globe}} + 2K_{45^\circ\ ells} + K_{\underset{T\text{-}joint}{branch}} + K_{exit}$$

따라서 $\Sigma K = 0.5 + 5(0.22) + 10 + 2(0.17) + 0.69 + 1.0$

여기서, 용접된 배관계에서 일반적으로 사용되는 직각 모서리 입구(square-edge inlet)로 가정하였다. 또한 탱크에서 펌프 입구까지의 직경은 출구 배관과 동일하다고 가정하였다. 따라서 부손실은

$$\Sigma K = 13.63$$

Reynolds 수를 계산하면

$$\text{Re} = \frac{\rho VD}{\mu} = \frac{(968)(2.04)(0.154)}{0.042}$$

따라서,

$$\left.\begin{aligned} \text{Re} &= 7.21 \text{ x } 10^3 \\ \text{따라서 } \varepsilon/D &= \frac{0.152}{154} = 0.00099 \end{aligned}\right\} \quad f = 0.036 \quad \text{(Moody 다이어그램)}$$

수정 Bernoulli 식은,

$$z_1 = z_2 + \frac{fL}{D_h}\frac{V^2}{2g} + \Sigma K\frac{V^2}{2g} + \frac{dW}{\dot{m}g\ dt}$$

펌프 동력식으로부터

$$-\frac{1}{\dot{m}g}\frac{dW}{dt} = \Delta H$$

수정 Bernoulli 식에 대입하면,

$$\Delta H = z_2 - z_1 + \left(\frac{fL}{D_h} + \Sigma K\right)\frac{V^2}{2g} \qquad \text{(i)}$$

수치를 대입하면,

$$\Delta H = (14.53 - 16.33) + \left[\frac{0.036(77.33)}{0.154} + 13.63\right]\frac{2.04^2}{2(9.81)}$$

$$\Delta H = -1.8 + 6.7$$

또는 $\underline{\Delta H = 4.9 \text{ m @ } Q = 0.0379 \text{ m}^3/\text{s}}$

3. 시스템 곡선

이 경우의 시스템 곡선은 동력(ΔH)과 유량(Q)의 그래프이다. 식 (i)를 이용하여 마찰계수와 속도로 표현된 특성곡선을 구한다.

$$\Delta H = (14.53 - 16.33) + \left[\frac{f(77.33)}{0.154} + 13.63\right]\frac{V^2}{2(9.81)}$$

또는 $\underline{\Delta H = -1.8 + (25.59f + 0.694)V^2}$

이제 유량을 선택하고, 속도와 Reynolds 수를 계산한 후, 마찰 계수를 결정하고 ΔH를 구한다. 계산 결과는 아래의 표에 요약되었고 시스템 곡선은 그림 6.9에 나타나 있다.

Q, m³/s	$V = Q/A$, m/s	Re	f	ΔH, m
6.31×10^{-3}	0.338	1199	0.062	−1.54
0.0126	0.676	2398	0.049	−0.905
0.0189	1.015	3597	0.043	0.058
0.0253	1.356	4796	0.040	1.34
0.0317	1.694	5995	0.037	2.93
0.0379	2.033	7194	0.035	4.82
0.0442	2.37	8393	0.034	7.01
0.0504	2.71	9592	0.033	9.51
0.0569	3.05	10791	0.032	12.31
0.0631	3.38	11990	0.031	15.4

4. 과도한 진동

다음으로, 주어진 조건에서 압력 강하를 계산하고, 이것이 과도한 진동을 야기할지 확인한다. 과도한 진동이 허용 불가능한 소음 발생으로 이어지는 것은 1000 m당 압력 강하가 557~679 kPa 이상인 경우에 발생한다. 여기서는 소음 발생 조건을 1000 m당 679 kPa 가정한다. 압력 강하를 구하기 위해 배관의 두 지점을 선택하고, 주어진 유량에 대해 압력 강하를 계산한다. 1000 m 길이의 수평 배관에 대해 계산을 수행한다.

$$\frac{p_1}{\rho g} + \frac{V_1^2}{2g} + z_1 = \frac{p_2}{\rho g} + \frac{V_2^2}{2g} + z_2 + \Sigma \frac{fL}{D_h}\frac{V^2}{2g}$$

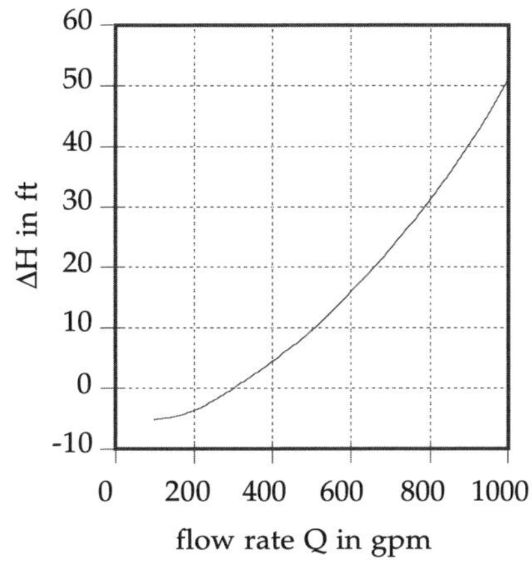

그림 6.9. 그림 6.8의 배관계의 시스템 곡선

여기서, 지점 1과 2는 이 배관의 양 끝이다. 주어진 정보는

$$V_1 = V_2 \qquad z_1 = z_2 \qquad f = 0.036 \qquad V = 2.04\ \mathrm{m/s}$$

정리하고 대입하면

$$\Delta p = \frac{fL}{D_h}\frac{V^2}{2g} = \frac{0.036(1000)}{0.154}\frac{2.04^2}{2(9.81)}$$

또는 $\Delta p = 49.6$ kPa

이것은 1000 m당 679 kPa보다 현저히 낮다.

5. 펌프 선택

표 6.3을 이용해 임무에 가장 적합한 펌프를 선택한다. 이를 위해서는 비속도의 계산이 필요하다. 비속도의 정의 식 (6.23)은

$$\omega_s = \frac{\omega Q^{1/2}}{\Delta H^{3/4}}$$

비속도는 고려되고 있는 펌프-모터 조합의 회전 속도에서 계산되어야 한다. 예를 들어, 제작사가 회전 속도 3600 rpm과 1800 rpm의 펌프-모터 조합을 판매하고 있다면, 비속도는 이 값들을 사용하여 계산되어야 한다. 이 예제에서는 제작사가 그림 6.2에 표시된 회전 속도의 펌프-모터 조합을 판매한다고 가정한다. 따라서 3600, 2700, 1760, 900 rpm에서 비속도를 계산한다. 3600 rpm에 대해서

$$\omega_{s1} = \frac{(3600)(600)^{1/2}}{(16.0)^{3/4}} = 11{,}020 \text{ rpm}$$

마찬가지 방법으로

$$\omega_{s2} = \frac{(2700)(600)^{1/2}}{(16.0)^{3/4}} = 8267 \text{ rpm}$$

$$\omega_{s3} = \frac{(1760)(600)^{1/2}}{(16.0)^{3/4}} = 5389 \text{ rpm}$$

$$\omega_{s4} = \frac{(900)(600)^{1/2}}{(16.0)^{3/4}} = 2756 \text{ rpm}$$

3600, 2700, 1760 rpm에 해당하는 비속도 11,020, 8267, 5389 rpm은 표 6.3에서 찾을 수 없다. 하지만 2756 rpm과 600 gpm에 해당하는 값은 표 6.3에서 나타나 있다.

$$\left.\begin{aligned} \omega_{s4} &= 45.93 \text{ Hz} \\ Q &= 0.0379 \text{ m}^3/\text{s} \end{aligned}\right\} \quad \eta \approx 81\% \qquad \text{사류형}$$

만약 두 개 이상의 비속도 값을 찾을 수 있다면, 펌프 선택은 비용이나 가용성 등 다른 인자에 의해 결정되거나 또는 임의로 결정될 수도 있다. 다음으로 ΔH를 이용하여 필요 동력을 계산한다.

$$\frac{dW}{dt} = \rho Q g\, \Delta H = (968)(0.0379)(9.81)(4.9)$$

또는 $$\frac{dW}{dt} = 1764\ W$$

위의 동력은 유체로 전달되어야 하는 값이다. 따라서 모터의 동력은

또는 $$\frac{dW_a}{dt} = \frac{dW/\,dt}{\eta} = \frac{1764}{0.81}$$

또는 $$\frac{dW_a}{dt} = 2178\ W$$

(앞서 언급한 바와 같이, 모터도 배관이나 관처럼 가용할 수 있는 크기가 제한적이다. 여기서는 3마력을 선택한다.)

예를 들어, 그림 6.4와 같은 복합성능곡선을 참고하여 사류형 펌프로 정하였다고 하자. 해당하는 성능곡선과 시스템 곡선을 그림 6.10과 같이 겹쳐 그릴 수 있다. 그림에서 점선으로 나타낸 것과 같이 두 곡선의 교점이 시스템의 실제 작동점이 된다. 추가로, 제작사가 제시한 NPSH 데이터를 이용하여 선정된 펌프에서 캐비테이션의 발생 가능성 여부를 확인하는 절차가 필요하다.

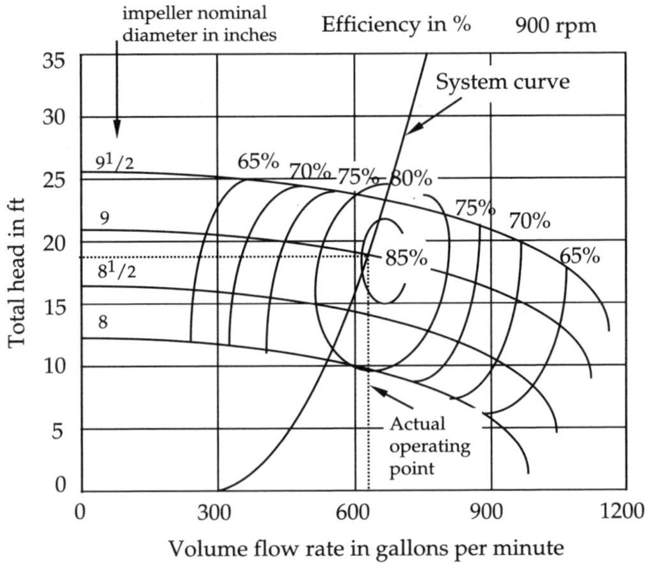

그림 6.10. 실제 작동점을 찾기 위한 성능곡선과 시스템 곡선의 중첩

6. 결과의 요약

경제적 배관 크기 = 공칭치수 6 스케줄 40
배치 = 그림 6.8
시스템 곡선 = 그림 6.9
비속도 = 600 gpm에서 2756 rpm
예상 펌프 효율 = ~81%
펌프 종류 = 사류형
모터 동력 = 2178 W

추가 설명

선정된 펌프는 요구되는 600 gpm보다 약간 큰 유량을 송출한다. 시스템 곡선에서 예상 유량을 직접 읽을 수 있다. 어떤 회사는 펌프 하류의 배출 배관에 밸브를 설치하는데, 이 밸브를 약간 닫으면 필요한 600 gpm 조건을 맞출 수 있다. 이 경우에 펌프는 약간 닫혀 있는 밸브의 저항을 극복해야 하는데, 결정적이지도 않을 조건을 맞추기 위해 에너지를 낭비하는 것이 된다. 가능하다면 이러한 동작은 피해야 한다.

예제 6.7 그림 6.11은 24°C 물을 최소 7.57×10^{-3} m^3/s 유량으로 탱크에서 열교환기($K = 10$), 다시 탱크로 이송하는 펌프와 배관계를 나타낸다. 그림에 나타내지 않았지만 탱크 자체에 냉각 코일이 설치되어 탱크 내 물의 온도를 원하는 값으로 유지시킨다. 제안 설계 절차를 따라 배관 크기와 펌프를 선정하여라.

풀이

설계 절차를 순차적으로 따른다.

1. 경제적 배관 크기

표 6.4에서 물의 경우 경제속도 범위는

$$1.34 \le V_{opt} \le 2.68 \text{ m/s}$$

먼저 1.34와 2.68 m/s 모두에 대해 계산을 수행한다. 체적유량 7.57×10^{-3} m^3/s에 대해 유동 면적을 계산하면,

$$A_{\substack{upper\\limit}} = \frac{Q}{V} = \frac{7.57 \times 10^{-3}}{1.34} = 5.64 \times 10^{3} \text{ m}^2$$

$$A_{\substack{lower\\limit}} = \frac{7.57 \times 10^{-3}}{2.68} = 2.82 \times 10^{-3} \text{ m}^2$$

배관 크기 표에서 스케줄 40에 대해

- $A = 3.09 \times 10^{-3}$ m^2 (공칭치수 $2^1/_2$)
- $A = 4.78 \times 10^{-3}$ m^2 (공칭치수 3)

더 큰 크기의 배관을 선정하는데, 이 크기를 나머지 계산에 사용한다.

<u>경제적 배관 크기 = 공칭치수 3 스케줄 40</u>

2. 펌프동력

펌프동력을 계산하기 위해서는 먼저 상태량을 구한 후 수정 Bernoulli 식에 대입한다. 일상적인 방법으로

물	$\rho = 1000$ kg/m^3	$\mu = 0.91 \times 10^{-3}$ Pa·s	[부록 표 B.1]
공칭치수 3 스케줄 40	$ID = 77.9$ mm	$A = 4.78 \times 10^{-3}$ m^2	[부록 표 D.1]

특별한 조건이 없으므로 아연도금강관(galvanized pipe)을 사용한다.

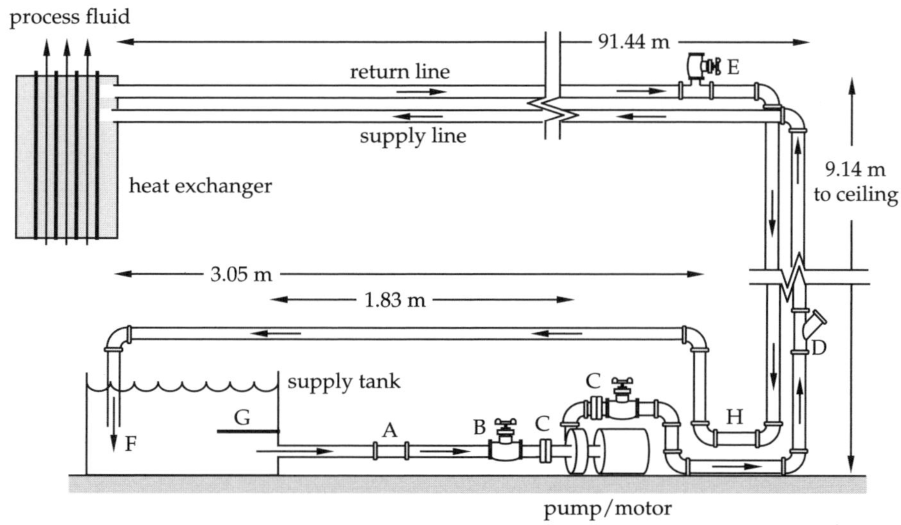

그림 6.11. 예제 6.7의 배관계

주석:

A 플러그가 있는 T-조인트. 필요시 배수관으로 사용

B 펌프가 분리될 경우 배관계 내 유체를 분리하기 위한 펌프 입출구선의 밸브

C 펌프 제거를 위한 유니온 이음새

D 설치 시 남아있는 고체류를 걸러내기 위한 Y-스트레이너

E 공기 배출 밸브

F 펌프 입구선으로부터 가능한 한 멀리 떨어진 열교환기로부터의 회수

G 펌프가 동작할 때 보텍스가 생성되는 것을 막기 위해 탱크 내부에 용접된 평판

H 배관선은 크기에 따라 그려진 것은 아니지만, 가능한 한 나란히 설치되어야 한다.

이음새:

- 나사산
- 직각 모서리 입구
- 펌프 입구에서 배관직경 = 펌프 출구에서 배관직경
- 손실계수 1의 Y자 스트레이너(Y-strainer)
- 배관 길이는 명목상 6.1 m, 6.1 m마다 유니온 이음새가 필요

공급탱크로의 회수관은 단열되어야 한다.

열교환기는 핀튜브형이다.

배관 지지대는 양 9.14 m 선에서 2.13 m마다

배관 지지대는 양 91.44 m 선에서 2.13 m마다

아연도금 표면 $\varepsilon = 0.152$ mm (평균값) [표 3.1]

펌프 동력을 포함한 수정 Bernoulli 식은

$$\frac{p_1}{\rho g} + \frac{V_1^2}{2g} + z_1 = \frac{p_2}{\rho g} + \frac{V_2^2}{2g} + z_2 + \Sigma \frac{fL}{D_h}\frac{V^2}{2g} + \Sigma K \frac{V^2}{2g} + \frac{1}{\dot{m}g}\frac{dW}{dt}$$

지점 1과 2를 모두 탱크 내 물의 자유 표면으로 선택한다. 각 지점의 상태량은

$$p_1 = p_2 = p_{atm} \qquad V_1 = V_2 = 0$$

배관 내의 속도는

$$V = \frac{Q}{A} = \frac{7.57 \times 10^{-3}}{4.78 \times 10^{-3}} = 1.584 \text{ m}$$

또한 $z_1 = z_2$이다. 대략적인 배관 길이는

$$L = 91.44 + 91.44 + 9.14 + 9.14 + 10.67$$

또는 $L = 211.8$ m

표 3.3에서 나사 이음새에 대한 부손실 값들은

ΣK = 직각 모서리 입구 + 일직선 T 이음새 2개(A에 하나, E에 하나) + 글로브 밸브 2개 + 유니온 34개 + 레귤러 엘보우 9개 + Y 스트레이너+ 열교환기 + 출구

$$\Sigma K = 0.5 + 2(0.9) + 2(10) + 34(0.08) + 9(1.4) + 1 + 10 + 1$$
$$\Sigma K = 49.62$$

Reynolds 수는

$$\text{Re} = \frac{\rho VD}{\mu} = \frac{(1000)(1.584)(0.0779)}{0.91 \times 10^{-3}}$$

따라서

$$\left.\begin{aligned} \mathrm{Re} &= 1.36 \times 10^5 \\ \text{그리고}\ \varepsilon/D &= \frac{0.152}{77.9} = 0.0002 \end{aligned}\right\} \quad f = 0.025 \quad \text{(Moody 다이어그램)}$$

수정 Bernoulli 식은 아래와 같이 표현된다.

$$0 = 0 + \frac{fL}{D_h}\frac{V^2}{2g} + \Sigma K\frac{V^2}{2g} + \frac{1}{\dot{m}g}\frac{dW}{dt}$$

펌프 동력식으로부터

$$-\frac{1}{\dot{m}g}\frac{dW}{dt} = \Delta H$$

수정 Bernoulli 식을 정리하면,

$$\Delta H = \left(\frac{fL}{D_h} + \Sigma K\right)\frac{V^2}{2g} \qquad \text{(i)}$$

수치들을 대입하면,

$$\Delta H = \left[\frac{0.025(211.8)}{0.0779} + 49.62\right]\frac{1.584^2}{2(9.81)}$$

또는 $\underline{\Delta H = 15.04 \text{ m @ } Q = 7.57 \times 10^{-3} \text{ m}^3/\text{s}}$

3. 시스템 곡선

이 경우의 시스템 곡선은 동력(ΔH)와 유량(Q)의 그래프이다. 식 (i)를 이용하여 마찰 계수와 속도로 표현된 곡선을 구한다.

$$\Delta H = \left[\frac{f(695)}{0.2557} + 49.62\right]\frac{V^2}{2(32.2)}$$

또는 $\underline{\Delta H = (42.21f + 0.770)V^2}$

이제 유량 값을 선택하고, 속도와 Reynolds 수를 계산한 후, 마찰 계수(Swamee-Jain 식)를 결정하고 ΔH를 구한다. 계산 결과는 아래의 표에 요약되었고 시스템 곡선은 그림 6.12에 나타나 있다.

표 6.5. 시스템 곡선 계산 결과

Q gpm	Q m^3/s	$V = Q/A$ ft/s	m/s	Re	f	Power ΔH, ft	ΔH, m
50	3.17×10^{-3}	2.17	0.66	56,774	0.026	9	2.74
60	3.79×10^{-3}	2.61	0.796	68,129	0.026	13	3.96
70	4.416×10^{-3}	3.04	0.927	79,484	0.026	17	5.18
80	5.07×10^{-3}	3.48	1.06	90,839	0.025	22	6.71
90	5.69×10^{-3}	3.91	1.19	102,194	0.025	28	8.53
100	6.4×10^{-3}	4.21	1.29	113,549	0.025	35	10.67
110	6.96×10^{-3}	4.78	1.46	124,904	0.025	42	12.80
120	7.59×10^{-3}	5.22	1.59	136,259	0.025	49	14.94
130	8.21×10^{-3}	5.65	1.72	147,613	0.025	58	17.68
140	8.86×10^{-3}	6.09	1.86	158,968	0.025	67	20.42

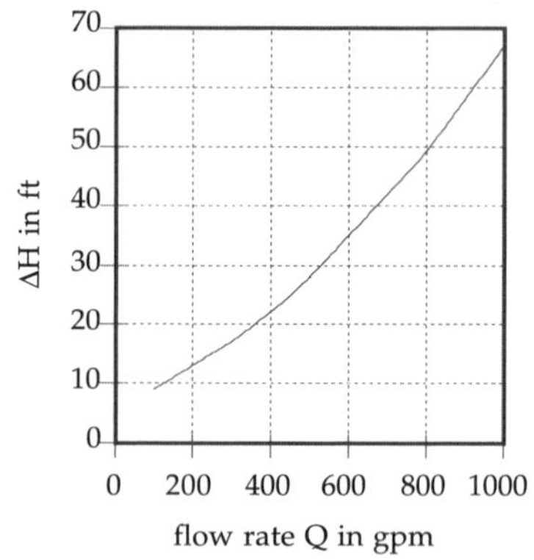

그림 6.12. 그림 6.11 시스템 곡선

4. 펌프 선정

표 6.3을 이용해 임무에 가장 적합한 펌프를 선택한다. 이를 위해서는 비속도의 계산이 필요하다. 비속도의 정의 식 (6.23)은

$$\omega_s = \frac{\omega Q^{1/2}}{\Delta H^{3/4}}$$

비속도는 고려되고 있는 펌프-모터 조합의 회전 속도에서 계산되어야 한다. 예를 들어, 제작사가 회전 속도 3600 rpm과 1800 rpm의 펌프-모터 조합을 판매하고 있다면, 비속도는 이 값들을 사용하여 계산되어야 한다. 이 예제에서는 3500 rpm, 1750 rpm, 또는 1150 rpm의 회전 속도로 작동할 수 있는 펌프를 선택한다. 동일한 펌프(동일 하우징, 동일 임펠러 등)가 이 속도들 중 하나로 작동하는 데 사용될 수 있다.

다음으로 3500, 1750, 1150 rpm에서 비속도를 계산한다.

$$\omega_{s1} = \frac{(3500)(120)^{1/2}}{(49.3)^{3/4}} = 2060 \text{ rpm}$$

$$\omega_{s2} = \frac{(1750)(120)^{1/2}}{(49.3)^{3/4}} = 1030 \text{ rpm}$$

$$\omega_{s3} = \frac{(1150)(120)^{1/2}}{(49.3)^{3/4}} = 676 \text{ rpm}$$

회전 속도 3500 rpm에 해당하는 첫 번째 비속도(2060 rpm @ 120 gpm)는 표 6.3에 나타나 있지 않다. 두 번째 비속도(2060 rpm @ 120 gpm)는 1000과 1500 사이에 위치한다. 이 펌프는 원심형이고 예상 효율은 약 62%이며, 세 번째 비속도(676 rpm @ 120 gpm)도 표에 나타나 있고, 예상 효율은 약 54%이므로, 이 문제에 적합한 펌프의 효율 범위는 $54 \leq \eta \leq 62\%$이다.

다음으로 ΔH를 이용하여 필요 동력을 구한다.

$$\frac{dW}{dt} = \rho Q g \, \Delta H = (1000)(7.57 \text{ x } 10^{-3})(9.81)(15.04)$$

또는 $$\frac{dW}{dt} = 1117 \text{ W}$$

이 동력은 유체에 공급되어져야 하는 값이다. 모터가 필요로 하는 동력은(더 높은 효율을 가진 펌프를 선정한다고 가정)

$$\frac{dW_a}{dt} = \frac{dW/\,dt}{\eta} = \frac{1117}{0.65}$$

또는 $$\frac{dW_a}{dt} = 1718 \text{ W}$$

앞서 언급한 바와 같이, 모터도 배관이나 관처럼 가용할 수 있는 크기가 제한적이다. 여기서는 2.5마력(1865 W)을 선택하지만 모터의 크기도 펌프 제작사가 정해준다.

이제 그림 6.4와 같은 복합성능곡선을 참고로 하고, 유량과 효율을 만족시키는 펌프를 찾는다. 전형적인 성능 그래프는 6.13과 같다. 이 그래프에는 여러 개의 곡선이 있는데, 이 중 네 개는 특정 임펠러 직경에 해당하는 것이다(예를 들어 11은 11인치 임펠러를 의미). 제일 아래쪽 곡선은 언제 캐비테이션이 발생할지 예측하는 데 사용한다. 등효율선이 표시되어 있고, 이 경우 55에서 65% 사이의 효율이 예상된다. 이 그래프의 데이터는 하나의 회전 속도에서 얻어진 것이다. 문제에서 작동점이 120 gpm으로 주어진 것을 상기하자. 그림 6.13의 펌프의 작동점은 125 gpm에 가깝고 ΔH도 대략 15 m이므로 이 펌프는 주어진 조건에서 작동할 것이다.

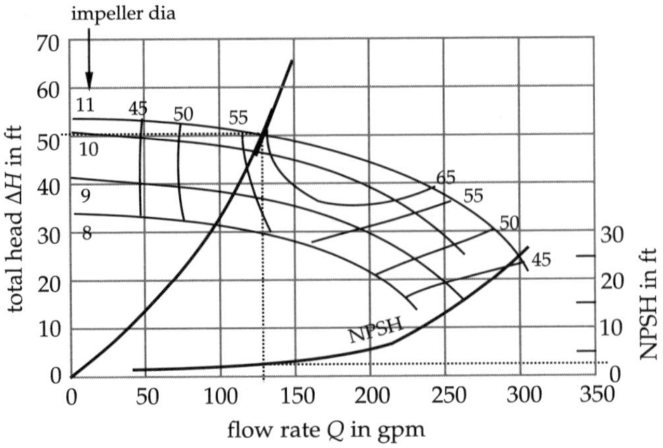

그림 6.13. 제시된 시스템 곡선과 펌프 성능 그래프

5. 캐비테이션

성능곡선에서 필요 NPSH는 약 2.5 ft이다. 흡입수두가 있는 경우에 대해 수정 Bernoulli 식을 지점 1(탱크 액체의 자유 표면)과 지점 2(펌프 하우징 입구) 사이에 적용한다. 이후 계산에서 지점 2는 앞선 계산의 지점 2와 동일하지 않다. 이 계산의 목적은 펌프 입구(지점 2)의 압력을 구한 후, 액체의 증기압과 비교하는 것이다. 만약 펌프 입구의 압력이 그 지점 온도에서의 액체의 증기압보다 낮다면 액체는 임펠러에서 비등하고, 따라서 펌프에 캐비테이션이 발생한다. 수정 Bernoulli 식은

$$\frac{p_1}{\rho g} + \frac{V_1^2}{2g} + z_1 = \frac{p_2}{\rho g} + \frac{V_2^2}{2g} + z_2 + \Sigma \frac{fL}{D_h}\frac{V^2}{2g} + \Sigma K \frac{V^2}{2g}$$

각 지점의 상태량은

$$V_1 = 0 \qquad z_2 - z_1 = -z_s \qquad V_2 = V = \text{배관 내 속도}$$

$p_2/\rho g$에 대해 정리하면,

$$\frac{p_2}{\rho g} = \frac{p_1}{\rho g} + z_s - \left(\Sigma \frac{fL}{D_h} + \Sigma K + 1\right)\frac{V^2}{2g}$$

위 식의 양변에서 증기압을 빼주고 정리하면,

$$\frac{p_2}{\rho g} - \frac{p_v}{\rho g} = \frac{p_1}{\rho g} + z_s - \left(\Sigma \frac{fL}{D_h} + \Sigma K + 1\right)\frac{V^2}{2g} - \frac{p_v}{\rho g}$$

흡입수두의 경우,

$$\mathrm{NPSH}_a = \frac{p_2}{\rho g} - \frac{p_v}{\rho g} = \frac{p_1}{\rho g} + z_s - \left(\Sigma \frac{fL}{D_h} + \Sigma K + 1\right)\frac{V^2}{2g} - \frac{p_v}{\rho g}$$

성능곡선으로부터 얻은 좌변의 값은 0.762 m이다. 24°C에서 물의 증기압은 약 2.41 kPa이다. 입구 측 배관 길이는 약 1.83 m이고 부손실은 직각 모서리 입구(squared edged inlet), 직선 T, 글로브 밸브, 그리고 유니언 이음새이다. 모두 더하면

$$\Sigma K_{\text{inlet pipe}} = 0.5 + 0.9 + 10 + 0.08 = 11.48$$

NPSH 식에 대입하면

$$0.762 = \frac{1.01325 \text{ x } 10^5}{1000(9.81)} + z_s - \left(\frac{0.025(1.83)}{0.0779} + 11.48 + 1\right)\frac{1.584^2}{2(9.81)} - \frac{2.41 \text{ x } 10^3}{1000(9.81)}$$

$$0.762 = 10.32 + z_s - 1.67 - 0.246$$

계산하면

$$z_s = -7.64 \text{ m}$$

주어진 문제에서 z_s는 양수이므로, 캐비테이션은 발생하지 않을 것이다.

6. 결과의 요약

"경제적" 배관 크기 = 공칭치수 3 스케줄 40
배치 = 주어짐
시스템 곡선 = 그림 6.6b
비속도 = 120 gpm에서 807 rpm
예상 펌프 효율 = ~65%
펌프 종류 = 반경류
모터 동력 ≈ 1.5 hp

6.7 송풍기 및 송풍기 성능

송풍기(fan), 블로워(blower), 압축기는 덕트를 통해 압축성 유체(증기와 기체)를 이송하는 데 사용되는 장치이다. 송풍기의 경우 유체의 압력이 상대적으로 적게 상승하는 반면, 블로워의 경우 더 크게 상승한다. 압축기는 유체의 압력을 아주 크게 증가시킨다. 이 책에서 이 장치들에 대한 상세한 설명은 지면 관계상 생략하고, 두 종류의 송풍기에 대해서만 언급한다.

송풍기의 종류는 회전축에 대한 유체의 흐름 방향에 따라 구분된다. 축류형 송풍기(예: 창문형 송풍기)의 경우, 송풍기 내에서 유체는 회전축과 나란히 흐른다. 반경류 송풍기 또는 반경류 블로워에서는 유체가 회전축의 수직으로 기계를 통과한다. 반경류 송풍기는 원심 송풍기라고도 불리며, 다양한 형태로 설계가 가능하다. 그중 하나가 "바구니형(squirrel cage)" 송풍기이다.

송풍기 시험 방법

송풍기 성능 시험을 위한 표준 절차가 마련되어 있다. 이 분야에서는 The Air Moving and Conditioning Association (AMCA)의 주도로, 소음을 포함한 모든 송풍기의 성능 시험을 위한 표준 규정이 제정되었다. The American Society of Heating, Refrigerating and Air Conditioning Engineers (ASHRAE)도 자체의 시험 규정을 가지고 있다. 시험 규정은 성능 명세서의 기초가 되며, 시험 결과 데이터는 주어진 임무에 적합한 송풍기 용량을 결정하는 데 사용된다.

그림 6.14는 다양한 송풍기 성능 시험 장치 중 두 경우를 나타낸 것이다. 그림 6.14a는 출구 덕트만 가진 경우를 나타낸다. 공기는 송풍기의 바로 상류에서 시스템으로 유입되고 덕트를 통해 배출된다. 그림에 나타나 있지는 않지만 덕트에는 유동교정기(straighteners)가 설치되어 있고, 지점 3에는 속도 분포를 측정하기 위한 **피토 정압관**이 설치되어 있다. 피토 정압관은 3번 지점의 속도 분포를 구하기 위한 데이터를 측정한다. 그 속도 분포를 수치 적분하여 평균속도와 체적유량을 구한다. 유량 조절을 위해 이동 가능한 플러그가 설치되어 있다.

그림 6.14b는 입구 덕트 장치이다. 입구 덕트는 유동 교정기와 지점 3의 피토 정압관을 포함하고 있다. 앞의 설명과 마찬가지로, 이 피토 정압관은 여러 플러그 위치에서 유량을 측정하는 데 사용된다. 속도 분포는 지점 3에서 피토 정압관으로 측정된다.

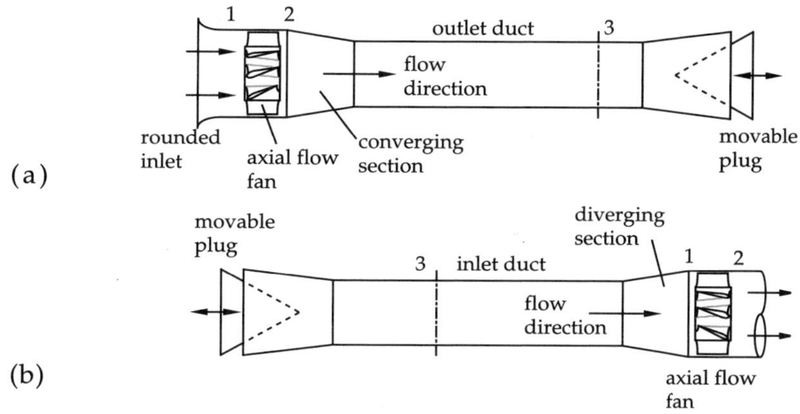

그림 6.14. 두 가지의 송풍기 성능 시험 장치

피토정압관(Pitot-Static Tube)

배관 내를 흐르는 유체는 정압(static pressure)과 동압(dynamic pressure) 성분을 가진다. **정압**은 유체와 같이 움직이는 장치나 유체의 속도에 변화를 일으키지 않는 장치로 측정된다. 일반적으로 정압을 측정하기 위해서는 그림 6.15와 같이 관 표면에 유동 방향과 수직한 작은 홀을 만들고, 마노미터나 압력계로 압력을 측정한다.

동압은 유체의 움직임 때문에 발생한다. 동압과 정압의 합을 **전압(total pressure)** 또는 **정체압(stagnation pressure)**이라 한다. 유동의 정체압은 **피토관**으로 측정한다. 피토관은 개방된 관의 끝을 유동 방향과 나란히 놓은 관이다. 그림 6.15는 정체압 측정을 위한 장치의 설정을 보여준다.

피토 정압관은 정압과 정체압을 하나의 기기에서 측정할 수 있도록 한 것으로, 그림 6.16은 피토 정압관의 개략도를 나타낸다. 피토 정압관은 상류를 향하고 있는 관 내에 또 다른 관이 위치해 있다. 유동 방향으로 향해있는 관은 정체압을 측정하고, 유동 방향에 수직한 압력 탭은 정압을 측정한다.

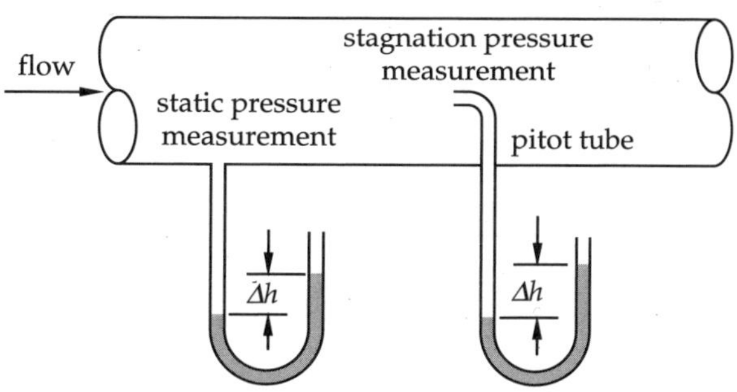

그림 6.15. 정압과 정체압의 측정

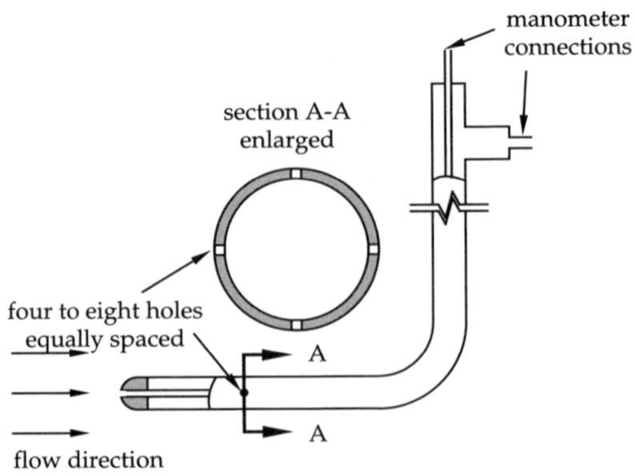

그림 6.16. 피토 정압관 개략도

피토 정압관이 유체 흐름에 담겨 있을 때, 정체압과 정압의 차이는 각 압력 탭에 연결된 마노미터로부터 바로 읽을 수 있다. 양 압력 탭에 Bernoulli 식을 적용하면

$$\frac{p_1}{\rho g} + \frac{V_1^2}{2g} + z_1 = \frac{p_2}{\rho g} + \frac{V_2^2}{2g} + z_2$$

여기서 상태 첨자 "1" ("t"로 바뀔 것임)은 정체 상태를, 상태 "2"는 정적인 상태(첨자를 표시하지 않을 것임)를 나타낸다. 높이차를 무시하고, 정체압이 측정되는 지점에서는 속도가 0임을 이용하면, Bernoulli 식은 아래와 같이 단순화된다.

$$\frac{p_t}{\rho g} = \frac{p}{\rho g} + \frac{V^2}{2g}$$

위 식을 속도에 대해 정리하면,

$$V = \sqrt{\frac{2(p_t - p)}{\rho}}$$

피토 정압관에 연결된 마노미터에서 수두 차 Δh를 읽을 수 있다.

$$\Delta h = \frac{p_t - p}{\rho g}$$

여기서 ρ는 흐르는 유체의 밀도이다. 속도를 수두 차의 항으로 나타내면

$$V = \sqrt{2g\Delta h}$$

이 식은 비압축성 유동에만 적용됨을 주의하라. 압축성 효과는 고려되지 않았다. 또한 Δh

는 압력차를 흐르는 유체의 높이로 나타낸 것으로, 마노미터 액의 높이로 나타낸 것이 아니다. 예를 들어 마노미터의 압력차는 물의 높이차로 표현되지만 위 식에서 필요한 높이차는 공기의 높이차이다.

덕트 유동의 경우, 속도는 유로 단면의 여러 지점에서 측정되고, 이 결과로 속도 분포를 나타낸다. 특정 지점의 속도는 이 속도 분포를 이용하여 구해진다. 이러한 측정의 목적은 데이터를 측정하고 속도 분포를 그래프로 나타내어 평균 속도를 구하기 위해서이다.

평균 속도

평균 속도는 덕트를 통과하는 유량과 아래와 같은 관계가 있다.

$$V = \frac{Q}{A}$$

여기서, Q는 체적유량이고 A는 덕트의 단면적이다. 그림 6.17과 같이 유동 면적을 5개의 동일한 면적으로 나눌 수 있다. 그림에 표시된 각 지점에서 속도가 측정된다. 선택된 위치는 단면적을 다섯 개의 동일한 중심을 갖는 면적으로 나눈다. 각 면적을 통한 유량은,

$$Q_1 = A_1 V_1 \qquad Q_2 = A_2 V_2$$

$$Q_3 = A_3 V_3 \qquad Q_4 = A_4 V_4$$

$$Q_5 = A_5 V_5$$

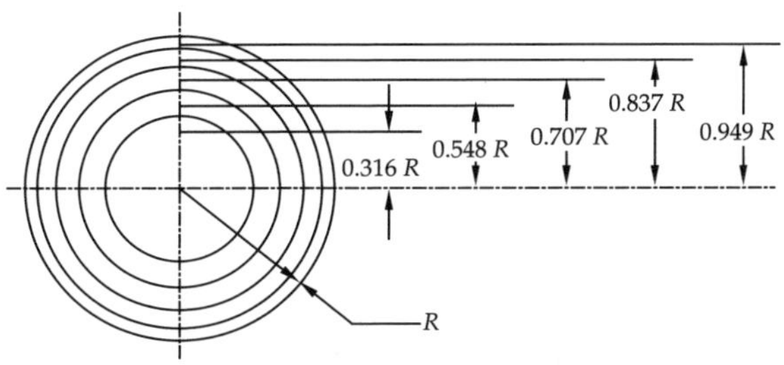

그림 6.17. 속도가 측정되어야 하는 5개의 지점

전체 면적을 통한 전체 유량은,

$$Q_{\text{total}} = \sum_{1}^{5} Q_{\text{i}} = A_1 V_1 + A_2 V_2 + A_3 V_3 + A_4 V_4 + A_5 V_5$$

또는 $Q_{\text{total}} = A_1(V_1 + V_2 + V_3 + V_4 + V_5)$

전체 면적 A_{total}은 $5A_1$이므로,

$$V = \frac{Q_{\text{total}}}{A_{\text{total}}} = \frac{(A_{\text{total}}/5)(V_1 + V_2 + V_3 + V_4 + V_5)}{A_{\text{total}}}$$

따라서 평균 속도는

$$V = \frac{(V_1 + V_2 + V_3 + V_4 + V_5)}{5}$$

따라서 V_1에서 V_5의 속도 측정을 위한 5개의 반경방향 위치 선정은 평균 속도를 구하는 데 중요한 인자이다.

그림 6.14의 시험 장치에서는 정압 측정도 필요하다. 그림 6.15a에서 송풍기 전후의 정압 상승을 반드시 구해야 한다. 송풍기 상류의 계기압력은 0으로 한다. 하류의 정압은 지점 2에서 측정하고, 정압 상승은 $p_2 - p_{\text{atm}}$이 된다. 따라서 주어진 플러그 위치에 대해 송풍기 전후의 정압 상승과 유량은 동시에 측정된다. 그림 6.15b의 시험 장치에서도 유사한 측정들이 수행된다.

송풍기에 대해서, 여기서는 흐르는 공기에 대한 세 가지 압력을 정의한다: 전압 p_t, 정압 p, 동압 $\rho V^2/2$(유동의 운동에너지로 인식됨). 이 압력들은 아래의 관계를 갖는다.

$$p_t = p + \frac{\rho V^2}{2} \tag{6.24}$$

평균 속도는 연속 방정식에서부터 $V = Q/A$로 구해지고 유량은 피토 정압관으로 얻어진 데이터로부터 구해진다.

펌프와 마찬가지로, 공기를 이송할 때 송풍기는 토크가 필요하다. 토크와 회전 속도의 곱은 동력이 된다.

$$\frac{dW_a}{dt} = T\omega$$

이것은 모터로부터 송풍기에 공급된 입력 동력이다. 유체로 공급된 동력은 에너지 방정식을 이용하면 구할 수 있다.

$$\frac{dW}{dt} = \Delta p_t Q$$

여기서 Δp_t는 송풍기에 의한 전압 (또는 전에너지) 상승이다(유도는 문제 6.45 참조). 효율은 다음과 같이 정의된다.

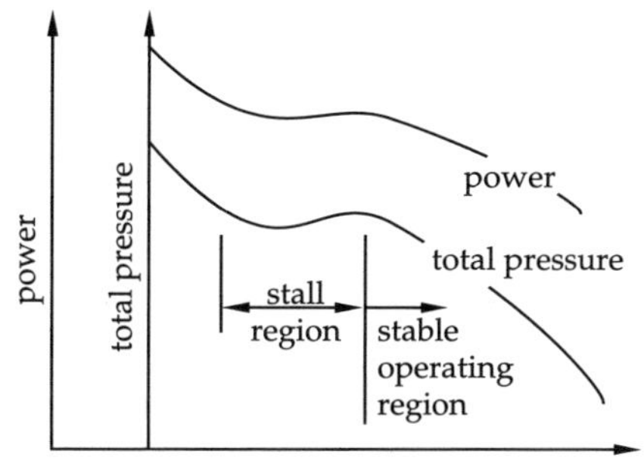

그림 6.18. 축류 송풍기의 성능곡선

$$\eta = \frac{dW/dt}{dW_a/dt} = \frac{\Delta p_t Q}{T\omega} \tag{6.25}$$

송풍기의 사용자는 특정 사용처에서 송풍기가 어떤 성능을 나타낼지에 관심이 있다. 중요한 성능 인자는 체적유량(부피 또는 용량이라고도 불림), 압력, 그리고 동력이다. 그림 6.18은 축류 송풍기의 전형적인 성능곡선을 나타낸다. 수평축은 체적유량(일반적으로 ft^3/m, 산업분야에서는 약자로 cfm)이다. 두 개의 수직 축이 있는데, 하나는 전압 p_t(실제로는 전압 상승)이고 하나는 동력이다. 압력 상승의 단위는 인치 단위의 수위(약자로 **in. of wg**)가 사용된다. 동력의 단위는 마력이나 와트이다.

그림 6.18에서 여러 특이 사항을 발견할 수 있다. 동력과 압력 곡선은 동일한 경향을 보인다. 압력 곡선은 유량이 0일 때 최댓값을 보인다. 유량이 증가하면 송풍기 블레이드에서 유동의 박리가 일어남에 따라 송풍기는 "실속(stall)" 영역에서 작동한다. 이에 의해 실속 영역에서는 전압상승이 감소하는 부분이 관찰된다. 이 영역에서는 큰 소음과 함께 유동의 맥동이 발생하므로, 이 영역에서의 운전은 피해야 한다.

그림 6.19는 전형적인 원심 송풍기의 성능곡선을 나타낸다. (일반적으로 비슷한 입력 동력에서 축류 송풍기가 원심 송풍기에 비해 더 높은 속도를 보인다.) 이 그림에서 여러 가지 흥미로운 점을 발견할 수 있다. 동력과 압력이 다른 경향을 나타낸다. 최대 압력 상승점은 유량이 0보다 약간 큰 부분이고, 이 점보다 유량이 증가하면 압력 상승은 감소한다. 동력 곡선은 유량이 0일 때 가장 작은 값을 보이고, 유량이 증가할수록 증가하는 경향을 보인다. 최대 동력점 이후에는 유량이 증가하면 동력이 감소한다. 비록 실속 영역이 표시되어 있지 않지만, 원심 송풍기도 블레이드에서의 유동 박리에 의해 큰 소음과 압력 상승이 감소하는 실속이 나타날 수 있다. 실속은 압력 곡선 최댓값 지점의 왼쪽 영역에서 발생한다. 따라서 이 영역에서의 운전은 피해야 한다.

일반적으로 축류형 송풍기는 **가변 피치 블레이드(variable pitch blade)**로 불리는 조절 가능한 블레이드를 가지고 있다. 유입되는 공기와 블레이드의 각도를 원하는 값으로 조절하기 위해 블레이드는 허브에 고정된 위치에서 회전될 수 있다.

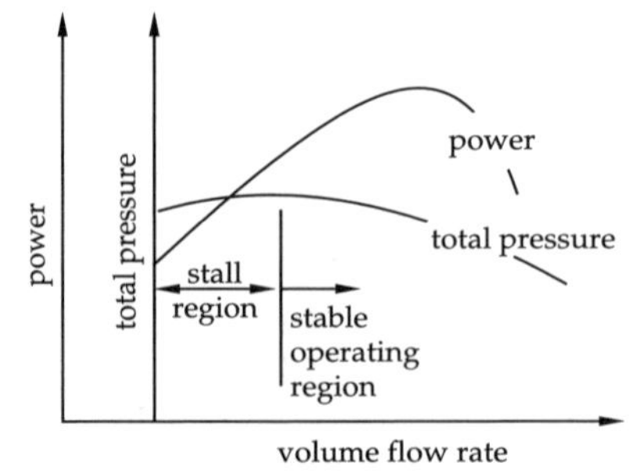

그림 6.19. 원심 송풍기의 성능곡선

하나의 블레이드 설정을 갖는 송풍기의 성능 시험 결과는 그림 6.20의 하나의 곡선으로 나타난다. 각각의 블레이드 설정은 각각의 성능곡선으로 나타낸다. 동일한 팬의 당양한 구성에 대한 압력/동력 대 유량의 복합 그래프가 그림 6.20에 주어져 있다. 보여지는 것은 네 가지 블레이드 설정(01, 02, 03, 04)에 대한 성능 선도이다. 그림에서 각 블레이드 설정에 대해 압력과 동력에 해당하는 곡선이 있으며, 두 곡선의 유량 범위는 동일하다. 그림에서 색칠한 부분은 효율이 80% 이상인 영역을 표시한 것이다.

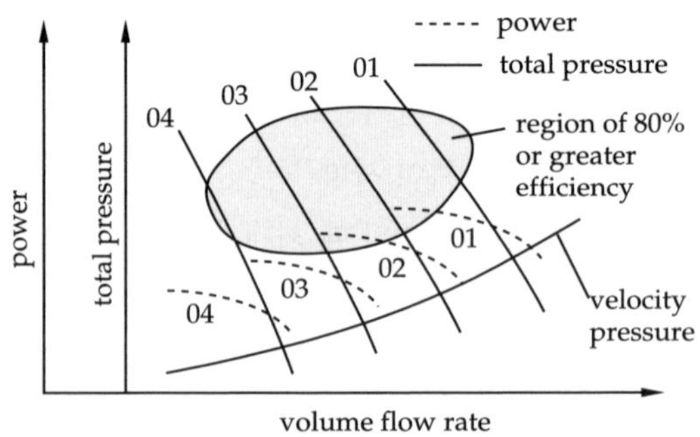

그림 6.20. 축류 송풍기의 복합성능공선

다수의 송풍기를 제작하는 제작사는 각 송풍기의 작동 특성을 측정하고, 각 송풍기의 최적 효율 영역을 그래프로 제시한다. 제작사는 많은 송풍기에 대해 최적 효율을 나타내는 차트를 제공하고, 이러한 그래프는 주어진 응용 분야에서 적절한 송풍기를 선정하는 데 사용될 수 있다.

그림 6.21은 로그-로그 축으로 표현된 축류형 송풍기의 최적 효율 차트이다. 수평축은 체적유량, 수직축은 전압상승을 나타낸다. 그림은 카탈로그에 기재된 각 송풍기의 효율 영역을 나타낸 것이다. 체적유량과 압력상승을 알면 적합한 송풍기를 선정할 수 있다. "최적의" 송풍기를 선정한 후, 그 송풍기의 성능곡선과 시스템의 곡선을 이용하여 작동점을 예측할 수 있다. 이 과정은 펌프의 경우와 동일하다. 선정 과정에서 그래프를 활용하기 위해서는 주어진 정보를 그림의 정보로 변환하는 절차가 필요하다.

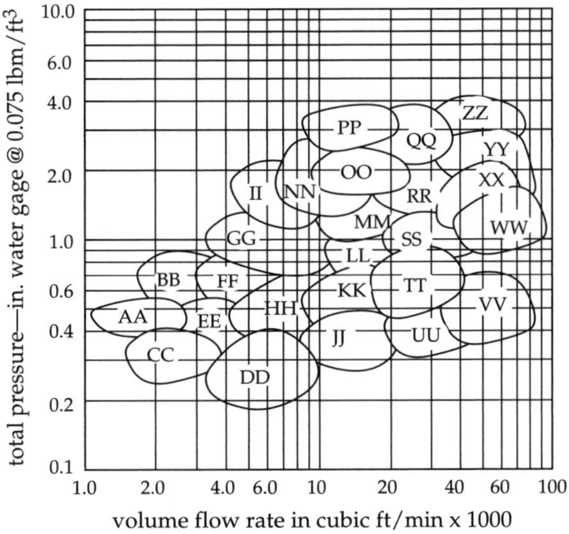

그림 6.21. 송풍기 선정 차트

예제 6.8 내경 1 m 직경의 덕트에 축류형 송풍기를 설치하고자 한다. 송풍기는 6.667 m^3/s의 공기를 이송해야 한다. 덕트에 Bernoulli 식을 적용해보니 전체 길이에서 정압 강하(액체 단위의 높이로 표현됨)는 38 mm H_2O이다. 그림 6.21을 이용하여 적절한 송풍기를 선정하여라.

풀이

그림들은 모두 공학단위(engineering unit)로 되어 있으므로, 주어진 정보를 공학단위로 변환해야 한다. 상온에서 공기의 상태량은

$$\rho = 1.185 \text{ kg/m}^3$$

주어진 정보는

$$D = 1 \text{ m}$$
$$Q = 6.667 \text{ m}^3/\text{s}$$

(체적유량이 **표준 온도**와 **압력 조건**에서 주어지는 경우가 있다. 체적유량은 대기 조건에 민감하기 때문이다. 예를 들어, 10 psia, 45°F에서 공기 14,000 cfm은 14.7 psia, 90°F에서 공기 14,000 cfm과 다르기 때문이다. 표준 조건의 값을 원하는 조건의 값으로 변화하는 상수를 제작사들이 제공하기도 한다.)

배관계에서 정압 강하는 mm H_2O이므로, 이것은 F/L^2의 단위로 변환하여야 한다. 따라서,

$$\frac{\Delta p}{\rho_{H2O}g} = 38 \text{ mm of } H_2O = 1.5 \text{ in. of } H_2O = 0.125 \text{ ft of } H_2O$$

$$p = \rho_{H2O}gh = 1000(9.81)(0.038) = 373 \text{ Pa} = 7.79 \text{ lbf/ft}^2$$

시스템 내의 평균 공기 속도는

$$V = \frac{Q}{A} = \frac{6.667}{\pi(1)^2/4} = 8.49 \text{ m/s} = 27.9 \text{ ft/s}$$

(ft/min은 종종 fpm으로 줄여 쓰기도 한다.) 따라서 동압(= 유동의 운동에너지)은

$$\frac{\rho_{air}V^2}{2} = \frac{1.185(8.49)^2}{2} = 42.85 \text{ Pa} = 0.895 \text{ lbf/ft}^2$$

정지상태의 대기압 공기를 27.9 ft/s (8.49 m/s)로 가속하면서 7.79 lbf/ft^2 (373 Pa)의 압력 강하를 극복하는 데 충분한 에너지를 송풍기가 공급해야 한다. 송풍기 상류에서 p_t = 0이다. 송풍기 하류에서는

$$p_t = p + \frac{\rho_{air}V^2}{2} = 373 + 42.85 = 415.85 \text{ Pa} = 8.69 \text{ lbf/ft}^2$$

따라서 전압의 변화는 8.69 – 0 = 8.69 lbf/ft^2 (415.85 Pa)이다. 그림 6.20을 이용하려면 압력 상승을 in H_2O로 변환하여야 한다.

$$\Delta H = \frac{\Delta p_t}{\rho_{H2O}g} = \frac{415.85}{1000(9.81)} = 0.0424 \text{ m of } H_2O$$

또는 $\Delta H = 1.67 \text{ in. of } H_2O$

위 식에서 어떤 곳에 물과 공기의 밀도가 사용되었는지 주의하라.

그림 6.21에서 유량 14,130 ft^3/min (6.67 m^3/s)과 전압 상승 ΔH = 1.67 in H_2O일 때 NN(또는 OO: 두 송풍기 모두 선택 가능)으로 표시된 송풍기를 선택할 수 있고, 이 경우 효율은 80% 이상임을 예상할 수 있다.

유체에 공급되는 동력은

$$\frac{dW}{dt} = \Delta p_t Q = (415.85)(6.67) = 2774 \text{ W}$$

효율이 80%일 때, 필요한 모터 동력은,

$$\frac{dW_a}{dt}=\frac{dW/dt}{\eta}=\frac{2774}{0.8}=3465\ \text{W}$$

또는 $$\frac{dW_a}{dt}=3465\ \text{W}=4.65\ \text{HP}$$

이 동력 계산 결과는 대략적인 것으로, 송풍기의 실제 동력 곡선을 참고하여야 한다.

6.8 | 요약

이 장에서는 상업적으로 가용한 펌프에 대해 알아보았다. 펌프 시험에 대해 언급하였고 시험 방법과 원심 펌프의 시험 결과를 살펴보았다. 이러한 결과가 펌프 선정에 어떻게 이용되는지도 보였다. 펌프의 성능곡선과 캐비테이션, 유효흡입수두도 설명하였다. 차원 해석을 통해 펌프에 대한 무차원 비들을 유도하였다. 비속도를 정의하였고, 비속도를 이용하여 주어진 조건에서 적절한 펌프 종류를 선정하였다. 배관계의 설계 지침을 설명하였고, 필요한 상세 정보들을 구하였다. 이 장의 마지막 부분에서는 송풍기의 성능과 선정 과정에 대해 간략히 설명하였다.

6.9 | 보이고 말하기

1. **축류 펌프**의 카탈로그(또는 실제 모델)를 구하고, 펌프의 운전, 성능 평가를 위한 시험 방법, 전형적인 성능곡선에 대해 발표하여라.
2. **사류 펌프**의 카탈로그(또는 실제 모델)를 구하고, 펌프의 운전, 성능 평가를 위한 시험 방법, 전형적인 성능곡선에 대해 발표하여라.
3. **반경류** 또는 **원심 펌프**의 카탈로그(또는 실제 모델)를 구하고, 펌프의 운전, 성능 평가를 위한 시험 방법, 전형적인 성능곡선에 대해 발표하여라.
4. 왕복동 **용적식 펌프**의 카탈로그(또는 실제 모델)를 구하고, 펌프의 운전, 성능 평가를 위한 시험 방법, 전형적인 성능곡선에 대해 발표하여라.
5. **기어 펌프(gear pump)**의 카탈로그(또는 실제 모델)를 구하고, 펌프의 운전, 성능 평가를 위한 시험 방법, 전형적인 성능곡선에 대해 발표하여라.

6. 원심 펌프의 카탈로그를 구해서 이 장에서 보여준 것과 같은 그래프를 찾아라.
7. 캐비테이션 침식을 겪은 펌프 임펠러나 하우징을 구하고, 이에 대해 발표하여라. 침식이 가장 심한 부분을 찾고, 그 이유를 설명하여라.
8. **베인 펌프(vane pump)**란 무엇인가? 베인 펌프의 작동원리에 대한 보고서를 작성하고, 응용 분야의 예를 들어라.
9. 원심 송풍기의 카탈로그를 구하고, 펌프의 운전, 성능 평가를 위한 시험 방법, 전형적인 성능곡선에 대해 발표하여라.
10. 축류 송풍기의 카탈로그를 구하고, 펌프의 운전, 성능 평가를 위한 시험 방법, 전형적인 성능곡선에 대해 발표하여라.
11. 블로워에 대한 정보를 수집하고, 블로워와 송풍기의 성능 차이에 대해 논의하여라.
12. 압축기에 대한 정보를 수집하고, 블로워와 송풍기의 성능 차이에 대해 논의하여라.

6.10 | Problems

Pump Performance and Selection

1. A water pump is tested in the laboratory and the following data were obtained:

$$
\begin{aligned}
\text{Torque} &= T &&= 2\,\text{N·m} \\
\text{Rotational speed} &= \omega &&= 29.33\ \text{Hz} \\
\text{Inlet pressure} &= p_1 &&= 75\ \text{kPa} \\
\text{Outlet pressure} &= p_2 &&= 210\ \text{kPa} \\
\text{Volume flow rate} &= Q &&= 0.002\ \text{m}^3/\text{s} \\
\text{Height to inlet gage} &= z_1 &&= 0.4\,\text{m} \\
\text{Height to outlet gage} &= z_2 &&= 1\,\text{m} \\
\text{Inlet flow line} &= 2^1/2\text{-nominal schedule 40} \\
\text{Outlet flow line} &= 2\text{-nominal schedule 40}
\end{aligned}
$$

Determine the pump efficiency.

2. A pump is tested in the laboratory and the following data were obtained:

$$\begin{aligned}
\text{Torque} &= T &&= 47.46 \text{ N·m} \\
\text{Rotational speed} &= \omega &&= 60 \text{ Hz} \\
\text{Inlet pressure} &= p_1 &&= 17.24 \text{ kPa} \\
\text{Outlet pressure} &= p_2 &&= 206.8 \text{ kPa} \\
\text{Volume flow rate} &= Q &&= 0.0631 \text{ m}^3/\text{s} \\
\text{Height to inlet gage} &= z_1 &&= 0.61 \text{ m} \\
\text{Height to outlet gage} &= z_2 &&= 1.52 \text{ m} \\
\text{Inlet flow line} &= \text{10-nominal schedule 40} \\
\text{Outlet flow line} &= \text{8-nominal schedule 40} \\
\text{Fluid} &= \text{octane}
\end{aligned}$$

Determine the pump efficiency.

3. A pump is tested in the laboratory and the following data were obtained:

$$\begin{aligned}
\text{Torque} &= T &&= 8.14 \text{ N·m} \\
\text{Rotational speed} &= \omega &&= 30 \text{ Hz} \\
\text{Inlet pressure} &= p_1 &&= -24.13 \text{ kPa} \\
\text{Outlet pressure} &= p_2 &&= 55.2 \text{ kPa} \\
\text{Velocity in the inlet line} &= V &&= 1.83 \text{ m/s} \\
\text{Height to inlet gage} &= z_1 &&= 0.61 \text{ m}
\end{aligned}$$

$$\begin{aligned}
\text{Height to outlet gage} &= z_2 &&= 1.52 \text{ m} \\
\text{Inlet flow line} &= \text{4-nominal schedule 40} \\
\text{Outlet flow line} &= 3^1/\text{2-nominal schedule 40} \\
\text{Fluid} &= \text{Octane}
\end{aligned}$$

Determine the pump efficiency.

4. A pump is tested in the laboratory and the following data were obtained:

$$\begin{aligned}
\text{Torque} &= T &&= 6.78 \text{ N·m} \\
\text{Rotational speed} &= \omega &&= 20 \text{ Hz} \\
\text{Inlet pressure} &= p_1 &&= 68.95 \text{ kPa} \\
\text{Outlet pressure} &= p_2 &&= 193 \text{ kPa} \\
\text{Velocity in the inlet line} &= V &&= 2.44 \text{ m/s} \\
\text{Height to inlet gage} &= z_1 &&= 0.61 \text{ m} \\
\text{Height to outlet gage} &= z_2 &&= 1.52 \text{ m} \\
\text{Inlet flow line} &= \text{2-nominal schedule 40} \\
\text{Outlet flow line} &= \text{2-nominal schedule 40} \\
\text{Fluid} &= \text{water}
\end{aligned}$$

a) Determine the pump efficiency.

b) Consult an actual pump catalog and select a pump for these conditions.

5. A pump is tested in the laboratory and the following data were obtained:

$$
\begin{aligned}
\text{Torque} &= T = 2.71 \text{ N·m} \\
\text{Rotational speed} &= \omega = 30 \text{ Hz} \\
\text{Inlet pressure} &= p_1 = 0 \text{ kPa} \\
\text{Outlet pressure} &= p_2 = 65.5 \text{ kPa} \\
\text{Velocity in the inlet line} &= V = 1.22 \text{ m/s} \\
\text{Height to inlet gage} &= z_1 = 0 \text{ m} \\
\text{Height to outlet gage} &= z_2 = 30.5 \text{ mm} \\
\text{Inlet flow line} &= \text{3-nominal schedule 40} \\
\text{Outlet flow line} &= 2^1/2\text{-nominal schedule 40} \\
\text{Fluid} &= \text{water}
\end{aligned}
$$

a) Estimate the power delivered to the fluid.

b) Estimate the efficiency.

c) Estimate the motor power required.

6. A pump is tested in the laboratory and the following data were obtained:

$$
\begin{aligned}
\text{Torque} &= T = 4.07 \text{ N·m} \\
\text{Rotational speed} &= \omega = 29.33 \text{ Hz} \\
\text{Inlet pressure} &= p_1 = 0 \text{ kPa} \\
\text{Outlet pressure} &= p_2 = 52.4 \text{ kPa} \\
\text{Velocity in the inlet line} &= V = 1.83 \text{ m/s} \\
\text{Height to inlet gage} &= z_1 = 0 \text{ m}
\end{aligned}
$$

$$
\begin{aligned}
\text{Height to outlet gage} &= z_2 = 0.427 \text{ m} \\
\text{Inlet flow line} &= \text{3-nominal schedule 40} \\
\text{Outlet flow line} &= 2^1/2\text{-nominal schedule 40} \\
\text{Fluid} &= \text{water}
\end{aligned}
$$

a) Estimate the efficiency.

b) Estimate the motor power required.

7. A pump is tested in the laboratory and the following data were obtained:

$$
\begin{aligned}
\text{Torque} &= T = 10.85 \text{ N·m} \\
\text{Rotational speed} &= \omega = 29.33 \text{ Hz} \\
\text{Inlet pressure} &= p_1 = 27.58 \text{ kPa} \\
\text{Outlet pressure} &= p_2 = 82.73 \text{ kPa} \\
\text{Velocity in the inlet line} &= V = 2.44 \text{ m/s} \\
\text{Height to inlet gage} &= z_1 = 0.61 \text{ m} \\
\text{Height to outlet gage} &= z_2 = 1.52 \text{ m} \\
\text{Inlet flow line} &= \text{4-nominal schedule 40} \\
\text{Outlet flow line} &= 3^1/2\text{-nominal schedule 40} \\
\text{Fluid} &= \text{water}
\end{aligned}
$$

Estimate the efficiency.

8. The inlet of a centrifugal pump is 8-nominal schedule 40, while the discharge line is 6-nominal schedule 40. Inlet and outlet pressures are 30 kPa (g) and 250 kPa (g), respectively. Volume flow rate through the pump is 0.04 m^3/s, and the pump efficiency is 0.8. Determine the pump power. Elevation differences are negligible, and the fluid is water.

9. Consult an actual pump catalog and select a pump for the pump of Problem 6.8.

10. A motor operates a pump whose efficiency is 65%. The inlet and outlet lines are 1-1/2 nominal and 1 nominal, respectively, both schedule 40 pipe. The pressure increase across the pump amounts to 6.1 m of ethylene glycol. The volume flow rate of ethylene glycol through the pump is 1.42 m^3/s. The pressure gage at the outlet is 0.4 m higher than the one in the inlet. Find the pump and motor power required.

11. Consult an actual pump catalog and select a pump for the pump of Problem 6.10.

12. A pump operates at 30 Hz. The inlet line is 1-1/2 nominal and the outlet is 1-nominal, both schedule 40 PVC pipe. The pressure in the inlet line is 12 kPa, while the outlet line pressure is 200 kPa. The outlet pressure gage is 0.7 m higher than the inlet gage. The torque exerted is measured to be 4 N·m, and the fluid is water. If the efficiency is 0.57, determine the expected volume flow rate through the pump.

13. A pump operating at 60 Hz has a measured input torque of 0.678 N.m. The volume flow rate through the pump is 0.00284 m^3/s, and the outlet pressure gage is located 432 mm above the inlet pressure gage. Inlet and outlet pipes are 1½-nominal and 1-nominal schedule 40 pipes,respectively. The fluid being pumped is water. Determine the pressure rise across the pump for an efficiency of 75%.

14. The following data were taken on a centrifugal pump operating under conditions where the efficiency is known to be 76%:

$$
\begin{aligned}
\text{Torque} &= T &&= 1\ \text{N·m}\\
\text{Rotational speed} &= \omega &&= 30\ \text{Hz}\\
\text{Inlet pressure} &= p_1 &&= 21\ \text{kPa (absolute)}\\
\text{Volume flow rate} &= Q &&= 0.001\,5\ \text{m}^3/\text{s}\\
\text{Height to inlet gage} &= z_1 &&= 0.3\ \text{m}\\
\text{Height to outlet gage} &= z_2 &&= 1\ \text{m}\\
\text{Inlet flow line} &= 1^1/_2\text{-nominal schedule 40}\\
\text{Outlet flow line} &= \text{1-nominal schedule 40}\\
\text{Fluid} &= \text{water}
\end{aligned}
$$

Determine the expected reading on the outlet pressure gage.

15. A centrifugal pump has an efficiency of 71% at a rotational speed of 20 Hz. Inlet and outlet pressure gage readings are 48.3 kPa and 138 kPa, respectively. The

volume flow rate through the pump is 0.00126 m^3/s. Inlet and outlet pipes are 2-and 1½-nominal schedule 40, respectively, galvanized steel. The elevation of the outlet gage over that of the inlet gage is 610 mm. What is the required input torque if the fluid is carbon tetrachloride?

16. A pump was tested at 57.5 mm. The input torque was 27.12 N·m. Inlet and outlet pressures were measured to be 48.3 kPa and 138 kPa, respectively. The inlet line is 12-nominal schedule 40 and the outlet line is 10-nominal schedule 40. The volume flow rate was 0.0756 m^3/s. The outlet pressure gage is 610 mm higher than the inlet gage. Determine the pump efficiency if the fluid is (a) water; (b) propane. Comment on how density affects efficiency.

Cavitation and NPSH

17. Derive Equation 6.8b for net positive suction head as applied to the configuration of Figure 6.6b.

18. Repeat Example 6.3 for acetone rather than water, assuming all other conditions are unchanged.

19. The inlet line of a pump is 4-nominal schedule 40 PVC pipe that is 9.14 m long and includes one elbow and one well-rounded inlet. The pump conveys 0.0142 m^3/s of water at 15.6°C from a tank. The net positive suction head required by the pump is 2.44 m. Determine where the location of the water level in the tank should be with respect to the pump impeller shaft to prevent cavitation.

20. The inlet line of a centrifugal pump is made of 3-nominal schedule 40 commercial steel pipe 2 m long and includes a basket strainer. The pump delivers 0.008 m^3/s of carbon tetrachloride at 21.1°C. The net positive suction head required by the pump is 1 m of water. Determine where the location of the water level in the tank should be with respect to the pump impeller shaft to prevent cavitation.

Dimensional Analysis of Pumps

21. Beginning with Equation 6.12, derive Equation 6.17.

22. Beginning with Equation 6.13, derive Equation 6.18.

23. Verify that the energy transfer coefficient is dimensionless:

$$\frac{g\,\Delta H}{\omega^2 D^2} = \text{energy transfer coefficient}$$

24. Verify that the volumetric flow coefficient is dimensionless:

$$\frac{Q}{\omega D^3} = \text{volumetric flow coefficient}$$

25. Verify that the rotational Reynolds number is dimensionless:

$$\frac{\rho \omega D^2}{\mu} = \text{rotational Reynolds number}$$

26. Verify that the power coefficient is dimensionless:

$$\frac{(dW/dt)}{\rho \omega^3 D^5} = \text{power coefficient}$$

27. Actual performance data on a centrifugal pump are as follows:

Rotational speed	= 40 Hz
Head difference	= 21.3 m
Volume flow rate	= 0.00631 m^3/s
Impeller diameter	= 229 mm
Fluid	= water

The rotational speed of this pump is changed to 29.3 Hz. What is the expected volume flow rate and head difference at the new speed?

28. Actual performance data on a pump are as follows:

Rotational speed	= 60 Hz
Head difference	= 10 m
Volume flow rate	= 0.02 m^3/s
Impeller diameter	= 200 mm

The pump is next operated at 40 Hz with an impeller whose diameter is 180 mm. What are the expected flow rate and the expected head difference for the new configuration?

29. A pump is tested in the laboratory and the following data were obtained:

Fluid	= water
Rotational speed	= 5 Hz
Head difference	= 2.44 m
Volume flow rate	= 6.31×10^{-4} m^3/s
Impeller diameter	= 101.6 mm

The impeller is changed to one whose diameter is 88.9 mm, and the pump is run at 15 Hz . Find the new volume flow rate and head difference. Calculate also the power for both configurations.

30. Tests on a pump yielded the following:

Fluid	=	water
Rotational speed	=	29.2 Hz
Volume flow rate	=	0.008 m^3/s
Head difference	=	4.57 m
Impeller diameter	=	152.4 mm

It is desired to run the pump with a 127 mm impeller. Determine its operating characteristics when the head difference is 6.1 m . Find the new volume flow rate.

Specific Speed

31. What are the actual dimensions of specific speed in Equation 6.23? (Recall that it is *arbitrarily* given the units of rpm.)

32. Calculate the specific speed for the pump of Figure 6.3.

33. Calculate the specific speed for the pump of Figure 6.10.

34. Determine the type of pump and power required for the pump corresponding to that of Figure 6.3 when operated in its maximum efficiency region.

35. Determine the type of pump and power required for the pump represented by Figure 6.10 when operated in its maximum efficiency region.

36. A 20 HP (14.92 kW) pump moves water at 0.0315 m^3/s through a pipeline. The pump rotational speed is 30 Hz. Determine its specific speed in rpm.

Fans and Fan Power

37. An axial flow fan is to move air through a duct whose inside diameter is 0.61 m. The air velocity is 9.14 m/s. Calculations on the piping system indicate that the static pressure drop is 38.1 mm of water. Select an appropriate fan for this installation, and estimate the power required for an efficiency of 80%.

38. An underground mine shaft is rectangular in cross section, 2.44 m wide by 2.13 m tall, approximately. Air is to be supplied to this shaft for the workers inside. The air flow rate is 15.57 m^3/s. The mine shaft is straight and is 1 .6 km long. Calculate the fan power and select a fan to use in this application. (Note that the roughness is anyone's guess. So in order to solve this problem, an estimate of the roughness must be made.)

39. An axial flow fan moves air through a rectangular duct 1 m x 0.8 m. The fan delivers 4 m^3/s of air. The duct serves as a header that supplies several rooms with ventilation. The static pressure that the fan must overcome is 10 mm of water. Determine the appropriate fan for this installation, and calculate the fan power for an efficiency of 80%.

40. An axial flow fan with a 6-HP (4.48 kW) motor has an efficiency of 80%. The fan delivers 4.72 m^3/s of air through a duct having a 0.914 m inside diameter. Calculate the static pressure rise associated with this fan.

41. Verify that Equation 6.25 has the correct dimensions.

42. Air at 200 kPa, 25°C enters a 2-std type K copper tube that is used to supply air to various laboratories in a building. The tube is 125 m long. At the inlet, the air flow is 0.02 m^3/s. Determine the pressure drop experienced by the air; express it in cm of water. Using a manufacturer's catalog, select a fan that will work in this installation.

43. For a fan, it was stated that the power can be determined with

$$\frac{dW}{dt} = \Delta p_t Q$$

We derive this equation in this problem. Figure P6.43 shows a generalized machine. The control volume from section 1 to section 2 includes all the fluid inside the fan and the exit duct. The inlet is labeled as section 1 and has an area (indicated by the dotted line) so huge that the velocity at section 1 is negligible compared to the velocity at section 2. The pressure at 1 equals atmospheric pressure. The fan thus accelerates the flow from a velocity of 0 to a velocity we identify as V_2. The continuity equation is

$$\dot{m}_1 = \dot{m}_2$$

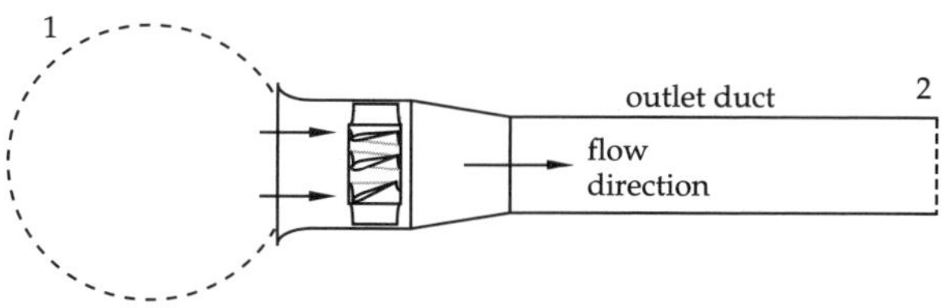

FIGURE P6.43.

The energy equation is

$$0 = -\frac{dW}{dt} + \dot{m}_1\left(h_1 + \frac{V_1^2}{2}\right) - \dot{m}_2\left(h_2 + \frac{V_2^2}{2}\right)$$

a. Combine the previous equations with the definition of enthalpy ($h = u + pv$) and show that

$$\frac{dW}{dt} = \dot{m}(u_1 - u_2) + \dot{m}\left\{\left[\frac{p_1}{\rho} + \frac{V_1^2}{2}\right] - \left[\frac{p_2}{\rho} + \frac{V_2^2}{2}\right]\right\}$$

b. Assuming ideal gas behavior, we write

$$u_1 - u_2 = c_v(T_1 - T_2)$$

With a fan, however, we assume an isothermal process, so that $T_1 \approx T_2$ and $\rho_1 \approx \rho_2$. With $m = \rho AV$ (evaluated at the outlet, section 2), the energy equation becomes

$$\frac{dW}{dt} = \rho A_2 V_2 \left\{\left[\frac{p_1}{\rho} + \frac{V_1^2}{2}\right] - \left[\frac{p_2}{\rho} + \frac{V_2^2}{2}\right]\right\}$$

Recall that in this analysis, we set up our control volume so the inlet velocity $V_1 = 0$; actually $V_1 << V_2$. Thus

$$\left\{\left[\frac{p_1}{\rho} + \frac{V_1^2}{2}\right] - \left[\frac{p_2}{\rho} + \frac{V_2^2}{2}\right]\right\} \approx \left[\frac{p_1}{\rho} - \frac{p_2}{\rho} - \frac{V_2^2}{2}\right]$$

in which $p_1 - p_2$ is the pressure drop associated with the piping system. The quantity in the previous equation is the change in total pressure $\Delta p_t/\rho$. Verify that

$$\frac{dW}{dt} = \Delta p_t Q$$

44. The equations given in this chapter for predicting fan performance are based on assuming incompressible flow through the fan (see Problem 6.43). That is, for fans, compressibility effects can be assumed negligible; changes in kinetic energy are comparatively low, pressure rise is relatively small, and the process is assumed to be isothermal. In this problem, however, we model flow through a blower or a compressor, where compressibility effects cannot be ignored. Figure P6.43 shows a generalized sketch of a blower. The control volume from section 1 to 2 includes all the fluid inside the blower and the exit duct. The inlet is labeled as section 1 and has an area (indicated by the dotted line) so huge that the velocity at section 1 is negligible compared to the velocity at section 2. Applying the continuity equation, we get

$$\dot{m}_1 = \dot{m}_2 = \dot{m}$$

a. Neglecting changes in potential and kinetic energies, verify that the energy equation applied to the system is

$$0 = -\frac{dW}{dt} + \dot{m}_1 h_1 - \dot{m}_2 h_2$$

Combine with the continuity equation and show that

$$\dot{m} = \frac{dW/dt}{h_1 - h_2}$$

b. For an ideal gas, the enthalpy change is $\Delta h = c_p \Delta T$. We also have $\dot{m} = \rho AV$ (evaluated at the outlet, section 2). Show that the preceding equation becomes

$$V_2 = \frac{dW/dt}{\rho_2 A_2 c_p (T_1 - T_2)}$$

c. For an ideal gas, $\rho = p/RT$ and $c_p = \gamma R/(\gamma - 1)$, where γ is the ratio of specific heats c_p/c_v. Using these definitions, show that

$$V_2 = \frac{dW/dt}{\rho_2 A_2 c_p (T_1 - T_2)}$$

d. For an isentropic compression from sections 1 to 2, we have

$$\frac{T_1}{T_2} = \left(\frac{p_1}{p_2}\right)^{(\gamma-1)/\gamma}$$

Show that the exit velocity (or the power) can be predicted with

$$V_2 = \frac{dW/dt}{\dfrac{p_2 A_2 \gamma}{\gamma - 1}\left\{\left(\dfrac{p_1}{p_2}\right)^{(\gamma-1)/\gamma} - 1\right\}}$$

Thus, the exit velocity (or the power) is a function of the pressure ratio.

45. A commercial blower (radial flow fan) used to clean up lawn clippings is shown schematically in Figure P6.45. Air at 1.01325 x 10^5 Pa, 21.1°C is drawn into the inlet and is discharged at 95.83 kPa, 21.1°C. The outlet tube has an *ID* of 63.5 mm. The blower housing has a huge sticker on it boldly boasting "1 HP." Assuming that this is the motor horsepower and that the fan efficiency is 80%, determine the velocity in the exit duct. Use the results of Problem 6.43 to obtain a result. Take $\gamma = 1.4$.

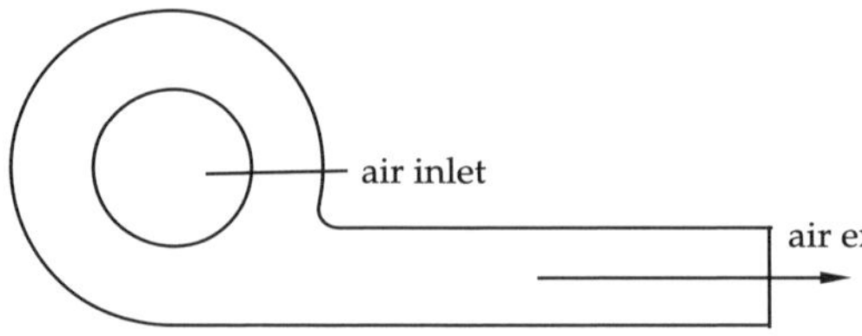

FIGURE P6.45.

6.11 | Group Problems

G1. A series of tests was conducted on a centrifugal pump to verify some isoefficiency test results. The pump itself has a 12-nominal schedule 40 inlet line and a 10-nominal schedule 40 outlet line. Water was the liquid used, and the pressure gage in the outlet line was 0.61 m higher than the inlet pressure gage. Following is a chart of data obtained from the pump, all at 75% efficiency. Fill in the blank spaces with the expected value:

Torque N·m	Rotational Speed, Hz	Inlet Pressure, kPa	Outlet Pressure, kPa	Volume Flow Rate, m^3/s
40.68	20	____	110.3	0.0505
34.58	____	48.26	117.2	0.0536
30.65	30	55.15	____	0.0568
22.24	40	41.36	110.3	____
17.50	____	34.5	103.4	0.0489
____	60	34.5	103.4	0.0394

G2. A pump was tested in the laboratory to obtain data and construct a performance map. The pump had 1-nominal schedule 40 inlet and outlet lines. The inlet pressure valve was 101.6 mm below the outlet pressure valve. The data are provided in the following table.

Construct a performance map for the data given in the table. Plot ΔH versus Q for all impeller diameters. Show iso-efficiency lines for 30%, 35%, 40%, 43%, 45%, and

46%. The pump operates at 29.2 Hz, and all pressures are in kPa, and torque is in N·m.

Impeller Diameter

Q, m³/s	gpm	123.8 mm Δp	123.8 mm Torque	114.3 mm Δp	114.3 mm Torque	101.6 mm Δp	101.6 mm Torque	88.9 mm Δp	88.9 mm Torque	76.2 mm Δp	76.2 mm Torque
0	0	78.59	0	65.5	0	51.71	0	38.61	0	25.51	0
2.52×10^{-4}	4	77.21	0.424	64.1	0.328	51.02	0.259	37.92	0.209	24.13	0.164
5.04×10^{-4}	8	73.10	0.576	62.74	0.454	47.57	0.355	35.85	0.291	22.06	0.206
7.57×10^{-4}	12	68.94	0.660	57.91	0.534	43.43	0.397	31.02	0.324	18.61	0.241
1.01×10^{-3}	16	62.73	0.751	52.40	0.613	37.23	0.457	24.13	0.347	9.65	0.184
1.26×10^{-3}	20	53.77	0.861	42.74	0.622	27.58	0.488	13.10	0.331		
1.51×10^{-3}	24	42.74	0.926	33.10	0.778	17.92	0.549				
1.76×10^{-3}	28	31.03	1.01	19.30	0.624						

G3. For all data in the table given in Problem G2, calculate values of the following dimensionless groups:

$$\frac{g\,\Delta H}{\omega^2 D^2} = \text{energy transfer coefficient}$$

$$\frac{Q}{\omega D^3} = \text{volumetric flow coefficient}$$

$$\frac{\rho \omega D^2}{\mu} = \text{rotational Reynolds number}$$

$$\frac{(dW/dt)}{\rho \omega^3 D^3} = \text{power coefficient}$$

$$\eta = \text{efficiency}$$

Construct graphs of: (a) energy transfer coefficient versus volumetric flow coefficient; (b) energy transfer coefficient versus rotational Reynolds number; (c) power coefficient versus volumetric flow coefficient; (d) power coefficient versus rotational Reynolds number; (e) efficiency versus volumetric flow coefficient; (f) efficiency versus rotational Reynolds number. Take the fluid to be water in all cases.

G4. It is often preferable when working with noncircular cross sections and with minor losses to have information on economic velocity. The economic velocity will vary with the economic parameters, and so minimum values should be selected for calculation purposes. The values that yield the minimum economic velocity are as follows:

$$C_2 = \$0.10/(kW{\cdot}hr) = \$0.10/kWh;$$
$$C_1 = \$300/m^{2.2} \qquad n = 1.4$$
$$t = 7\,880\ hr/yr \qquad a = 1/(7\ yr)$$
$$F = 6 \qquad b = 0.01$$
$$\eta = 75\% = 0.75 \qquad \varepsilon = 0.000\,25$$

For five fluids assigned by the instructor, calculate (a) economic diameter and (b) economic velocity by using the continuity equation. Using the above data will provide a minimum for the economic velocity. In all cases, take the volume flow rate to be 0.001 m^3/s. Explain how to modify the results without recalculating if the volume flow rate in an actual case is different from 0.001 m^3/s.

G5. A pipeline that is 183 m long is to convey chloroform at a flow rate of 0.0536 m^3/s. The line is to be suspended 0.61 m (or so) from a ceiling. Determine: (a) the economic line size and piping material; (b) the system curve to 0.0631 m^3/s; (c) the pump power requirements; (d) the expected pump efficiency; (e) an appropriate pump to use (refer to a catalog rather than a curve from this chapter); and, (f) the location and configuration of pipe hangers. The pipeline is horizontal, and minor losses can be neglected.

G6. A pipeline conveying ether is 80 m long. The flow rate of the ether is 0.1 m^3/s. The line is horizontal and contains three regular elbows; all other minor losses can be neglected. The first 70 m of the line are a straight run and should be elevated a distance of 0.914 m from the ground. Determine: (a) the economic linesize and piping material; (b) the system curve to 0.15 m^3/s; (c) the pump power requirements; (d) the expected pump efficiency; (e) an appropriate pump to use (refer to a catalog rather than a curve from this chapter); and (f) the placement and configuration of pipe supports for the first 70 m of the line. Take inlet and outlet pressures to be equal.

G7. Apipelineistobedesignedtoconvey3.155 x 10^{-4} m^3/sofglycerineadistanceof7.62m. The line contains six elbows and a globe valve (fully open). Determine: (a) the economic line size and piping material; (b) the system curve to 6.31 x 10^{-4} m^3/s; (c) the pump power requirements; (d) the expected pump efficiency; and, (e) an appropriate pump to use (refer to a catalog rather than a curve from this chapter). The pressures at inlet and outlet are equal.

G8. Turpentine is stored in a 7.62 m-diameter tank. Inside the storage tank, the turpentine depth is 5.49 m. A piping system containing a pump is to move the turpentine to a holding tank having a very large diameter. The turpentine depth in the holding tank is constant at 1.83 m. The pipeline contains a basket strainer, three elbows, and a ball valve. At the exit, the end of the pipeline is submerged 1.524 m below the free surface of the turpentine. For a volume flow rate of 3.16×10^{-3} m^3/s, determine: (a) the economic line size and piping material; (b) the system curve to 4.73×10^{-3} m^3/s; (c) thepumppowerrequirements; (d) theexpectedpumpefficiency; and (e) an appropriate pump to use (refer to a catalog rather than a curve from this chapter). The pipeline is 32.92 m long and is horizontal, with inlet and exit at the same elevation.

G9. A pipeline is to convey water uphill. The pipeline is 20 m long and is buried 457 mm underground. The inlet of the pipeline is to be submerged in water and should contain a basket strainer. The exit of the pipeline is submerged also in water at an elevation of 3 m above the inlet. The pipeline should convey the water at 1.58×10^{-3} m^3/s.Thepipelinecontainseightelbows,aballcheckvalve,andagatevalve. Determine: (a) the economic line size and piping material; (b) the system curve to 1.893×10^{-3} m^3/s; (c) thepumppowerrequirements; (d) theexpectedpumpefficiency; and (e) an appropriate pump to use (refer to a catalog rather than a curve from this chapter).

Open-Ended Design Problems

The following problems are taken from actual machines or devices. The problem statements purposely do not contain all of the information needed to determine what assumptions to make in order to obtain a solution, and the solution might not be unique.

G10. For the piping system of Figure P6G.10, perform calculations to design the piping system following the suggested procedure in the design practice section. Use the following economic parameters:

C_2 = \$0.04/(kW·hr) = \$ 0.04/kWh;
C_1 = \$400/m$^{2.2}$
t = 7880 hr/yr
n = 1.2
b = 0.01
fluid = octane

PVC schedule 40 pipe
F = 7
a = 1/(7 yr)
η = 75% = 0.75
Q = 1.893×10^{-3} m^3/s

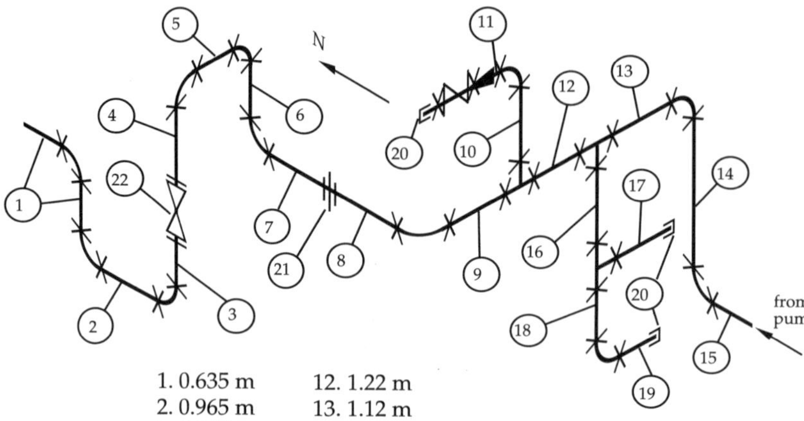

1. 0.635 m
2. 0.965 m
3. 0.965 m
4. 0.864 m
5. 0.61 m
6. 0.533 m
7. 1.88 m
8. 0.559 m
9. 1.22 m
10. 1.27 m
11. 0.66 m
12. 1.22 m
13. 1.12 m
14. 1.98 m
15. 0.635 m
16. 1.524 m
17. 0.814 m
18. 0.94 m
19. 0.61 m
20. end caps
21. union
22. gate valve

FIGURE P6.G10.

There is a pump in the system that has to be selected and whose position must be determined. Select a pump from a catalog, and ensure that it does not cavitate.

G11. You work for a machine shop that just bought a used milling machine. Due to unfortunate misuse by the previous owner, the machine needs a new cooling system. Figure P6.G11 shows a side view of the milling machine. At the base of the machine is a well filled with SAE 10 oil. A submersible pump moves oil through a piping system up to the head of the machine, where the oil is discharged at the cutter and used as a coolant for the milling operation. The oil flow rate should be 5.91×10^{-5} m^3 per second, or at least laminar when it is discharged. The height h is 1.22 m, and the tube length is 12.2 m. After the coolant is discharged, it drains into a collection trough and then through a return line to the well.

1. Select a tube or pipe to use for the coolant line from pump to discharge. Should it be made of stainless steel, or is copper tubing good enough?

2. Select a tube or pipe to use for the return line. What material should be used?
3. Select a material to use for the trough and design its cross section. Oil that collects in the trough should never fill the trough to overflowing.
4. Use a manufacturer's catalog and select a pump.

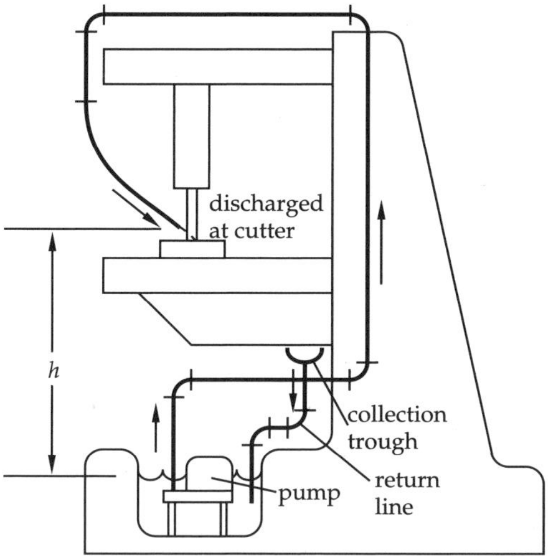

FIGURE P6.G11.

G12. (This problem is based on a design found in a delicatessen in San Francisco.) You have been hired by an architectural firm to finish the design of a piping system that is proposed to install in a restaurant. Figure P6.G12a shows a setup designed to produce a rain-like water shower, and as indicated, the system consists of a number of components. Embedded within the concrete floor are two pools, each lined with stainless steel sheet metal and separated by a distance of 915 mm . The pools are 1.82 m x 0.915 m (into the page) and 3.05 m x 0.915 m. The water depth in the pools is 203 mm . Piping from the bottom of each pool leads to a centrifugal pump. The pump discharges water into a pipe concealed behind a wall. The pipe leads over the top of a dropped ceiling. Piping goes through the ceiling to flexible tubing (labeled as B in the drawing) that discharges water to three identical troughs.

One trough is separate, and the other two are joined together. The troughs are suspended 152.4 mm below the ceiling, although this is not indicated in the figure. The troughs are 1.22 m long by 457 mm wide, and are made of Plexiglas, as shown in the trough detail drawing, Figure P6.G12b. The bottom of the troughs is in the shape of inverted roofs and has a number of holes drilled in them. So when water is discharged into the troughs, it drains through the holes and falls in separate streams. The sound is like rainfall as the streams hit the pool water. The troughs are centered over the pools. The ceiling-to-floor height is 3.66 m, and the distance from the right edge of the 3.05 m long pool to the wall is 3.05 m. Such a system adds atmosphere to what might be an otherwise ordinary luncheon environment.

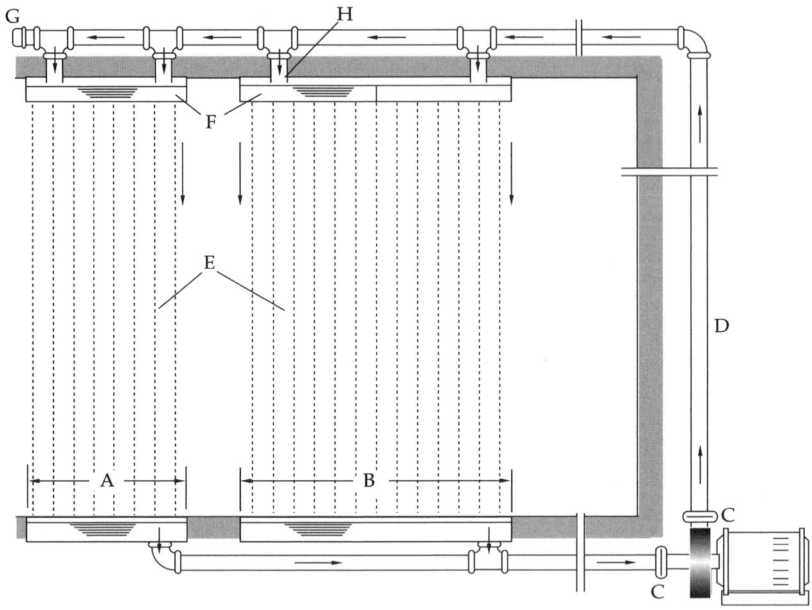

FIGURE P6.G12a.

Notes:

A	1.83 m	D	3.96 m
B	3.05 m	E	Rainlike falling water
C	Union fittings about the pump for easy replacement if necessary	F	Troughs
		G	End cap
		H	Flexible tubing

Pipe lengths total 9.14 m; square edged inlets at the pools; total pipe length from trough A to pump is 1.83 m

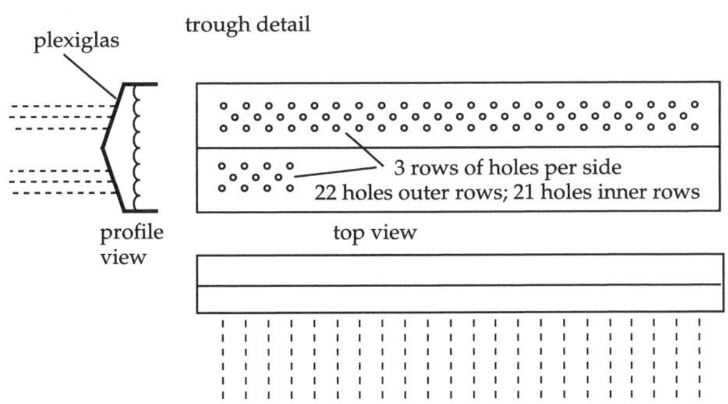

FIGURE P6.G12b.

1. Select a tube or pipe size and a pipe material for pump inlet and discharge lines.
2. Keep in mind: Children will probably be in this restaurant while the system is working; children might be tempted to throw coins or even food in the pools; and some adults will behave like children. Make recommendations on how the inlet piping should be attached to the pools so as to avoid problems with litter.
3. Select a diameter to use for drilling holes in the troughs and design its cross section (e.g., angle and expected water depth in the troughs).
4. Use a manufacturer's catalog and select a pump.
5. When the system is operating, the water depth in the pools might fall below 8 in., but it should not, in order to prevent air from being entrained in the pump inlet line. How is this problem to be alleviated?

G13. You work for a consulting company that has been hired to modify the piping system used in a dairy. The piping system shown in Figure P6.G13 contains a pump that conveys milk from one tank to another, the second tank being a feed tank to a bottling machine. The system consists of 7 m of 2-nominal schedule 40 stainless steel pipe from pump to downstream tank. The inlet line from the tank on the left to the pump is 21/2-nominal schedule 40 stainless steel. The vertical distance from the reference datum to the pressure gage at the pump inlet (= z_2) is 1.4 m. The venturi meter has approach and exit line diameters of 2-nominal schedule 40 pipe, while at the throat the diameter corresponds to 1/2-nominal schedule 40. The venturi meter has an air-over¬milk inverted U-tube manometer attached. The liquid height in the upstream tank (= z_1) must not be less than 2 m, and due to the bottling machine requirements, the height z_3 should always be equal to or greater than 3 m.

1. Explain why the piping, the tanks, and the pump should all be stainless steel.

2. The bottling machine can fill and cap a number of bottles per minute. The flow rate requirement can be met if the milk velocity in the 2-nominal line is 1.5 m/s. Under this condition, what is the expected reading on the pressure gage at pump outlet?

3. Calculate the pump power required.

4. An air-over-milk inverted U-tube manometer is entirely unsatisfactory. Determine a better way to measure the pressure difference at the meter. What is the expected pressure difference? Is there a better meter to use than a venturi?

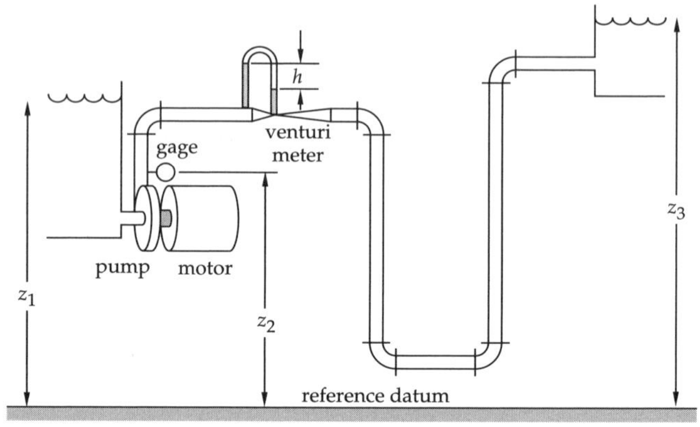

FIGURE P6.G13.

G14. You work for a manufacturer of hydraulic presses and have been assigned the enviable task of analyzing the proposed piping system of Figure P6.G14. A pump moves hydraulic oil from a supply tank to the press. The press needs at least 1.262 x 10^{-3} m^3/stooperateproperly.The valve in the pump outlet line is to be used to reduce the flow rate if more than 1.893 x 10^{-3} m^3/s is provided.The pipe size shave already been selected, not based on a minimum cost analysis, but because "we have lots of these pipe sizes in stock." The inlet line to the pump is 2-nominal schedule 40 PVC, 2.5 m long. The outlet line from pump to press is 1½-nominal schedule 40 PVC, 6 m long. The pressure of the hydraulic oil delivered to the press must be 206.8 kPa (abs) .

After being used in the press, the oil is discharged to an elevated tank at the top of the press. The return line from this tank to the supply tank is 12 m long, and its diameter has not been selected, but it too should be made of PVC. The heights are $H = 203$ mm, $h = 203$, and $d = 305$ mm.

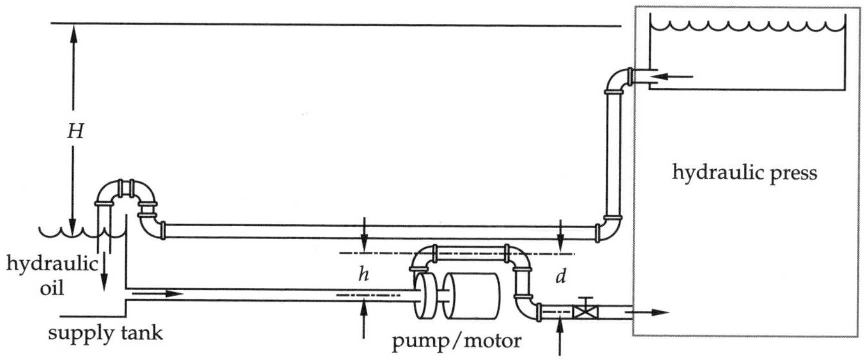

FIGURE P6.G14.

1. Size the pump. For this application, a positive-displacement pump is to be used. Select one from a manufacturer's catalog.

2. The elevated tank has a cross-sectional area of 0.232 m^2. Due to structural considerations, the oil in this tank should not have more than 10 gallons of oil in it. Size the return line based on this requirement. Do you think it is a good idea to modify the inlet in the return line to make it an overflow inlet and thus maintain 0.0379 m^3 or so of oil in the elevated tank? (This modification is given consideration in order to keep air from entering the return line.)

3. Does the return line convey oil fast enough? Is a pump necessary in the return line, or is gravity a good enough "prime mover"?

4. What are the diameters that you would recommend based on a minimum cost analysis?

5. What kind of valve are you going to specify, and why?

G15. Figure P6.G15 shows a pump and piping system that is to drain a 45.42 m^3 tank in 3 hours. The tank is used to prepare a liquid, and once this has been done, the pump is to move the liquid to a storage tank or to a tank truck (the exit is to atmospheric pressure). The liquid has the same properties as kerosene. The total length of pipe in the system is 18.3 m. The tank itself contains heating coils (not shown) that can be used to warm the fluid prior to pumping it. Follow the suggested design procedure and select a pump for the case when $z_1 = 1.83$ m and $z_2 = 3.66$ m.

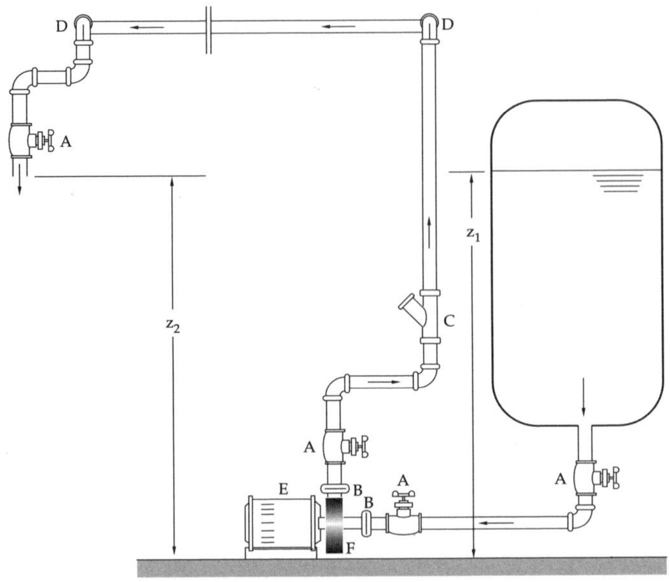

FIGURE P6.G15.

Notes:

A Globe valves (4 of them)

B Union fittings (4 with 2 not shown)

C Y-strainer ($K = 1$)

D Elbow facing away, with pipe attached (into the page)
(2 more obscured by the elbows at D) 9 Elbows total

E Motor

F Pump

The pipe is all wrought iron, with threaded fittings, schedule 40.

Pipe lengths total 18.3 m.

The tank contains a chemical, which is prepared, mixed, and stored until it is to be shipped or stored in another tank. All tanks vented to atmosphere.

The liquid has the same properties as kerosene.

The tank volume is 45.42 m^3.

The tank is to be emptied in 3 hours.

Square edged inlet at the tank.

Total pipe length from tank to pump is 1.83 m.

G16. Figure P6.G16 shows a pump and piping system. The pump is to move ethylene glycol at a flow rate of 3.155×10^{-3} m^3/s. Follow the suggested design procedure and select a pump for the case when $z_1 = 1.22$ m and $z_2 = 3.66$ m.

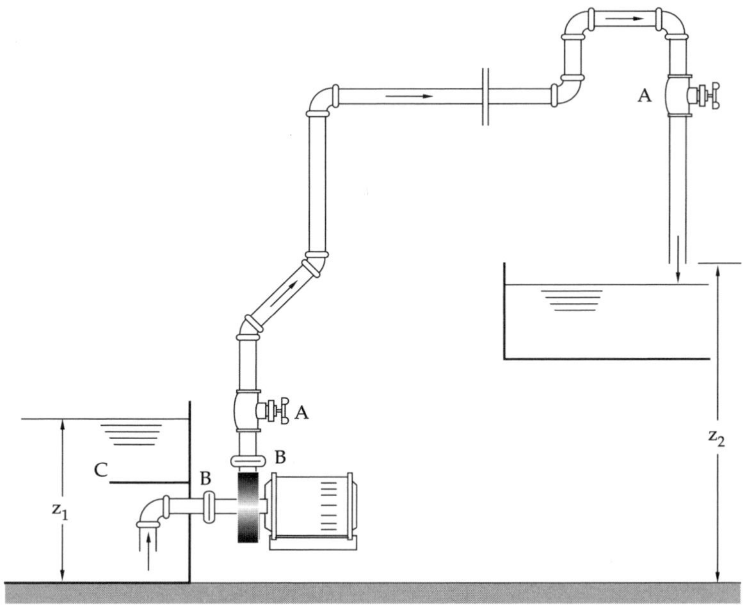

FIGURE P6.G16.

Notes:

A Globe valves (2 of them)

B Union fittings (4 with 2 not shown)

C Plate welded to tank to suppress air entrainment in pump inlet

D 5-90° Elbows

2-45° Elbows

The pipe is all wrought iron, with threaded fittings, schedule 40.

Pipe lengths total 35.36 m.

The fluid is ethylene glycol.

The flow rate required is 3.155×10^{-3} m^3/s.

Total inlet pipe length from tank to pump is 1.22 m.

$z_1 = 1.22$ m and $z_2 = 3.66$ m.

G17. Figure P6.G17 shows a pump and piping system. The pump is to move ethylene glycol at a flow rate of 3.155×10^{-3} m^3/s. Follow the suggested design procedure and select a pump for the case when $z_1 = 1.22$ m and $z_2 = 3.66$ m.

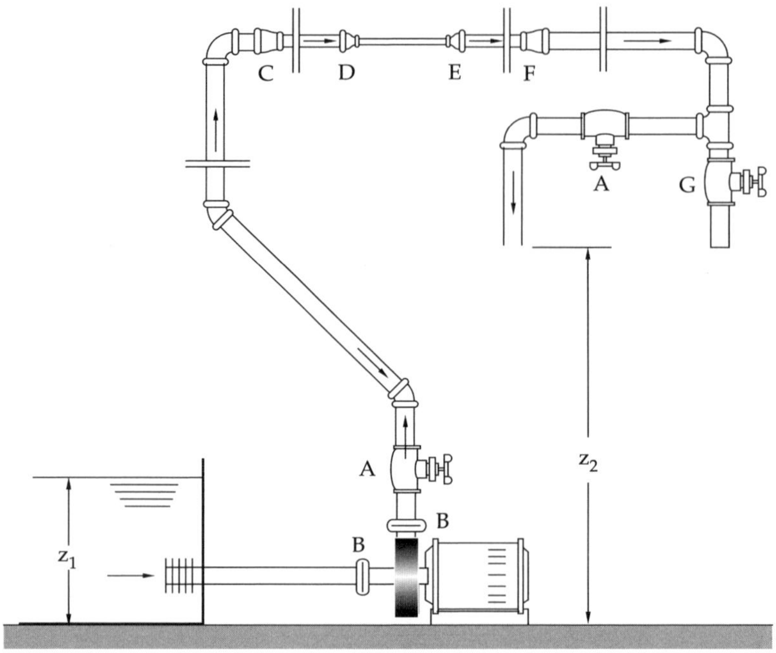

FIGURE P6.G17.

Notes:

A Globe valves

B Union fittings

C, F 3 x 2 concentric reducer

D, E 2 x $1^1/5$ concentric reducer

G Globe valve closed

Pipe & Fittings All pipe is schedule 10, stainless steel
Welded fittings except for the unions at B

Inlet to pump 3.35 m of 3 nominal, Basket strainer, 1 union fitting

Exit from pump to reducer at C: 27.13 m of 3 nominal, 1-90° elbow, 2-45° elbows
1 union fitting, 1 Globe valve

Reducer at C to reducer at D: 4.57 m of 2 nominal, 3 x 2 concentric reducer

Reducer at D to reducer at E: 0.61 m of $1^1/5$ nominal, 2 concentric reducers 2 x $1^1/5$

Reducer at E to reducer at F: 182 m of 2 nominal, 20-90° elbows (not shown)

Reducer at F to exit at z_2: 3. 05 m of 3 nominal, 2-90° elbows, 1 globe valve, 1 T-joint

G18. It may appear to the discerning individual that the line size selected in Example 6.7 (3 nominal) is too large, based on the area limits in Step 1. Rework the problem using the smaller size (2½ nominal). Complete the following chart:

Item		Example 6.7	Your results
"Economic" line size	=	3-nom sch 40	$2^1/_2$-nom sch 40
Layout	=	given	given
System curve	=		
Specific speed	=		
Expected pump eff	=		
Pump type	=		
Motor power	≈		

G19. Figure P6.G.19 shows a tubing system used as a heat exchanger. The exchanger has fins attached (as shown) and is made of 1/2-std type M copper tubing. There are 12.2 m of tubing and, in order to transfer the required amount of heat, the liquid velocity can be no less than 2 m/s. If the liquid is benzene, determine the pump power required. All fittings are soldered together, and the pressure drop from inlet to exit is 27.58 kPa.

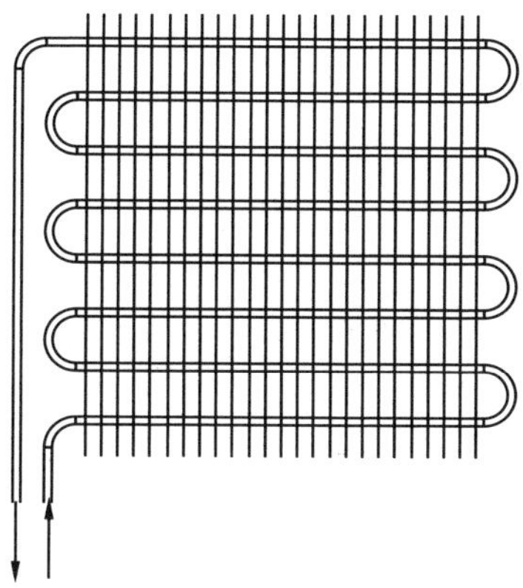

FIGURE P6.G19.

열전달 기초 07
Some Heat Transfer Fundamentals

열은 열원에서 리시버로 전도, 대류 및 복사인 세 가지의 열전달 방식을 통해 전달된다. 대부분의 공학적 응용문제들은 하나 또는 두 개의 열전달 방식이 포함되어 있으며, 이를 해석적으로 풀기 위해서 단순화 가정을 적용하게 된다. 제7장에서는 열전달에 대한 몇 가지 기초적인 개념들을 복습하고 관련된 물성치에 대해 정의할 것이다. 또한 간단한 전도 및 대류 문제들에 관한 풀이법 및 다양한 유형의 대류 문제들에 대한 수식들을 제시할 것이나 복사에 관한 개념은 여기서 다루지 않는다. 제7장에서의 주된 목표는 대류 열전달에 있어 유체의 대류 열전달 특성과 풀이법에 대해 다루고, 이어지는 다음 장에 등장하는 열교환기 모델링에 대한 기초를 다지는 것이다.

7.1 평면 벽을 통한 열전도

그림 7.1은 좌측의 열원(히터)과 우측의 히트싱크(워터재킷)에 접촉하고 있는 평면 벽을 보여주고 있다. 그림에서 보듯이 온도 T가 x축에 따라 변하는 것을 확인할 수 있으며 히터는 단위 면적 및 단위 시간당 일정한 열유속 q_x''를 공급한다. 평면 벽이 시간에 따라 온도 변화가 없는 정상상태에 도달했을 때, 벽 내부의 온도를 측정하고 이를 그래프로 그리면 그림에서 보듯이 온도 T는 x에 대해 선형적으로 변화하며, 온도의 기울기는 dT/dx로 표현할 수 있다. 또한 단위 면적(열유속의 수직 방향) 및 단위 시간당 열유속은 온도 기울기에 비례함을 알 수 있다.

$$q_x'' \propto \left(-\frac{dT}{dx}\right) \tag{7.1}$$

여기서 거리 x가 증가할수록 온도 T는 감소하므로 $-dT/dx$ 값은 양이며, 식 (7.1)의 좌변과 우변에 비례상수를 이용하여 다음과 같이 표현할 수 있다.

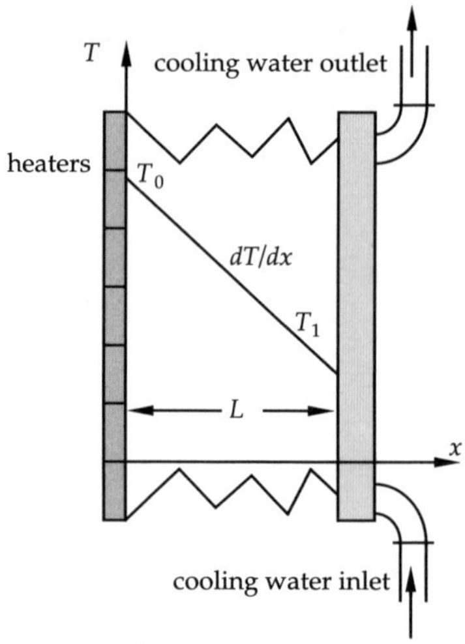

그림 7.1 평면 벽을 통한 열의 전도

$$q_x = kA\left(-\frac{dT}{dx}\right) \tag{7.2}$$

여기서 k는 물질의 **열전도도(thermal conductivity)**이며 단위는 F·L/(T L t)`[W/(m·K)]이다. 열전도도 k는 물성치이며 일반적으로 실험을 통해 구해진다. 다양한 금속 및 건축 재료들에 대한 열전도도는 표 7.1에 제시되어있다. (더 확장된 자료는 다양한 참고도서에서 제공된다.) 특정한 액체 및 기체에 대한 열전도도 값은 부록 표 B.1~B.5(액체), 그리고 부록 표 C.1~C.6(기체)에서 제공된다.

그림 7.1의 평면 벽에 대해, 식 (7.2)를 직접 적분하면 식 (7.3)을 얻을 수 있으며

$$q_x = kA\,\frac{T_0 - T_1}{L} \tag{7.3}$$

여기서 $(T_0 - T_1)$은 벽두께 L 사이의 온도차를 나타낸다. 식 (7.3)은 다음과 같이 표현할 수 있으며

$$q_x = \frac{T_0 - T_1}{L/kA} = \frac{T_0 - T_1}{R} \tag{7.4}$$

여기서 $L/kA = R$이며 R은 정상상태 조건에서 온도차 $(T_0 - T_1)$에 의해 전달되는 열 q_x에 대한 일종의 저항을 의미한다. 이 저항 R은 t·T/(F·L)[(K/W)]의 단위을 가진다.

표 7.1 금속 및 합금에 대한 열적 특성

Material	Specific Gravity	Specific Heat C_p $\frac{J}{kg \cdot K}$	Thermal Conductivity, k $\frac{W}{m \cdot K}$	Diffusivity $m^2/s \times 10^6$
		Selected Metals at 293 K = 20°C		
Aluminum	2.702	896	236	97.5
Bronze	8.666	343	26	8.59
Brass	8.522	385	111	34.12
Cast iron	7.272	420	52	17.02
Copper	8.933	383	399	116.6
Wrought iron	7.849	460	59	16.26
Carbon steel	7.801	473	43	11.72
Chrome steel	7.865	460	61	16.65
Silicon steel	7.769	460	42	11.64
Stainless steel	7.817	461	14.3	3.87
Material	**Specific Gravity**	$\frac{J}{kg \cdot K}$	$\frac{W}{m \cdot K}$	$m^2/s \times 10^5$
		Selected Building Materials at 293 K = 20°C		
Asbestos	0.383	816	0.113	0.036
Asphalt	2.120		0.698	
Brick				
Common	1.800	840	0.45	0.031
Masonry	1.700	837	0.658	0.046
Silica	1.9		1.07	
Cardboard			0.25	
Concrete	0.500	837	0.128	0.049
Cork	0.120	1880	0.042	0.03
Ebonite			0.163	
Glass fiber	0.220		0.035	
Glass wool			0.040	
Glass (window)	2.800	800	0.81	0.034
Ice at 0°C	0.913	1830	2.22	0.124
Kapok	0.025		0.035	
Wood				
Fir, pine, spruce	0.444	2720	0.15	0.0124
Oak	0.705	2390	0.19	0 0113
Wool	0.200		0.038	

Notes: Data from several sources; see references at end of text.
Density = ρ = specific gravity x 1 000 kg/m^3
Diffusivity of aluminum = $\alpha = 97.5 \times 10^{-6}$ m^2/s

예제 7.1 그림 7.2은 **가드열판기(guarded hot-plate)**의 단면을 보여주고 있다. 이 기구는 합판, 단열재, 석고보드 등 평면모양의 물질의 열전도도를 측정하는 데 사용된다. 가드열판기는 주 히터 및 가드 히터로 구성되어 있으며 가드 히터는 주 히터를 완전히 둘러싸고 있다. 테스트를 위해 두 개의 샘플이 필요하며, 각 샘플은 히터들의 양쪽에 설치하고 설치된 샘플은 양 끝단의 냉각워터재킷과 접촉하도록 만들어져 있다. 장비를 작동하기 위해, 두 히터 모두 작동되어야 한다. 주 히터로부터의 열은 1차원 방향 열유속 형태로 각 샘플을 통해 냉각워터재킷으로 전달된다. 그 이유는 가드히터가 샘플의 바깥쪽 둘레에 에너지를 공급하여 주 히터로부터 흘러나온 열이 다른 방향으로 전달되지 않기 때문이다. 따라서 주 히터로부터 냉각워터재킷까지 1차원으로 흘러가는 열유속이 발생하게 된다.

두 히터 모두 전기로 가열되며, 따라서 주 히터에 연결된 전선의 전압 및 전류를 읽음으로써 얻은 데이터를 통해 두 샘플에 공급된 입력 전력을 계산할 수 있다. 열전대는 몇 가지 목적을 위해 필요한 온도를 측정하는 데 사용된다. 1차원 방향 열유속이 발생하는지 보여주는 것은 정상상태에서 샘플 표면 1에서의 온도(그림 7.2)가 주 히터와 가이드 히터에서 동일함을 의미한다. 동시에 주 히터의 표면 1에서의 온도와 표면 2 그리고 냉각워터재킷의 표면 3에서의 온도를 열전대를 이용하여 측정한다.

가드열판기가 9.53 mm 두께의 합판의 열전도도를 측정하기 위해 사용되었다. 주 히터에 입력된 전력은 110 V × 1 A이다. 주 히터 표면의 온도는 98.9℃이며, 이때 냉각워터자켓의 온도는 26.7℃이다. 열이 흘러가는 단면적은 0.0697 m^2이다.

(a) 합판의 열전도도를 구하고, (b) 식 (7.4)에 정의된 저항값을 계산하여라.

풀이

입력된 전력의 절반이 각 합판들에 전달된다. 각 부분으로 전달된 열유속은 식 (7.4)와 같이 주어져 있다.

$$q_x = \frac{T_0 - T_1}{L/kA} = \frac{T_0 - T_1}{R} \tag{7.4}$$

q_x은 다음과 같이 계산된다.

$$q_x = 0.5(110)(1) = 55 \text{ W}$$

환산계수는 부록 표 A.2에서 얻을 수 있었다. 열전도도를 구하기 위해 식 (7.4)를 정리 후 대입하면, 다음의 결과를 얻을 수 있다.

$$k = \frac{Lq_x}{A(T_0 - T_1)} = \frac{(9.53 \text{ x } 10^{-3})(55)}{0.0697(98.9 - 26.7)}$$

(a) $\underline{k = 0.104 \text{ W/mK}}$

저항 정의를 이용하여 구하면 다음과 같다.

$$R = \frac{L}{kA} = \frac{0.00953}{0.104(0.0697)}$$

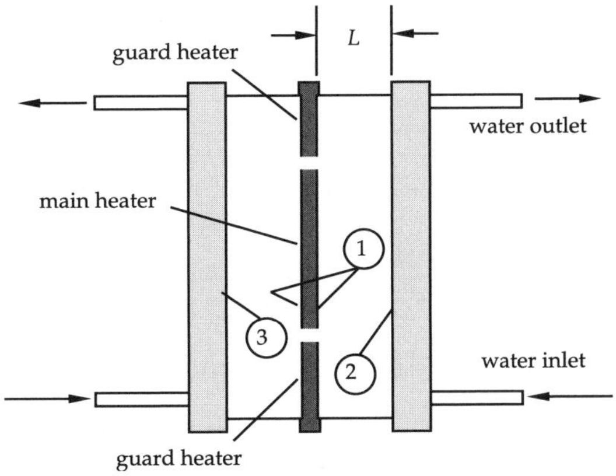

그림 7.2 열전도도를 측정하기 위한 가드열판기의 개략도

(b) $R = 1.32\ \mathrm{K/W}$

위에서 설명한 평면 벽을 지나는 열유속에 대한 저항 개념은 1차원 열유속 방정식을 직렬로 배열되어 있는 재료들에 적용하는 데 이용할 수 있다. 그림 7.3과 같이 여러 재료들이 직렬로 배열된 복합적인 벽을 생각해 보자. 그림에서 알 수 있듯, 열은 좌측에서 우측으로 서로 맞닿은 3개의 서로 다른 열전도도를 가진 재료들을 통과한다. 전체 벽에 대해 다음과 같이 표현할 수 있으며

$$q_x = \frac{T_0 - T_3}{R_{03}} \tag{7.5}$$

모든 재료들을 통과하는 열유속은 동일한 크기이며 벽의 각 부분을 통과하는 열유속과 동일하다. 식 (7.5)와 더불어 다음과 같은 수식으로 열유속을 표현할 수 있다.

$$q_x = \frac{T_0 - T_1}{R_{01}} = \frac{T_1 - T_2}{R_{12}} = \frac{T_2 - T_3}{R_{23}} = \frac{T_0 - T_3}{R_{03}}$$

따라서 전체 저항은 각 부분 저항들의 합으로 결론지을 수 있다:

$$R_{03} = R_{01} + R_{12} + R_{23} \tag{7.6a}$$

또는

$$R_{03} = \frac{L_{01}}{Ak_{01}} + \frac{L_{12}}{Ak_{12}} + \frac{L_{23}}{Ak_{23}} \tag{7.6b}$$

식 (7.6b)를 식 (7.5)에 대입하면, 벽을 통한 열유속을 다음과 같이 나타낼 수 있다.

$$q_x = \frac{T_0 - T_3}{R_{03}} = \frac{T_0 - T_3}{\frac{L_{01}}{Ak_{01}} + \frac{L_{12}}{Ak_{12}} + \frac{L_{23}}{Ak_{23}}} \tag{7.7}$$

예제 7.2 오븐의 벽면은 그림 7.3과 같이 세겹의 벽돌 층으로 이루어져 있다. 벽의 안쪽 면은 101.6 mm의 규석(silica) 벽돌이며, 203.2 mm 두께의 석조(masonry) 벽돌에 싸여 있고, 가장 바깥은 152.4 mm 두께의 일반(common) 벽돌 층으로 이루어져 있다. 오븐이 사용되는 동안 오븐 내벽의 온도는 537.8°C에 도달하며, 이때 오븐 외벽의 온도는 54.45°C이다. ft^2 당 벽을 통해 전달된 열을 구하여라. 또한 각 벽돌 경계면의 온도를 구하여라.

풀이

앞서 사용한 식들을 적용할 수 있다. 각 층의 두께로부터 저항을 계산할 수 있으며, 이를 통해 최종적으로 전달된 열량을 구할 수 있다.

가정

1. 시스템은 정상상태(steady state)이다.
2. 비록 열물성치들이 온도에 따라 변한다고 알려져 있어도 본 문제에서는 물질들의 열물성치는 일정하다고 가정한다.

표 7.1로부터, 다음의 열전도도 값을 얻을 수 있다.

규석(silica) 벽돌	k_{01} = 1.07 W/mK
석조(masonry) 벽돌	k_{12} = 0.658 W/mK
일반(common) 벽돌	k_{23} = 0.450 W/mK

각 단면적 A가 1 m^2라 가정하게 되면 각 층의 저항을 계산할 수 있다.

규석(silica) 벽돌	$R_{01} = L_{01}/Ak_{01}$ = (0.1016)/(1(1.07)) = 0.095 K/W
석조(masonry) 벽돌	$R_{12} = L_{12}/Ak_{12}$ = (0.2032)/(1(0.658)) = 0.309 K/W
일반(common) 벽돌	$R_{23} = L_{23}/Ak_{23}$ = (0.1524)/(1(0.45)) = 0.339 K/W

세 층의 총 저항은 각 층의 저항의 합과 같다.

$$R_{03} = R_{01} + R_{12} + R_{23} = 0.095 + 0.309 + 0.339 \tag{7.6a}$$

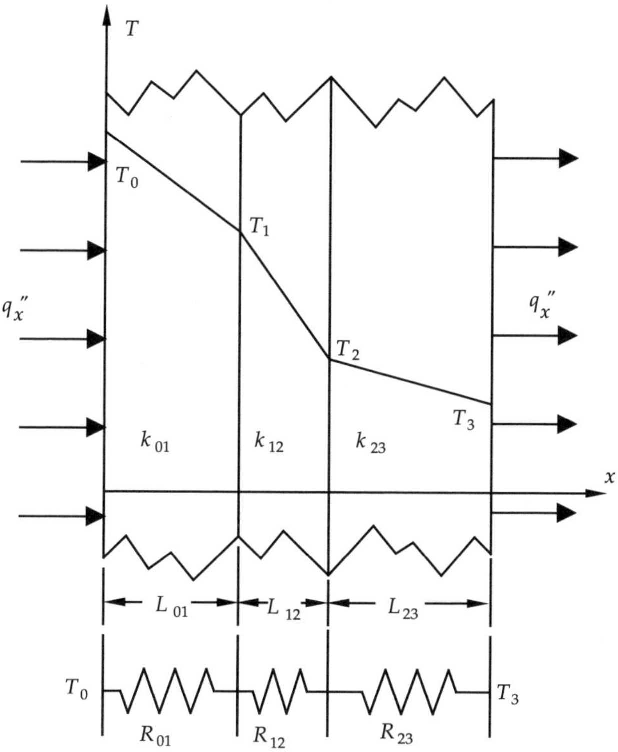

그림 7.3 합성 벽을 통한 열유속

또는 $R_{03} = 0.743$ K/W

벽에서 ft²당 열손실은 다음과 같다.

$$q_x = \frac{T_0 - T_3}{R_{03}} = \frac{537.8 - 54.45}{0.743} \tag{7.5}$$

또는 $\underline{q_x = 651 \text{ W}}$

첫 번째 층에서 다음과 같이 기술할 수 있으며

$$q_x = \frac{T_0 - T_1}{R_{01}}$$

이를 T_1에 대해 정리하고 풀면 다음의 결과를 얻을 수 있다.

$$T_1 = T_0 - q_x R_{01} = 537.8 - 651(0.095)$$

이를 풀면,

$$\underline{T_1 = 476°C}$$

유사한 방법으로

$$q_x = \frac{T_1 - T_2}{R_{12}}$$

그리고 $T_2 = T_1 - q_x R_{12} = 476 - 651(0.309)$
이를 풀면,

$$\underline{T_2 = 275°C}$$

7.2 | 원통형 벽을 통한 열전도

이전 절에서 보았듯, 평면 벽에서는 열이 지나는 단면적은 일정하다는 조건하에서 열유속에 대한 저항 개념을 사용하였다. 7.2절에서는 원통형 구조에서 열유속에 대한 저항개념을 소개하고자 한다.

그림 7.4는 내부 및 외부 반지름이 각각 R_1과 R_2인 원통을 나타낸다. 내부와 외부 표면의 온도는 T_1과 T_2이며 원통의 길이는 L이다. 그림 7.4는 반지름 방향으로 온도와 단면 방향으로의 저항 R_{12}를 보여준다. 저항 R_{12}에 대한 식을 결정하기 위해서 r 방향으로 표현된 열유속인 식 (7.2)를 사용하고자 한다.

$$q_r = kA\left(-\frac{dT}{dr}\right) \tag{7.2}$$

q_r은 반경방향으로의 열유속을 나타내며 $-dT/d_r$은 배관 벽면의 온도 기울기를 나타낸다. $R_1 < r < R_2$ 영역 내에서 단면적은 다음과 같이 주어진다.

$$A = 2\pi rL$$

위의 수식을 식 (7.2)에 대입하고 변수분리법을 이용하여 적분하면 다음과 같이 표현할 수 있다.

$$\int_{T_1}^{T_2} dT = \int_{R_1}^{R_2} -\frac{1}{2\pi kL}\frac{q_r dr}{r}$$

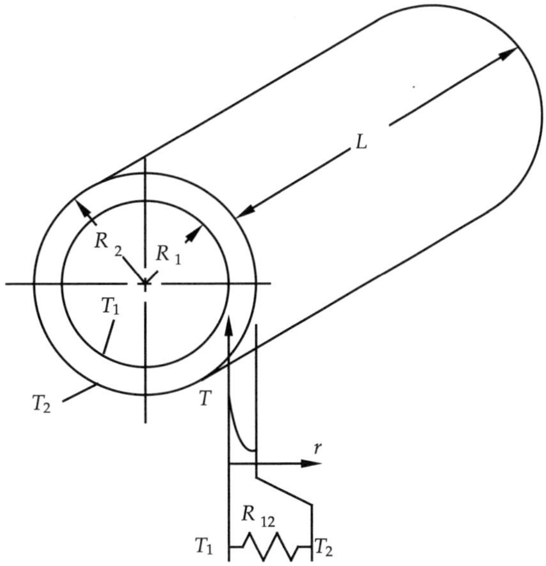

그림 7.4 원통형 벽을 통한 열유속

그 결과는 다음과 같다.

$$T_2 - T_1 = -\frac{q_r}{2\pi kL} \ln \frac{R_2}{R_1}$$

또는 $$T_1 - T_2 = \frac{q_r}{2\pi kL} \ln \frac{R_2}{R_1} \tag{7.8}$$

식 (7.8)은 평면 벽 문제처럼 저항을 얻기 위해 다음과 같이 고칠 수 있다.

$$q_r = \frac{T_1 - T_2}{R_{12}} = \frac{T_1 - T_2}{\dfrac{1}{2\pi kL} \ln \dfrac{R_2}{R_1}}$$

따라서 원통형 구조에서 열유속에 대한 저항은 다음과 같이 정의할 수 있다.

$$R_{ij} = \frac{1}{2\pi kL} \ln \frac{R_j}{R_i}$$

여기서 하첨자 i 그리고 j는 표면의 위치를 나타낸다.

많은 실제 경우에서, 예를 들어 단열 배관 같은 경우 해석하고자 하는 구조는 그림 7.5에서 보듯이 두 개의 재료로 만들어진 원통형 구조로 이루어져 있다. 이 구조에서의 열유속을 계산할 때 평면 벽에서와 동일한 접근법, 즉 열유속에 대한 저항 개념을 사용하게 된다.

내부 표면부터 외부 표면까지, 열유속을 다음과 같이 표현할 수 있다.

$$q_r = \frac{T_1 - T_3}{R_{13}} \tag{7.9}$$

각 재료에 대한 열유속은 다음과 같이 표현할 수 있다.

$$q_r = \frac{T_1 - T_2}{R_{12}} = \frac{T_2 - T_3}{R_{23}}$$

따라서

$$R_{13} = R_{12} + R_{23}$$

또는

$$R_{13} = \frac{1}{2\pi k_{12} L} \ln \frac{R_2}{R_1} + \frac{1}{2\pi k_{23} L} \ln \frac{R_3}{R_2} \tag{7.10}$$

식 (7.9)는 다음과 같이 된다.

$$q_r = \frac{T_1 - T_3}{\dfrac{1}{2\pi k_{12} L} \ln \dfrac{R_2}{R_1} + \dfrac{1}{2\pi k_{23} L} \ln \dfrac{R_3}{R_2}} \tag{7.11}$$

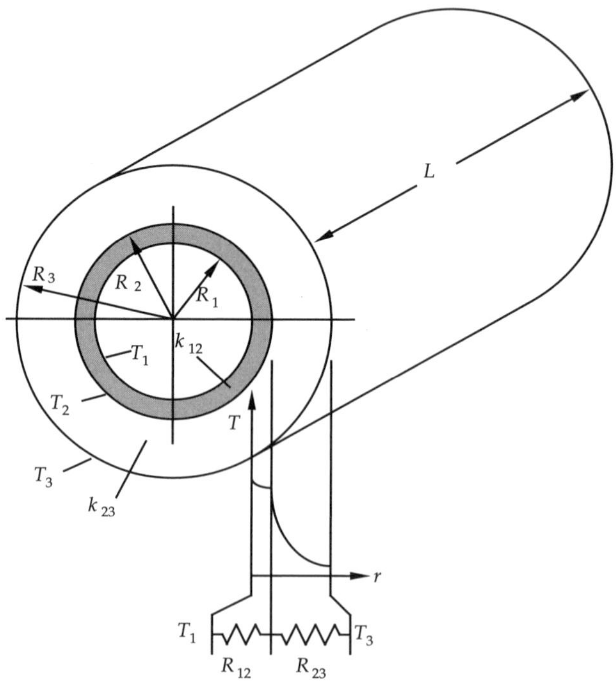

그림 7.5 직렬로 연결된 두 원통에 대한 저항

예제 7.3 강관[$k = 40\ W/(m{\cdot}K)$]이 케이폭(kapok) 단열재로 그림 7.5의 단면도와 유사한 모양으로 단열되어 있다. 배관은 유체를 이송하며 내부 표면온도는 100°C로 유지된다. 단열재 외부 표면은 25°C이다. 배관은 공칭치수 4 스케줄 40이며 단열재 두께는 60 mm이다. 단위 길이당 원통형 벽을 통해 전달된 열량과 두 물질 경계면에서의 온도를 결정하라.

풀이

앞서 적용한 식을 사용할 수 있다. 각 층의 저항을 계산할 수 있으며 이를 통해 최종적으로 전달된 열량을 구할 수 있다.

가정

1. 시스템은 정상상태이다.
2. 비록 열물성치들이 온도에 따라 변한다고 알려져 있어도 본 문제에서는 물질들의 열물성치는 일정하다고 가정한다.

부록 표 D.1로부터, 공칭치수 4 스케줄 40 배관의 재원을 얻을 수 있다.

$$OD = 114.3\ \text{mm} \qquad ID = 102.3\ \text{mm}$$

표 7.1로부터, 케이폭(kapok)의 열전도도는 $0.035\ W/(m{\cdot}K)$이다. 그림 7.5의 표기에 따라, 각 반지름은 다음과 같다.

$$\begin{aligned} R_1 &= 102.3/2 = 51.2\ \text{mm} \\ R_2 &= 114.3/2 = 57.2\ \text{mm} \\ R_3 &= R_2 + 60 = 117.2\ \text{mm} \end{aligned}$$

또한, 각 물질에 대한 열전도도는 다음과 같다.

강철 $k_{12} = 40\ \text{W/(m·K)}$

케이폭(kapok) $k_{23} = 0.035\ \text{W/(m·K)}$

단위 길이를 가정하면, 저항들은 다음과 같이 계산할 수 있다.

강철 $$R_{12} = \frac{1}{2\pi k_{12} L} \ln \frac{R_2}{R_1} = \frac{1}{2\pi\,(40)(1)} \ln \frac{57.2}{51.2} = 0.000\,44\ \text{K/W}$$

케이폭 $$R_{23} = \frac{1}{2\pi k_{23} L} \ln \frac{R_3}{R_2} = \frac{1}{2\pi\,(0.035)(1)} \ln \frac{11.72}{5.72} = 3.26\ \text{K/W}$$

위 결과로부터, 단열재의 열유속에 대한 저항이 강철의 저항보다 훨씬 큰 저항임을 확인할 수 있다. 전체 저항은 다음과 같다.

$$R_{13} = R_{12} + R_{23} = 3.26\ \text{K/W}$$

열전달률은 다음과 같다.

$$q_r = \frac{T_1 - T_3}{R_{13}} = \frac{100 - 25}{3.26} \tag{7.9}$$

또는 $\underline{q_r = 23\ \text{W}}$ 이다.

경계면에서의 온도를 찾기 위해, 열유속 식을 각 물질들에 대해 적용한다. 강철의 경우

$$q_r = \frac{T_1 - T_2}{R_{12}}$$

이를 경계면 온도에 대해 정리하면 다음과 같고

$$T_2 = T_1 - q_r R_{12} = 100 - 23(0.000\ 44)$$

이를 풀면

$$\underline{T_2 \approx 100°\text{C}}$$

강철에서의 온도 하강은 거의 무시할 수 있다. 많은 실제 문제들에서, 금속 내부의 온도는 종종 일정한 값을 가지고 있다고 가정한다.

7.3 | 대류 열전달—일반적 문제

대류 열전달은 고체 표면이 유동하는 유체와 접촉하고 이 둘의 온도차가 존재할 때 발생한다. 대류 열전달이 발생하는 두 가지 방법: **강제 대류(forced convection)**와 **자연 대류(natural convection)**에 대해 다음과 같이 설명할 수 있다. 강제 대류는 유체의 유동이 외부 동력에 의해 발생하는 것이다. 자연 대류(전통적으로 **free convection**)라고 알려져 있기도 하다)는 유체의 유동이 열전달에 의해 발생하는 것이다.

대류 열전달은 **대류 열전달 계수(convection coefficient)** $\bar{h}$를 사용하여 계산되며 단위는 F·L/(T·L^2·t) [W/(m^2 K)]이다. 대류 열전달 계수 $\bar{h}$에 사용된 오버바는 평균값을 의

미하며, 이는 전체 표면 또는 구조에 대해 유효하다. 본 책에서는 교과서 전체에서 대류 열전달 계수의 평균값을 사용하기 때문에 표기 단순화를 위해 오버바를 사용하지 않는다.

대류 열전달 계수를 계산하기 위해서는 열전달률과 온도의 측정이 필요하며 대류 열전달 계수는 온도차와 실제 온도들의 함수이다. 따라서, 대류 열전달 계수[혹은 **표면 열전달 계수(surface coefficient)**] h는 시행착오법(trial-and-error method)을 통해 계산할 수 밖에 없다. 대류 열전달 계수 h를 알 수 있다면, 열전달률은 다음과 같이 얻을 수 있다.

$$q = hA(T_s - T_\infty) \tag{7.12}$$

식 (7.12)에 사용된 대류 열전달 계수는 고체의 표면온도, 표면 T_s와 유체 유동 온도 T_∞ 에 각각 의존한다. 식 (7.12)를 대신할 수 있는 수식들에서 다른 종류의 온도차를 사용할 수 있다.

식 (7.9)와 유사한 형태로 식 (7.12)를 수정함으로써, 대류 열전달에 대한 저항을 정의할 수 있으며 전도 열전달 문제처럼 대류 열전달 문제도 다룰 수 있다. 식 (7.12)는 다음과 같이 되며

$$q = \frac{T_s - T_\infty}{R_{s\infty}} = \frac{T_s - T_\infty}{1/hA}$$

따라서 대류 열전달에 대한 저항은 다음과 같이 주어진다.

$$R_{s\infty} = \frac{1}{hA} \tag{7.13}$$

유체의 열전달 물성치

이전 장에서 다룬 유체역학 문제들에서 유체의 물성치는 온도에 관계없이 일정한 값을 사용하였다. 하지만 유체의 물성치는 온도에 따라 변하는 것으로 알려져 있다. 비록 부록 표 B.1(*상온과 압력에서 액체의 물성치*) 그리고 C.1(*상온과 압력에서 기체의 물성치*)은 단순화된 문제(물성치들이 온도에 따라 변하지 않는다는 가정)를 풀기에 충분하지만, 열전달 문제의 해를 구하기 위해 더욱 확장된 자료들이 필요할 수 있다. 그러한 자료들은 몇몇 유체역학 책의 부록들에서 제공되고 있다. 부록 표 B.1～B.5와 표 C.1～C.6은 각각 액체 및 기체의 물성치들(비중, 열전도도, 동점성계수, 열확산율, 그리고 Prandtl 수)을 제공하고 있다.

7.4 | 대류 열전달 문제: 수식과 풀이

다양한 형상에서 대류 열전달 계수 h에 대한 관계식을 제시하기 위해 굉장히 많은 연구가 진행되어 왔다. 이러한 관계식들 대부분은 무차원 형태로 주어져 있다. 예를 들어, 대류 열전달 계수는 전통적으로 다음과 같이 정의된 **Nusselt 수**로 나타낸다.

$$\text{Nu} = \frac{hL}{k_f} \tag{7.14}$$

여기서 L은 해당 형상에 적합한 특성 길이 그리고 k_f는 유체의 열전도도이다. 표 7.2는 유체역학 및 열전달 문제에서 사용되는 일부 무차원 계수에 대한 목록을 보여준다. 대류 열전달 계수를 이용한 열전달량의 계산은 다음의 예제로 설명하고자 한다.

표 7.2 일반적으로 나타나는 무차원 수 그룹

Ratio	Symbol	Name
hL/k	**Bi**	Biot number
$\mu V^2/[k_f(T_s - T_\infty)]$	**Br**	Brinkman number
$2D_f/\rho V^2 D^2$	C_D	Drag coefficient
$2\,\Delta p D/\rho V^2 L$	f	Friction factor
V^2/gL	**Fr**	Froude number
$g\beta(T_s - T_\infty)L^3/\nu^2$	**Gr**	Grashof number
hL/k_f	**Nu**	Nusselt number
VL/α	**Pe** = **Re** · Pr	Peclet number
$C_p\mu/k_f = \nu/\alpha$	Pr	Prandtl number
$2\,\Delta p/\rho V^2$	C_p	Pressure coefficient
$g\beta(T_s - T_\infty)L^3/\nu\alpha$	Ra = **Gr** · Pr	Rayleigh number
$\rho VD/\mu$	**Re**	Reynolds number
$h/\rho VC_p$	**St** = $\frac{\mathbf{Nu}}{\mathbf{Re}\cdot \text{Pr}}$	Stanton number
$\rho V^2 L/\sigma$	**We**	Weber number

예제 7.4 두께 12.7 mm를 갖는 석고보드(sheet rock) 수직벽을 통해 얼마나 많은 양의 열이 전달되는지 알고자 한다. 석고보드의 양쪽 표면은 종이로 되어있다. 그림 7.6에서 보이듯, 왼쪽 면의 물질(종이)은 75°C로 유지되는 반면, 오른쪽 면은 25°C의 공기에 노출되어 있다. 석고보드의 물성치는 다음과 같다(타입 X):

$$\rho = 711\ \text{kg/m}^3 \qquad C_p = 1\,089\ \text{J/(kg·K)} \quad k = 0.258\ \text{W/(m·K)}$$

석고보드를 통한 열전달량을 구하라.

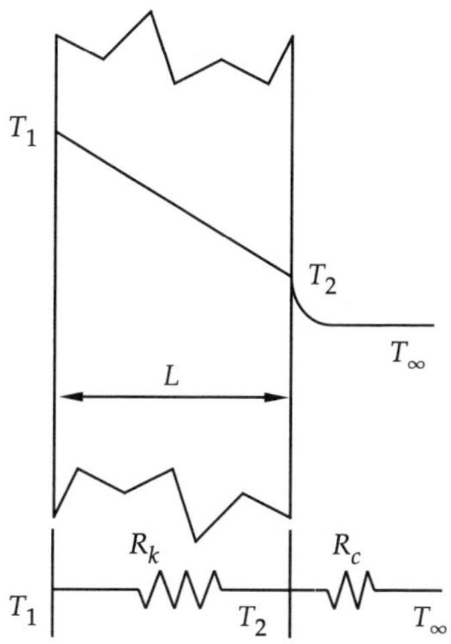

그림 7.6 벽을 통한 열의 흐름

풀이

그림 7.6은 벽의 단면적과 온도 분포, 열저항(열흐름에 대한 저항)을 보여준다. 열은 벽을 통해 전달되어, 외부 표면에서 대류로 열이 전달된다. 열은 또한 복사에 의해서 주변으로 전달된다.

가정:

1. 시스템은 정상상태에 있다.
2. 물질들의 물성치는 일정하다.
3. 공기의 물성치는 일정하며 적절한 온도에서 선정한다.
4. 복사 열전달은 무시한다.
5. 종이 피복(cladding)의 열저항은 무시한다.

벽을 통해 전달되는 열은 다음과 같은 식으로 표현할 수 있다.

$$q = \frac{T_1 - T_\infty}{R_k + R_c} \tag{i}$$

각 저항은 다음과 같다.

$$R_k = R_{12} = \frac{L_{12}}{k_{12}A}$$

$$R_c = \frac{1}{h\,A}$$

석고보드의 두께는 12.7 mm = 0.0127 m이다. 면적은 1 m^2로 정하며, 그에 따라 결과는 단위 면적당 값으로 표현된다. 저항들은 다음과 같다.

$$R_{12} = \frac{L_{12}}{k_{12}A} = \frac{0.012\,7}{0.258(1)} = 0.049\,22\ \text{K/W}$$

$$R_c = \frac{1}{h\,A} = \frac{1}{h}$$

앞에서 구한 저항값과 온도를 식 (i)에 대입해주면 다음과 같은 식을 얻을 수 있다.

$$q = \frac{75 - 25}{0.049\,22 + 1/h} \tag{i}$$

여기서 어려운 점은 대류 열전달 계수를 찾는 것이다. 대류 열전달 계수는 보통 표면온도인 T_2로 결정(혹은 정의)하는데, 여기서는 주어져 있지 않다. 따라서 대류 열전달 계수는 현재 알 수가 없다.

우리는 기존의 수행된 실험 결과에 의존하여 결정된 Churchill-Chu의 관계식을 사용하여 대류 열전달 계수를 얻고자 한다.

$$\text{Nu} = \frac{hL}{k_f} = 0.68 + \frac{0.67\ \text{Ra}^{1/4}}{\left(1 + \left[\frac{0.492}{\text{Pr}}\right]^{9/16}\right)^{4/9}}$$

여기서 Rayleigh 수와 Prandtl 수는 다음과 같이 주어진다.

$$\text{Ra} = \frac{g\beta(T_s - T_\infty)L^3}{\nu\alpha} < 10^9;$$

$$0 < \text{Pr} = \frac{\nu}{\alpha} = < \infty$$

그리고

$$\beta = 1/T_\infty = \text{열팽창계수}$$

여기서 유념해야 할 점은 식 안의 길이 L은 벽의 수직 길이(혹은 높이)라는 점이다. 또한 전도열저항 방정식에서 사용한 길이는 석고보드의 두께를 말한다. 두 가지를 혼동하지 않도록 주의해야 한다.

석고보드 오른쪽 벽 대류 열전달에 사용되는 Rayleigh 수와 Pandtl 수를 계산하기 위해서는 공기의 물성치가 필요하다. 공기의 물성치들은 온도에 따라 변하기 때문에 본 문제에 적용할 수 있는 온도부터 우선 결정해야 한다. 오른쪽 면(그림 1.6)의 공기온도는 25°C (+ 273 = 298 K)이지만 석고보드의 표면은 다소 높은 것을 알 수 있다. 따라서 대략 300 K에서의 물성치를 이용하였다.

$$\rho = 1.177\ \text{kg/m}^3 \qquad k_f = 0.026\ 24\ \text{W/(m·K)}$$
$$\nu = 15.68 \times 10^{-6}\ \text{m}^2/\text{s} \qquad C_p = 1\ 005.7\ \text{J/(kg·K)}$$
$$\alpha = 0.221\ 60 \times 10^{-4}\ \text{m}^2/\text{s} \qquad \text{Pr} = 0.708$$

Rayleigh 수는 다음과 같이 계산한다.

$$\text{Ra} = \frac{g\beta(T_2 - T_\infty)L^3}{\nu\alpha}$$

여기서 $\beta = 1/T_\infty$이고, 온도의 단위는 절대온도이며, 벽의 높이 L는 1 m로 선정하였다. 여기서 $\beta = 1/T_\infty = 1/(25 + 273) = 0.003\ 356/\text{K}$이다. 지금 Rayleigh 수를 계산하면 다음과 같다.

$$\text{Ra} = \frac{(9.81)(0.003\ 356)(T_2 - 25)}{(15.68 \times 10^{-6})(0.221\ 60 \times 10^{-4})} = 9.475 \times 10^7 (T_2 - 25) \tag{ii}$$

대류 열전달 계수를 찾기 위해 Churchill-Chu의 식을 대입하면 다음과 같다.

$$\text{Nu} = \frac{hL}{k_f} = 0.68 + \frac{0.67\ \text{Ra}^{1/4}}{\left(1 + \left[\frac{0.492}{\text{Pr}}\right]^{9/16}\right)^{4/9}}$$

$$h = \frac{0.026\ 24}{1}\left\{0.68 + \frac{0.67\ \text{Ra}^{1/4}}{\left(1 + \left[\frac{0.492}{0.708}\right]^{9/16}\right)^{4/9}}\right\}$$

또는

$$h = 0.017\ 84 + 0.013\ 49\ \text{Ra}^{1/4} \tag{iii}$$

Rayleigh 수는 T_2의 함수이기 때문에 대류 열전달계수를 풀기 위해서는 반복계산방법(interactive scheme)을 사용해야 한다. 식 (i)와 더불어 벽을 통한 열전달량은 표면온도의 함수인 다음 식으로 표현할 수 있다.

$$q = \frac{T_2 - T_\infty}{R_c}$$

표면온도를 풀기 위해 재정렬해주면,

$$T_2 = T_\infty + q\,(R_c) = 25 + \frac{q}{h} \qquad \textbf{(iv)}$$

열전달량을 알 경우 표면온도는 위의 식에 의해 결정된다.

벽을 통한 열전달량을 알기 위해 반복계산 절차(interactive procedure)를 설명하면 다음과 같다.

- T_2를 가정한 다음 계산을 수행한다.
- Rayleigh 수를 식 (ii)를 통해 계산한다.
- 대류 열전달 계수 h를 식 (iii)을 이용해 구한다.
- 열전달량 q를 식 (i)를 통해 구한다.
- T_2 값을 식 (iv)를 통해 수정한다.
- 새로운 표면온도를 계산한다.

위의 과정을 허용 오차 범위 내로 수렴할 때까지 수행한다. 아래 계산 결과들은 이러한 과정들을 정리한 것이다.

$$\text{Ra} = 9.475 \times 10^7 (T_2 - 25) \qquad \textbf{(ii)}$$

$$h = 0.017\,84 + 0.013\,49\ \text{Ra}^{1/4} \qquad \textbf{(iii)}$$

$$q = \frac{75 - 25}{0.049\,22 + 1/h} \qquad \textbf{(i)}$$

$$T_2 = T_\infty + q\,(R_c) = 25 + \frac{q}{h} \qquad \textbf{(iv)}$$

Trials:

	T_2 °C	Ra	h W/(m²·K)	q W	T_2 °C
1st	30	4.7×10^8	2	91.4	70
2nd	70	4.2×10^9	3.46	148	67.7
3rd	67.7	4.1×10^9	3.42	146	67.8

해는 다음과 같다.

$q = 146$ W (표면의 m²당 값)

예제 7.5 부엌 오븐의 1 m 수직벽은 금속판(sheet metal), 단열재, 금속판 순서대로 구성되어 있다. 금속판은 두께 1 mm의 탄소강으로 이루어져 있으며, 단열재(유리섬유)는 1 cm의 두께를 가지고 있다. 오븐 안의 공기 온도는 250°C이며 열은 대류로 벽면까지 전달된다. 만약 바깥 면이 25°C의 공기와 접해있다면, 벽을 통해 전달되는 열전달량은 얼마인지 결정하라.

풀이

그림 7.6은 벽의 단면적 및 온도 분포, 열저항을 보여준다. 열은 오븐 내부에서 내부 표면까지 대류로 전달되고, 벽을 통해서 전도로 전달되며 다시 바깥쪽 면에서 외부까지 대류로 전달된다. 벽면 양쪽에서의 열전달 과정은 일종의 자연대류에 속한다.

가정:

1. 시스템은 정상상태에 있다.
2. 물질들의 물성치들은 일정하다.
3. 공기의 물성치는 일정하며 적절한 온도에서 선정한다.
4. 복사 열전달은 무시한다.
5. 금속판 내부 열저항은 무시하며 따라서 양단의 온도는 균일하다.

열전달 교재 문헌은 수직벽의 자연대류 열전달 계수를 결정할 수 있는 다양한 수식들을 제공하고 있다. 여기서는 실험적으로 정의한 Churchill-Chu 식을 사용하였다.

$$\mathrm{Nu} = \frac{hL}{k_f} = 0.68 + \frac{0.67\,\mathrm{Ra}^{1/4}}{\left(1 + \left[\frac{0.492}{\mathrm{Pr}}\right]^{9/16}\right)^{4/9}} \tag{7.15}$$

여기서,

$$\mathrm{Ra} = \frac{g\beta(T_s - T_\infty)L^3}{\nu\alpha} < 10^9; \qquad 0 < \mathrm{Pr} = \frac{\nu}{\alpha} < \infty$$

그리고

여기서 $\beta = 1/T_\infty$ = 열팽창계수이다.

각 금속판 외부 면의 대류 열전달계수를 구하기 위해 우리는 공기의 물성치가 필요하다. 공기의 물성치는 온도에 따라 변하기 때문에, 양쪽 면에 사용할 온도부터 우선 정해야 한다. 왼쪽 면(그림 7.7)에서 공기의 온도는 250°C (+ 273 = 523 K)이지만 금속판 표면의 온도는 다소 낮다는 것을 알 수 있다. 따라서 왼쪽 면은 직관적으로 500 K에서의 공기 물성치를 사용하기로 한다. 오른쪽 면도 유사하게, 공기온도는 25°C (+ 273 = 298 K)이지만

300 K에서 공기 물성치를 사용하기로 한다. 부록 표 C.2에서 온도 500 K의 공기 물성치 값들을 읽으면 다음과 같다:

ρ = 0.705 kg/m^3 C_p = 1 029.5 J/(kg·K)
k_f = 0.040 38 W/(m·K) α = 0.556 4 x 10^{-4} m^2/s
ν = 37.90 x 10^{-6} m^2/s Pr = 0.68

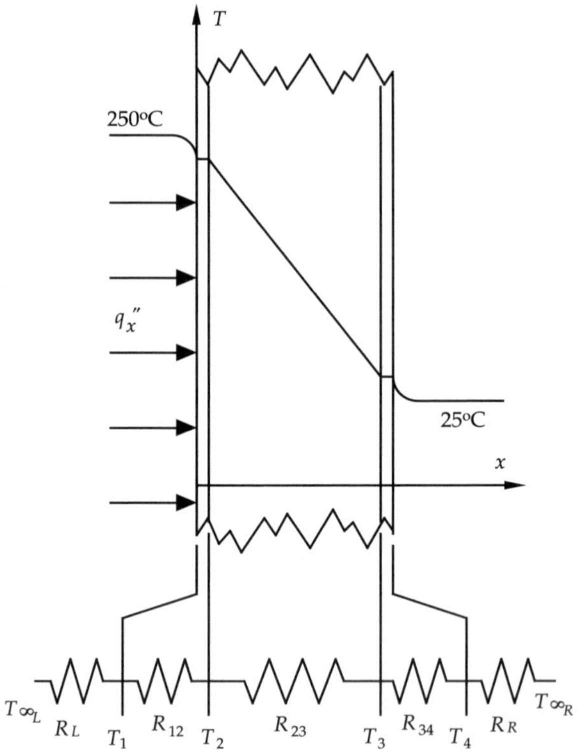

그림 7.7 수직 벽을 통한 열전달

온도 300 K에서의 공기 물성치는 다음과 같다.

ρ = 1.177 kg/m^3 C_p = 1 005.7 J/(kg·K)
k_f = 0.026 24 W/(m·K) α = 0.221 60 x 10^{-4} m^2/s
ν = 15.68 x 10^{-6} m^2/s Pr = 0.708

표 7.1로부터 얻은 각 물질의 열전도도들은 다음과 같다.

금속판 k = 43 W/(m·K)

유리 섬유 k = 0.035 W/(m·K)

물질들의 두께는 다음과 같다.

금속판 $L = 0.001 \text{ m}$

유리섬유 $L = 0.04 \text{ m}$

열은 벽을 통해 전달되며 다음과 같이 표현할 수 있다.

$$q = \frac{T_{\infty L} - T_{\infty R}}{R_L + R_{12} + R_{23} + R_{34} + R_R} \tag{i}$$

각 부분의 저항은 다음과 같다.

$$R_L = \frac{1}{h_L A} \qquad R_{12} = \frac{L_{12}}{k_{12}A} \qquad R_{23} = \frac{L_{23}}{k_{23}A}$$

$$R_{34} = \frac{L_{34}}{k_{34}A} \qquad R_R = \frac{1}{h_R A}$$

금속판의 두께는 매우 얇기 때문에 금속판 내부의 온도는 균일할 것이 분명하다. 따라서 다음과 같이 정의해줄 수 있다.

$$T_1 \approx T_2 \qquad T_3 \approx T_4 \qquad R_{12} = 0 \qquad R_{34} = 0$$

각 저항은 단면적 A를 포함하고 있으나 여기서는 정의하지 않았기 때문에 1 m^2로 선정하였으며, 단위 면적당 값으로 계산을 수행하였다. 따라서 저항을 다음과 같이 결정할 수 있다.

$$R_L = \frac{1}{h_L} \qquad \text{(식 (7.15)로부터 정의됨)} \tag{ii}$$

$$R_{12} = 0 \qquad R_{23} = \frac{L_{23}}{k_{23}A} = \frac{0.04}{0.035(1)} = 1.143 \text{ K/W}$$

$$R_{34} = 0$$

$$R_R = \frac{1}{h_R} \qquad \text{(식 (7.15)로부터 정의됨)} \tag{iii}$$

대류 열전달 계수를 찾기 위해 Churchill-Chu 식으로부터 계산을 시작한다.

$$\text{Nu} = \frac{hL}{k_f} = 0.68 + \frac{0.67 \text{ Ra}^{1/4}}{\left(1 + \left[\frac{0.492}{\text{Pr}}\right]^{9/16}\right)^{4/9}} \tag{7.15}$$

식 (7.15)의 길이항은 벽의 두께를 말하는 것이 아니라, 벽의 높이를 말하며 1 m로 주어져 있다. 따라서 왼쪽 벽면의 대류 열전달 계수는 다음과 같다.

$$h_L = \frac{0.040\,38}{1}\left\{0.68 + \frac{0.67\,\mathrm{Ra}^{1/4}}{\left(1+\left[\frac{0.492}{0.68}\right]^{9/16}\right)^{4/9}}\right\}$$

또는 $h_L = 0.027\,46 + 0.020\,66\,\mathrm{Ra}^{1/4}$ **(iv)**

이와 같은 방식으로 오른쪽 면도 다음과 같이 구할 수 있다.

$$h_R = \frac{0.026\,24}{1}\left\{0.68 + \frac{0.67\,\mathrm{Ra}^{1/4}}{\left(1+\left[\frac{0.492}{0.708}\right]^{9/16}\right)^{4/9}}\right\}$$

또는 $h_R = 0.017\,84 + 0.013\,49\,\mathrm{Ra}^{1/4}$

Rayleigh 수는 다음과 같이 계산한다.

$$\mathrm{Ra} = \frac{g\beta(T_s - T_\infty)L^3}{\nu\alpha}$$

여기서 $\beta = 1/T_\infty$

왼쪽 면은 $\beta = 1/T_{\infty L} = 1/(250 + 273) = 0.001\,912/\mathrm{K}$, 오른쪽 면은 $\beta = 1/T_{\infty R} = 1/(25 + 273) = 0.003\,356/\mathrm{K}$이다. Rayleigh 수는 다음과 같이 계산한다.

$$\mathrm{Ra}_L = \frac{(9.81)(0.001\,912)(250 - T_1)}{(37.90 \times 10^{-6})(0.556\,4 \times 10^{-4})} = 8.895 \times 10^6(250 - T_1) \quad \textbf{(vi)}$$

$$\mathrm{Ra}_R = \frac{(9.81)(0.003\,356)(T_4 - 25)}{(15.68 \times 10^{-6})(0.221\,60 \times 10^{-4})} = 9.475 \times 10^7(T_4 - 25) \quad \textbf{(vii)}$$

식 (i)과 더불어 벽을 통해 전달되는 열량을 다음과 같은 식으로 표현할 수 있다.

$$q = \frac{T_{\infty L} - T_2}{R_L + R_{12}} \qquad q = \frac{T_3 - T_{\infty R}}{R_{34} + R_R}$$

이 식들을 재정렬하면 다음과 같은 식을 얻을 수 있다.

$$T_2 = T_{\infty L} - q\,(R_L + R_{12}) \quad \textbf{(viii)}$$

$$T_3 = T_{\infty R} + q\,(R_{34} + R_R) \quad \textbf{(ix)}$$

열전달률을 알 경우, 위의 식들을 이용하면 경계면의 온도들을 계산할 수 있다.

벽을 통한 열전달량을 알기 위해 반복계산 절차(iterative procedure)를 정립해보면 다음과 같다.

1. 우선 $T_1 (= T_2)$와 $T_3 (= T_4)$를 가정한다.
2. Rayleigh 수 Ra_L과 Ra_R을 각각 식 (vi)와 식 (vii)을 이용하여 구한다.
3. 대류 열전달 계수 h_L과 h_R을 각각 식 (iv)와 식 (v)을 이용하여 구한다.
4. 저항 R_L과 R_R을 각각 식 (ii)와 식 (iii)을 이용하여 구한다.
5. 열전달량 q를 식 (i)를 이용하여 구한다.
6. T_2와 T_4 값들을 식 (viii)와 (ix)를 통해 수정한다.
7. 새로운 계면온도와 함께 계산을 다시 한다.

위의 과정을 허용오차범위 내로 수렴할 때까지 수행한다. 아래 계산 결과들은 이러한 계산 과정을 정리한 것이다.

$T_1 = T_2$ (assumed)	Ra_L (Eq. vi)	h_L (Eq. iv)	R_L (Eq. ii)	q (Eq. i)	T_2 (Eq. vii)
225°C	2.224×10^8	2.550 W/(m²·K)	0.392 1 K/W	115.1 W	205°C
205	4.003×10^8	2.950	0.339 0	127.4	207
207	3.825×10^8	2.917	0.342 9	125.6	207
207	3.825×10^8	2.917	0.342 9	126.0	206.8

$T_3 = T_4$ (assumed)	Ra_R (Eq. vii)	h_R (Eq. v)	R_R (Eq. iii)	q (Eq. i)	T_3 (Eq. ix)
35°C	9.475×10^8	2.385 W/(m²·K)	0.419 4 K/W	115.1 W	73.3°C
73.3	4.576×10^9	3.527	0.238 6	127.4	61.1
61.1	3.420×10^9	3.280	0.304 9	125.6	63.3
63.3 (close enough)	3.630×10^9	3.329	0.300 4	126.0	62.8

해답은 다음과 같다.

$q = 126$ W　　(m^2당 표면적)

예제 7.6 수평으로 누워있는 공칭치수 2 스케줄 40 강관(steel pipe, $k = 43.3$ W/m·K)은 25 mm의 유리섬유 단열재($k = 0.0346$ W/m·K)로 싸여 있다. 배관은 증기를 이송하고, 이 증기는 배관 안쪽 표면의 온도를 121°C로 유지시킨다. 단열재 바깥쪽 공기의 온도는 26.7°C이다. 배관과 단열재를 통해 손실되는 열량을 결정하라.

풀이

그림 7.8은 단열된 배관의 단면적, 온도 분포 및 열저항을 보여준다. 열은 배관의 벽 및 단열재를 통해 전도로 전달된다. 단열재 바깥쪽 면으로부터 주변 공기까지는 자연대류로 열이 전달된다.

가정:

1. 시스템은 정상상태에 있다.
2. 물질들의 물성치들은 일정하다.
3. 공기의 물성치는 일정하며 온도 80°F에서의 값을 이용한다.
4. 복사 열전달은 무시한다.

열전달 교재는 수평 원통의 자연대류 열전달 계수를 결정할 수 있는 다양한 수식들을 제공하고 있는데, 여기서는 실험적으로 정의한 Churchill-Chu 식을 사용한다.

$$\mathrm{Nu} = \frac{hD}{k_f} = \left\{ 0.60 + \frac{0.387\ \mathrm{Ra}^{1/6}}{\left(1 + \left[\frac{0.559}{\mathrm{Pr}}\right]^{9/16}\right)^{8/27}} \right\}^2 \qquad \textbf{(7.16)}$$

여기서,

$$10^{-5} < \mathrm{Ra} = \frac{g\beta(T_s - T_\infty)L^3}{\nu\alpha} < 10^{12}\,; \qquad 0 < \mathrm{Pr} = \frac{\nu}{\alpha} < \infty$$

그리고

$\beta = 1/T_\infty$ = 열팽창계수이다.

부록 표 D.1에서 공칭치수 2 스케줄 40 배관의 형상을 찾으면 다음과 같다.

OD = 60.33 mm   ID = 52.5 mm

문제의 정의에 의하면 반지름 R_1, R_2, R_3는 다음과 같다.

$R_1 = 52.5 \times 10^{-3}/2 = 0.0263$ m
$R_2 = 60.33 \times 10^{-3}/2 = 0.0302$ m
$R_3 = (60.33 + 2 \times 25) \times 10^{-3}/2 = 0.0552$ m

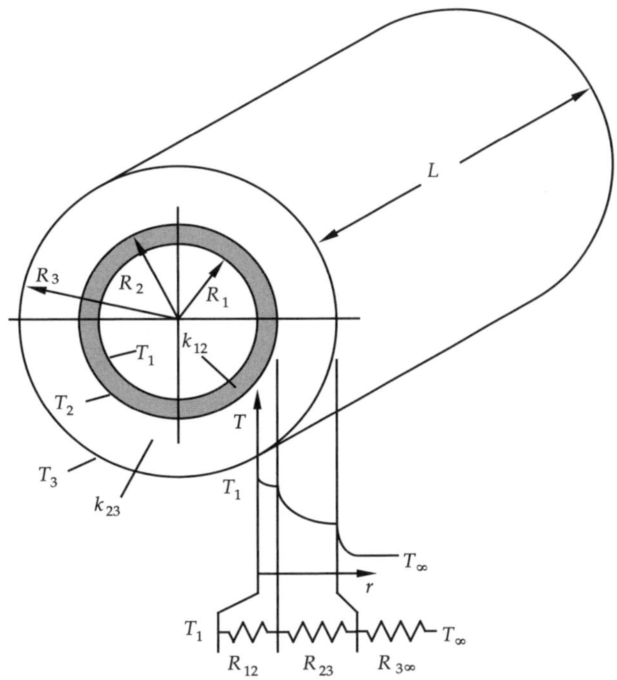

그림 7.8 단열된 배관으로부터 대류를 통한 열전달

부록 표 C.2에서 온도 540°R = (80°F + 460)의 공기 물성치 값들을 읽으면 다음과 같다:

ρ = 1.18 kg/m^3
k_f = 0.0262 W/m·K
ν = 1.57 x 10^{-5} m^2/s
C_p = 1005 J/kg°K
α = 2.22 x 10^{-5} m^2/s
Pr = 0.708

$\beta = 1/(26.7 + 273) = 3.34 \times 10^{-3}/°K$로 계산된다. 그리고 총 열전달량은 다음과 같다.

$$q = \frac{T_1 - T_\infty}{R_{12} + R_{23} + R_{3\infty}} \tag{i}$$

또한 다음과 같이 표현할 수 있다.

$$q = \frac{T_1 - T_3}{R_{12} + R_{23}} \tag{ii}$$

고체 물질을 통한 전도에 의한 열저항은 다음과 같다.

$$R_{ij} = \frac{1}{2\pi k L} \ln \frac{R_j}{R_i}$$

수식에서 L을 단위 길이로 가정하고, 각 물질의 물성치를 대입하면 강판과 유리섬유의 전도에 의한 열저항을 다음과 같이 각각 얻을 수 있다.

강철 $$R_{12} = \frac{1}{2\pi\,(43.3)(1)} \ln \frac{0.0302}{0.0263} = 5.08 \times 10^{-4}\ \mathrm{K/W}$$

유리섬유 $$R_{23} = \frac{1}{2\pi\,(0.0346)(1)} \ln \frac{0.0552}{0.0302} = 2.77\ \mathrm{K/W}$$

단열재 외부표면으로부터의 대류 열전달 저항은 다음 식을 이용하여 계산한다.

$$R_{3\infty} = \frac{1}{hA}$$

여기서 대류 열전달 계수 h는 식 (7.16)과 단열재 외부 표면적을 가지고 계산할 수 있다.

$$A = \pi(2R_3)L = \pi(2 \times 0.0552)(1) = 0.346\ \mathrm{m}^2$$

그러나 식 (7.16)의 값은 현재로서는 알 수 없는 단열재 외부 표면의 온도(T_3)에 따라 변한다. 따라서 대류 열전달 계수 h 및 최종적으로 열전달량 q를 구하기 위해서는 반복적인 절차(iterative procedure)를 사용해야만 한다. 우선 모든 아는 값들을 식 (7.16)의 인자들에 대입하는 것으로 계산을 시작해보자. Rayleigh 수는 다음과 같다.

$$\mathrm{Ra} = \frac{g\beta(T_s - T_\infty)L^3}{\nu\alpha}$$

상기 수식에서 길이 L은 단열된 배관의 축방향 길이를 말한다. 여기서 L은 따로 정의되어 있지 않기 때문에 L은 단위 길이(1 m)로 설정하였으며, 그에 따라 모든 결과들은 단위 길이당의 값들로 표현된다. Rayleigh 수를 계산하면 다음과 같다.

$$\mathrm{Ra} = \frac{9.81(3.34 \times 10^{-3})(T_3 - 26.7)(1)^3}{1.57 \times 10^{-5}(2.22 \times 10^{-5})} = 1.9 \times 10^{7}\,(T_3 - 26.7) \qquad \textbf{(iii)}$$

대류 열전달계수는 식 (7.16)을 재정렬하여 표현할 수 있다.

$$\mathrm{Nu} = \frac{hD}{k_f} = \left\{0.60 + \frac{0.387\ \mathrm{Ra}^{1/6}}{\left(1 + \left[\frac{0.559}{\mathrm{Pr}}\right]^{9/16}\right)^{8/27}}\right\}^2 \qquad \textbf{(7.16)}$$

$$h = \frac{k_f}{2R_3}\left\{0.60 + \frac{0.387\ \text{Ra}^{1/6}}{\left(1+\left[\frac{0.559}{\text{Pr}}\right]^{9/16}\right)^{8/27}}\right\}^2$$

주어진 조건들을 대입하면 대류 열전달 계수는 다음과 같이 얻을 수 있다.

$$h = \frac{0.0262}{2 \times 0.0552}\left\{0.60 + \frac{0.387\ \text{Ra}^{1/6}}{\left(1+\left[\frac{0.559}{0.708}\right]^{9/16}\right)^{8/27}}\right\}^2$$

또는 $h = 0.237\ (0.6 + 0.321\ \text{Ra}^{1/6})^2$ **(iv)**

반복적 절차는 다음과 같다:

1. 우선 T_3을 가정하여 아래 계산들을 수행한다.
2. Rayleigh 수 Ra를 식 (iii)을 이용하여 구한다.
3. 대류 열전달계수 h를 식 (iv)를 이용하여 구한다.
4. 저항 $R_{3\infty} = 1/hA = 1/(0.346h)$을 구한다.
5. 총 저항을 구한다. $R_{1\infty} = R_{12} + R_{23} + R_{3\infty}$

   $$R_{1\infty} = 5.08 \times 10^{-4} + 2.77 + R_{3\infty} = 2.77 + R_{3\infty}$$
6. 열전달량 $q = (T_1 - T_\infty)/R_{1\infty} = (121 - 26.7)/R_{1\infty} = 94.3/R_{1\infty}$ 구한다.
7. 표면온도를 식 (ii)를 통해 수정한다.

   $$T_3 = T_1 - q(R_{12} + R_{23}) = 121 - 2.77q$$
8. 값이 수렴할 때까지 계산을 반복한다.

아래 표는 계산한 결과들이 정리되어 있다.

T_3	Ra (Eq. iii)	h (Eq. iv)	$R_{3\infty} = 1/hA$	$R_{1\infty}$	q	T_3 (Eq. ii)
37.8°C	2.11×10^8	16.85	0.172	2.94	32.06	32.2
32.2°C	1.045×10^8	13.57	0.213	2.98	31.62	33.4
33.4°C	1.27×10^8	14.42	0.200	2.97	31.75	33.1
(close enough)						

이 계산 결과들은 열전달량 q가 온도의 큰 변화에 비해 비교적 둔감하다는 사실을 보여준다. 예를 들어 $T_3 = 121°C$로 가정할 경우 열전달량은 9.6 W이다. 본 예제에서 해답은 다음과 같다.

$q = 9.16$ W (배관의 단위 m당 값)

7.5 최적단열재 두께

이전 절의 결과를 단열된 배관이나 관에서의 최적단열재 두께를 찾는 문제에 적용할 수 있다. 최적단열재 두께는 적정비용자료를 이용하여 간단하게 계산으로 결정할 수 있다. 다양한 단열재 두께에서의 열손실을 계산하고, 두께에 따른 연간 열손실비용을 단위열손실당 단위 비용($/J)으로 나타내었다. 단열재의 연간 설치비용은 초기 비용과 감가상각률을 고려하여 결정되었다. 이런 비용에 대한 결과는 최적 배관 직경결과와 매우 흡사한 경향을 보인다.

그림 7.9는 최적단열재 두께의 비용에 관한 그래프이다. 단열재 수리비용은 단열재 두께가 증가함에 따라 증가하며 열손실 관련 비용은 단열재 두께가 증가하게 되면 감소한다. 이러한 두 비용을 더한 비용을 총 비용이라고 하며, 총 비용이 최솟값을 가지게 될 때의 단열재 두께를 최적단열재 두께라고 한다.

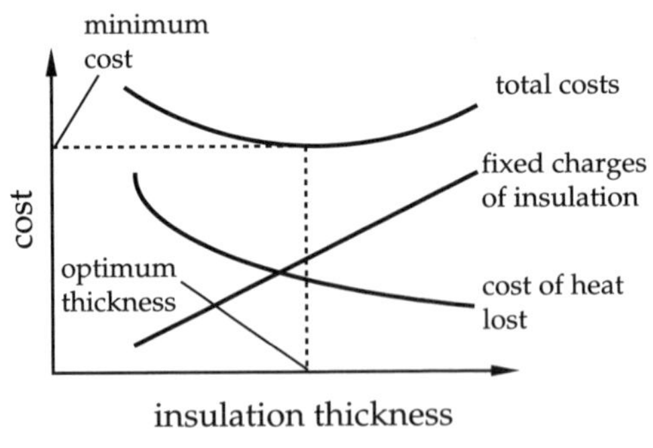

그림 7.9 최적단열재 두께 문제와 연관된 내용들

임계반지름(임계 절연 두께)

특정 조건하에서 가열되는 배관에 단열재를 추가하는 것은 사실상 열전달 손실을 증가

시킨다. 단열재가 추가되면, 전도열저항이 증가하지만 표면적 또한 증가하게 된다. 표면적의 증가는 대류로 인해 손실되는 열전달량을 증가시킨다. 이러한 효과를 한 가지 예를 통하여 확인해 보자.

가열된 공칭치수 1 배관(외경 = 33.4 mm; 반지름 = 16.7 mm)이 케이폭 단열재[k = 0.035 W/(m·K)]로 덮여있다고 고려해보자. 배관의 외부는 100°C로 유지된다. 단열재는 20°C의 외부로 열을 전달하며, 대류 열전달 계수는 1.7 W/(m^2·K)로 일정하다고 가정해 보자. 이런 가정을 통해 다양한 단열재 두께에서 외기로 전달되는 열의 양을 결정해 볼 수 있다.

그림 7.10은 단열된 배관을 나타내고 있다. 우리는 T_2를 외기에 노출되어 있는 표면의 온도로 정의하였다. 단열되지 않은 경우에 열손실은 다음과 같이 주어진다.

$$q = \frac{T_2 - T_\infty}{1/hA_2} \tag{7.17a}$$

단위 길이당 열전달량을 구하기 위해 $A_2 = 2\pi R_2 L$을 적용하면 열전달량은 다음과 같다.

$$\frac{q}{L} = \frac{T_2 - T_\infty}{1/h(2\pi R_2)} = 2\pi R_2 h(T_2 - T_\infty) \tag{7.17b}$$

열전달 계수, 배관의 반지름, 온도등을 대입하면 열전달량은 다음과 같이 표현된다.

$$\frac{q}{L} = 2\pi(1.67 \text{ x } 10^{-2})(1.7)(100 - 20)$$

또는 $\dfrac{q}{L} = 14.3$ W/m (단열재없음)

만약 단열재가 추가된다면 열전달량은 다음과 같이 주어진다.

$$q = \frac{T_2 - T_\infty}{\dfrac{\ln(R_3/R_2)}{2\pi kL} + \dfrac{1}{hA_3}} \tag{7.18}$$

$A_3 = 2\pi R_3 L$를 적용하면 식 (7.18)은 다음과 같이 표현된다.

$$q = \frac{T_2 - T_\infty}{\dfrac{\ln(R_3/R_2)}{2\pi kL} + \dfrac{1}{h2\pi R_3 L}} \tag{7.19a}$$ 또는

$$\frac{q}{L} = \frac{2\pi(T_2 - T_\infty)}{\dfrac{\ln(R_3/R_2)}{k} + \dfrac{1}{hR_3}} \tag{7.19b}$$

열전달 계수, 배관의 반지름, 온도 등을 대입하면 단위 길이당 열전달량은 다음과 같다.

$$\frac{q}{L} = \frac{2\pi(100 - 20)}{\dfrac{\ln (R_3/0.016\,7)}{0.035} + \dfrac{1}{1.7R_3}} \tag{7.20}$$

여기서 외경 R_3는 단열재 변수이며 단열재 두께는 다음과 같다.

$$t = R_3 - R_2 = R_3 - 0.016\,7 \tag{7.21}$$

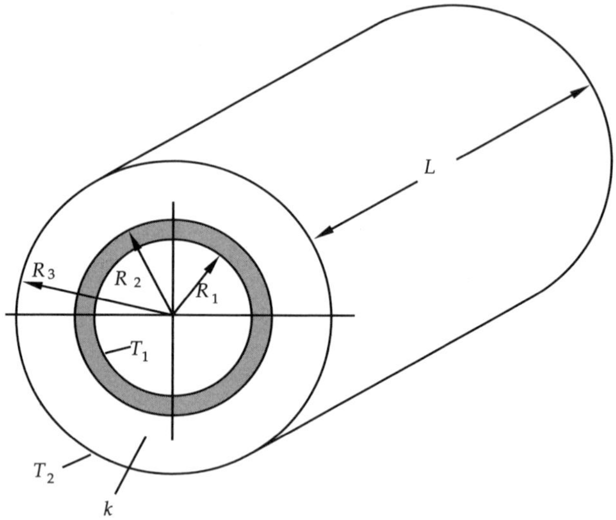

그림 7.10 주변으로 열이 전달되는 단열된 배관에 대한 스케치

또는 $R_3 = t + 0.016\,7$

단열재 두께를 선택한 후 R_3와 q/L을 식 (7.20)을 이용하여 구한다. 결과는 그림 7.11에 있는 표와 그래프로 알 수 있다.

그림에서 보듯이, 1 cm 이하의 범위에서 단열재 두께를 증가시키게 되면 열전달량의 증가를 야기하며, 단열재 두께가 1 cm일 때 열전달량은 단열재가 없을 때의 값과 거의 동일하다. 또한 단열재 두께가 1 cm를 초과하는 경우, 두께가 증가함에 따라 열전달량이 점차적으로 감소하게 된다. 최대 단위 길이당 열전달량(q/L)은 단열재 두께가 약 0.5 cm일 때 나타난다.

단열재 두께와 열전달량에 대한 좀 더 일반적인 관계를 구하기 위해 식 (7.19b)에 주목하면,

$$\frac{q}{L} = \frac{2\pi(T_2 - T_\infty)}{\frac{\ln (R_3/R_2)}{k} + \frac{1}{hR_3}} \tag{7.19b}$$

위 식을 R_3로 미분하고 그 결과를 0으로 설정하면 q/L이 최대가 되는 임계값 R_3 식을 얻을 수 있다. 이 반지름을 **임계반지름**이라 한다. 식 (7.19b)를 미분하면 아래와 같다.

$$\frac{d(q/L)}{dR_3} = -\frac{2\pi(T_2 - T_\infty)\left(\frac{1}{k}\frac{1}{R_3} - \frac{1}{hR_3{}^2}\right)}{\left(\frac{\ln (R_3/R_2)}{k} + \frac{1}{hR_3}\right)^2} = 0$$

thickness t in m	R_3 in m	q/L in W/m
0	0.016 7	14.3
0.005	0.021 7	14.5
0.01	0.026 7	14.2
0.015	0.031 7	13.6
0.02	0.036 7	13.0
0.025	0.041 7	12.5

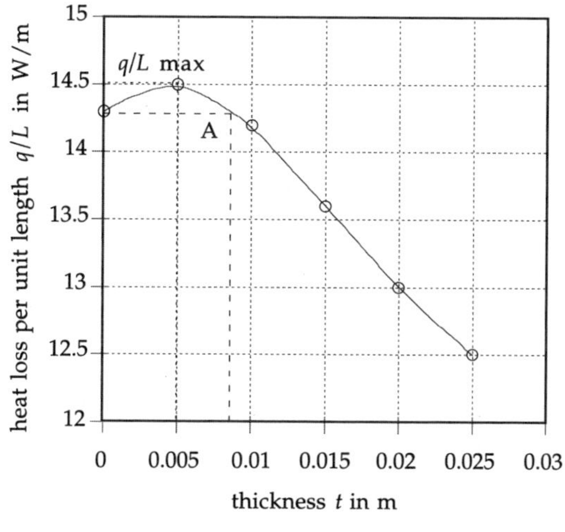

그림 7.11 단열재 두께에 따른 열전달 변화

위의 식을 이용하여 임계반지름 R_{cr}를 구하면 다음과 같다.

$$R_{cr} = \frac{k}{h} \tag{7.22}$$

이는 열이 최대로 전달될 때의 R_3(단열재의 외부 반지름)의 값이다. 예를 들면

$$R_{cr} = \frac{0.035}{1.7} = 0.020\,6 \text{ m} = 20.6 \text{ mm}$$

임계 단열재 두께는 다음과 같다.

$$t_{cr} = R_{cr} - R_2 = 0.020\,6 - 0.016\,7 = 0.003\,9 \text{ m}$$

또는 $t_{cr} = 3.9 \text{ mm}$

이에 상응하는 단위 길이당 열전달량은 다음과 같다.

$$\left.\frac{q}{L}\right|_{max} = \frac{2\pi(100-20)}{\dfrac{\ln(0.020\,6/0.016\,7)}{0.035} + \dfrac{1}{1.7(0.020\,6)}}$$

$$\left.\frac{q}{L}\right|_{max} = 14.5 \text{ W/m}$$

만일 단열재의 외부 반지름이 k/h보다 작다면, 추가된 단열재가 열전달량을 증가시킨다. 반대로, 만일 단열재의 외부반지름이 k/h보다 크다면, 추가되는 단열재가 열전달량을 감소시킨다.

이 문제를 보는 더 현실적인 방법은 단열이 되지 않는 경우에 상응하는 단열재의 두께를 찾는 것이다. 수학적으로 R_3의 임계값은 k/h로 구할 수 있다. 하지만 현실적으로 단위 길이당 열전달량(q/L)이 단열재가 없는 경우와 같은 값을 가지는 단열재의 두께를 아는 것이 더 나을지도 모른다. 그림 7.10을 참고하면, 점 A에 상응하는 단열재 두께를 찾는 것이 더 현명하다는 것이다. 이 값을 찾기 위해 식 (7.17b)를 식 (7.19a)와 같게 두면 된다.

$$q = \frac{T_2 - T_\infty}{1/h2\pi R_2 L} = \frac{T_2 - T_\infty}{\dfrac{\ln(R_3/R_2)}{2\pi kL} + \dfrac{1}{h2\pi R_3 L}}$$

여기서 $2\pi L$과 $T_2 - T_\infty$를 소거하면 다음과 같다.

$$\frac{1}{hR_2} = \frac{\ln(R_3/R_2)}{k} + \frac{1}{hR_3}$$

분수를 없애고,

$$kR_3 = R_2 R_3 h \ln(R_3/R_2) + kR_2$$

R_3에 관하여 정리하면 다음과 같다.

$$R_3 = \frac{R_2}{1 - (R_2h/k)\ \ln\ (R_3/R_2)} \tag{7.23}$$

이전에 언급된 예의 경우를 대입하면 다음과 같다.

$$R_3 = \frac{0.016\,7}{1 - (0.016\,7(1.7)/0.035)[\ln\ (R_3/0.016\,7)]}$$

얼핏 보았을 때, 이 식은 우변의 R_3 값을 대입하여 개선된 값을 얻고 다시 대입하는 과정을 반복하면서 수렴되는 R_3 값을 얻을 수 있는 것처럼 보인다. 하지만 이러한 방법으로는 값을 얻을 수 없다. 더 성공적인 접근법은 R_3 값을 가정하고 이를 우변에 대입하는 방법이다. 우변에 대입한 결과값을 좌변의 값과 비교하여 오차값을 얻고 좌변과 우변의 차가 0 또는 매우 작아질 때까지 반복하는 방법이다. 아래의 표는 계산결과들을 요약한 것이다.

Trial	Assumed R_3 in m	RHS in m	R_3 – RHS
1	0.03	0.031 8	– 0.001 8
2	0.029	0.030 2	–0.001 2
3	0.028	0.028 7	–0.000 7
4	0.026	0.027 3	0.000 056
5	0.025	0.026 0	0.000 17
6	0.025 5	0.024 8	0.000 6
7	0.025 7	0.025 4	0.000 2
8	0.025 8	0.025 8	0.000 004 (close enough)

이 방법은 단지 몇 번의 반복만이 필요하며, q/L이 단열재가 없을 때보다 커지는 단열재 반지름을 구할 수 있게 해준다. 이러한 반지름을 **적정 반지름**이라 정의한다. 위 예시의 경우 상응하는 두께는 아래와 같다.

$$t = R_3 - R_2 = 0.025\,8 - 0.016\,7 = 0.009\,1\ \text{m}$$

또는 $t = 9.1\ \text{mm}$

열손실을 감소시키기 위해서는 적정 반지름보다 반드시 단열재 반지름이 커야 한다.

단열재를 추가함으로써 열전달량이 증가하는 효과는 주로 직경이 작은 배관이나 낮은 대류 열전달 계수를 가지는 경우에 발생한다. 배관 내부에서 증기가 흐르는 경우, 배관 벽면을 통해 에너지 손실이 발생하는 것은 일반적으로 바람직하지 않다. 그러므로 임계(혹은 적정) 두께를 계산하여 배관을 적절하게 단열하여야 한다. 한편으로 전선을 통하여 흐르는 전류의 흐름은 열을 발생시킬 수 있으며 전선의 온도를 올릴 수 있다. 이러한 상황에서도 단열재는 열을 소멸시키는 것을 돕거나 전선의 과열과 단선을 막기 위해 추가될 수 있을 것이다.

7.7 요약

이 장에서, 우리는 평면과 원형관 좌표계에서의 단순한 1차원 열전도를 검토해 보았다. 열전달에서 저항의 개념(열저항)을 정의하였으며 열전도 문제를 위한 식을 유도하였다. 대류 열전달에 대한 내용을 소개하였고, 대류 열전달 문제를 해석하기 위한 적절한 유체 물성치들을 소개하였다. 열저항의 개념을 대류 열전달 문제까지 확장하였으며, 몇 가지 예제 문제들을 풀어보았다.

7.8 Problems

One-Dimensional Planar Conduction

1. An outdoor grill is made of masonry brick. Consider one wall of the grill made of a single layer of brick that is 101.6 mm thick. During operation, the inside surface temperature reaches 82.2°C and the outside surface temperature reaches 26.7°C. Determine the heat transferred through the brick wall.
2. A safe is made of stainless steel with walls that are 60 mm thick. It is to be designed so that, under conditions of fire, the heat transferred through the wall is to be no greater than 315.2 W/ m^2. The temperature of the outside surface of the safe will reach 400°C. Under these conditions, what will the temperature of the inside surface be?
3. A furnace wall is to be made of two materials placed in series—common brick and masonry brick. The heat loss through the wall is to be reduced to 1 000 W/ m^2. The common brick is 203.2 mm thick, and its left surface will reach 81 5.5°C. The masonry brick is placed next to the common brick, and the right surface of the masonry brick will reach 37.8°C. Determine the thickness of the masonry brick required.
4. Figure P7.4 shows the one-dimensional profile of two materials. The temperature

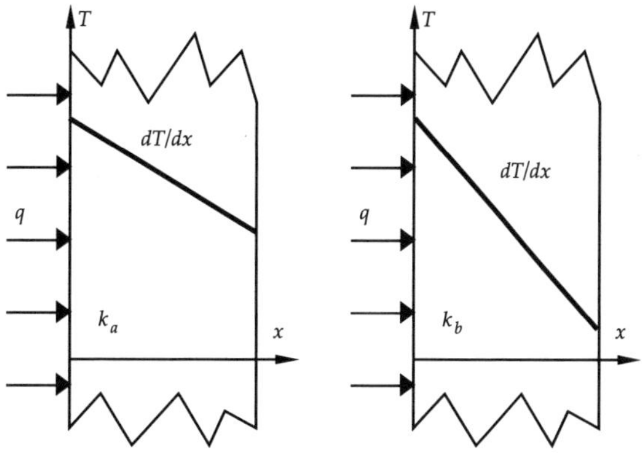

FIGURE P7.4.

of the left face is the same for both materials, the heat flow rate in both cases is identical, and the thicknesses are equal. Which material has the higher thermal conductivity? Why?

5. Referring to the composite wall of Figure 7.3, which material has the highest thermal conductivity for constant heat flux through the wall?

6. A wall of a kitchen oven is made of three materials placed in series—sheet metal, insulation, and plywood. The sheet metal is 1.0 2 mm thick. The plywood is 19 mm thick, and the insulation thickness is to be determined. For economic reasons, the oven wall should transfer about 189 W/ m^2 of heat when the inside surface temperature of the sheet metal is 260°C. For safety reasons, the plywood outside surface temperature should not exceed 37.8°C What is the. minimum thickness of fiberglass insulation required to meet these criteria?

7. A furnace wall has an inner layer of silica brick [$k = 1.07$ W/(m·K)] and an outer layer of masonry brick [$k = 0.66$ W/(m·K)], as indicated in Figure P7.7. Furnace gas conditions are $T_i = 320$°C, $h_i = 45$ W/(m^2·K), and the outside air has $T_0 = 25$°C, $h_0 = 25$ W/(m^2·K). It is desired to limit the heat loss to 800 W/m^2, and the interface temperature T_2 should be no more than 150°C. Calculate the thickness required to do this.

8. Figure P7.8 shows a temperature profile for heat transfer through a 12-cm-thick piece of aluminum [$k = 164$ W/(m^2·K)]. The convection coefficient on the right face is 250 W/(m^2·K). Determine the temperature T_∞.

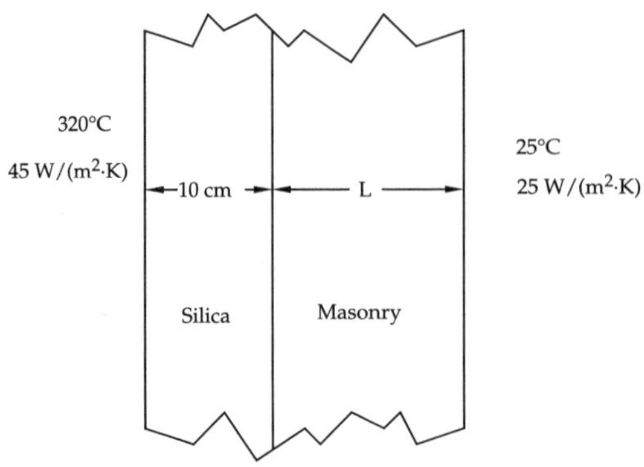

FIGURE P7.7.

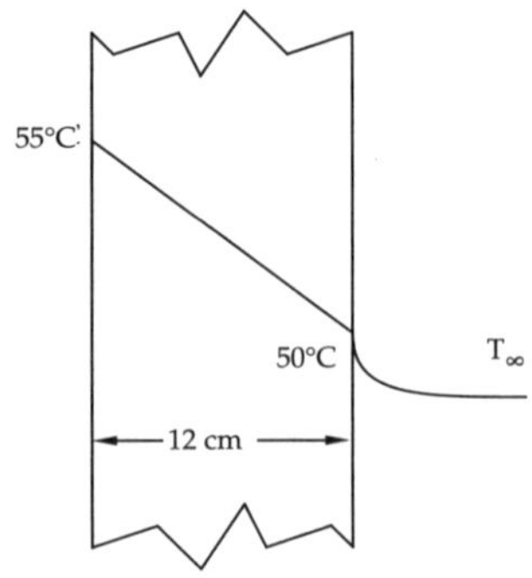

FIGURE P7.8.

One-Dimensional Cylindrical Conduction

9. A 4-nom sch 40 steel pipe conveys steam that maintains the pipe inside surface temperature at 232.2°C. The pipe has a 25.4 mm-thick layer of kapok insulation. The outside surface temperature of the kapok is 21.1°C. Determine the heat flow through the pipe.

10. An aluminum rod is 1 0 mm in diameter and is used as a handle for a grill cover. The aluminum rod temperature reaches a uniform 80°C. The rod is to be covered with a high-temperature plastic, such that the outside surface of the plastic is 20°C for a heat flow rate of 50 W. If the thickness of the plastic is 5 mm, determine the thermal conductivity that the plastic must have.

11. Suppose that the pipe of Example 7.5 is not insulated. Rework the problem for no insulation, and compare the heat flow rate of the insulated to the uninsulated pipe.

12. Example 7.5 was solved for a pipe that is laid horizontally. Suppose the same pipe is oriented vertically. Rework the problem for a vertical configuration, and compare the results of the two solutions. For a heated vertical cylinder losing heat to the environment, we have

$$\mathrm{Nu} = 0.6\left(\mathrm{Ra}\ \frac{D}{L}\right)^{0.25} \qquad \mathrm{Ra}\frac{D}{L} \geq 10^4$$

$$\mathrm{Nu} = 1.37\left(\mathrm{Ra}\ \frac{D}{L}\right)^{0.16} \qquad 0.05 \leq \mathrm{Ra}\frac{D}{L} \leq 10^4$$

$$\mathrm{Nu} = 0.93\left(\mathrm{Ra}\ \frac{D}{L}\right)^{0.05} \qquad \mathrm{Ra}\frac{D}{L} \leq 0.05$$

$$\text{Ra} = \frac{g\beta(T_s - T_\infty)L^3}{\nu\alpha}; \qquad \text{Pr} = \frac{\nu}{\alpha}$$

and $\beta = 1/T_\infty$ = coefficient of thermal expansion.

13. A steam pipe is made of 2-nominal schedule 40 low carbon steel. It is covered by glass fiber insulation that is 25.4 mm thick. The glass fiber is covered with aluminum foil that is 0. 23 mm 0 thick. The steam temperature inside the pipe is 149°C, while the outside temperature is 26.7°C. The convection coefficient between the steam and the pipe is 142 W/m^{2}K, and the convection coefficient between the aluminum foil and the air is 68.2 W/m^{2}K. The pipe is 9.14 m long. Determine the heat loss in W.

Conduction-Convection Problems

14. Consider a vertical wall made of 50.8 mm-thick stainless steel. The left face of the stainless steel is maintained at a temperature of 149°C. The right face convects heat away to the surrounding air, whose temperature is 23.9°C. Determine the heat transferred through the wall and the temperature of the right face.

15. A vertical wall is made up of fiberglass (50 mm thick) attached to common brick (100 mm thick). The uninsulated side of the brick is at –40°C during winter months. The insulation receives energy by convection from the surrounding air, whose temperature is 20°C. Determine the interface temperature between the two materials under these conditions.

16. A vertical pane of window glass of a house is 12.7 mm thick and 915 mm tall. On the outside, the air temperature is 35°C, while inside the air temperature is 21.1°C. Determine the heat flow through the glass for these conditions.

17. A single pane glass window of a heated house is shown in cross section in the accompanying figure. Outside the window, the ambient temperature is 0°C. Inside the dwelling, the temperature is 22°C. A temperature profile is given in the figure. The glass thickness is 5 mm and the window height is 60 cm. Determine the heat lost through the glass per unit area. Use the following properties for air on either side of the glass:

$$\rho = 1.177 \text{ kg/m}^3 \qquad k_f = 0.026\,24 \text{ W/(m·K)}$$
$$c_p = 1\,005.7 \text{ J/(kg·K)} \qquad \nu = 15.68 \times 10^{-6} \text{ m}^2\text{/s}$$
$$\beta = 1/(295 \text{ K}) = 0.003\,38/\text{K}$$

18. A new building material made of plywood with styrofoam insulation glued to it is to be tested. The plywood is 20 m m thick, and the styrofoam is 70 mm thick. The test is to be performed while the sample is in a vertical configuration. On the plywood side, the sample is exposed to air at 35°C. On the styrofoam side, the sample is in contact with air at 0°C. Calculate the interface temperature between the two materials and the heat transferred through the wall.

19. A refrigerator wall consists of low carbon steel [k = 43 W/(m·K)] 1 mm thick on the outside, 2-mm-thick polystyrene [k = 0.157 W/(m·K)] inside, with 2 0 m m thick expanded cork [k = 0.036 W/(m·K)] in between as an insulation. Outside the refrigerator, the air temperature is 25°C, while inside, the air temperature is 10°C. Determine the heat flow rate through the wall per unit area.

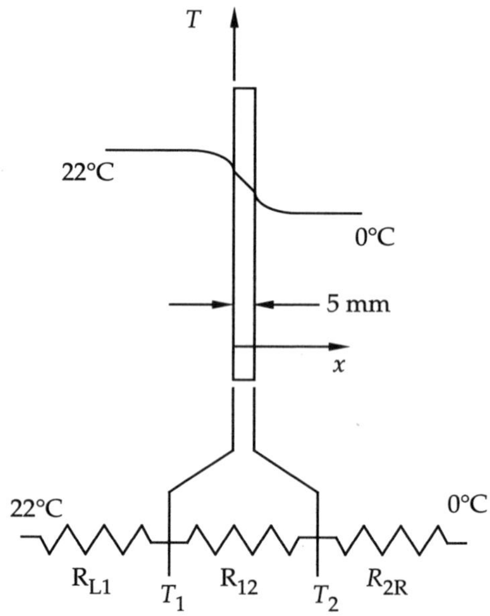

FIGURE P7.17.

Use the following equation (known as the Churchill-Chu equation) to calculate Nusselt number and convection coefficient, applicable to both sides of the wall:

$$\mathrm{Nu} = \frac{hL}{k_f} = 0.68 + \frac{0.67\,\mathrm{Ra}^{1/4}}{\left[1 + \left(\frac{0.492}{\mathrm{Pr}}\right)^{9/16}\right]^{4/9}}$$

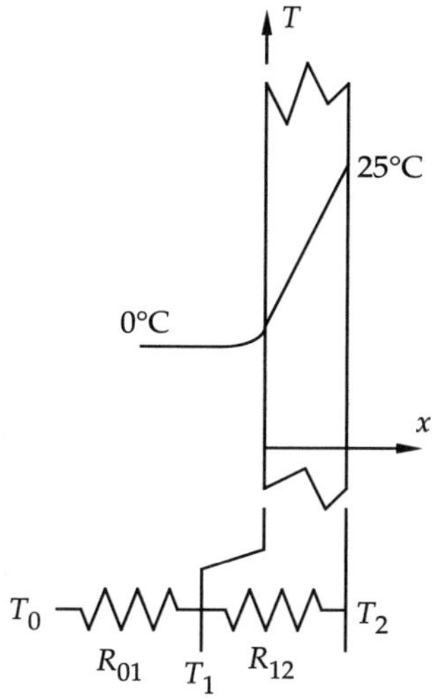

FIGURE P7.20.

where $\quad Ra = Gr\,Pr = \dfrac{g_x \beta (T_w - T_\infty) L^3}{\nu \alpha}$

Use the following properties for air on either side of the wall:

$$\rho = 1.177\ \text{kg/m}^3 \qquad k_f = 0.026\,24\ \text{W/(m·K)}$$
$$c_p = 1\,005.7\ \text{J/(kg·K)} \qquad \nu = 15.68 \times 10^{-6}\ \text{m}^2/\text{s}$$
$$\beta = 1/(295\ \text{K}) = 0.003\,38/\text{K}$$

20. Oak plywood that is 25 mm thick is used temporarily in a window to replace broken glass. On one side of the plywood, the air is at 0°C. On the other side, the wood surface is maintained at 25°C. The descriptive sketch for this system is shown in the accompanying diagram. What is the temperature of the plywood on the 0°C side?

21. A 3-nom sch 40 stainless steel pipe carries high temperature oil from a cracking tower, where crude oil is separated into components, to a packaging operation. The oil maintains the inside surface of the pipe at 82.2°C. The air temperature surrounding the pipe is at 15.6°C. Determine the heat flow through the pipe wall for the following: (a) the pipe is uninsulated, and (b) the pipe is insulated with a 25.4 mm thickness of kapok.

22. A horizontal pipe made of stainless steel (2-nom sch 40) carries oil (same properties as unused engine oil) whose temperature is 100°C and whose velocity is 0.1 m/s. Heat is convected from the steam to the inside surface of the stainless steel. The pipe is insulated with glass fiber that is 20 mm thick. Air surrounding the pipe is at 25°C. Determine the heat transferred from the oil through the pipe and insulation to the air. For laminar flow of fluid through a cylinder, we have

$$\mathrm{Nu} = \frac{hD}{k_f} = 1.86\left(\frac{D\ \mathrm{Re}\ \mathrm{Pr}}{L}\right)^{1/3}$$

$$\mathrm{Re} = \frac{VD}{\nu} < 2\,200$$

$$0.48 < \mathrm{Pr} = \frac{\nu}{\alpha} < 16\,700 \qquad \mu \text{ changes moderately with temperature}$$

Critical Radius

23. Calculate the critical radius for the insulation of Example 7.5.

24. A pipe made of 11/2-nominal steel conveys steam. Its outside surface is maintained at 115.6°C. The pipe is to be insulated with a material whose thermal conductivity is the same as that for cardboard. The outside air is at 21.1°C, and the convection coefficient between the insulation and the air is constant at 8.52 W/ (m^2 K). Graph heat loss as a function of insulation thickness.

25. A 1-nominal pipe is covered with glass wool insulation. The outside wall temperature of the pipe is 120°C, and the insulation is exposed to air at 25°C. The convection coefficient between the insulation and the air is 1 W/(m^2·K). Graph as a function of the insulation thickness.

26. A current carrying wire is 1 mm in diameter. It carries 250 amps at 115 V and is made of copper (assume properties the same as pure copper). The wire is insulated with a material whose properties are the same as those of ebonite rubber. The ambient air is at 18°C. For maximum heat transfer to the ambient, how thick should the insulation be on this wire? Assume a convection coefficient of 1 W/(m^2·K).

27. A 1/2-nominal pipe is covered with an insulation made of a blend of fibers whose properties are the same as asbestos. The outside surface area of the pipe is at 65.6°C, and the convection coefficient between the insulation and the air is 6.8 W/ (m^2 K). Determine the critical radius and practical insulation thickness if the ambient temperature is 4.5°C.

28. How does the value of R_3 affect the heat transfer rate in Example 7.3? Re-solve that example for insulation thicknesses that vary from 0 to 60 mm. Construct a graph of q/L versus insulation thickness.

이중관 열교환기 08

Double Pipe Heat Exchangers

열교환기는 한 유체에서 다른 유체로 열을 전달하기 위해 사용되는 장치이다. 열교환기는 **이중관**, **원통다관형**, **직교류** 그리고 **판형** 등 다양한 종류가 있다. 이번 장에서는 여러 종류의 형상을 가진 열교환기를 공부하고 성능을 예측하기 위한 식들을 사용할 것이다. 본문에서 제시한 방법은 일반적인 열교환기의 성능 평가에 적용시킬 수 있다.

8.1 이중관 열교환기(The Double Pipe Heat Exchangers)

각각의 관에 유체가 흐르고 있는 두 동심, 서로 다른 직경의 튜브로 이루어진 **이중관 열교환기(동심관 열교환기)**는 그림 8.1과 8.2와 같다. 그림 8.1에 나타낸 것과 같이 두 유체가 서로 반대 방향으로 흐른다면 이 열교환기는 **역류** 타입의 열교환기이며 그림 8.2에서 보듯이 두 유체가 서로 같은 방향으로 흐르면 **평행류(한 방향)**이다. 각각의 다른 형태의 유동을 가지지만 같은 장치가 사용되었다. 또한 그림 8.1과 8.2는 거리에 따른 온도의 그래프를 보여주고 있다. 이러한 온도 분포는 본 장에서 논의될 것이다.

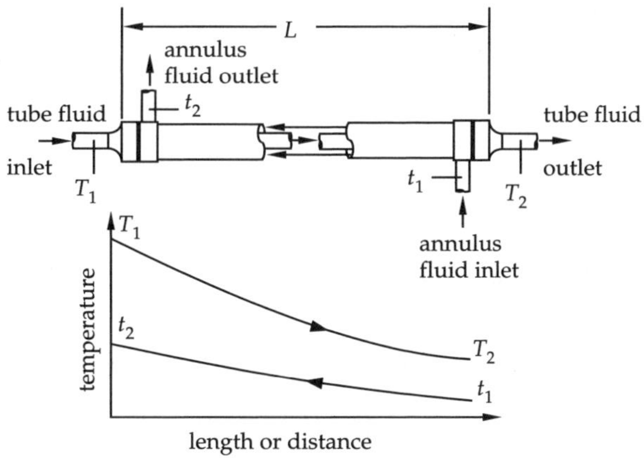

그림 8.1 역류 형태의 이중관 열교환기와 이때 상응하는 온도 분포

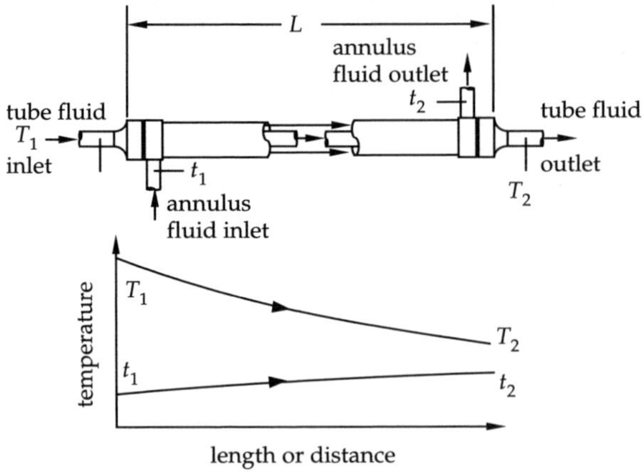

그림 8.2 평행류 타입의 열교환기와 이때 상응하는 온도 분포

열교환기를 사용하는 목적은 가장 적은 비용으로 가능한 한 많은 열을 전달하는 것이다. 특정한 열교환기의 크기 또는 타입 선택에 있어서 우리가 알고 있는 것은 유체들의 물성치와 열교환기의 입구 온도이며 만약 관의 크기와 넓이(관의 표면적과 유동방향의 단면적)가 알려져 있다면 열교환량은 쉽게 계산할 수 있다. 반대로, 열교환량이 주어지면 요구되는 면적도 결정할 수 있다.

그림 8.1과 8.2에서 나타낸 것처럼 이중관 열교환기는 두 유체의 유동이 있으며 각각의 유체가 관을 통과하면 유체의 온도가 변하게 된다. 더욱이 온도의 변화 때문에 각 유체와 벽 사이의 *국부적* 대류 열전달 계수는 바뀐다. 그러나 본 장에서 우리의 관심은 *전체* 열교환 계수이며 순간적이거나 국부적 값은 필요하지 않다.

그림 8.3은 이중관 열교환기의 단면과 축 위치에 따른 온도 변화를 보여준다. 이 논의의 목적을 위해 우리는 내부 원형관의 유체에서 외부 원형관 유체로 열이 전달된다고 가정하였으며 열이 지나갈 때의 저항(열저항)은 그림 8.3에 나타내었다. 열저항의 합은 다음과 같다.

$$\Sigma R = R_{12} + R_{23} + R_{34}$$

$$\text{또는 } \Sigma R = \frac{1}{h_i A_i} + \frac{1}{2\pi k L} \ln \frac{OD_p}{ID_p} + \frac{1}{h_o A_o} \qquad \textbf{(8.1)}$$

여기서 h_i는 관 내의 유체와 관 표면 사이의 대류 열전달 계수이고 h_o는 환형관 내 유체와 관 사이에서 적용된다. 지난 장에서 보였듯이 얇은 금속관을 지나면서 발생하는 온도 감소는

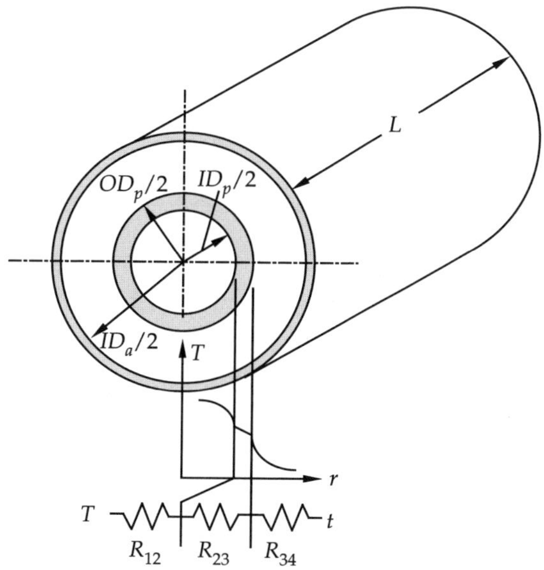

그림 8.3 이중관 열교환기 내부의 온도 분포 및 열 흐름에 대한 저항

사실상 무시할 수 있다. 이것은 또한 관에서도 적용할 수 있다.이 의미는 식 (8.1)에서 두 번째 열저항[$(1/2\pi kL)(\ln(OD_p/ID_p))$]은 작은 오차를 가짐으로 무시할 수 있는 것이다. 또한 대류 열전달 계수 h_i와 관계된 면적은 관 내의 표면적 A_i이며 대류 열전달 계수 h_o와 관계된 면적은 관의 바깥쪽 면 A_o이다. 본 해석에서 h_i와 h_o에 사용되는 표면적을 동일하다고 가정할 필요가 있으며 면적은 다음과 같다.

$$A_i = \pi\, ID_p L$$
$$A_o = \pi\, OD_p L$$

바깥쪽 면적 A_o을 기본으로 하는 것이 일반적이다. 식 (8.1)에 A_o을 곱하면 아래와 같은 식을 얻는다.

$$A_o \Sigma R = \frac{1}{U_o} = \frac{\pi OD_p L}{h_i\, \pi ID_p L} + \frac{1}{h_o}$$

$$A_o \Sigma R = \frac{1}{U_o} = \frac{OD_p}{h_i\, ID_p} + \frac{1}{h_o} \qquad \textbf{(8.2)}$$

여기에서 A_o를 기반으로 전체 열전달 계수 U_o를 유도하였으며 전체 열전달 계수는 h와 같은 차원이다. 즉, [F·T/(T·L^2·t)] [W/m^2·K]이다. ($A_iU_i = A_oU_o$이고 U_i를 사용하여 유도할 수 있다.)

열교환기 안에서의 열전달량은 전체 열전달 계수 U_o, 안쪽 관의 바깥 면적 A_o와 온도 차이에 의해서 결정된다. 그러므로 식은 다음과 같다.

$$q = U_o A_o \Delta t \qquad (\text{또는 } q = U_i A_i \Delta t) \tag{8.3}$$

전체 열전달 계수는 얇은 막 계수가 알려지면 계산할 수 있고, 얇은 막 계수는 강제 대류에서의 적절한 관계식을 사용하면 계산할 수 있다.

그러나, 식 (8.3)에 포함되어 있는 Δt는 아직 확정되지 않은 전체 열교환기에 적용된 온도 차이이다. 여기서 우리는 관심을 Δt를 계산하는 것으로 돌린다. 열교환기(그림 8.1과 8.2) 내부의 z 위치에서 온도 차이는 T-t이며 온도 차이는 열교환기를 통해 변한 것이다. 또한 Δt를 평가하기 위해서는 입구와 출구의 온도를 사용하는 것이 국부적 값을 사용하는 것보다 이점이 있다. 왜냐하면 입출구 온도는 쉽게 측정할 수 있기 때문이다. 그래서 우리는 국부적 값보다 입구와 출구의 온도를 이용해서 Δt를 표현하고자 한다.

비록 열이 각각 평행류 또는 역류 조건에서 교환되지만, 온도차 Δt는 두 경우에서 같지 않다. 우리는 역류 방식으로 시작하여 온도 차이에 대한 표현을 유도할 것이다. 유도를 위해 다음을 가정하였다

1. 전체 열교환 계수 U_o (A_o를 기반으로)는 열교환기의 전체 길이에 대해 일정하다.
2. 유체의 물성치는 일정하다.
3. 정상유동이다.
4. 열교환기 내부에서 상변화는 없다.
5. 손실되는 열은 없으며 고온의 유체에서 잃은 모든 열은 저온의 유체가 얻는다.

열교환기(그림 8.1)의 길이에 따른 임의의 위치에서 열전달량은 다음과 같다.

$$dq = U_o(T - t)dA_o \tag{8.4}$$

미소 길이당 고온의 유체가 잃은 열은 다음과 같다.

$$dq = \dot{m}_w C_{pw} dT \tag{8.5}$$

여기서 $\dot{m}_w$는 고온의 유체의 질량유량이고 C_{pw}는 비열이다. 저온의 유체가 얻은 열의 양은 다음과 같다.

$$dq = \dot{m}_c C_{pc} dt \tag{8.6}$$

식 (8.5)와 (8.6)은 서로 같다고 두고, 열교환기의 저온의 유체 입구에서부터 z 방향으로 적

분하면 다음과 같다.

$$\int_{T_2}^{T} \dot{m}_w C_{pw} dT = \int_{t_1}^{t} \dot{m}_c C_{pc} dt$$

저온의 유체 입구의 온도는 t_1, 고온의 유체 온도는 T_2이다. 적분하면,

$$\dot{m}_w C_{pw}(T - T_2) = \dot{m}_c C_{pc}(t - t_1)$$

정리하고 고온의 유체의 온도에 관해서 풀면, 우리는 다음과 같은 식을 얻는다.

$$T = T_2 + \frac{\dot{m}_c C_{pc}}{\dot{m}_w C_{pw}}(t - t_1) \tag{8.7a}$$

열교환기의 전체 길이 L로 적분했다면, 우리는 다음과 같은 식을 얻을 수 있다.

$$T_1 = T_2 + \frac{\dot{m}_c C_{pc}}{\dot{m}_w C_{pw}}(t_2 - t_1) \tag{8.7b}$$

식 (8.7a)에 식 (8.4)를 대입하면, 다음과 같은 식을 얻는다.

$$dq = U_o\left(T_2 + \frac{\dot{m}_c C_{pc}}{\dot{m}_w C_{pw}}(t - t_1) - t\right)dA_o$$

변수인 고온 유체의 온도 T를 제거한 식을 저온의 유체에서 사용된 식 (8.6)과 같게 두면 다음과 같다.

$$\dot{m}_c C_{pc} dt = U_o\left(T_2 + \frac{\dot{m}_c C_{pc}}{\dot{m}_w C_{pw}}(t - t_1) - t\right)dA_o$$

저온의 유체의 온도 t와 표면적은 오직 미소 면적이다. 항을 나누고 적분하면,

$$\int_0^{A_o} \frac{U_o dA_o}{\dot{m}_c C_{pc}} = \int_{t_1}^{t_2} \frac{dt}{\left(T_2 + \frac{\dot{m}_c C_{pc}}{\dot{m}_w C_{pw}}(t - t_1) - t\right)}$$

또는

$$\frac{U_oA_o}{\dot{m}_cC_{pc}} = \left[\frac{1}{(\dot{m}_cC_{pc}/\dot{m}_wC_{pw}) - 1}\right] \ln\left[\frac{T_2 - \dfrac{\dot{m}_cC_{pc}}{\dot{m}_wC_{pw}}t_1 + \left(\dfrac{\dot{m}_cC_{pc}}{\dot{m}_wC_{pw}} - 1\right)t_2}{T_2 - \dfrac{\dot{m}_cC_{pc}}{\dot{m}_wC_{pw}}t_1 + \left(\dfrac{\dot{m}_cC_{pc}}{\dot{m}_wC_{pw}} - 1\right)t_1}\right]$$

T_2에 대한 식 (8.7b)를 풀고, 이전 식에 대입하여 (긴 대수 풀이 후에) 간략화하면 우리는 다음 식을 얻을 수 있다.

$$\frac{U_oA_o}{\dot{m}_cC_{pc}} = \left[\frac{1}{(\dot{m}_cC_{pc}/\dot{m}_wC_{pw}) - 1}\right] \ln\frac{T_1 - t_2}{T_2 - t_1} \tag{8.8}$$

식 (8.7b)를 정리하면, 우리는 다음 식을 얻는다.

$$\frac{\dot{m}_cC_{pc}}{\dot{m}_wC_{pw}} = \frac{T_1 - T_2}{t_2 - t_1}$$

식 (8.8)에 대입하면

$$\frac{U_oA_o}{\dot{m}_cC_{pc}} = \frac{1}{[(T_1 - T_2)/(t_2 - t_1) - 1]} \ln\frac{T_1 - t_2}{T_2 - t_1}$$

$$= \frac{t_2 - t_1}{(T_1 - t_2) - (T_2 - t_1)} \ln\frac{T_1 - t_2}{T_2 - t_1}$$

정리하면 다음과 같다.

$$\dot{m}_cC_{pc}(t_2 - t_1) = U_oA_o\frac{(T_1 - t_2) - (T_2 - t_1)}{\ln[(T_1 - t_2)/(T_2 - t_1)]} \tag{8.9a}$$

좌변은 저온의 유체에 의해 얻어진 열이다. 그래서

$$q = U_oA_o\frac{(T_1 - t_2) - (T_2 - t_1)}{\ln[(T_1 - t_2)/(T_2 - t_1)]} \qquad \text{(역류)} \tag{8.9b}$$

식 (8.3)과 비교하면

$$q = U_o A_o \Delta t \tag{8.3}$$

우리는 이중관 열교환기 내부의 역류 열교환에서 온도 차이를 다음과 같이 나타낼 수 있다.

$$\Delta t = \frac{(T_1 - t_2) - (T_2 - t_1)}{\ln [(T_1 - t_2)/(T_2 - t_1)]} = LMTD \qquad \text{(역류)} \tag{8.10}$$

식 (8.10)은 *로그평균온도차*(log mean temperature difference)라고 불리며, 줄여 쓰면 LMTD이다. 이것은 종종 다음과 같이 쓰인다.

$$LMTD = \frac{\Delta t_2 - \Delta t_1}{\ln (\Delta t_2/\Delta t_1)}$$

여기서 Δt_2는 열교환기의 한쪽 끝단에서 두 유체 사이의 온도 차이이며 Δt_1은 다른 쪽 끝에서의 온도 차이이다. 역류에서는

$$\left.\begin{aligned} \Delta t_2 &= T_1 - t_2 \\ \Delta t_1 &= T_2 - t_1 \end{aligned}\right\} \quad \text{역류}$$

우리는 평행류에 대한 식을 계산할 수 있다. 기본 방정식은 앞서 쓴 것과 같다. 결과 식들은 다음과 같다.

$$q = U_o A_o \frac{(T_1 - t_1) - (T_2 - t_2)}{\ln [(T_1 - t_1)/(T_2 - t_2)]} \qquad \text{(평행류)} \tag{8.11}$$

$$LMTD = \frac{\Delta t_2 - \Delta t_1}{\ln (\Delta t_2/\Delta t_1)} = \frac{(T_1 - t_1) - (T_2 - t_2)}{\ln [(T_1 - t_1)/(T_2 - t_2)]} \tag{8.12}$$

$$\left.\begin{aligned} \Delta t_1 &= T_1 - t_1 \\ \Delta t_2 &= T_2 - t_2 \end{aligned}\right\} \quad \text{평행류}$$

평행류의 결과와 역류 결과들의 차이를 인지하고 각 방정식에 사용된 대문자 "T"는 고온유체의 온도이며 아래에 기입된 "1"은 입구 조건을 의미하며 소문자 "t"는 저온유체를 의미하며 아래에 기입된 "2"는 출구 조건을 의미한다.

역류와 평행류의 비교

간략히 보면, 역류와 평행류 열교환기에서 전달되는 열량은 같을 것으로 보인다. 이것을 살펴보기 위해서, 다양한 경우에 대해 식들을 사용해 로그평균온도차를 계산해 본다.

예제 8.1 100°C의 유체가 이중관 열교환기에 들어가서 25°C로 들어오는 다른 유체에 의해 75°C로 냉각되고 25°C의 유체는 40°C로 가열된다. 역류와 평행류에 대하여 로그평균온도차를 계산하라.

풀이

주어진 온도는 다음과 같다.

$$T_1 = 100°C \qquad t_1 = 25°C$$
$$T_2 = 75°C \qquad t_2 = 40°C$$

식 (8.10)에 적용하면 다음과 같은 결과를 얻을 수 있다.

$$LMTD = \frac{(100-40)-(75-25)}{\ln[(100-40)/(75-25)]} = 54.8°C \qquad \text{(역류)}$$

또한

$$LMTD = \frac{(100-25)-(75-40)}{\ln[(100-25)/(75-40)]} = 52.5°C \qquad \text{(평행류)}$$

이러한 온도를 가진 열교환기에서 우리는 열전달량을 계산하기 위해서 식 (8.3)을 사용하였다. 전체 열전달 계수가 두 가지 유동에서 모두 일정하다고 가정하면 동일한 열을 전달하기 위해서 평행류 열교환기가 역류 열교환기의 표면적보다 더 큰 표면적 A_o가 요구된다.

예제 8.2 이중관 열교환기는 출구 온도가 같은 두 유체 사이의 열을 교환하기 위해 사용된다. 특히 고온의 유체는 148.9°C에서 93.3°C로 냉각되고 저온의 유체는 65.6°C에서 93.3°C로 가열된다. 역류와 평행류에 대해서 로그평균온도차를 구하라.

풀이

주어진 온도는 다음과 같다.

$$T_1 = 148.9°C \qquad t_1 = 65.6°C$$
$$T_2 = 93.3°C \qquad t_2 = 93.3°C$$

식 (8.10)에 대입하면 다음을 얻는다.

$$LMTD = \frac{(148.9 - 93.3) - (93.3 - 65.6)}{\ln[(148.9 - 93.3)/(93.3 - 65.6)]} = 40.04°C \quad (역류)$$

같은 방법으로, 식 (8.12)에 대입하면

$$LMTD = \frac{(148.9 - 65.6) - (93.3 - 93.3)}{\ln[(148.9 - 65.6)/(93.3 - 93.3)]} = 0°C \quad (평행류)$$

따라서 평행류 열교환기의 표면적은 출구 온도를 동일하게 만들기 위해서 무한대가 되어야 한다[식 (8.3), $q = U_0 A_0 \Delta t$)에 따라]. 이는 가능하지 않으므로, 평행류를 사용하는 것이 열적인 측면에서 분명히 단점을 가진다고 할 수 있다. 결과적으로 따로 특정하지 않는다면, 이중관 열교환기에서의 모든 계산은 역류 형태로 수행될 것이다. 역류가 "가능한 가장 좋은" 형태로 간주된다.

예제 8.3 100°C 포화 증기 상태의 수증기가 이중관 열교환기로 들어간다. 이 수증기는 25°C로 들어오는 다른 유체에 의해서 응축된다. 응축 과정은 등온상태로 일어나고, 응축물의 출구 온도 또한 100°C이다. 냉매의 출구 온도는 50°C이다. 역류와 평행류에서 로그평균온도차를 계산하라.

풀이

주어진 온도는 다음과 같다.

$T_1 = 100°C \qquad t_1 = 25°C$

$T_2 = 100°C \qquad t_2 = 50°C$

식 (8.10)에 대입하면 다음과 같이 얻을 수 있다.

$$LMTD = \frac{(100 - 50) - (100 - 25)}{\ln[(100 - 50)/(100 - 25)]} = 61.7°C \quad (역류)$$

같은 방법으로,

$$LMTD = \frac{(100 - 25) - (100 - 50)}{\ln[(100 - 25)/(100 - 50)]} = 61.7°C \quad (평행류)$$

열교환기에서 유체 중 하나가 상변화를 하거나 입출구 온도가 같으면(즉, 과열 또는 과냉각이 없을 때) 역류일 때의 로그평균온도차는 평행류일 때와 같다.

그림 8.1과 8.2를 보듯이 평행류에서 출구 온도는 서로 근접할 수 있으며 역류에서 저온의 유체의 출구 온도는 고온의 유체의 출구 온도를 초과할 수 있다. 역류 장치는 평행류 장치보다 열전달 능력이 훨씬 뛰어나다.

이중관 열교환기는 표준배관 또는 적절한 이음새를 가진 관을 가지고 쉽게 만들거나 구매할 수 있으며 상대적으로 적은 유량에서 두 유체 사이의 열교환을 할 수 있는 값싼 방법이다. 이중관 열교환기는 원하는 어떤 길이로도 조립될 수 있고 종종 두 개 열교환기는 그림 8.4에 그려졌듯이 "헤어핀"의 형태로 조립된다. 열전달 면적을 크게 하기 위해서 다수의 헤어핀을 사용할 수 있다.

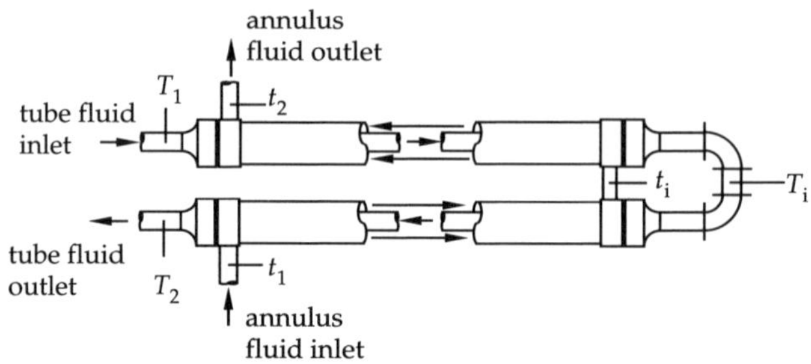

그림 8.4 헤어핀 열교환기의 개략도

8.2 | 이중관 열교환기의 해석

식 (8.3)은 이중관 열교환기에서 전달된 열을 전체 열전달 계수, 안쪽 관의 바깥쪽 면적, 그리고 로그평균온도차와 관련시켰다.

$$q = U_o A_o \Delta t \tag{8.3}$$

식 (8.2)는 열전달 계수 U_o를 안쪽 관의 안과 밖의 표면적에 대한 대류 열전달 계수들, h_i와 h_o를 이용하여 정의하였다. 대류 열전달 계수들은 Nusselt 수를 표현한 식으로부터 계산되며 해석에 사용된 식들은 원형관 유동에서 유도되었다. 환형관 유동에서 대류 열전달 계수를 찾기 위해서, 우리는 같은 식을 사용하였지만 기하학적 구조의 변화에 맞게 이들을 수정하였다. 식에서 수정사항으로 지름을 특성 길이로 대체하였고, 마찰 계수 계산을 위해 수력 지름을 다음과 같이 정의하였다.

$$D_h = \frac{4 \text{ x 유동 면적}}{\text{마찰 둘레}} = \frac{4\pi(ID_a^2 - OD_p^2)}{4\pi(ID_a + OD_p)}$$

또는 $D_h = ID_a - OD_p$ **(8.13)**

여기서 지름 ID_a와 OD_p는 그림 8.6에서 정의된다.

위의 수력 지름의 정의는 마찰 계산에 적용된다. 같은 방법으로, 우리는 **등가 지름** D_e를 다음과 같이 정의한다.

$$D_e = \frac{4 \times \text{유동 면적}}{\text{열교환 둘레}} = \frac{4\pi(ID_a^2 - OD_p^2)}{4\pi OD_p}$$

또는 $D_e = \dfrac{ID_a^2 - OD_p^2}{OD_p}$ **(8.14)**

열교환 둘레는 안쪽 관의 바깥쪽 표면적이다. 수력 지름과 등가 지름의 차이를 주의하라. 이 지름들이 계산되면, Reynolds 수와 Nusselt 수 식에서 사용될 수 있다. 그 식들은 다음과 같다:

<u>층류영역: Sieder-Tate 방정식</u>

(8.15)

$$\text{Nu} = \frac{hD}{k_f} = 1.86\left(\frac{D\text{RePr}}{L}\right)^{1/3}$$

$\text{Re} = \dfrac{VD}{\nu} < 2\,200$ $D = ID_p$ 만약 단면적이 관모양이면

$D = D_e$ 만약 단면적이 환형모양이면

$0.48 < \text{Pr} = \dfrac{\nu}{\alpha} < 16\,700$ μ 는 온도에 따라 적절하게 변한다

평균 유체 온도에서 계산된 물성치들 [= (입구 + 출구)/2]

<u>난류영력: Modified Dittus-Boelter 식</u>

$$\text{Nu} = \frac{hD}{k_f} = 0.023(\text{Re})^{4/5}\,\text{Pr}^{\text{n}}$$

(8.16)

n = 0.4 만약 유체가 가열될 때 $D = ID_p$ 만약 단면적이 관모양이면
n = 0.3 만약 유체가 냉각될 때 $D = D_e$ 만약 단면적이 환형모양이면

$\text{Re} = \dfrac{VD}{\nu} \geq 10\,000;$ $0.7 \leq \text{Pr} = \dfrac{\nu}{\alpha} \leq 160;$ $L/D \geq 60$

평균 유체 온도에서 계산된 물성치들[= (입구 + 출구)/2]

<u>천이유동</u>

Reynolds 수가 2,200에서 10,000 사이일 때 Nusselt 수를 찾기 위해서 보간법이 사용될 수 있다. 식 (8.15)는 Re = 2200에서 Nu 수를 찾기 위해서 사용되며 식 (8.16)은 Re = 10,000에서 Nu 수를 찾기 위해서 사용된다. 보간법은 천이 Reynolds 수에서 Nusselt 수를 예측하는 데 유용한 방법이다. 그러나 실제적으로 천이유동은 모델링에 있어서의 불확실성 때문에 피하는 것을 추천한다.

질량 속도라고 알려진 양은 열교환기 해석에서 광범위하게 사용된다. 질량 속도 G는 다음과 같이 정의된다.

$$G = \frac{\dot{m}}{A} = \rho V$$

그리고 차원은 M/(L^2·T) [kg/(m^2·s)]이다.

식 (8.15)와 (8.16)에서, 등가 지름 D_e는 환형 덕트에 식들을 적용할 때 D를 대체할 수 있다. 마찰 계수를 평가하기 위해서 Reynolds 수가 계산될 때는 D_h가 사용되는 것에 주의하라. 또한 열전달을 모델링할 때는 등가 지름 D_e가 사용된다. 그러므로 환형관에서의 유동에서는 두 개의 Reynolds 수가 있다: 하나는 마찰 계수를 찾기 위한 수력 지름 기반의 것과 다른 하나는 열교환량을 계산하기 위한 등가 지름 기반의 것이다.

출구 온도 식

특정 크기의 열교환기를 선택하면 기하학적 구조는 고정되며 사용자는 오직 유량과 입구 온도만을 조절한다. 열교환기를 효율적으로 작동하기 위해서 출구 온도를 계산하는 것이 필요하다. 출구 온도를 계산하기 위한 식을 여기서 유도한다. 저온 유체의 경우, 다음과 같이 쓴다.

$$q = \dot{m}_c C_{pc}(t_2 - t_1) \tag{8.17}$$

여기서 $\dot{m}_c$는 저온 유체의 질량유량이고 C_{pc}는 비열이다. 역류라고 가정하면 다음과 같다.

$$q = U_o A_o \Delta t = U_o A_o \frac{(T_1 - t_2) - (T_2 - t_1)}{\ln[(T_1 - t_2)/(T_2 - t_1)]} \tag{8.9b}$$

두 식을 서로 같다고 하고 정리하면, 다음과 같다.

$$\ln\frac{(T_1 - t_2)}{(T_2 - t_1)} = \frac{U_o A_o}{\dot{m}_c C_{pc}}\left(\frac{T_1 - T_2}{t_2 - t_1} - 1\right) \tag{8.18}$$

고온 유체의 경우,

$$q = \dot{m}_w C_{pw}(T_1 - T_2) \tag{8.19}$$

여기서 $\dot{m}_c$는 고온 유체의 질량유량이고 C_{pw}는 비열이며 고온의 유체에서 잃은 열이 모두 저온의 유체로 이동했다고 가정하면, 식 (8.17)과 식 (8.19)를 동일하게 둘 수 있다.

$$\dot{m}_w C_{pw}(T_1 - T_2) = \dot{m}_c C_{pc}(t_2 - t_1)$$

정리하고 새로운 변수 R을 도입하면 다음과 같다.

$$\frac{\dot{m}_c C_{pc}}{\dot{m}_w C_{pw}} = \frac{T_1 - T_2}{t_2 - t_1} = R \tag{8.20}$$

식 8.18에 대입하고 로그를 제거하면 다음과 같다.

$$\frac{T_1 - t_2}{T_2 - t_1} = \exp\left[\frac{U_o A_o}{\dot{m}_c C_{pc}}(R - 1)\right] = E_c \tag{8.21}$$

여기서 E_c로 표기한 것은 앞서 정의하였다. 식 (8.20)은 저온 유체의 출구 온도를 위해 다음 식으로 재정리될 수 있다.

$$t_2 = t_1 + \frac{T_1 - T_2}{R} \tag{8.22}$$

식 (8.21)에 대입하면, 고온 유체의 출구 온도에 대한 식을 다음과 같이 얻을 수 있다.

$$T_2 = \frac{(1 - R)T_1 + (1 - E_c)Rt_1}{1 - RE_c} \qquad \text{(역류)} \tag{8.23}$$

식 (8.23)은 고온 유체의 유량, 유체 물성치, 그리고 오직 입구 온도만 알고 있으면 출구 온도를 계산할 수 있게 한다. 고온의 유체의 출구 온도 T_2를 알면 식 (8.22)는 저온의 유체 출구 온도 t_2를 찾는 데 사용될 수 있다.

비슷한 해석 방법을 평행류 열교환기에 적용할 수 있다. 다음과 같은 정의로 시작한다.

$$E_p = \exp\left[\frac{U_o A_o}{\dot{m}_c C_{pc}}(R + 1)\right] \tag{8.24}$$

역류의 경우와 같은 방법으로 계산을 진행하면, 고온 유체의 출구 온도는 다음과 같다.

$$T_2 = \frac{(R + E_p)T_1 + (E_p - 1)Rt_1}{(R + 1)E_p} \qquad \text{(평행류)} \qquad \textbf{(8.25)}$$

다시, 고온 유체의 출구 온도 T_2를 알고 있으면 식 (8.22)에서 저온 유체의 출구 온도 t_2를 찾을 수 있다.

오염 계수(Fouling Factors)

열교환기가 특정 시간 동안 사용되었을 때, 물때와 먼지가 관의 표면에 쌓일 것이다. 이것은 안쪽 관의 벽면을 통한 열저항을 증가시킴으로써 유체들 사이의 열전달률을 감소시킨다. 그림 8.5는 추가적인 저항을 갖는 이중관 열교환기의 단면을 보여준다.

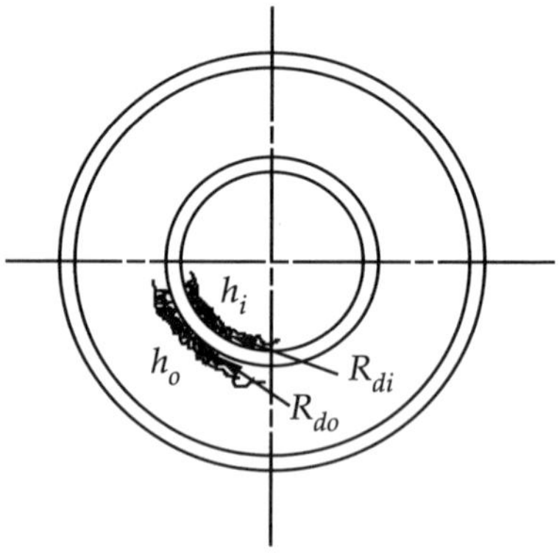

그림 8.5 오염으로 인한 추가 열저항을 나타내는 이중관 열교환기의 단면

안쪽과 바깥쪽 면에서의 추가적인 저항은 각각 R_{di}와 R_{do}로 구별된다. 추가적인 저항들은 앞서 제시된 식 (8.2)에서 다음과 같이 정의되었던 전체 열전달 계수에 영향을 준다.

$$\frac{1}{U_o} = \frac{OD_p}{h_i\, ID_p} + \frac{1}{h_o} = \frac{1}{h_p} + \frac{1}{h_o} \qquad \textbf{(8.2)}$$

식 (8.2)는 열교환기가 새 것이고 관이 깨끗할 때 적용한다. 표면에 쌓인 것 때문에 추가적인 저항을 반영하기 위해서, 우리는 *더러움*(dirty) 또는 *설계*(design) 계수 U를 다음과 같이 정의한다.

$$\frac{1}{U} = \frac{1}{U_o} + R_{di} + R_{do} \qquad \textbf{(8.26a)}$$

또는

$$\frac{1}{U} = \frac{OD_p}{h_i\, ID_p} + \frac{1}{h_o} + R_{di} + R_{do} \tag{8.26b}$$

표 8.1에 수십 년 동안의 경험의 결과로 측정된 다양한 유체들에 대한 저항값이 제공된다. 이 저항은 사실 특정 면적에 관련된 것이다. 본 저항값들은 단지 최선의 추측값이기 때문에, 식 (8.26)에서 R_{di}와 R_{do}과 함께 면적 보정을 사용할 필요는 없다. 오염 계수는 대략 일 년동안 쌓인 오염물을 나타낸다.

표 8.1 다양한 유체에 대한 오염계수의 값

Fluid	R_d ($m^2 \cdot K/W$)
Air	0.000 4
Brine	0.000 2
Alcohol vapor	0.000 1
Diesel engine exhaust	0.002
Engine oil	0.000 2
Organic vapors	0.000 1
Organic liquids	0.000 2
Refrigerant liquid	0.000 2
Refrigerant vapors	0.000 4
Steam	0.000 1
Vegetable oil	0.000 6
Water	
City water	0.000 2–0.000 4
Distilled	0.000 1–0.000 2
Seawater	0.000 1–0.000 2
Well water	0.000 2–0.000 4

관과 환형관에서의 압력 강하

관 내에서 유동에서의 압력 강하는 이전 장에서의 방법을 사용하여 쉽게 계산된다. 관에서의 유동일 경우, 압력 강하는 다음과 같다.

$$\Delta p_t = \frac{fL}{D_h}\frac{\rho V^2}{2} = \frac{fL}{ID_p}\frac{\rho V^2}{2} \qquad \text{(관 유동)} \tag{8.27}$$

여기서 마찰 계수 f는 Reynolds 수와 ε/ID_p 데이터로부터 얻어진다.

우리는 환형관에서의 압력 강하를 찾기 위해서 같은 식을 사용하지만, Reynolds 수와 상대적인 조도 표현에서 특성 길이를 수력 지름으로 사용한다. 또한 입구와 출구 이음새에서 부손실 항을 사용하여 손실량을 고려한다.

$$\Delta p_a = \left(\frac{fL}{D_h} + 1\right)\frac{\rho V^2}{2} \qquad \text{(환형관 유동)} \qquad \textbf{(8.28)}$$

우수한 설계를 위해서, 각 증기(관 유체 또는 환형관 유체)에 대한 압력 강하는 10 psi (70 kPa)보다 작아야 한다.

이중관 열교환기의 해석을 위한 식은 다음과 같으며 제안된 계산 과정의 순서를 요약하면 다음과 같다.

이중관 열교환기 해석, 제안된 계산 순서

문제 논의 완벽한 문제 파악
잠재적 열 손실; 기타 문제점

가정
1. 정상상태 조건이다.
2. 유체 물성치는 일정하게 유지되고 ___의 온도에서 결정된다.

명명법
1. T는 고온의 유체의 온도이다.
2. t는 저온의 유체의 온도이다.
3. 아래첨자 w는 고온 유체를 나타낸다.
4. 아래첨자 h는 수력 지름을 나타낸다.
5. 아래첨자 c는 저온 유체를 나타낸다.
6. 아래첨자 a는 환형관 유동 면적 또는 차원을 나타낸다.
7. 아래첨자 p는 난류 유동 면적 또는 차원을 나타낸다.
8. 아래첨자 1은 입구 상태를 나타낸다.
9. 아래첨자 2는 출구 상태를 나타낸다.
10. 아래첨자 e는 등가 지름을 나타낸다.

A. 유체 물성치

$\dot{m}_w =$	$T_1 =$
$\rho =$	$C_p =$
$k_f =$	$\alpha =$
$\nu =$	$\Pr =$
$\dot{m}_c =$	$t_1 =$

ρ =		C_p =	
k_f =		α =	
ν =		Pr =	

B. 관 크기

ID_a =

ID_p = $\qquad\qquad$ OD_p =

C. 유동 면적 $A_p = \pi ID_p^2/4 =$

$A_a = \pi(ID_a^2 - OD_p^2)/4 =$

D. 유체 속도(큰 단면적을 가지는 곳으로 큰 유량을 흘릴 수 있도록 하라.)

$V_p = \dot{m}/\rho A =$ $\qquad\qquad$ $G_p = \dot{m}/A =$

$V_a = \dot{m}/\rho A =$ $\qquad\qquad$ $G_a = \dot{m}/A =$

E. 환형 등가 지름

마찰 $D_h = ID_a - OD_p =$

열전달 $D_e = (ID_a^2 - OD_p^2)/OD_p =$

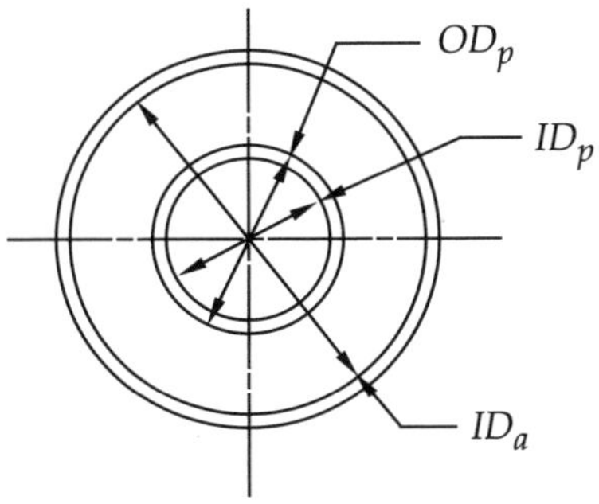

그림 8.6 환형과 연관된 지름들의 정의에 대한 개략도

F. Reynolds 수

$\mathrm{Re}_p = V_p ID_p/\nu =$

$\mathrm{Re}_a = V_a D_e/\nu =$

G. Nusselt 수

층류 영역: 수정된 Sieder-Tate 방정식

$$\mathrm{Nu} = \frac{hD}{k_f} = 1.86\left(\frac{D\mathrm{RePr}}{L}\right)^{1/3}$$

$\mathrm{Re} = \frac{VD}{\nu} < 2\,200$ $D = ID_p$ 만약 단면적이 관모양이면
$D = D_e$ 만약 단면적이 환형모양이면

$0.48 < \mathrm{Pr} = \frac{\nu}{\alpha} < 16\,700$

μ는 온도에 따라 적절하게 변한다.

평균온도[= (입구 + 출구)/2]를 사용한 물성치

난류 영역: 수정된 Dittus-Boelter 식

$$\mathrm{Nu} = \frac{hD}{k_f} = 0.023(\mathrm{Re})^{4/5}\,\mathrm{Pr}^{n}$$

n = 0.4 만약 유체가 가열될 때
n = 0.3 만약 유체가 냉각될 때

$\mathrm{Re} = \frac{VD}{\nu} \geq 10\,000$ $D = ID_p$ 만약 단면적이 관모양이면
$D = D_e$ 만약 단면적이 환형모양이면

$0.7 \leq \mathrm{Pr} = \frac{\nu}{\alpha} \leq 160$

$L/D \geq 60$

평균온도[= (입구 + 출구)/2]를 사용한 물성치

$\mathrm{Nu}_p =$

$\mathrm{Nu}_a =$

H. 대류 열전달 계수

$h_i = \mathrm{Nu}_p k_f / ID_p =$ $h_p = h_i ID_p / OD_p =$

$h_a = \mathrm{Nu}_a k_f / D_e =$

I. 교환계수

$$\frac{1}{U_o} = \frac{1}{h_p} + \frac{1}{h_a}$$ $U_o =$

J. 출구 온도 계산(열교환기 길이 L =)

$$R = \frac{\dot{m}_c C_{pc}}{\dot{m}_w C_{pw}} = \qquad A_o = \pi OD_p L =$$

역류 $E_{\text{counter}} = \exp\,[U_o A_o (R-1)/\dot{m}_c C_{pc}] =$

$$T_2 = \frac{T_1(R-1) - Rt_1(1 - E_{\text{counter}})}{RE_{\text{counter}} - 1}$$

$$t_2 = t_1 + \frac{T_1 - T_2}{R}$$

평행류 $E_{\text{para}} = \exp[U_o A_o (R+1)/\dot{m}_c C_{pc}] =$

$$T_2 = \frac{(R + E_{\text{para}})T_1 + Rt_1(E_{\text{para}} - 1)}{(R+1)E_{\text{para}}}$$

$$t_2 = t_1 + \frac{T_1 - T_2}{R}$$

$T_2 =$

$t_2 =$

K. 로그평균온도차

역류 $LMTD = \dfrac{(T_1 - t_2) - (T_2 - t_1)}{\ln\,[(T_1 - t_2)/(T_2 - t_1)]} =$

평행류 $LMTD = \dfrac{(T_1 - t_1) - (T_2 - t_2)}{\ln\,[(T_1 - t_1)/(T_2 - t_2)]} =$

L. 열평형

$q_w = \dot{m}_w C_{pw}(T_1 - T_2) =$

$q_c = \dot{m}_c C_{pc}(t_2 - t_1) =$

$q = U_o A_o LMTD =$ (깨끗한 경우)

M. 오염 계수와 디자인 계수

$R_{di} =$ $\qquad\qquad\qquad$ $R_{do} =$

$$\frac{1}{U} = \frac{1}{U_o} + R_{di} + R_{do} \qquad\qquad U =$$

N. 열전달 면적과 관 길이(이미 알려져 있지 않다면)

$$A_o = \frac{q}{U\,(LMTD)} =$$

$$L = \frac{A_o}{\pi(OD_p)} =$$

O. 마찰 계수

$$\left.\begin{aligned} &\text{Re}_p = V_p ID_p/\nu = \\ &\frac{\varepsilon}{ID_p} = \end{aligned}\right\} \quad f_p =$$

$$\left.\begin{aligned} &\text{Re}_a = V_a D_h/\nu = \\ &\frac{\varepsilon}{D_h} = \end{aligned}\right\} \quad f_a =$$

<u>층류 유동 식들</u>

관 내부에서 층류 유동 $\qquad {}_p = \dfrac{64}{\text{Re}_p} \qquad \text{Re}_p = \dfrac{V_p ID_p}{\nu} \le 2\,200$

환형관 내부에서 층류 유동 $\qquad \kappa = \dfrac{OD_p}{ID_a} \qquad \text{Re}_a = \dfrac{V_a D_h}{\nu} \le 10\,000$

$$\frac{1}{f_a} = \frac{\text{Re}_a}{64}\left[\frac{1+\kappa^2}{(1-\kappa)^2} + \frac{1+\kappa}{(1-\kappa)\ln(\kappa)}\right]$$

<u>난류 유동 식들</u>

$D = ID_p$ (만약 단면적이 관모양이면)
$D = D_h$ (만약 단면적이 환형모양이면)

Chen 식

$$\frac{1}{\sqrt{f}} = -2.0\log\left\{\frac{\varepsilon}{3.7065D} - \frac{5.0452}{\text{Re}}\log\left[\frac{1}{2.8257}\left(\frac{\varepsilon}{D}\right)^{1.1098} + \frac{5.8506}{\text{Re}^{0.8981}}\right]\right\}$$

Churchill 식

$$f = 8\left[\left(\frac{8}{\text{Re}}\right)^{12} + \frac{1}{(B+C)^{1.5}}\right]^{1/12}$$

$$\text{where} \quad B = \left[2.457 \ln \frac{1}{(7/\text{Re})^{0.9} + (0.27\varepsilon/D)}\right]^{16}$$

$$\text{and} \quad C = \left(\frac{37\,530}{\text{Re}}\right)^{16}$$

P. 압력 강하 계산

$$\Delta p_p = \frac{f_p L}{ID_p} \frac{\rho_p V_p^2}{2} =$$

$$\Delta p_a = \left(\frac{f_a L}{D_h} + 1\right) \frac{\rho_a V_a^2}{2} =$$

Q. 문제에서 요구된 정보의 요약

예제 8.4 79.45°C에서 0.63 kg/s의 질량유량을 갖는 물이 에틸렌글리콜을 가열하기 위해 사용된다. 에틸렌글리콜은 32.2°C에서 3.78 kg/s의 유량을 갖는다. 이중관 열교환기는 1¼ 표준 타입 M 구리 관과 안쪽의 2-표준 타입 M 구리 관으로 구성되어 있다. 열교환기는 두 개의 이중 헤어핀 열교환기로 구성되어 있으며 각각의 길이는 1.83 m이다. 두 유체가 직렬로 흐른다고 할 때, 역류와 평행류 각각에 대해서 두 유체의 출구 온도를 구하라.

풀이

물로부터의 에너지는 오직 에틸렌글리콜에게로만 전달되고 열이 전달됨에 따라, 유체 물성치는 온도 변화에 따라 변한다. 출구 온도는 미지수이므로, 물성치를 결정하기 위해서 우리는 입구 온도 또는 두 입구 온도의 평균값을 각각 사용한다. 압력 강하를 최소화하기 위하여 높은 유량을 가지는 유체는 큰 단면적을 가지는 통로(환형관 또는 관)를 따라 흐르게 하여야 한다. 배관을 모두 직렬로 연결하면 총 길이가 7.315 m인 이중관 열교환기로 등가할 수 있다.

가정

1. 정상상태 조건이다.
2. 유체 물성치는 일정하게 유지되고 첫 번째 단계에서는 55.83°C [≈(79.45 + 32.2)/2]로 정한다.

명명법

1. T는 고온 유체의 온도이다.
2. t는 저온 유체의 온도이다.
3. 아래첨자 w는 고온 유체를 나타낸다.

4. 아래첨자 h는 수력 지름을 나타낸다.
5. 아래첨자 c는 저온 유체를 나타낸다.
6. 아래첨자 a는 환형관 유동 면적 또는 차원을 나타낸다.
7. 아래첨자 p는 난류 유동 면적 또는 차원을 나타낸다.
8. 아래첨자 1은 입구 상태를 나타낸다.
9. 아래첨자 2는 출구 상태를 나타낸다.
10. 아래첨자 e는 등가 지름을 나타낸다.

A. 유체 물성치(부록의 물성치 표로부터 보간된 값)

물	$\dot{m}_w = 0.63$ kg/s	$T_1 = 79.45$°C
55.8°C	$\rho = 987$ kg/m^3	$C_p = 4183$ J/kg K
	$k_f = 0.646$ W/(mK)	$\alpha = 1.56 \times 10^{-7}$ m^2/s
	$\nu = 5.17 \times 10^{-7}$ m^2/s	Pr $= 3.31$
	$\dot{m}_c = 3.78$ kg/s	$t_1 = 32.2$°C
에틸렌글리콜	$\rho = 1090$ kg/m^3	$C_p = 2540$ J/kg K
132°F	$k_f = 0.26$ W/(mK)	$\alpha = 9.27 \times 10^{-8}$ m^2/s
	$\nu = 5.62 \times 10^{-6}$ m^2/s	Pr $= 60.2$

B. 관 크기

2-std M	$ID_a = 51$ mm	
1¹/₄-std M	$ID_p = 32.8$ mm	$OD_p = 34.93$ mm

C. 유동 면적 $A_p = \pi ID_p^2/4 = 8.44 \times 10^{-4}$ m^2

$A_a = \pi(ID_a^2 - OD_p^2)/4 = 1.087 \times 10^{-3}$ m^2

D. 유체 속도($A_a > A_p$이므로 에틸렌글리콜(유량이 더 큰 유체)을 환형관쪽으로 흘린다.)

물 $V_p = \dot{m}_w/\rho A_p = 0.756$ m/s $G_p = \dot{m}_w/A_p = 746.5$ kg/(m^2·s)

에틸렌글리콜 $V_a = \dot{m}_c/\rho A_a = 3.19$ m/s $G_a = \dot{m}_c/A_a = 3478$ kg/(m^2·s)

E. 환형관 등가 지름

마찰 $D_h = ID_a - OD_p = 16.09$ mm

열전달 $D_e = (ID_a^2 - OD_p^2)/OD_p = 39.6$ mm

F. Reynolds 수

물 $\mathrm{Re}_p = V_p ID_p/\nu = 4.8 \times 10^4$

에틸렌글리콜 $\mathrm{Re}_a = V_a D_e / \nu = 2.25 \times 10^5$

G. Nusselt 수

물 $\mathrm{Nu}_p = 0.023(\mathrm{Re}_p)^{4/5}\,\mathrm{Pr}^{0.3} = 182$

에틸렌글리콜 $\mathrm{Nu}_a = 0.023(\mathrm{Re}_a)^{4/5}\,\mathrm{Pr}^{0.4} = 359$

H. 대류열전달 계수

물 $h_i = \mathrm{Nu}_p k_f / ID_p = 3585\ \mathrm{W/(m^2K)}$ $h_p = h_i ID_p / OD_p = 3366\ \mathrm{W/(m^2K)}$

에틸렌글리콜 $h_a = \mathrm{Nu}_a k_f / D_e = 2357\ \mathrm{W/(m^2K)}$

I. 열교환 계수

$$\frac{1}{U_o} = \frac{1}{h_p} + \frac{1}{h_a} \qquad U_o = 1386\ \mathrm{W/(m^2K)}$$

J. 출구 온도 계산(열교환기 길이 $L = 7.315$ m)

$$R = \frac{\dot{m}_c C_{pc}}{\dot{m}_w C_{pw}} = 3.65 \qquad A_o = \pi OD_p L = 0.803\ \mathrm{m^2}$$

역류

$$E_{\text{counter}} = \exp\left[U_o A_o (R-1)/\dot{m}_c C_{pc}\right] = 1.358$$

$$T_2 = \frac{T_1(R-1) - Rt_1(1 - E_{\text{counter}})}{RE_{\text{counter}} - 1} = 63.83°\mathrm{C}$$

$$t_2 = t_1 + \frac{T_1 - T_2}{R} = 36.5°\mathrm{C}$$

평행류

$$w \quad E_{\text{para}} = \exp\left[U_o A_o (R+1)/\dot{m}_c C_{pc}\right] = 1.711$$

$$T_2 = \frac{(R + E_{\text{para}})T_1 + Rt_1(E_{\text{para}} - 1)}{(R+1)E_{\text{para}}} = 64.1°\mathrm{C}$$

$$t_2 = t_1 + \frac{T_1 - T_2}{R} = 36.45°\mathrm{C}$$

여기서, 우리는 새로운 온도들을 이용하여 유체의 물성치를 다시 정해야 한다. 물과 에틸렌글리콜의 경우, 입구와 출구 온도의 평균을 다음과 같이 정한다.

물 $T = \dfrac{79.45 + 63.83}{2} = 71.6°C$

에틸렌글리콜 $t = \dfrac{32.2 + 36.5}{2} = 34.35°C$

지금 위의 온도로 정해진 물성치를 사용하여 이 시스템은 다시 분석된다. 만약 필요하다면, 출구 온도의 정확한 예측을 위해 세 번째 반복 계산을 해야 한다. (스프레드시트를 사용하면 매우 짧은 시간에 많은 계산을 반복적으로 할 수 있다.) 이러한 과정를 거친 후, 물성치를 찾기 위해 우리가 사용할 온도는 다음과 같다(몇 단계의 계산 후):

물 $T = 72.2°C$

에틸렌글리콜 $t = 34.3°C$

K. 요구된 정보

전체 열전달 계수 $U_0 =$ 1260 W/(m² K) (새 것)

물 $T_2 = 64.94°C$ (역류)
에틸렌글리콜 $t_2 = 36.3°C$ (역류)

물 $T_2 = 65.1°C$ (평행류)
에틸렌글리콜 $t_2 = 36.3°C$ (평행류)

L. 열평형(결과로 검증된 값)

역류

물 $q_w = \dot{m}_w C_{pw}(T_1 - T_2) = 38.17$ KW

에틸렌글리콜 $q_c = \dot{m}_c C_{pc}(t_2 - t_1) = 38.17$ KW

전체 $q = UA(LMTD) = 38.17$ KW

M. 오염 계수와 디자인 계수($m^2 \cdot K/W$)

물 $R_{di} = 1.321 \times 10^{-4}$ (증류수에 대한 평균값)

에틸렌글리콜 $R_{do} = 1.76 \times 10^{-4}$ (유기 액체)

전체 $\frac{1}{U} = \frac{1}{U_o} + R_{di} + R_{do}$ $U = 908\ W/(m^2\ K)$

우리는 J 단계로 돌아가서 전체 열교환 계수의 디자인 값에 상응하는 출구 온도를 계산하며 그 결과(역류)는 다음과 같다:

전체 열전달 계수 $U = 908\ W/(m^2\ K)$ (1년 후)

물 $T_2 = 68.4°C$ (역류)
에틸렌글리콜 $t_2 = 35.4°C$ (역류)

물 $q_w = \dot{m}_w C_{pw}(T_1 - T_2) = 29.1\ KW$
에틸렌글리콜 $q_c = \dot{m}_c C_{pc}(t_2 - t_1) = 29.1\ KW$

전체 $q = UA(LMTD) = 29.1\ KW$

열교환기(역류) 성능 요약

새 것	1년 후
$U_0 = 1260\ W/(m^2\ K)$	$U = 908\ W/(m^2\ K)$
$T_2 = 64.94°C$ (water)	$T_2 = 68.4°C$ (water)
$t_2 = 36.3°C$ (E.G.)	$t_2 = 35.4°C$ (E.G.)
$q = 38.17\ KW$	$q = 29.1\ KW$

결과에 대한 언급

- 이번 예제에서는 평행류와 역류 사이의 결과 차이가 매우 적음을 보여준다. 그러나 항상 그런 것은 아니며, 보통 역류가 더 선호되는 유동 배치이다.
- 첫 번째 계산에서의 출구 온도: 역류일 경우, 물 $T = 63.85°C$, 에틸렌글리콜 $t = 36.5°C$. 몇 번의 반복과정을 거쳐 새로운 온도로 물성치를 다시 결정하고 얻어낸 출구 온도 : 물 $T = 64.94°C$, 에틸렌글리콜 $t = 36.3°C$.
- 물성치를 결정하는 데 사용되는 온도는 출구 온도에 상대적으로 적은 영향을 미친다. 여러 조건하에 있는 다양한 유체들의 문제에서도 마찬가지이다.
- 그러나 몇몇 유체의 경우(기름과 같은), 물성치는 온도에 따라서 급격하게 변하므로 합리적인 온도에서 물성치를 정하는 것이 매우 중요하다.
- 오염 효과를 고려하였을 때, 전체 열전달 계수는 1260 W/(m² K)에서 908 W/(m² K)으로 감소된다. 마찬가지로, 출구 온도 또한 영향을 받는다. 오염 계수는 1년 후의 성능에 적용된다.

- 열교환기의 성능은 디자인 값으로 평가되어야 한다. 이 열교환기의 출구 온도 T_2가 68.3°C라고 생각하자. 이 열교환기는 주어진 T_2 = 65°C보다 더 나은 성능을 보여줄 것이다.

온도 분포

이전 예제의 데이터를 이용하여 얻어진 계산 결과들은 중요한 세부 사항들을 보여준다. 열교환기의 성능을 살펴보기 위해서, 우리는 평행류와 역류 상태의 두 경우 모두에 대하여 길이를 늘리고 출구 온도를 계산하면 그림 8.7과 8.8과 같다.

그림 8.7은 역류 배치일 경우에 길이에 따른 온도 변화를 보여준다. 가로축의 길이는 112 ft까지 나타내었고, 이 길이는 두 유체가 같은 출구 온도를 갖기 위해 필요한 길이이다. 입구에서 고온 유체의 온도는 175°F이며 길이가 증가함에 따라 온도는 감소되고, 아래쪽으로 오목한 곡선이 그려진다. 저온 유체는 90°F에서 열교환기에 들어오고 길이가 증가함에 따라 온도도 증가하며 아래쪽으로 오목한 곡선으로 그려진다. 열교환기 전체적으로 저온 유체는 비교적 긴 거리를 통과하지만 작은 온도 증가만을 보이고 반면에 고온 유체는 큰 온도의 변화를 나타낸다. 이것은 유체의 **용량**(즉 $\dot{m}C_p$) 때문이다. $\dot{m}_c C_{pc} > \dot{m}_w C_{pw}$로 나타난 유체의 경우, $(t_2 - t_1) < (T_1 - T_2)$를 의미한다. 왜냐하면

$$\dot{m}_c C_{pc}(t_2 - t_1) = \dot{m}_w C_{pw}(T_1 - T_2) = q$$

이 조건하에서 곡선 모양들은 전형적이다.

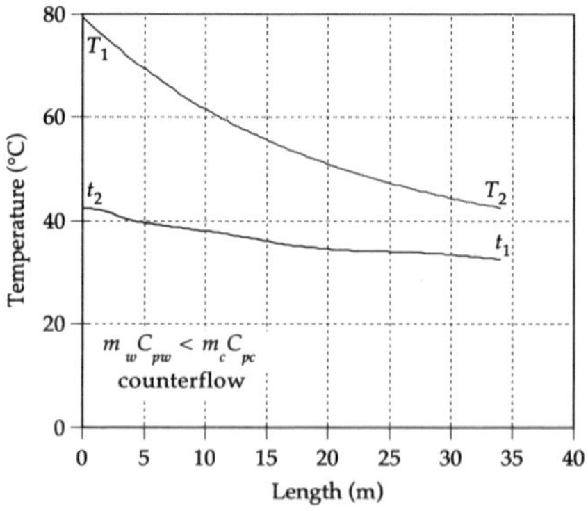

그림 8.7 예제 8.3의 역류 배치의 이중관 열교환기에서 길이(m)에 따른 온도(°C) 변화

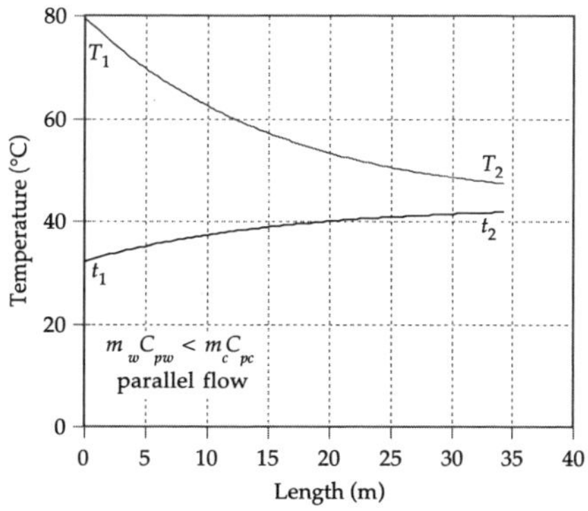

그림 8.8 예제 8.3의 평행류 배치의 이중관 열교환기에서 길이(m)에 따른 온도(°C)의 변화

그림 8.8은 평행류(한 방향의)에서 작동하는 동일한 열교환기에 대한 온도 분포를 보여준다. 112 ft를 지난 후에도 출구 온도는 같지 않고, 이론적으로 표면적(길이에 비례)이 무한대가 아닌 한 같아질 수 없다. (사실, 이 열교환기의 경우, 두 출구 온도는 620 ft의 길이에서 같아진다.) 다시, 각각 유체의 온도 변화는 역류에서와 같은 경향성을 따른다. 계산결과와 제시된 온도 분포는 **작은 열용량(thermal capacity** 또는 **capacitance)** $\dot{m}C_p$을 가진 수증기는 교환할 수 있는 열량에 제한이 있음을 보여준다.

그림 8.9와 8.10은 흥미로운 다른 경우를 보여준다. 그림 8.9는 $\dot{m}_cC_{pc} < \dot{m}_wC_{pw}$를 가지는 열교환기에 대해 길이에 따른 온도를 보여준다. 즉, 고온 유체가 더 큰 용량을 가지는 경우이다. 그림 8.9a는 역류에 대한 그래프이며 두 유체 모두 위쪽으로 오목한 온도 분포를 보여준다. 가장 큰 온도 변화를 보여주는 유체(저온의 유체)는 가장 작은 용량을 가진다. 그림 8.9b는 평행류를 가지는 같은 열교환기에 대한 결과를 보여준다. 경향성은 그림 8.7과 8.8에 보여준 것과 정반대이다.

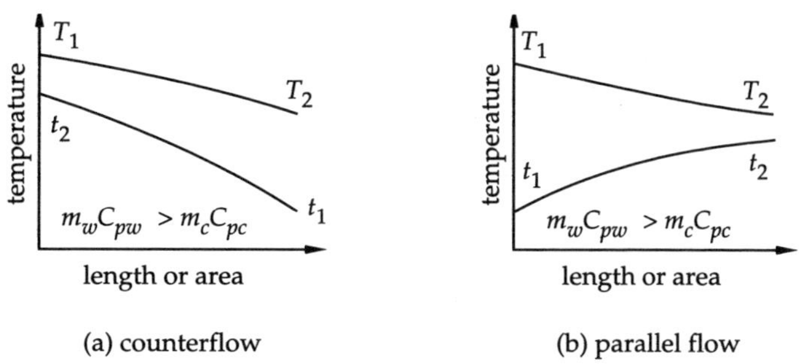

그림 8.9 역류와 평행류 배치를 가지는 이중관 열교환기에서 길이에 따른 온도 그래프.
저온 유체가 최소 열용량을 가지고 있다.

그림 8.10은 열교환기가 응축기 또는 증발기로 사용되는 경우 길이에 대한 온도 분포를 보여준다. 보는 것과 같이, 한 유체는 전체적으로 일정한 온도를 가진다. 그 이유는 상변화는 등온에서 일어나기 때문이다. 그림 8.10a는 상변화하는 고온 유체를 가지는 응축기에서의 온도 분포들을 보여준다. 고온 유체의 온도가 일정함을 알 수 있다. 비록 실제로는 과열 또는 과냉각이 일어날 수 있지만 일어나지 않는다고 가정하였다. 그림 8.10b는 열교환기가 증발기로 사용되었을 경우 전형적인 온도 분포를 보여준다. 각 경우에서 상변화하는 유체는 무한한 용량을 가지고 있음을 알 수 있다(그림 8.10a에서는 $\dot{m}_w C_{pw}$, 8.10b에서는 $\dot{m}_c C_{pc}$).

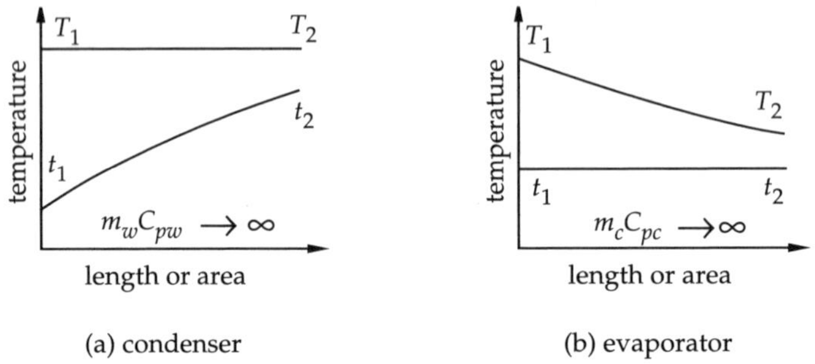

그림 8.10 응축기나 증발기로 이중관 열교환기가 사용되는 경우 길이에 따른 온도 그래프. 상변화를 하는 유체는 무한 열용량을 가지고 있다.

8.3 유용도-NTU법(Effectiveness-NTU Analysis)

앞 장에서 사용된 **LMTD법**은 상당히 전통적인 방식으로써 좀 더 널리 사용되는 방법으로는 **유용도-NTU법(effectiveness-number of transfer units method)**이 있다. 앞서 8.2절에서 보여주었듯이, 작은 열용량 $\dot{m}C_p$를 가지는 증기는 전달할 수 있는 열이 제한되어 있다. 우리는 이러한 제한조건을 유용도를 정의하는 데 사용하고자 한다.

유용도는 두 유체들의 질량유량과 비열의 곱이 최소가 되는 용량에 크게 영향을 받으며 이를 최소 열용량(minimum capacitance)이라고 한다. 유용도 E는 다음과 같이 정의될 수 있다.

$$E = \frac{t_2 - t_1}{T_1 - t_1} \qquad (\text{if } \dot{m}_c C_{pc} < \dot{m}_w C_{pw}) \qquad \textbf{(8.29a)}$$

$$E = \frac{T_1 - T_2}{T_1 - t_1} \qquad (\text{if } \dot{m}_w C_{pw} < \dot{m}_c C_{pc}) \qquad \textbf{(8.29b)}$$

유용도 E는 식 (8.21)에서 정의된 E_c나 식 (8.24)에서 정의된 E_p와 혼동되어서는 안 되며, 앞선 식에서 유도된 유용도의 정의의 결과는 다음과 같은 식으로 표현이 가능하다.

$$E = \frac{q}{q_{\max}}$$

여기서 q는 실제로 열이 전달된 양으로서 다음과 같이 주어진다.

$$q = E\,(\dot{m}C_p)_{\min}(T_1 - t_1) \qquad \textbf{(8.30)}$$

그리고 $q_{\max}$는 최소 열용량 조건과 최대 온도차 조건에 기반하는데, 최대온도차는 두 유체가 교환기에 들어갈 때의 온도 차이다. 따라서 $q_{\max}$는 다음과 같이 정의된다.

$$q_{\max} = (\dot{m}C_p)_{\min}(T_1 - t_1) \qquad \textbf{(8.31)}$$

이러한 관계식들은 이상하게 보일 수도 있지만 실제로는 잘 알고 있는 형식을 다시 표현한 것에 다름 아니다. 예를 들어 식 (8.30)에서 $(\dot{m}C_p)_{\min} = \dot{m}_c C_{pc}$라고 하면 식 (8.30)은 다음과 같이 쓸 수 있다.

$$q = \frac{t_2 - t_1}{T_1 - t_1}\dot{m}_c C_{pc}(T_1 - t_1)$$

또는 $q = \dot{m}_c C_{pc}(t_2 - t_1)$

위의 식은 저온 유체로부터 받은 에너지를 의미한다.

위의 주어진 정의들에서 몇 가지 중요한 특징들은 다음과 같다.

- 식 (8.29)의 분모는 열교환기의 최대 온도차(작동유체의 입구 온도)이다.
- 식 (8.29)의 분자는 최소 열용량을 가지는 유체의 온도 차이다.
- 유용도 E는 0부터 1 사이의 값을 가진다.
- 유용도의 정의는 열교환기의 종류에 무관하여, 이중관, 원통다관형, 직교류 열교환기 등에 적용이 가능하다.

만약에 관심있는 열교환기의 유용도가 알려져 있다면, 열교환기의 열전달량은 식 (8.30)을 이용하여 구할 수 있다. 열교환기의 개발에 있어서 필요한 것은 분석할 열교환기의 유용도 E의 식이나 그래프이다.

많은 형태의 열교환기에 대한 유용도가 유도되었으며 보통 **전달 단위수(number of transfer units)**라 불리는 항 N을 포함하고 있다.

$$N = \frac{UA}{(\dot{m}C_p)_{\min}} \tag{8.32}$$

또한 **열용량비(ratio of capacitances)**라 알려져 있는 C를 다음과 같이 정의하며 이 값은 언제나 1보다 작은 값을 갖게 된다.

$$C = \frac{(\dot{m}C_p)_{\min}}{(\dot{m}C_p)_{\max}} < 1$$

이러한 정의는 식 (8.20)에 주어진 R의 정의와 유사하지만 혼동해서는 안된다.

이러한 정의들을 이용하여 이중관 열교환기의 유용도에 대한 식을 유도할 수 있다. 식 (8.18)을 적용하기 위해 역류 배치를 가지는 열교환기를 고려해 보자.

$$\ln\frac{(T_1 - t_2)}{(T_2 - t_1)} = \frac{UA}{\dot{m}_c C_{pc}}\left(\frac{T_1 - T_2}{t_2 - t_1} - 1\right) \tag{8.18}$$

만약 $(\dot{m}\ C_p)_{\min} = \dot{m}_c C_{pc}$라고 하면, 식 (8.18)은 다음과 같다.

$$\ln\frac{(T_1 - t_2)}{(T_2 - t_1)} = N\left(\frac{(\dot{m}C_p)_{\min}}{(\dot{m}C_p)_{\max}} - 1\right) = N(C - 1)$$

또는

$$\ln\frac{(T_1 - t_2)}{(T_2 - t_1)} = -N(1 - C)$$

식의 양변에 지수 승을 하게 되면 다음과 같이 된다.

$$\frac{(T_1 - t_2)}{(T_2 - t_1)} = \exp\left[-N(1 - C)\right] \tag{8.33}$$

열평형 방정식은 다음과 같다.

$$\dot{m}_c C_{pc}(t_2 - t_1) = \dot{m}_w C_{pw}(T_1 - T_2) = q$$

t_2를 구하기 위하여 식을 다시 정리하게 되면 다음과 같이 된다.

$$t_2 = t_1 + \frac{\dot{m}_w C_{pw}}{\dot{m}_c C_{pc}}(T_1 - T_2) = t_1 + \frac{T_1 - T_2}{C}$$

또는

$$t_2 = \frac{Ct_1 + T_1 - T_2}{C}$$

식 (8.33)에 대입하면

$$\frac{T_1 - \dfrac{Ct_1 + T_1 - T_2}{C}}{T_2 - t_1} = \exp\,[-N(1 - C)]$$

이를 단순화하면

$$\frac{CT_1 - Ct_1 - T_1 + T_2}{C(T_2 - t_1)} = \exp\,[-N(1 - C)]$$

또는 $\dfrac{T_1 - t_1}{T_2 - t_1} - \dfrac{T_1 - T_2}{C(T_2 - t_1)} = \exp\,[-N(1 - C)]$

식전개 후 좌변이 다음과 같음을 확인할 수 있다.

$$\frac{1}{1 - EC} - \frac{1}{C}\frac{EC}{1 - EC} = \exp\,[-N(1 - C)]$$

합치면

$$\frac{1 - E}{1 - EC} = \exp\,[-N(1 - C)]$$

우리의 목적은 유용도에 대해 풀고자 하는 것이다. 다시 정리하고 풀면

$$E = \frac{1 - \exp\,[-N(1 - C)]}{1 - C\exp[-N(1 - C)]} \qquad \text{(역류)} \tag{8.34}$$

식 (8.34)는 $(\dot{m}\ C_p)_{\min} = \dot{m}_c C_{pc}$의 가정을 이용하여 유도되었다. 만약 앞의 가정 대신 $(\dot{m}C_p)_{\min} = \dot{m}_w C_{pw}$의 가정을 사용하게 되더라도 같은 식을 얻게 된다.

비슷한 유도과정을 이용하면 평행류의 열교환기의 유용도는 식 (8.35)와 같이 표현할 수 있다.

$$E = \frac{1 - \exp[-N(1 + C)]}{1 + C} \quad \text{(평행류)} \tag{8.35}$$

(유도과정은 연습문제를 참조하라)

본장의 끝에 있는 요약표(표 8.4)에 다양한 열교환기에 대한 유용도 식이 N (number of transfer unit) 항과 C (ratio of capacitance)로 정리되어 있다.

예제 8.4에서 사용된 방법으로 열교환기를 해석할 경우 출구 온도를 구하기 위해 유용도를 사용할 수 있다. 이 과정은 J번째 과정에서 E_c나 E_p 대신 유용도 E가 계산되는 것을 제외하고는 동일하며 유용도가 알려져 있다면 출구 온도들은 다음과 같다.

$$\left.\begin{aligned} t_2 &= t_1 + E(T_1 - t_1) \\ T_2 &= T_1 - C(t_2 - t_1) \end{aligned}\right\} \quad \left(\text{if } \dot{m}_c C_{pc} < \dot{m}_w C_{pw} \text{ with } E = \frac{t_2 - t_1}{T_1 - t_1}\right)$$

또는 반대 경우에

$$\left.\begin{aligned} T_2 &= T_1 - E(T_1 - t_1) \\ t_2 &= t_1 + C(T_1 - T_2) \end{aligned}\right\} \quad \left(\text{if } \dot{m}_w C_{pw} < \dot{m}_c C_{pc} \text{ with } E = \frac{T_1 - T_2}{T_1 - t_1}\right)$$

이중관 열교환기를 해석할 때, LMTD법이나 유용도-NTU법 둘 중 어느 것이 우수하다고 얘기할 수 없다. 두 방법 모두 동일한 출구 온도 결과를 산출한다.

예제 8.5 이중관 열교환기 내의 오일이 32.2°C부터 37.8°C까지 가열된다. 오일의 질량유량은 0.0504 kg/s이며, 65.6°C의 물은 0.63 kg/s로 흐른다. 열교환기는 2 × 1¼ std M 타입의 구리 관으로 제작되었으며, 길이는 4.57 m이다. 제안된 설정을 완벽하게 분석하라. 유용도-NTU법을 사용하고 오일은 환형관에 둔다. 35°C에서의 오일의 물성치는 다음과 같다.

$\rho = 878\ \text{kg/m}^3$ $\qquad C_p = 1943\ \text{J/kg K}$

$\nu = 3.97 \times 10^{-4}\ \text{m}^2/\text{s}$ $\qquad \alpha = 8.44 \times 10^{-8}\ \text{m}^2/\text{s}$

풀이

유체들 사이의 열교환을 위하여 이중관 열교환기가 사용되었다. 먼저 부록의 표에서 관의 크기들을 얻는다. 오일의 물성치는 주어졌으므로, 물의 물성치를 물성치 표에서 찾아야 하며, 보간법을 이용하여 입구와 출구 온도의 평균값에서의 물성치를 계산하여야 한다. 여러 번의 반복 계산이 필요하며 다음의 값들은 마지막 반복 계산의 결과로 얻어진 것이다.

가정 1. 정상상태 조건이다

2. 물의 물성치는 일정하며, 65.6°C에서의 물성치를 사용한다

명명법 1. T는 고온 유체의 온도이다.

2. t는 저온 유체의 온도이다.
3. 아래첨자 w는 고온 유체를 나타낸다.
4. 아래첨자 h는 수력 지름을 나타낸다.
5. 아래첨자 c는 저온 유체를 나타낸다.
6. 아래첨자 a는 환형관 유동 면적 또는 차원을 나타낸다.
7. 아래첨자 p는 관 유동 면적 또는 차원을 나타낸다.
8. 아래첨자 1은 입구 상태를 나타낸다.
9. 아래첨자 2는 출구 상태를 나타낸다.
10. 아래첨자 e는 등가 지름을 나타낸다.

A. 유체 물성치

물
$\dot{m}_w$ = 0.63 kg/s
ρ = 982 kg/m^3
k_f = 0.656 W/mK
ν = 4.47 x 10^{-7} m^2/s
T_1 = 65.6°C
C_p = 4187 J/kg K
α = 1.595 x 10^{-7}m^2/s
Pr = 2.8

오일
$\dot{m}_c$ = 0.0504 kg/s
ρ = 878 kg/m^3
k_f = 0.144 W/mK
ν = 3.97 x 10^{-4} m^2/s
t_1 = 32.2°C
C_p = 1943 J/kg K
α = 8.44 x 10^{-8} m^2/s
Pr = 4699

B. 관 크기

ID_a = 51 mm
ID_p = 32.8 mm
OD_p = 34.93 mm

C. 유동 면적

$A_p = \pi ID_p^2/4 = 8.44 \times 10^{-4}\ \text{m}^2$
$A_a = \pi(ID_a^2 - OD_p^2)/4 = 1.087 \times 10^{-3}\ \text{m}^2$

D. 유체 속도

물 $V_p = \dot{m}/\rho A = 0.759$ m/s
오일 $V_a = \dot{m}/\rho A = 0.0527$ m/s

E. 환형 유동관 직경

마찰 $D_h = ID_a - OD_p = 0.0161\text{ m}$

열전달 $D_e = (ID_a^2 - OD_p^2)/OD_p = 0.0396\text{ m}$

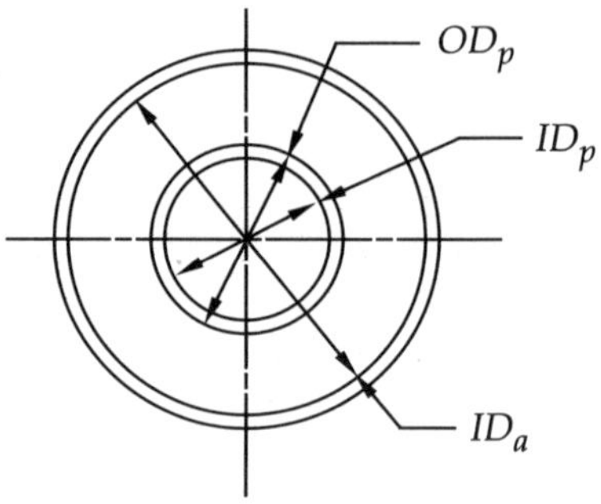

그림 8.6 환형과 연관된 지름들의 정의에 대한 개략도

F. Reynolds 수

물 $\mathrm{Re}_p = V_p ID_p/\nu = 55{,}694$

오일 $\mathrm{Re}_a = V_a D_e/\nu = 5.26$ (층류 식을 사용하라)

G. Nusselt 수

물 $\mathrm{Nu}_p = 196$

오일 $\mathrm{Nu}_a = 11$

H. 대류 열전달 계수(W/m²K)

물 $h_i = \mathrm{Nu}_p k_f/ID_p = 3920\text{ W/m}^2\text{ K}$ $h_p = h_i ID_p/OD_p = 3681\text{ W/m}^2\text{K}$

오일 $h_a = \mathrm{Nu}_a k_f/D_e = 40$

I. 열교환기 계수

$$\frac{1}{U_o} = \frac{1}{h_p} + \frac{1}{h_a} \qquad U_o = 39.57\text{ W/(m}^2\text{ K)}$$

J. 출구 온도 계산(열교환기 길이 $L = 4.57$ m)

$$C = \frac{\dot{m}_c C_{pc}}{\dot{m}_w C_{pw}} = 0.037 \qquad A_o = \pi OD_p L = 0.502 \text{ m}^2$$

$$N = \frac{UA}{(\dot{m}C_p)_{\min}} = 0.205$$

역류 유용도(역류)

$$E = \frac{1 - \exp[-N(1-C)]}{1 - C\exp[-N(1-C)]} = 0.1849$$

$$t_2 = t_1 + E(T_1 - t_1) \qquad \dot{m}_c C_{pc} < \dot{m}_w C_{pw}$$

$$T_2 = T_1 - C(t_2 - t_1)$$

물 $T_2 = 65.6°C$
오일 $t_2 = 38.3°C$

K. 로그평균온도차

역류 $$LMTD = \frac{(T_1 - t_2) - (T_2 - t_1)}{\ln[(T_1 - t_2)/(T_2 - t_1)]} = 30.1°C$$

L. 열평형

물 $q_w = \dot{m}_w C_{pw}(T_1 - T_2) = 603.1$ W

오일 $q_c = \dot{m}_c C_{pc}(t_2 - t_1) = 603.1$ W

$q = U_o A_o LMTD = 603.1$ W

M. 오염 계수와 디자인 계수(오일에 대해 가정된)

$R_{di} = 3.52 \times 10^{-5}$ $\qquad R_{do} = 3.52 \times 10^{-5}$ m²K/W

$$\frac{1}{U} = \frac{1}{U_o} + R_{di} + R_{do} \qquad U = 39.46 \text{ W/(m}^2\text{K)}$$

N. 열전달 면적과 관 길이

$$A_o = \frac{q}{U(LMTD)} = 0.503 \text{ m}^2$$

$$L = \frac{A_o}{\pi(OD_p)} = 4.88 \text{ m}$$

O. 마찰 계수

$$\left.\begin{aligned} \mathrm{Re}_p &= V_p ID_p/\nu = 55694 \\ \frac{\varepsilon}{ID_p} &= 0.000047 \end{aligned}\right\} \quad f_p = 0.021$$

$$\left.\begin{aligned} \mathrm{Re}_a &= V_a D_h/\nu = 2.14 \\ \frac{\varepsilon}{D_h} &= 0.000095 \end{aligned}\right\} \quad f_a = 29.9$$

P. 압력 강하 계산

물 $$\Delta p_p = \frac{f_p L}{ID_p}\frac{\rho_p V_p^2}{2} = 869\ \mathrm{Pa}$$

오일 $$\Delta p_a = \left(\frac{f_a L}{D_h} + 1\right)\frac{\rho_a V_a^2}{2} = 11.1\ \mathrm{kPa}$$

Q. 문제에서 요구된 정보 요약

물의 출구 온도는 65.6°C이고 오일의 출구 온도는 38.3°C이다. 또한 압력 강하는 물의 경우 869 Pa이고 오일의 경우 11.1 kPa로 계산되어 두 유체 모두 압력 강하 한계인 10 psi 이하의 값을 가진다. 열교환기의 주어진 길이는 4.57 m이며 N 단계에서 계산된 길이는 오염의 영향이 고려되었다. 전체 열전달 계수가 변하지 않기 때문에 출구 온도는 1년 후에도 동일할 것이다. 선정된 열교환기 길이는 4.88 m여야 한다.

8.4 | 이중관 열교환기 설계 시 고려 사항

지금가지 거론된 많은 문제들에서는 단지 몇 가지의 변수만이 미지수였다. 이러한 문제들은 몇 가지 가정으로 쉽게 해결할 수 있다. 위의 경우와 달리, 연간 최소 비용이 드는 특정한 열교환기를 설계하기 위해서 비용에 대한 정보에 의존하여야 한다. 최적화된 설계는 열교환기 내 관의 길이에 대한 사양이나 유량의 변경 등을 포함할 수 있다. 또한 열교환기는 ASME에서 제정한 안전코드나 TEMA (Tubular Exchanger Manufacturers Association)에서 제정한 안전코드를 만족하도록 설계되어야 한다.

이번 장에서 살펴본 열교환기는 이중관 열교환기이며 이어지는 다음 장에서는 원통다관형, 직교류, 판형 열교화기를 고려할 것이다. 각각의 열교환기는 다음과 같은 장치에 사용될 수 있다. 먼저 이중관 열교환기는 낮은-중간 유량과 낮은-중간 열전달량에 사용된다. 작동유체는 일반적으로 액체-액체, 증기-증기 또는 기체-기체가 사용된다.

원통다관형의 열교환기는 유량이 크고 많은 열전달량을 필요로 하는 곳에 사용한다(원통다관형의 열교환기의 유량은 이중관 열교환기의 10배이다). 가장 적합한 유체조합은 액체-액체, 기체-기체, 또는 증기-증기이다. 직교 유동 열교환기는 낮은, 중간, 또는 높은 유량과 낮은, 중간, 또는 높은 열량을 전달하기 위해 크기를 조절할 수 있다. 직교유동 열교환기는 액체-증기, 액체-기체, 기체-기체 그리고 증기-증기 작동유체에 적합하다. 비록 더 성능이 우수한 장치가 있을 수 있지만, 위에서 언급한 열교환기들은 응축기나 증발기로 사용될 수 있다. 다른 많은 종류의 열교환기들이 상업적으로 이용 가능하지만 지면상의 이유로 여기서는 다루지 않는다. 해석 방법들은 동일하다.

열교환기의 입출구 온도 및 유량이 주어지고, 필요한 열교환을 수행하면서 가격을 최소화할 수 있는 문제에 대해서 생각해 보도록 하자. 질량유량이 정해져 있을 경우, 유체의 속도를 최적화된 값에 고정하는 것이 바람직하다. 다양한 유체의 최적화된 속도 값은 6장에서 언급하였으며, 표 8.2에 정리하였다. 최적화 속도가 사용될 때 유체를 이동시키기 위한 총 사용예산(시작예산과 운영예산의 합)이 최솟값을 가지게 되는 것을 기억하자. 유량과 속도를 알고 있을 경우 필요한 단면적의 크기는 쉽게 계산할 수 있다.

다음으로는 주어진 공간에 알맞은 이중관 열교환기의 크기에 대해 고려해 보자. 이러한 문제에서는 다양한 관의 조합에 대한 형상 인자를 보여주는 표가 계산에 큰 도움을 주며 형상 인자에 관련된 값들은 표 8.3에 정리되어 있다.

앞서 거론된 논의에 의하면, 우리가 풀고자 하는 문제는 다음과 같다. 입구 온도와 유량을 알고 있고 특정 출구 온도를 원할 때, 가장 적은 비용으로 필요한 에너지를 열교환할 수 있는 이중관 열교환기의 크기는 얼마인가? 모든 적절한 경제적 요소들의 재공식화 없이, 이 문제는 이미 알고 있는 정보들을 이용하여 풀 수 있다. 풀이 방법은 초기 논문에서 제시한 계산 순서를 조금 변형시킨 방법으로 다음 예제를 통해 확인할 수 있다. (경제성 분석은 공식화되어졌으며 다음 문헌에서 찾을 수 있다 "Thermoeconomically Optimum Counterflow Heat Exchanger Effectiveness", by D. K. Edwards, and R. Matavosian; *J. Heat Transfer*, **v. 104**, pp. 191-193, 1982)

표 8.2 다양한 유체에 대한 합리적인 유속

Fluid	Economic Velocity Range m/s
Acetone	1.5–3.0
Ethyl alcohol	1.5–3.0
Methyl alcohol	1.5–3.0
Propyl alcohol	1.4–2.8
Benzene	1.4–2.8
Carbon disulfide	1.3–2.6
Carbon tetrachloride	1.2–2.4
Castor oil	0.5–1.0
Chloroform	1.2–2.4
Decane	1.5–3.0
Ether	1.5–3.0
Ethylene glycol	1.2–2.4
R-11	1.2–2.4
Glycerine	0.43–0.86
Heptane	1.5–3.0
Hexane	1.6–3.2
Kerosene	1.4–2.8
Linseed oil	1.5–3.0
Mercury	0.64–1.3
Octane	1.5–3.0
Propane	1.7–3.4
Propylene	1.7–3.4
Propylene glycol	1.4–2.8
Turpentine	1.4–2.8
Water	1.4–2.8

표 8.3 이중 열교환기 조합들

Type M Tubing (Engineering Units)							
Size	ID_a ft	ID_p ft	OD_p ft	A_p ft^2	A_a ft^2	D_h ft	D_e ft
2 x 1 1/4	0.1674	0.1076	0.1146	0.009093	0.01169	0.0528	0.1299
2 1/2 x 1 1/4	0.2079	0.1076	0.1146	0.009093	0.02363	0.0933	0.2625
3 x 2	0.2484	0.1674	0.1771	0.02201	0.02382	0.0713	0.1713
4 x 3	0.3279	0.2484	0.2604	0.04846	0.03118	0.0675	0.1524

Type M Tubing (SI Units)							
Size	ID_a m	ID_p m	OD_p m	A_p m^2	A_a m^2	D_h m	D_e m
2 x 1 1/4	0.051 02	0.032 79	0.034 93	0.000 844 4	0.001 086	0.016 09	0.039 59
2 1/2 x 1 1/4	0.063 38	0.032 79	0.034 93	0.000 844 4	0.002 196	0.028 45	0.080 07
3 x 2	0.075 72	0.051 02	0.053 98	0.002 044	0.002 214	0.021 74	0.052 23
4 x 3	0.099 98	0.075 72	0.079 38	0.004 503	0.002 901	0.020 6	0.046 54

예제 8.6 벤젠은 세제 생산에 사용된다. 이중관 열교환기는 벤젠과 물 사이의 열교환을 위해 사용된다. 벤젠의 유량은 1.26 kg/s이고 23.9°C에서 37.8°C로 가열된다. 60°C의 물을 사용할 수 있다. 적합한 열교환기를 선택하고 물의 유량을 계산하여라.

벤젠 물성치

T in °C	sp. gr.	C_p in J/kg K	ν in m^2/s	k_f in W/mK
67.2°C	0.828	1842	4.4×10^{-7}	0.131
27.2°C	0.872	1729	7.1×10^{-7}	0.143

다른 물성치들은 $\alpha = k_f/\rho C_p$와 $Pr = \nu/\alpha$를 이용하여 계산하였다.

풀이

유체와 유체 간의 열교환을 위해서는 이중관, 원통다관형, 또는 판과 프레임 열교환기를 사용할 수 있다. 벤젠의 유량인 1.26 kg/s는 이중관 열교환기를 사용할 수 있을 만큼 적은 유량이므로, 이중관 열교환기를 사용할 수 있다. (만약 이러한 것을 경험적으로 알 수 없다면, 먼저 이중관 열교환기의 크기에 따른 성능을 계산하여야 한다. 만약 만족하지 못한다면, 다른 형태의 열교환기에 대한 계산을 다시 수행해야 한다.)

벤젠의 유량은 주어졌으므로, 표 8.2에서 최적속도를 찾을 수 있다. 만약 주어져 있지 않다면 4장에 주어진 식으로 최적속도를 계산할 수 있다. 주어진 최적속도를 이용하여 최소 비용이 드는 단면적을 계산할 수 있게 된다.

벤젠의 경우 최적속도는 1.4 m/s부터 2.8 m/s이고 물의 경우 1.34 m/s와 2.68 m/s 사이로 비슷한 값을 갖는다. 그러나 물의 경우 비열이 벤젠보다 매우 크므로, 동일 유량에서 벤젠보다 온도 변화가 크지 않은 것을 알 수 있다.

속도의 범위가 주어져 있기 때문에, 몇 가지 선택을 할 필요가 있다. 예를 들어, 가용 최대 압력 강하인 10 psi (72.4 kPa)를 넘지 않는 한도에서 최대속도를 사용하여 운영이 가능하다. 높은 속도는 Reynolds 수, Nusselt 수 그리고 대류 열전달 계수를 크게 한다. 동시에, 속도 범위는 단지 하나의 지표일 뿐이라는 것을 기억해야만 하며, 중간 값을 사용하는 것이 더 좋은 선택일 수도 있다.

물과 벤젠의 오염 계수는 배관의 내관 및 외관 중 어떠한 부분에 어떠한 유체를 사용할 것인가에 영향을 미친다. 벤젠의 경우 유기액체이므로 표 8.1에서 보면 오염 계수는 $1.76 \times 10^{-4}\ m^2K/W$이다. 또한 증류수의 오염 계수는 $1.32 \times 10^{-4}\ m^2K/W$이므로 벤젠이 벽면을 더 쉽게 오염시켜 압력 강하를 더 크게 하는 것을 알 수 있다. 벤젠이 만약 환형관을 흐르게 된다면, 내부 관의 외부 벽면 및 환형관의 안쪽 벽면에 침전될 것이다. 따라서 벤젠은 안쪽 관을 따라 흐르게 해야 한다.

가정 1. 정상상태 조건이다.

2. 벤젠의 물성치는 30.85°C의 것을 사용하고((37.8 + 23.9)/2 = 30.85°C) 물의 물성치는 입출구 온도의 평균값에서의 물성치를 사용한다. 계산은 반복적으로 수행되었으며, 최종 결과값이 다음에 나타나 있다.

명명법 1. T는 고온의 유체의 온도이다.

2. t는 저온의 유체의 온도이다.
3. 아래첨자 w는 고온 유체를 나타낸다.
4. 아래첨자 h는 수력 지름을 나타낸다.
5. 아래첨자 c는 저온 유체를 나타낸다.
6. 아래첨자 a는 환형관 유동 면적 또는 차원을 나타낸다.
7. 아래첨자 p는 난류 유동 면적 또는 차원을 나타낸다.
8. 아래첨자 1은 입구 상태를 나타낸다.
9. 아래첨자 2는 출구 상태를 나타낸다.
10. 아래첨자 e는 등가 지름을 나타낸다.

A. 유체의 물성치

산소	$\dot{m}_w$ = TO BE SELECTED	T_1 = 60°C
@ 58.2°C	ρ = 986 kg/m^3	C_p = 4187 J/kg K
	k_f = 0.649 W/mK	α = 1.55 x 10^{-7} m^2/s
	ν = 4.94 x 10^{-7} m^2/s	Pr = 3.14
		$1.34 \le V_{opt} \le 2.68$ m/s

벤젠	$\dot{m}_c$ = 1.26 kg/s	t_1 = 23.9°C
@31°C	ρ = 868 kg/m^3	C_p = 1742 J/kgK
	k_f = 0.142 W/mK	α = 9.37 x 10^{-8} m^2/s
	ν = 6.85 x 10^{-7} m^2/s	Pr = 7.28
	$1.4 \le V_{opt} \le 2.8$ m/s	t_2 = 37.8°C required

벤젠 최소 유동 면적 = $\dot{m}_c/\rho V_{max}$ = 1.26/[868(2.8)] = 5.18 x 10^{-4} m^2

벤젠 최대 유동 면적 = $\dot{m}_c/\rho V_{min}$ = 1.26/[868(1.4)] = 1.05 x 10^{-3} m^2

표 8.3을 참조하고 주어진 크기 모두 사용 가능하다고 가정하면, 유체가 흐르는 최대 단면적은 대략 2 × 1¼ 또는 2½ × 11¼의 크기를 가지는 이중관 열교환기라는 것을 알 수 있다. 더 작은 열교환기인 2 × 1¼의 크기를 가지는 이중관 열교환기를 선택하고, 이를 바탕으로 계산을 수행하였다.

B. 관 크기

2 x 1^1/$_4$ ID_a = 51 mm

ID_p = 32.8 mm OD_p = 34.93 mm

C. 유동 단면적 $A_p = \pi ID_p^2/4 = 8.45 \times 10^{-4}\ \text{m}^2$
$A_a = \pi(ID_a^2 - OD_p^2)/4 = 1.086 \times 10^{-3}\ \text{m}^2$

D. 유체 속도(배관 또는 내부 관을 통해 벤젠을 이송한다)

벤젠 $V_p = \dot{m}/\rho A = 1.707\ \text{m/s}$

산소 $V_a = \dot{m}/\rho A = 1.83\ \text{m/s}$

물의 속도는 범위 내에서 임의로 정하였다. 질량유량은 다음과 같이 계산된다:

$\dot{m}_w = \rho A_a V_a = 985(1.086 \times 10^{-3})(1.83) = 1.96\ \text{kg/s}$

E. 환형 유동관 직경

마찰 $D_h = ID_a - OD_p = 16.09\ \text{mm}$

열전달 $D_e = (ID_a^2 - OD_p^2)/OD_p = 39.59\ \text{mm}$

F. Reynolds 수

벤젠 $\text{Re}_p = V_p ID_p/\nu = 8.2 \times 10^4$

산소 $\text{Re}_a = V_a D_e/\nu = 1.47 \times 10^5$

G. Nusselt 수

벤젠 $\text{Nu}_p = 357$

산소 $\text{Nu}_a = 495$

H. 대류 열전달 계수

벤젠 $h_i = \text{Nu}_p k_f/ID_p = 1545\ \text{W/(m}^2\ \text{K)}$
$h_p = h_i ID_p/OD_p = 1454\ \text{W/(m}^2\ \text{K)}$

산소 $h_a = \text{Nu}_a k_f/D_e = 8108\ \text{W/(m}^2\ \text{K)}$

I. 열교환기 계수

$$\frac{1}{U_o} = \frac{1}{h_p} + \frac{1}{h_a} \qquad U_o = 1232\ \text{W/(m}^2\ \text{K)}$$

J. 열평형

벤젠 $q_c = \dot{m}_c C_{pc}(t_2 - t_1) = 3.05 \times 10^4\ \text{W}$

산소 $q_w = \dot{m}_w C_{pw}(T_1 - T_2)$

$\dot{m}_w = 1.96$ kg/s 으로 다음 값을 얻는다

$T_2 = 56.3°C$

K. 출구 온도 계산(교환기 길이 L이 찾는 값이다)

산소 $T_2 = 56.3°C$

벤젠 $t_2 = 37.8°C$ (요구되는 값)

L. 로그평균온도차

역류 $$LMTD = \frac{(T_1 - t_2) - (T_2 - t_1)}{\ln\,[(T_1 - t_2)\;/(T_2 - t_1)]} = 27°C$$

M. 오염 계수와 디자인 계수

$R_{di} = 1.76 \times 10^{-4}$ (m² K)/W $\quad R_{do} = 1.32 \times 10^{-4}$ (m² K)/W

$$\frac{1}{U} = \frac{1}{U_o} + R_{di} + R_{do} \qquad U = 891.5\ \text{W/(m}^2\ \text{K)} \qquad \text{(design)}$$

N. 열전달 면적과 관 길이(이미 알려져 있지 않다면)

$$A_o = \frac{q}{U(LMTD)} = \frac{3.05 \times 10^4}{891.5(27)} = 1.267\ \text{m}^2$$

$$L = \frac{A_o}{\pi(OD_p)} = 11.52\ \text{m}$$ (3 열교환기, 각각 4.57 m 길이)

O. 마찰 계수

벤젠 $\mathrm{Re}_p = V_p ID_p/\nu = 8.2 \times 10^4$, $\dfrac{\varepsilon}{ID_p} = \text{smooth}$ $\Big\}$ $f_p = 0.019$

산소 $\mathrm{Re}_a = V_a D_h/\nu = 6.0 \times 10^4$, $\dfrac{\varepsilon}{D_h} = \text{smooth}$ $\Big\}$ $f_a = 0.020$

P. 압력 강하 계산

$$\text{벤젠} \quad \Delta p_p = \frac{f_p L}{ID_p}\ \frac{\rho_p {V_p}^2}{2} = 8.5\ \text{kPa}$$

$$\text{산소} \quad \Delta p_a = \left(\frac{f_a L}{D_h} + 1\right) \frac{\rho_a {V_a}^2}{2} = 26\ \text{kPa}$$

Q. 문제에서 요구된 정보 요약

문제에서 주어진 조건에서 벤젠의 온도를 23.9°C에서 37.8°C까지 올리기 위해 필요한 열교환기의 길이는 11.52 m이다. 특히 물의 유속은 임의로 1.8 m/s를 선택하였다. 만약 물의 속도가 빨라진다면, 필요한 열교환기의 길이는 짧아지기는 하겠지만 그다지 많이 짧아지지는 않는다. 예를 들어 만약 최적화된 속도의 범위 내에서 질량유량이 1.96 kg/s에서 2.9 kg/s로 늘어나게 된다면 열교환기의 길이는 11.52 m보다 짧아진 11 m가 되겠지만 압력차가 48 kPa 이상으로 늘어나게 될 것이다.

그러나 3개의 2 × 1¼ 이중관 열교환기를 사용하여 13.72 m의 길이를 가지는 이중관 열교환기를 제작하게 된다면 물의 유속은 0.915 m/s까지 작아져 압력 강하를 크게 줄일 수 있다.

이번 예제에서 계산된 11.52 m의 길이를 가지는 이중관 열교환기는 설계 효율 U를 기반으로 설계된 것이다. 오염 계수는 1년 뒤에 관 벽면에 축적되는 퇴적물의 추정치이다. 그러므로 설계된 길이는 1년간 가동 후에도 원하는 출구 온도를 맞출 수 있을 것이며 열교환기가 새로운 제품일 경우에는 주어진 조건보다 오히려 좋은 성능을 보일 것이다. 그러나 열교환기가 설계된 조건을 만족하는 1년 이후에는 열교환기의 성능은 더 나빠질 것이며, 이때에는 열교환기를 재조립 또는 청소를 하거나 교체해야 할 것이다.

벤젠이 안쪽 유로를 흐르고, 물이 환형 유로를 흐르는 경우에는 물의 유량을 1.96 kg/s로 해야 한다.

직교유동 열교환기(역류)의 성능 요약

새 것	1년 후
$U_0 = 1232$ W/(m² K)	$U\ = 891$ W/(m² K)
$T_2 = 56.3$°C (water)	$T_2 = 55.8$°C
$t_2 = 43.4$°C (benzene)	$t_2 = 39.7$°C
$q_w = 43$ KW	$q\ = 34.7$ KW

표 8.4 다양한 열교환기의 유용도 방정식(effectiveness equations)

Double Pipe	Counterflow	$E = \dfrac{1 - \exp[-N(1 - C)]}{1 - C\exp[-N(1 - C)]}$
	Parallel flow	$E = \dfrac{1 - \exp[-N(1 + C)]}{1 + C}$
Shell and Tube	1 shell pass; 2, 4, 6, etc., tube passes	$E = 2\left\{1 + C + \dfrac{1 + \exp[-N(1 + C^2)^{1/2}]}{1 - \exp[-N(1 + C^2)^{1/2}]}(1 + C^2)^{1/2}\right\}^{-1}$
Cross flow	mixed–unmixed with $(\dot{m}C_p)_{min}$ unmixed	$E = C\{1 - \exp[-C(1 - \exp[-N])]\}$
Cross flow	mixed–unmixed with $(\dot{m}C_p)_{max}$ unmixed	$E = 1 - \exp[-C(1 - \exp[-N \cdot C])]$
Cross flow	unmixed–unmixed	$E \approx 1 - \exp[CN^{0.22}\{\exp[-CN^{0.78}] - 1\}]$

$$N = \frac{UA}{(\dot{m}C_p)_{min}} \qquad C = \frac{(\dot{m}C_p)_{min}}{(\dot{m}C_p)_{max}} < 1$$

8.5 요약

이번 단원에서 우리는 역류(counter flow)와 평행류(parallel flow) 방식의 이중관 열교환기에 관해 기술하였다. 로그평균온도차법(LMTD)을 이용한 해석법을 제시하였으며, 다양한 유동특성의 온도 분포에 관하여 살펴보았다. 유용도-NTU법에 대해서 마찬가지로 기술하였으며, 설계 고려사항으로 이중관의 크기에 대해서 논의하였다.

8.6 보이고 말하기

1. 크기가 각기 다른 구리 관 2개와 알맞는 결합 부품을 이용하여 이중관 열교환기가 어떻게 만들어질 수 있는지 수행해 보시오.
2. 이중관 열교환기를 직접 사용하여 어떻게 작동하는지 실습해 보시오.
3. 이중관 열교환기의 다양한 종류의 설계품에 대하여 토론하시오.

8.7 | Problems

Wall Resistance

1. In many problems, the resistance of the tube (or pipe) wall is considered negligible when calculating the overall heat transfer coefficient. For the following data, determine whether this is a good assumption:

   $h_i = 1\,200$ W/(m^2·K) $h_o = 1\,100$ W/(m^2·K)
   2-nominal schedule 40 stainless steel pipe

2. In many problems, the resistance of the tube (or pipe) wall is considered negligible when calculating the overall heat transfer coefficient. For the following data, determine whether this is a good assumption:

   $h_i = 994$ W/(m^2·K) $h_o = 1136$ W/(m^2·K)
   3-std type K copper tubing

3. In many problems, the resistance of the tube (or pipe) wall is considered negligible when calculating the overall heat transfer coefficient. For the following data, determine whether this is a good assumption:

   $h_i = 8\,500$ W/(m^2·K) $h_o = 500$ W/(m^2·K)
   2-std type K copper tubing

4. Calculate the overall heat transfer coefficient for the following:

   $h_i = 1\,100$ W/(m^2·K) $h_o = 200$ W/(m^2·K)
   $1^1/_4$-standard type M copper tube

   Make the calculations assuming that the wall resistance is negligible and again assuming that it is not. Compare the results.

5. Calculate the overall heat transfer coefficient for the following:

   $h_i = 1136$ W/(m^2·K) $h_o = 1704$ W/(m^2·K)
   2-std type M copper tubing

   Make the calculations assuming that the wall resistance is negligible and again assuming that it is not. Compare the results.

6. Calculate the overall heat transfer coefficient for the following cases:

a. $h_i = 1\,500$ W/(m²·K) $h_o = 1\,200$ W/(m²·K)
b. $h_i = 1\,500$ W/(m²·K) $h_o = 200$ W/(m²·K)

What conclusions can be drawn about these two cases, specifically with regard to how close the coefficients are in part a, and to how different they are in part b? Use 2-std type M copper tube dimensions.

7. Calculate the overall heat transfer coefficient for the following cases:

a. $h_i = 2271$ W/(m²·K) $h_o = 1647$ W/(m²·K)
b. $h_i = 2271$ W/(m²·K) $h_o = 426$ W/(m²·K)

What conclusions can be drawn about these two cases, specifically with regard to how close the coefficients are in part a, and to how different they are in part b? Use 2 std type M copper tube dimensions.

Log Mean Temperature Difference

8. A hot fluid at 65°C is cooled in a double pipe heat exchanger to 30°C. A cool fluid is warmed in the exchanger from 15°C to 20°C. Calculate log mean temperature difference for (a) counterflow and (b) parallel flow.

9. A cool fluid enters a double pipe heat exchanger and is heated from 18.3°C to 65.6°C. A warmer fluid is cooled in the heat exchanger from 93.3°C to 82.2°C. Calculate LMTD for (a) counterflow and for (b) parallel flow.

10. A fluid passes through a double pipe heat exchanger and changes phase but does not change temperature. A warm fluid at a temperature of 104.4°C enters a double pipe heat exchanger and leaves still at a temperature of 104.4°C. A cooler fluid enters the exchanger at 37.8°C and is heated to 65.6°C. Determine the LMTD for (a) counterflow and for (b) parallel flow.

11. Repeat Problem 8.10 for a phase change fluid temperature of 5°C and a warmer fluid temperature change of 45°C (inlet) to 10°C (outlet).

12. Calculate the LMTD for (a) counterflow and for (b) parallel flow for the following fluid temperatures:

Warmer Fluid	Cooler Fluid
$T_1 = 110°C$ $T_2 = 70°C$	$t_1 = 25°C$ $t_2 = 40°C$

13. Beginning with Equation 8.10, derive Equation 8.17.

14. Beginning with Equation 8.10, derive Equation 8.19.

15. For counterflow in a double pipe heat exchanger, the following equations were derived:

$$T_2 = \frac{(1 - R)T_1 + (1 - E_c)Rt_1}{1 - RE_c}$$

where $$R = \frac{\dot{m}_c C_{pc}}{\dot{m}_w C_{pw}} = \frac{T_1 - T_2}{t_2 - t_1}$$

and $$E_c = \exp\left[\frac{UA_o}{\dot{m}_c C_{pc}}(R - 1)\right]$$

How are these equations affected when one of the fluids in the exchanger changes phase so that its temperature is the same at inlet and outlet? Simplify these equations for the case where $T_1 = T_2$.

16. For parallel flow in a double pipe heat exchanger, the following equations apply

$$T_2 = \frac{(R + E_p)T_1 + (E_p - 1)Rt_1}{(R + 1)E_p}$$

where $$R = \frac{\dot{m}_c C_{pc}}{\dot{m}_w C_{pw}} = \frac{T_1 - T_2}{t_2 - t_1}$$

and $$E_p = \exp\left[\frac{UA_o}{\dot{m}_c C_{pc}}(R + 1)\right]$$

How are these equations affected when one of the fluids in the exchanger changes phase so that its temperature is the same at inlet and outlet? Simplify these equations for the case where $T_1 = T_2$.

17. The parameter E_c was derived as

$$E_c = \exp\left[\frac{UA_o}{\dot{m}_c C_{pc}}(R-1)\right]$$

and in terms of temperature,

$$E_c = \frac{T_1 - t_2}{T_2 - t_1}$$

The parameter E_p is

$$E_p = \exp\left[\frac{UA_o}{\dot{m}_c C_{pc}}(R+1)\right]$$

Show that E_p in terms of temperatures is $(T_1 - t_1)/(T_2 - t_2)$.

LMTD and Effectiveness

18. Measured inlet and outlet temperatures of the fluids flowing through a heat exchanger are

$$T_1 = 76.7°\text{C} \quad T_2 = 21.1°\text{C}$$
$$t_1 = 10°\text{C} \quad t_2 = 37.8°\text{C}$$

a. Which fluid has the higher capacitance?

b. Calculate E_c.

c. Calculate the effectiveness.

19. Measured inlet and outlet temperatures of the fluids flowing through a heat exchanger are

$$T_1 = 80°\text{C} \quad T_2 = 60°\text{C}$$
$$t_1 = 40°\text{C} \quad t_2 = 50°\text{C}$$

a. Which fluid has the higher capacitance?

b. Calculate E_c.

c. Calculate the effectiveness.

20. Measured inlet and outlet temperatures of the fluids flowing through a heat exchanger are

$$T_1 = 90°\text{C} \quad T_2 = 90°\text{C}$$
$$t_1 = 25°\text{C} \quad t_2 = 40°\text{C}$$

a. Which fluid has the higher capacitance?

b. Calculate E_c.

c. Calculate the effectiveness.

21. A double pipe heat exchanger consists of four hairpin exchangers that are each 1.83 m long. The inner tube of these exchangers is $1^1/_4$-standard tubing, while the outer tube is 2-standard, both type M. The inlet temperaturesare 37.8°C and 93.3°C. For the following conditions, determine the expected outlet temperatures:

Capacitance Ratio	= 1.5
Capacitance for Cooler Fluid	= 5271 W/K
Overall Heat Transfer Coefficient	= 1050 W/(m^2·K)

Calculate the effectiveness of the exchanger.

22. A double pipe heat exchanger consists of two hairpin exchangers that are 1.83 m long. The inner tube of these exchangers is $1^1/_4$-standard tubing, while the outer tube is 2-standard, both type M. The inlet temperatures are 32.22°C and 82.2°C. For the following conditions, determine the expected outlet temperatures:

Capacitance Ratio	= 3.5
Capacitance for Cooler Fluid	= 9489 W/K
Overall Heat Transfer Coefficient	= 1278 W/(m^2·K)

23. For the heat exchanger described in Example 8.4, calculate the following parameters:

    a. Effectiveness

    b. The number of transfer units

    c. The ratio of capacitances

Heat Exchanger Calculations (Use the LMTD or the E-NTU method.)

24. Water is used to cool ethylene glycol in a 18.3-m-long double pipe heat exchanger made of 4-std and 2-std (both type M) copper tubing. The water inlet temperature is 15.6°C and the ethylene glycol inlet temperature is 82.2°C.

    The flow rate of the ethylene glycol is 9.07 kg/s, while that for the water is 13.6 kg/s. Calculate the expected outlet temperature of the ethylene glycol and determine the pressure drop expected for both streams. Assume counterflow, and place the ethylene glycol in the inner tube. Compose a Summary of Performance chart.

25. Reverse the direction of either fluid in Problem 8.24 and repeat the calculations for parallel flow, again with ethylene glycol in the inner tube. Compose a Summary of

Performance chart.

26. Problem 8.24 was solved with water in the annulus and ethylene glycol in the inner tube. Repeat the calculations placing water in the pipe and ethylene glycol in the annulus. Compose a Summary of Performance chart.

27. Four 2-m-long double pipe heat exchangers made of 4-std type M and 3-std type M copper tubing are connected in series to form one 8-m-long exchanger. It is used to cool (unused) engine oil. The exchanger takes in water at 20°C at a flow rate of 30 kg/s and oil at a temperature of 140°C with a flow rate of 0.2 kg/s. Determine the expected outlet temperature of the oil and the pressure drop encountered by both streams. Assume counterflow. Compose a Summary of Performance chart.

28. Ammonia is used in liquid form for a process and is needed at a temperature of 15°C. It is available at 0°C. Liquid carbon dioxide is used rather than water as a heat source (using water may lead to trouble). Liquid carbon dioxide is available at 5°C and a mass flow rate of 1.25 kg/s. A 15-m-long double pipe heat exchanger, made of 21/2 × $1^1/_4$ type K copper tubing, is available for this service. For an ammonia flow rate of 1.2 kg/s, calculate outlet temperatures and pressure drops. Will this setup work? Compose a Summary of Performance chart.

29. In an air separation plant, air is cooled and its components are separated from the mixture. Cooled oxygen at a temperature of 20°C must be heated to a temperature of 30°C for accurate metering. The oxygen flow rate at 30°C is 0.01 kg/s. Air (available at 35°C and 0.015 kg/s) is used as the heating medium. A number of 3 × 2 schedule 40 double pipe heat exchangers that are 2 m long and made of galvanized steel are available. Determine how many are required. Calculate outlet temperatures and pressure drops. Compose a Summary of Performance chart.

30. A 4 × 3 double pipe heat exchanger, 4.57 m long and made of type M copper tubing, is used to cool air having an inlet temperature of 48.9°C and a flow rate of 31.8 g/s. Methyl chloride is the cooling medium, and it is available at –9.4°C and a flow rate of 22.7 g/s. Calculate outlet temperatures and pressure drops. Compose a Summary of Performance chart.

31. An earth-coupled heat pump consists of a heat pump apparatus that transfers heat from a well (dug into the ground) to a home. Within this apparatus is a double pipe heat exchanger that exchanges heat between water and refrigerant-22. When operating at steady state, the refrigerant enters the heat exchanger as a saturated liquid at 5°C and leaves at the same temperature but as a saturated vapor. Water enters the exchanger at 18°C. The mass flow rate of the refrigerant is 0.1 kg/s and

the heat exchanger is made of 4 × 3 type M copper tubing. The water flow rate is 48.5 kg/s. The heat exchanger length is 0.5 m, and the enthalpy of vaporization of the R-22 is taken to be 200 kJ/kg.

a. Sketch the expected temperature versus length diagram for this exchanger.

b. Calculate the overall heat transfer coefficient.

c. What are the pressure drops for each fluid stream?

Compose a Summary of Performance chart.

Temperature Profiles

32. Figure 8.7 shows temperature versus length for a counterflow heat exchanger having $\dot{m}_c C_{pc} > \dot{m}_w C_{pw}$. In this problem, we develop a temperature versus length profile for the case where $\dot{m}_c C_{pc} < \dot{m}_w C_{pw}$. Ethylene glycol enters a heat exchanger at 30°C and a mass flow rate of 5 kg/s. Water enters the heat exchanger at 10°C and a flow rate of 2 kg/s. The heat exchanger is made of 2½ × 1¼ type M copper tubing. Determine outlet temperatures versus length up to the point where the outlet temperatures are equal. Graph temperature versus length and compare the results to those of Figure 8.7. Use counterflow.

33. Figure 8.8 shows temperature versus length for a parallel flow heat exchanger having $\dot{m}cC_{pc} > \dot{m}_w C_{pw}$. In this problem, we develop a temperature versus length profile for the case where $\dot{m}_c C_{pc} < \dot{m}_w C_{pw}$. Ethylene glycol enters a heat exchanger at 30°C and a mass flow rate of 5 kg/s. Water enters the heat exchanger at 10°C and a flow rate of 2 kg/s. The heat exchanger is made of 2½ × 1¼ type M copper tubing. Determine outlet temperatures versus length for lengths that vary to 100 m. Graph temperature versus length and compare the results to those of Figure 8.7. Use parallel flow.

Effectiveness-NTU Derivations

34. The derivation of effectiveness for a double pipe heat exchanger operating in counterflow proceeded to the point where the following equation was derived:

$$\frac{T_1 - t_1}{T_2 - t_1} - \frac{T_1 - T_2}{C(T_2 - t_1)} = \exp\,[-N(1 - C)]$$

The text then says that the left-hand side of this equation is

$$\frac{1}{1 - EC} - \frac{1}{C}\,\frac{EC}{1 - EC} = \exp\,[-N(1 - C)]$$

We investigate this claim in this problem. For counterflow, Equation 8.28 is

$$E = \frac{1 - \exp[-N(1 - C)]}{1 - C\exp[-N(1 - C)]} = \frac{t_2 - t_1}{T_1 - t_1} \quad \text{if } \dot{m}_c C_{pc} < \dot{m}_w C_{pw}$$

Also,

$$C = \frac{(\dot{m}C_p)_c}{(\dot{m}C_p)_w} = \frac{T_1 - T_2}{t_2 - t_1}$$

a. Evaluate EC in terms of temperature.
b. Evaluate $1 - EC$.
c. Evaluate $1/(1 - EC)$.
d. Evaluate $EC/(1 - EC)$.

Were the substitutions correct?

35. The effectiveness of a counterflow heat exchanger was derived in the text. Derive a similar equation for parallel flow by completing the following steps:

a. Set the heat balance equations equal to one another; namely,

$$q = UA(LMTD) = \dot{m}_c C_{pc}(t_2 - t_1)$$

and show that for parallel flow

$$\ln \frac{T_1 - t_1}{T_2 - t_2} = \frac{UA}{\dot{m}_c C_{pc}} \left(\frac{T_1 - T_2}{t_2 - t_1} + 1 \right)$$

b. With $(\dot{m}C_p)_{min}$ being that for the cooler fluid, substitute

$$N = \frac{UA}{\dot{m}_c C_{pc}}$$

and

$$C = \frac{\dot{m}_c C_{pc}}{\dot{m}_w C_{pw}} = \frac{T_1 - T_2}{t_2 - t_1}$$

show that

$$\frac{T_2 - t_2}{T_1 - t_1} = \exp[-N(1 + C)]$$

c. Solve the equation for C (given in part b) for T_2, and substitute into the numerator of the preceding equation. Rearrange and show that

$$\frac{(T_1 - t_1) - (1 + C)(t_2 - t_1)}{(T_1 - t_1)} = \exp\left[-N(1 + C)\right]$$

(Hint: Add and subtract t_1 from the numerator of the left-hand side after substituting for T_2.)

d. The definition of effectiveness for this system is

$$E = \frac{t_2 - t_1}{T_1 - t_1} \qquad \text{if } \dot{m}_c C_{pc} < \dot{m}_w C_{pw}$$

Substitute into the result of part c and simplify. Show that

$$E = \frac{1 - \exp\left[-N(1 + C)\right]}{1 + C} \qquad \text{(parallel flow)}$$

36. Under what conditions does C, the ratio of capacitances in the effectiveness-NTU method, equal R in the LMTD method?

37. A balanced heat exchanger is one in which the capacitances for both fluids are equal; i.e., $\dot{m}_c C_{pc} = \dot{m}_w C_{pw}$. How is the effectiveness affected? Show that the effectiveness for a balanced exchanger in counterflow is

$$E = \frac{N}{1 + N}$$

38. A balanced heat exchanger is one in which the capacitances for both fluids are equal; that is, $\dot{m}_c C_{pc} = \dot{m}_w C_{pw}$. How is the effectiveness affected? Show that the effectiveness for a balanced exchanger in parallel flow is:

$$E = \frac{1}{2}(1 - \exp(-2N)$$

39. Referring to Table 8.3, we want to add a 6 × 4 double pipe heat exchanger to the list. Make all calculations for each column in the table for this new combination.

Design Problems

40. Raw water is used to cool the distilled water of a small electrical generating facility by using a double pipe heat exchanger. The raw water is taken from a nearby stream and is available at a temperature that ranges from 0°C to 12.8°C over the course of one year. The distilled water is to be cooled from 9.9°C to as cold as possible. The raw water flow rate is 1.07 kg/s, while the distilled water flow rate is 1.01 kg/s. The exchanger is 5.49 m long and is made of 2-std and 1¼-std, both type M copper tubing. Predict outlet temperatures over the course of one year, i.e., for raw water inlet temperatures that range 0°C to 12.8°C.

41. Water at a temperature of 65.6°C is to be used to heat glycerin in a 4 × 3-std type M copper tubing heat exchanger that is 3.05 m long. The water flow rate is 4.54 kg/s. Glycerin is available at a temperature of 23.9°C. Determine water and glycerin outlet temperatures as a function of glycerin flow rate, which ranges from 4.54 g to 454 g/s.

42. Kerosene [$\rho = 0.73(1\ 000)$ kg/m^3, $C_p = 2\ 470$ J/(kg·K), $\mu = 0.40$ cp, $k_f = 0.132$ W/(m·K), and $1.5 \le V_{optimum} \le 3$ m/s] is to be preheated in a double pipe heat exchanger before being pumped to a distillation facility. The kerosene flow rate is 8000 kg/hr and it is to be heated from 24 to 35°C. Water is available from the condensed exhaust of a small steam turbine, and its flow rate can be controlled. The water is available at 95°C. Select an appropriate heat exchanger.

43. Crude oil is stored in a tank and maintained at 30°C. It is to be pumped to a distillation column for separation into usable products. Kerosene leaves the column at 200°C, and it is proposed to transfer heat from the kerosene to the crude oil so that the cost associated with heating the crude oil by other means is reduced. The crude oil has a flow rate of 12 000 kg/hr, and a significant savings will be realized if it can be heated at least to 50°C. Determine an appropriate heat exchanger to use and analyze it completely. Use the following properties for both

Kerosene		Crude Oil
42	°API	34
0.73	sp. gr.	0.83
0.4 cp	viscosity	3.6 cp†
2 470 J/(kg·K)	spec heat	2 050 J/(kg·K)
0.132 W/(m·K)	therm con	0.133 W/(m·K)
1.5–3 m/s	opt velocity	1.50–3 m/s

†cp is an abbreviation for centipoise, a unit of viscosity.

44. A phosphate solution [Sp. Gr. = 1.3, $C_p = 3170$ J/kg K, $\mu = 1.2 \times 10^{-3}$ Pa.s, and $k_f = 0.519$ W/m K] is used in the production of fertilizer. The solution is to be cooled from 65.6°C to 60°C using well water, available at 12.8°C. The phosphate solution flows at a rate of 0.88 kg/s and has a dirt factor of 1.76×10^{-4} m^2 K/W. Select an appropriate exchanger and analyze it completely.

45. Engine oil is used as a lubricant, and due to an unforeseen "hot spot" in the system, the oil temperature reaches 95°C. The oil has a flow rate of 500 kg/hr, and it should be cooled to 75°C. Raw water is available at a temperature of 25°C. Select an appropriate heat exchanger for this service and analyze it completely.

46. Acetone is used as a solvent for greases and other petroleum products. It is pumped to a machine for bottling, which can fill 9,000 sixteen-ounce bottles per hour. The oil is stored in tanks and is maintained at 45°C. A flowmeter in the pipeline from tank to machine requires the oil to be at 30°C for accurate metering. City water is available at 15°C for cooling the acetone. Select an appropriate heat exchanger and analyze it completely.

47. The process of printing an advertising brochure involves the use of four colors of ink. The ink itself is actually a mixture of solvent (toluene) and ink solids (pigment). Ordinarily, the ink is stored in tanks and fed directly to printing presses, but a problem has arisen. If the ink mixture is left unattended in a tank, the solids tend to settle out, which results in a non-uniform color being fed to the presses. Using a mixer in the ink tank has been ruled out as an acceptable solution to the problem. Instead, the ink is circulated about the building via a pump-and¬piping system and is then returned to the tank. This movement warms the ink in the tank to about 54.4°C. The toluene tends to vaporize too quickly, however, when the ink temperature exceeds 48.9°C, thus causing a health hazard. Furthermore, the printing process itself requires that the ink mix be supplied at a flow rate of 7.56 kg/s. Water at 18.3°C is available for cooling the ink. Determine the type of heat exchanger to be used to cool the ink to 43.3°C and analyze it completely. Take the properties of ink to be the same as those for toluene:

$$\rho = 870 \text{ kg/m}^3 \qquad C_p = 1842 \text{ J/kg K}$$
$$\mu = 4.1 \times 10^{-4} \text{ Pa·s} \qquad k_f = 0.147 \text{ W/m K}$$
$$1.34 \le V_{\text{optimum}} \le 2.9 \text{ m/s}$$

원통다관형 열교환기 09
Shell and Tube Heat Exchangers

본 장에서는 원통다관형 열교환기를 고려하여 마지막 장에서 시작했던 논의를 이어간다. 이들에 대해 설명하고, 그 성능을 모델링하는 방법에 대해 논의한다. 분석에서 LMTD 뿐만 아니라 유용도-NTU법이 모두 사용된다. 이후 설계법이 제시되는데, 여기에는 원통다관형 열교환기의 크기 및 선정이 포함된다. 최적의 방출 온도를 결정하는 분석이 제시되며, 열교환기 크기를 정하는 것과 관련한 비용을 최소화하기 위해 어떻게 이 분석을 사용하는지 보인다.

9.1 원통다관형 열교환기

이중관 열교환기는 내부 관의 외부 표면적과 동일한 열전달 면적을 지닌 2개의 동심원관으로 이루어져 있다. 이러한 교환기에서 유동과 열전달률은 이 장치가 상대적으로 소형이기 때문에 중간 정도이다. 커다란 열전달률이 필요한 경우나 대형 유량의 경우, 보다 큰 단면적 및 표면적이 필요하다. **원통다관형 열교환기(shell and tube heat exchanger)** 라고 알려져 있는 것을 사용하여 이러한 조건을 다룬다.

그림 9.1은 원통다관형 열교환기에 대한 스케치이다. 이것은 **셸(shell)**로 구성되는데, 이 셸은 본질적으로 300 mm 이하에서부터 1 m 이상까지 지름의 실린더이다. 셸은 요구되는 열전달률을 전달하기 위해 필요한 만큼 길게 제작 가능하다. 셸은 **관다발(tube bundle**; 39인치 안지름 셸로 1,200인치 이하)이라고 불리는 수많은 관들을 담는 용도로 사용된다. 이 관다발은 관판이라고 불리는 것으로 프레싱된다. **관판(tube sheet)**은 관들을 제 위치에 잡아주며, 관 대 관판(tube-to-tube-sheet) 연결은 새지 않게 제작돼야 한다. **채널(channels)** 이 셸 말단에 부착되며, 셸 내부에는 **배플(baffles)**이 있어서 셸을 통과하여 관 주변을 지나가는 유체 유동을 제어할 수 있다.

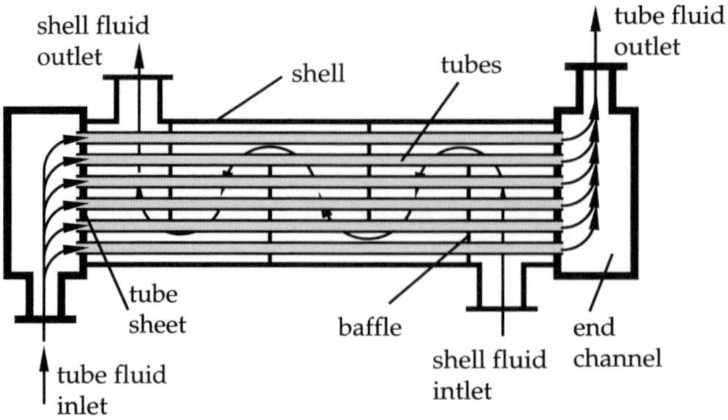

그림 9.1. 원통다관형 열교환기의 대략도

쉘

원통다관형 교환기의 쉘은 보통 연철이나 강관으로 제작되지만 부식이 문제되는 경우 특수 금속을 사용할 수도 있다. 운전 압력은 요구되는 벽 두께에 크게 영향을 미친다. 부록서 표 D.1은 쉘에 적용되는 배관 치수를 명시하고 있다. 몇몇 적용의 경우 쉘의 내부 표면은 기계적으로 연마된다.

관

원통다관형 열교환기에 사용되는 관은 수관과는 다르게 표시된다. **콘덴서 관**이라고도 알려져 있는 **열교환기 관**의 시방은 **Birmingham Wire Gage**, 즉 BWG라고 불리는 표준을 따른다. 1인치 콘덴서 관은 1인치의 바깥 지름을 가질 것이다. 표 9.1에는 콘덴서 관의 치수가 나와 있다. 열교환기 관은 다양한 금속으로 가용하다.

관판에서 뚫은 구멍을 이용해서 쉘 내에서 관을 제 위치에 고정한다. 가능한 한 많은 관들을 사용하는 것이 바람직할지라도, 관판은 구조적으로 약해지기 때문에 관 구멍들을 서로 너무 가까이에서 뚫어선 안 된다. 인접한 관 중심 간 거리(**관 피치**라고 함)는 표준화되어 왔다. 인접한 관 중심이 정사각형 또는 삼각형 모양을 형성하도록 관을 배치한다.

그림 9.2는 정사각형 피치 패턴으로 배치된 관들을 보여주는 반면, 그림 9.3은 삼각형 구성을 보여준다. 일반적인 정사각형 배치는 1인치-정사각형 피치에서 3/4인치-*OD* 관 그리고 1-1/4인치 정사각형 피치에서 1인치-*OD*로 이루어진다. 일반적인 삼각형 배치는 15/16인치 삼각형 피치에서 3/4인치-*OD*, 1인치 삼각형 피치에서 3/4인치-*OD* 그리고 1-1/4인치 삼각형 피치에서 1인치-OD이다.

표 9.1. BWG로 표현한 콘덴서 관의 물리적 치수

Tube *OD*			Tube *ID*	
inches	mm	BWG	inches	mm
3/4	19.1	10	0.482	12.2
		11	0.510	12.9
		12	0.532	13.5
		13	0.560	14.2
		14	0.584	14.8
		15	0.606	15.4
		16	0.620	15.7
		17	0.634	16.1
		18	0.652	16.6
1	25.4	8	0.670	17
		9	0.704	17.9
		10	0.732	18.6
		11	0.760	19.3
		12	0.782	19.9
		13	0.810	20.6
		14	0.834	21.2
		15	0.856	21.7
		16	0.870	22.1
		17	0.884	22.5
		18	0.902	22.9

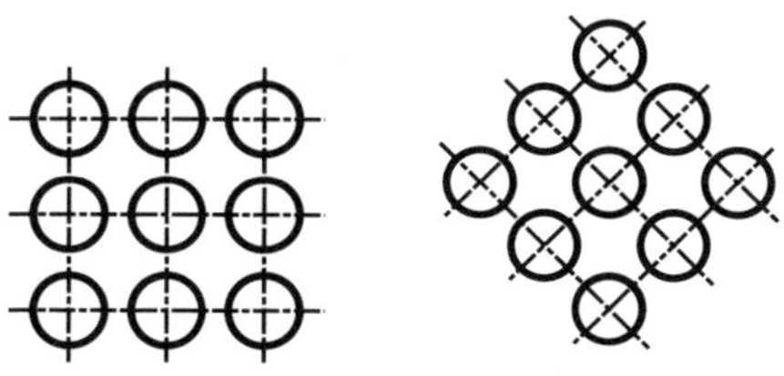

(a) square pitch (b) square pitch rotated

그림 9.2. 수직 피치 배열

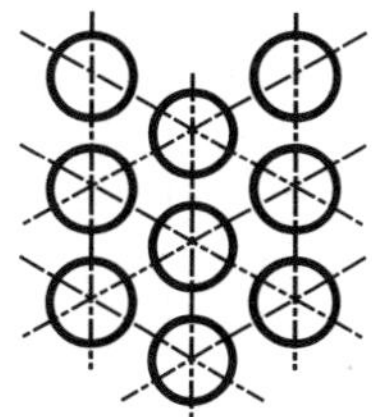

그림 9.3. 삼각형 피치 배열

관 수(tube count)

표 9.2에는 **관 수**라고 불리는 것이 나와 있다. 주어진 쉘 지름의 경우 관 수는 쉘 내에서 배치 가능하고 시트를 크게 약화시키지 않는 최대 관 개수이다.

유동 구성

그림 9.1에는 유체 유동 라인도 나와 있다. 2개의 유체 흐름이 교환기 내에서 열을 전달한다. 둘 중 한 개의 유체(**관 유체**라고 함)는 말단 채널에 들어가서 모든 관들을 통과한다. 이후 관 유체는 반대편 말단 채널을 통과하여 빠져나간다. 두 번째 유체(**쉘 유체**라고 함)는 쉘 유체 입구에 들어가서, 배플에 의해 관 외관 주위를 따라 흐른다.

표 9.2. 원통다관형 장치에서 최대 관 수(튜브 카운트)

3/4 in. *OD* on a 1 in. square pitch

Shell *ID* mm	Shell *ID* inches	1-P	2-P	4-P	6-P	8-P
203.2	8	32	26	20	20	
254	10	52	52	40	36	
304.8	12	81	76	68	68	60
336.6	$13\frac{1}{4}$	97	90	82	76	70
387.4	$15\frac{1}{4}$	137	124	116	108	108
438.2	$17\frac{1}{4}$	177	166	158	150	142
489	$19\frac{1}{4}$	224	220	204	192	188
539.8	$21\frac{1}{4}$	77	270	246	240	234
590.6	$23\frac{1}{4}$	341	324	308	302	292
635	25	413	394	470	356	346
685.8	27	481	460	432	420	408
736.6	29	553	526	480	468	456
787.4	31	657	640	600	580	560
838.2	33	749	718	688	676	648
889	35	845	824	780	766	748
939.8	37	934	914	886	866	838
990.6	39	1049	1024	982	968	948

3/4 in. *OD* on a $1\frac{1}{4}$ in. square pitch

Shell *ID* mm	Shell *ID* inches	1-P	2-P	4-P	6-P	8-P
203.2	8	21	16	14		
254	10	32	32	26	24	
304.8	12	48	45	40	38	36
336.6	$13\frac{1}{4}$	61	56	52	48	44
387.4	$15\frac{1}{4}$	81	76	68	68	64
438.2	$17\frac{1}{4}$	112	112	96	90	82
489	$19\frac{1}{4}$	138	132	128	122	116
539.8	$21\frac{1}{4}$	177	166	158	152	148
590.6	$23\frac{1}{4}$	213	208	192	184	184
635	25	260	252	238	226	222
685.8	27	300	288	278	268	260
736.6	29	341	326	300	294	286
787.4	31	406	398	380	368	358
838.2	33	465	460	432	420	414
889	35	522	518	488	484	472
939.8	37	596	574	562	544	532
990.6	39	665	644	624	612	600

3/4 in. *OD* on a 15/16 in. triangular pitch

Shell *ID* mm	Shell *ID* inches	1-P	2-P	4-P	6-P	8-P
203.2	8	36	32	26	24	18
254	10	62	56	47	42	36
304.8	12	109	98	86	82	78
336.6	$13\frac{1}{4}$	127	114	96	90	86
387.4	$15\frac{1}{4}$	170	160	140	136	128
438.2	$17\frac{1}{4}$	239	224	194	188	178
489	$19\frac{1}{4}$	301	282	252	244	234
539.8	$21\frac{1}{4}$	361	342	314	306	290
590.6	$23\frac{1}{4}$	442	420	386	378	364
635	25	532	506	468	446	434
685.8	27	637	602	550	536	524
736.6	29	721	692	640	620	594
787.4	31	847	822	766	722	720
838.2	33	974	938	878	852	826
889	35	1102	1068	1004	988	958
939.8	37	1240	1200	1144	1104	1072
990.6	39	1377	1330	1258	1248	1212

3/4 in. *OD* on a 1 in. triangular pitch

Shell *ID* mm	Shell *ID* inches	1-P	2-P	4-P	6-P	8-P
203.2	8	37	30	24	24	
254	10	61	52	40	36	
304.8	12	92	82	76	74	70
336.6	$13\frac{1}{4}$	109	106	86	82	74
387.4	$15\frac{1}{4}$	151	138	122	118	110
438.2	$17\frac{1}{4}$	203	196	178	172	166
489	$19\frac{1}{4}$	262	250	226	216	210
539.8	$21\frac{1}{4}$	316	302	278	272	260
590.6	$23\frac{1}{4}$	384	376	352	342	328
635	25	470	452	422	394	382
685.8	27	559	534	488	474	464
736.6	29	630	604	556	538	508
787.4	31	745	728	678	666	640
838.2	33	856	830	774	760	732
889	35	970	938	882	864	848
939.8	37	1074	1044	1012	986	870
990.6	39	1206	1176	1128	1100	1078

표 9.2. (계속) 원통다관형 장치에서 최대 관 수(튜브 카운트)

1 in. *OD* on a $1^1/4$ in. triangular pitch						
Shell *ID* mm	Shell *ID* inches	1-P	2-P	4-P	6-P	8-P
203.2	8	21	16	16	14	
254	10	32	32	26	24	
304.8	12	55	52	48	46	44
336.6	$13^1/4$	68	66	58	54	50
387.4	$15^1/4$	91	86	80	74	72
438.2	$17^1/4$	131	118	106	104	94
489	$19^1/4$	163	152	140	136	128
539.8	$21^1/4$	199	188	170	164	160
590.6	$23^1/4$	241	232	212	212	202
635	25	294	282	256	252	242
685.8	27	349	334	302	296	286
736.6	29	397	376	338	334	316
787.4	31	472	454	430	424	400
838.2	33	538	522	486	470	454
889	35	608	592	562	546	532
939.8	37	674	664	632	614	598
990.6	39	766	736	700	688	672

쉘 유체의 앞, 뒤 흐름이 좌, 우 또는 위, 아래로 될 수 있도록 교환기를 설치할 수 있다. 쉘 유체는 **세그먼트 배플(segmented baffles)**로 인해 관들 위를 여러 번 통과하게 된다.

배플

배플은 쉘 유체의 유동 방향을 이끌고 관들을 지지하기 위해 열교환기의 쉘 내에 배치된다. 인접한 배플 간 거리는 보통 상수이며, **배플 피치** 또는 **배플 간격**이라고 불린다. 이것은 일반적으로 쉘 지름 이하이거나 혹은 쉘 지름 1/5 이하이다. 배플 스페이서(그림 9.1에 나와 있지 않음)가 배플을 고정되게 잡는다. 그림 9.4, 9.5 그리고 9.6은 3가지 유형의 배플을 보여준다: 세그먼트 배플, 디스크 도넛 배플 그리고 오리피스 배플. 우리는 세그먼트 배플에 대해서만 분석할 것이다. (원통다관형 열교환기에 대해 알려져 있는 대부분의 정보는 재산권이 있다. 제조업자는 자체적으로 데이터를 획득하거나 혹은 외부 컨설턴트를 통해 데이터를 얻는다. 결과는 보통 기밀정보로서 보관된다.)

그림 9.1은 역류 교환기에 대한 것이다. 쉘 유체는 한 번만 통과하여 지나가며, 관 유체도 한 번만 통과하여 지나간다. 이 교환기는 전통적으로 **1-1 원통다관형 열교환기**라고 불린다. 그림 9.7은 수정된 말단 채널을 지닌 유사한 교환기를 나타낸 것이다. 좌측 말단 채널에는 파티션이 배치되어 있다. 쉘 유체는 한 번만 통과하여 지나간다. 관 유체는 말단 채널 중 한 곳으로 들어가서 관의 다른 쪽으로만 흘러간다. 관 유체는 반대편 말단 채널에서 회전하여 관의 나머지 절반을 통과하여 흐른다. 이후 유체는 들어왔던 말단 채널을 통과하여 빠져나간다. 따라서 관 유체는 교환기를 2번 통과하여 지나간 것이다. 이 교환기는

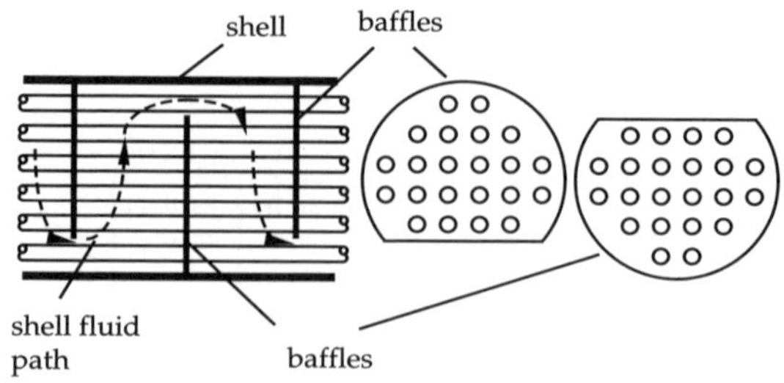

그림 9.4. 쉘 내에서 세크먼트 컷 배플과 위치에 관한 개략도

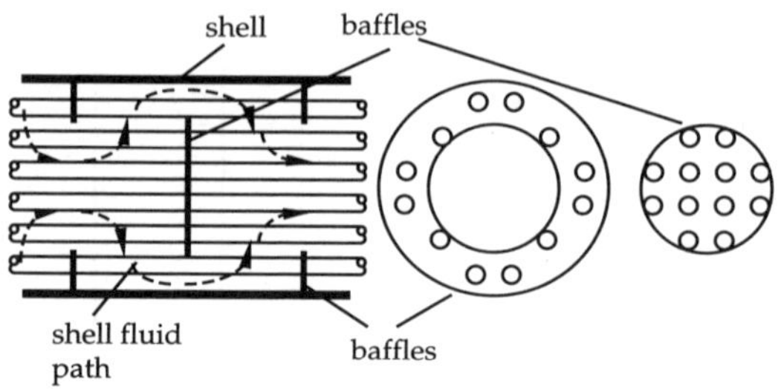

그림 9.5. 쉘 내에서 도넛 및 디스크배플과 위치에 관한 개략도

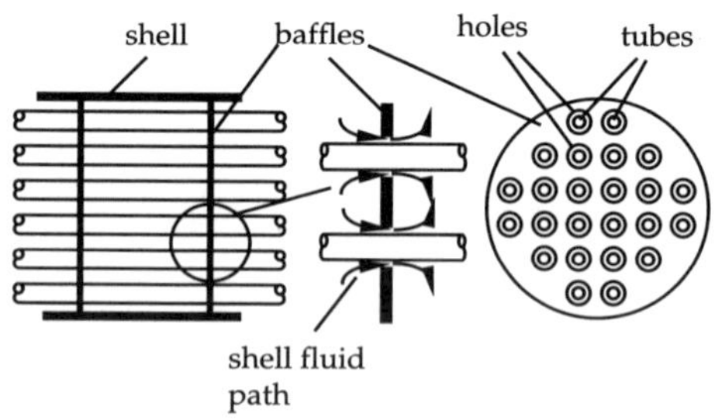

그림 9.6. 쉘 내에서 오리피스 배플과 위치에 관한 개략도

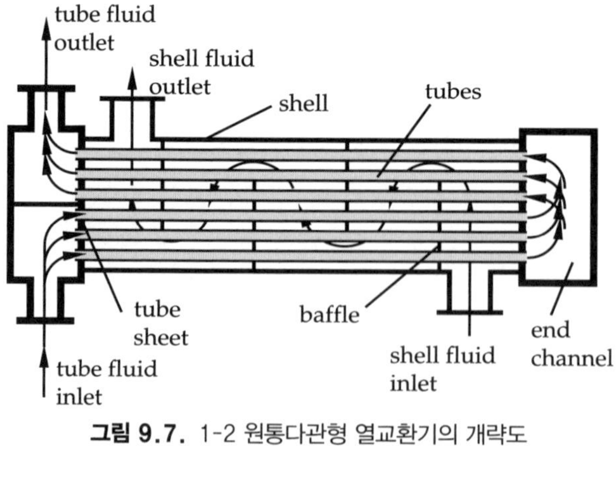

그림 9.7. 1-2 원통다관형 열교환기의 개략도

1-2 원통다관형 열교환기라고 불린다. 말단 채널에 대한 수정은 관 유체가 교환기를 통과하여 지나가는 횟수를 제어한다. 따라서 1-4, 1-6 그리고 1-8 교환기가 있다. 홀수의 관 패스는 거의 사용되지 않는다. 관 수 차트(표 9.2)는 교환기에 배치할 수 있는 최대 관 수를 나열한 것이다. 행 상단에는 "1-P", "2-P" 등이 나와 있다. 이러한 명칭은 관 유체 패스 횟수를 의미한다. 패스 횟수가 증가함에 따라 관 수는 감소한다.

몇몇 적용의 경우 관은 쉘보다 더 많이 팽창할 수도 있다. 결과적으로 열 팽창 효과를 수용하기 위해서는 원통다관형 열교환기의 수정 형태를 사용하는 것이 필요하다. 그림 9.8과 9.9는 이러한 문제를 풀기 위해 성공적으로 활용되었던 수많은 대안적 설계들 중 2개만을 나타낸 것이다.

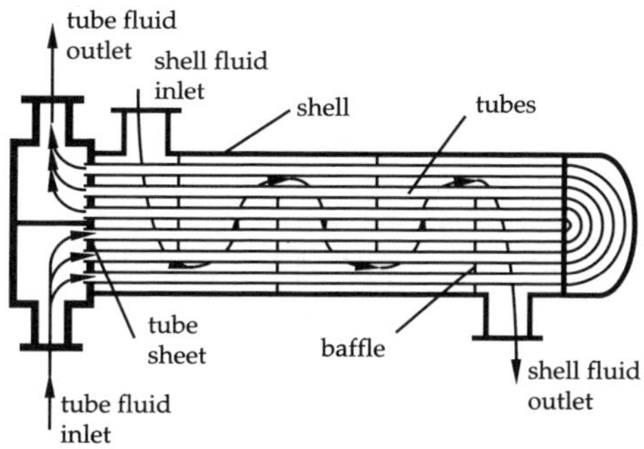

그림 9.8. 1-2, U-밴드 원통다관형 열교환기의 개략도

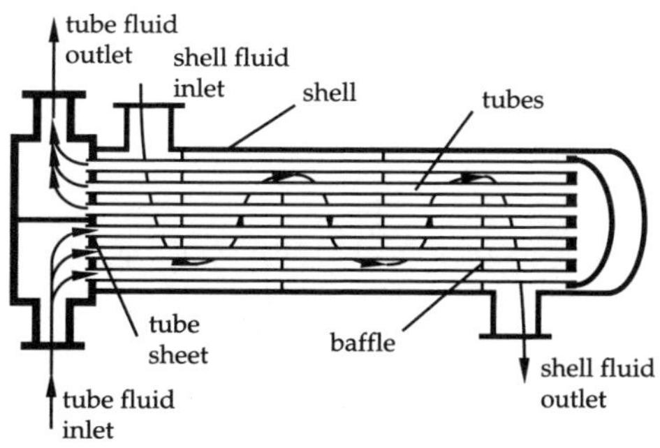

그림 9.9. 1-2, 풀-쏘루, 플로팅-헤드 원통다관형 열교환기의 개략도

9.2 | 원통다관형 열교환기 분석

그림 9.10과 9.11은 2개의 유체가 1-2 원통다관형 열교환기를 통과하여 흘러감에 따라 이 2개 유체의 온도 변화를 나타낸 것이다. 교환되는 열의 양은 다음과 같이 구할 수 있다.

$$q = U_o A_o \Delta t = \dot{m}_w C_{pw}(T_1 - T_2) = \dot{m}_c C_{pc}(t_2 - t_1) \tag{9.1}$$

여기에서 U_o는 전체 열전달 계수이고, A_o는 모든 관의 바깥 표면적이며, 그리고 Δt는 1-2 원통다관형 열교환기에 적용되는 온도 차이이다. 교환기를 통과하는 유동이 완전히 역류이거나 평행류인 경우, Δt는 각각 역류 또는 평행류에 대한 로그평균온도 차이이다.

1-2 원통다관형 열교환기는 양 유동의 조합이다: 그림 9.10과 9.11에 나와 있다. 확립된 분석법은 ("가능한 최선"의 경우로서) 역류에 대한 로그평균온도차(LMTD)와 수정 계수 F의 사용을 포함한다. 수정 계수(이것의 미분이 아님)에 대한 방정식을 여기에서 구할 수 있다.

다음과 같이 정의되는 **온도 계수**라고 불리는 새 변수를 도입함으로써 시작하자.

$$S = \frac{t_2 - t_1}{T_1 - t_1} \tag{9.2}$$

S의 분모는 교환기와 연관된 최대 온도 차이라는 것을 주목하자. 다음과 같이 이전에 구한 R의 정의를 상기시켜 보자.

$$R = \frac{\dot{m}_c C_{pc}}{\dot{m}_w C_{pw}} = \frac{(T_1 - T_2)}{(t_2 - t_1)} \tag{9.3}$$

다음으로 우리는 S와 R을 포함하는 **수정 계수**를 (미분 없이) 쓴다: 다음과 같이 구할 수 있다.

$$F = \frac{\sqrt{R^2+1}\ \ln[(1-S)/(1-RS)]}{(R-1)\ln\left[\dfrac{2 - S(R + 1 - \sqrt{R^2+1})}{2 - S(R + 1 + \sqrt{R^2+1})}\right]} \tag{9.4}$$

이제 식 (9.1)의 온도 차이는 다음과 같이 된다.

$$\Delta t = F\,(LMTD_{\text{counterflow}}) = F\ \frac{(T_1 - t_2) - (T_2 - t_1)}{\ln[(T_1 - t_2)/(T_2 - t_1)]} \tag{9.5}$$

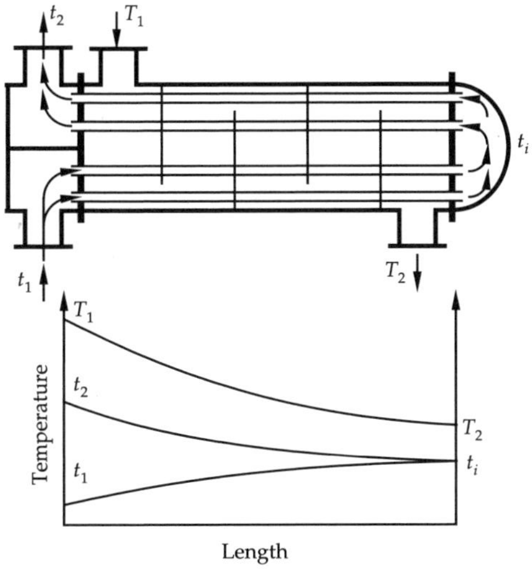

그림 9.10. 1-2 원통다관형 열교환기를 통해 이동하는 유체들의 길이에 따른 온도 변화

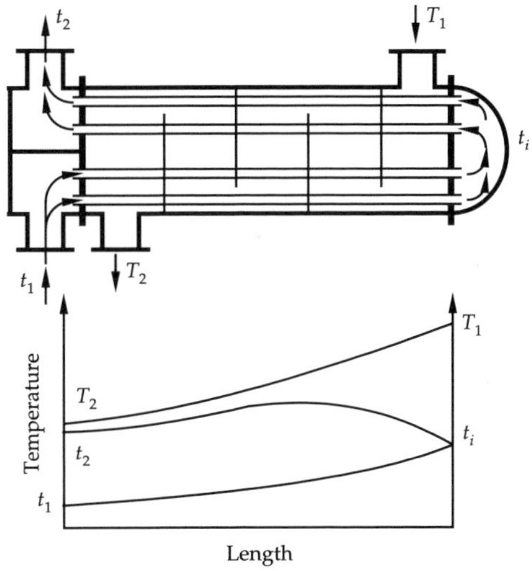

그림 9.11. 1-2 원통다관형 열교환기를 통해 이동하는 유체들의 길이에 따른 온도 변화: 그림 9.10의 대체 형상

그림 9.12에서 수정 계수 F는 S의 함수로서 그려져 있으며, R은 독립변수로서 나와 있다. 그림 9.12는 1번 쉘 패스뿐만 아니라 2번 이상 관 패스를 지닌 원통다관형 열교환기에 적용된다. 실질적인 관점에서 보면, 수정 계수 F는 교환기가 열적으로 얼마나 효율적인지를 나타낸다. F가 0.75 이하인 경우 교환기는 비용이 많이 드는 상태 또는 낮은 효율로 작동하는 것이다. 따라서 모범적인 시행의 경우 $F \geq 0.75$이다.

전체 열전달 계수

1-2 원통다관형 열교환기 내에서 열전달에 대한 방정식은 다음과 같이 작성할 수 있다.

$$q = U_o A_o F \frac{(T_1 - t_2) - (T_2 - t_1)}{\ln[(T_1 - t_2)/(T_2 - t_1)]} \tag{9.6}$$

전체 열전달 계수는 하기 방정식을 가지고 구할 수 있다.

$$\frac{1}{U_o} = \frac{OD_t}{h_i ID_t} + \frac{1}{h_o} = \frac{1}{h_t} + \frac{1}{h_o} \tag{9.7}$$

여기에서 OD_t와 ID_t는 각각 사용되는 관의 바깥 지름과 안지름이다.

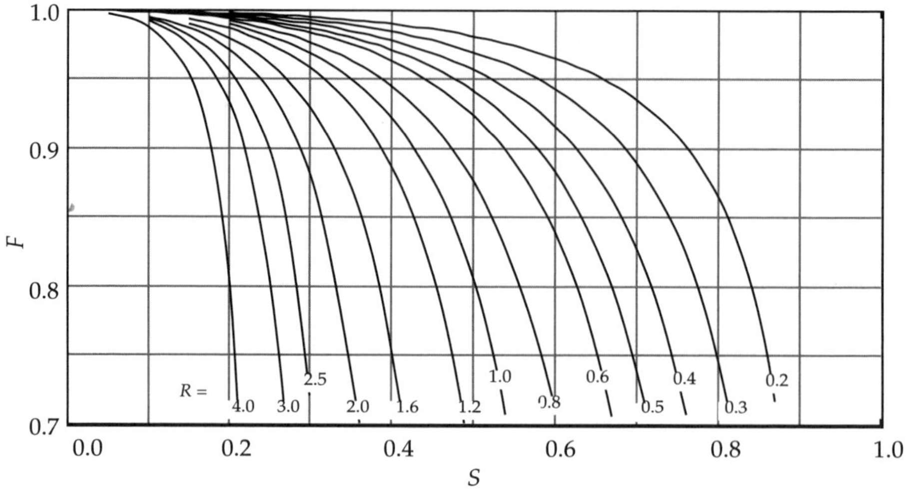

그림 9.12. 1 쉘 패스 또는 2번 이상의 관 패스를 가진 원통다관형 열교환기의 수정 계수 그래프

관면 대류 열전달 계수 및 압력 강하

식 (9.7)에서 전체 열전달 계수를 계산하기 위해서는 h_i와 h_o에 대한 방정식이 필요하다. 이러한 표면 계수는 이중관 열교환기에 대해 전술한 방정식을 가지고 구할 수 있으며, 8장에 나와 있다.

교환기를 통과하여 N_p패스를 형성하는 유체로 인해 발생하는 압력 강하는 유동 운동 에너지의 배수이다.

$$\Delta p_{\text{tubes}} = N_p \frac{fL}{ID_t} \frac{\rho V^2}{2} \tag{9.8}$$

여기에서 f는 마찰 계수이며 L은 관 길이이다. 또한 관 유체는 강제로 교환기를 통과하여 회수되는 경우 압력 손실을 겪는다. 관 유체는 갑작스런 팽창과 갑작스런 수축을 겪는다. N_p패스를 형성하는 유체에 대한 회수 압력 손실은 사소한 손실로 취급되며 다음과 같이 구할 수 있다.

$$\Delta p_{\text{return}} = 4N_p \frac{\rho V^2}{2} \tag{9.9}$$

여기에서 4는 실증적인 측정을 통해 구해진 것이다. 따라서 관 유체는 다음과 같이 주어지는 압력 손실을 겪는다.

$$\Delta p_t = \Delta p_{\text{tubes}} + \Delta p_{\text{return}} = N_p \left(\frac{fL}{ID_t} + 4 \right) \frac{\rho V^2}{2} \tag{9.10}$$

쉘면 대류 열전달 계수 및 압력 강하

쉘을 통과하여 지나가는 유체의 속도는 유동 면적이 일정하지 않기 때문에 지속적으로 변화한다. 쉘 유체는 관과 배플 주변에서 이동하는데, 속도가 일정하지 않을지라도 우리는 단일의 하나의 대표 속도를 파악하고자 한다. 이를 위해서 우리는 쉘 형상에 대해 하나의 특성 길이 또는 치수를 사용해야 한다.

그림 9.13은 정사각형 피치 배치에 대한 단면적을 나타낸 것이다. 관 피치 P_T와 인접한 관들 간 간격 C는 모두 정해져 있다. 이제 우리는 이중관 열교환기에 대해 했던 것과 같이 등가 길이에 대해 방정식을 개발한다.

$$D_e = \frac{4 \text{ x 면적}}{\text{열교환 둘레}}$$

상기 방정식에서 면적은 정사각형 4개의 1/4 원 면적이다: 즉 그림 9.13의 빗금 칠해져 있는 면적이다. 열교환기 둘레는 4개의 1/4 원의 둘레이다. 따라서 정사각형 피치의 경우

$$D_e = \frac{4(P_T^2 - \pi OD_t^2/4)}{\pi OD_t}$$

또는 $D_e = \dfrac{4P_T^2}{\pi OD_t} - OD_t$ (정사각형 피치) **(9.11)**

그림 9.14는 삼각형 피치 배치에 대한 단면적을 나타낸 것이다. 등가 지름에 대한 수식에 대용하면 다음과 같다.

$$D_e = \frac{3.46P_T^2}{\pi OD_t} - OD_t \quad \text{(삼각형 피치)} \tag{9.12}$$

다음으로 쉘 형상에 대한 특성인 유동 면적을 구한다. 쉘 면적은 일정하지 않다는 것을 유념해야 한다. 그러나 면적을 정하는 것은 막 계수를 찾는 데 있어서 유용하다. 쉘의 특성인 면적 A_S는 다음과 같이 정의된다.

$$A_s = \frac{D_s CB}{P_T} \tag{9.13}$$

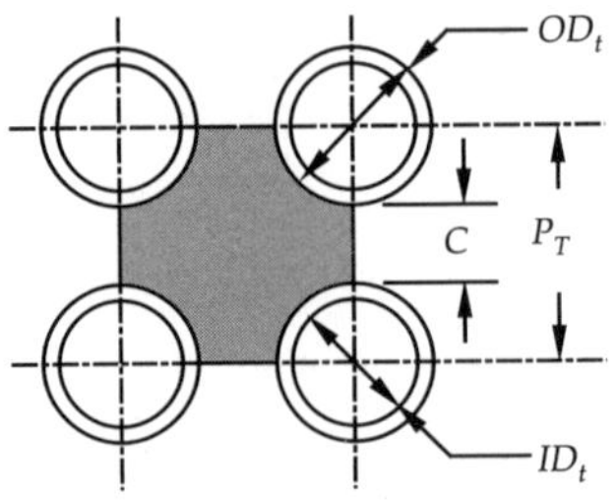

그림 9.13. 정사각형 피치 배치

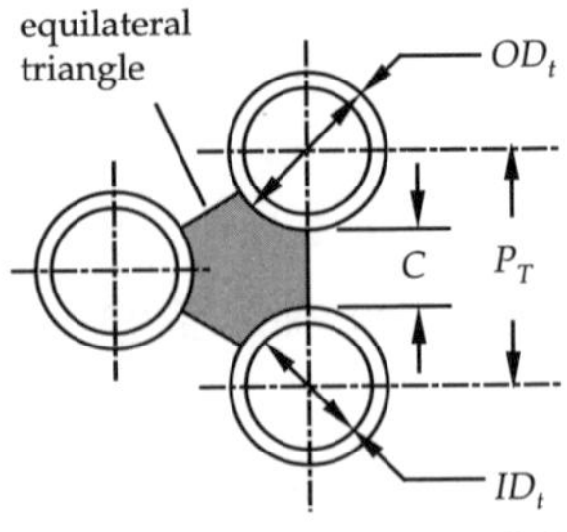

그림 9.14. 삼각형 피치 배치

여기에서 D_S는 쉘의 안지름이며 C는 인접한 관들 간 간격이고(용량비와 혼동하지 말 것), B는 배플 간격이며 그리고 P_T는 관 피치이다. 쉘 유체 속도는 하기 방정식을 가지고 구할 수 있다.

$$V_s = \frac{\dot{m}}{\rho A_s} \tag{9.14}$$

또한 쉘 유체의 질량 속도는 다음과 같이 구할 수 있다.

$$G = \frac{\dot{m}}{A_s} = \rho V_s \tag{9.15}$$

쉘 유체에 대한 Nusselt 수는 다음과 같이 수많은 열교환기 테스트를 통해 구한 실험 결과를 기반으로 한 방정식을 이용하여 구할 수 있다.

$$\mathrm{Nu} = \frac{h_o D_e}{k_f} = 0.36\mathrm{Re}^{0.55}\,\mathrm{Pr}^{1/3} \tag{9.16}$$

유효구간 $2 \times 10^3 \le \mathrm{Re}_s = V_s D_e/\nu \le 1 \times 10^6$ $\mathrm{Pr} = \nu/\alpha > 0$

μ는 온도에 따라 완만하게 바뀌고 특성치들은 평균 유체 온도 [= (입구+출구)/2]에서 계산된다.

쉘 유체는 교환기를 통과하여 관 위, 배플 주변에서 지나가기 때문에 압력 강하를 겪는다. 쉘 유체 노즐(입구 및 출구 포트)이 교환기의 동일면에 있는 경우 쉘 유체는 짝수로 관 다발을 지나간다. 쉘 노즐이 반대면에 있는 경우 쉘 유체는 홀수로 번들을 교차한다. 번들을 교차하는 수는 압력 강하에 영향을 미친다. 실험을 기준으로 하면, 쉘 유체가 겪는 압력 강하는 다음과 같다.

$$\Delta p_s = f(N_b + 1)\frac{D_s}{D_e}\frac{\rho V_s^2}{2} \tag{9.17}$$

여기에서 N_b는 배플의 수이고 $N_b + 1$은 쉘 유체가 관다발을 교차하는 횟수이다. 식 (9.17)에서 마찰 계수는 하기 방정식을 이용하여 구할 수 있다.

$$f = \exp\,(0.576 - 0.19 \ln \mathrm{Re}_s) \tag{9.18}$$

유효구간 $400 \leq \mathrm{Re}_s = V_s D_e/\nu \leq 1 \times 10^6$

식 (9.17)과 (9.18)은 쉘 유체가 겪는 입출구 손실을 포함하도록 공식화되어 있다. 잘 설계된 열교환기의 경우 어느 한쪽 흐름으로 인해 발생하는 압력 강하는 10 psi (70 kPa) 이하여야 한다.

출구 온도 계산

원통다관형 열교환기가 사용될 수 있는 수많은 적용 분야에서, 입구 온도와 유량은 알려져 있으며 출구 온도는 계산돼야 한다. 이는 2가지 방법으로 할 수 있는데, 전통적인 **LMTD법**(여기에 나와 있음) 그리고 **유용도-NTU법**(다음 절에 나와 있음)을 이용하는 것이다.

LMTD법의 경우 우리는 이전에 구한 수량 R과 S의 항에서 출구 온도를 예측하기 위해 (유도 없이) 개발된 방정식으로 진행한다.

$$\frac{UA_o}{\dot{m}_c C_{pc}} = \frac{1}{\sqrt{R^2+1}} \ln\left[\frac{2 - S(R + 1 - \sqrt{R^2+1})}{2 - S(R + 1 + \sqrt{R^2+1})}\right] \tag{9.19a}$$

여기에서 (본 절에서 이전에 정의한 바와 같이)

$$S = \frac{t_2 - t_1}{T_1 - t_1} \tag{9.2}$$

$$R = \frac{\dot{m}_c C_{pc}}{\dot{m}_w C_{pw}} = \frac{T_1 - T_2}{t_2 - t_1} \tag{9.3}$$

출구 온도를 계산하기 위해서는 변수 S를 정해야 한다. 우선 하기의 값들을 계산한다.

$$C_1 = \exp\left[\frac{UA_o}{\dot{m}_c C_{pc}}\sqrt{R^2+1}\right]$$

$$C_2 = (R + 1 - \sqrt{R^2+1})$$

$$C_3 = (R + 1 + \sqrt{R^2 + 1})$$

식 (9.19a)를 재배열하면 S를 풀어서 구할 수 있다.

$$S = \frac{2(1 - C_1)}{C_2 - C_1 C_3} \tag{9.19b}$$

이후 저온 유체의 출구 온도는 식 (9.19b)를 이용하여 S에 대해 푼 후 식 (9.2)와 결과치를 조합함으로써 구할 수 있다.

$$t_2 = (T_1 - t_1)S + t_1$$

고온 유체의 출구 온도는 식 (9.3)을 이용하여 최종적으로 계산할 수 있다. 재배열하여 쓰면 다음과 같다.

$$T_2 = T_1 - R(t_2 - t_1) \tag{9.20}$$

이중관 열교환기와 같이 원통다관형 열교환기는 관과 쉘 표면에서 무기물 증착이 발생한다. 그로 인해 열전달에 추가적인 저항이 발생한다. 우리는 “더러움(dirty)” 또는 “설계(design)” 전체 열전달 계수를 다음과 같이 정의한다.

$$\frac{1}{U} = \frac{1}{U_o} + R_{di} + R_{do} \tag{9.21}$$

설계 계수 U는 열을 전달하는 데 필요한 면적 결정 시 사용된다.

전술한 방정식들은 이제 뒤에 나오는 제시된 순서대로 구성되었다.

원통다관형 열교환기에 대한 제시된 계산 순서

문제 문제 설명서를 작성하라.

논의 잠재적 열 손실; 기타 문제점

가정 1. 정상상태 조건이 존재한다.
2. 유체 물성치는 일정하게 유지되며________의 온도에서 측정된다.

명명법:
1. T는 고온 유체의 온도이다.
2. t는 저온 유체의 온도이다.
3. w 아래첨자는 고온 유체를 나타낸다.
4. h 아래첨자는 수력 지름을 나타낸다.
5. c 아래첨자는 저온 유체를 나타낸다.

6. s 아래첨자는 쉘 유동 면적 또는 차원을 나타낸다.
7. t 아래첨자는 관모양 유동 면적 또는 차원을 나타낸다.
8. 1 아래첨자는 입구 상태를 나타낸다.
9. 2 아래첨자는 출구 상태를 나타낸다.
10. e 아래첨자는 등가 지름을 나타낸다.

A. 유체 물성치

$\dot{m}_w$ =　　　　T_1 =
ρ =　　　　C_p =
k_f =　　　　α =
ν =　　　　Pr =

$\dot{m}_c$ =　　　　t_1 =
ρ =　　　　C_p =
k_f =　　　　α =
ν =　　　　Pr =

B. 관 크기

ID_t =　　　　OD_t =
N_t = no. of tubes =　　　　N_p = no. of passes =

C. 쉘 데이터

D_s = 쉘 내부 지름 =
B = 배플 간격 =
N_b = 배플 수 =
P_T = 관 피치 =
$C = P_T - OD_t = \left(\begin{array}{c}\text{인접한}\\ \text{관 사이의 거리}\end{array}\right) =$

D. 유동 면적

$A_t = N_t \pi (ID_t^2)/4N_p =$
$A_s = D_s CB/P_T =$

E. 유체 속도(보다 큰 면적을 지닌 유동 단면적을 통과하여 보다 높은 유량을 지닌 유체를 이동시킨다.)

$V_t = \dot{m}/\rho A =$　　　　$G_t = \dot{m}/A =$
$V_s = \dot{m}/\rho A =$　　　　$G_s = \dot{m}/A =$

F. 쉘 등가 지름

$$D_e = \frac{4P_T{}^2 - \pi OD_t^2}{\pi OD_t} = \qquad \left(\begin{array}{c}\text{직사각형}\\ \text{피치}\end{array}\right)$$

$$D_e = \frac{3.46P_T{}^2 - \pi OD_t^2}{\pi OD_t} = \qquad (\text{삼각형 피치})$$

G. Reynolds 수

$$\mathrm{Re}_t = V_t ID_t/\nu =$$

$$\mathrm{Re}_s = V_s D_e/\nu =$$

H. Nusselt 수

<u>관면</u>

층류에 대한 수정 Sieder-Tate 방정식

$$\mathrm{Nu}_t = \frac{h_i ID_t}{k_f} = 1.86\left(\frac{ID_t \mathrm{Re}_t \mathrm{Pr}}{L}\right)^{1/3}$$

$\mathrm{Re}_t < 2\,200$ $\qquad 0.48 < \mathrm{Pr} = \nu/\alpha < 16\,700$

난류에 대한 수정 Dittus-Boelter 방정식

$$\mathrm{Nu}_t = \frac{h_i ID_t}{k_f} = 0.023\mathrm{Re}_t^{4/5}\,\mathrm{Pr}^{\mathrm{n}}$$

n = 0.4, 유체가 가열 중인 경우

n = 0.3, 유체가 냉각 중인 경우

$\mathrm{Re}_t > 10\,000;\quad 0.7 < \mathrm{Pr} = \nu/\alpha < 160;\quad L/D > 60$

조건:

μ는 온도에 따라 어느 정도 변화한다.

평균 유체 온도[= (입구 + 출구)/2]에서 측정된 물성치

<u>쉘면</u>

$$\mathrm{Nu}_s = \frac{h_o D_e}{k_f} = 0.36\mathrm{Re}_s^{0.55}\,\mathrm{Pr}^{1/3}$$

$2 \times 10^3 < \mathrm{Re}_s = V_s D_e/\nu < 1 \times 10^6 \quad \mathrm{Pr} = \nu/\alpha > 0$

μ는 온도에 따라 어느 정도 변화한다.

평균 유체 온도[= (입구 + 출구)/2]에서 측정된 물성치

$\mathrm{Nu}_t =$

$\mathrm{Nu}_s =$

I. 대류 열전달 계수

$h_i = \mathrm{Nu}_t k_f / ID_t =$ $\qquad$ $h_t = h_i ID_t / OD_t =$

$h_o = \mathrm{Nu}_s k_f / D_e =$

J. 교환기 계수

$\frac{1}{U_o} = \frac{1}{h_t} + \frac{1}{h_o}$ $\qquad$ $U_o =$

K. 출구 온도 계산(교환기 길이 L =)

$R = \frac{\dot{m}_c C_{pc}}{\dot{m}_w C_{pw}} =$ $\qquad$ $A_o = N_t \pi OD_t L =$

$\frac{U_o A_o}{\dot{m}_c C_{pc}} =$ $\qquad$ $S =$ $\qquad$ (식 9.19b)

$t_2 = S(T_1 - t_1) + t_1 =$

$T_2 = T_1 - R(t_2 - t_1) =$

L. 로그평균온도차

역류 $\qquad$ $LMTD = \frac{(T_1 - t_2) - (T_2 - t_1)}{\ln[(T_1 - t_2)/(T_2 - t_1)]} =$

M. 유체에 대한 열평형

$q_w = \dot{m}_w C_{pw}(T_1 - T_2) =$

$q_c = \dot{m}_c C_{pc}(t_2 - t_1) =$

N. 교환기에 대한 전체 열평형

$F =$ $\qquad$ (그림 9.12)

$q = U_o A_o F (LMTD) =$

O. 오염 계수 및 설계 계수

$R_{di} =$ $R_{do} =$

$$\frac{1}{U} = \frac{1}{U_o} + R_{di} + R_{do} = \qquad U =$$

P. 열전달에 필요한 면적

$$A_o = \frac{q}{UF\ (LMTD)} =$$

$$L = \frac{A_o}{N_t \pi OD_t} =$$

Q. 마찰 계수

관면

관에서의 층류:

$$f_t = \frac{64}{\mathrm{Re}_t} \qquad \mathrm{Re}_t < 2\,200\ (\text{위의 단계 G})$$

관에서의 난류:

Swamee-Jain 방정식

$$f = \frac{0.250}{\left\{\log\left[\frac{\varepsilon}{3.7D} - \frac{5.74}{(\mathrm{Re})^{0.9}}\right]\right\}^2}$$

셸면

$$f_s = \exp(0.576 - 0.19 \ln \mathrm{Re}_s) \qquad \text{단계 G에서의 } \mathrm{Re}_s$$

$\mathrm{Re}_t =$

$\dfrac{\varepsilon}{ID_t} =$ $\Bigg\}$ $f_t =$

$\mathrm{Re}_s =$ $f_s =$

R. 압력 강하 계산

$$\Delta p_t = \frac{\rho V_t^2}{2}\left(\frac{f_t L}{ID_t} + 4\right) N_p =$$

$$\Delta p_s = \frac{\rho V_s^2}{2} \frac{D_s}{D_e} f_s(N_b + 1) =$$

S. 문제 설명서에서 요구되는 정보에 대한 요약

예제 9.1. 전기를 생성하는 시설의 경우, 응결(증류)수가 원통다관형 열교환기를 이용하여 냉각돼야 한다. 증류수는 21.4 kg/s의 유량으로 43.3°C로 교환기에 들어온다. 그리고 물을 35°C로 냉각시키고자 한다. 열은 (인근 호수에서 얻은) 원수로 전달된다: 이것은 18.3°C와 18.88 kg/s로 가용할 수 있다. 예비 계산에 따르면, 17-1/4인치 안지름(438.2 mm) 쉘뿐만 아니라 3/4인치(19.05 mm)-*OD*, 18 BWG 관(길이 4.88 m)을 지닌 열교환기를 사용하는 것이 적합할 수 있다. 관은 1인치(25.4 mm) 삼각형 피치로 배치되며, 관 유체는 2번의 패스를 형성할 것이다. 교환기에는 304.8 mm 간격으로 떨어져 있는 배플들이 들어 있다. 제시된 열교환기를 분석하여 이것의 적합성을 구하라. 관을 통과하여 증류수를 이동시켜라.

풀이

여기에서 유량은 이중관 열교환기의 경우보다 더 크다. 이 문제에서 입구 온도와 출구 온도의 평균에서 물성치를 구하는 것은 필수 사항이다. 뒤에 나오는 결과에서 이러한 것이 적용되었다. 따라서 본 예제에서 숫자는 몇 번의 반복 이후에 구할 수 있었다.

가정:

1. 정상상태 조건이 존재한다.
2. 원수와 증류수 특성은 동일한 특성 표에서 구할 수 있다.
3. 원수 특성은 처음에 20°C에서 구하며, 몇 번의 반복 이후 24.8°C에서 구한다.
4. 증류수 특성은 처음에 40°C에서 구하며, 몇 번의 반복 이후 37.7°C에서 구한다.
5. 증류수가 잃는 모든 열은 원수에게로 전달된다.

명명법:

1. T는 고온 유체의 온도이다.
2. t는 저온 유체의 온도이다.
3. w 아래첨자는 고온 유체를 나타낸다.
4. h 아래첨자는 수력 지름을 나타낸다.
5. c 아래첨자는 저온 유체를 나타낸다.
6. s 아래첨자는 쉘 유동 면적 또는 차원을 나타낸다.
7. t 아래첨자는 관모양 유동 면적 또는 차원을 나타낸다.
8. 1 아래첨자는 입구 상태를 나타낸다.
9. 2 아래첨자는 출구 상태를 나타낸다.

10. e 아래첨자는 등가 지름을 나타낸다.

A. 유체 물성치

증류수	$\dot{m}_w$	$= 21.4$ kg/s	T_1	$= 43.3°C$
37.7°C	ρ	$= 995$ kg/m^3	C_p	$= 4179$ J/kg K
	k_f	$= 0.625$ W/mK	α	$= 1.5 \times 10^{-7}$ m^2/s
	ν	$= 7.05 \times 10^{-7}$ m^2/s	Pr	$= 4.69$
원수	$\dot{m}_c$	$= 18.88$ kg/s	t_1	$= 18.3°C$
24.8°C	ρ	$= 62.3$ lbm/ft^3	C_p	$= 4181$ J/kg K
	k_f	$= 0.606$ W/mK	α	$= 1.45 \times 10^{-7}$ m^2/s
	ν	$= 9.16 \times 10^{-7}$ m^2/s	Pr	$= 6.32$

B. 관 크기

ID_t = 16.55 mm　　OD_t = 19.07 mm

N_t = no. of tubes = 196　　N_p = no. of passes = 2

C. 쉘 데이터

D_s = 쉘 내부 지름 = 17.25 in. = 438.2 mm

B = 배플 간격 = 304.8 mm

N_b = 배플 수 = 15

P_T = 관 피치 = 1 in. = 25.4 mm

C = (인접한 관 사이의 거리) $= P_T - OD_t$ = 6.33 mm

D. 유동 면적

$A_t = N_t\pi (ID_t^2)/4N_p = 2.108 \times 10^{-2}$ m^2

$A_s = D_sCB/P_T = 0.0333$ m^2　　$A_s > A_t$

E. 유체 속도

증류수　$V_t = \dot{m}/\rho A = 1.02$ m/s　　$G_t = \dot{m}/A = 1015.2$ kg/m^2·s

원수　$V_s = \dot{m}/\rho A = 0.57$ m/s　　$G_s = \dot{m}/A = 571.3$ kg/m^2·s

F. 쉘 등가 지름

$$D_e = \frac{3.46P_T^{\ 2} - \pi OD_t^2}{\pi OD_t} = 17.99 \text{ m} \qquad (\text{삼각형 피치})$$

G. Reynolds 수

증류수 $Re_t = V_t ID_t/\nu = 23{,}945$

원수 $Re_s = V_s D_e/\nu = 11{,}193$

H. Nusselt 수

증류수 $Nu_t = 117$

원수 $Nu_s = 127$

I. 대류 열전달 계수

증류수 $h_i = Nu_t k_f/ID_t = 4418 \quad h_t = h_i ID_t/OD_t = 3837\ W/(m^2 K)$

원수 $h_o = Nu_s k_f/D_e = 4264\ W/(m^2 K)$

J. 교환기 계수

$$\frac{1}{U_o} = \frac{1}{h_t} + \frac{1}{h_o} \qquad U_o = 2016\ W/(m^2 K)$$

K. 출구 온도 계산(교환기 길이 L = 4.88 m)

$$R = \frac{\dot{m}_c C_{pc}}{\dot{m}_w C_{pw}} = 0.8831 \qquad A_o = N_t \pi\, OD_t\, L = 57.25\ m^2$$

$$\frac{U_o A_o}{\dot{m}_c C_{pc}} = 1.460 \qquad S = 0.546 \qquad (식\ 9.19b)$$

증류수 $T_2 = T_1 - R(t_2 - t_1) = 31.28°C$ (새 것)

원수 $t_2 = S(T_1 - t_1) + t_1 = 32°C$ (새 것)

L. 로그 평균 온도차

역류 $$LMTD = \frac{(T_1 - t_2) - (T_2 - t_1)}{\ln[(T_1 - t_2)/(T_2 - t_1)]} = 12.1°C$$

M. 유체에 대한 열평형

증류수 $q_w = \dot{m}_w C_{pw}(T_1 - T_2) = 1.075 \times 10^6\ W$

원수 $q_c = \dot{m}_c C_{pc}(t_2 - t_1) = 1.075 \times 10^6\ W$

N. 교환기에 대한 총량 열평형

$$F = 0.772 \quad (식\ 9.4)$$

$$q = U_o A_o F\,(LMTD) = 1.075 \times 10^6\ \mathrm{W}$$

O. 오염 계수 및 설계 계수

$$R_{di} = 1.32 \times 10^{-4}\ \mathrm{m^2K/W} \qquad R_{do} = 1.32 \times 10^{-4}\ \mathrm{m^2K/W}$$

$$\frac{1}{U} = \frac{1}{U_o} + R_{di} + R_{do} \qquad U = 1317\ \mathrm{W/(m^2K)}$$

P. 설계 계수에 대한 출구 온도

상세한 계산이 없으면 $U = 1317\ \mathrm{W/(m^2K)}$에 대한 출구 온도는 다음과 같이 계산된다.

증류수	$T_2 = T_1 - R(t_2 - t_1) = 32.94°C$	(1년 후)
원수	$t_2 = S(T_1 - t_1) + t_1 = 30.1°C$	(1년 후)

Q. 마찰 계수

증류수 $\left.\begin{array}{l} \mathrm{Re}_t = 2.4 \times 10^4 \\ \dfrac{\varepsilon}{ID_t} = \text{smooth} \end{array}\right\} \quad f_t = 0.025$

원수 $\mathrm{Re}_s = 1.11 \times 10^4 \quad f_s = 0.303$

R. 압력 강하 계산

증류수 $\Delta p_t = \dfrac{\rho V_t^2}{2}\left(\dfrac{f_t L}{ID_t} + 4\right)N_p = 11.7\ \mathrm{kPa}$

원수 $\Delta p_s = \dfrac{\rho V_s^2}{2}\dfrac{D_s}{D_e} f_s(N_b + 1) = 19\ \mathrm{kPa}$

S. 성능 요약

$$T_2 = 35°C\ \text{(required)}$$

$T_1 = 43.3°C$ (distilled)	$t_1 = 18.3°C$ (raw)
$\Delta p = 11.7$ kPa (distilled)	$\Delta p = 19$ kPa (raw)
$R_d = 1.32 \times 10^{-4}\ \mathrm{m^2K/W}$ (distilled)	$R_d = 1.32 \times 10^{-4}\ \mathrm{m^2K/W}$ (raw)

새 것	1년 후
$U_0 = 2016\ W/(m^2\ K)$	$U\ = 1317\ W/(m^2\ K)$
T_2 = 31.28°C (distilled)	T_2 = 32.94°C (distilled)
t_2 = 32°C (raw)	t_2 = 30.1°C (raw)
q = 1.075 MW	q = 1.075 MW

요구되는 출구 온도는 35°C (= T_2)이며, 이 교환기는 오염 시 그러한 요건을 초과한다. 교환기는 적합하다: 둘 모두 압력 강하는 69 kPa 이하이며, F는 0.75 이상이다.

9.3 | 유용도-NTU 분석

이중관 열교환기의 경우처럼, **유용도-NTU법**은 원통다관형 교환기에 적용 가능하다. 이중관 열교환기에서 유용도-NTU법은 LMTD법만큼 사용하기 쉬웠다. 그러나 원통다관형 열교환기에서는, 유용도-NTU법은 확실한 이점을 제공한다.

이전 예제에서, 출구 온도를 계산하기 위해서는 우선 온도 계수 S를 구하는 것이 필요했다. 이제 S는 식 (9.19b)를 이용하여 구할 수 있다. 전술한 이 방정식은 다음과 같다.

$$S = \frac{2(1 - C_1)}{C_2 - C_1 C_3} \tag{9.19b}$$

저온 유체의 출구 온도는 식 (9.2)를 이용하여 구할 수 있다. 이것을 재배열하면 다음과 같다.

$$t_2 = (T_1 - t_1)S + t_1$$

고온 유체의 출구 온도는 식 (9.3)을 이용하여 최종적으로 계산할 수 있다. 이것을 재배열하면 다음과 같다.

$$T_2 = T_1 - R(t_2 - t_1) \tag{9.20}$$

유용도-NTU법은 원통다관형 교환기에 대한 출구 온도를 계산할 수 있는 대안적 방법을 제공한다. 7장에서 처음 언급했던 이 방법에 대한 식은 여기에서 반복된다.

유용도 E는 다음과 같이 구할 수 있다.

$$E = \frac{t_2 - t_1}{T_1 - t_1} \qquad (\text{if } \dot{m}_c C_{pc} < \dot{m}_w C_{pw}) \tag{9.22}$$

$$E = \frac{T_1 - T_2}{T_1 - t_1} \qquad (\text{if } \dot{m}_w C_{pw} < \dot{m}_c C_{pc}) \tag{9.23}$$

그리고

$$E = \frac{q}{q_{\max}}$$

여기에서 q는 전달되는 실제 열이다: 다음과 같이 구한다.

$$q = E\,(\dot{m}C_p)_{\min}\,(T_1 - t_1) \tag{9.24}$$

그리고 $q_{\max}$는

$$q_{\max} = (\dot{m}C_p)_{\min}\,(T_1 - t_1) \tag{9.25}$$

관심 대상이 되는 열교환기에 대해 유용도를 아는 경우 열전달률은 식 (9.24)를 이용하여 구할 수 있다. 유용도 방정식은 수많은 유형의 열교환기에 대해 도출된 것으로서 보통 다음과 같이 정의되는 **전달 단위 개수(number of transfer units)** N이라고 불리는 항을 지니고 있다.

$$N = \frac{UA}{(\dot{m}C_p)_{\min}} \tag{9.26}$$

또한 우리는 **용량률(ratio of capacitances)** C라고 알려져 있는 것도 구한다. 이것은 항상 1 이하이다.

$$C = \frac{(\dot{m}C_p)_{\min}}{(\dot{m}C_p)_{\max}} < 1$$

표 8.4를 참조하면, 1-2 원통다관형 열교환기에 대한 유용도는 다음과 같이 구할 수 있다.

$$E = 2\left\{1 + C + \frac{1 + \exp\,[-N(1 + C^2)^{1/2}]}{1 - \exp\,[-N(1 + C^2)^{1/2}]}\,(1 + C^2)^{1/2}\right\}^{-1} \tag{9.27}$$

이 방정식은 1번의 쉘 패스뿐만 아니라 2, 4, 6 등의 관 패스를 지닌 교환기에 적용된다. 그림 9.15는 이 방정식에 대한 그래프이다. 수평축에는 전달 단위 개수 N이 있고, 0~1의 범위를 지닌 유용도는 수직축에 그래프로 나와 있다.

예제 9.1에서와 동일한 방법으로 열교환기 분석 시, 유용도를 활용하여 출구 온도를 계

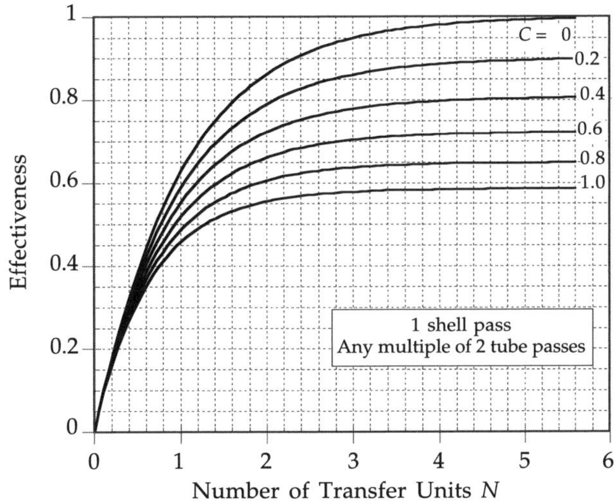

그림 9.15. 1 쉘 패스와 여러 개의 2 관 패스를 가진 원통다관형 열교환기에서의 유용도-N 곡선

산할 수 있다. 절차는 예제에서와 동일하나, 예외적으로 유용도 E는 S 전에 계산된다. 유용도를 아는 경우 출구 온도는 하기 공식을 이용하여 구할 수 있다.

$$\left.\begin{aligned} t_2 &= t_1 + E(T_1 - t_1) \\ T_2 &= T_1 - C(t_2 - t_1) \end{aligned}\right\} \qquad \left(\text{if } \dot{m}_c C_{pc} < \dot{m}_w C_{pw} \text{ with } E = \frac{t_2 - t_1}{T_1 - t_1}\right)$$

또는 반대의 경우

$$\left.\begin{aligned} T_2 &= T_1 - E(T_1 - t_1) \\ t_2 &= t_1 + C(T_1 - T_2) \end{aligned}\right\} \qquad \left(\text{if } \dot{m}_w C_{pw} < \dot{m}_c C_{pc} \text{ with } E = \frac{T_1 - T_2}{T_1 - t_1}\right)$$

수정 계수 F를 측정하기 위해서는 여전히 S를 구할 필요가 있지만, 출구 온도를 안다면 $S = (t_2 - t_1)/(T_1 - t_1)$을 사용할 수 있다.

전술한 바와 같이 LMTD법은 S에 대해 닫힌 형태로 풀 수 없다는 식 (9.19)의 성격으로 인해 적용하기 어렵지만 불가능한 것은 아니다. 유용도-NTU법은 유용도에 대한 식 (9.27)이 적용하기 더 수월하기 때문에 사용하기에 보다 편리하다. 둘 모두는 출구 온도에 대해 동일한 결과를 준다.

예제 9.2. 세제를 제조하는 시설의 경우 벤젠은 18.3°C에서 가용할 수 있는 물을 이용하여 51.7°C로부터 냉각돼야 한다. 프로세스 조건은 18.9 kg/s의 벤젠 유량을 요구한다. 물 유량은 22.68 kg/s이다. 이 서비스에 가용할 수 있는 것은 17¼인치(438.2 mm)의 쉘 ID를 갖고,

¾OD, 13 BWG 관(길이 4.88 m)을 지닌 원통다관형 교환기이다. 관은 1인치(25.4 mm) 삼각형 피치로 배열되며, 관 유동은 2번의 패스를 형성할 것이다. 교환기에는 10개의 균일하게 간격을 이룬 배플들이 들어 있다. 제시된 시스템을 분석하고, 출구 온도뿐만 아니라 압력 강하도 예측하라. 관들을 통과하여 벤젠을 이동시키고, 벤젠에 대해 하기의 물성치를 사용하라.

47°C	$\rho = 850\ \mathrm{kg/m^3}$ $k_f = 0.129\ \mathrm{W/mK}$	$C_p = 1781\ \mathrm{J/kg\,K}$ $\nu = 5.33 \times 10^{-7}\ \mathrm{m^2/s}$
27°C	$\rho = 876\ \mathrm{kg/m^3}$ $k_f = 0.143\ \mathrm{W/mK}$	$C_p = 1731\ \mathrm{J/kg\,K}$ $\nu = 6.71 \times 10^{-7}\ \mathrm{m^2/s}$

풀이

여기에서 유량은 이중관 열교환기의 경우보다 더 크다. 이 문제에서 입구 온도와 출구 온도의 평균에서 특성을 측정하는 것은 필수 사항이다. 다음에서 이러한 방법이 사용되었는데, 이것은 몇 차례 반복의 결과를 반영하고 있다.

가정:

1. 정상상태 조건이 존재한다.
2. 40.55°C에서 몇 차례 반복 계산 이후 벤젠 물성치를 측정한다.
3. 22.2°C에서 몇 차례 반복 계산 이후 물 물성치를 측정한다.
4. 벤젠이 잃는 모든 열은 물 쪽으로 전달된다.

명명법:

1. T는 고온 유체의 온도이다.
2. t는 저온 유체의 온도이다.
3. w 아래첨자는 고온 유체를 나타낸다.
4. h 아래첨자는 수력 지름을 나타낸다.
5. c 아래첨자는 저온 유체를 나타낸다.
6. s 아래첨자는 쉘 유동 면적 또는 차원을 나타낸다.
7. t 아래첨자는 관모양 유동 면적 또는 차원을 나타낸다.
8. 1 아래첨자는 입구 상태를 나타낸다.
9. 2 아래첨자는 출구 상태를 나타낸다.
10. e 아래첨자는 등가 지름을 나타낸다.

A. 유체 물성치

벤젠 **40.55°C**	$\dot{m}_w$ = 18.9 kg/s		T_1 = 51.7°C
	ρ = 859 kg/m^3		C_p = 1763 J/kg K
	k_f = 0.134 W/mK		α = 8.83 x 10^{-8} m^2/s
	ν = 5.78 x 10^{-7} m^2/s		Pr = 6.54
물 **22.2°C**	$\dot{m}_c$ = 22.68 kg/m^3		t_1 = 18.3°C
	ρ = 1000 kg/m^3		C_p = 4182 J/kg K
	k_f = 0.6 W/mK		α = 1.49 x 10^{-7} m^2/s
	ν = 9.66 x 10^{-7} m^2/s		Pr = 6.72

B. 관 크기

ID_t = 16.55 mm　　　OD_t = 19.07 mm

N_t = no. of tubes = 196　　　N_p = no. of passes = 2

C. 쉘 데이터

D_s = 쉘 내부 지름 = 17.25 in. = 438.2 mm

B = 배플 간격 = 0.445 m

N_b = 배플 수 = 10

P_T = 관 피치 = 1 in. = 25.4 mm

C = (인접한 관 사이의 거리) = $P_T - OD_t$ = 6.33 mm

D. 유동 면적

$$A_t = N_t\pi(ID_t^2)/4N_p = 2.108 \times 10^{-2}\ \text{m}^2$$
$$A_s = D_sCB/P_T = 0.05\ \text{m}^2$$

E. 유체 속도

벤젠　$V_t = \dot{m}/\rho A = 1.04$ m/s　　$G_t = \dot{m}/A = 896.5$ kg/m^2·s

원수　$V_s = \dot{m}/\rho A = 0.454$ m/s　　$G_s = \dot{m}/A = 453.6$ kg/m^2·s

F. 쉘 등가 지름

$$D_e = \frac{3.46P_T{}^2 - \pi OD_t^2}{\pi OD_t} = 17.99\ \text{m} \qquad (\text{삼각형 피치})$$

G. Reynolds 수

벤젠 $\mathrm{Re}_t = V_t ID_t/\nu = 29933$

물 $\mathrm{Re}_s = V_s D_e/\nu = 8453$

H. Nusselt 수

벤젠 $\mathrm{Nu}_t = 154$

물 $\mathrm{Nu}_s = 111$

I. 대류 열전달 계수

벤젠 $h_i = \mathrm{Nu}_t k_f/ID_t = 1244\ \mathrm{W/(m^2\,K)}$ $h_t = h_i ID_t/OD_t = 1079\ \mathrm{W/(m^2\,K)}$

물 $h_o = \mathrm{Nu}_s k_f/D_e = 3725\ \mathrm{W/(m^2\,K)}$

J. 교환기 계수

$$\frac{1}{U_o} = \frac{1}{h_t} + \frac{1}{h_o} \qquad U_o = 835\ \mathrm{W/(m^2\,K)}$$

K. 출구 온도 계산(교환기 길이 $L = 4.88$ m)

$$R = \frac{\dot{m}_c C_{pc}}{\dot{m}_w C_{pw}} = 2.843 \qquad A_o = N_t \pi\, OD_t\, L = 57.25\ \mathrm{m^2}$$

$$C = \frac{(\dot{m}C_p)_{\min}}{(\dot{m}C_p)_{\max}} = 0.352 \qquad N = \frac{UA}{(\dot{m}C_p)_{\min}} = 1.44$$

$$E = 2\left\{1 + C + \frac{1 + \exp[-N(1 + C^2)^{1/2}]}{1 - \exp[-N(1 + C^2)^{1/2}]}(1 + C^2)^{1/2}\right\}^{-1} = 0.666$$

$$\dot{m}_w C_{pw} < \dot{m}_c C_{pc} \qquad T_2 = T_1 - E(T_1 - t_1)$$

$$t_2 = t_1 + C(T_1 - T_2)$$

벤젠 $T_2 = 29.4°\mathrm{C}$

물 $t_2 = 26.1°\mathrm{C}$

L. 로그평균온도차

역류 $$LMTD = \frac{(T_1 - t_2) - (T_2 - t_1)}{\ln[(T_1 - t_2)/(T_2 - t_1)]} = 17.33°\mathrm{C}$$

M. 유체에 대한 열평형

벤젠 $q_w = \dot{m}_w C_{pw} (T_1 - T_2) = 7.4 \text{ x } 10^5 \text{ W}$

물 $q_c = \dot{m}_c C_{pc} (t_2 - t_1) = 7.4 \text{ x } 10^5 \text{ W}$

N. 교환기에 대한 전체 열평형

$$S = \frac{t_2 - t_1}{T_1 - t_1} = 0.234$$

$F = 0.772$ (그림 9.12)

$$q = U_o A_o F\,(LMTD) = 7.4 \text{ x } 10^5 \text{ W}$$

O. 오염 계수 및 설계 계수

$R_{di} = 1.76 \text{ x } 10^{-4} \text{ m}^2\text{K/W}$　　$R_{do} = 1.32 \text{ x } 10^{-4} \text{ m}^2\text{K/W}$

$\dfrac{1}{U} = \dfrac{1}{U_o} + R_{di} + R_{do}$　　$U = 664 \text{ W/(m}^2\text{K)}$

설계 계수에서 출구 온도 계산을 반복하면 출구 온도는 다음과 같이 계산할 수 있다.

벤젠 $T_2 = T_1 - R(t_2 - t_1) = 31.7°\text{C}$ (1년 후)

원수 $t_2 = S(T_1 - t_1) + t_1 = 25.55°\text{C}$ (1년 후)

P. 열을 전달하는 데 필요한 면적—NA

Q. 마찰 계수

벤젠 $\left.\begin{aligned} \text{Re}_t &= 2.99 \text{ x } 10^4 \\ \frac{\varepsilon}{ID_t} &= \text{smooth} \end{aligned}\right\}$　　$f_t = 0.024$

물 $\text{Re}_s = 8453$　　$f_s = 0.319$

R. 압력 강하 계산

벤젠 $$\Delta p_t = \frac{\rho V_t^2}{2}\left(\frac{f_t L}{ID_t} + 4\right) N_p = 10.2 \text{ kPa}$$

물 $$\Delta p_s = \frac{\rho V_s^2}{2} \frac{D_s}{D_e} f_s (N_b + 1) = 8.8 \text{ kPa}$$

S. 정보 요약

T_1 = 51.7°C (benzene)	t_1 = 18.3°C (water)
Δp = 10.2 kPa (benzene)	Δp = 8.8 kPa (water)
R_d = 1.76 x 10^{-4} m^2K/W (benzene)	R_d = 1.32 x 10^{-4} m^2K/W (water)

새 것	1년 후
U_0 = 835 W/(m^2 K)	U = 664 W/(m^2K)
T_2 = 29.4°C (benzene)	T_2 = 31.7°C (benzene)
t_2 = 26.1°C (water)	t_2 = 25.55°C (water)
q = 7.4 x 10^5 W	q = 7.4 x 10^5 W

교환기는 적합하다. 양 압력 강하는 70 kPa 이하이다. F는 0.75 이상이다.

9.4 원통다관형 열교환기에서 증가된 열회수

열교환기 분석 시, **접근**과 **교차**라는 단어가 자주 사용된다. 이러한 단어는 양 유체의 출구 온도 간 관계를 의미한다. **접근**은 출구 온도에서의 차이(고온−저온; $T_2 - t_2$)라고 정의할 수 있으며, $T_2 > t_2$의 경우 유의성을 갖는다. 우리는 유체가 교환기를 통과하여 흘러감에 따라 유체 출구 온도가 서로 “접근”한다고 말한다. 반면 $t_2 > T_2$의 경우 $t_2 - T_2$는 **온도 교차**라고 한다: 즉, 유체가 열교환기를 통과하여 흘러감에 따라 유체 출구 온도(실제로 온도 프로파일)는 서로 “교차”한다.

원통다관형 장비에서 시행되는 계산은 수정 계수 F가 접근 감소에 따라 감소한다는 것을 보여준다. 따라서 출구 온도가 서로 가까워질수록, 수정 계수 F는 더 작아질 것이다. 효과적인 운전의 경우 F는 0.75와 같거나 혹은 그 이상이어야 한다는 것을 감안하면 이러한 것은 중요한 포인트이다. 일반적으로 F는 0°C~10°C의 범위에서 온도 교차의 경우 0.75와 같을 것이다. 하기의 예제는 수정 계수에 대해 접근과 교차가 가지는 효과를 보여준다.

예제 9.3. 하기의 경우 수정 계수 F를 구하라.

a. $T_1 = 270°C$ $t_1 = 20°C$
$T_2 = 170°C$ $t_2 = 120°C$
(접근 170 – 120 = 50°C)

b. $T_1 = 220°C$ $t_1 = 20°C$
$T_2 = 120°C$ $t_2 = 120°C$
(접근 120 – 120 = 0°C)

c. $T_1 = 200°C$ $t_1 = 20°C$
$T_2 = 100°C$ $t_2 = 120°C$
(교차 120 – 100 = 20°C)

풀이

항상 저온 유체 온도는 동일하게 유지되고, 고온 유체 온도는 변한다는 것에 주의한다. 게다가 각 유체에 대한 차이(즉, $T_1 - T_2$ 그리고 $t_1 - t_2$)는 항상 100°C이다. 수정 계수를 구하기 위해 먼저 R과 S를 계산한다. 주어진 온도에 대해 우리는 다음과 같은 결과를 얻는다.

a. 50°C 온도 접근

$$\left.\begin{aligned} R &= \frac{T_1 - T_2}{t_2 - t_1} = \frac{100}{100} = 1.0 \\ S &= \frac{t_2 - t_1}{T_1 - t_1} = \frac{100}{250} = 0.4 \end{aligned}\right\} \quad \underline{F = 0.925} \qquad \text{(그림 9.12)}$$

b. 0°C 온도 접근

$$\left.\begin{aligned} R &= 1.0 \\ S &= 0.5 \end{aligned}\right\} \quad \underline{F = 0.8} \qquad \text{(그림 9.12)}$$

c. 20°C 온도 교차

$$\left.\begin{aligned} R &= 1.0 \\ S &= 0.556 \end{aligned}\right\} \quad \underline{F = 0.64} \qquad \text{(식 9.4)}$$

계수 R은 상기 조합들에 대해 일정하지만 온도 계수 S는 그렇지 않다. 입구 온도 차이 $T_1 - t_1$은 F에 대한 온도 접근의 효과를 조사할 수 있도록 계산 시 변경되었다. 우리는 S가 증가함에 따라 F가 감소한다는 것을 안다: 주로 접근이 감소함에 따라 수정 계수는 감소했다.

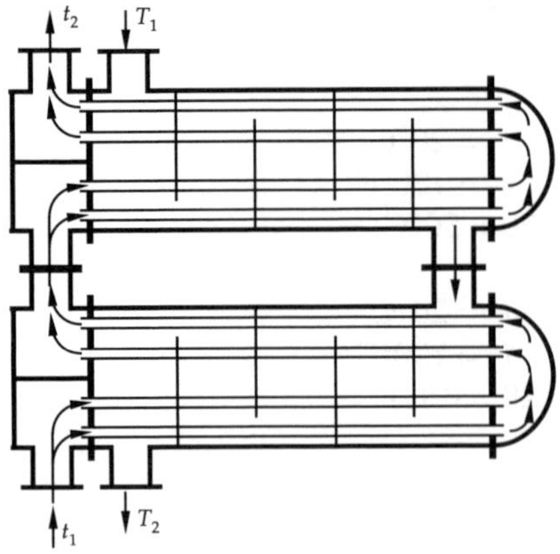

그림 9.16. 두 개의 1-2 원통다관형 열교환기가 직렬로 연결되어 2-4 열교환기를 구성

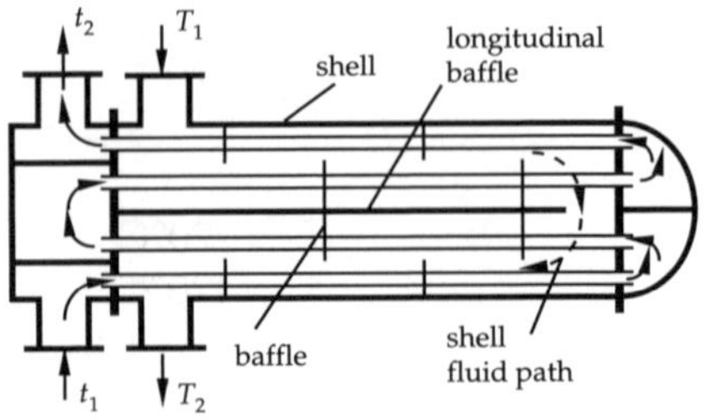

그림 9.17. 하나의 쉘을 이용한 2-4 원통다관형 열교환기

우리는 1-2 원통다관형 열교환기의 효율성이 입구 온도 차이 증가 또는 온도 접근 감소와 더불어 증가한다고 결론 내린다.

1-2 원통다관형 열교환기가 0.75 이하의 수정 계수 F를 가지는 경우 이것은 원하는 성능 이하로 작동 중인 것이다. 그림 9.16에 도식적으로 설명되어 있듯이, 교환기 2개를 직렬로 연결함으로써 성능을 향상시킬 수 있다.

그림 9.16의 구성은 쉘 유체가 *결합된* 교환기를 통과하여 2번 지나가는 반면, 관 유체는 이것을 통과하여 4번 지나가는 것을 보여준다. 이러한 구성을 2-4 원통다관형 열교환기라고 한다. 그러한 교환기 조합에 대한 분석은 수정 계수 F가 상이하다는 것을 제외하고 1-2 교환기의 경우와 동일하다. 그림 9.17은 단일 쉘을 이용하여 2-4 원통다관형 열교환기에 대한 대안적 구성을 보여준다. 세로 배플의 존재로 인해 쉘 유체는 2번 통과하여 지나간다. 말단 채널에 대한 수정으로 인해 관 유체는 4번 통과하여 지나간다. 그림 9.18은 2-4 교환기에 대한 수정 계수 그래프이다. 이것은 그림 9.12의 것과 유사하다. 1-2 원통다관형 교환기가 너무 낮은 수정 계수 F를 가지는 경우 2-4 교환기는 보통 수용 가능할 것이다.

유용도-NTU법을 이용하여 2-4 원통다관형 열교환기를 모델링하기 위해서는 유용도에 대한 방정식이 필요하다. 그러한 배열을 위해 우리는 하기 공식을 취한다.

$$E_{2-4} = \left[\left(\frac{1 - E_{1-2}C}{1 - E_{1-2}}\right)^2 - 1\right]\left[\left(\frac{1 - E_{1-2}C}{1 - E_{1-2}}\right)^2 - C\right]^{-1} \tag{9.28}$$

여기에서 E_{2-4}는 2-4 교환기의 유용도이며 E_{1-2}는 1-2 교환기의 유용도이다[식 (9.27)에 주어져 있음]. 그림 9.19는 식 (9.28)의 그래프이다.

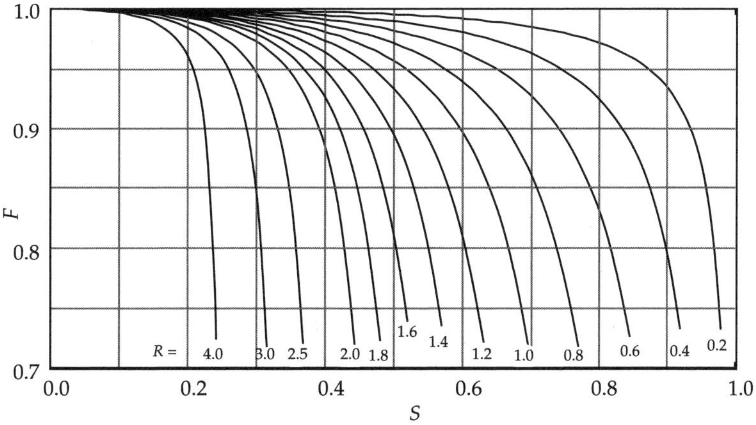

그림 9.18. 2-4 원통다관형 열교환기에 대한 수정 계수 차트

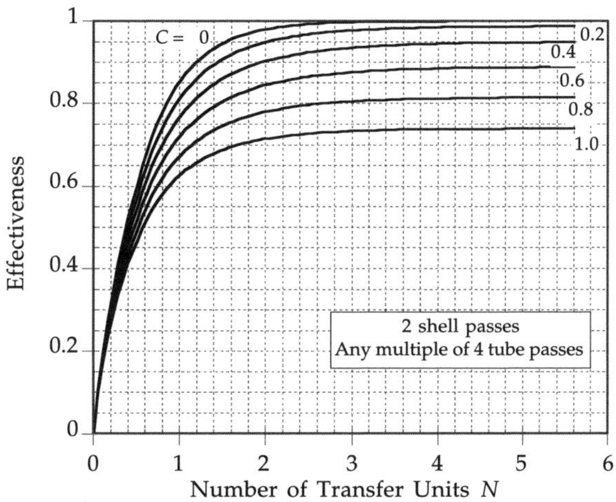

그림 9.19. 2 쉘 패스와 여러 번의 4 관 패스를 가진 원통다관형 열교환기에 대한 유용도-*NTU* 차트

예제 9.4. 예제 9.3에 있는 계산을 반복하여 2-4 원통다관형 열교환기에 대한 수정 계수 F를 구한다. 그 예제로부터 얻은 데이터는 다음과 같다.

a. $T_1 = 270°C$ $\qquad t_1 = 20°C$
$T_2 = 170°C$ $\qquad t_2 = 120°C$
(접근 170 – 120 = 50°C)

b. $T_1 = 220°C$ $\qquad t_1 = 20°C$
$T_2 = 120°C$ $\qquad t_2 = 120°C$
(접근 120 – 120 = 0°C)

c. $T_1 = 200°C$ $\qquad t_1 = 20°C$
$T_2 = 100°C$ $\qquad t_2 = 120°C$
(교차 120 – 100 = 20°C)

풀이

각 예제에 대한 결과는 다음과 같다.

a. 50°C 온도 접근

$$\left.\begin{aligned} R &= \frac{T_1 - T_2}{t_2 - t_1} = \frac{100}{100} = 1.0 \\ S &= \frac{t_2 - t_1}{T_1 - t_1} = \frac{100}{250} = 0.4 \end{aligned}\right\} \quad \underline{F = 0.98} \qquad (\text{그림 } 9.19)$$

b. 0°C 온도 접근

$$\left.\begin{aligned} R &= 1.0 \\ S &= 0.5 \end{aligned}\right\} \quad \underline{F = 0.96} \qquad (\text{그림 } 9.19)$$

c. 20°C 온도 교차

$$\left.\begin{aligned} R &= 1.0 \\ S &= 0.556 \end{aligned}\right\} \quad \underline{F = 0.93} \qquad (\text{그림 } 9.19)$$

나와 있는 것과 같이, 수정 계수는 동일한 온도에 대해 1-2 교환기의 경우보다 2-4 교환기의 경우 더 크다.

9.5 원통다관형 열교환기 설계 고려 사항들

마지막 절에서 시행한 원통다관형 열교환기 계산은 기존 교환기에 대한 것이었다. 그러한 문제는 제시된 계산 절차를 따름으로써 풀기에 상대적으로 쉬운 편이다. 주어진 작업을 수행하기 위해 열교환기 크기를 정하는 또 다른 등급의 문제가 존재한다. 예를 들면 입구 온도, 유량 그리고 *원하는* 출구 온도가 주어져 있으면 작업을 수행하기 위해 어떤 크기의 열교환기가 필요한가? 그러한 문제에 대한 계산은 특정 크기 교환기를 가정하여 이것의 성능을 계산함으로써 마지막 장에서처럼 진행할 수 있다. 그러나 여러 개의 교환기가 작업을 수행할 수 있으며, 이것을 찾기 위해 시도와 에러를 통해 분석하는 것은 상당한 시간이 소요될 수 있다는 것을 유념해야 한다. 구조화된 시행착오 방법은 시간을 절감시켜주며 여기에 제시되어 있다.

관 측면에서 고려 사항들

1-2 원통다관형 열교환기 내에서 높은 유량은 높은 열전달률을 준다(높은 속도 → 높은 Reynolds 수 → 높은 Nusselt 수 → 높은 대류 계수). 그러나 유량이 증가함에 따라 압력 강하도 증가한다. 8장에서, 원형 덕트 내 난류에 대한 Nusselt 수 방정식은 다음과 같다.

$$\mathrm{Nu}_t = \frac{h_i ID_t}{k_f} = 0.023\mathrm{Re}^{4/5}\,\mathrm{Pr}^{\mathrm{n}} \quad \textbf{(9.29)}$$

여기에서 $\mathrm{Re} = VD/\nu$ 그리고 $\mathrm{Pr} = \nu/\alpha$이다. 따라서 대류 계수는 $V^{0.8}$에 따라 변화한다. 관 내 압력 강하는 하기 방정식을 이용하여 구할 수 있다.

$$\Delta p_t = \frac{\rho V^2}{2} \times (\text{형상 계수}) \quad \textbf{(9.30)}$$

압력 강하는 덕트 V^2 내 평균 속도의 제곱에 따라 변화한다. 속도 증가는 대류 계수를 증가시키는데 이는 압력강하의 더 큰 증가를 동반한다.

관 유체 패스의 횟수는 1~8까지 다양할 수 있다: 하지만 1번의 관 패스는 거의 사용되지 않는다. 보다 큰 쉘의 경우 변동 범위는 16번의 패스만큼 높을 수 있다. 1-2 원통다관형 열교환기의 경우 최악의 성능은 최대 배플 간격 및 2번의 관 패스에서 발생한다. 이전 방정식에서 전술했듯이, 난류에 대한 압력 강하와 관 유체 대류 계수는 하기 방정식에 따라 달라진다.

$$h_i \propto V_t^{0.8}$$
$$\Delta p_t \propto V_t^2 L$$

비교를 위해, 우리는 다음과 같이 8번 관 유체 패스 대 2번 유체 패스에 대한 대류 계수의 비율을 계산한다.

$$\frac{h_{i(8\text{ passes})}}{h_{i(2\text{ passes})}} = \frac{[8V_t]^{0.8}}{[2V_t]^{0.8}} = 3.03$$

이와 같이 압력 강하의 경우,

$$\frac{\Delta p_{t(8\text{ passes})}}{\Delta p_{t(2\text{ passes})}} = \frac{[8V_t]^2 \cdot 8}{[2V_t]^2 \cdot 2} = 64$$

따라서 2번에서 8번으로 관 패스를 증가시키면, 관 유체에 대한 대류 계수는 3배 증가하며 압력 강하는 64배 증가한다.

교환기의 크기를 정할 때 고려해야 하는 또 다른 인자는 관의 길이이다. 관은 수많은 크기로 가용할 수 있지만 표준 사이즈(2.44, 3.66 혹은 4.88 m)가 사용돼야 한다. 교환기 크기는 청소 관련 비용, 가용 가능한 공간 그리고 공장에서 다른 교환기에 일반적으로 사용되는 사이즈에 의해서 좌우된다.

쉘 측면에서 고려 사항들

원통다관형 장비에 대한 경험을 근거로 하여 배플 간격은 하기 방정식에 따라 달라진다.

최대 배플 간격 $B = ID \text{ of shell}$

최소 배플 간격 $B = \dfrac{ID \text{ of shell}}{5}$, $B = 57.2\ \text{mm}$ (**둘 중에 큰 것**)

따라서 배플 간격은 최솟값과 최댓값 사이에서 5배로 변경 가능하다. 넓은 배플 간격 시, 쉘 유체는 관다발을 가로지르는 것이 아니라 유동 방향에서 축을 이루는 경향이 있다. 인접한 간격 시, 배플과 쉘 사이뿐만 아니라 배플과 관 사이에서 과도한 누수가 있을 수 있다.

또한 쉘면 대류 계수에서의 변화량도 고려하라. Nusselt 수에 대한 방정식을 통해, 쉘면 대류 계수와 압력 강하는 하기 방정식에 따라 변화한다.

$$h_o \propto V_s^{0.55}$$

$$\Delta p_s \propto V_s^2(N_b + 1)$$

여기에서 N_b는 배플의 개수이고, $N_b + 1$은 쉘 유체가 관다발을 가로지르는 횟수와 교환기 내에서 말단에서부터 말단까지 배플 간 간격의 수이다. 최대치와 최소치 간 배플 간격 변동에 관해 우리는 다음과 같이 계산한다.

$$\frac{h_{o\,\min}}{h_{o\,\max}} = \frac{[5V_s]^{0.55}}{[V_s]^{0.55}} = 2.24$$

유사하게 압력 강하의 경우,

$$\frac{\Delta p_{s\,\min}}{\Delta p_{s\,\max}} = \frac{[5V_s]^2 \cdot 5}{[V_s]^2 \cdot 1} = 125$$

따라서 최솟값에서부터 최댓값으로 배플 간격을 변경하면 쉘면 압력 강하는 125배로 증가되며 대류 계수는 2.24배만 변동된다.

기타 요인 및 절차

기타 요인들이 주어진 작업에 적합한 교환기를 특정하는 과정에서 고려된다. 예를 들면 유체 중 하나가 다른 것보다 더 많이 표면을 오염시키는 경향이 있다면, 보다 급속하게 오염시키는 유체는 관을 통과하여 이동되어야 한다. 쉘을 통과하여 이동되는 경우, 이것은 관의 바깥 표면뿐만 아니라 쉘의 내부 표면도 오염시킬 수 있다. 관을 통과하여 이동되는 경우, 이는 관의 내부 표면만을 오염시키며 보다 용이하게 청소가 가능하다. 관을 급속하게 오염시키는 유체의 경우, 보다 큰 관을 사용해야 한다. 유사하게, 특수 금속을 요구하는 부식성 유체의 경우 관을 통과하여 이송되어야 한다: 그렇지 않으면 쉘에 대해서도 특수 금속을 사용해야 한다. 양 유체가 비-오염성인 경우 쉘이 두꺼운 벽을 가질 필요성이 없도록 고압 유체가 관을 통과하여 이송되어야 한다.

크기선정 방법은 열교환기에 대한 시험 크기(trial size)를 가정함으로써 시작한다. 시험 크기는 하기의 제약사항에 따라 작동할 최소형 열교환기를 선정하기 위하여 되도록 작아야 한다.

- 교환기는 가능한 한 **작아야** 한다.
- **수정 계수** F는 0.75 이상이어야 한다.
- 관 유체의 **속도**는 4장의 방법 또는 표 8.3을 통해 계산된 **최적의** 범위 이내여야 한다.
- 오염 시 교환기는 여전히 **요구되는 에너지 교환을 전달해야 한다**. 따라서 깨끗할 때의 총괄 계수는 설계값 이상일 것이다. 교환기는 신품인 경우 요구되는 성능을 초과할 것이다(예를 들면 출구 온도는 예상보다 더 나을 것이다). 오염 시 이것은 설계된 대로 혹은 그 이상으로 기능할 것이다. 오염 계수 표 값은 1년 이후에 존재할 오염에 대한 최적의 근사치를 준다.
- 양 흐름에 대한 **총괄 압력 강하**는 10 psi (70 kPa) 이하여야 한다.

이러한 기준을 충족하는 교환기를 찾는 것은 시행착오 절차를 거친다. 수작업으로 계산 수행 시, 절차는 상당한 시간을 요구할 수 있으나 스프레드시트의 활용이 큰 도움이 될 수 있다. 이 방법은 하기의 예제에 설명되어 있다.

예제 9.5. 8.82 kg/s로 흐르는 가솔린[ρ = 701 kg/m^3, μ = 5.12 x 10^{-4} Pa·s, C_P = 2094 J/kgK 그리고 k_f = 0.138 W/mK]은 26.7°C의 입구 온도에서 수돗물을 이용하여 93.3°C에서

48.9°C로 냉각돼야 한다. 이 작업을 수행할 열교환기의 사양을 결정하라.

풀이

이 문제를 풀기 전에 물 유량이 필요하다. 우리는 예비 계산으로서 열평형을 수행하여 추정치를 구할 수 있다.

유체에 대한 열평형

$$\textbf{가솔린}\quad q_w = \dot{m}_w C_{pw}(T_1 - T_2) = 8.82(2094)(93.3 - 48.9) = 8.2 \times 10^5\ \text{W}$$

$$\textbf{물}\quad q_c = \dot{m}_c C_{pc}(t_2 - t_1) = \dot{m}_c(4179)(t_2 - 26.7) = 8.2 \times 10^5\ \text{W}$$

$\dot{m}_c$와 t_2의 수많은 조합을 선정하여 상기 방정식을 충족할 수 있다. 우리는 t_2를 찾는 데 도움이 될 수 있도록 수정 계수를 활용한다. 우리는 먼저 비율 R과 S를 계산한다.

$$R = \frac{\dot{m}_c C_{pc}}{\dot{m}_w C_{pw}} = \frac{T_1 - T_2}{t_2 - t_1} \qquad S = \frac{t_2 - t_1}{T_1 - t_1}$$

대용하면:

$$R = \frac{93.3 - 48.9}{t_2 - 26.7} \qquad S = \frac{t_2 - 26.7}{93.3 - 26.7}$$

그림 9.12를 참조하여 우리는 저온 유체 출구 온도 t_2의 다양한 값에 대해 하기의 차트를 작성할 수 있다.

t_2 (°C)	R	S	F
32.2	8	0.0833	~0.98
37.8	4	0.1667	~0.95
43.3	2.67	0.25	~0.88
48.9	2	0.333	~0.83

F의 값은 그림 9.12 또는 식 (9.4)를 이용하여 구할 수 있다. 이러한 시도의 경우 우리는 t_2 = 35.6°C의 물 출구 온도를 임의로 사용하며, 물 유동에 대해 유용한 값을 구한다. 우리는 작은 온도 접근을 피하고자 한다. 이후 냉각수의 유량은 다음과 같이 된다.

$$\dot{m}_c = \frac{8.2 \times 10^5}{4179(35.6 - 26.7)} = 22.05\ \text{kg/s}$$

몇몇 설계자들은 물 유량의 추정치를 구하기 위해 양 유체의 질량 속도($G = \rho V$)를 동일하게 만든다. 22.05 kg/s를 이용하여 우리는 이제 계산을 진행할 수 있다.

쉘 ID 및 유체 이송

우리는 임의로 선정한 쉘에 대한 크기를 가정하면서부터 시작한다: 본 예제에서 우리는 13¼-*ID* (336.6 mm) 쉘을 가지고 시작한다. 이것이 너무 큰 경우 48.9°C의 출구 온도는 크게 초과되며 우리는 이것을 거부할 수 있다. 교환기가 너무 작은 경우 출구 온도 요건은 충족되지 않을 것이다. 우리는 관 유체의 압력 강하를 기준으로 하여 패스 횟수를 선정한다. 가솔린(유기 액체)과 물은 모두 대략적으로 1.76 x 10^{-4} m^2K/V의 동일한 비율로 표면을 오염시킨다. 우리는 관을 통과하여 물을 이송할 수 있지만, 임의로 가솔린을 관을 통해 이송한다. 가솔린에 대한 최적 속도는 대략적으로 1.83 m/s라고 추정된다.

관 크기

최초 시도에서, 우리는 1인치 정사각형 피치로 ¾인치-*ID*, 13 BWG 관을 사용한다. 이것은 표에 있는 최소 지름이다(그보다 작은 관 크기가 상업적으로 가용하다). 13 BWG는 일반적인 크기이며, 1인치 정사각형 피치는 삼각형 피치보다 더 적은 수의 관을 사용한다.

관 개수

우리는 13¼-*ID* 쉘에 대해 관 수 표를 참조한다. 최초 시도에서, 우리는 82의 관 수에 대해 4번의 패스를 선택한다. 계산 결과에 따르면 관 유체 압력 강하는 ~70 kPa를 초과하기 때문에 우리는 대신 2번의 패스를 사용한다. 관 수는 20 kPa의 관 유체 압력 강하에 대해 90이 된다.

교환기 길이 및 배플 개수

우리는 교환기 길이를 기준으로 하여 배플 개수를 선택한다. 최초 시도로서, 우리는 가장 짧은 표준관 길이 2.44 m를 사용한다. 2.44 m, 3.66 m 그리고 4.88 m의 길이가 표준이지만 어떠한 길이라도 구입할 수 있다. 우리가 사용하는 최대 배플 개수는 쉘 *ID* 이하의 배플 간격을 이루는 것이다. 이 경우 우리는 7개의 배플을 사용한다: 이때 배플 간격은 305 mm이다(쉘 *ID*는 13¼ = 1.104 피트 = 336.6 mm이다).

교환기가 선정되면 출구 온도, 수정 계수 그리고 압력 강하를 구하기 위한 계산을 한다. 우리의 계산에 따르면 이러한 셋업에서 가솔린의 출구 온도는 60.55°C이고, 수정 계수는 0.982이며, 압력 강하는 둘 모두 ~70 kPa 이하이고, 그리고 가솔린(관 유체) 속도는 1.77 m/s이다. 따라서 이러한 교환기는 출구 온도 요건을 충족할 수 없기 때문에 거부된다.

우리는 다음으로 3.66 m 길이를 가정하여 진행한 후 이러한 쉘 지름에서 최장 교환기로서 4.88 m를 시도한다. 우리는 다음으로 큰 쉘 크기로 가서 2.44, 3.66 그리고 4.88 m 길

표 9.3. 예제 9.5의 풀이

Trial	D_s mm	N_t	N_p	L m	N_b	T_2 ℃	F	Δp_t kPa	Δp_s kPa	suit-able
1	336.6	90	2	2.44	7	60.55	0.98	20	11.03	R1
2	336.6	90	2	3.66	10	52.22	0.961	26.2	12.41	R1
3	336.6	90	2	4.88	14	46.11	0.931	31.7	17.93	R2
4	387.4	124	2	2.44	6	58.89	0.979	11.03	6.21	R1
5	387.4	124	2	3.66	9	50.00	0.954	13.79	8.27	R1
6	387.4	124	2	4.88	12	44.44	0.919	17.24	10.34	R2
7	438.2	158	4	2.44	5	48.33	0.946	17.24	3.59	R2
8	438.2	158	4	3.66	8	41.11	0.882	66.20	5.52	S

참조: 1인치 정사각형 피치에 ¾인치-ID, 13 BWG 관으로 모든 시도. 두 유체 모두에 대해서 $R_d = 1.76 \times 10^{-4}$ m² K/W. 적합성 열: R1 = 온도 기준을 만족시키지 않음. R2 = 처음에 작동하나 파울링이 일어난 후에는 아님. S = 만족함.

이에 대해 시도한다. 우리는 모든 요건이 충족될 때까지 이러한 방식으로 계속해 나간다. 표 9.3은 모든 시도를 요약한 것으로서 최종적인 해결책을 준다. 계산은 스프레드시트를 이용하여 이루어졌으며, 상태 값은 각 유체에 대한 입구 온도와 출구 온도의 평균을 이용하여 모든 경우에 내삽되었다.

결과에 대한 코멘트

표 9.3을 참조하면, 우리는 6번째 교환기가 거의 모든 기준을 충족한다는 것을 알 수 있다. 단, 예외적으로 오염 발생 이후 출구 온도는 49.45°C이다(48.9°C가 필요하다). 이러한 것은 유감스러운 상황이다.

시도(trial) 8의 교환기는 모든 기준을 충족한다. 이제 신품인 경우 이 교환기는 1027 W/m²s의 전체 열전달 계수를 가지고 41.1°C의 출구 온도에서 가솔린을 전달할 것이다. 1년 이후 오염이 발생할 때, 전체 열전달 계수는 755 W/m²s가 된다. 이후 가솔린의 출구 온도는 46.67°C가 된다.

교환기를 너무 크게 선택하는 경우를 고려하는 것은 흥미로운 일이다. 예를 들면 31인치(787.4 mm)-*ID* 쉘, 3개의 배플, 8번의 패스, 560개의 관 그리고 2.44 m의 길이를 가지고 시작했다고 가정하자. 교환기가 신품인 경우 가솔린의 출구 온도는 0.779의 수정 계수 F를 가지고 36.67°C이다. 1년 이후 가솔린 출구 온도는 38.33°C가 된다. 압력 강하는 둘 모두 ~70 kPa 이하이다. 따라서 이 교환기도 역시 모든 기준을 충족한다. 그러나 이것은 우리가 필요로 하는 것보다 더 크다. 17¼인치(438.2 mm) *ID* 교환기는 더 작으며, 더 큰 쉘 및 402개 이상의 관의 추가 사용 없이 만족스럽게 작동한다.

문제 설명에서 요구되는 정보 요약

교환기 셸 지름 = 438.2 mm

사양 셸 유체 패스 = 1

관 유체 패스 = 4

관 개수 = 158개, 3.66 m 길이

관 = ¾인치 *OD*, 13 BWG

25 mm 평방 피치

냉각수의 질량 유동 = 22.05 kg/s

성능 예상치

새 것	변수	*1년 후*
41.1°C	T_2	46.67°C
0.882	F	0.935
66.2 kPa	Δp_t	63 kPa
5.52 kPa	Δp_s	5.52 kPa
37.2°C	t_2	36.11°C

9.6 최적의 물 출구 온도 분석

냉각 매개로서 인근 공급원으로부터 원수를 받아 활용하는 전통적인 발전소를 생각해보자. 이러한 적용은 매우 일반적인 것이며, 그러한 시스템을 최적화할 수 있는 모델을 작성하는 것이 바람직하다. 모델은 물이 냉각 매개라는 문제에 대한 것일지라도, 냉각 유체 비용을 알고 있다면 다른 결과들을 유체에 적용할 수 있다. 최적화 프로세스는 비용을 최소화하고 최적의 냉각수 (또는 유체) 온도를 구하는 것이 된다. 이 개념은 그림 9.20에 설명되어 있다.

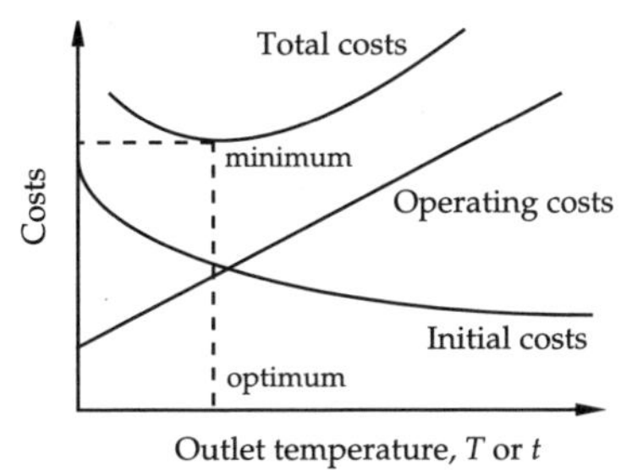

그림 9.20. 출구 온도의 함수로 원통다관형 장비에서 비용 관계식들

한편, 약간의 온도 증가를 얻기 위해 상당량의 냉각수를 활용하는 것이 가능하다. 이것이 시행되는 경우 더 적은 표면적이 필요하며, 따라서 보다 적은 열교환기를 활용할 수 있다. 이에 최초 투자는 보다 적은 비용이 들지만 더 많은 운영비가 발생한다. 반면, 적은 냉각수 유량은 더 큰 표면적을 필요로 하며, 따라서 보다 큰 열교환기를 사용해야 한다. 따라서 최초 투자는 더 커지지만 운영비가 줄어들 것이다. 이러한 2개의 극단치를 보면, 우리는 최초 비용 + 운영비를 최소화하는 최적의 운영 포인트가 있다고 결론 지을 수 있다.

우리가 작성하는 모델은 교환기에 대한 연간 비용을 산출할 것이다. 총 연간 비용은 연간 물(냉각 유체) 비용, 고정비, 유지비, 감가상각, 감채상각 등의 합이다. 상기 논의와 관련하여 트레이드–오프(trade-off)는 표면적 A_o와 질량유량 $\dot{m}_c$ 사이에 있다. 분석 시 1차 변수로서 이러한 수량을 포함시키는 것이 적합하다. 따라서 냉각수의 경우,

$$q = \dot{m}_c C_{pc}(t_2 - t_1) = UA_o\, F\, (LMTD) \tag{9.31}$$

식 (9.31)을 이용하면

$$\dot{m}_c = \frac{q}{C_{pc}(t_2 - t_1)}$$

그리고

$$A_o = \frac{q}{UF(LMTD)}$$

연간 물 비용은 다음과 같이 구할 수 있다.

$$C_{H_2O} = C_W\, \dot{m}_c t \tag{9.32}$$

여기에서 C_{H_2O}는 연간 물 비용이다: MU/yr ($/yr)의 치수를 지닌다.

C_W는 단위 질량 당 물 비용이다: MU/M ($/lbm 혹은 $/kg)의 치수를 지닌다.

$\dot{m}_c$는 물(냉각 매개)의 질량유량이다: M/T (lbm/s 혹은 kg/s)의 치수를 지닌다.

t는 교환기가 운전 중인 연간 시간 양이다(hr/yr).

교환기의 연간 비용이나 운전 비용은 감채상각, 펌핑 비용 그리고 유지비를 포함할 것이다. 이러한 수량은 모두 단위당 면적 기준으로 표시되는 단일 항에 포함시킬 수 있다. 따라서,

$$C_A = C_F A_o \tag{9.33}$$

여기에서 C_A는 연간 교환기의 비용이다: MU/yr ($/yr)의 치수를 지닌다.

C_F는 단위당 평방-피트 기준으로 교환기의 연간 비용이다: MU/L^2 ($/ft^2 혹은 $/m^2)의 치수를 지닌다.

A_o는 교환기의 열전달 표면적(모든 관의 바깥 표면적)이다: L^2 (ft^2 혹은 m^2)의 치수를 지닌다.

이후 연간 열교환기의 총 비용은 다음과 같이 된다.

$$C_T = C_{H_2O} + C_A = C_W \dot{m}_c t + C_F A_o$$

질량유량과 면적을 대용하면 다음과 같다.

$$C_T = \frac{C_W t q}{C_{pc}(t_2 - t_1)} + \frac{C_F q}{UF(LMTD)}$$

입구 및 출구 온도와 관련하여 이전 방정식은 다음과 같이 된다.

$$C_T = \frac{C_W t q}{C_{pc}(t_2 - t_1)} + \frac{C_F q}{UF\left(\dfrac{(T_1 - t_2) - (T_2 - t_1)}{\ln\left[(T_1 - t_2)/(T_2 - t_1)\right]}\right)} \quad \textbf{(9.34)}$$

다음 단계는 총 비용을 최소화하기 위해 냉각제(물)의 출구 온도 t_2와 관련하여 이 수식을 미분하는 것이다. 편미분 $\partial C_T/\partial t_2$을 취하고 결과를 제로와 동일하게 설정하면 상당한 조작 이후 다음과 같이 주어진다.

$$\frac{UFtC_W}{C_F C_{pc}}\left(\frac{(T_1 - t_2) - (T_2 - t_1)}{t_2 - t_1}\right)^2 = \ln\frac{T_1 - t_2}{T_2 - t_1} - \left(1 - \frac{T_2 - t_1}{T_1 - t_2}\right) \quad \textbf{(9.35)}$$

이 방정식은 그림 9.21에 그래프로 나와 있다(절차에 관해 문제 9.11을 참조한다). $UFtC_W/C_F C_{pc}$비는 수평축에 도표화되며, 그 범위는 0.1~10이다. 0.1~10의 범위를 지닌 온도 비 $(T_1 - t_2)/(T_2 - t_1)$은 수직축에 도표화되며, $(T_1 - T_2)/(T_2 - t_1)$은 그래프에서 독립변수로서 나타난다. 최적의 물 출구 온도를 구하는 데 있어서 식 (9.35)를 이용하여 이것(시행착오 방법)을 푸는 것보다 그림 9.21의 그래프를 이용하는 것이 더 수월하다.

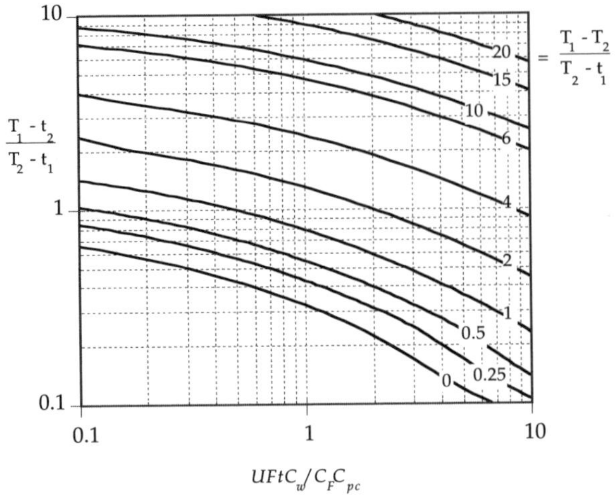

그림 9.21. 최적 냉각 유체 출구 온도를 찾기 위한 그래프

예제 9.6. 원통다관형 열교환기는 냉각 매개로서 물을 활용한다. 이러한 특정 열교환기에 대한 데이터는 아래에 주어져 있다. 이 데이터를 활용하여 최적의 냉각수 출구 온도를 계산하라. 교환기가 7800 hr/yr 운전 중이고, 물 비용이 \$1.32/(100 m^3)이며, 그리고 연간 교환기 운전 비용이 \$215.30/(m^2의 표면적 yr)에 달한다고 가정하자.

A_o = 99.8 m^2
C_{pc} = 4179 J/kg K
U = 613 W/m^2 K
F = 0.817

T_1 = 93.3°C
T_2 = 37.8°C
t_1 = 26.7°C
ρ = 994 kg/m^3

풀이

물 비용은 \$1.32/(100 m^3)로서 주어져 있다. 이것을 체적당 금전 단위에서 단위 질량당 금전 단위로 전환해야 한다. 따라서,

$$C_W = \frac{\$1.32}{100\ m^3}\ \frac{1}{994}$$

또는 $C_W = \$1.33 \times 10^{-5}/kg$

이제 무차원 비를 계산하자.

$$\frac{UFtC_W}{C_FC_{pc}} = \frac{613(0.817)(7800)(1.33 \times 10^{-5})}{215.3(4179)(1/3600)} = 0.208$$

우리가 필요로 하는 온도비는 다음과 같이 구할 수 있다.

$$\frac{T_1 - T_2}{T_2 - t_1} = \frac{93.3 - 37.8}{37.8 - 26.7} = 5$$

그림 9.21을 참조하면

$$\frac{T_1 - t_2}{T_2 - t_1} \approx 5.0$$

이후 물의 최적 출구 온도는 다음과 같다.

$$t_2 = T_1 - 5.0(T_2 - t_1) = 93.3 - 5.0(37.8 - 26.7)$$

또는 $\underline{t_2 = 37.8°C}$

이 시점에서 결과에 대한 체크로서 수정 계수 F를 계산하는 것이 좋다. 우리는 먼저 S와 R을 구한다.

$$S = \frac{t_2 - t_1}{T_1 - t_1} = \frac{37.8 - 26.7}{93.3 - 26.7} = 0.1667$$

$$R = \frac{\dot{m}_c C_{pc}}{\dot{m}_w C_{pw}} = \frac{(T_1 - T_2)}{(t_2 - t_1)} = \frac{93.3 - 37.8}{37.8 - 26.7} = 5$$

1-2 원통다관형 교환기의 경우 식 (9.4)는 다음 값을 산출한다.

$$F \approx 0.817$$

9.7 | 보이고 말하기

1. 원통다관형 열교환기에 대한 카탈로그를 찾아 가용한 다양한 디자인에 대해 발표하라. 특히 팽창 문제를 완화하기 위해 사용되는 디자인에 대해서 논의하라.
2. 어떻게 원통다관형 열교환기를 청소하는가? 이 목적을 위해 사용되는 장비에 대해 발표하라.
3. 여러 제조사들(다우 케미컬과 몬산토와 같은)은 상용적으로 "열교환 유체"로 알려진 것들을 판매한다. 이것들은 무엇이고, 무슨 목적을 위하여 만들어졌는가? 열교환 유체와 이 유체의 특성들에 대해 발표하라.

9.8 | Problems

Analysis of Existing Exchangers

1. During one phase of the separation of crude oil into its components, the oil is to be heated by water in a 1-4 shell and tube heat exchanger. The oil has a flow rate of 13.86 kg/s, and it enters the heat exchanger at 48.9°C. Water enters the exchanger at a flow rate of 8.32 kg/s and a temperature of 82.2°C. It is proposed to use an exchanger having a shell inside diameter of 23 ¼-in. (590.6 mm) and containing 1-in.-*OD* tubes, 13 BWG, laid out on a 1 ¼-in. square pitch. The 192 tubes are 3.66 m long, and the exchanger contains six baffles. Determine expected outlet temperatures and pressure drops when the exchanger is new. Route the oil through the tubes, and assume that oil has the following properties:

$$C_p = 2\,050 \text{ J/(kg·K)} \qquad \rho = 740 \text{ kg/m}^3$$
$$\mu = 0.0034 \text{ Pa·s} \qquad k_f = 0.132 \text{ W/(m·K)}$$

2. A 12-in. (305 mm)-*ID* 1-2 shell and tube heat exchanger is used with water as a cooling medium. Kerosene [$C_p = 2\,530$ J/(kg·K), $\rho = 800$ kg/m^3, $\mu = 4 \times 10^{-4}$ Pa·s, and $k_f = 0.133$ W/(m·K)] at an inlet temperature of 104.4°C and a flow rate of 12.6 kg/s is to be cooled with water available at 21.1°C and a flow rate of 12.1 kg/s. The exchanger contains 45 1-in.-*OD* tubes, 1.83 m long, 13 BWG, laid out on a 1 ¼-in. square pitch. Analyze the heat exchanger completely and determine if it is suitable for this service. The exchanger contains six evenly spaced baffles. Determine expected outlet temperatures and pressure drops when the exchanger is new. Route the water through the tubes.

3. Liquid carbon dioxide at a flow rate of 110 000 kg/hr is to be heated from 0°C to 20°C in a 1-2 shell and tube heat exchanger. Water is available at a flow rate of 112 500 kg/hr and a temperature of 40°C. A 25-in. (635 mm)-*ID* 1-2 shell and tube exchanger having ¾-in., 10 BWG tubes laid out on a 1-in. triangular pitch is available. The tubes are 2 m long and the exchanger contains three baffles. Determine expected outlet temperatures and pressure drops when the exchanger is new. Route the carbon dioxide through the tubes and take the CO_2 properties to be

At 0°C: $C_p = 2\,470$ J/(kg·K) Sp. Gr. = 0.926
$k_f = 0.104\,5$ W/(m·K) $\nu = 1.08 \times 10^{-7}$ m²/s

At 10°C: $C_p = 3\,140$ J/(kg·K) Sp. Gr. = 0.860
$k_f = 0.097\,1$ W/(m·K) $\nu = 1.01 \times 10^{-7}$ m²/s

4. Kerosene at 93.3°C flows at a rate of 18.9 kg/s and must be cooled to 87.8°C. Crude oil is available at 21.1°C and flows at a rate of 18.9 kg/s. It is proposed to use a 21 ¼-in. (540 mm)-*ID* shell and tube heat exchanger containing 1-in.-*OD* tubes, 13 BWG laid out on a 1¼-in. square pitch. The 166 tubes are 4.57m long. The baffles are spaced 305 mm apart, and the tube fluid will make four passes through the exchanger. Determine expected outlet temperatures and pressure drops when the exchanger is new. Route the crude oil through the tubes, and take the fluid properties to be

Kerosene:

$C_p = 2470$ J/kg K $\rho = 730$ kg/m³
$k_f = 0.132$ W/m K $\mu = 4 \times 10^{-4}$ Pa·s

Crude Oil:

$C_p = 2052$ J/Kg K $\rho = 830$ kg/m³
$k_f = 0.133$ W/m K $\mu = 3.6 \times 10^{-3}$ Pa·s

5. A sugar solution ($\rho = 1\,080$ kg/m³, $C_p = 3\,601$ J/(kg·K), $k_f = 0.576\,4$ W/(m·K), and $\mu = 1.3 \times 10^{-3}$ N·s/m²) flows at a rate of 60 000 kg/hr and is to be heated from 25°C to 40°C. Water at 95°C is available at a flow rate of 75 000 kg/hr. It is proposed to use a 12-in.-*ID*, 1-2 shell and tube heat exchanger containing ¾-in.-*OD*, 16 BWG tubes, 1 m long and laid out on a 1-in. square pitch. The exchanger contains three baffles spaced evenly. Will the exchanger be suitable? If not, can it be made to work by doubling the flow rate of the water? Find outlet temperatures for the configuration that works when the exchanger is new.

6. Measured inlet and outlet temperatures of the fluids flowing through a heat exchanger are

$T_1 = 82.2$°C $T_2 = 26.7$°C
$t_1 = 10$°C $t_2 = 37.8$°C

Which fluid has the higher capacitance? Calculate E_c for this exchanger.

7. Measured inlet and outlet temperatures of the fluids flowing through a heat exchanger are

$$T_1 = 35°C \quad T_2 = 32.2°C$$
$$t_1 = -3.9°C \quad t_2 = 4.44°C$$

Determine the correction factor F if these temperatures exist in the following heat exchangers:

a. A double pipe heat exchanger operating in counterflow.

b. A 1-2 shell-and-tube heat exchanger.

Derivations

8. Using the definition of equivalent diameter D_e, show that for a triangular pitch layout,

$$D_e = \frac{3.46 P_T{}^2}{\pi OD_t} - OD_t$$

9. For turbulent flow, the development in Section 9.5 showed that the convection coefficient increases by a factor of 3.03 when increasing from two to eight tube passes in a 1-2 shell and tube heat exchanger. The corresponding pressure drop increases by a factor of 64. Repeat these calculations for laminar flow conditions.

10. Start with Equation 9.34 and derive Equation 9.35.

11. The equation for optimum cooling water outlet temperature was derived as

$$\frac{UFtC_W}{C_F C_{pc}}\left(\frac{(T_1 - t_2) - (T_2 - t_1)}{t_2 - t_1}\right)^2 = \ln\frac{T_1 - t_2}{T_2 - t_1} - \left(1 - \frac{T_2 - t_1}{T_1 - t_2}\right)$$

Given certain operating conditions and economic parameters, this equation can be solved for t_2. Now t_2 appears on both sides of this equation, and it is difficult to solve for it directly. However, a graph that allows us to solve for t_2 would be convenient. The task becomes one of identifying ratios to use for the parameters of the graph. For the horizontal axis, we define

$$x = \frac{UFtC_W}{C_F C_{pc}}$$

For the vertical axis, we define

$$y = \frac{T_1 - t_2}{T_2 - t_1}$$

a. Verify that the equation to solve becomes

$$x\left(\frac{(T_1 - t_2) - (T_2 - t_1)}{t_2 - t_1}\right)^2 = \ln y - (1 - 1/y)$$

If we can express the term in parentheses on the left-hand side with a linear expression in terms of y and some other parameter, then we can determine the scales for a graph. We define a new independent term that does not contain t_2 (found by trial and error) as

$$A = \frac{T_1 - T_2}{T_2 - t_1}$$

b. Show that

$$\frac{(T_1 - t_2) - (T_2 - t_1)}{t_2 - t_1} = \frac{y - 1}{A - y + 1}$$

Thus, A can be used as an independent parameter, with x and y, to produce a graph.

Optimum Cooling Water Outlet Temperature

12. Calculate the optimum water outlet temperature for the conditions given below. Assume that the exchanger is in operation for 7800 hr/yr, that water costs \$1.32/(100 m^3), and that the annual fixed charges amount to \$215.30/(m^2·yr).

A_o	= 57.25 m^2	T_1	= 54.4°C
C_{pc}	= 4182 J/kg K	T_2	= 36.9°C
U	= 1277 W/m^2 K	t_1	= 18.3°C
F	= 0.775	ρ	= 1000 kg/m^3

13. If the exchanger in Problem 9.12 is in operation for only 4000 hr/yr, how does the outlet temperature of the cooler fluid t_2 change?

14. Calculate the optimum water outlet temperature for the conditions given below.

Assume that the exchanger is in operation for 7800 hr/yr, that water costs \$0.05/(4 m^3), and that the annual fixed charges amount to \$150/(m^2·yr).

A_o	= 6.6 m^2	T_1	= 121°C
C_{pc}	= 4 179 J/(kg·K)	T_2	= 103°C
U	= 1 073 W/(m^2·K)	t_1	= 24°C
F	= 0.995	ρ	= 1 000 kg/m^3

15. Calculate the optimum water outlet temperature for the conditions given below. Assume that the exchanger is in operation for 7800 hr/yr, that water costs \$0.04/(4 m^3), and that the annual fixed charges amount to \$160/(m^2·yr).

A_o	= 23.1 m^2	T_1	= 93°C
C_{pc}	= 4 179 J/(kg·K)	T_2	= 48°C
U	= 1 030 W/(m^2·K)	t_1	= 27°C
F	= 0.946	ρ	= 1 000 kg/m^3

Design Problems

In most of the following problems, properties of fluids are not given. It is therefore necessary to locate a reference text that contains the properties needed.

16. Octane at 21.1°C must be heated to 43.3°C by using ethylene glycol, which is available at 73.9°C . The flow rate of both fluids is 13.86 kg/s. Size a heat exchanger for this service; remember to account for fouling effects.

17. Warm methanol is used as a solvent in a cleaning operation. The methanol is at 25°C and it must be heated to 40°C at a flow rate of 50 000 kg/hr. Water at 80°C and a flow rate of 40 000 kg/hr is available to heat the methanol. Select a heat exchanger for this service. Do not neglect effects of fouling, and assume that tube lengths of 1, 2, 3, 4, or 5 m are available.

18. Steam is often used as a heating medium. Some companies, however, manufacture and market what they refer to as "heat transfer fluids" that work as effectively as steam and at a lower cost. One such fluid (from Monsanto) is called "Therminol," which is available in many different formulas. Each formula is designed to work over a specific temperature range.

Acetone is to be heated with Therminol 60 in a manufacturing facility. The acetone has a temperature of 10°C and it is to be heated to 30°C, at a flow rate of 80 000 kg/hr. Therminol 60 (an organic liquid) is used throughout the facility absorbing reject-heat in one area and providing heat in another. Heated Therminol 60 available at

100°C and 100 000 kg/hr is available to heat the acetone. Select a heat exchanger for this service, and take into account the effects of fouling. Tube lengths available are 1, 2, 3, and 4 m.

Therminol 60 properties:

At 80°C:

C_p = 1 830 J/(kg·K)	Sp. Gr. = 0.958
k_f = 0.125 W/(m·K)	$\mu = 2.05 \times 10^{-3}$ N·s/m^2

At 100°C:

C_p = 1 900 J/(kg·K)	Sp. Gr. = 0.944
k_f = 0.123 W/(m·K)	$\mu = 1.52 \times 10^{-3}$ N·s/m^2

19. Ammonia is used in a system that produces chilled water. Ammonia at 4°C must be heated to at least 40°C using steam. The steam is a saturated vapor at 15 kPa and should leave the exchanger as a saturated liquid. The steam flow rate is variable. Size a heat exchanger for this task and take into account fouling effects. What is the required steam flow rate when the exchanger is new, and what is it after 1 year has passed? The ammonia flow rate is 150 000 kg/hr.

20. Saturated steam vapor at 34.5 kPa (abs) enters a condenser at a flow rate of 4.4 kg/s. At the condenser exit, the fluid leaves as a saturated liquid. Cooling water at 12.8°C from a nearby river is used to condense the steam. For environmental reasons, it is desirable to return the water to the river at no warmer than 26.7°C, if possible. Size the heat exchanger for this service, taking fouling effects into account.

Group Problems

A water-to-water system is used to test the effects of changing tube length, baffle spacing, tube pitch, pitch layout, and tube diameter. Cold water at 25°C and 100 000 kg/hr is heated by hot water at 100°C, also at 100 000 kg/hr. The exchanger has a 12-in.-*ID* shell. Perform calculations on this 1-2 shell and tube heat exchanger for the following conditions, as outlined in the problems, and put together an overall comparison chart. Express trends that are substantiated by the calculations. For example, if tube length increases: tube fluid pressure drop increases; outlet temperature of the cooler fluid increases; outlet temperature of the warmer fluid decreases, etc.

GP1. 3/4-in.-*OD* tubes, 16 BWG laid out on a 1-in. triangular pitch; three baffles per meter of tube length. Analyze the exchanger for tube lengths of 1, 1.5, 2, 2,5 and 3 m.

GP2. 3/4-in.-*OD* tubes, 16 BWG laid out on a 1-in. triangular pitch; 2 m long. Analyze for 2 baffles, 3 baffles, 4 baffles, and 5 baffles.

GP3. 3/4-in.-*OD* tubes, 16 BWG; 2 m long; and four baffles. Analyze the exchanger for tube layouts of 15/16-in. triangular pitch, 1 in. triangular pitch, and 1-in. square pitch.

GP4. 1-in.-*OD* tubes, 16 BWG, 2 m long; and 4 baffles. Analyze the exchanger for tube layouts of 1¼-in. triangular pitch, and 1¼-in. square pitch.

GP5. 3/4-in.-*OD* tubes, 16 BWG laid out on a 1-in. triangular pitch; 2 m long; and four baffles. Analyze the exchanger for 2, 4, 6, and 8 tube passes, and compare to the case of true counterflow (i.e., one tube pass).

판과 프레임 그리고 직교류 열교환기 10

Plate and Frame and Cross Flow Heat Exchangers

본 장에서는 판과 프레임 열교환기뿐만 아니라 직교류 열교환기를 고려함으로써 열교환기의 논의를 이어간다. 이러한 교환기를 사용할 수 있는 응용을 통해 각 교환기를 설명한다. 유용도-NTU법이 이러한 교환기 분석에 적용되며, 열교환기들이 어떻게 모델화되는지를 보여주기 위한 예제 문제가 제시된다.

10.1 판과 프레임 열교환기(The Plate and Frame Heat Exchanger)

판과 프레임 열교환기는 1930년대에 최초로 도입되었으며 식품 산업에서 광범위하게 사용되고 있다. 이러한 열교환기는 공정 산업에게도 중요한 수많은 특징을 지니고 있다.

판과 프레임 열교환기는 서로 클램핑되는 파형 표면들을 지닌 몇 개의 금속 박판으로 이루어져 있다. 그림 10.1은 헤링본 패턴을 지닌 판에 대한 전면도이다: 다른 패턴도 역시 사용되고 있다[예를 들면 "빨래판(washboard)"이라고 불리는 것]. 헤링본 패턴의 경우 인접한 리브(rib)와 수직 간에 형성되는 각도는 **쉐브론각** θ이라고 불린다. 판은 소형 쉐브론각(저-θ 판) 혹은 대형 각(고-θ 판)을 가지고 제작할 수 있다. 열교환기의 성능은 쉐브론각의 함수이다. 고-θ 판은 고압 손실과 함께 높은 열전달률을 준다. 반대의 경우도 역시 성립한다.

판은 고무 개스킷이 그림에 나와 있는 패턴으로 판에 부착된다. 또한 그림 10.1에는 인접한 판에 대해 2개의 유체가 어떻게 흐르는지를 보여주는 측면도(profile view)가 나와 있다. 그림 10.2는 판의 배열 방법뿐만 아니라 2개의 유체가 열교환기 자체를 통과하여 이송되는 방법을 보여준다. 이러한 2개 그림에서 나와 있듯이, 각 시트는 저온 및 고온 유체를 분리하는데, 유동은 역류(그림 10.1) 또는 평행류 패턴(그림 10.2)으로 흐르도록 할 수 있다.

판 교환기는 난류 조건하에서 액체-액체 유동의 경우 잘 맞는다. 또한 중간 유량 및 압력(60 psia 이하)으로 작동하는 응축 장치로서 이러한 교환기를 활용할 수도 있다. 그러나 응축응용에서 대형-체적 유량은 원통다관형 열교환기를 이용하면 더욱 잘 다룰 수 있다. 판과 프레임 교환기의 가장 큰 이점은 쉽게 수정할 수 있으며 크기가 소형이라는 것이다. 예를 들면 기존의 교환기가 요구되는 열량을 전달할 수 없는 경우 필요한 대로 하나 이상의 판을 쉽게 추가할 수 있다.

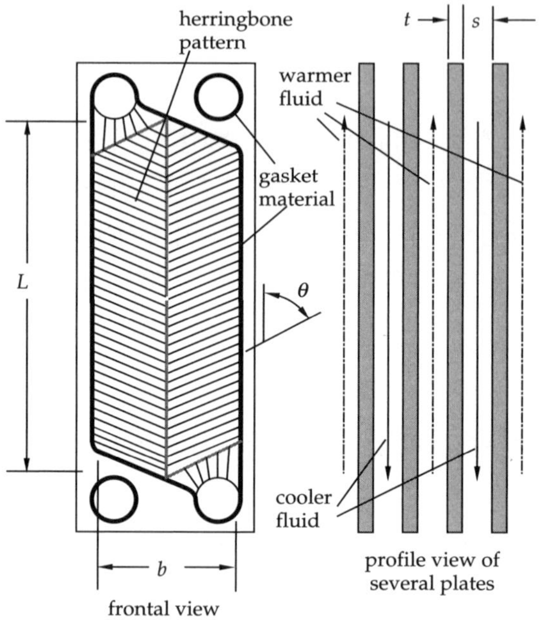

그림 10.1 하나의 판의 정면도와 유동 배열을 보여주는 여러 판의 측면도(역방향 유동이 나타남)

판 제작 및 자재

각 판의 표면은 열전달 영역이기 때문에 중요하다. 판을 파형으로 형성하면 특정 수준의 강성도를 얻을 수 있으며, 또한 서로 클램핑되는 경우 인접한 판들 간 접점을 형성할 수 있다. 추가로 각 판에서의 딤플형(dimpled) 또는 파형 표면은 난류 혼합이 발생하도록 하는데 이는 전달되는 열을 향상시킨다. 판 두께는 0.6 mm (0.024인치)만큼이나 얇을 수 있다.

판을 생산하는 데 있어서 용접은 거의 사용되지 않는다. 종종 판은 단순히 스탬핑된 것이므로 냉간 성형 가능한 어떠한 금속이라도 판 자재로서 활용할 수 있다. 스테인리스강(AISI 304와 동일한 18/10 혹은 AISI 316과 동일한 18/2/2.5 Mo)은 아마도 가장 일반적으로 사용되는 자재일 것이다. 또한 티타늄의 부식 저항성 때문에 염화물 용액이나 염분이 섞인 냉각수를 함유한 시스템의 경우 티타늄도 흔히 사용된다. 사용되는 그 외 자재로는 니켈 합금, 구리 합금, 알루미늄 합금, 황동 합금, 지르코늄 합금뿐만 아니라 구리, 알루미늄, 니켈 및 은과 같은 순수 금속이 있다.

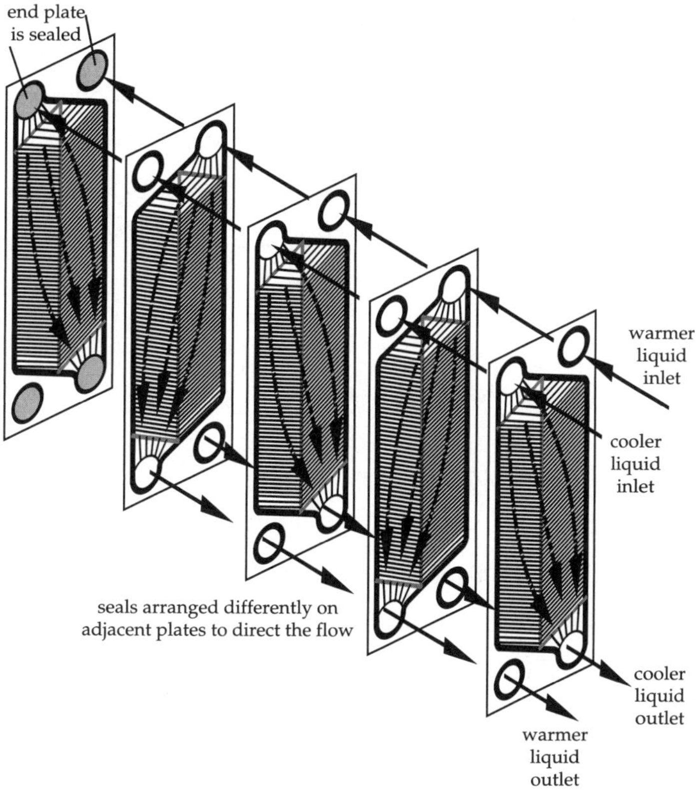

그림 10.2a 판과 프레임 열교환기를 통한 유동(평행 유동이 나타내어짐)

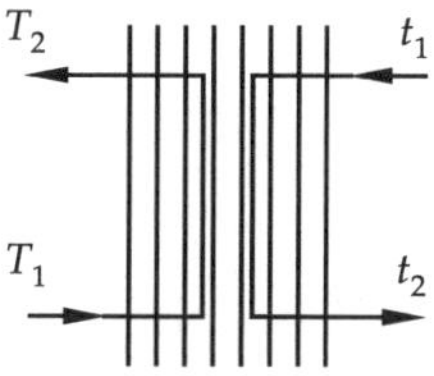

그림 10.2b 판과 프레임 열교환기의 개략적 표현(역방향 유동 구성)

개스킷

최소 2개의 개스킷이 유체를 분리시킨다. 개스킷에 문제가 있는 경우 누수 유체는 대기 쪽으로 방출되며 2개의 유체는 거의 섞이지 않는다. 개스킷 자재로는 천연 고무 스티렌, 수지-양생된 니트릴 그리고 실리콘과 부틸 고무가 있다. 네오프렌과 압축 석면도 역시 사용 가능하다.

프레임

박판 금속 판은 양 유체용 배관 연결부를 지닌 프레임에서 너트와 롱 볼트를 가지고 서로 클램핑된다. 프레임은 보통 독립형이다: 제작 방법으로 인해 열교환기 전체를 매우 짧은 시간 내에 분해할 수 있다. 프레임은 보통 탄소강으로 제작되고 부식으로부터 보호를 위해 도장 또는 코팅된다. 연결부는 보통 전자화학적 문제를 예방하기 위해 판과 동일한 자재로 제작된다.

제한 사항들

유체의 최대 허용 가능 압력은 프레임 강도, 판 변형 제한 혹은 개스킷 유지 능력에 의해 좌우된다. 프레임 강도는 보통 제한적인 변수이다. 운전 압력은 일반적으로 85 psig (586 kPa)에서부터 200 psig (1380 kPa)에 이르기까지 다양하며, 몇몇 경우에 300 psig (2070 kPa)만큼이나 높을 수도 있다.

운전 온도는 보통 개스킷 강도 또는 분해 성향에 의해 제약을 받는다. 스티렌 개스킷은 보통 70°C (160°F)에 적합한 반면, 압축 석면 섬유는 200°C (390°F)에까지 사용 가능하다.

10.2 배판과 프레임 열교환기 분석

그림 10.3은 교환기 내 판의 측면도(profile view)와 열전달에 대한 관련 저항을 나타낸 것이다. 논의를 위해, 고온 유체는 좌측에 있으며 열은 판을 통과하여 저온 유체 쪽으로 전달된다. 저항은 고온 면에서 대류 저항, 판을 통과할 때 전도 저항 그리고 저온 면에서 대류 저항을 포함한다. 열전달 지역 A_o는 표면적과 동일하며, 판 너비 b x 높이 L과 동일하다. 저항의 합은 다음과 같다.

$$\Sigma R = R_{12} + R_{23} + R_{34}$$

이것은 다음과 같이 된다.

$$\Sigma R = \frac{1}{h_i A_o} + \frac{t}{k A_e} + \frac{1}{h_o A_o} \tag{10.1}$$

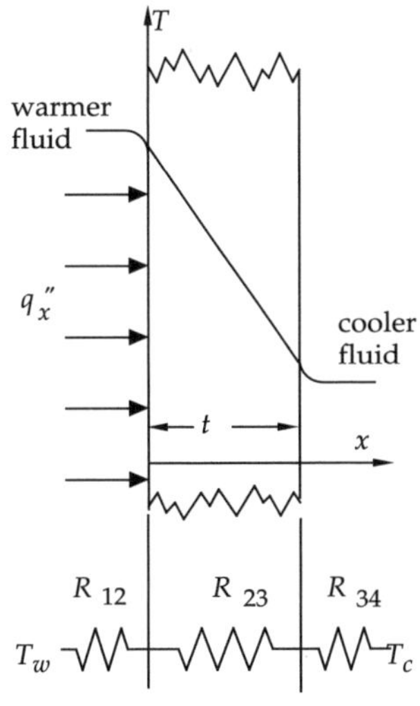

그림 10.3 하나의 판의 측면도와 열전달 저항

여기에서 t는 판의 두께이고, h_i는 고온 유체와 판 간 대류 열전달 계수이며, 그리고 h_o는 저온 유체와 판 사이에 적용된다. 보통 얇은-벽 금속에 대한 온도 하강은 사실상 무시할 수 있는 수준이지만, 판과 프레임 교환기의 경우 그렇지 않을 수도 있다. 대류 열전달 계수는 종종 너무 높아서 전도 저항이 대류 저항과 동일한 차수의 크기(order of magnitude)일 수 있다. 이러한 것을 염두에 두고서, 우리는 교환기가 신품인 경우 존재할 수 있는 전체 열전달 계수 U_o를 구한다.

$$A_o \Sigma R = \frac{1}{U_o} = \frac{1}{h_i} + \frac{t}{k} + \frac{1}{h_o} \qquad \text{(1개 판)} \qquad \textbf{(10.2)}$$

여기에서 전체 열전달 계수 U_o는 면적 $A_o = bL$을 기준으로 한다. 전술한 바와 같이, 전체 열전달 계수는 h와 동일한 차원을 가진다[즉, $\{F \cdot T/(T \cdot L^2 \cdot t)\}$ $\{W/(m^2 \cdot K)\}$].

열교환기 내에서 전달되는 열은 전체 열전달 계수 U_o, N_s판의 총 표면적, A_oN_s, 그리고 온도 차이의 곱이다. 교환되는 열의 양은 다음과 같이 구할 수 있다.

$$q = U_oA_oN_s\,\Delta t = \dot{m}_wC_{pw}(T_1 - T_2) = \dot{m}_cC_{pc}(t_2 - t_1) \qquad \textbf{(10.3)}$$

여기에서 Δt는 판과 프레임 열교환기에 적용되는 온도 차이이다. 만약 우리가 교환기를 통과하여 지나갈 때의 유체의 온도 분포를 살펴본다면, 순수 역류가 존재하지 않음을 발견할 것이다. 교환기를 통과하여 유동이 완전히 역류이거나 혹은 평행류인 경우 Δt는 각각 역류 또는 평행류에 대해 로그평균온도차일 것이다. 그러나 판과 프레임 교환기는 양 유동 모두의 특징을 가지고 있다. 확립된 분석법은 “최선의 가능한” 사례로서 역류에 대해 로그 평균온도차와 수정 계수 F의 사용을 포함한다. 판과 프레임 교환기에 적용되는 수정 계수에 대한 방정식이 여기에서 제시될 것이다. 우리는 다음과 같이 정의되는 **전달 단위 수 N**을 가지고 시작한다.

$$N = \frac{U_o A_o N_s}{(\dot{m}C_p)_{\min}} \tag{10.4}$$

여기에서 $(\dot{m}C_p)_{\min}$은 한 개 유체에 대한 최소 질량유량과 비열의 곱이다. 판과 프레임 열교환기를 가지고 수많은 유동 구성을 활용할 수 있다. 몇몇은 다양한 방법으로 서로 연결할 수 있다. 예를 들면 저온 유체가 평행하게 통과하여 지나가는 상태에서 고온 유체가 직렬 패턴으로 4개 교환기 모두를 통과하여 지나간다고 생각해보자. 우리는 그러한 배열을 4/1 패스 시스템이라고 한다. 1/1, 2/1, 3/1, 2/2, 3/3 그리고 4/4 패스 시스템에 대해 수정 계수 방정식과 차트를 구할 수 있다. 우리의 목적에 맞게 1/1 패스 시스템만을 고려하자. 1/1 판과 프레임 교환기에 대한 수정 계수는 다음과 같이 전달 단위 수에 대해 구할 수 있다.

$$F \approx 1 - 0.016\,6N \tag{10.5}$$

이후 열평형 방정식에서 구동(driving) 온도 차이는 다음과 같이 된다.

$$\Delta t = F\,(LMTD_{\text{counterflow}}) = F\,\frac{(T_1 - t_2) - (T_2 - t_1)}{\ln\,[(T_1 - t_2)/(T_2 - t_1)]}$$

실용적인 관점에서 보면, 수정 계수 F는 교환기가 열적으로 얼마나 효율적인지를 나타낸다. 판과 프레임 열교환기 내에서 열전달에 대한 방정식은 다음과 같이 작성할 수 있다.

$$q = U_o A_o N_s F\,\frac{(T_1 - t_2) - (T_2 - t_1)}{\ln\,[(T_1 - t_2)/(T_2 - t_1)]}$$

대류 열전달 계수 및 압력 강하

식 (10.3)에서 전체 열전달 계수 U_o를 계산하기 위해서는 h_i와 h_o에 대한 방정식이 필요하다. 이러한 표면 계수는 실험을 통해 개발된 방정식을 이용하여 구할 수 있다. 그러나 이것을 언급하기 전에 유동의 형태를 고려하여 특성 길이에 대한 방정식을 개발하는 것이 중요하다. 본질적으로 각 유체에 대해 2차원적 유동 채널을 형성할 수 있도록 판을 서로 가깝게 간격을 두어 형성한다. 이후 유동 통로는 판 사이 거리(s)와 판 너비(b, 개스킷 대 개스킷)에 의해 경계 지어진다. 직사각형 유동 면적에 대한 수력 지름은 다음과 같다.

$$D_h = \frac{4 \text{ x } \text{면적}}{\text{둘레 길이}} = \frac{4sb}{2s + 2b}$$

여기에서 면적은 인접한 판들 사이의 유동 방향에 직각이다. b >> s인 2차원적 유동 통로의 경우 수력 지름은 다음과 같이 된다.

$$D_h \approx \frac{4sb}{2b}$$

또는

$$D_h = 2s \tag{10.6}$$

판들 간 간격 s는 일반적으로 2~5 mm 사이에서 변한다.

판과 프레임 열교환기를 통과하는 층류의 경우 Sieder-Tate 방정식을 활용할 수 있다.

$$\text{Nu} = \frac{hD_h}{k_f} = 1.86\left(\frac{D_h \text{RePr}}{L}\right)^{1/3} \tag{10.7}$$

여기에서 $\text{Re} = VD_h/\nu$이다. 식 (10.7)을 적용하는 데 있어서 어려움은 10~400의 Reynolds 수 범위에 걸쳐 층류에서 난류로의 천이가 발생한다는 것이다. 우리의 목적을 위해, Re = 100에서 전이가 발생한다고 가정하자.

일반적으로 난류의 경우, 가장 광범위하게 사용되는 관계식 중 하나는 다음과 같다.

$$\text{Nu} = \frac{hD_h}{k_f} = 0.374\text{Re}^{0.668}\,\text{Pr}^{1/3} \tag{10.8}$$

유효조건 $100 \le \text{Re} = VD_h/\nu$ $\qquad$ $\text{Pr} = \nu/\alpha > 0$

μ는 온도에 따라 완만하게 변한다.
물성치는 평균 유체 온도
[(=입구 + 출구)/2]에서 계산

유체가 교환기를 통과하여 흘러감에 따라 겪는 압력 강하는 유동 운동 에너지의 배수이다.

$$\Delta p_{\text{plates}} = \frac{fL}{D_h}\frac{\rho V^2}{2} \tag{10.9}$$

여기에서 f는 마찰 계수이며 L은 판 길이이다. 마찰 계수는 아래의 표에 따르면 Reynolds 수의 범위에 따라 변한다.

Reynolds 수 범위	Darcy-Weisbach 마찰계수
1 ~ 10	$f = \frac{280}{\text{Re}}$
10 ~ 100	$f = \frac{100}{\text{Re}^{0.589}}$
> 100	$f = \frac{12}{\text{Re}^{0.183}}$

판들 사이의 속도는 질량유량을 밀도와 유동 면적 $A = sb$, 그리고 관심 대상 유체에 대한 유동 통로 개수로 나눈 것과 같다. 홀수의 판이 있는 경우 동일한 수의 유동 통로가 있을 것이다. 즉 고온 유체와 저온 유체는 동일한 수의 통로를 거칠 것이다. 짝수의 판이 있는 경우 유체들 중 하나는 다른 것보다 한 번 더 유동 통로를 지날 것이다. 홀수 판의 경우 판들 사이의 유동 속도는 다음과 같이 구할 수 있다.

$$V = \frac{\dot{m}/\rho A}{(N_s + 1)/2} \tag{10.10}$$

여기에서 N_s는 판의 개수이다. 따라서 (예를 들면) 3개의 판을 지닌 교환기의 경우 교환기는 $N_s + 1 = 4$ 유동 통로로 나뉘어진다. 한 개의 유체는 이러한 통로 중 단 2개만을 거칠 것이다: 따라서 한 개 통로를 통과하는 그 유체의 속도는 총 유동을 2로 나눈 것이다.

$$V = \frac{\dot{m}/\rho A}{(N_s + 1)/2} = \frac{\dot{m}/\rho A}{(3 + 1)/2} = \frac{\dot{m}/\rho A}{2}$$

이 방정식은 양 유체에 모두 적용된다.

짝수 판의 경우 유체 중 한 개가 다음과 같은 속도를 가질 것이다.

$$V = \frac{\dot{m}/\rho A}{N_s/2} \tag{10.11a}$$

다른 유체는 한 개 더 많은 통로를 통과하여 지나가며, 이것의 속도는 하기 방정식을 이용하여 구할 수 있다.

$$V = \frac{\dot{m}/\rho A}{(N_s + 2)/2} \tag{10.11b}$$

짝수 판(예를 들면 4개)을 지닌 교환기의 경우 이 교환기는 $N_s + 1 = 5$ 유동 통로로 나뉘어진다. 유체들 중 한 개가 이러한 통로 중 2개를 통과하여 흐르고, 총 유동은 1/2로 나누어질 것이다.

$$V = \frac{\dot{m}/\rho A}{N_s/2} = \frac{\dot{m}/\rho A}{4/2} = \frac{\dot{m}/\rho A}{2}$$

이제 다른 유체는 통로 중 3개를 통과하여 흐르기 때문에 총 유동은 1/3로 나누어질 것이다. 식 (10.11b)는 하기 방정식을 준다.

$$V = \frac{\dot{m}/\rho A}{(N_s + 2)/2} = \frac{\dot{m}/\rho A}{(4 + 2)/2} = \frac{\dot{m}/\rho A}{3}$$

우리는 Reynolds 수와 압력 손실을 계산하기 위해 속도가 필요하다.

유체는 표준 배관 연결부를 통과하여 열교환기를 출입할 것이고, 형상의 이러한 갑작스런 변동과 관련한 손실은 **포트 손실**로 불리는 부손실로 처리된다. 포트 손실은 포트(입구 또는 출구)에서의 유동 운동 에너지를 손실 계수(일반적으로 $K = 1.3$)로 곱함으로써 계산된다.

$$\Delta p_{\text{port}} = 1.3\ \frac{\rho V_p^2}{2} \tag{10.12}$$

여기에서 V_p는 포트, 즉 입구/출구 연결부에서의 속도이다. 이후 교환기를 통과하는 한 개 흐름의 유동과 관련한 총 압력 손실은 Δp_{plates}와 Δp_{port}의 합이다.

출구 온도 계산

수많은 응용에 있어서, 입구 온도와 유량은 알려져 있으며 출구 온도를 계산해야 한다. 일반적으로 우리는 출구 온도를 예측하기 위해 판과 프레임 열교환기에 대한 별도의 분석을 필요로 한다. 그러나 수정 계수 F가 거의 1에 가깝기 때문에 출구 온도를 예측하기 위해 역류 이중관 열교환기에 대해 개발된 방정식을 사용할 수 있다. 유일한 수정은 수정 계수 F가 방정식에 포함돼야 한다는 것이다. 다시, 8장에서 처음에 구한 변수 R을 사용하기로 하자.

$$R = \frac{\dot{m}_c C_{pc}}{\dot{m}_w C_{pw}} = \frac{T_1 - T_2}{t_2 - t_1} \tag{10.13}$$

변수 E_c는 7장에서 처음에 주어진 방정식으로부터 변형된 수정 계수 F를 지닌다.

$$E_c = \frac{T_1 - t_2}{T_2 - t_1} = \exp\left[\frac{U_o A_o N_s F}{\dot{m}_c C_{pc}}(R - 1)\right] \tag{10.14}$$

식 (10.13)을 재배열하면 저온 유체의 출구 온도에 대한 방정식이 나온다.

$$t_2 = t_1 + \frac{T_1 - T_2}{R} \tag{10.15}$$

8장에서 가져온 또 다른 방정식에 대용하면 고온 유체의 출구 온도에 대한 방정식을 얻을 수 있다.

$$T_2 = \frac{(1 - R)T_1 + (1 - E_c)Rt_1}{1 - RE_c} \tag{10.16}$$

오염 계수

다른 열교환기와 같이 판과 프레임 열교환기는 판 표면에서의 오염을 겪는다. 그로 인해 열은 추가 저항을 통과하여 전달돼야 한다. 우리는 "더러움(dirty)" 또는 "설계(design)" 전체 열전달 계수를 다음과 같이 정의한다.

$$\frac{1}{U} = \frac{1}{U_o} + R_{di} + R_{do} \tag{10.17}$$

설계 계수 U는 열을 전달하는 데 필요한 면적 측정 시 사용할 수 있다.

다른 열교환기와 비교하여 판과 프레임 교환기는 수많은 이유로 보다 작은 오염 계수를 가진다.

1. 높은 수준의 난류 유동이 유지된다: 이것은 고체를 부유하도록 만드는 경향이 있다. 따라서 고체는 판 표면에서 증착될 가능성이 거의 없다.
2. 판 표면은 매우 부드럽기 때문에 미네랄이나 그 외 고체의 증착 지점이 없다.
3. 교환기 내에는 정체 또는 "데드(dead)" 공간이 없다.
4. 높은 대류 열전달 계수는 저온 유체가 판과 접촉하는 낮은 판 표면 온도에 수반된다: 보

다 차가운 유체는 표면에 증착을 남길 확률이 더 높다.

판과 프레임 열교환기는 청소하기에 간편하며, 화학적 청소법은 신속하면서도 매우 효과적이다. 교환기를 쉽게 해체할 수 있기 때문에 기계적 청소를 쉽게 시행할 수 있다.

다양한 유체에 대한 저항값은 다년간의 경험칙으로서 측정되어 왔으며, 표 10.1에 나와 있다. 이러한 저항은 표 8.1에 있는 것과 다르다는 것을 주의한다. 표 10.1에 나와 있는 저항은 판과 프레임 열교환기에만 적용된다.

표 10.1 판과 프레임 열교환기에서 여러 가지 유체에 대한 오염 계수 값

Fluid	R_d $m^2 \cdot K/W$
Engine oil	4×10^{-6}–1×10^{-5}
Organic liquids	2×10^{-6}–6×10^{-6}
Process fluids, in general	2×10^{-6}–1.2×10^{-5}
Steam	2×10^{-6}
Vegetable oil	4×10^{-6}–1.2×10^{-5}
Water	
City water	4×10^{-6}–1×10^{-5}
Distilled or mineral	2×10^{-6}
Seawater	6×10^{-6}–1×10^{-5}
Well water	1×10^{-5}

판과 프레임 열교환기 분석에 대한 방정식이 이제 뒤에 나오는 제시된 계산 절차 순으로 명시 및 요약되어 있다.

판과 프레임 열교환기에 대한 제시된 계산 순서

문제 문제 설명서를 작성하라.

논의 잠재적인 열 손실; 기타 어려움

가정 1. 정상상태 조건이 존재한다.

2. 유체 물성치는 일정하게 유지되며_____의 온도에서 측정된다.

명명법 1. T는 고온 유체의 온도이다.

2. t는 저온 유체의 온도이다.

3. 아래첨자 w는 고온 유체를 나타낸다.

4. 아래첨자 h는 수력 지름을 나타낸다.

5. 아래첨자 c는 저온 유체를 나타낸다.

6. 아래첨자 1은 입구 상태를 나타낸다.

7. 아래첨자 2는 출구 상태를 나타낸다.

A. 유체 물성치

$\dot{m}_w$ =		T_1 =
ρ =		C_p =
k_f =		α =
ν =		Pr =
$\dot{m}_c$ =		t_1 =
ρ =		C_p =
k_f =		α =
ν =		Pr =

B. 판 치수와 물성치

b = 판 넓이 =
L = 판 높이 =
s = 판 간격 =
t = 판 두께 =
A_o = 판 표면적 = bL =
A = 유동 면적 = sb
D_h = 유동 흐름에 대한 수력 지름 = $2s$ =
N_s = 판의 수 =
k = 판의 열전도도 =
판 재료 =

C. 유체 속도

홀수 판

$$V = \frac{\dot{m}/\rho A}{(N_s+1)/2} \qquad \text{(양 유체에 대해)}$$

짝수 판의 경우 한 개 유체는 다음과 같이 구할 수 있는 속도를 지닌다.

$$V = \frac{\dot{m}/\rho A}{N_s/2} \qquad \text{(하나의 유체)}$$

그리고

$$V = \frac{\dot{m}/\rho A}{(N_s+2)/2} \qquad \text{(다른 유체)}$$

D. Reynolds 수

$\text{Re}_w = V_w D_h/\nu =$

$\text{Re}_c = V_c\, D_h/\nu =$

E. Nusselt 수

층류에 대한 수정 Sieder-Tate 방정식

$$\mathrm{Nu} = \frac{hD_h}{k_f} = 1.86\left(\frac{D_h \mathrm{Re\ Pr}}{L}\right)^{1/3}$$

$\mathrm{Re} < 100 \qquad 0.48 < \mathrm{Pr} = \nu/\alpha < 16\ 700$

난류에 대한 수정 Dittus-Boelter 방정식

$$\mathrm{Nu} = \frac{hD_h}{k_f} = 0.374\mathrm{Re}^{0.668}\ \mathrm{Pr}^{1/3}$$

$\mathrm{Re} > 100; \qquad \mathrm{Pr} = \nu/\alpha > 0;$

조건:

μ는 온도에 따라 약간 변한다.

물성치는 평균 유체 온도[= (입구 + 출구)/2]에서 측정된다.

$\mathrm{Nu}_w =$

$\mathrm{Nu}_c =$

F. 대류 열전달 계수

$h_i = \mathrm{Nu}_w k_f/D_h =$

$h_o = \mathrm{Nu}_c k_f/D_h =$

G. 교환기 계수

$$\frac{1}{U_o} = \frac{1}{h_i} + \frac{t}{k} + \frac{1}{h_o} \qquad U_o =$$

H. 용량

$(\dot{m}C_p)_w \quad =$

$(\dot{m}C_p)_c \quad =$

$(\dot{m}C_p)_{\min} \quad =$

I. 이동 단위 수 및 수정 계수

$$N = \frac{U_o A_o N_s}{(\dot{m}C_p)_{\min}} =$$

$$F = 1 - 0.0166\,N =$$

J. 출구 온도 계산

$$R = \frac{\dot{m}_c C_{pc}}{\dot{m}_w C_{pw}} =$$

$$E_{\text{counter}} = \exp\,[U_o A_o N_s F(R-1)/\dot{m}_c C_{pc}] =$$

$$T_2 = \frac{T_1(R-1) - Rt_1(1 - E_{\text{counter}})}{RE_{\text{counter}} - 1} =$$

$$t_2 = (T_1 - T_2)/R + t_1 =$$

K. 로그평균온도차

역류 $$LMTD = \frac{(T_1 - t_2) - (T_2 - t_1)}{\ln\,[(T_1 - t_2)/(T_2 - t_1)]} =$$

L. 유체에 대한 열평형

$$q_w = \dot{m}_w C_{pw}(T_1 - T_2) =$$

$$q_c = \dot{m}_c C_{pc}(t_2 - t_1) =$$

N. 교환기에 대한 전체 열평형

$$q = U_o A_o N_s F\,(LMTD) =$$

O. 오염 계수 및 설계 계수

$R_{di} =$ $R_{do} =$

$$\frac{1}{U} = \frac{1}{U_o} + R_{di} + R_{do} =$$ $U =$

P. 열을 전달하는 데 필요한 면적(판 면적 측정)

$$A_o = \frac{q}{UFN_s\,(LMTD)} =$$

$$A_o = bL = \qquad b = \qquad L =$$

Q. 마찰 계수

Reynolds 수 범위	Darcy-Weisbach 마찰계수
1 ~ 10	$f = \frac{280}{\text{Re}}$
10 ~ 100	$f = \frac{100}{\text{Re}^{0.589}}$
> 100	$f = \frac{12}{\text{Re}^{0.183}}$

$$f_w =$$

$$f_c =$$

R. 압력 강하 계산

$$\Delta p_w = \frac{f_w L}{D_h}\frac{\rho_\omega V_w^2}{2} + 1.3\frac{\rho_w V_p^2}{2}$$

$$\Delta p_c = \frac{f_c L}{D_h}\frac{\rho_c V_c^2}{2} + 1.3\frac{\rho_c V_p^2}{2}$$

S. 문제 설명서에서 요구하는 정보 요약

예제 10.1 시리얼 제조 공장은 그림 10.4에 나와 있듯이 습기 진 곡물을 시리얼 "플레이크(flake)"로 편평하게 하기 위해 2개의 대형 중공 롤러를 사용한다. 2개의 롤러는 서로 다른 회전 속도로 회전하여 식품 미립자에 대한 스트레칭 효과뿐만 아니라 편평화 효과를 제공한다.

2개 롤러 간 접점에서의 마찰은 많은 열을 생성하기 때문에 각 롤러 내부에 냉각 시스템이 설치되어 있다. 냉각 시스템은 접점에서 롤러의 내부 표면 쪽으로 물을 분무하는 일련의 노즐로 이루어져 있다. 원래 계획은 노즐 쪽에 수돗물을 공급한 후 단순히 그 물을 도시 배수 시스템 쪽으로 방출시키는 것이었다. 냉각수를 재순환시키고자 하는 계획으로 인해 이러한 계획은 폐기되었다. 따라서 냉각수는 롤러 내부를 분무한 후 판과 프레임 열교환기

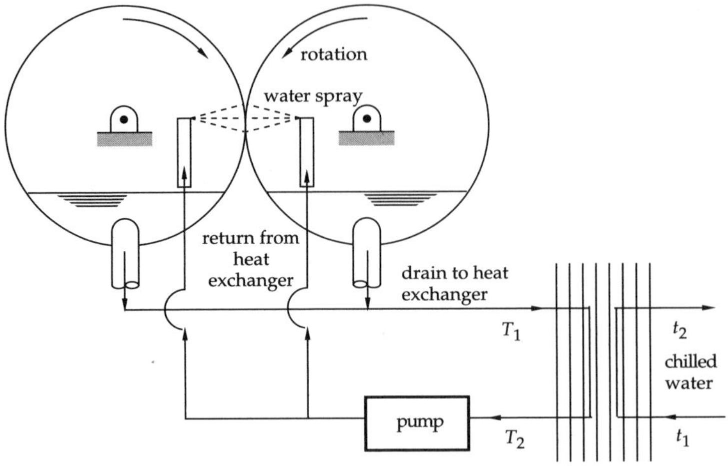

그림 10.4 편평화와 스트레칭으로 시리얼 입자를 "플레이크"로 만드는 데 사용되는 롤러들

를 통과하여 이송될 것이다: 여기에서 냉각된 물은 냉각수의 에너지를 흡수할 것이다.

롤러를 떠난 후, 냉각수는 0.975 kg/s의 유량을 가지고 T_1 = 23.9°C에서 판과 프레임 열교환기에 들어간다. 이것은 T_2 = 15.55°C(혹은 그 이하)의 온도로 냉각돼야 한다. 냉각된 물은 0.983 kg/s의 유량으로 7.2°C (= t_1)에서 가용할 수 있다. 사용되는 교환기는 457 mm의 판 너비(b)와 914 mm의 판 높이(L)를 가지고 있다. 판은 5.08 mm의 간격(s)을 이루고 있으며, 1.016 mm의 두께(t)를 지니고 있다. 판 자재의 열 전도도는 14.3 W/mK이다. 예비 계산에 따르면 7개의 판이 필요하다. 이러한 교환기를 사용하는 경우 양 유체의 출구 온도를 구하라.

풀이

이 문제에 대한 계산은 제시된 절차를 따르면 쉽고 간결하다. 유체 상태량은 각 유체에 대해 입구 온도와 출구 온도의 평균에서 측정된다. 몇 번의 반복이 필요하며, 그 이후 최종 결과를 얻을 수 있다.

오염 효과의 경우와 같이, 판에 의해 제공되는 열 유동에 대한 저항을 감안할 것이다. 양 유체에 대한 오염 계수는 $3.52 \times 10^{-6}\,m^2K/W$로 취해진다.

가정 1. 정상상태 조건이 존재한다.
2. 온수에 의해 손실되는 열은 냉수에게로 전부 전달된다.

명명법 1. T는 고온 유체의 온도이다.
2. t는 저온 유체의 온도이다.
3. 아래첨자 w는 고온 유체를 나타낸다.

4. 아래첨자 h는 수력 지름을 나타낸다.
5. 아래첨자 c는 저온 유체를 나타낸다.
6. 아래첨자 1은 입구 상태를 나타낸다.
7. 아래첨자 2는 출구 상태를 나타낸다.

A. 유체 물성치

온수
@ 15.4°C

$\dot{m}_w$	= 0.975 kg/s	T_1	= 23.9°C
ρ	= 1000 kg/m^3	C_p	= 4183 J/kg K
k_f	= 0.594 W/m K	α	= 1.42 x 10^{-7} m^2/s
ν	= 1.04 x 10^{-6} m^2/s	Pr	= 7.34

냉수
@ 10°C

$\dot{m}_c$	= 0.983 kg/s	t_1	= 7.2°C
ρ	= 1016 kg/m^3	C_p	= 4187 J/kg K
k_f	= 0.578 W/m K	α	= 1.36 x 10^{-7} m^2/s
ν	= 1.32 x 10^{-6} m^2/s	Pr	= 9.7

B. 판 치수와 물성치

b = 판 폭 = 457 mm
L = 판 높이 = 0.914 m
s = 판 간격 = 5.08 mm
t = 판 두께 = 1.016 mm
A_o = 판 표면적 = bL = 0.418 m^2
A = 유동 면적 = sb = 0.00232 m^2
D_h = 유동 흐름에 대한 수력 지름 = $2s$ = 10.16 mm 유로의 수력 지름
N_s = 판의 수 = 7
k = 판의 열전도도 = 14.3 W/ m K
판 재료 = 금속

C. 유체 속도

홀수의 판 ($N_s = 7$) $V = \dfrac{\dot{m}/\rho A}{(N_s + 1)/2}$

온수 $V_w = 0.12$ m/s
냉수 $V_c = 0.12$ m/s

D. Reynolds 수

$\mathrm{Re}_w = V_w D_h/\nu = 1170$

$\mathrm{Re}_c = V_c D_h/\nu = 927$

E. Nusselt 수

난류에 대해 수정된 Dittus-boelter 방정식

$$\mathrm{Nu} = \frac{hD_h}{k_f} = 0.374\mathrm{Re}^{0.668}\,\mathrm{Pr}^{1/3}$$

$$\mathrm{Re} > 100; \quad \mathrm{Pr} = \nu/\alpha > 0$$

온수 $\mathrm{Nu}_w = 81.5$

냉수 $\mathrm{Nu}_c = 76.5$

F. 대류 열전달 계수

온수 $h_i = \mathrm{Nu}_w k_f/D_h = 4770\ \mathrm{W/(m^2\,K)}$

냉수 $h_o = \mathrm{Nu}_c k_f/D_h = 4361\ \mathrm{W/(m^2\,K)}$

G. 교환기 계수

$$\frac{1}{U_o} = \frac{1}{h_i} + \frac{t}{k} + \frac{1}{h_o} \qquad U_o = 1959\ \mathrm{W/(m^2\,K)}$$

H. 용량

온수 $(\dot{m}C_p)_w = 4088.4\ \mathrm{W/K}$

냉수 $(\dot{m}C_p)_c = 4166\ \mathrm{W/K}$

$(\dot{m}C_p)_{\min} = 4088.4\ \mathrm{W/K}$

I. 전달 단위 수 및 수정 계수

$$N = \frac{U_o A_o N_s}{(\dot{m}C_p)_{\min}} = 1.403$$

$$F = 1 - 0.016\,6N = 0.977$$

J. 출구 온도 계산

$$R = \frac{\dot{m}_c C_{pc}}{\dot{m}_w C_{pw}} = 1.019$$

$$E_{\text{counter}} = \exp\left[U_o A_o N_s F(R-1)/\dot{m}_c C_{pc}\right] = 1.026$$

온수 $$T_2 = \frac{T_1(R-1) - Rt_1(1 - E_{\text{counter}})}{RE_{\text{counter}} - 1} = 14.1°\text{C}$$

냉수 $$t_2 = (T_1 - T_2)/R + t_1 = 16.78°\text{C}$$

K. 로그평균온도차

역류 $$LMTD = \frac{(T_1 - t_2) - (T_2 - t_1)}{\ln[(T_1 - t_2)/(T_2 - t_1)]} = 7°\text{C}$$

L. 유체에 대한 열평형

온수 $$q_w = \dot{m}_w C_{pw}(T_1 - T_2) = 39854 \text{ W}$$

냉수 $$q_c = \dot{m}_c C_{pc}(t_2 - t_1) = 39854 \text{ W}$$

N. 교환기에 대한 전체 열평형

$$q = U_o A_o N_s F\,(LMTD) = 39222 \text{ W}$$ (충분히 가까운)

O. 오염 계수 및 설계 계수

$R_{di} = 3.52 \times 10^{-6}\ \text{m}^2\text{K/W}$ $R_{do} = 3.52 \times 10^{-6}\ \text{m}^2\text{K/W}$

$$\frac{1}{U} = \frac{1}{U_o} + R_{di} + R_{do}$$ $U = 1959\ \text{W/(m}^2\text{K)}$

P. 열을 전달하는 데 필요한 면적(판 면적 측정) *필요하지 않음*

Q. 마찰 계수

온수 $$f_w = 3.29$$

냉수 $$f_c = 3.44$$

R. 압력 강하 계산($V_p = 0$)

온수 $$\Delta p_w = \frac{f_w L}{D_h} \frac{\rho_\omega V_w^2}{2} + 1.3 \frac{\rho_w V_p^2}{2} = 2.15 \text{ kPa}$$

냉수 $$\Delta p_c = \frac{f_c L}{D_h} \frac{\rho_c V_c^2}{2} + 1.3 \frac{\rho_c V_p^2}{2} = 2.28 \text{ kPa}$$

S. 문제 설명서에서 요구하는 정보 요약

온수 $T_2 = 14.1°C$

냉수 $t_2 = 16.78°C$

이는 교환기가 신품인 경우의 출구 온도이다. 교환기가 (1년 이후) 오염된 경우, 설계 계수는 새 계수로부터의 변동이 없다: 즉, 1959 W/(m^2K)이다.교환기는 15.6°C 이하의 출구 온도 T_2를 전달할 것이므로 교환기는 작동해야 한다.

10.3 | 직교류 열교환기

다른 모든 유형과 같이 직교류 열교환기는 에너지가 고온 유체에서 저온 유체 쪽으로 전달될 수 있도록 2개 유체를 함께 가져온다. 이러한 유형의 소형 교환기는 종종 *콤팩트 열교환기*라고 불린다. 그러한 교환기 대부분의 경우 열전달 표면적은 핀(fin)의 추가를 통해 증가되며, 수많은 설계 변형이 존재한다.

직교류 열교환기는 산업에서 광범위하게 사용된다. 기체 대 기체, 기체 대 증기, 기체 대 액체, 액체 대 액체와 같은 응용에서 이것을 사용할 수 있다. 그러한 예제로는 자동차 라디에이터, 공기 조화 및 냉동 시스템에서의 콘덴서와 증발기, 오일 쿨러, 공기 히터, 콤프레서에서의 인터쿨러, 전자장치, 극저온 프로세스 등이 있다.

콤팩트 열교환기 설계의 목적은 최소 비용과 최소 공간으로 열을 전달할 수 있는 장치를 생산하는 것이다. 이것이 교환기에서 보통 핀(fin)이 사용되는 이유이다.

"직교류(cross flow)"라는 용어는 유체가 교환기를 통과하여 지나감에 따라 서로 직각으로 흐르는 것을 의미한다. 각 유체 흐름은 지나간 후 **혼합된 상태** 또는 **혼합되지 않은 상태**를 유지한다. 그림 10.5는 유사한 덕트를 통과하면서 혼합된 유동 대 혼합되지 않은 유동을 설명한 것이다. 혼합되지 않은 유동 상황인 경우 유동 채널 또는 통로는 측면 유체 동작을 제한하는 내부 채널(예: 관이나 벽)을 가지고 있다. 혼합되는 유동 통로인 경우 내부 채널은 존재하지 않으며 유체 미립자는 단면적 위에서 자유롭게 이동하여 혼합된다. 그림 10.6은 혼합되는 그리고 혼합되지 않는 유동 통로를 지닌 직교류 열교환기에 대한 예제이다.

직교류 열교환기 내에서 발생하는 에너지 전달을 모델링할 수 있는 것이 중요하다. 수많은 직교류 열교환기에 대해 테스트가 시행되어서(1964, McGraw-Hill Book Co., W. M.

Kays and A. L. London의 *콤팩트 열교환기* 참조) 열전달 결과와 마찰 특성이 얻어졌다. 여기에서는 공간 제한 때문에 이러한 시험 결과를 모두 싣는 것은 쉽지 않다. 따라서 우리는 직교류 열교환기의 한 가지 유형에 초점을 맞춰서 실례적인 계산을 통해 일반적으로 직교류 열교환기를 어떻게 분석할 수 있는지를 보일 것이다.

그림 10.7은 사용된 금속이 사인파 모양으로 제작된 비혼합−비혼합 직교류 열교환기를 나타낸 것이다. 이러한 유형은 주로 몇몇 오일 쿨러에서 사용된다. 그림 10.8은 관(보통 구리)이 얇은 금속 핀을 통과하여 프레싱되는 설계를 지닌 핀 방식(finned) 관 유형을 나타낸 것이다. 핀은 열전달 표면적을 증가시키는 작용을 한다. 핀은 다양한 방법으로 관에 부착시킬 수 있다(예를 들면 용접, 납땜). 그림 10.9a는 동일한 교환기에 대한 전면도와 측면도이다. 측면도에서 관은 지그재그 형상이며 세 개의 인접한 관의 중심들은 이등변 삼각형을 이루고 있다. 대안적인 설계가 그림 10.9b에 나와 있는데, 이 측면도에서 유동 통로는 편평한 관이고, 일직선으로 정렬되어 있다.

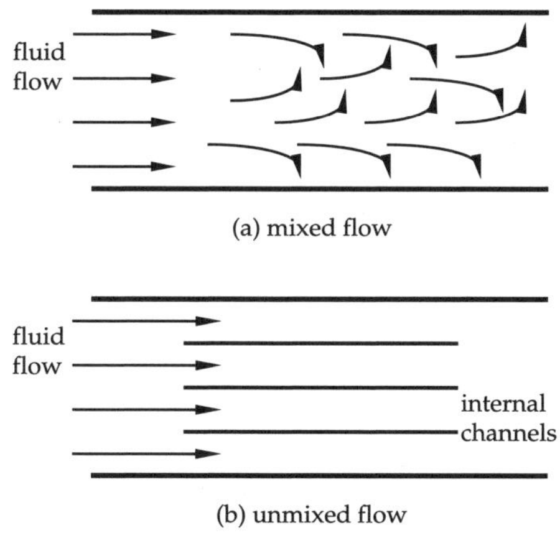

그림 10.5 혼합 및 비혼합−유동 통로

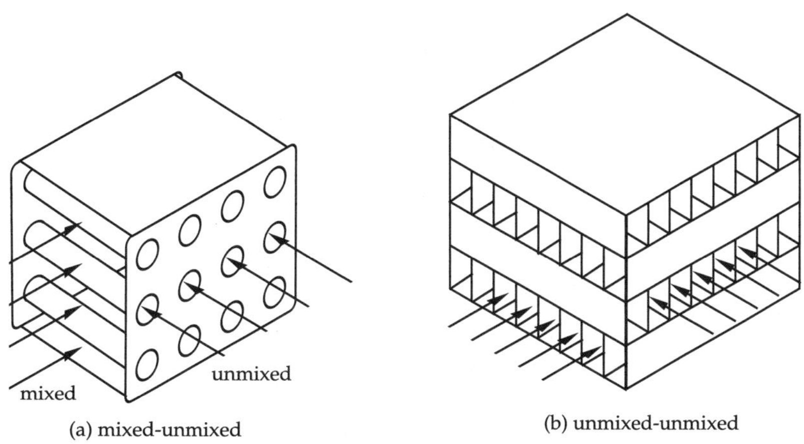

그림 10.6 혼합 및 비혼합−유동 통로를 가진 직교류 열교환기

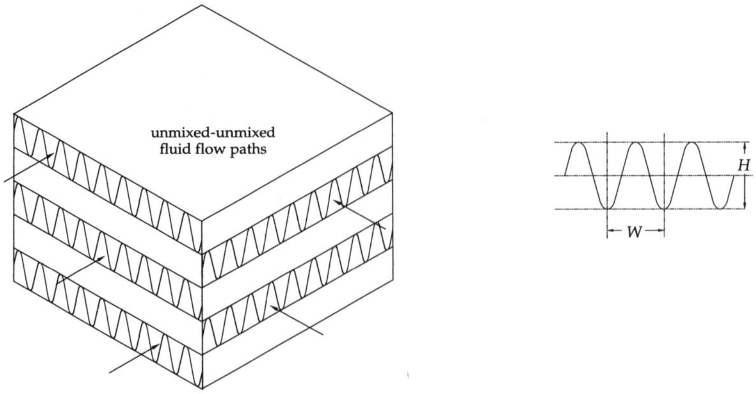

그림 10.7 사인파 모양으로 제작된 금속을 가진 직교류 열교환기

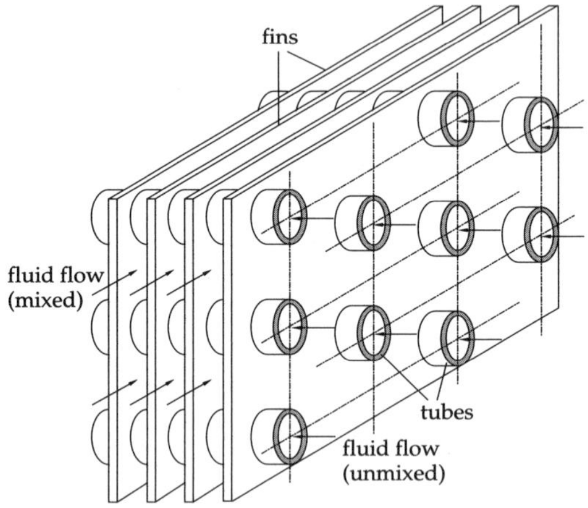

그림 10.8 핀 방식 관 직교류 열교환기

수많은 유형의 직교류 열교환기에 대해서 열전달 및 마찰 데이터가 수집되어 왔다. 이러한 유형의 교환기에 대한 열전달 데이터는 Reynolds 수의 함수인 Colburn 계수 j로서 알려져 있는 변수에 대해 표시된다. 마찬가지로 마찰 손실은 마찰 계수 대 Reynolds 수로서 제시된다.

Colburn 계수는 다음과 같이 구할 수 있다.

$$j=\frac{h}{GC_p}\mathrm{Pr}^{2/3} \tag{10.18}$$

여기에서 G는 질량유량(mass flux)으로서 8장에서 소개되었다.

$$G=\rho V$$

Colburn 계수는 무차원으로서, 다음과 같이 식 (10.18)의 우측편에 있는 첫 번째 항을 곱하여 보다 익숙한 많은 익숙한 무차원 그룹을 형성할 수 있다.

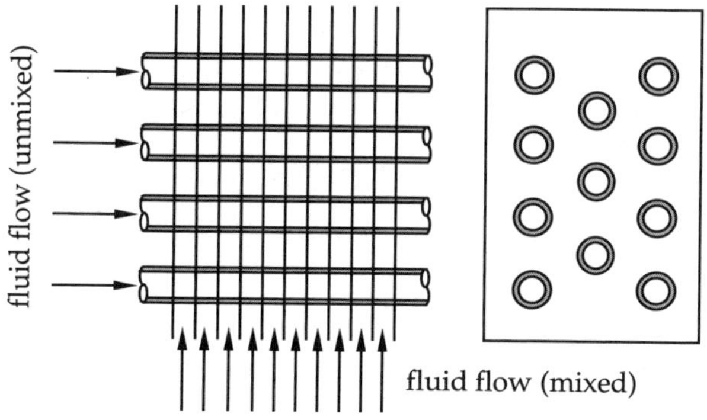

그림 10.9a 핀 방식 직교류 열교환기의 정면도 및 측면도 — 엇갈린 배열에서의 원형 관

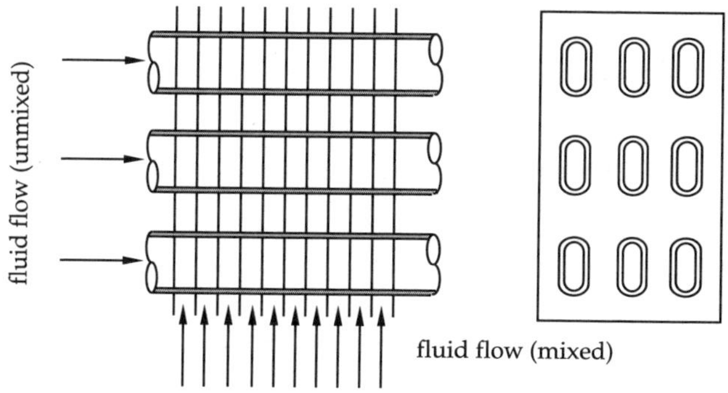

그림 10.9b 핀 방식 직교류 열교환기의 정면도 및 측면도
— 일직선으로 정렬된 배열에서의 납작한 관

$$\frac{h}{\rho V C_p}\frac{D}{D}\frac{\mu}{\mu}\frac{\rho}{\rho}\frac{k}{k}=\left(\frac{hD}{k}\right)\left(\frac{\mu}{\rho V D}\right)\left(\frac{k}{\rho C_p}\right)\left(\frac{\rho}{\mu}\right)=\mathrm{Nu}\frac{1}{\mathrm{Re}}\alpha\frac{1}{\nu}$$

이는 다음과 같이 된다.

$$\frac{h}{\rho V C_p}=\frac{\mathrm{Nu}}{(\mathrm{Re})(\mathrm{Pr})}=\mathrm{St}$$

위의 무차원 그룹의 비는 Stanton 수로 알려져 있다. 이후 Colburn 계수는 다음과 같이 된다.

$$j = \frac{h}{GC_p} \mathrm{Pr}^{2/3} = \frac{\mathrm{Nu}}{(\mathrm{Re})(\mathrm{Pr})} \mathrm{Pr}^{2/3} = \frac{\mathrm{Nu}}{\mathrm{Re}\,\mathrm{Pr}^{1/3}}$$

교환기의 성능 예측 시 사용할 수 있도록 수많은 기체 대 액체 열교환기에 대한 Colburn 계수가 실험을 통해 얻어져서 목록으로 정리되었다. 우리는 그림 10.8에 나와 있는 핀 방식 관 유형에 중점을 둘 것인데, 이 경우 수많은 표면 형상을 제조할 수 있다.

아래의 변수들을 지닌 그러한 교환기를 생각해보자(1984, McGraw-Hill Book Co., W. M. Kays and A. L. London의 *콤팩트 열교환기* 개정3판에서 8.0-3/8T로 명시되어 있음).

전형적인 직교류 열교환기 데이터 — 그림 10.8

Triangular pitch

Fin pitch or number of fins per cm = 3.15 fins/cm
Fin thickness = 0.33 mm
Free flow area/frontal area = A/A_f = 0.534
Air passage hydraulic diameter = D_h = 0.3633
Heat transfer area/total volume = 587 m^2/m^3
Outside diameter of tubes = OD_t = 1.02 cm
Fin area/total area = 0.839

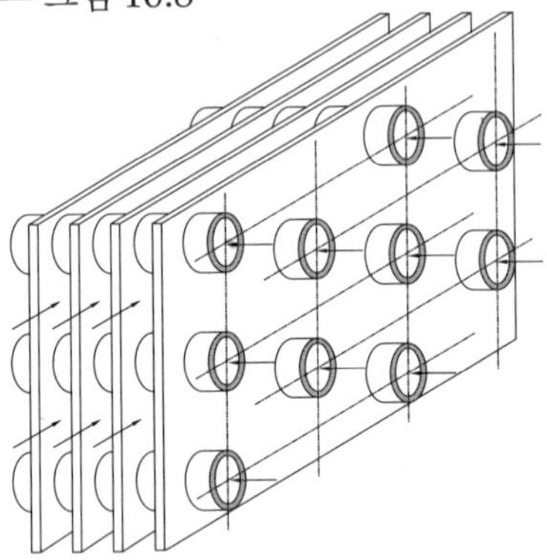

이러한 교환기에 대한 Colburn 계수는 그래프 형태로 주어져 있으며, 실험 결과는 다음과 같이 구할 수 있다.

$$j = \frac{h}{GC_p} \mathrm{Pr}^{2/3} = \frac{\mathrm{Nu}}{\mathrm{Re}\,\mathrm{Pr}^{1/3}} = 0.178\ \mathrm{Re}^{-0.4085}$$

또는

$$\mathrm{Nu} \approx 0.178\ \mathrm{Re}^{0.59}\ \mathrm{Pr}^{1/3} \quad \textbf{(10.19)}$$

이 방정식을 활용하면 열교환기의 공기면에 대한 대류 열전달 계수를 구할 수 있다. 공기면 열전달 계수는 보통 액체면의 경우보다 훨씬 더 적다. 따라서 전체 열전달 계수에 대한 액체 계수의 기여는 미미하다.

공기 계수에 대한 마찰 계수도 역시 그래프 형태로 주어지며, 상응하는 곡선 적합 방정식은 다음과 같다.

$$f = 0.121\ \mathrm{Re}^{-0.205} \quad \textbf{(10.20)}$$

이 방정식에서 Reynolds 수는 공기가 교환기를 통과하여 흘러갈 때 가지는 최대 속도를 기준으로 한다.

$$\mathrm{Re} = \frac{V_{\max} D_h}{\nu}$$

여기에서 D_h는 유동 통로의 수력 지름이다. 교환기에서 관의 존재는 유동 면적을 줄이며, 또한 관 주변에서 속도 증가를 유발한다. 최대 속도는 연속 방정식을 교환기 상류와 최소 면적 지점에 적용함으로써 구할 수 있다.

$$(\rho A_f V_{\text{free stream}}) = (\rho A V_{\max})$$

밀도가 일정하다고 가정하면, 이전 방정식을 풀어 최대 속도를 구할 수 있다.

$$V_{\max} = \frac{A_f}{A} V_{\text{free stream}}$$

그림 10.8 교환기의 경우 면적비의 역수는 0.534이다.

공기 대 액체 직교류 열교환기를 분석하는 절차는 다른 경우들과 동일하다. 우리는 적합한 방정식을 사용하여 대류 열전달 계수를 구한 후 교환기에 대해 전체 열전달 계수를 계산한다. 열전달률은 하기 식을 이용하여 계산할 수 있다.

$$q = UAF\,(\text{LMTD}) \tag{10.21}$$

여기에서 U는 $[F{\cdot}L/(T{\cdot}L^2{\cdot}t);\ W/(m^2{\cdot}K)]$의 치수를 지닌 전체 열전달 계수이고, A는 열교환기의 열전달 면적이며, F는 수정 계수이고, 그리고 LMTD는 역류에 대한 로그평균온도차이다.

$$\text{LMTD} = \frac{(T_1 - t_2) - (T_2 - t_1)}{\ln\,[(T_1 - t_2)/(T_2 - t_1)]} \tag{10.22}$$

직교류 열교환기의 열전달 면적은 사용된 제작방법으로 인해 측정하기에 매우 어려워서, UA 곱만을 보고하는 것이 일반적이다. 거의 모든 응용에서, 원하는 출구 온도를 전달하기 위해 혹은 특정 열 부하를 전달하기 위해 요구되는 교환기 크기를 계산할 필요가 있다. 따라서 이러한 경우에는, (열전달 면적 A와 상반되는) *앞면 면적*이 사용하기에 더 편리하다.

직교류 열교환기에 대해 수정 계수에 대한 방정식이 도출되어 있다(16장, 1950, McGraw-Hill Book Co., D. Q. Kern의 프로세스 열전달 참조). 이전과 같이, 수정 계수는 용량비 R과 온도 계수 S의 함수이다.

$$R = \frac{T_1 - T_2}{t_2 - t_1} = \frac{\dot{m}_c C_{pc}}{\dot{m}_w C_{pw}}$$

그리고

$$S = \frac{t_2 - t_1}{T_1 - t_1}$$

그림 10.10은 양 유체가 직교류 열교환기를 통과하여 지나갈 때 양 유체의 온도 변화에 대한 스케치이다. 명시되어 있듯이, 우리는 저온 유체를 의미하기 위해 소문자 "t"를 사용하고 고온 유체를 의미하기 위해 대문자 "T"를 사용한다. 또한 "1" 아래첨자는 입구 조건을 의미하며, "2"는 출구 조건을 의미한다.

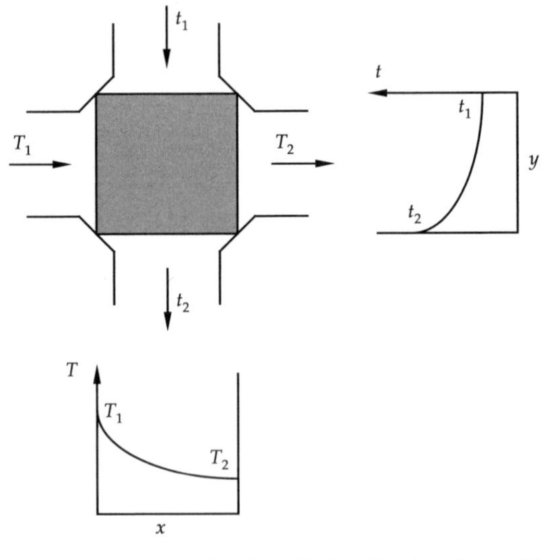

그림 10.10 유체들이 직교류 열교환기를 흐를 때, 저온과 고온의 유체들의 온도 분포

직교류 열교환기의 성능을 평가할 때, 결과에 따르면 역류 이중관 열교환기가 훨씬 효율적이다. 따라서 비교 표준은 역류 열교환기이고, 이런 이유로 식 (10.22)에서의 LMTD는 역류에 대한 것이다.

그림 10.11은 혼합-비혼합 직교류 열교환기의 경우 R의 다양한 값에 대해 S의 함수로서 수정 계수 F의 그래프이다. 그림 10.12는 비혼합-비혼합 직교류 열교환기의 경우 R의 다양한 값에 대해 S 대 수정 계수 F의 그래프이다. 그림 10.11은 원래 방정식을 그래프로 나타낸 것이며, 그림 10.12는 척도 계수를 그림 10.11에 적용하여 그래프로 나타낸 것이다.

따라서 그림 10.12는 비혼합-비혼합 유동에 대해 상응하는 원래 방정식으로부터 구한 그래프의 근사치(5% 이내)이다.

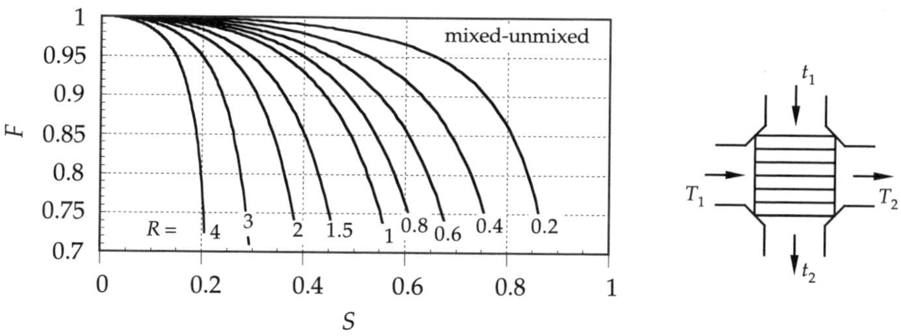

그림 10.11 혼합-비혼합 직교류 열교환기에 대한 수정 계수 그래프

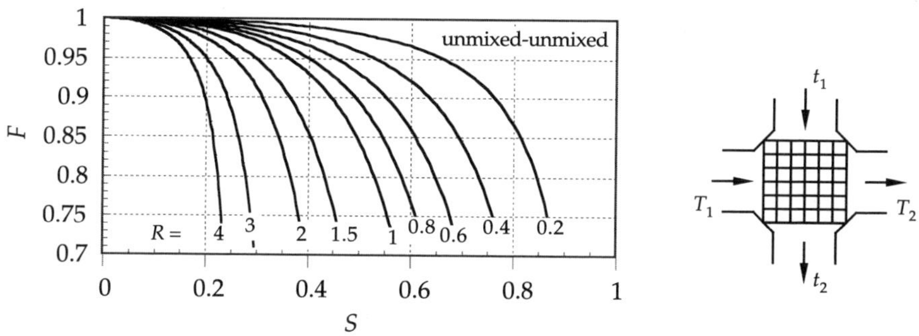

그림 10.12 비혼합-비혼합 직교류 열교환기에 대한 수정 계수 그래프

출구 온도 계산

많은 응용에 있어서, 유체 입구 온도만이 알려져 있으며 주어진 열교환기에 대해 출구 온도를 계산할 필요가 있다. 이러한 계산을 할 수 있는 몇 가지 방법이 있지만 여기에 제시되어 있는 **유용도-NTU법**이 가장 편리하다. 유용도 E는 2개 유체 중 어떤 것이 최소 질량 유량 x 비열 결과물(최소 **용량**)을 가지느냐에 달려 있다. 유용도 E 및 상응하는 출구 온도 방정식은 다음과 같다.

$$\left.\begin{aligned} E &= \frac{t_2 - t_1}{T_1 - t_1} \\ t_2 &= t_1 + E(T_1 - t_1) \\ T_2 &= T_1 - C(t_2 - t_1) \end{aligned}\right\} \quad (\text{만약 } \dot{m}_c C_{pc} < \dot{m}_w C_{pw}) \qquad \textbf{(10.25a)}$$

그리고

$$\left.\begin{aligned} E &= \frac{T_1 - T_2}{T_1 - t_1} \\ T_2 &= T_1 - E(T_1 - t_1) \\ t_2 &= t_1 + C(T_1 - T_2) \end{aligned}\right\} \text{(만약 } \dot{m}_w C_{pw} < \dot{m}_c C_{pc}\text{)} \qquad \textbf{(10.25b)}$$

관심 대상 열교환기에 대해 유용도를 알고 있는 경우 열전달률은 하기 식을 이용하여 구할 수 있다.

$$q = E(\dot{m}C_p)_{\min}(T_1 - t_1) \qquad \textbf{(10.26)}$$

수많은 유형의 열교환기에 대해 유용도 방정식이 도출되어 있으며, 이러한 방정식은 다음과 같이 직교류 열교환기에 대해 구할 수 있는 **전달 단위 수** N의 항에 대해서 쓰여진다.

$$N = \frac{UA}{(\dot{m}C_p)_{\min}} \qquad \textbf{(10.27)}$$

용량비 C는 다음과 같이 정의된다.

$$C = \frac{(\dot{m}C_p)_{\min}}{(\dot{m}C_p)_{\max}} < 1 \qquad \textbf{(10.28)}$$

혼합-비혼합 그리고 비혼합-비혼합 열교환기의 유용도는 다음과 같다.

$(\dot{m}C_p)_{\min}$비혼합을 가지고 직교류, 혼합-비혼합(그림 10.13a 참조)

$$E = C\{1 - \exp[-C(1 - \exp[-N])]\}$$

$(\dot{m}C_p)_{\max}$비혼합을 가지고 직교류, 혼합-비혼합(그림 10.13b 참조)

$$E = 1 - \exp[-C(1 - \exp[-N \cdot C])]$$

직교류, 비혼합-비혼합(그림 10.14 참조)

$$E \approx 1 - \exp[C(N)^{0.22}\{\exp[-C(N)^{0.78}] - 1\}]$$

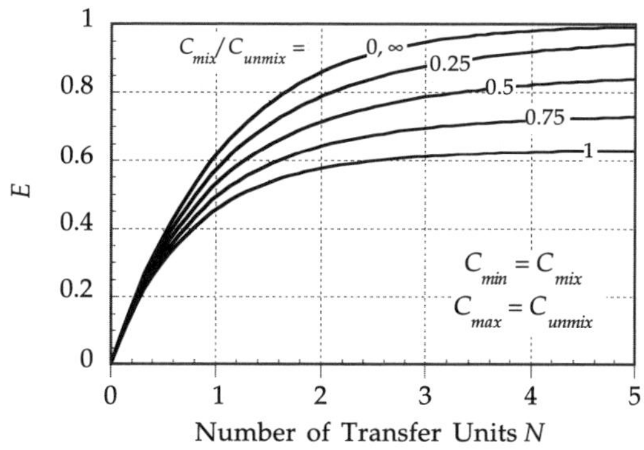

그림 10.13a 혼합-비혼합 직교류 열교환기에 대해 전달 단위 수의 함수로 나타낸 유용도. 최소 용량을 가진 유체가 혼합된다.

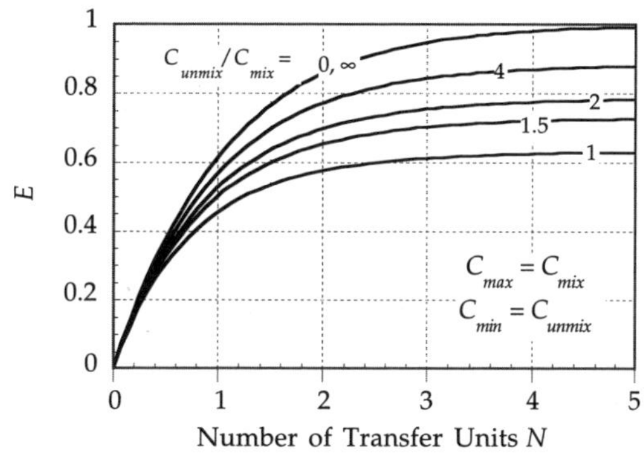

그림 10.13b 혼합-비혼합 직교류 열교환기에 대해 전달 단위 수의 함수로 나타낸 유용도. 최소 용량을 가진 유체가 혼합되지 않는다.

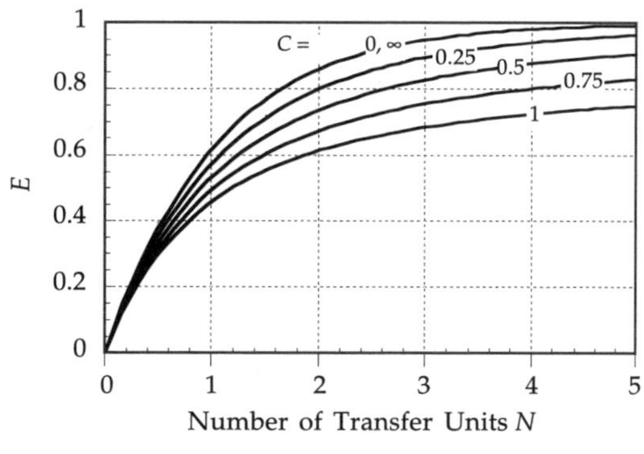

그림 10.14 비혼합-비혼합 직교류 열교환기에 대해 전달 단위 수의 함수로 나타낸 유용도

그림 10.13a와 10.13b는 혼합–비혼합 교환기에 대한 이러한 방정식들(E 대 N) 중 처음 2개의 그래프이다. 그림 10.13a는 최소 용량을 지닌 유체가 혼합되는 경우 적용되며, 그림 10.13b는 최소 용량을 지닌 유체가 혼합되지 않는 경우 적용된다. 그림 10.14는 비혼합–비혼합 직교류 열교환기의 경우 전달 단위 수 N 대 유용도 E의 그래프이다.

다른 유형과 같이, 직교류 열교환기에서 오염이 발생하지만 오염 계수 데이터를 정확하게 적용하기는 어렵다. 따라서 우리는 그러한 교환기에서 오염 효과를 고려하지 않을 것이다. 또한 교환기를 통과하여 지나가는 유체 흐름의 압력 강하 역시 결정하기 어렵다. 이것을 계산할 수 있는 경우, 압력 강하를 전체 유체 유동 시스템에서 부손실로서 다룰 수 있다. 부손실은 양 유체 흐름에서 크게 차이 날 수 있으나, 여기에서는 각 흐름에 대한 부손실을 $K = 10$이라고 가정한다.

요구되는 에너지 양을 전달하기 위해 필요한 앞면 면적(즉, 공기 흐름에 대해)을 알아야 한다. 그림 10.15는 직교류 열교환기의 경우 UA 곱과 앞면 면적을 연계시킨 실험적 그래프이다. 이 그래프는 수많은 교환기에 대해 이루어진 계산들의 결과물이다.

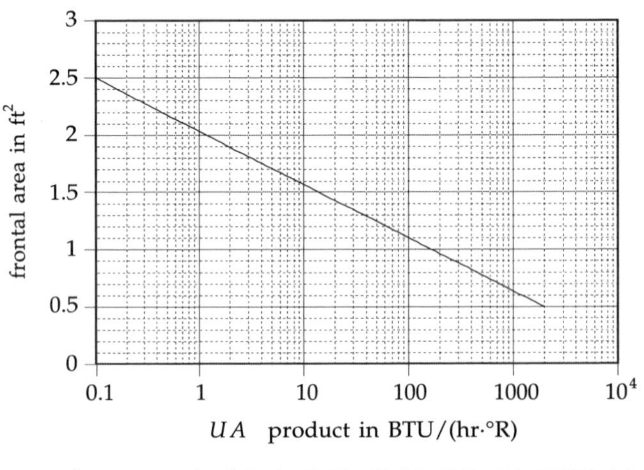

그림 10.15 공기–액체 직교류 열교환기에 대해 전면 면적(공기 흐름에 수직)과 UA 곱 사이의 실험적 관계식

직교류 열교환기에 대한 분석법은 다음과 같이, 계산 수행을 위해 제시된 순서대로 구성되어 있다.

직교류 열교환기의 분석을 위해 제시된 계산 순서

문제 문제 설명서를 작성하라.

논의 잠재적 열 손실; 기타 어려움

가정 1. 정상상태 조건이 존재한다.

2. 유체 물성치는 일정하며_____의 온도에서 측정된다.

명명법

1. T는 고온 유체의 온도이다.
2. t는 저온 유체의 온도이다.
3. 아래첨자 w는 고온 유체를 나타낸다.
4. 아래첨자 h는 수력 지름을 나타낸다.
5. 아래첨자 c는 저온 유체를 나타낸다.
6. 아래첨자 1은 입구 상태를 나타낸다.
7. 아래첨자 2는 출구 상태를 나타낸다.

A. 유체 물성치

$\dot{m}_w$ =		T_1 =	
ρ =		C_p =	
k_f =		α =	
ν =		Pr =	
$\dot{m}_c$ =		t_1 =	
ρ =		C_p =	
k_f =		α =	
ν =		Pr =	

B. 열평형

$$q_w = \dot{m}_w C_{pw}(T_1 - T_2) \quad =$$

$$q_c = \dot{m}_c C_{pc}(t_2 - t_1) \quad =$$

C. 로그평균온도차

역류 $$LMTD = \frac{(T_1 - t_2) - (T_2 - t_1)}{\ln\left[(T_1 - t_2)\,/(T_2 - t_1)\right]} =$$

D. 수정 계수(필요 시)

$$S = \frac{t_2 - t_1}{T_1 - t_1} =$$

$$R = \frac{T_1 - T_2}{t_2 - t_1} = \frac{\dot{m}_c C_{pc}}{\dot{m}_w C_{pw}} =$$

$F =$

(그림 10.11 혼합–비혼합
그림 10.12 비혼합–비혼합)

E. UA 곱한 값

$$UA = \frac{q}{F\,(LMTD)} =$$

F. 용량

혼합–비혼합

$$(\dot{m}C_p)_{\text{mixed}} =$$

$$(\dot{m}C_p)_{\text{unmixed}} =$$

$$C = \frac{(\dot{m}C_p)_{\text{mixed}}}{(\dot{m}C_p)_{\text{unmixed}}} =$$

비혼합–비혼합

$$(\dot{m}C_p)_w =$$

$$(\dot{m}C_p)_c =$$

$$C = \frac{(\dot{m}C_p)_{\min}}{(\dot{m}C_p)_{\max}} =$$

G. 전달 단위 수

$$N = \frac{UA}{(\dot{m}C_p)_{\min}} =$$

H. 유용도, *E*

$$\left.\begin{aligned} N &= \\ C &= \end{aligned}\right\} \quad E =$$

(그림 10.13 혼합–비혼합
그림 10.14 비혼합–비혼합)

I. 출구 온도 계산

$$\left.\begin{aligned} E &= \frac{t_2 - t_1}{T_1 - t_1} \\ t_2 &= t_1 + E(T_1 - t_1) \\ T_2 &= T_1 - C(t_2 - t_1) \end{aligned}\right\} \quad (\text{만약 } \dot{m}_c C_{pc} < \dot{m}_w C_{pw})$$

또는

$$\left.\begin{aligned} E &= \frac{T_1 - T_2}{T_1 - t_1} \\ T_2 &= T_1 - E(T_1 - t_1) \\ t_2 &= t_1 + C(T_1 - T_2) \end{aligned}\right\} \qquad (\text{만약 } \dot{m}_w C_{pw} < \dot{m}_c C_{pc})$$

$$T_2 =$$

$$t_2 =$$

J. 연결 관/덕트에서의 속도

$$V_w =$$

$$V_c =$$

K. 압력 강하 계산($K = 10$을 사용)

$$\Delta p_w = K \frac{\rho_w V_w^2}{2} =$$

$$\Delta p_c = K \frac{\rho_c V_c^2}{2} =$$

L. 요구되는 앞면 면적

$UA =$ $A =$ (그림 10.15)

Q. 문제 설명서에서 요구하는 정보 요약

예제 10.2 디젤 엔진의 테스트 스탠드에서 물을 냉각시키기 위해 직교류 열교환기(비혼합–비혼합)가 사용된다. 물은 93.3°C에서 교환기에 들어오며; 공간 내 공기(~21.1°C)는 냉각 유체로서 사용된다. 가용할 수 있는 팬은 0.315 g/s로 공기를 거동시킬 수 있다. 열교환기의 앞면 면적(즉, 공기 유동과 직각인 것)은 0.186 m^2이다. 물 유량이 0.088 g/s인 경우 양 유체의 예상 출구 온도를 구하라.

풀이

교환기에 대해 몇몇 구체적인 정보가 알려져 있지 않은 경우 전체 열전달 계수에 대한 방정식을 구할 수 없다. 그러나 우리는 그림 10.15를 이용하여 이러한 교환기에 대한 *UA* 곱을 구할 수 있다. 주어진 *UA* 곱의 경우 전달 단위 수를 계산할 수 있으며 유용도를 측정할 수 있다. 유용도를 아는 경우 출구 온도를 계산할 수 있다.

가정

1. 정상상태 조건이 존재한다.
2. 유체 물성치는 일정하게 유지되며 각 유체에 대해 평균 온도(입구 + 출구)/2에서 측정된다. 몇 번의 반복이 필요하며, 이후 최종 결과를 얻을 수 있다.

명명법

1. T는 고온 유체의 온도이다.
2. t는 저온 유체의 온도이다.
3. 아래첨자 w는 고온 유체를 나타낸다.
4. 아래첨자 h는 수력 지름을 나타낸다.
5. 아래첨자 c는 저온 유체를 나타낸다.
6. 아래첨자 1은 입구 상태를 나타낸다.
7. 아래첨자 2는 출구 상태를 나타낸다.

A. 유체 물성치

물	$\dot{m}_w = 0.088$ g/s	$T_1 = 93.3°C$
84.5°C	$\rho = 976$ kg/m^3	$C_p = 4195$ J/kg K
	$k_f = 0.666$ W/m K	$\alpha = 1.63 \times 10^{-7}$ m^2/s
	$\nu = 3.71 \times 10^{-7}$ m^2/s	Pr = 2.27
공기	$\dot{m}_c = 0.315$ g/s	$t_1 = 21.1°C$
34.4°C	$\rho = 1.12$ kg/m^3	$C_p = 1005$ J/kg K
	$k_f = 0.0277$ W/m K	$\alpha = 2.45 \times 10^{-5}$ m^2/s
	$\nu = 1.75 \times 10^{-5}$ m^2/s	Pr = 0.71

B. 용량— *비혼합–비혼합*

물 $(\dot{m}C_p)_w = (0.088 \times 10^{-3})(4195) = 0.369$ W/K

공기 $(\dot{m}C_p)_c = (0.315 \times 10^{-3})(1005) = 0.317$ W/K

$$C = \frac{(\dot{m}C_p)_{\min}}{(\dot{m}C_p)_{\max}} = 0.856$$

C. UA 곱한 값 ($A_{\text{frontal(앞면)}}$ = 0.186 m^2에서 그림 10.15)= 1 BTU/(hr·°R), 즉 0.527 W/K

D. 전달 단위 수

$$N = \frac{UA}{(\dot{m}C_p)_{\min}} = 1.665$$

E. 유용도, E(비혼합–비혼합)

$$\left.\begin{aligned} N &= 1.665 \\ C &= 0.856 \end{aligned}\right\} \quad E = 0.494$$

F. 출구 온도 $\dot{m}_c C_{pc} < \dot{m}_w C_{pw}$

물 $T_2 = T_1 - C(t_2 - t_1) = 62.8°C$

공기 $t_2 = (T_1 - t_1)E + t_1 = 56.7°C$

G. 로그평균온도차

역류 $$LMTD = \frac{(T_1 - t_2) - (T_2 - t_1)}{\ln[(T_1 - t_2)/(T_2 - t_1)]} = 39.06°C$$

K. 요구되는 정보 요약

물 $T_2 = 62.8°C$

공기 $t_2 = 56.7°C$

10.4 | 요약

본 장에서는 판과 프레임 열교환기뿐만 아니라 직교류 열교환기에 대해서 설명했다. 이러한 양 유형에 대한 분석법을 개발했으며, 예제 문제를 제시하였다. 그리고 이러한 교환기의 크기를 정하는 데 있어서 유용한 설계 그래프를 제시하였다.

10.4 | 보이고 말하기

1. 판 프레임 열교환기에 대한 카탈로그를 구해서 이들에 대한 발표를 하라. 특히 이 교환기들이 어떻게 조립되는지 보이고, 다른 교환기들과 비교했을 때 장점들을 설명하여라.
2. 자동차 라디에이터(아마, 제조사로부터) 품목을 구하여라. 이것이 어떻게 만들어지는지와 유동이 혼합인지 비혼합인지에 대한 발표를 하라.
3. 공기 조화기에 있는 것과 같은 핀이 있는 관 열교환기 품목을 구하여라. 이것이 어떻게 만들어지고, 유동이 혼합인지 비혼합인지에 대한 발표를 하라.

10.6 | Problems

Plate and Frame Heat Exchangers

1. A plate and frame heat exchanger is used to exchange heat in a water-to-water flow system. Hot water enters the exchanger at 32.2°C with a flow rate of 0.0126 m ^{3}/s. Cold water also at 0.0126 m^3/s enters the exchanger at 12.8°C. The exchanger contains 27 plates. The plate spacing is 5.08 mm, the plate material is 304SS (stainless steel), the plate thickness is 1.016 mm, the plate width is 381 mm, and the plate height is 0.914 m. Determine the outlet temperatures of both liquid streams.
2. A plate and frame heat exchanger has 15 plates made of stainless steel (316SS) that are 1 m tall. The plates are 1 mm thick x 0.6 m wide and are spaced 4.8 mm apart. The exchanger is used to cool a weak solution of sulfuric acid (assume the same properties as water). The volume flow rate of this liquid is 0.011 m^3/s, and its inlet temperature is 30°C. Water is the cooling medium, and it enters the exchanger at 6°C with a volume flow rate of 0.02 m^3/s. What outlet temperatures can be expected under these conditions? cooled to 57.2°C. Cold water enters this same exchanger at 0.00756 m^3/s, 37.8°C. The
3. Hot water at 0.0063 m^3/s, 82.2°C, enters a plate and frame heat exchanger and is plates are made of stainless steel (316SS) with a heat transfer area of 0.316 m^2 per plate. The plate spacing is 5.08 mm, the plate width is 381 mm, and the plate thick¬ness is 1.016 mm. Determine the number of plates required for this exchanger to work.

4. Several solar collectors are used to obtain energy from the sun to heat ethylene glycol. The ethylene glycol flows at 0.006 m^3/s from the collectors to a plate and frame heat exchanger. The ethylene glycol enters the heat exchanger at 24°C, where it transfers heat to fresh water. The water enters the exchanger at 0.005 m^3/s, with a temperature of 10°C. The plate height is 1.5 m, and a plate spacing of 4.3 mm. There are 15 plates made of 304SS (stainless steel) that are 0.8 mm thick x 0.5 m wide. Determine the outlet temperature of both fluids.

5. Oil (assume engine oil) used in a quenching operation is to be cooled with a plate and frame heat exchanger. The oil flows into the heat exchanger at 1.262×10^{-3} m^3/s, 79.4°C, and must be cooled to 71.1°C. Water enters the heat exchanger at 32.2°C and can exit at a temperature that is no warmer than 40.55°C. The heat exchanger contains plates (152.4 mm wide) made of 304SS (stainless steel), 0.61 mm thick, and spaced 3.56 mm apart. The heat transfer area of one plate is 0. 0873 m . How many plates would be needed to cool the oil to the required temperature? Is the condition on the water outlet temperature met by this exchanger? Take the flow rate of water to be 9.46×10^{-4} m^3/s.

6. Waste water at 0.01 m^3/s enters a plate and frame heat exchanger at 60°C. Fresh water enters this same exchanger at 0.017 m^3/s, 2°C. The exchanger has 19 plates (0.609 6 m × 1.24 m tall) made of 316SS (stainless steel), 0.6 mm thick, that are spaced 4 mm apart. Determine the expected outlet temperatures of both fluids.

Cross-Flow Heat Exchangers

7. Suppose the cross-flow heat exchanger of Example 10.2 is the mixed-unmixed type. How are the outlet temperatures affected?

8. A cross-flow heat exchanger (mixed-unmixed) is used to recover heat from the exhaust of a diesel engine. The exhaust gases enter the exchanger at 204.4°C. Water is available at 10°C, 0.126 g/s, and is not of much use unless it can be heated to 26.7°C. Determine the size of the exchanger required if the mass flow rate of diesel exhaust is 0.5 g/s. Assume that diesel exhaust gases have the same properties as carbon dioxide and that the water is unmixed.

9. A cross-flow heat exchanger (unmixed-unmixed) is marketed as an oil cooler (same properties as unused engine oil). Oil enters the cooler at a flow rate of 1.008 g/s and a temperature of 76.7°C. The oil should be cooled to 65.55°C. Air is used to cool the oil. The air inlet velocity is 0.406 m/s and the frontal area through which the air flows is 254 mm × 254 mm. The air inlet temperature is 21.1°C. Is this exchanger large enough?

10. Water enters a cross flow heat exchanger at a temperature of 85°C and a flow rate of 2.5 kg/s. Air enters the exchanger at 20°C, leaves at 40°C, and has a flow rate of 12 kg/s. Which type of cross flow heat exchanger will have the greater effectiveness—mixed-unmixed or unmixed-unmixed? Does it make a difference which fluid is mixed?

11. For the information given in Problem 10.10, which type of cross flow heat exchanger will need to have the larger frontal area—mixed-unmixed or unmixed-unmixed?

프로젝트 기술 11

Project Descriptions

이 장에서 기술하는 프로젝트 각각은 엔지니어링 팀에 의해 한 학기에 걸쳐 해결되도록 설계되었다. 프로젝트에는 추천하는 팀 구성원 숫자가 기재되어 있다.

이 프로젝트에 착수하고자 하는 학생들은 설계 과정, 공학 설계의 특성, 설계 단계들, 코드 및 표준, 경제성, 제품 안전성, 입찰 과정, 그리고 특히 프로젝트 관리, 프로젝트 계획, 내부 문서, 보고서 준비에 대한 개관에 대해서는 1장을 참조하라. 학생들은 이 주제의 각각을 살펴보고 해결 단계에서 이들을 적절하게 적용할 것을 권장한다.

1장에서 논의되지 않았던 다른 변수들 또한 중요하므로 고려하여야 한다. 이와 같은 변수들로는 생산 과정, 경제 요소들, 안전성, 신뢰성, 미적 특성, 윤리적 문제 등이 있다.

또한 설계의 전체 수명 주기를 고려하는 것 역시 중요하다. 특히, 1년, 5년, 또는 20년 후에 설계는 어떻게 작동할 것인가? 어떻게 설계가 유지될 것인가? 어떻게 사용될 것인가? 어떻게 마케팅할 것이며, 소비자 만족도는 어떻게 결정할 것인가? 이와 같은 사항들이 해결책의 일부분으로 고려되어야 한다.

서면 보고서

다음으로, 프로젝트의 공학적 단계가 완료되었고, 결과를 전달할 필요가 있다고 가정하자. 대개 컨설턴트는 고객에서 **서면으로 보고**하거나 **구두 프레젠테이션**을 한다. 서면 보고서는 여러 사항들을 포함하고 있을 것인데, 동반된 그림에 *제안하는* 예제 포맷이 주어져 있다. 각각의 사항은 다음과 같이 같다.

보내는 편지(Letter of Transmittal)—고객에서 서면으로 프로젝트가 완료되었고 결과는 동봉하는 보고서에 주어져 있다는 것을 언급함

속표지(Title Page)—프로젝트 제목, 완료된 프로젝트 마감 시한, 프로젝트에 참여한 엔지니어들, 컨설팅 회사 이름을 표기한다. 보고서의 모든 페이지는 번호, 날짜, 그리고 컨설팅 회사와 연계된 무언가가 표시되어 있을 필요가 있다는 것에 유의하라.

문제 정의(Problem Statement)—연관된 모든 이들이 어떤 프로젝트가 완료되었는지 알게 하기 위하여 간결하게 문제를 재언급하라.

결과들의 요약(Summary of Findings)—해결책의 세부사항들을 요약하라. 이 절은 예를 들면 어떤 펌프를 살지, 어떤 크기의 배관선을 사용할지, 배관을 어떻게 연결할지, 어떤 열교환기를 이용할지 등과 추천하는 공급자, 모든 구성요소들의 비용과 같은 사항들을 제시할 것이다. 시스템의 도면들 역시 포함된다. 요약은 고객이 모든 구성요소들의 설치를 담당할 계약자에게 제출할 수 있을 정도로 완전하여야 한다.

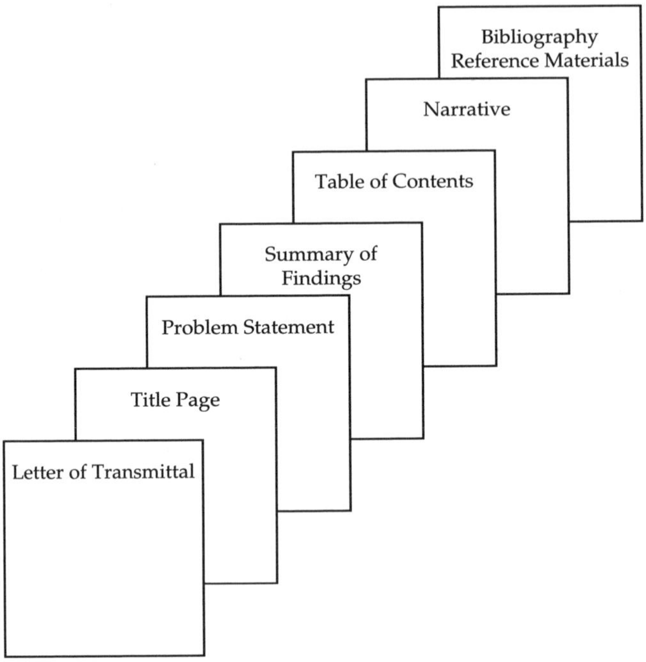

그림 11.1 서면 보고서의 구성요소들

목차(Table of Contents)—읽는 사람이 보고서의 어떤 절을 읽을 것인지 안내한다.

서술(Narrative)—요약에 특정된 모든 구성요소들의 세부사항과 왜 이것이 선정되었는지 제시하라. 예를 들어, 어떻게 펌프가 선정되었는지에 대한 세부사항이 여기에 포함될 것이다. 읽는 사람이 전개 과정의 *각* 단계를 따라 갈 수 있도록 충분한 세부사항들이 포함되어야 한다. 서술의 구조와 모든 절의 제목들은 쓰는 사람에 따라 다를 것이다. 하지만, *만약 사람들이 당신의 보고서를 읽고 쓴 것을 이해하지 못한다면, 당신은 당신을 충분히 표현하지 않은 것이다*. 읽는 사람들을 위해 보고서를 써라.

특별히 관심을 둔 현재 주제는 아래와 같다. 이 모든 주제들이 모든 설계 프로젝트에 적용되는 것은 아니다. 하지만, 당신의 프로젝트에 적용된 주제는 서술의 끝에 언급되어야 한다.

- 제한 사항들
- 경제적 요소들
- 환경적 요소들
- 유지성
- 생산성
- 윤리적 문제들
- 건강 및 안전성 문제들
- 사회적 문제들
- 정치적 문제들

참고문헌(Bibliography/Reference Materials)—설계의 특정 사항에 도달하기 위해 사용한 문헌의 제목 및 출판물을 보여라. 이 절은 또한 펌프 동작 곡선과 같이 공급자의 카탈로그로부터의 정보를 포함하여야 한다.

서면 보고서는 가능한 한 전문적으로 보여야 한다. 잘 쓰인 프레젠테이션은 작성자가 꼼꼼하다는 것을 보여주고, 고객에게 일을 완성하는 데 많은 신경을 썼다는 확신을 줄 것이다. 활자, 그래프, 도면, 그리고 차트는 컴퓨터로 작성해야 하며, 직접 손으로 그려서는 안 된다. 전체 보고서는 제본되어야 하며, 고객에게 1부 이상의 복사본을 제공하여야 한다.

구두 보고

구두 보고는 짧아야 하며, 세부적이어선 안 된다. 구두 보고는 문제 정의와 최초 및 운영비용을 포함한 결과들의 요약으로 구성된다. 만약 질문을 받는다면, 보고자는 서술란에서 찾을 수 있는 세부사항을 언급할 수 있다. 따라서 보고자는 *전체* 연구의 세부사항들에 대해 설명할 준비가 되어 있어야 하지만, 단지 문제 정의와 요약만 보고하여야 한다.

Titles of Projects

	Projects with Three Engineers	Fluid Mechanics	Heat Transfer
1.	Bicycle Dynamometer	√	
2.	Tire Pressure Readout	√	
3.	Automatic Lawn Sprinkler System	√	
4.	Domestic In-Wall Vacuum Cleaning System	√	
5.	Dehumidified Air Supply	√	
6.	Signaling Funnel	√	
7.	An Artist's Palette	√	
8.	Vacuum System for Cleaning Buses	√	
9.	Ventilation System for a Spraying Booth	√	
10.	Pneumatic Seat	√	
11.	Pneumatic Nut Cracker	√	
12.	Fireplace Heat Recovery	√	√
13.	Heat Recovery in a Sheetrock Plant	√	√
14.	Design of a Baseboard Heater	√	√
15.	A Sandblaster That Uses Ice	√	√
16.	Warming Plate for Food Services	√	√
17.	Shaved-Ice Maker	√	√

	Projects with Four Engineers	Fluid Mechanics	Heat Transfer
18.	Inflatable Dike	√	
19.	Measurement of Flipper Thrust	√	
20.	Vacuum Cleaner Efficiency Ratings	√	
21.	Paddle Wheel Design	√	
22.	Bicycle Frame Finishing Process	√	
23.	Ceiling Fan Blade Design	√	
24.	Mileage Meter for a Conventional Automobile	√	
25.	Design of a Portable Car-Washing System	√	
26.	Solar Assisted Composter	√	
27.	Underground-Stored Barricade	√	
28.	Controlled Environment for Special Metals	√	
29.	Elevator Buffer Design	√	
30.	Slab-Heated Warehouse	√	√
31.	Hot-Water Dispenser	√	√
32.	Personal Ice Maker	√	√
33.	Greenhouse Climatic Conditions	√	√
34.	Solar-Heated Swimming Pool	√	√
35.	Economics of Fuel Tank Insulation	√	√

36.	A Three-Ton Source of Cool Air	√	√
37.	Heated Driveway Slab	√	√
38.	A Portable Source of Cool Air for Golf Carts	√	√

Projects with Five Engineers	Fluid Mechanics	Heat Transfer
39. Finishing System for Wood Fences	√	
40. Pneumatic Freight Pipeline	√	
41. Windmill Sizing and Feasibility Study	√	
42. Water Feature	√	
43. A Toy Vertical Wind Tunnel	√	
44. Water Oil Separation Tank—Analysis & Testing	√	
45. High-Pressure Hose Tester	√	
46. Determination of Valve Coefficient	√	
47. Cooling System for a Series of Heat Sources	√	
48. Eccentric Guy's Pond	√	
49. The Cat's Meow: A Cat Washer	√	
50. Amusement Park Water Slide	√	
51. Flash Freezing of Chicken	√	√
52. Automatic Solar Hot Dog Cooker	√	√
53. Cooling Tower for an Internal Combustion Engine	√	√
54. Human-Powered Distillation Unit	√	√
55. Hot Lather Machine	√	√
56. Apparatus for Illustrating the First Law of Thermodynamics	√	√
57. Shower-Head Testing Unit	√	√
58. Ice Skating Rink	√	√
59. Analysis of "Energy-Efficient" Methods in Home Construction	√	√
60. Earth-Coupled Air Conditioning Unit	√	√
61. A Heating System for a Tank Car	√	√
62. Energy Recovery from an Electrical Generating Facility	√	√
63. Cooling Pond for a Power Plant	√	√
64. Heating of a Portable Review Platform	√	√
65. Analysis of a Piping Network	√	√
66. Steam and Air Supply Systems	√	√

11.1 | 자전거 동력계(3명)

동력계란 시스템의 출력 파워를 측정하는 장치이다. 동력계는 내연기관, 터빈과 자동차 등 광범위하게 힘을 재는 데 사용되었다. 동력계는 출력 파워가 전력 생산에 쓰이는 전기 형태일 수도 있고 출력 파워가 유체(대부분 물)를 펌프하거나 공기를 이동할 때 쓰이는 유체 형태일 수도 있다.

작은 스케일에서는(IC 엔진보다) 자전거 페달를 밟는 사람의 출력을 측정하는 것이 요구된다. 이러한 실험의 결과들은 인간의 파워 출력과 내구성에 관련된 물리 교육에 관한 연구와 자전거 생산자들에게 흥미로운 주제다. 그러므로 완전한 자전거가 부착되고 페달을 밟을 수 있는 동력계가 필요하고, 그로부터 출력 파워가 계산될 수 있다.

설계, 선정, 또는 결정되어야 하는 것들:

1. 동력계에 부착된 상태에서 자전거와 자전거 타는 사람의 무게를 견딜 수 있는 지지 시스템
2. 다양한 상태에서 자전거 타는 사람의 출력 파워을 계산할 수 있게 하는 유체 시스템
3. 제작을 위한 재료들과 전체적인 기기를 위한 설계
4. 이러한 기기를 만드는 데 들어가는 비용

11.2 | 타이어 압력 읽기(3명)

트랙터-트레일러 트럭은 장거리 물건 이송에 널리 사용된다. 운전수는 먼 거리를 운전한 이후에 급유와 차량을 점검할 수 있다. 하지만 타이어 압력이 낮은 상태로 고속주행하는 것은 위험하므로, 주행 중 타이어 압력을 모니터링하는 것은 매우 중요하다. 이에 따라 자동차가 움직이는 동안에도 타이어 압력을 알려주는 장치가 필요하다. 그런 장치는 버스에도 사용될 수 있다.

설계, 선정, 또는 결정되어야 하는 것들:

1. 타이어 압력에 따라 출력을 달리하는 센서
2. 센서 신호를 트랙터로 송출하는 장치
3. 센서와 송출기의 총 비용

주의: 트랙터의 전기 박스는 센서의 신호를 받아들여 psig 또는 kPa 단위의 디지털 숫자 표시가 가능하다고 가정한다. 설계와 비용 산정에서 전기 박스는 제외한다.

이런 장치가 이미 설계된 것이 있다면, 당신의 설계가 다른 사람의 특허권을 침해해서는 안 된다.

11.3 | 자동 잔디 물뿌리개 시스템(3명)

강사가 잔디 및 1층 집의 평면도를 제공할 것이다. 지하의 자동 잔디 물뿌리개 시스템을 설치하고자 한다. 알맞은 때에, 이 시스템은 적당한 양의 물이나 물/비료 혼합물을 풀, 관목, 꽃이 있는 곳에 균일하게 분사할 것이다. 집 소유주는 빗물을 두 개의 55갤런 철재 드럼에 보관하는데, 수돗물보다는 빗물을 사용해서 공급이 이루어져야 한다. 집은 이미 있고, 보수 공사라 가정한다. (혹은 집은 아직 지어지지 않았고, 이는 새로운 설치공사가 될 수도 있는데, 이 점은 강사가 결정한다.)

설계, 선정, 또는 결정되어야 하는 것들:

1. 필요할 경우, 펌프의 위치, 크기, 그리고 종류(수돗물의 압력은 65 psig로 둔다)
2. 지하의 배관이나 관의 연결, 그리고 재료
3. 물뿌리개 시스템을 통해서 (당신에 의해 특정된 때에) 잔디에 공급될 액체 또는 비료 혼합물들에 대한 사항(잔디는 St. Augustine이다)
4. 수돗물보다 수집된 빗물을 배분할 시스템에 대한 사항. 빗물이 없을 경우, 시스템은 수돗물을 사용하며, 자동적으로 전환이 이루어져야 한다.
5. 얼마만큼의 물이 잔디, 관목, 꽃에 공급되어야 하는지 여부, 그리고 언제 공급이 되어야 하는지 여부
6. 물뿌리개 노즐 종류, 숫자, 위치
7. 적절한 시스템 동작을 위한 자동 조절 장치
8. 설치, 예상 수명, 유지를 포함한 총 비용

주의: 이와 같은 시스템들을 제작, 설치하는 회사들이 있다. 이들로부터 이용 가능한 사항들을 참조하기에 앞서, 예비 설계를 통해 당신의 생각을 표현하고 시스템 설계에 대한 직관력을 개발시켜 보아라.

11.4 | 가정용 붙박이 진공 청소 시스템(3명)

단일층 집의 평면도는 전문가에 의해 제공되며 주어진 집에 붙박이 진공 청소 시스템을

설치하고자 한다. 중앙에 위치한 진공청소기 모터는 청소를 위한 파워를 공급하며, 수많은 호스가 주거지를 지나 다양한 벽에 설치된 연결부를 통해 청소기 모터에 연결된다. 사용자는 호스와 청소기 제작자로부터 제공된 청소 노즐을 필요한 커넥터에 부착하여 카펫청소를 할 수 있다. 현재 집들은 신축된 상태이며 위의 시스템을 새로 구축하고자 한다. (또는 집이 지어지지 않은 상태에서 이러한 시스템을 구축하고자 함)

설계, 선정, 또는 결정되어야 하는 것들:

1. 위치, 크기와 진공 청소기 모터의 종류(모터가 먼지를 흡입하여 먼지봉투로 보내야 하며, 먼지봉투는 일반적인 시스템에서 사용하는 것으로 교환이 용이해야 한다.)
2. 벽에 위치한 연결부 위치(접속이 용이하지 않은 위치를 피할 수 있도록 충분히 고려해야만 한다. 예를 들어, 소파나 가구등을 설치하는 위치 등)
3. 파이프 크기, 재질 및 모터에서 벽까지의 경로 등(모든 파이프가 동일한 지름을 가져야 하는가?)
4. 호스 길이와 청소 노즐용 부착물(또한 호스와 노즐은 어떻게 보관할 것인가?)
5. 장착비용을 포함한 시스템의 총 비용. 이동식 진공청소기에 비해 빌트-인 진공청소기가 비용경쟁력이 있는지에 대한 비교가 필요함

주의: 위의 시스템의 제작자와 설치자가 있으므로 이들 중 자문을 하기 전에 생각을 표현할 수 있도록 가설계를 수행하고 시스템 설계를 위한 직관력을 키우도록 한다.

11.5 제습 공기 공급(3명)

150-HP 내연기관을 테스트하여 건조한 환경(예: 사막)에서의 운전 특징을 측정한다. 주 요건은 제습 공기의 안정적인 공급을 엔진에 가용할 수 있게 만들어야 한다는 것이다. 게다가 사막과 유사한 조건의 적절한 시뮬레이션 온도 범위에 대해 제습 공기가 공급돼야 한다.

설계, 선정, 또는 결정되어야 하는 것들:

1. 150-HP (112 kW), 4행정 엔진의 공기 소비
2. 사막 조건을 모방하기 위해 입구 공기에서 가능한 많이 습기를 제거할 수 있는 제습기
3. 사막 조건이란 무엇인가?
4. 제습 공기의 온도를 조절할 수 있는 수단

5. 공기를 가용할 수 있게 만드는 방법(예를 들면, 안정적인 플로우 상태에서 혹은 저장 탱크로부터)
6. 시스템의 총 비용; 엔진 입구에 부착하는 데 필요한 모든 구성품 포함

11.6 | 깔때기 신호내기(3명)

탱크를 채우려고 깔때기를 사용해본 사람들은 용기를 지나치게 가득 채우는 문제와 액체가 위에서 흐르는 등의 경험을 자주 한다. 이것은 잔디 깎는 기계의 탱크를 채울 때 흔한 일이다. 탱크 내부에 대한 사용자의 시야는 깔때기에 의해 방해받는다. 탱크가 가득 차 있을 때에는 기름이 유출되면서 엉망인 상황과 더불어 안전상의 위험을 초래한다. 탱크가 가득 차 있는 상태일 때 사용자가 기름을 그만 붓게 하는 신호를 내보내는 깔때기를 설계하는 것이 제안된다.

설계, 선정, 또는 결정되어야 하는 것들:

1. 기름과 함께 사용되는 깔때기를 설계할 때 필요한 올바른 재료들
2. 신호를 보내는 기기나 방법
3. 개인별로 멈추기 위해 필요로 하는 시간이 다르므로, 서로 다른 반응 시간들을 반영하기 위한 신호 조절 방법
4. 신호가 발생하는 깔때기를 생산하는 데 필요한 총 비용

11.7 | 예술가의 팔레트

예술가의 팔레트를 고려한다. 기존 팔레트에는 7가지 다른 색의 물감이 담길 홈이 있다. 그런데 예술가는 녹은 크레용을 담기 위한 8개의 홈이 있는 팔레트가 필요하다. 예술가는 Crayola 사가 만든 8개 세트 제품의 크레용을 사용하려고 한다.

하나의 홈에 한 색의 크레용이 담기고, 팔레트는 모든 크레용을 동시에 녹이기 위해 가열된다. 예술가는 선택한 색의 크레용에 붓 등을 담근 후 도화지에 칠한다. 팔레트는 반드시 휴대용이어야 하고, 어떤 방식으로든 크레용을 녹이기 위해 건전지를 사용해야 하며, 크레용이 녹은 상태로 최대한 오래 유지할 수 있어야 한다.

설계, 선정, 또는 결정되어야 하는 것들:

1. 크레용은 몇 도에 녹은 것인가? 모든 색이 같은 온도에서 녹는가? 8세트에는 어떤 색의 크레용이 있는가? 왜 이 색들이 선택되었는가? (공개된 자료보다 녹는점 측정을 권장)
2. 건전지로 크레용을 녹일 수 있는 장치를 설계하라. 디자인이 유효하려면 팔레트가 금속으로 만들어져야 하는가? 플라스틱으로 만들 수 있는가? 플라스틱이나 금속이 열전달 목적으로 더 좋은 선택인가? 만약 크레용의 온도가 높은 상태로 유지되어야 한다면, 사용자는 그것을 사용하기 위해 장갑을 껴야 하는가?
3. 8개의 홈을 갖는 팔레트를 설계하여라.
4. 상온의 붓을 녹은 크레용에 담그면 크레용을 굳게 만들 수도 있다. 이 문제를 해결하기 위해 붓을 예열하여야 하는가? 그렇다면, 붓을 예열하는 방법을 설계하여라.
5. 7개 홈을 가진 플라스틱 팔레트는 3.75달러이다. 9개 홈을 가진 팔레트는 5.25달러, 11개 홈을 가진 팔레트는 6.75달러이다. 왜 이들 팔레트에는 홀수의 홈이 있는가?
6. 당신이 설계한 팔레트의 비용을 계산하여라.

11.8 | 버스 청소를 위한 진공 청소 시스템(3명)

지방 교통국은 대중교통에 사용되는 운송 수단, 특히 버스를 운영하고 유지하는 책임이 있다. 유지와 관련된 일 중의 하나는 매일 저녁 버스가 차고지로 돌아왔을 때 버스를 청소하는 것이다. 현재, 개개인들이 돌아다니면서 큰 쓰레기들을 줍고, 바닥을 진공 청소하는 식으로 버스를 청소하고 있다. 이런 방법은 시간이 많이 소요될 뿐 아니라 시간당 인건비 측면에서도 비싸다.

버스들을 청소하기 위해 큰 공기 이동 시스템을 사용하는 것이 제안되었다. 두 개의 큰 공기 배관이 버스에 연결된다. 하나의 배관은 고속, 고압의 공기를 전달하고, 다른 하나의 배관은 승객 칸으로부터 배기 공기를 빨아들인다. 이런 시스템을 사용하면 개인이 버스를 청소하기 위해 버스 사이를 걸어 다닐 필요가 없으며, 청소에 훨씬 적은 시간이 소요된다.

설계, 선정, 또는 결정되어야 하는 것들:

1. 시스템의 전체 설계
2. 공기 배관의 크기, 사용 재료, 부착 방법
3. 공기 전달 유닛의 크기 및 구입원

4. 시스템의 총 비용

5. 비용 효율성에 대한 정의문과 함께, 절약되는 시간 및 노동 비용(만약 있다면)

11.9 | 분무실(Spraying Booth) 환기 시스템(3명)

가구제작자는 가게에 분무실을 설치하여 붓을 사용하지 않고 분무를 통한 가구 광택작업을 하고자 하며 사용 가능한 공간은 3.66 m × 3.66 m × 3.05 m이다.

광택용 니스는 스프레이건(spray gun)를 통하여 작업자에 의해 직접 분사되며, 이때 공기 중에 떠 있는 광택용 니스들은 작업자 몸에 악영향을 미치므로 이를 방지하기 위한 적절한 환기 시스템이 필요하다. 더불어 환기는 다른 공정 과정이나 건조 과정의 효율을 저해해서는 안 된다.

설계, 선정, 또는 결정되어야 하는 것들:

1. 부스의 크기가 충분한가

2. 공기를 들여보내거나 배출할 수 있는 덕트 시스템

3. 공기를 움직일 수 있는 팬

4. 팬, 덕트시스템, 이음새를 포함한 총 비용

5. 분무실의 유동이 다른 공정 과정이나 건조 과정에 미치는 영향

11.10 | 공압식 시트(3명)

노인과 특정 장애자는 종종 앉은 자세에서 서는 데 어려움을 겪는다. 사람이 앉은 후 좌석에서 그 사람을 리프팅하는 데 도움을 주는 팽창 장치를 설계할 것을 제안한다. 장치는 소형 컴프레서를 이용하여 팽창돼야 하며 앉기에 편안해야 한다. 장치는 의자의 일부일 수 있으며 혹은 이동 가능하고 의자에 설치할 수 있는 어떤 것일 수도 있다.

설계, 선정, 또는 결정되어야 하는 것들:

1. 팽창 가능한 좌석

2. 이것에 활용할 수 있는 재료

3. 적합한 컴프레서 및 연결 관

4. 시스템의 총 비용

11.11 | 공압 호두 까기(3명)

1년 중 시원한 달에는 다양한 종류의 견과류가 수확되어 식품점에서 판매된다. 소비자는 견과류를 구매하여, 먹을 수 있는 알맹이와 아닌 부분을 분리하기 위해 호두 까는 기계를 사용하여 껍질을 연다. 대부분의 호두까는 기계는 수동으로 작동된다. 한 설계에서는, 호두 까는 기계의 두 개의 다리가 힌지 핀에 의해 공통의 브릿지에 연결되어 있다. 호두는 두 다리 사이에 놓이며 껍질이 열릴 때까지 다리를 눌러준다. 사용자는 그 다음에 열심히, 그리고 때때로 참을성 없이 일하여 껍질로부터 알맹이 부분을 빼낸다.

또 다른 설계에서는, 호두는 금속제 고정기의 끝자락에 놓여진다. 움직일 수 있는 철 조각이 선로를 타고 지렛대에 의해서 호두에 대고 밀어진다. 가해진 힘으로 껍질을 깨뜨릴 수 있다. 대안으로는 철 조각이 스프링에 의해서 호두 쪽으로 가속된다. 스프링을 압축하기 위해서 철 조각은 호두로부터 멀어진다. 놓아질 때, 스프링이 철 조각을 호두 쪽으로 밀며, 이 충격력은 껍질을 깨뜨릴 수 있는 만큼 세다.

마케팅 회사에서 공압 호두 까는 기계를 선보이는 것이 바람직하다고 결정했다. 스프링에 있는 위치에너지를 사용하는 것보다 압축된 공기를 지닌 공기실의 위치에너지를 사용하여 철 조각을 호두 방향으로 가속한다. 마케팅 회사(이 프로젝트에서 일할 가능성이 있는 기술자들)는 호두 까는 기계 중에 가장 효율적인 기기는 아닐 거라는 것을 인지하고 있다. 그러나 이 아이디어가 새로우며, 설계는 관심을 끌 수 있고, 독특한 특징 때문에 충동적으로 구매할 사람도 있다고 판단한다. 그러므로 이 설계에서는 외관과 독창성이 아주 중요하다.

설계, 선정, 또는 결정되어야 하는 것들:

1. 가을에 다양한 종류의 견과류를 깨기 위해 필요한 힘을 결정하기 위한 방법
2. 충격력의 발생을 나타내는 자세한 설계 내용과 계산을 보여주는 공압 호두 까는 기계
3. 디자인의 독창성과 매력적인 요소를 보여주는 설명
4. 공압 호두 까는 기계의 총 비용

11.12 | 난로의 열 회수(3명)

판금 화로는 건물이 지어진 이후에도 실내에 추가로 설치될 수 있으므로, 집이 지어질 때부터 설치할 필요가 없다. 판금 난로의 효용성을 높이기 위해, 평상시에 배기가스와 함께 굴뚝으로 빠져나가는 열을 더 회수할 수 있는 장치를 고안하자는 제안이 있다. 더 많은

연소열을 가장 유용하게 전달하는 방법은 더 많은 실내 공기를 가열할 수 있는 대류라고 알려져 있다.

설계, 선정, 또는 결정되어야 하는 것들:

1. 판금 화로(지도 교수의 승인을 받을 것)

2. 판금 화로에 사용될 열교환기(비슷한 설계가 있는 경우, 당신의 설계는 기존의 것과 상당히 달라야 함. 또한 기존 설계를 분석하여야 함)

3. 장치의 총 비용

11.13 | 시트록 공장에서 열 회수(3명)

시트록을 생산하는 데 필요한 요소 중 하나는 물이다. 시트록 생산과정은 약 29.4°C 온도를 가진 4.42 m^3/s의 물을 필요로 한다. 여름 동안 수돗물의 온도는 32.2°C까지 올라갈 수 있다. 그 외의 달에는 시에서 공급하는 물의 평균 온도는 약 7.2°C이다. 물이 공정에 성공적으로 사용될 수 있기 위해서는 이 물을 가열하여야 한다. 물은 저장 탱크 내에 있을 때 천연 가스 버너에 의해서 가열된다.

시트록 생산의 마지막 공정 중 하나는 건조 과정이다. 가열된 공기가 오븐에 있는 시트록 주위로 팬에 의해서 움직여진 다음 배기된다. 따뜻하고 습기가 찬 배기 공기로부터 에너지를 회수하여 이 에너지를 7.2°C(최악의 경우) 온도로 들어오는 수돗물을 최대한 따뜻하게 가열하는 데 사용하고자 한다. 회수된 에너지는 주 가열 원료인 천연가스의 필요성을 줄여줄 것이다. 운영 조건상, 열 회수 시스템은 8개월 동안 주당 6일, 24시간 동안 작동할 것이다.

그림 11.2는 건조 오븐와 저장 탱크의 위치를 보여준다. 보이는 바와 같이, 물은 오븐으로부터 91.5 m 떨어져 있다. 각각의 굴뚝에서의 공기의 체적유량은 6.61 m^3/s으로 측정되었고, 출구에서의 온도는 약 110°C이다.

설계, 선정, 또는 결정되어야 하는 것들:

1. 적절한 열교환기 종류, 크기, 위치, 재료

2. 펌프(필요시) 크기, 위치, 재료

3. 배관, 배관 이음새, 크기, 연결, 그리고 재료(유량계 또는 배관 단열이 필요할 수 있음을 고려하여라)

4. 설치, 운영, 유지를 포함한 총 시스템 비용

5. 투자 회수 기간

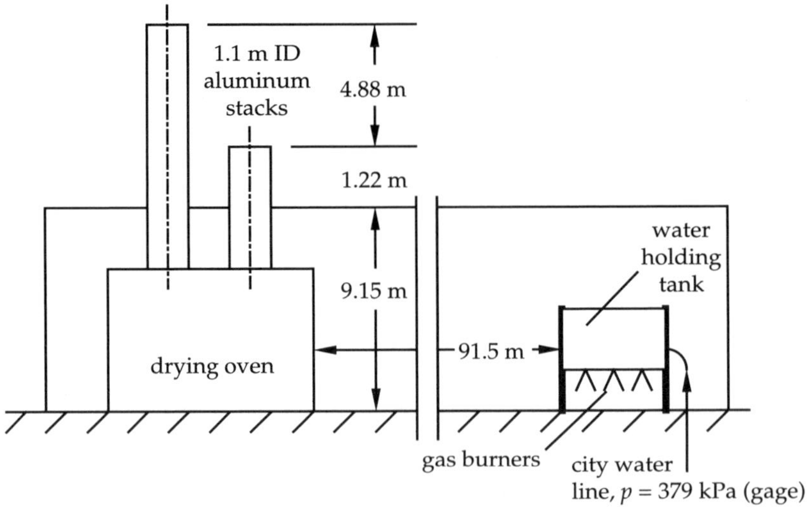

그림 11.2 건조 오븐과 저장 탱크를 보여주는 배치

11.14 | 베이스보드형 히터 설계(3명)

베이스 보트형 히터는 핀(fin)이 유체가 가득 찬 구리 관에 부착된 형태의 히터이다. 구리 관 내부는 고온의 물이나 오일이 관을 지나는 구조로 제작되며, 핀은 자연대류를 통해 유체로부터 주변의 공기로 열을 전달하게 된다. 가열기를 만드는 제작자는 세 개의 베이스 보트형 히터를 추가하여 길이가 긴 가열기를 제작하고자 한다. 유체를 관을 통해 순환시키는 방법보다는 유체를 관에 채우고 어떤 종류의 전기히터를 부착하고 관을 막는 방법을 사용하고자 한다. 이를 통해 사용자는 필요한 크기를 가지는 히터를 구매할 수 있고 이를 배이스 보드의 벽면에 부착한 후 110 V의 AC전원을 인가하면 히터는 전기에너지를 열에너지로 변환하게 된다. 제작자는 일반적으로 집에서 사용하는 1000-(293 W), 2000-(586 W)과 3000-(878 W)의 제품을 만들기를 원한다.

설계, 선정, 또는 결정되어야 하는 것들:

1. 각각의 히터에 필요한 관의 크기
2. 핀이 장착된 "기성품" 관을 사는 것이 좋은지 아니면 제작하는 것이 좋은지?
3. 각각의 히터가 필요한 가열 장치의 크기와 형태
4. 각각의 히터를 보호하기 위한 하우징

5. 열교환 작동유체(또는 기체)와 관의 종류
6. 각각의 히터의 총 비용

이러한 장치들은 이미 설계가 되어 사용 가능한 상용제품들이 있다. 여기서 설계되는 제품은 다른 제품들의 특허권을 침해하지 말아야 한다.

11.15 | 얼음을 이용하는 샌드블라스터(3명)

샌드블라스팅은 세사 미립자가 고속 공기 분사를 통해 벽돌 벽이나 도장된 금속과 같은 대상물을 향해 발사되는 작업이다. 모래는 표면 부분을 제거하고 (사실상) 대상물을 재마감하는 연마제로서의 역할을 한다. 이후 모래는 (인클로우즈되어 있지 않다면) 작업장 주변에서 샌딩된 물질과 더불어 공기 중에 자욱해진다: 이러한 것은 안전상의 이유로 이의를 제기할만한 여지를 가지고 있다. 게다가 모래는 지면에 쌓여서 청소 문제를 야기한다.

모래를 대신하는 대용물로서 얼음 미립자 사용이 권장된다. 얼음은 대부분 표면을 재마감한 후 (시간이 경과하면서) 물로 녹아서 배수된다.

설계, 선정, 또는 결정되어야 하는 것들:

1. "얼음" 블라스터 생산용 시스템
2. 얼음 미립자의 적절한 모양 그리고 이것의 생산 방법
3. 얼음 미립자를 발사하는 방법(최적의 속도가 있는가?)
4. 전통적인 샌드블라스터에서 모래 대신 얼음을 사용할 수 있는지 여부
5. 시스템의 총 비용
6. 성능 및 비용 측면에서 전통적인 샌드블라스터와의 비교

11.16 | 음식 서비스를 위한 보온 판(3명)

그림 11.3은 보온 판의 개략도이다. 이러한 접시들은 요리하지 않고 고기를 데우는 음식 서비스에서 사용된다. 예를 들어 스테이크는 레스토랑에서 냉동고에 저장될 수 있다고 하자. 고기를 좋아하는 고객이 스테이크를 달라고 하면 그 고기는 요리되기 전에 해동이 돼야 한다. 이 프로젝트의 목적은 고기를 요리하지 않고 해동시킬 수 있는 기구를 설계하는 것이다. 그림 11.3은 그러한 기구의 예비 설계를 보여준다.

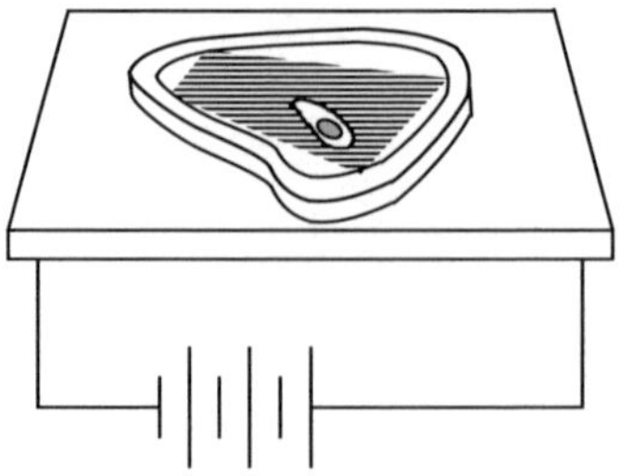

그림 11.3 보온 판

설계, 선정, 또는 결정되어야 하는 것들:

1. 보온 판 전력원의 설계
2. 쓰일 재료. 스테인리스여야만 하는가?
3. 보온 판 표면의 "적절한" 온도. 요리는 하지 않고 대상을 데울 수 있어야 한다.
4. 이 기구를 다른 음식에 사용할 것인가. 이 보온 판으로 고기와 채소가 동시에 사용되어야 하는가?
5. 보온 판 표면의 크기는 어느 정도여야 하나?
6. 기기를 설계하고 비용이 얼마일지를 결정하라.

11.17 | 빙수기(3명)

많은 미국의 남쪽 도시에서, 여름에 "스노볼(snowball)"이라는 음료가 널리 음용된다. 스노볼(종종 snow cone 또는 slush로도 불림)은 225 또는 340 g의 얼음 위에 향이 나는 시럽을 부은 것이다. 시럽은 물과 설탕, 그리고 딸기나 초콜릿, 레몬 등의 맛을 혼합한 것이다.

한 음식 회사가 스노볼 제작에 적합한 빙수기를 시장에 내놓으려 한다. 일반적으로 300 × 300 × 300 mm의 얼음 덩어리가 공급되면, 이 기계는 얼음을 갈거나 작은 얼음 덩어리로 분쇄하여야 한다.

설계, 선정, 또는 결정되어야 하는 것들:

1. 빙수기를 설계하여라. 얼음을 갈기 위해서는 얼마의 동력이 필요한가? 블레이드가 사용된다면, 어떤 종류의 "블레이드"가 사용되어야 하는가? 장치의 모든 재료를 정하여라.
2. 갈리거나 분쇄된 얼음의 질을 어떻게 결정할 것인가? (여기서 얼음의 질은 얼마나 얼음이 잘 갈렸는지를 의미함). 갈린 얼음의 질을 상, 중, 하로 나눌 수 있는 척도를 만들어라.
3. 갈렸거나 분쇄된 얼음에 관련된 ASTM 기준이 있는가?

4. 당신(또는 다른 사람)이 정한 질의 기준을 바탕으로, 스노볼 용 얼음은 어느 정도의 질을 나타내어야 하는가?

5. 당신의 빙수기는 얼마의 비용이 필요한가? 현재 시장에 있는 다른 기계들의 비용은 얼마인가?

11.18 | 팽창형 제방(4명)

저지대에서 홍수는 재앙이자 재산상의 손실을 가져온다. 홍수가 발생한 후, 주택 소유자들은 엄청난 청소 및 재건축 비용에 직면하게 된다. 더군다나, 보험회사들은 해수면 고도 아래에 거주하는 주택 소유자들에게 홍수 관련 보험을 판매하지 않으려고 한다. 결과적으로 가장 바람직스러운 것은 홍수에 대한 방비책을 준비하는 것이다.

적절히 형성된 팽창성 물질을 집(판 위에 지어진) 주위에 매설한 후, 범람한 지하수에 의해 홍수가 발생 시 매설된 장치를 팽창하는 것이 제안되었다(그림 11.4). 제방은 집 주변으로 완전히 팽창되어야만 하며, 과거 최악의 경험들에 비추어 판 위로 254 mm 높이로 솟아오르는 물을 충분한 막아 주어야 한다. 추가적으로, 사용하지 않을 때 제방은 수축될 수 있어야 하며 지하에 매설되어 있어야 한다. 표층의 흙을 덮어서, 제방의 흔적을 보이지 않게 하여야 한다.

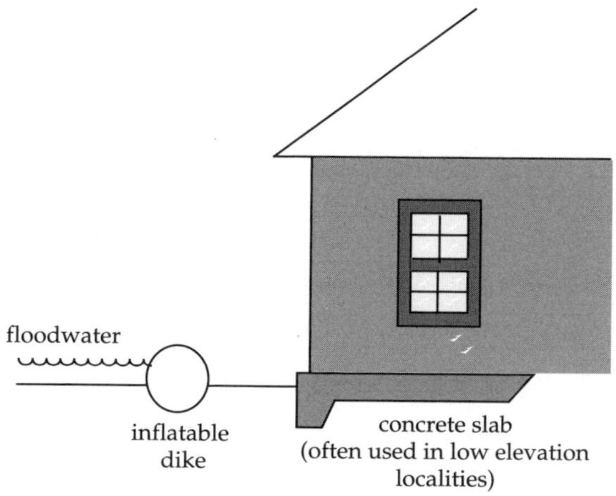

그림 11.4 팽창형 제방 개념도

설계, 선정, 또는 결정되어야 하는 것들:

1. 집 주위로 완전히 팽창되는 팽창형 제방의 설계(제방 물질은 판 아래에도 있어야 하는

가? 이 물질은 공기로 팽창되어야 하는가, 아니면 액체로 충분할 것인가?)

2. 제방에 사용될 재료, 어떻게 만들어져야 하는지 여부

3. 제방을 팽창시킬 방법(또는 액체로 채울 방법)

4. 전체 시스템 및 운영에 대한 총 설치 비용

11.19 | 오리발 추력 측정하기

오리발을 제조하는 회사는 전통적인 형태의 오리발을 보완하는 것과 더 높은 추력을 가진 오리발을 판매하는 것에 관심을 가지고 있다. 이러한 점으로 인하여 추력 측정은 필요하다. 하지만, 추력 측정을 고안한 사람은 바로 오리발을 사용하는 잠수부였으며, 비교장치를 제작하였다. 이것은 열린 형태의 터널형 수로로 구성되었으며 잠수부가 물속을 수영해 가거나 정지 상태로 유영하는 것으로 오리발의 추력을 측정한다.

설계, 선정, 또는 결정되어야 하는 것들:

1. 잠수부가 앞으로 나아가지 않는 동안 수영할 수 있는 시설. 만약 기계를 사용하더라도 이 점을 설계에서 고려해야 한다.

2. 알맞은 측정값을 얻기 위한 장치 필요

3. 시설을 짓기 위한 재료, 설계, 배치, 조작

4. 전체 시설의 건설, 운영비용

11.20 | 진공 청소기 효율성 등급(4명)

소비자용으로 제조되는 대부분의 장치는 등급이 매겨져 있다. 예를 들면 냉장고의 경우 제조업자는 매년 이것을 운영하는 비용을 밝히는 표준 테스트를 거쳐서 냉장고의 등급을 매긴다. 자동차도 표준 테스트를 통해 등급이 매겨지며, 제조업자는 갤런당 마일 수치를 보고한다. 등급을 개발하는 데 있어서 핵심은 표준 테스트 설정에 있다. 그러한 테스트는 보통 전문적, 기술적 협회의 감독이나 지원을 받아서 개발되거나 혹은 산업에서 상당한 경력을 갖춘 엔지니어들이 개발한다.

진공 청소기 제조업자들은 진공 청소기를 테스트하기 위한 표준 방법 설계를 컨설팅 기업에게 맡기기로 결정했다. 중요하다고 여겨지는 파라미터는 컨설턴트들이 선정해야 한다. 수용할 수 있거나 혹은 전통적인 포맷으로 절차서를 작성해야 한다.

설계, 선정, 또는 결정되어야 하는 것들:

1. 진공 청소기 테스트에 관한 기존의 방법과 기법을 연구한다.
2. 진공 청소기 성능을 평가하기 위한 방법과 절차를 개발한다.
3. ASTM 표준을 참조하여 동일한 스타일로 절차서를 작성한다.
4. 당신 자신의 절차를 따르면서, 3개의 상이한 진공 청소기를 선정하여 이것들을 평가한다. 당신이 개발한 성능 요소 등급책정에 결과를 적는다.

11.21 | 외륜 설계(4명)

옛날에는 증기선이 물건과 승객들을 이동시키는 데 광범위하게 사용되었다. 증기로 동작되는 피스톤들은 큰 외륜을 회전시키는 힘을 제공하여 그 외륜들이 증기선이 물 위에 나아갈 수 있도록 해주었다. 전통적으로 패들(노)은 틀에 끼어진 판이다. 각 판이 수면 아래서 회전되어 추력이 발생한다. 판들의 모양은 평평했지만, 다른 모양이나 다른 방법으로 물 아래에서 회전시키는 것은 힘을 더 많이 전달할 수 있다고 여겨진다.

설계, 선정, 또는 결정되어야 하는 것들:

1. 재료, 전형적인 회전 속도, 외륜에서 생성되는 추력, 그리고 효율을 포함하는 전통적인 "블레이드"에 대한 해석
2. 재료, 블레이드의 개수, 예상되는 추력과 효율성을 포함하는 새로운 설계의 제안(회전 속도는 전통적인 스타일과 동일해야 한다)
3. 전통적인 바퀴의 현재 비용
4. 새롭게 설계된 바퀴의 현재 비용

11.22 | 자전거 프레임의 마무리 공정(4명)

마무리 페인트 작업을 외주로 맡겼던 자전거 프레임 제작사가 자체 도색 설비를 제작 공장 옆에 설치하고자 한다. 이 설비에서는 처리된 프레임을 가져와 초벌과 마무리 페인트를 칠하는 작업을 한다. 마무리 페인트로는 에나멜 종류가 적분하다고 결정되었다. "Orange Peel(오렌지 껍질을 연상시키는 마무리 페인트)"은 적합하지 않다.

설계, 선정, 또는 결정되어야 하는 것들:

1. (철) 자전거 프레임에 매력적이고 내구성이 좋으며 녹에 강한 마무리 페인트를 칠하기

위한 공정
2. 일괄공정 유형과 조립라인 유형 중 마무리 공정에 더 적합한 방식은?
3. 각 공정에 필요한 시스템(예를 들어, 탱크 안에서의 화학적 처리 공정을 하는 경우에는 탱크 설계와 화학약품 선정이 필요하다. 부스에서의 페인트 도포는 부스와 도포 장치의 선정이 필요하다.)
4. 안전 요구 조건(예를 들어, 페인트 도포 부스가 사용되면 적절한 환기)
5. 운영과 유지비용을 포함한 설비의 총 비용

11.23 | 천장 팬 블레이드 설계(4명)

천장 팬은 방 안의 공기를 순환시켜서 거주자들을 좀 더 편안하게 해 주고자 수년 동안 사용되어 왔다. 팬은 모터와 4개 이상의 블레이드로 구성되어 있다. 블레이드 자체는 일반적으로 평편하고 밑단보다는 끝단 부분이 넓다. 일반적인 팬들의 공기를 움직이는 기능에 대한 성능 평가는 존재하지 않는데, 이는 측정에 필요한 표준화된 방법이 개발되지 않았기 때문이다.

설계, 선정, 또는 결정되어야 하는 것들:

1. 일반적인 천장 팬의 표준화된 시험에 대한 제안문을 작성하여라.
2. 팬을 선정하고, 블레이드에 대한 분석을 수행하여라.
3. 블레이드 디자인이 개선될 수 있는지 결정하여라. (단지 블레이드 디자인을 바꿈으로써 같은 동력으로 더 많은 공기를 움직일 수 있는가?)

11.24 | 상용 자동차의 주행 거리 측정기

자동차의 공인 연비는 자동차를 선택할 때 비교항목으로 매우 유용하다. 많은 운전자들은 운전하는 동안 갤런당 얼마나 많은 거리를 이동할 수 있는지 전자식으로 곧바로 알려주는 저렴한 장치를 가지기를 원한다. 주행 거리 측정기를 사용하면, 운전자의 운전방식은 나아지게 되고 자동차의 연료비용을 절감할 수 있도록 도와준다.

설계, 선정, 또는 결정되어야 하는 것들:

1. 연료의 유량을 측정하는 기술(유로 내의 장애물은 지나친 압력 강하를 유발한다. 장애물을 고려하여 설치 위치를 선정해야 한다.)
2. 측정된 유량을 "전자 장치"로 전송하는 방법(입력 신호 처리에 관한 설계로는 장소에 구

애받지 않는 것이 필수적이다. 마이크로 프로세서는 어떠한 두 가지의 아날로그나 디지털 신호를 더하거나 빼거나 곱하거나 나누거나 또는 디지털 입력 신호 및 디지털 판독을 수행하기에 성능이 충분해야 한다. 게다가, 화면은 mile/gallon이나 km/m^{3}과 같은 수치를 표시하며 단위 환산도 가능해야 한다.)

3. 자동차의 속도를 측정하여 전자 장치로 전송하는 방법

4. 재료, 설치 그리고 추가 장치의 구성

5. 구성품의 총 비용(마이크로 프로세서를 제외한), 초기, 운영, 유지 비용

11.25 | 이동식 세차 장치 설계(4명)

호스를 가지고 자동차를 손세차한 후 아마도 샤모아를 가지고 이것을 닦는 것은 다소 번거롭고 일정 시간이 걸린다. 그러나 그 방법은 저렴한 편이다. 대안으로서 차량 소유주는 그 작업을 수행하기 위해 여러 번 상업용 시설물을 이용할 수 있다. 이러한 것도 역시 일정 시간을 필요로 하며, 때때로 수작업보다 더 오래 걸리고, 그리고 비용이 비싸다. 이러한 2가지 방법의 절충점에는 자금모금(fund-raising) 작업이 있다. 이 작업은 비용이 거의 들지 않지만 수차례 혼란을 겪으며, 또한 일정 시간이 소요된다.

자금모금 그룹이나 주택 소유주가 사용할 수 있는 이동식 시스템 셋업이 제시되었다. 이것은 다음과 같이 구성돼야 한다: (a) 자동차 세정용 호스 연결부를 지닌 프레임워크; (b) 세척제를 사용하여 자동차를 세척하는 방법; 그리고 (c) 고속 아웃풋 블로워(보도와 도로를 세정하는 데 사용되는 유형)를 사용하여 자동차를 건조시키는 시스템. 따라서 이동식 시스템은 물 공급부에 연결을 하기 위해 원예용 호스를 사용하며 건조를 위해 원예용 블로워를 사용한다: 이러한 품목은 대부분의 가정에서 쉽게 구할 수 있을 것이라고 가정함. 추가로, 이 시스템을 사용하는 실제 비용이 손세차 비용과 비슷하다고 가정한다. 그러나 이 시스템의 목적은 너무 많은 추가 운영비를 발생시키지 않고 시간을 절감하는 것이다.

설계, 선정, 또는 결정되어야 하는 것들:

1. 주변에서 이동 가능하고 해체 가능한 것으로서 바퀴 달린 물 배포 프레임워크

2. 프레임용 호스 연결 및 물 살포 시스템

3. 세척제 살포 방법(아마도 비누와 물을 공급하는 또 다른 프레임) 그리고 차량 세척 방법

4. 차량을 건조시키기 위해 블로워를 부착하는 용도의 시스템

5. 시스템의 총 비용; 부품, 운영 및 정비 포함

6. 손세차와 비교하여 시스템 사용과 관련한 총 시간

11.26 | 태양열을 사용한 퇴비 통

진취적이고 환경을 생각하는 개인이 자신이 사용하기 위해 퇴비 통을 만들기를 희망한다. 기구는 적절한 폐기물을 받기 위해 필요한 통과 이 통을 회전시켜 안에 있는 것들이 잘 섞이게 하는 시스템을 포함해야 한다. 통은 사용자가 폐기물을 넣을 수 있도록 뚜껑이 있어야 한다. 더불어 통은 준비가 되었을 때 퇴비를 제거할 수 있어야 한다.

위에서 말한 바와 같이 통은 회전되거나 돌아야 하는데, 태양열을 사용하여 이런 것이 실행되어야 한다. 집열기는 태양열을 배터리를 충전시킬 때 사용되는 전기 에너지로 변환하고, 배터리는 필요할 때 통을 회전할 모터를 구동한다.

설계, 선정, 또는 결정되어야 하는 것들:

1. 통이나 드럼은 얼마나 커야 하는가? 55갤런(208리터) 금속 드럼통은 사용 가능한가? 아니면 플라스틱 형태의 더 작은 것이 만들어져야 하는가?
2. 통의 내부는 폐기물이 잘 섞이게 하기 위해 날개나 다른 장애물이 필요한가? 폐기물을 가열하는 것은 효과적인가?
3. 통은 어느 정도의 속도로 회전되어야 하는가?
4. 폐기물을 넣고 제거하는 방법을 설계할 것.
5. 이 기구가 수용할 수 있는 폐기물의 종류는?
6. 통을 회전시키는 방법을 설계할 것.
7. 통을 회전시키기 위해 필요한 모터의 크기와 회전 속도는 어느 정도가 돼야 하는가?
8. 집열기와 배터리는 얼마나 커야 하는가? 배터리는 필요한가?
9. 프로젝트의 목적을 성취할 수 있는 기구를 설계할 것.
10. 최종 보고서를 작성하는 것과 함께 기구의 사용자를 위한 설명서를 작성할 것.

주의: 이러한 기구가 존재하고 시중에 판매된다면 너의 기구는 어떠한 방식으로도 모조품이 되어서는 안 된다.

제출인: Prof. Paul J. Palazolo

11.27 | 지하 보관용 바리케이드(4명)

어떤 도시의 도로는 낮 시간에는 자동차용으로 사용되고 밤에는 보행자용으로만 사용된다. 이 도로에 자동차가 못 들어오게 막기 위해서 도로 중간에 기둥들을 세워 놓는다. 낮 시간 동안 이 기둥들을 옮기고 보관하는 것은 귀찮고 노동력이 필요한 일이다. 대신 지하기둥(underground post)을 사용하자는 제안이 있다. 교통을 통제하지 않을 때에는 기둥들은 도로면 아래에 있는 수직 홈으로 "들어간다". 기둥들이 올라와야 할 때에는 그림 11.5에 나타낸 것처럼 공압이나 유압에 의해 기둥들이 들어 올려진다. 즉, 공기나 유압유가 채워지면 팽창실(expandable chamber)이 팽창하여 기둥이 위로 올라오게 만든다. 팽창실 대신 망원경 유형 실린더가 사용될 수도 있다.

설계, 선정, 또는 결정되어야 하는 것들:

1. 유용한 바리케이드가 되기 위한 기둥의 금속과 크기(저장될 때와 올라와 있을 때 기둥이 버텨야 하는 무게는 얼마인가?)
2. 팽창실의 재질과 작동 방식
3. 홈의 크기(홈 내벽에 파이프 등의 라이닝을 설치하여야 하는가?)
4. 팽창실을 부풀리게 할 장치의 위치(만약 오일이 사용된다면, 오일 저장소나 팽창실에서 오일의 누설은 허용되지 않는다)
5. 모든 부품과 설치비용을 포함하여, 도시 한 블록 길이의 2차로 도로에 필요한 기둥 세트의 비용

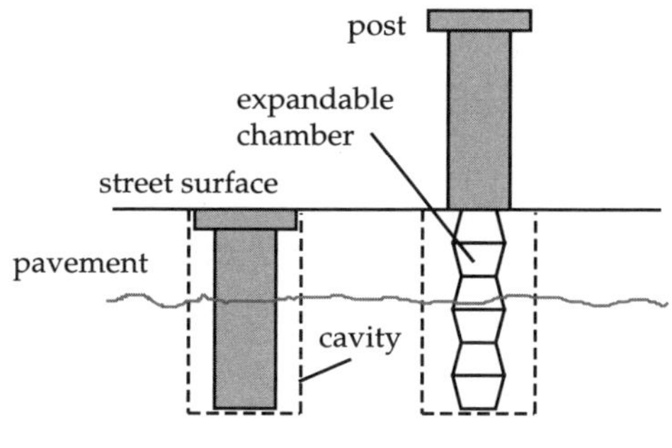

그림 11.5 지하에 보관되는 바리케이드

11.28 | 제어된 환경–특수 금속(4명)

박물관은 최근 19세기에 만들어진 많은 수의 시계들을 물려받게 되었다. 이 시계들을 내부 치수가 길이 1.83 m × 높이 0.61 m × 폭 0.61 m인 옆과 위가 유리로 덮여진 칸에 전시하기로 결정하였다. 하지만, 시계들의 수명을 최대화하기 위하여 대기 환경을 제어할 필요가 있다. 예를 들어, 공기를 제습하여 시계들의 상태를 충분히 좋게 유지할 수 있을 것인가? 아니면, 주위를 진공으로 유지시키는 것이 더 좋은 해법인가? 문제는 시계 제작자에 의해 사용된 금속 성분이 알려져 있지 않다는 것이다. 더군다나 박물관 경영진은 금속의

성분을 결정하기 위해 시계들에 대한 어떤 종류의 파괴 검사을 수행하는 것을 허용하지 않을 것이다.

설계, 선정, 또는 결정되어야 하는 것들:

1. 시계들의 예측되는 성분(정확한 성분을 결정하기 위하여 사용할 비파괴 검사가 존재하는가?)
2. 시계들에게 가장 좋은 환경
3. 1.83 × 0.61 × 0.61 m의 유리 용기 내에 이런 환경을 유지시키는 방법
4. 시계들을 올려놓을 용기 내 기저로 사용될 적합한 물질(예: 나무 위에 모직)
5. 덕트 작업(숨겨져야 함), 팬 등을 포함한 캐비닛 내의 환경을 유지시키는 데 사용되는 시스템의 총 비용과 예상되는 시스템 수명(만약 유리 용기 내에서 부분적으로 또는 전체적으로 진공을 유지시키려 한다면, 가장자리와 모서리에 유리 부분들을 어떻게 밀봉할건지 결정하여라. 유리가 적절히 고정되어 있다고 가정하라.)
6. 캐비닛 내 시계들의 수명과, 수명 증대를 위한 추가적인 조치(일정한 주기의 청소와 같은)가 필요한지 추산하여라.

11.29 | 엘리베이터 버퍼 설계(4명)

엘리베이터 안전 코드에 따르면 엘리베이터 새프트 바닥에("pit"이라 불리는 부분) "버퍼(buffer)"라고 불리는 장치를 부착하여 사용하여야 한다. 버퍼는 만원의 (또는 비어 있는) 엘리베이터가 최고 속도로 아래로 떨어질 때 이를 멈출 수 있어야 한다. 감속률은 9.81 m/s^2보다 작아야 한다. 많은 버퍼 설계가 존재하는데, 이 설계들은 40년 이상 사용되어 왔다. 엘리베이터 회사는 현대의 "하이텍" 방법을 사용하여 버퍼를 재설계하고자 한다.

설계, 선정, 또는 결정되어야 하는 것들:

1. 버퍼와 관련된 적절한 엘리베이터 코드들을 살펴보아라.
2. 기존 버퍼 설계를 조사하고 이들이 어떻게 작동하는지에 대해 충분히 숙지하라.
3. 버퍼를 설계하고, 전체 운영 단계에서 이것이 어떻게 작동할지 분석하여라.
4. 버퍼에 대한 시험 절차를 만들어서 이것이 코드 요구사항들을 만족하는지 결정하여라.

11.30 | 슬래브-가열식 창고(4명)

창고를 건설해야 한다. 이 창고는 위에 판금 구조부를 가지고서 콘크리트 슬래브로 이루어질 것이다. 슬래브는 203 mm의 두께이며 15.25 m × 30.5 m이다. 금속 구조부는 앵커를 가지고 슬래브에 볼트되며 우수한 단열을 지닐 것이다. 벽(3.66 m 높이)은 102 mm 단열을 가지며, 천장은 152.5 mm의 단열을 가질 것이다. 창고의 내부는 박스 모양이다—3.66 m × 15.25 m × 30.5 m(공칭).

창고는 낮시간 온도가 18.3°C이고 밤시간 온도가 4.45°C인 지역에 설치된다. 이러한 온도는 연중 내내 동일하다. 창고에는 페인트가 보관되기 때문에 내부 온도를 항상 21.1°C로 유지하고자 한다. 슬래브 내에 임베딩 관을 포함시키는 난방 건축법을 사용할 것을 제안한다: 즉 관이 배치되고 관 바로 위에 시멘트 믹스가 타설된다. 이후 따뜻한 유체는 관을 통과하여 순환할 수 있기 때문에 대류 효과로 인해 슬래브를 가열할 수 있다. 또한 이러한 것은 대류와 복사를 통해 창고 내부를 가열할 것이다.

설계, 선정, 또는 결정되어야 하는 것들:

1. 창고의 난방 부하; (복도 공간 등을 감안하여) 5갤론(또는 20리터) 페인트 통이 (체적상으로) 60% 공간을 차지한다고 가정함.
2. 슬래브 내 관에 관해 적합한 배치(203 mm 슬래브 두께는 충분한가? 구불구불한 플로우 배열을 사용해야 하는가? 아니면 다른 배열을 사용해야 하는가?)
3. 열전달 유체 그리고 이것을 가열하는 방법
4. 관을 통과하여 유체를 순환시키는 방법
5. 총 설치 비용(다른 방법에 비해, 이러한 난방법을 사용함으로써 어떤 추가 비용이 발생되는가?)
6. 다른 전통적인 방법에 비해, 이 방법의 적합성(예: 복사 히터, 강제 대류 히터, 베이스보드 히터)

11.31 | 온수 디스펜서(4명)

인스턴트커피, 핫초콜렛, 수프와 차는 준비할 때 온수가 필요한 음료수들의 예다. 온수는 난로에 데우거나 전자레인지에 데워져 준비된다(둘 다 어느 정도 시간이 필요하다). 부엌 싱크대의 수도꼭지로부터 온수가 공급되도록 송수관 안에 인라인 히터가 설치되는 것이 제안된다. 예를 들어, 인스턴트커피를 그냥 컵에 넣어 온수를 부으면 마실 수 있게 된다.

설계, 선정, 또는 결정되어야 하는 것들:

1. 온수 최적의 온도(타당한 이유가 있는)—만약 있다면
2. 12.8°C에서 21.1°C까지로 예상되는 저온의 물을 적절한 온도로 가열하는 인라인 히터(파이프는 단열 처리가 되어져야 하는가? 공급되는 온수의 온도를 조절하기 위해 온도 조절 장치가 필요한가?)
3. 선택된 유량으로 물을 공급하는 수단
4. 화상을 방지하기 위해 안전 고려 사항
5. 시스템을 설치하는 데 들어간 총 비용과 운영비용

11.32 | 개인용 제빙기(4명)

자동차로 장거리 여행을 하는 사람들은 음식과 음료를 차갑게 유지하기 위해 아이스박스를 가지고 다닌다. 모텔에서 숙박할 때, 종종 모텔 주인들은 손님들이 아이스박스에 얼음을 채우는 것을 허락하지 않는다. 따라서, 얼음을 구할 다른 방법이 필요하다. 주유소나 마트에서 살 수도 있지만, 또 다른 방법으로 휴대용 제빙기가 있다.

휴대용 제빙기는 매력적인 대안처럼 보인다. 모텔에 도착하자마자 제빙기에 물을 채운 후 전기를 공급하면, 아침에 충분한 양의 얼음이 만들어질 것이다.

설계, 선정, 또는 결정되어야 하는 것들:

1. 305 mm × 305 mm × 305 mm의 부피를 채울 수 있는 얼음(정육면체)을 만들고 저장할 수 있는 휴대용 제빙기
2. 압축기, 증발기, 응축기를 포함한 모든 필요한 내부 작업들
3. 모든 구성품의 설치와 하우징 마무리
4. 하우징의 재질
5. 제빙기 제작에 필요한 비용
6. 제빙기가 얼음을 만드는 데 필요한 비용

11.33 | 온실 기후 조건(4명)

온실의 소유주들이 식물들을 보호하고 영양을 공급해 주기 위하여, 구조물 내에서 물 (또는 물–비료 혼한물) 분사와 겨울철 온도를 조절하기를 원한다. 온실은 폭 10 m, 길이 30 m이다. 벽 높이는 2.5 m이고, 길이방향으로 경사진 지붕은 수평방향과 40° 각도를 이루고 있

다. 키가 큰 화분에 놓여진 식물들은 바닥에 놓을 수 있다. 키가 작은 화분에 놓인 식물들은 0.915 m 높이의 테이블에 놓여진다. 온실에서 생산된 식물들은 도매가로 일반인들이 아닌 도매업자에게 팔린다. 따라서 언제나 온실 내에는 몇 종류의 식물들만이 있다.

설계, 선정, 또는 결정되어야 하는 것들:

1. 식물들에게 가능하면 자동으로 물을 대 주는 시스템(물이나 물-비료 혼합물이 전체 바닥 면에 갈 수 있도록 고려하라. 또한, 운용하는 사람이 필요하다고 여길 시에는 몇몇 영역에서는 아주 적은 양의 물이 가거나, 또는 물이 가지 않게 하기를 원한다.)
2. 배관(만약 있다면), 배관 재료 및 연결(만약 물-비료 혼합물이 사용된다면, 비료는 특정한 물질에 부식을 일으킬 수도 있음을 고려하라.)
3. 배관 크기(만약 있다면), 종류 및 위치(수돗물은 38 kPa 게이지 압력을 가지고 있다고 가정하라)
4. 판 내로 삽입될 수 있는 배수 시스템(필요시)
5. 겨울철 내부 온도가 4.4°C 이하로 떨어졌을 때 온실을 가열하는 시스템
6. 팬, 덕트 작업, 가열 목적의 가열원(또는 대체 가열 기술)
7. 설치와 수명을 포함한 모든 품목의 총 비용

11.34 | 태양열로 데워지는 수영장(4명)

모텔의 수영장은 현재 야외에 있다. 경영진은 수영장 위로 구조물을 설치하여 물을 가열하는 데 태양열을 사용하기를 원한다. 수영장은 10 m 길이, 7 m 폭을 가지고 있고, 물의 깊이는 길이방향으로 1 m에서 3 m까지 변한다. 태양으로부터 평판 수집기를 이용하여 에너지를 받아서 이를 1년 내내 쾌적한 온도로 물을 유지하기 위해 사용하는 것이 제안되었다. 수영장용 히터를 판매하는 온수 히터 제조사가 존재한다. 이 히터는 물을 천연 가스 버너로 가열한다.

설계, 선정, 또는 결정되어야 하는 것들:

1. 수영장에서 쾌적한 물의 온도
2. 필요한 태양광 수집기의 개수(교강사에 의해 특정된 도시에 모텔이 있다고 가정하라)
3. 수집기의 설치, 방향, 위치, 그리고 필요한 수
4. 펌프, 배관, 구성 재료
5. 최초, 운영, 유지 비용을 포함한 시스템의 총 비용
6. 이 비용을 천연 가스 물 가열 시스템 사용과 연관된 비용과 비교하여라.

11.35 | 연료 탱크 단열의 경제학(4명)

연료 탱크는 가열식 연료 오일 또는 원유를 함유한다. 이 액체는 점도를 낮추고 펌핑하는 데 비용을 줄일 수 있도록 하기 위해 가열된다. 저장 탱크에서 액체를 가열상태로 유지하는 것과 관련한 비용이 있다. 본 프로젝트에서 이러한 비용을 조사한다.

단열되지 않은 탱크에서의 열전달 특성뿐만 아니라 이러한 탱크가 단열된 경우 어떻게 영향받는지에 대해 분석하고자 한다. 3개의 탱크를 고려해야 한다. 2가지 유형의 단열을 비교할 것이다.

가열된 액체를 담고 있는 미단열 탱크는 바닥을 통과하여 지면 쪽으로 전도, 측면과 지붕을 통과하여 주변 공기 쪽으로 자연 대류, 그리고 복사로 인해 열을 잃는다. 그림 11.6을 참조하면, 총 열 손실이 다음과 같이 구성되어 있는 것을 알 수 있다.

A = 액체로부터 측벽을 통과하여 손실되는 열

B = 증기로부터 측벽을 통과하여 손실되는 열

C = 증기로부터 지붕을 통과하여 손실되는 열

D = 지면 쪽으로 손실되는 열

열전달에 대해 고저항을 주는 중요한 단열재이기 때문에 탱크 벽은 무시한다.

설계, 선정, 또는 결정되어야 하는 것들:

1. 하기에 설명되어 있는 각 탱크를 통과하는 열 손실; 미단열 상태
2. 50 mm 두께의 우레탄 층이 측벽에 추가된 상태에서 열 손실
3. 50 mm 두께의 유리섬유 층이 측벽에 추가된 상태에서 열 손실
4. 20년 수명을 기준으로 하여 투자 수익률을 계산하라: 각 단열 유형에 대해 연료비에 있어서 절감, 유지비 그리고 최초 비용을 포함(10^6 kJ당 2.18달러의 연료비용을 사용하라)
5. 권고를 하라.

탱크 설명

탱크 #1의 지름은 51.82 m이고 높이는 12.2 m이다. 이것은 60°C로 유지되는 #6 연료 오일을 담는다. 평균적으로 탱크가 0.85(× 탱크 높이) 채워져 있다고 가정하라. 추가로 0.9의 표면 복사율과 4.5 m/s의 풍속을 가정하라. 주변 온도는 21.1°C이다.

탱크 #2의 지름은 21.34 m이고 높이는 12.2 m이다. 이것은 60°C로 유지되는 #6 연료 오일을 담는다. 평균적으로 탱크가 0.85(× 높이) 액체로 채워져 있고, 표면 복사율은 0.9

이며, 그리고 풍속은 4.5 m/s라고 가정하라. 다시 주변 온도는 21.1°C이다.

탱크 #3의 지름은 30.5 m이고 높이는 12.2 m이다. 이것은 26.7°C로 유지되는 파라자엘렌을 담는다. 평균적으로 탱크는 0.85(× 높이) 액체로 채워져 있으며, 표면 복사율은 0.9이다. 평균 풍속은 4.5 m/s이고 주변 기온은 21.1°C이다.

단열 정보

우레탄은 0.242 W/Mk의 열 전도성을 지닌다. 유리섬유는 0.467 W/Mk의 열 전도성을 지닌다. 우레탄은 $27.45/m^{2}의 비용이 들며, 10년 이후 16.15/m^{2}의 비용으로 다시 표면처리돼야 한다. 유리섬유는 그보다 높은 열 전도성을 지니지만 10년마다 재표면처리를 필요로 하지 않으며 $35/m^{2}의 최초 비용을 요구한다. 우레탄과 유리섬유의 최초 비용은 50 mm 두께를 기준으로 한다: 이것은 계산의 기준이 돼야 하는 것이다. (본 프로젝트와 관련한 계산 및 추가 정보를 보려면, R. Hughes and V. Deumaga의 "단열은 에너지를 절감시켜준다", *화학 엔지니어링*, 1974년 5월 27일, pp 95-100을 참조한다.)

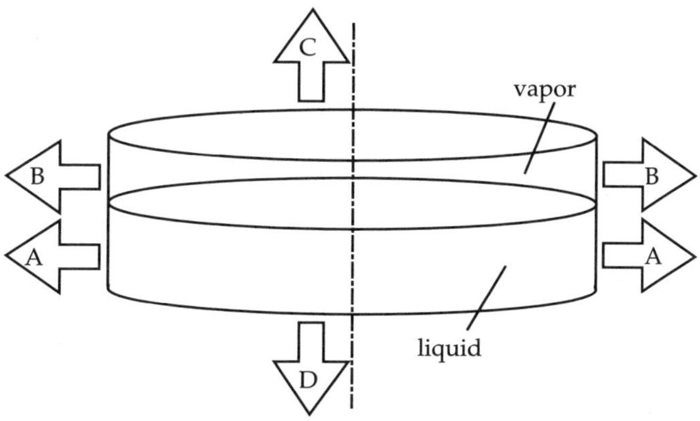

그림 11.6 연료 탱크로부터의 열 손실에 대한 개략도

11.36 | 3톤짜리 냉기 소스(4명)

외진 곳에 있는 사무실-상가 건물이 교회로 바뀌었다. 원래 사무실을 냉각하기 위해 있었던 1톤짜리 공기컨은 일요일 아침에 건물 전체를 몇 시간 동안 쾌적하게 만들 수 있는 유일한 장치다. 재원은 추가적인 장치의 구매나 설치를 허용하지 않는다. 현재 일요일 참석자를 수용하기 위해 3톤짜리 냉각기가 필요하다고 결정되었다.

공기컨은 큰 덩어리의 얼음을 생산하고 다른 "저장" 창고를 냉각하기 위해 1주일 내내 운영되어야 한다. 그리고 일요일 아침에는 공기가 얼음을 지나서 흐르고 냉각된 공기는 교회에 오는 사람들을 쾌적하게 할 수 있을 것이다.

최소한의 공간을 사용하여 나중에 시원한 공기를 공급하기 위해 적절한 "저장" 창고를 설계하는 것이 요구된다.

설계, 선정, 또는 결정되어야 하는 것들:

1. 반나절 동안 3톤을 냉각할 수 있는 1톤짜리 공기컨을 사용하여 6 1/2일 동안 냉각될 수 있는 시설(액체, 기체, 고체)
2. 필요한 시설의 크기(최대한 작아야 한다)
3. 시설의 총 비용(건물 안에 공간이 있다고 가정하고). 비용은 단열 처리(있다면)와 1톤짜리 시설을 운영하는 것을 다 포함해야 한다.
4. 제대로 된 냉각 시스템(설치와 운영 포함)을 구매했을 때와 위의 비용을 비교할 것
5. 계산을 바탕으로 추천할 것

11.37 | 진입로 가열시스템(4명)

경사면에 설치된 콘크리트 주택 진입로를 자주 보게 된다. 눈과 얼음은 겨울 동안 진입로에 쌓이게 된다. 만약 눈과 얼음을 내버려 둔다면 진입로에서 자동차를 운전하기가 어렵게 된다. 폭설이 있을 때 집주인은 직접 진입로의 눈과 얼음을 치우거나, 또는 진입로에 가열시스템을 설치할 수 있다. 이 프로젝트의 주제는 진입로용 가열시스템이다.

폭 6.1 m, 길이 12.2 m의 진입로를 고려한다. 진입로에 물을 순환시킬 수 있는 관을 매설하려고 한다. 물은 콘크리트 진입로에 열을 공급하여 얼음과 눈이 녹아 흘러내릴 수 있도록 한다. 매설된 관은 진입로 사용으로 인해 손상되지 않아야 한다.

설계, 선정, 또는 결정되어야 하는 것들:

1. 콘크리트를 위에 부어 넣을 관의 배치(고정기 포함)
2. 관 재질, 크기, 연결 방법(연결부 최소화를 위해 냉동용 관이 사용되어야 하는가?)
3. 관을 통한 물 이송 방법(펌프가 선호되는가?)
4. 물의 공급처(물이 공급된 후 배출되어야 하는가? 아니면 물이 탱크에 저장되어 계속 순환되어야 하는가?)
5. 필요하다면, 물을 가열하기 위한 열 공급원
6. 적당한 사용 유체(위에서 물이 제안되었지만, 물과 부동액의 혼합액이 더 좋은가? 오일이 더 나은 선택인가?)
7. 설치비를 포함한 총 비용

11.38 | 골프 카트를 위한 휴대용 냉공기원(4명)

골프 카트 제조업자가 골퍼들이 카트 내에 있을 때 이들의 안락함을 위하여 시원한 공기를 발생시키는 장비를 골프 카트 뒤에 설치하여 판매하기를 원한다. 공조기가 있으면 좋겠지만, 이를 사용하기에는 압축기가 너무 많은 양의 동력을 사용한다. 단열된 얼음 상자 또는 쿨러를 팬과 함께 사용하여 시원한 공기를 만들어 내는 것이 제안되었다. 유체가 냉각되면서 만들어진 시원한 공기는 골퍼들을 향할 것이다. 골프 카트 위에 설치된 느슨한 덮개는 카트 내의 시원해진 공기를 유지시키는 데 도움을 줄 것이다. 전체 유닛은 독립적으로 이루어져 있다. 만약 가능하다면, 상자 내부는 음료수를 저장하기에 충분한 추가 공간을 가져야 한다.

설계, 선정, 또는 결정되어야 하는 것들:

1. 얼음을 저장할 쿨러
2. 녹는 얼음을 사용하여 냉각될 공기와 열을 교환하는 방법(얼음 보관 상자의 내부는 물 또는 공기를 순환시키기 위한 배관을 포함해야 하는가? 만약 그렇다면, 배관과 팬 또는 펌프의 크기를 적절히 정하여라)
3. 골퍼를 향해 시원한 공기를 보내는 데 사용될 팬의 크기를 정하라.
4. 이때 필요한 동력원을 결정하여라. 나인 홀의 골프가 끝날 때까지 걸리는 시간 동안 시스템이 만족스럽게 작동해야 함을 고려하라. 만약 필요시, 더 많은 얼음을 넣을 수 있다.
5. 이 장치의 비용을 결정하여라.
6. 골퍼들을 대상으로 설문 조사를 해서, 얼마나 많은 사람들이 예정된 비용에 장치를 구입할 것인지 결정하여라.

11.39 | 나무 울타리의 마무리 손질 시스템(5명)

나무 울타리는 주거지의 주택소유자들 사이에 인기이다. 울타리는 설치하기 쉽고, 효율적이며, 매력적이다. 나무 울타리는 자연 상태로 남겨져 있거나, 보호 표면 처리를 적용할 수 있다. 이 프로젝트의 주제는 마무리 처리를 위해 나무 표면을 준비하고 보호 코팅을 하는 장치를 설계하는 것이다. 이런 장치들은 나무 마무리 손질 제조사들, 페인팅 업체들, 그리고 울타리 설치 업체들에게 도움이 될 것이다.

나무 울타리의 표면은 약품이 나무에 만족스럽게 들러붙도록, 표면 처리가 이루어지기 전에 세척되어야 한다. 한 제조사는 딱딱한 붓과 물, 표백제, 그리고 인산3나트륨의 혼합물을 사용하여 울타리를 세탁할 것을 추천한다. ("녹색"—최근 수집된—목재로 만들어진 울타리는 어느 정도의 수분을 함유하고 있으며 충분히 건조시키는 데 1년가량 걸릴지도 모른다는 것에 유의하라. 건조된 목재는 약간 수축한다. 만약 새로운 울타리가 서로 닿도록 놓여지면, 건도된 후에 이들 사이에 작은 공간이 있을 것이다. 건조된 후, 울타리를 세척하고 마무리할 수 있다.) 세척 후, 울타리는 잘 씻겨져서 적어도 3일 동안 건조된다. 그런 후 스프레이 건, 롤러, 또는 페인트 페드를 이용해서 마감 작업을 한다.

세척 및 마감 작업들은 손으로 하여야 하지만, 아주 지루한 작업이 될 수 있다. 그림 11.7에 보여진 종류의 울타리에 대해 이런 일들을 해 주는 자동 시스템을 설계하는 것이 바람직하다. 이 그림은 2 × 4에 못으로 고정된 1 × 6(일반적으로 삼나무 또는 소나무) 판들을 보여 주고 있다. 2 × 4는 4 × 4에 못으로 고정되어 있고, 4 × 4는 지면에 시멘트로 고정되어 있다. 목재 표면들을 세척하는 한 장비와 나무 마감재를 바르는 두 번째 장비를 설계하는 것이 바람직하다. 하지만, 더 이점이 있는 경우에는 동일한 장비가 두 가지 작업 모두를 하도록 할 수 있다.

세척 작업: 목재 표면을 세척하는 자동 장치의 작업자는 세척액을 준비하고 이 액이 연속적으로 세척솔로 분비되어서 울타리를 문질러 씻을 것이다. 헹굼 작업은 수동으로 행해진다.

마감 작업: 이후에, 작업자는 나무 마감액이 담긴 용기를 장치에 설치하여 마감액이 울타리에 자동적으로 칠해지도록 한다. 그림 11.7은 스프레이 노즐과 이들을 움직이기 위해 *제안된* 로프–풀리 시스템을 보여주고 있다. 따라서 세척이나 마감작업의 경우에, 작업자는 무엇이든 장비가 필요로 하는 것을 공급하고, 시스템이 동작 중에 조정 상태에 있도록 해 주어야 한다.

설계, 선정, 또는 결정되어야 하는 것들:

1. 나무 울타리를 세척하고 마감하는 현재의 방법들(수동 또는 자동)
2. 그림 11.7에 보여진 종류의 울타리의 앞뒤를 세척할 수 있는 자동 장치의 설계
3. 그림 11.7에 보여진 종류의 울타리의 앞뒤에 마감재를 칠할 수 있는 자동 장치의 설계
4. 장치를 사용할 때 추천되는 절차 및 지시 "매뉴얼"
5. 장치를 만드는 비용
6. 장치 렌탈 업체가 일반인에 장치를 빌려줄 때의 대략적인 비용(예상되는 투자회수 기간은 5년 이하여야 한다)
7. 이 장치들이 얼마나 비용 효율적인지에 관련된 추천사항들

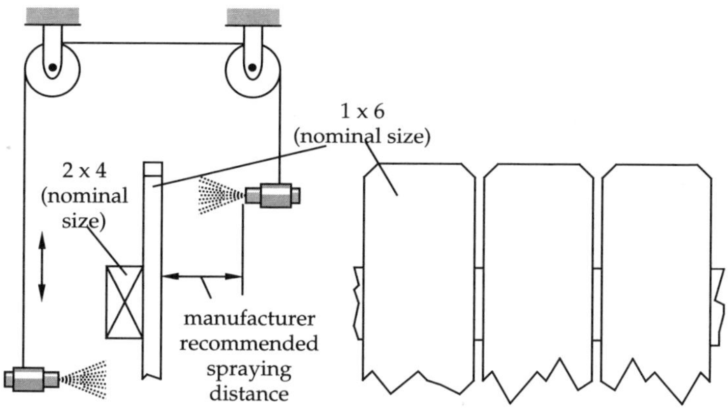

그림 11.7 울타리 판의 측면, 전면도

11.40 | 공압식 화물 배관선(5명)

화물 배관선은 특정 거리에 대해 액체 물질 또는 고체 물질을 운송하기 위해 배관선을 통과하여 이동하는 유체의 활용을 포함한다: 달리 얘기하자면, 이동 유체가 "화물"을 운반한다. 대부분의 경우 유체 자체는 단순히 목적지에서 방출된다.

그림 11.8에 스케치되어 있는 화물 배관선을 고려하라. 입구에서 공기는 블로워에 의해 배관선 쪽으로 이동된다. 다운스트림은 호퍼(hopper)일 뿐이며, 이 호퍼로부터 운반 물질이 이동 공기 스트림 쪽으로 공급된다. 이후 혼합물은 세퍼레이터와 맞닥트릴 때까지 배관선을 통과하여 흐른다. 공기는 대기 쪽으로 방출되고 화물은 세퍼레이터 하단에서 수집된다: 이 경우 이것은 수령 탱크 쪽으로 방출될 수 있다.

그림 11.8의 시스템은 푸른 완두콩을 포장 기계 쪽으로 운반하는 것이다. 포장된 경우 완두콩은 냉동되어 시장으로 배송된다. 완두콩은 3000 kg/hr의 속도로 운반돼야 한다. 이러한 것은 포장 기계의 최대 용량이다. 따르는 경로는 그림에 표시되어 있는 대로이다.

설계, 선정, 또는 결정되어야 하는 것들:

1. 완두콩의 성질(미립자 밀도와 평균 미립자 크기)

2. 배관선 제작 재료

3. 최대 용량으로 완두콩을 운반하기 위해 필요한 공기 유량

4. 시스템의 총 압력 강하

5. 블로워의 파워 요건 및 블로워 종류(양의 변위 혹은 회전형이나 원심형 등등)

6. 피드 호퍼 및 세퍼레이터

7. 엘보우의 구성; 즉, 각 엘보우의 반경. 엘보우가 너무 날카로운 반경을 가지는 경우 상대적으로 높은 압력 강하가 발생할 것이다.

(참고문헌: R. D. Marcus, L. S. Leung, G. E. Klinzing and F. Rizk의 *고체의 공압식 운반*, Chapman and Hall, 뉴욕, 1990)

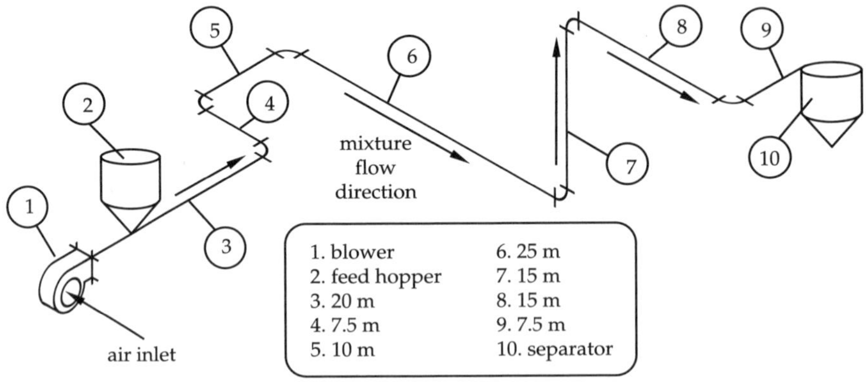

그림 11.8 완두콩을 운반하는 데 공기를 사용하는 화물 배관선

11.41 | 풍차 크기와 실현 가능성에 관한 연구(5명)

바람으로부터 유용한 에너지를 얻는 기술의 발전은 새롭고 더 개선된 풍차 설계를 이끌어 냈다. 이제는 지역 발전 기업이 제공하는 에너지를 보충할 수 있을 만큼의 큰 전기 에너지를 바람으로부터 생산하는 것이 가능해졌다. 최우선적인 필요조건 하나는 바람으로부터 생산된 에너지의 비용이 설치를 정당화할 수 있을 만큼 작아야 하는 것이다.

풍차의 실현 가능성에 대한 연구는 근본적으로 4개의 부분을 포함할 것이다: 제안된 설치 장소에서의 바람의 특징(즉, 풍속과 방향); 몇 가지의 상업적으로 가능한 풍력 에너지 시스템들을 연구하는 것; 관심 갖고 있는 시스템으로부터 에너지가 얼마나 생산되는지를 결정하기 위해 에너지 회수에 관한 분석을 하는 것; 그리고 경제성 분석을 하는 것. 결과를 바탕으로, 중요한 결론들이 도출될 수 있고 의미 있는 권고를 할 수 있을 것이다.

설계, 선정, 또는 결정되어야 하는 것들:

1. 다른 방법으로 제공되지 않을 경우에는 근처의 공항에서 풍속과 방향에 관련된 정보를 수집하라. (이러한 정보는 풍차 설치가 어느 지역에 선정된다 하더라도 유효하다고 가정하자.) 사용할 수 있는 정보는 정시마다 풍속과 방향에 관한 정보를 가지고 있다고 기대된다. 3년 동안의 정시마다 정보를 얻을 필요가 있을 것이다.

2. 적절한 평균을 통해 정보의 양을 줄여 바람 요약 테이블을 만들어라. 이러한 테이블은 다양한 속도 간격에서의 바람의 방향과 속도의 백분율을 보여줄 것이다. 테이블은 선택된 3년 동안 각각 만들어져야 한다.
3. 바람 요약 테이블로부터 달에 대한 평균 바람 속도를 보여주는 그래프를 그리시오. 평균 속도는 3년 전체를 포함할 것이다.
4. 10-kW의 크기나 그보다 작은 4개 풍차의 특징을 연구하라.
5. 바람 요약 테이블과 풍차를 위한 출력 곡선을 사용하여 각 기계가 제안된 장소에 설치되면 얼마나 많은 에너지를 생산할 수 있을지(평균 에너지)를 결정하라.
6. 경제적인 정보(인플레이션 속도, 대출 이자 가치, 전기세 등)를 획득하여 각 기계가 이득을 내기 시작할 때까지 얼마나 걸리는지를 결정하라.
7. 지역 발전 기업과 상의하여 풍차가 그들의 세대 계획과 어떻게 맞을지 도움을 구하라. 만약 사용자가 필요 이상의 에너지를 생산한다면 남은 에너지는 지역 발전 기업에게 팔 수 있는가?
8. 이 연구를 바탕으로 추천을 하고 아래의 질문에 대답할 준비를 하라.

일반적인 집주인(3000제곱 피트나 279 m^2, 가족 구성원 4명)은 풍차를 구매하여 전기를 생산하기 위해 자신의 뒷마당에 설치해야 하는가? 비용에 비해 효율적인가?

100명이 사는 동네나 집의 크기가 3000제곱 피트(평균 279 m^2)인 개인들은 경제적인 재원을 끌어들여 모두가 에너지를 얻을 수 있는 큰 풍차를 구매해야 하는가? 이 구매는 비용에 비해 효율적인가?

지역 발전 기업은 몇 개의 큰 풍차를 구입하여 전기를 생산하여 자신들이 고객들에게 판매하는 에너지를 보충해야 하는가? 이것은 비용 효율적인가?

이 3가지의 설치를 염두에 두고, 풍차가 비용적인 면에서 효율적이기 위해서 전기의 비용은 어느 정도여야 하는가?

참고문헌: *Wind Power for Farms, Homes, and Small Industry* by J. Park and D. Schwind, National Technical Information Service, U.S. Dept. of Commerce, 5285 Port Royal Rd, Springfield VA 22151, 1978.

Siting Handbook for Small Wind Energy Conversion Systems by H. L. Wegley, M. M. Orgill and R. L. Drake, National Technical Information Service, U.S. Dept. of Commerce, 5285 Port Royal Rd, Springfield VA 22151, 1978.

Winds and Wind Systems Performance by C. G. Justus, Franklin Institute Press, 1978.

11.42 | 인공 폭포(Water Feature)†(5명)

조경사와 정원 디자이너들은 수영장, 연못, 폭포, 개울, 폭포, 분수 등을 모두 일컬어 "인공 폭포"라고 한다. 이 장치는 역사적으로 중력에 의해 작동되었지만, 최근의 디자인에서는 물을 이송하기 위해 펌프가 사용된다.

인공 폭포의 예들은 공항(예: Detroit Metro), 놀이 공원이나 쇼핑센터(예: Oak Court Mall—Memphis, TN)에서 볼 수 있다. 이것들은 일반 관람객에게 매력적인 환경을 제공하는 역할을 한다.

이 프로젝트의 목적은 최근 집과 사무실에서 많이 사용되고 있는 건물과 흐르는 물을 조합한 장식품을 설계하는 것이다. 대표적인 예로는 한 단에서 다음 단으로 떨어지는 물, 바위 위를 흐르는 물, 떨어지는 물의 막 등 사무실을 치장하는 것들이 있다.

설계, 선정, 또는 결정되어야 하는 것들:

1. 인공 폭포로 간주될 수 있는 장치를 최소한 세 곳 이상 확인하고 방문하여라.
2. 방문한 인공 폭포를 분석한 후 다음을 알아보아라. (a) 물이 어떻게 흐르고 있는지 (b) 어떤 것이 사람들의 관심을 끌고 있는지 (c) 인건비를 포함한 대략적인 설치비
3. 각각의 장치에 대해, 위 질문에 대한 자세한 정보를 포함하는 간단한 보고서를 작성하여라. 이것은 비전문가를 대상으로 한 보고서이다.
4. 매력적이라고 생각되는 것들을 조합해서 관심을 끌만한 인공 폭포를 설계하여라.
5. 물을 어떻게 이송할 것인지 결정하여라.
6. 펌프나 다른 이송장치가 사용된다면, 그 장치의 용량을 결정하여라.
7. 설치비용을 구하여라.

†John I. Hochstein 교수에 의해 제안됨

11.43 | 수직 풍동 장난감†(5명)

이 과제의 목적은 장난감으로 사용될 수 있는 수직 풍동(VWT)을 설계하는 것이다. 장난감 제조 회사는 "영웅 캐릭터 인형"들과 같은 다른 제품들과 함께 사용하는 수직 풍동을 판매하기를 희망한다. 캐릭터 인형을 시작 위치에 놓고, 공기를 수직으로 향하게 하여 캐릭터 인형을 최대 1.83 m 높이까지 이동시킨 다음, 공기를 끌 것이다. 그러면 캐릭터 인형은 아래로 떨어지는데, 이때 낙하산이 펴지고 캐릭터 인형은 지면에 천천히 도달할 것이다.

VWT 디자인은 다음의 제약조건을 가질 것이다.

- 가능한 한 작아야 한다.
- 어린이들이 사용할 것이므로, 어떤 안전 위험 요소도 없어야 한다.
- 따뜻한 날씨뿐 아니라 차가운 날씨에 실외에서 동작할 수 있어야 한다.
- (가능하면) 너무 큰 소음을 내지 않아야 한다.
- 사용자가 공기 속도를 세밀하게 조정할 수 있게 만들어라.
- 비싸지 않아야 한다.
- 적어도 1연간은 손 볼 필요가 없어야 한다.
- 캐릭터 인형을 1.83 높이까지 들어 올릴 수 있어야 한다.

설계, 선정, 또는 결정되어야 하는 것들:

1. 영웅 캐릭터 인형을 들어 올리는 수직 풍동으로 사용될 수 있는 장치를 설계하여라. 캐릭터 인형이 특정 방향으로 놓여 있어야 하는가? 즉, 팔과 다리는 스카이다이빙에서처럼 펴져 있어야 하는가?

2. 시스템을 통해 공기를 이동시키는 데 사용할 팬을 선정하라. 어떤 종류의 팬이 본 목적에 가장 좋은가? 어떤 종류의 팬이 본 목적에 더 적합한가? 높은 유량의 팬 또는 높은 압력의 팬? 공학적 계산을 사용하여 시스템이 설계한 대로 작동함을 증명하여라.

3. 캐릭터 인형을 움직이기 위해 필요한 속도는? 공기가 위로 움직임에 따라 높이에 따른 속도는 어떻게 변하는가? 예를 들어, 만약 시스템이 팬에 부착된 덕트를 포함하고 있다면, 덕트는 일정한 지름을 가져야 하는가, 아니면 원뿔 형상을 가져야 하는가?

4. 당신의 디자인에서 고려되어야 하는 안전상의 문제들은 무엇인가? 안전 위험 요소들을 최소하기 위해 무엇을 할 수 있는지 보여라.

5. 유닛은 얼마만큼 커야 하는가?

6. 장치를 만들기 위한 비용을 결정하라.

7. 당신이 만든 수직 풍동 장난감에 대한 소비자 비용을 결정하여라.

†Julie Mathis 교수에 의해 제안됨

11.44 | 물 기름 분리 탱크—해석 및 시험(5명)

물-기름 분리 탱크는 이름이 암시하는 바와 같이 동작한다. 물-기름 혼합물(또는 다른 밀도를 가진 어떤 두 비혼합 액체)는 탱크의 한쪽으로 펌프로 운송되고, 물은 한 곳, 기름은 다른 곳으로 배출된다. 이런 탱크는 1000갤런(3.785 m^3)부터 20,000갤런(75.7 m^3)까지 다양한 크기로 이용 가능하다. 다음 그림은 분리 탱크의 개략도이다.

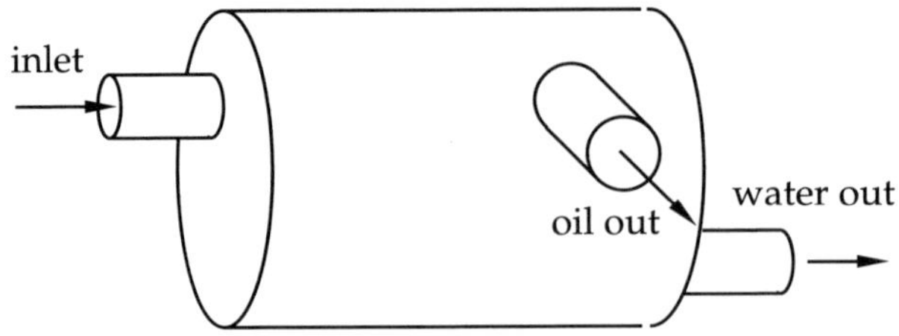

그림 11.9 물-기름 분리 탱크

분리 탱크는 연속적으로 작동할 수 있으나, 일괄 처리가 보다 널리 쓰이는 방식이다. 예를 들어, 기름 드럼들이 저장되어 있고 많은 활동들이 이루어지는 장소를 고려해 보자. 지게차가 사고로 55갤런(0.208 m^3) 드럼에 구멍을 내어서 기름이 유출되고 있다. 어떤 이가 물 호스로 이곳을 씻어내어서 기름이 배수구로 빠져 나간다. 배수구를 통해 혼합물을 탱크로 이동하는데, 여기에서 대부분의 기름이 물과 분리되어 회수된다.

첫 번째 탱크로는 어떤 비율(예를 들어 50% 기름과 50% 물)도 될 수 있는 물-기름 혼합물이 들어간다. 세척작업이 진행될수록, 거의 전부가 물인 혼합물이 탱크로 들어올 것이다.

설계, 선정, 또는 결정되어야 하는 것들:

1. 앞서 기술된 상황을 정확하게 반영하는 물-기름 분리 탱크를 시험하는 절차를 만들어라. 고려해야 할 다른 세척 상황들이 존재하는가?
2. 이런 탱크를 시험하는 데 적용되는 ASTM 기준들이 존재하는가?
3. 가능하다면, 이용 가능한 탱크에 시험들을 수행해 보아라.
4. 분리가 얼마나 잘 되는가? 만약 식수가 세척에 사용된다고 한다면, 탱크를 나오는 물이 식수에 적합한가? 이에 대해 화학자에게 문의하라.
5. 어떤 것이 좋은 분리라고 할 수 있는가? 탱크에서 나오는 물의 순도를 어떻게 결정하는가?
6. 다른 제조사들로부터 적어도 3개의 탱크의 카탈로그와 성능 통계를 구하라. 어떻게 이 탱크들이 작동하는지 설명하여라. 탱크들에 대한 비교 차트를 합하라.
7. 이런 탱크들은 비용 효율적인가? 탱크의 비용은 얼마이고 값을 하려면 몇 번의 세척에 사용하여야 하는가? 비용 절약에 대한 사례 연구를 하라.
8. 연간 얼마만큼의 기름, 캐로신, 연료, 가솔린 등이 유출되는가?

11.45 | 고압 호스 테스터(5명)

어떤 기업이 자동차 공기 조화 시스템에 사용하기 위해 플렉시블 호스를 만들고 있다. 호스 크기는 12.7 mm, 19.05 mm 혹은 22.23 mm *ID*일 수 있다. 호스 물질 자체의 길이(일반적으로 915 mm)를 절단할 수 있으며, 알루미늄 피팅(fitting)을 각 말단 쪽에 프레싱할 수 있다. 피팅은 한쪽 말단에서 수 배관 나사산을 가지고 반대 쪽에서 암(1/2 NPT)을 가진다.

이 기업은 자사 제품이 호스 피팅 연결 시 실패하지 않는지를 확인하고자 한다. 호스를 테스트하기 위해서는 이것을 통과하여 유압 오일을 주기적으로 펌핑할 기계에 이것을 부착시켜야 한다. 15초 동안 고압으로 통과시켜서 오일을 펌핑할 것이다. 이후 오일 플로우 방향을 거꾸로 하고, 다시 15초 동안 통과시켜서 오일을 펌핑할 것이다.

설계, 선정, 또는 결정되어야 하는 것들:

1. 호스를 부착시킬 수 있고 설명된 대로 이것을 통과시켜서 유체를 이동시킬 기계를 설계하라. 안전을 염두에 두고 기계를 설계해야 한다.
2. 테스트 시 어떤 압력을 사용해야 하는가? 자동차 공기 조화 적용 시 어떤 압력이 존재하는가? 테스트 압력은 이 압력보다 더 커야 하는가? 그렇다면 그 이유는? 혹은 그렇지 않다면 그 이유는?
3. 유압 오일은 호스를 통과하여 이동하기에 “적합한” 유체인가? 사용하기에 더 나은 유체가 있는가?
4. 이 기업이 연간 100,000개의 호스를 생산한다면 얼마나 많은 호스를 테스트해야 하는가? 테스트하는 데 얼마나 오래 걸리는가? 호스가 수용 가능한지 여부를 결정하는 데 얼마나 많은 사이클이 필요한가?
5. 진공 조건하에서 호스를 테스트하는 것은 좋은 생각인가?
6. 테스트 시간 간격에 있어서 15초는 “우수한” 시간 길이인가? 약간 낮은 값에서부터 60초까지의 가변적인 시간 테스트 간격을 가지도록 기계를 설계하라.
7. 전체 시스템의 비용을 구하라.

11.46 | 밸브 계수 결정(5명)

밸브는 유동과 유량을 제어하기 위해 배관 계통에 쓰인다. 글로브 밸브는 볼 밸브보다 유량을 더 정확하게 조절할 수 있다는 면에서는 좋다. 하지만, 글로브 밸브가 파이프라인 내부에 설치되면 높은 압력 손실이 발생한다. 게다가 완전히 열린 상태에서 글로브 밸브를 닫으려면 핸들을 7번이나 8번 돌려야 한다.

볼 밸브는 반면에 매우 낮은 손실계수를 가지고 있고 밸브의 핸들을 90°만 돌려도 닫을 수 있다. 그러나 볼 밸브는 유량을 조절하는 데에는 그다지 좋지 않다.

밸브의 크기를 정하는 것에 대한 의구심은 항상 있다. 산업에서 밸브의 사이즈는 밸브 계수(C_v)로 정해진다(벤튜리 미터 계수 C_v와 헷갈리지 말 것). 밸브 계수는 밸브 안의 유량을(분당 갤온, gpm으로 표현) 압력 강하(psi로 표현)의 제곱근으로 나누어 정의된다. 밸브 계수는 밸브의 압력 강하가 1 psi가 되도록 유동시스템을 설정하여 실험적으로 얻어져야 한다. 그렇게 하면 유량은 밸브 계수와 동일하게 된다. 이 계수는 카탈로그에 나타나 있으며, 어떤 시스템의 밸브의 크기를 정할 때 기술자들이 쓸 수 있도록 설계되었다.

밸브 계수는 무차원이 아니고 $\text{gpm}/\sqrt{\text{psi}}$의 단위는 갖고 있다. 학술적으로는 수긍할 수는 없지만 그대로 쓰이면 굉장히 도움이 많이 된다.

많은 볼 밸브들은 밸브 계수가 결정되기 위해 시험되었다. 하지만 세 방향의 밸브에 대해서는 제한적인 시험이 진행되었다.

설계, 선정, 또는 결정되어야 하는 것들:

1. 밸브 계수가 나온 배경과 밸브의 크기를 정하는 데에 쓰이는 방법을 문헌과 보고서를 통해 찾을 것
2. 다양한 종류의 밸브를 위한 밸브 계수의 일반적인 가치는 무엇인가? 제시된 배관 계통의 크기를 정하는 데에 밸브 계수가 어떻게 쓰이는지를 예로 보여줄 것
3. 세 방향의 밸브에 관한 광범위한 출판된 자료가 있는지?
4. 밸브 계수를 계산하기 위해 만들어진 실험적 방법을 구체적으로 서술할 것.
5. 밸브 계수를 결정할 수 있는 기구를 설계할 것. 그 기구는 1/2 (13 mm), 3/4 (19 mm), 1 (25 mm), 1.5 (37 mm), 2 in. (50 mm) 밸브에 대해 밸브 계수 측정을 할 수 있어야 한다.
6. 밸브 계수의 유용성에 대한 평가를 할 것.
7. 밸브 계수와 관련된 무차원 수가 있는가?
8. 파이프라인의 크기를 정하는 더 좋은 방법은 존재하는가?

11.47 | 일련의 발열체를 위한 냉각 시스템(5명)

그림 11.10은 다수의 펌프를 포함한 배관 시스템을 나타낸다. 배관계는 4개의 사출 금형 기계(**process heat source**로 표시되어 있음)로 구성되어 있고, 이를 통해 SAE 10W-40 오일이 순환되고 있다. 그 오일은 기계들을 냉각시키면서 온도가 10°C 올라간다. 각 기계로 순환되는 오일의 유량은 1.58×10^{-3} m^3/s이다.

펌프는 오일을 발열체로 공급한 후 열교환기로 이송한다. 또, 물이 열교환기로 공급되어 오일을 냉각시키는 역할을 한다.

메인 펌프는 **공급 배관(supply header**로 표시)을 통해 물을 공급한다. 물이 파이프를 통해 열교환기로 공급된 후, **회수 배관(return header)**으로 돌아온다. 가열된 물은 외부의 **방열기(heat rejection unit)**로 이송된다.

이 시스템은 발열체의 열을 제거하여 외부로 방출하도록 설계되었다.

설계, 선정, 또는 결정되어야 하는 것들:

1. 발열체와 열교환기를 통해 오일을 이송하는 펌프의 용량

2. 오일을 이송하는 배관의 크기(길이가 10.7 m라 가정). 주어진 특정 오일이 이 용도에 적합한 것인가? 또는 더 나은 것이 있는가?

3. 물-에틸렌 그리콜 혼합물(50:50 혼합물로 가정)을 이송하는 펌프의 용량

4. 회수 배관의 크기(같은 크기여야 하나? 주어진 유동 배치가 "최적"인가? 아니면 더 좋은 배관의 배치가 있는가?) 배관의 길이는 30.5 m이고 기계 사이의 거리는 7.62 m이다.

5. 물 혼합물과 오일 열교환기에 사용된 열교환기의 종류를 결정하여라.

6. 건물 외부의 방열기로 어떤 것이 사용되어야 하는지 결정하여라.

7. 전체 시스템의 비용을 구하여라.

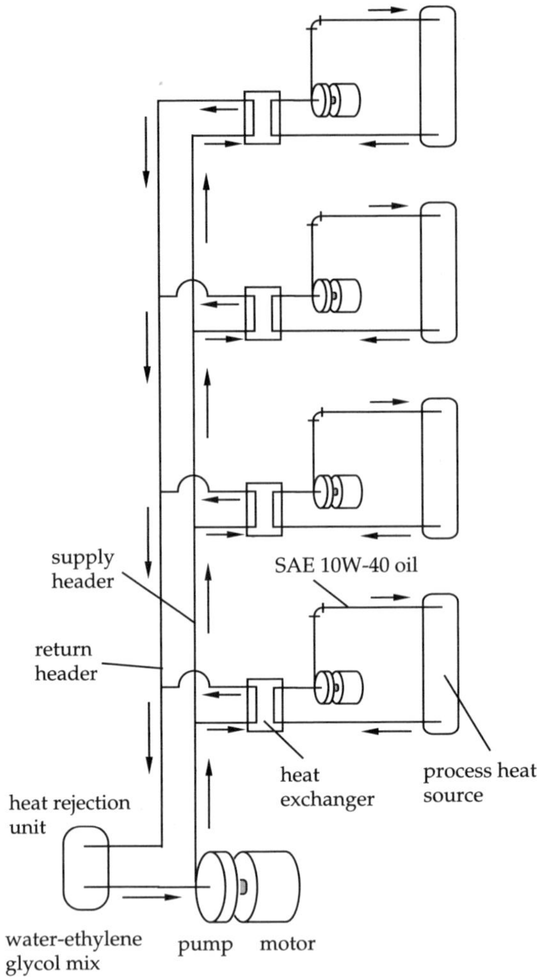

그림 11.10 일련의 발열체를 위한 냉각 시스템

11.48 | "유별난 사람"의 연못†(5명)

다소 유별난 사람이 그의 사유지 내에 위치하게 될 연못 내에 식육 물고기를 기르기를 원한다고 한다. 소유자는 부자이고, 북미 어딘가에 위치한 연못을 가지고 있다.

물고기에게 주기적으로 먹이를 공급해야 하고, 물고기들이 살아있게 유지시켜 주는 환경을 만들어야 한다. 물고기들이 번창 및 번식하여서, 소유주에게 기쁨을 줄 수 있어야 한다. 물고기는 지역 내에서 구입 가능한 고기로 살아갈 수 있어야 하며, 소유주가 이들을 먹이기 위해 어떤 특별한 음식도 수입할 필요가 없어야 한다.

연못 환경은 물고기가 원래 발견되었던 지역을 연상시켜야 한다. 풀이 무성하고 녹색이며, 공원 같은 분위기를 가져야 한다. 그리고 앉아서 햇빛을 즐길 수 있는 벤치가 있어야 한다.

설계, 선정, 또는 결정되어야 하는 것들:

1. 이런 설치에 맞는 우호적인 환경을 설계하여라.
2. 이 연못에 살기 좋은 물고기(또는 동물)는 무엇인가? 피라냐가 본 목적에 맞는 이상적인 물고기인가? 상어나 뱀장어는? 이런 물고기를 소유하고 기르는 데 적용되는 법이 있는가?
3. 이를 위해 요구되는 연못의 크기를 결정하라. 연못은 어떤 특정한 깊이여야 하는가? 만약 사람이 연못에 빠진다면? 사람이 머리는 물 위로 내놓은 채로 바닥을 걸을 수 있는 정도의 깊이여야 하는가?
4. 연못은 얼마나 넓어야 하는가? 야생 동물이 편안하고 번창할 수 있을 만큼 넓어야 함을 기억하라.
5. 당신이 연못에 기르려고 계획하는 야생 동물들의 자연적 서포트를 위해 어떤 생태계가 존재해야 하는가? 만약 있다면, 어떤 종류의 식물이 연못 위에 떠 있어야 하는가?
6. 물은 염수여야 하는가, 담수여야 하는가? 물은 주기적으로 필터링되어야 하는가?
7. 이런 설치에 맞는 안전 사항들을 결정하라.
8. 전체 시스템의 비용을 결정하여라.

†Julie Mathis 교수가 제안한 프로젝트를 변형한 것

11.49 | 고양이의 야옹: 고양이 세척기†(5명)

"펫코"와 같이 대형 상업 애완동물 상점에서의 사용을 목표로 한 고양이 세척기를 고려하자. 고양이 세척기는 단순히 고양이를 씻는 것 이상을 한다. 더 포괄적인 목표는 다음을 수행하는 장치를 설계하는 것이다.

- 물과 액체 샴푸로 고양이를 씻어라.
- 컨디셔너/냄새 제거제/벼룩 제거제와 같은 세척 후 수용 첨가액을 최대 두 번 투여하라.
- 고양이 모피로부터 빠지는 털을 제거하라.
- 고양이를 건조하라.

고양이 세척기는 어떤 크기의 고양이에도 적용되어야 하며, 동물에게 외상 후 장애를 최소화시켜야 한다. 장치는 고양이의 모든 부분을 최적으로 청소하여야 한다.

고양이 세척기는 신뢰성이 있고, 잘 고장나지 않아야 하며, 비용이 저렴하여야 한다. 조

용히 작동해야 하며 청소 및 유지가 간편하여야 한다. 이상적으로, 장치는 자동으로 작동하여 작동자의 개입을 최소화시켜야 한다.

만약 전기가 필요하다면, 장치는 120 V AC에서 작동하여야 한다. 세척기는 고양이, 작동자 모두에게 안전해야 하며 실내 사용을 위해 설계되어야 한다.

설계, 선정, 또는 결정되어야 하는 것들:

1. 고양이를 씻고, 세척 후 첨가물을 적용하는 데 효율적으로 사용될 수 있는 장치를 설계하라. 수돗물이 사용된다고 가정한다면, 물은 가열되거나 냉각될 필요가 있는가? 동물에게 "쾌적한" 물의 온도는 무엇인가? 물, 샴푸, 또는 첨가물에 저장 탱크가 필요한가?
2. 전체 장치에서 유체/열 품목들을 특정하라.
3. 장치는 얼마나 커야 하는가? 트럭에 실어져야 하는가 아니면 트레일러에 의해 끌어져야 하는가?
4. 고양이 세척기의 비용과 하루당 8시간 내에 몇 마리의 고양이를 새척할 수 있는지 결정하라.
5. 고양이를 세척/컨디셔너/냄새 제거/벼룩 제거를 하는 데 얼마만큼 사용료를 부과하여야 하는가?

†Julie Mathis 교수에 의해 제안됨

11.50 | 놀이 공원 워터 슬라이드(5명)

놀이 공원에서 워터 슬라이드를 건설하고자 한다. 모든 연령과 신체 모양의 사람들이 슬라이드 꼭대기까지 계단이나 램프를 올라가서 고무나 고무 대용 매트를 타고 내려올 것이다. 슬라이드뿐만 아니라 관련 운영(예: 티켓 판매대, 계단 또는 램프)을 위해 1에이커의 땅을 사용할 수 있다.

설계, 선정, 또는 결정되어야 하는 것들:

1. 슬라이드 높이, 너비, 통로 그리고 건축 재료
2. 지상 지지를 포함하여 지지 구조부와 건축 재료
3. 바닥에서 슬라이드를 벗어나는 사람을 위한 "캐치" 통 또는 방법
4. 펌프 크기, 유형 및 위치
5. 배관, 배관 재료 및 루팅
6. 물을 유지하기 위해 필요한 첨가제(겨울철에 물이 얼 수 있다는 점도 고려함)
7. 주문할 매트 크기, 재료, 색상 및 개수

8. 슬라이드의 배치 그리고 지상에서의 운영 모드
9. 총 슬라이드 비용, 예상 수명, 그리고 예상 수명 동안 이러한 비용을 커버할 티켓 원가 측정

11.51 | 치킨의 순간 냉동(5명)

갓 잡힌 닭들은 조각조각 잘려서 20 kg(전체 중량)의 닭을 담을 수 있는 용기에 저장된다. FDA 규정을 만족하기 위해서 용기 안의 닭고기는 24시간 내에 냉동되어야 한다. 판매인은 시중에 더 빨리 팔 수 있게끔 16시간 이내에 냉동이 되길 희망한다. 순간 냉동기는 초기 냉동을 위해 쓰일 것이고 그 다음에는 −28.9℃에 이르는 냉동고에 치킨 상자는 저장될 것이다. 쌓을 수 있게 박스는 뚜껑이 있다.

설계, 선정, 또는 결정되어야 하는 것들:

1. 박스를 원하는 시간 내에 냉동시킬 수 있는 방법. 예를 들어 컨베이어에 움직일 때 냉동시키는 것이 나은가 아니면 창고에 쌓일 때 냉동시키는 것이 나은가?
2. 필요한 냉각을 제공할 수 있는 시스템
3. 얼마큼의 냉각이 필요한가? 상온의 생닭이 냉동고에 놓여진다. 온도와 시간 이력의 결과는 무엇인가? 방정식으로 예상할 수 있는가 아니면 반드시 측정되어야만 하는가?
4. 제작을 위한 재료와 기기의 설계
5. 기기를 만드는 데 들어가는 비용들
6. 이 과정과 관련된 FDA 필요조건의 정확한 서술

11.52 | 자동 태양열 핫도그 조리기(5명)

태양열로 핫도그를 요리하는 장치는 오래전에 시장에 출시되었다. 이 장치들은 태양에너지를 반사하여 집중시키는 태양열 반사판으로 구성되고, 사용자가 핫도그를 놓는 위치에 에너지가 집중된다. 그 에너지는 고기를 수 분 안에 조리하고, 조리사는 또 하나의 소비자가 된다.

이 프로젝트에서는 개선된 태양열 조리기를 만들고자 한다. 이 태양열 핫도그 조리기는 자동 기능을 가지고 있어야 한다. 사용자는 기기의 한쪽에 날 것의 핫도그를 놓고 다른 한쪽에서 조리된 핫도그를 꺼낸다. 조리 속도는 최대 15초당 하나의 핫도그를 조리할 수 있어야 한다. (15초는 핫도그 빵에 양념을 뿌리는 데 필요한 대략의 시간이다.) 게다가, 고기를 이송하는 장치도 태양열로 작동되어야 한다. 장치 내에 건전지 등의 에너지

저장 장치를 포함시킬 수 있지만, 이것들도 반드시 태양에너지로 충전되어야 한다. 마지막으로, 태양열 조리기는 핫도그 빵을 데울 수 있는 기능을 갖춰야 하고, 이것도 태양에너지에 의해 자동으로 작동되어야 한다.

설계, 선정, 또는 결정되어야 하는 것들:

1. 문헌조사를 하고 현존하는 태양열 핫도그 조리기에 대해 검토하여라.
2. 핫도그 중심의 온도가 몇 도가 되어야 핫도그가 "조리되었다"고 할 수 있는가?
3. 태양열 반사판이 필요로 하는 형상은 무엇인가? 태양에너지로 핫도그 하나를 요리하는 데 얼마나 오래 걸리는가? 주어진 속도로 핫도그를 조리하고자 할 때 필요한 반사판의 크기는 얼마인가?
4. 조리기는 어떻게 지지되어야 하는가? 지상에서 상당히 높은 위치에 설치되어야 하는가?
5. 반사판 사이로 고기를 이송하는 데 어떤 방법을 사용하여야 하는가?
6. 빵은 어떻게, 어느 온도까지 가열하여야 하는가?
7. 안전에 관련된 문제는 있는가? 사용자가 화상을 입을 우려가 있는가?
8. 전체 시스템의 비용을 구하여라.

11.53 | 내연 기관을 위한 냉각탑†(5명)

내연 기관을 연구실에 설치하는데, 엔진 작동 중 발생한 열을 외부로 방출하는 것이 필요하다. 시스템의 일부인 일반적으로 쓰이는 방열기(직교류형 열교환기)가 있고, 이를 이용하여 공기로 열을 방출시킬 것이다. 엔진에서 발생한 동력은 동력계(펌프와 유사한)에 흡수되는데, 이를 통하여 발생하는 압력에 의해 물은 베인, 배관, 밸브의 정교한 시스템을 통해 움직인다. 열은 물에 흡수된 후, 대기로 안전하게 방출되어야만 한다. 냉각탑을 이용하여 이 열을 방출하는 것이 제안되었다.

냉각탑은 물을 주변 온도에 가깝게 냉각할 것이다. 그림 11.11에 보이듯이, 냉각탑은 시스템으로부터 열을 전달하기 위해 물의 일정량을 증발시키는 증발식 냉각기이다. 냉각탑은 작은 옥상 유닛일수도 큰 구조물일수도 있다.

냉각탑은 여러 기준으로 분류되는데, 크기에 따라, 시스템을 통해 어떻게 공기가 흐르게 되는지에 따라, 또는 공기와 물의 흐름이 나란히 흐르는가에 따라 분류된다.

*습식 냉각탑*은 흐르는 물의 일정 부분의 증발을 이용해 대기로 열을 전달한다. *건식 냉각탑*은 물과 공기를 분리하는 열교환기를 포함하고 있는데, 열은 열교환기 표면을 통해 전달된다. *자연 통풍* 냉각탑에서는, 높은 굴뚝이 따뜻해진 공기흐름의 움직임을 증대

시키는 데 이용된다. 팬으로 공기를 움직이는 *기계 통풍탑*과는 반대로, 부력으로 인해 공기가 움직이게 된다.

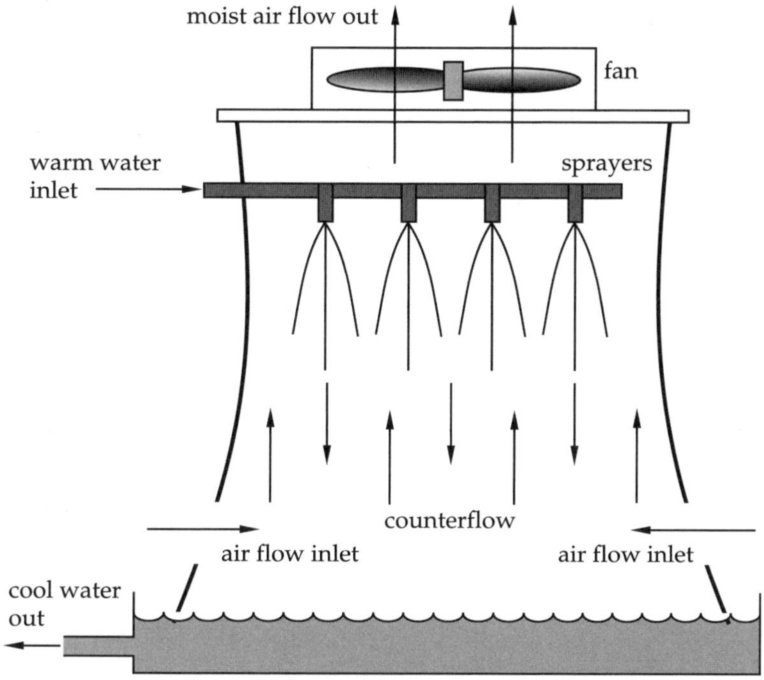

그림 11.11 냉각탑의 개략도

설계, 선정, 또는 결정되어야 하는 것들:

1. 어떻게 습식 냉각탑이 작동하는지에 대해 비전문가를 위한 설명서를 준비하라.

2. "스플래쉬 필"이 무엇인가?

3. 추운 날씨에 냉각탑을 사용할 때 마주칠 수 있는 오작동들은 무엇인가? 냉각탑이 사용되는 곳에서의 안전상의 염려는 무엇인가?

4. 내연 기관 시험대로부터 주위로 열을 방출하는 기계적 통풍, 역류식 냉각탑을 설계하라. 엔진의 세부사항들은 강사가 제공할 것이다.

5. 가능하면 일반적으로 이용 가능한 재료를 사용하라.

6. 이런 장치의 비용을 결정하라.

7. 탑 내에 물을 운반하는 데 펌프가 필요한가? 물의 유량은?

8. 탑 내에 공기를 운반하는 데 팬이 필요한가? 공기의 유량은?

†John I. Hochstein 교수에 의해 제안됨

11.54 | 인력 증류장치†(5명)

물을 끓이면 그 속에 섞여있거나 용해되어있는 물질들을 분리할 수 있으며, 만약 끓는 물이 응축되면 정제된 물도 얻을 수 있다. 그림 11.12는 그 시스템이 어떻게 구성될 수 있는지 보여준다. 물은 보일러 속에서 끓는점까지 가열되어 증발하게 된다. 물보다 낮은 끓는점을 가진 물질은 보일러에 그대로 남아있게 되며, 증기는 보일러에서 빠져나와 냉각기로 이동하여 응축된다. 응축된 물질은 정제수이며, 이러한 과정들 자체를 증류라고 한다.

증류는 정제수를 얻는 데 효과적인 방법 중 하나이며, 또한 불, 전기, 태양열, 심지어 인력 등 어떠한 열원이라도 사용 가능하다. 가열되는 동안 물을 담기 위한 냄비나 용기의 종류에도 제약이 없으며, 냉각기도 다양한 장치를 사용할 수 있다. 예를 들어, 기다란 구리 관을 소용돌이 모양으로 구부린 장치도 증기를 냉각하는 데 사용할 수 있다.

증류 과정은 중금속, 독극물, 박테리아, 혹은 바이러스 같은 다른 물질들로부터 물을 거의 제거할 수 있다. 이는 기름, 알코올, 혹은 석유계 제품들 에서도 동일하다. 또한, 보일러 내에서 증발되지 않고 남아있는 물질들은 주기적으로 세척할 필요가 있다. 이 프로젝트의 주제는 인력을 물을 끓이는 데 필요한 열원으로 사용하는 것과 연관되어 있다.

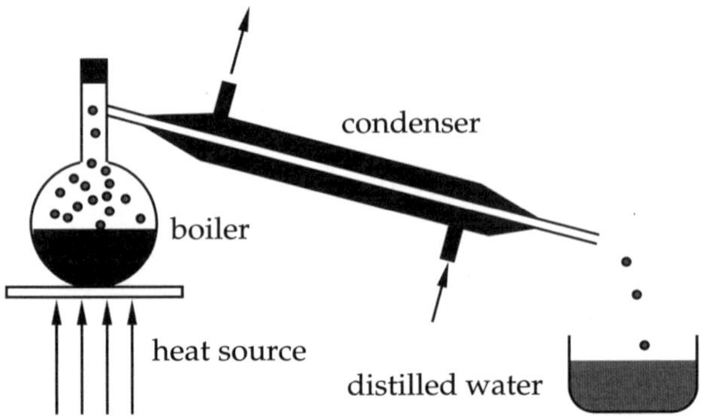

그림 11.12 증류 과정의 개략도

설계, 선정, 또는 결정되어야 하는 것들:

1. 샘플 증류장치를 검토하고 물을 끓이기 위해 필요한 입력 에너지와 증류되는 양의 관계를 결정한다.
2. 보일러와 응축기를 포함하는 증류장치를 설계한다. 제공된 도면은 증류수를 만들어내는 일회용 시스템이다. 일회용적인 방법 대신, 연속적으로 증류수를 생산하는 시스템을 설계할 수 있을 것인가?

3. 물을 끓일 수 있는 인력 에너지 공급원을 설계한다.
4. 인간이 생산 가능한 에너지의 양을 결정하고, 그중 얼마나 많은 에너지가 물을 끓이는데 쓰이는지 결정한다.
5. 장치의 사용 설명서를 제작한다. 이는 비전문가인 대중을 위한 것이며, 안전문제에 특히 주의를 기울여야 한다.
6. 시간당 생산 가능할 것으로 기대되는 증류수의 양을 결정한다.
7. 만약 인간이 필요한 만큼의 에너지를 제공하지 못하는 경우, 설계에 태양에너지를 추가하는 것이 적절할 것이다.
8. 시스템의 비용을 결정한다.

†John I. Hochstein 교수에 의해 제안됨

11.55 | 가열된 비누거품 기계(5명)

면도는 때때로 번잡스러운 일로서 가열된 비누거품을 활용하는 경우 보다 즐거운 일이 될 수 있다. 가열 비누거품용 장치를 설계해야 한다. 이 장치는 상업적으로 가용할 수 있는 모든 용기 상단에 부착 가능해야 한다. 또한 비누거품은 용기로부터 체적유량을 (너무 많이) 감소시키지 않고 장치에서 가열돼야 한다.

설계, 선정, 또는 결정되어야 하는 것들:

1. 용기로부터 비누거품의 "일반적인" 유량은 무엇인가? 새 용기 내에는 어떤 압력이 있으며 방출되는 비누거품 양에 따라 압력은 어떻게 변화하는가? 상업적으로 어떤 크기의 용기를 구할 수 있는가?
2. 가열된 비누거품에 대한 "편안한" 온도는 무엇인가? 가열된 비누거품은 주변 온도로 얼마나 빨리 냉각되는가? 그러한 장치를 설계하기 위해 비누거품의 물리적 성질을 알아야 하는가?
3. 전기 히터의 사용은 비누거품을 데우기 위한 좋은 방법인가? 비누거품을 "편안한" 온도로 데우기 위해 얼마나 많은 파워가 요구되는가?
4. 시스템을 설계하고, 프로토타입을 제작하는 데 사용할 수 있는 작업 도면을 작성하라.
5. 예상되는 장치 비용(소비자 비용)을 계산하라. 누가 그러한 장치를 사용할 것 같은가?

그러한 장치는 설계되어 있으며, 현재 구할 수 있다. 당신의 설계는 다른 사람들의 특허권을 침범해선 안 된다.

11.56 | 열역학 제1법칙을 설명하는 장치(5명)

몇 개의 회사들은 공과대학들을 위해 실험 도구를 생산하고 시장에 선보이고 있다. 흔한 산업 도구를 사용하여 열역학 제1법칙을 설명하는 기구를 판매할 관심이 있는 회사가 있다고 하자.

학생들이 공기 모터와 기어 펌프의 성능을 연구할 수 있는 실험을 구성하는 것이 제안되었다. 공기 모터의 분석에는 이상기체에 대한 열역학 제1법칙이 적용되고, 기어 펌프에는 비압축성 유체에 대한 열역학 제1법칙이 적용된다.

그림 11.13은 장치에 대한 개략도이다. 장치는 공기 모터, 토크계/회전속도계와 기어 펌프로 구성된다. 압축기의 공기는 압력 조절기를 통해 미리 설정된 압력 p_0에 도달한다. 공기는 그 다음에 유량계를 지나서 공기 모터로 간다. 공기 모터를 지나고 나면 공기는 대기로 방출된다.

공기 모터 동력 출력은 토크계/회전속도계에 의해 관찰된다. 토크계는 공기 모터에 의해 작용하는 회전 속도를 읽는다. 이 동력은 기어 펌프를 회전하기 위해 사용된다. 기어 펌프는 탱크로부터 유량계와 밸브를 지나서, 그리고 다시 탱크로 물을 이송한다.

시스템은 적절히 만들어졌다. 압력, 온도와 유량 속도에 대한 자료는 힘을 계산하기 위해 얻어야 한다.

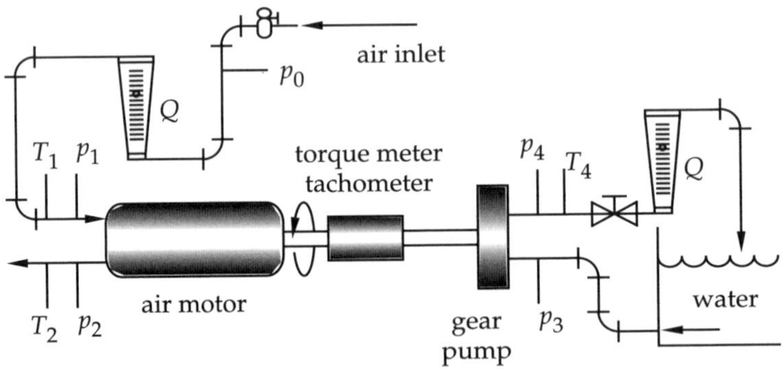

그림 11.13 열역학 제1법칙 실험의 개략도

설계, 선정, 또는 결정되어야 하는 것들:

1. 공기 모터에 대하여 열역학 1법칙을 적용하고, 유량과 엔탈피로 동력에 대한 식을 써라. 이상기체를 가정하고, 온도에 대한 동력 식을 얻도록 식을 간단히 하여라. 토크와 회전속도로 동력에 대한 식을 나타내어라. 이러한 식들에 비추어 보아, 그림은 필요한 동력을 계산하기 위해 시스템에 부착된 장치들을 충분히 보여주나? 이러한 동력 식에 관해

서 공기 모터의 효율은 어떤가?

2. 펌프에 열역학 1법칙을 적용하고, 유량과 에너지 변화로 동력 출력에 대한 식을 기술하여라. 비압축 유체로 가정하고, 압력, 운동에너지, 그리고 위치에너지로 동력에 대한 식을 써라. 토크계에서 측정된 동력은 펌프에 입력되는 (앞에서 토크와 회전속도로 표현한) 동력이다. 이 식으로부터 그림은 필요한 동력을 계산하기 위해 시스템에 부착된 장치들을 충분히 보여주나? 이러한 동력 식에 관해서 기어 펌프의 효율은 어떤가?
3. 공기 모터와 기어 펌프에 대한 차원 해석을 수행하라. 어떤 무차원 그룹이 이 터보기계에 적용되나?
4. 장치를 설계하라. 그리고 필요한 강사의 승인을 가지고, 부품들을 확보하고 장치를 제작하라.
5. 장치로부터 의미 있는 계산을 하기에 충분한 자료를 얻어라. 효율뿐만 아니라 각각의 기기의 동력을 결정하라. 앞서 구한 무차원 수의 그래프를 그려라.
6. 모든 구입 품목을 기록하라. 서면 그리고 구두 보고서를 만드시오.

11.57 | 샤워 헤드 시험 장치(5명)

가정이나 단체 샤워 시설의 샤워 헤드는 정해진 표준에 따라 제작된다. 하지만 각 설계는 제대로 작동하는지 확인하기 위해 반드시 시험을 거쳐야 한다.

맥동 샤워 헤드는 일반적인 샤워 헤드와 같은 외형을 가진다. 맥동은 출구 홀 직전에 있는 회전 디스크에 의해 발생한다. 회전 디스크는 어떤 위치에서든 전체 홀 중에서 1/3에서 1/2의 홀을 막는다. 막히지 않은 홀로 빠져나오는 물의 흐름은 스트로브 라이트(strobe light)를 사용하면 볼 수 있는데, 흐름은 마치 움직이는 실처럼 보인다.

설계를 평가하기 위해 샤워 헤드는 시험 장치에 장착된다. 시험 장치가 갖추어야 하는 기능들이 있다: 샤워 헤드의 탈착이 용이할 것; 온수 공급; 물의 맥동을 볼 수 있는 스트로브 라이트; 샤워 헤드로 흐르는 물의 유량 조절 장치.

설계, 선정, 또는 결정되어야 하는 것들:

1. 사람이 샤워하기 좋은 물의 온도를 구하여라. 또한 샤워에 걸리는 시간을 구하여라.
2. 최소 3개의 맥동 샤워헤드를 구하여라. 각각을 분해하고 작동 원리, 특히 맥동을 형성하는 방법을 조사하여라.
3. 일반적인 샤워 헤드의 유량을 구하여라. 샤워 헤드에서의 수압은 얼마인가?
4. 샤워 헤드 시험을 위한 시스템을 설계하여라. 이것은 온수가 담긴 탱크이거나 온수를 공급받을 수 있는 시스템이거나 또는 다른 방법을 사용할 수도 있다.

5. 샤워 헤드가 빠르게 장착되고 탈착될 수 있는가?
6. 물을 가열하는 시간과 일반적인 물의 온도를 고려하여 온수 공급 방법을 결정하여라.
7. 눈으로 맥동을 볼 수 있는 방법을 결정하여라.
8. 장치의 비용을 구하여라.
9. 비전문가에게 제시될 장치의 설명서를 작성하여라.

11.58 | 아이스 스케이트 링크(5명)

25 m × 15 m의 바닥 면적에 아이스 스케이트 링크를 건설한다. 바닥 공간이 다른 목적으로 사용될 수 있도록 스케이트 링크를 떼어낼 수 있어야 한다.

설계, 선정, 또는 결정되어야 하는 것들:

1. 아이스 스케이트 링크를 만들어내기 위한 냉각 시스템
2. 건설 재료를 포함한 시스템의 모든 구성요소(예: 배관)
3. 링크를 지지할 바닥의 하부구조
4. 링크를 떼어낼 때 물을 배수할 방법(일반 배수는 충분치 않고, 펌프가 필요할 수 있음을 고려하라.)
5. 필요할 수 있는 특수 바닥을 포함한 전체 장비의 총 비용

11.59 | 집 건설에서 "에너지-효율적인" 방법들에 대한 해석(5명)

새 집을 짓기를 희망하는 개인이 집을 지은 후에 운영과 연관된 비용들을 조사하기를 원한다고 한다. 구조에 대한 총 비용 해석을 위해 운영 비용들은 초기 비용들과 대조되어야 한다. 최근 많은 "에너지-효율적인" 장치와 방법들이 이용 가능하거나 추천된 바가 있다. 본 프로젝트에서는, 투자에 대한 비용 회수 기간 또는 회수율을 결정하기 위해 많은 품목들에 대한 비용을 비교하려 한다. 비교할 것은 전통적인 건축 방법과 에너지를 절약하기 위해 고안된 방법이다. 제안된 집의 평면도와 집의 위치는 교강사에 의해 제공될 것이다. 집 소유주는 표 11.1에 기재된 수정사항을 조사해 보기로 하였다.

설계, 선정, 또는 결정되어야 하는 것들:

1. 표 11.1에 기재된 품목 각각에 대한 비용을 비교하여라.

2. 각각의 제안된 수정사항들과 연관된 추가적인 초기 비용을 결정하여라.
3. 각각의 제안된 수정사항들과 연관된 운영 비용의 감소량을 결정하여라.
4. 수정사항으로 비용 절약이 가능한 경우에 대해, 제안되는 투자에 대한 회수율을 보여주는 경제성 분석을 수행하여라.

표 11.1 조사할 수정 사항들

Conventional		Proposed Modification
All exterior walls made with 2 x 4 wall studs spaced 406.4 mm center to center filled with 101.6 mm (nominal) of insulation.	(1)	All exterior walls made with 2 x 6 wall studs spaced 610 mm center to center filled with 152 mm (nominal) of insulation.
Ceiling made with 2 x 10 studs spaced 610 mm center to center filled with 101.6 mm (nominal) of insulation.	(2)	Ceiling made with 2 x 12 studs spaced 610 mm center to center and filled with 305 mm (nominal) of insulation.
2.44-m-tall ceilings.	(3)	2.74-m, 3.05-m, or 3.66-m tall ceilings.
Air-cooled central air conditioner for summer and gas heater (in one unit) for winter.	(4)	Water-cooled air conditioner using lake water as a sink for summer and heat pump (in one unit) using lake water as a source for winter.
40-gallon (150 liter) gas water heater.	(5)	"Tankless" gas or electric water heater.
—	(6)	A roof water-spraying system to keep the roof from becoming excessively warm.
—	(7)	Roof vent(s).

11.60 | 지중-접속 공기 조화 장치(5명)

주택은 여름철에 공기 조화기를 통해 냉각된다. 그림 11.4는 전통적인 공기 조화 장치의 개략도이다. 시스템 내에 있는 유체는 냉매이다. 이것은 과열 증기로서 압축기를 떠나서 응축기로 진입한다. 팬은 응축기를 지나서 공기를 바깥으로 이동시킨다. 이 경우 공기는 냉매로부터 에너지를 흡수하고, 그로 인해 냉매는 응축된다. 냉매의 압력은 (벽 마찰로 인해) 약간만 떨어진다. 냉매는 팽창 밸브 또는 모세관(스로틀링 장치)을 통과하여 지나간다. 이후 냉매 압력은 크게 감소한다. 이러한 시점에 액체 냉매는 매우 차가워진다(1.67°C가 일반적이다). 다음으로 냉매는 증발기를 통과하여 지나가서 내부 공기로부터 에너지를 흡수한다. 냉매는 이러한 에너지 (또는 열) 추가로 인해 증발한다. 또한 이것은 (마찰로 인해) 약간의 압력 하락만을 겪기도 한다. 저압의 증발된 냉매는 이제 압축기로 되돌아가서 또 다른 사이클을 완료한다. 우리는 냉매의 유한 질량에 의해 취해진 경로를 따랐지만, 과정은 지속적이라는 것을 유념해야 한다.

대부분 전통적 장치의 경우 응축기는 실제로 냉매 대 공기 직교류 열교환기이다. 최근에, 냉매가 내부 관에서 흐르고 물이 환형에서 흐르는 이중관 열교환기로 응축기를 교체하는 것이 제안되었다. 물은 냉매로부터 에너지(열)를 흡수한다. 이후 물은 지하에서 펌핑되며, 토양 쪽으로 열전달을 통해 물은 냉매로부터 얻은 에너지를 잃는다. 그림 11.15a는 물 냉각식 시스템을 나타낸 것이다. 수많은 제조업자들이 일반적으로 *지중과 연결된 공기 조화기*라고 불리는 그러한 시스템을 생산하여 시판하고 있다. 이것은 (냉매 유동 방향을 변경하여) 역으로 작동할 수 있으며, 또한 겨울철에 주택을 난방하는 용도로도 사용할 수 있다.

그림 11.15b는 물 배관을 매립하는 대안적 구성을 나타낸 것이다. (그림 11.15a에 비해) 그림 11.15b에 있는 셋업의 이점은 우물 깊이가 이론적으로 그렇게 크지 않아도 된다는 것이다. 그림 11.15a (또는 할당받은 경우 b)에 있는 시스템에 대한 분석을 시행하고자 한다.

설계, 선정, 또는 결정되어야 하는 것들:

1. 제작 재료, 크기 및 펌프

2. 배관 또는 관 크기와 재료(이중관 열교환기에서부터 땅 표면까지의 각 워터 라인에 대해 최소 7.5 m의 배관을 허용하라)

3. 그림 11.14의 시스템에 요구되는 우물의 깊이

4. 그림 11.15의 시스템이 사용되는 경우 요구되는 우물의 깊이와 지름

5. 이중관 열교환기 크기와 제작 재료(가능한 한 상업적으로 구할 수 있는 것을 사용한다)

6. 총 시스템 비용; 교환기, 펌프, 배관, 정비 그리고 운영 비용 포함. 그림 11.18에서 발생하는 비용과 이 비용을 비교하라.

7. 3톤 공기 조화기에 대한 분석을 시행하라.

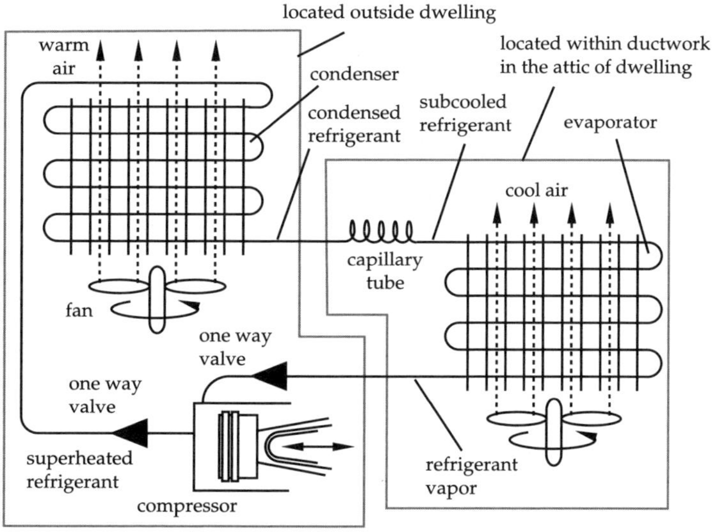

그림 11.14 전형적인 공기 조화기

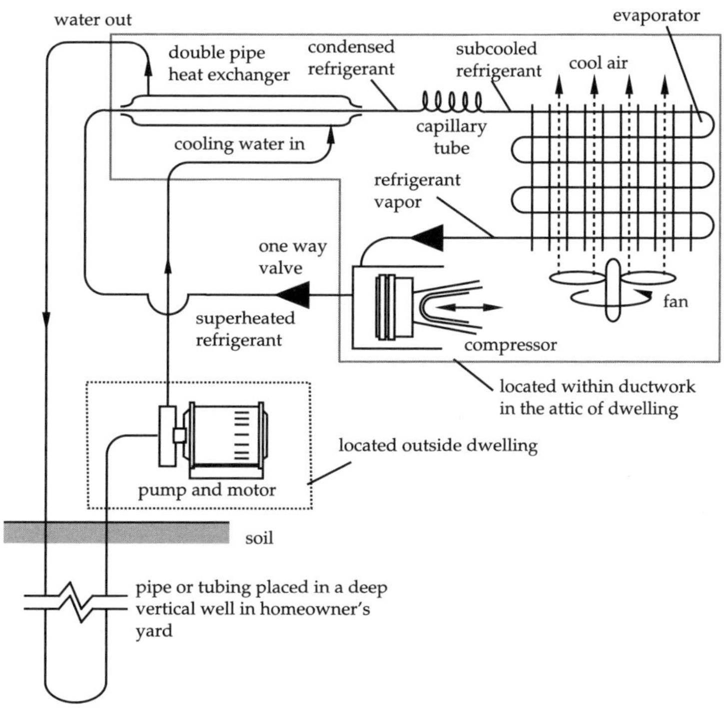

그림 11.15a 지중과 연결된 공기 조화기

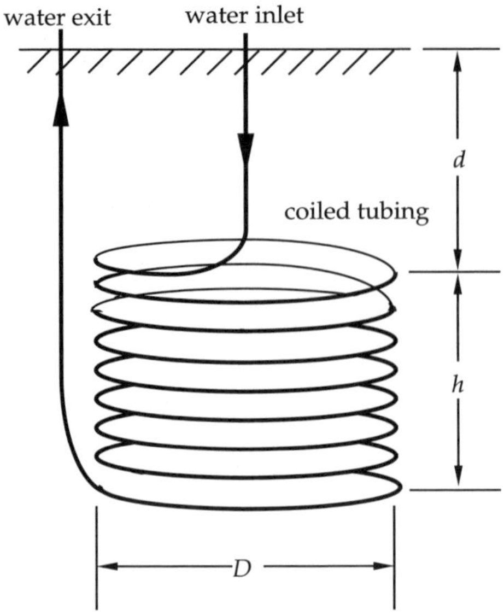

그림 11.15b 깊은 수직 우물의 대안적 구성

11.61 | 수조차를 위한 가열 시스템(5명)

전통적인 철도 수조차는 공급자들로부터 포도당을 젤리, 잼이나 가공처리된 식품을 만드는 회사로 이동시키는 데 사용되었다. 도착할 때, 쉽게 쏟아 내기 위해서 수조차에 있는 포도당이 가열되어야 한다. 가열 작업은 증기나 전기로 할 수 있다. 두 방법은 이 프로젝트에서 비교된다.

만약 포도당이 증기로 가열된다면 수조차는 내부에 관이 있도록 만들어져야 한다. 차가 포도당으로 가득 차 있을 때, 관들은 완전히 잠겨있을 것이다. 외부에 있는 증기 공급원은 차의 주입구와 연결되어 증기를 불어 넣어 준다. 증기가 밖으로 새지 않도록 관들은 완전히 밀봉되어야 한다.

만약 포도당이 전기로 데워진다면, 수조차가 만들어질 때 전기 저항 가열기를 설치해야 한다. 저항 가열기는 포도당에 잠겨있을 것이다. 외부의 전원 공급기는 가열기와 연결되어 포도당은 가열될 것이다.

설계, 선정, 또는 결정되어야 하는 것들:

1. 수조차에 있는 증기관의 배치

2. 관 지름

3. 관에 쓰일 재료들

4. 증기 유량과 내부의 온도(지나간 후에 증기는 대기로 흘려야 하나 아니면 모아서 다시 데워져야 하는가?)
5. 증기난방 시스템의 비용(배관 비용, 유밀 장치 설치과 관련된 노동과 운영비)
6. 수중 히터(들)의 배치 또는 위치
7. 전기 파워의 필요 여부
8. 전기난방 시스템의 비용(난방, 설치와 관련된 인건비와 운영비)
9. 최저 비용 분석을 바탕으로 한 포도당이 유지해야 하는 최적의 온도
10. 전통적인 40-ft (12.2 m) 수조차에 대한 모든 계산을 할 것. 수조차는 절연되어야 하는가? 정확한 치수는 무엇인가?

11.62 | 발전 장치에서 에너지 회수(5명)

발전사에서 공급되는 전력비용이 아주 비싼 곳에 위치한 공장에서, 4개의 250마력 디젤 엔진이 전기를 공급하고 있다. 공장 자체적으로 발전하는 것이 경제적이고, 따라서 버려지는 에너지를 최소화하는 것이 필요하다. 제안된 시스템의 배치는 그림 11.16과 같다.

그림에 나타난 것처럼, 각 엔진-발전기는 2미터씩 떨어져 있지만, 필요하다면 이 거리는 조절 가능하다. 연료는 아직 미정인 거리 L만큼 떨어진 탱크에서 하나의 배관을 통해 모든 엔진으로 공급된다.

이 엔진의 배기가스로 물을 가능한 높은 온도로 가열하고자 한다. 물의 유량은 도시 수도에서 공급되는 전형적인 양이지만, 더 많은 유량이 필요하다면 펌프가 사용될 수도 있다. 어떠한 종류의 열교환기도 사용될 수 있다.

또한 라디에이터에서 버려지는 열도 회수할 수 있다고 제안되었다. 네 개의 라디에이터를 순환하는 물-부동액 혼합액이 하나 또는 그 이상의 열교환기에서 물을 가능한 높은 온도로 가열하는 데 쓰일 수 있다. 라디에이터에서 가열된 물은 배기가스에 의해 가열된 물과 어떤 방식으로든 혼합될 수 있다.

설계, 선정, 또는 결정되어야 하는 것들:

1. 일반적인 250마력 디젤 엔진의 연료가 필요로 하는 조건은 무엇인가? 250마력 엔진이 공급하는 동력은 얼마인가? 각 엔진의 매니폴드(manifold)와 연료 라인을 설계하여라. 사용될 재료를 선정하여라.
2. 연료의 에너지 중 얼마가 발전에 사용되는가? 엔진들로부터 얼마만큼의 에너지가 어떤 온도로 배출되는가? 라디에이터로부터 얼마만큼의 에너지가 어떤 온도로 배출되는가?
3. 네 엔진의 배기가스의 열은 하나 또는 다수의 직렬 또는 병렬로 연결된 열교환기에 의해

물로 전달될 수 있다. 엔진의 라디에이터에 대해서도 동일하게 말할 수 있다. 열 회수를 증가시키기 위한 흐름 배치를 선정하고, 최적 물 가열 방식을 결정하라. 이 시스템의 목적은 출구에서 가능한 높은 온도의 물을 얻는 것임을 명심하라. 도시 수도를 바로 사용하거나 펌프를 추가할 수도 있다. 일반적인 도시 수도의 수압과 유량은 얼마이고, 비용은 얼마인가?

4. 연료 배관 시스템과 열교환기의 비용을 계산하여라. 이 열 회수 시스템의 사용으로 인한 비용 절감을 산정할 수 있는 계산법을 고안하여라.

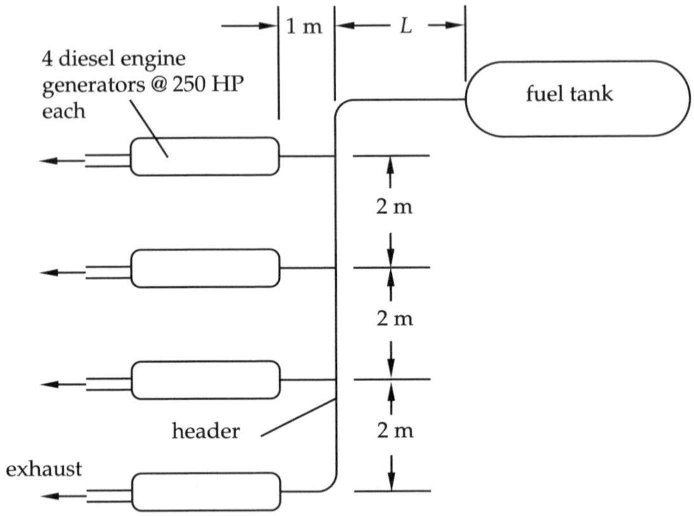

그림 11.16 열 회수 프로젝트에서 디젤 엔진 배치

11.63 | 발전소를 위한 냉각 연못(5명)

발전소의 설계는 초기 단계이다. 환경에 대한 염려로 인해 시스템으로부터 방출된 열을 소진시키는 데 주위 강보다는 냉각 연못을 사용하고자 한다. 냉각 연못은 분무기들을 포함하고 있는 대략 작은 호수 크기의 인공 연못이다. 분무기는 물 표면에 떠 있으며 상부로 물을 분무한다. 분무된 물의 일부는 증발하면서, 열을 연못 위의 대기로 방출한다. 다른 방식의 열전달 역시 존재한다.

그림 11.17은 발전소의 응축기와 냉각 연못의 평면도를 보여준다. 응축기는 냉각 연못이 냉각시키는 물의 열원이다. 응축기는 발전소에서 사용된 3.78 kg/s의 처리된 물을 응축해야 한다. 응축기로 들어가는 물은 0.01 MPa 압력의 포화 증기이다. 대기 공기 온도는 1년에 걸쳐 일반적으로 낮은 1.7°C부터 35°C까지 변한다. 공기 온도에 관계없이, 냉각 연못을 가지고 물을 가능한 한 낮은 온도로 냉각시키는 것을 원한다.

냉각 연못의 크기는 합리적이고 실현 가능한 어떤 크기도 될 수 있다. 냉각 연못은 응축기로부터 183 m 이상 떨어져 있어야 한다.

설계, 선정, 또는 결정되어야 하는 것들:

1. 냉각 연못으로 냉각시킬 수 있는 물의 가장 낮은 온도는? 이는 지반 온도 또는 공기 온도, 또는 둘 다의 함수인가?
2. 응축기의 크기를 결정하라. 즉, 요구되는 3.78 kg/s를 응축시키는 장치를 설계하여라. 여러 범위의 냉각수 입구 온도를 분석함으로써 연못이 소진시켜야 하는 열의 양을 결정하여라. 응축기를 떠나 냉각 연못으로 간 후의 냉각되는 물의 예상되는 온도를 계산하여라.
3. 냉각 연못의 크기는(길이 × 폭 × 깊이)? 연못은 수영장과 같은 형상이어야 하는가(예: 직사각형)? 필요한 분무기의 개수는? 동작 중 증발되는 양이 너무 커서, 연못에 물을 보충해 줘야 하는가? 응축기로 가기 전에 수처리를 해야 하는가?
4. 연못으로부터의 배관 시스템을 배치하라. 사용해야 할 배관 크기와 재료는? 개략도는 펌프를 보여준다. 두 개의 펌프가 필요한가? 펌프의 크기를 정하라.
5. 응축기로부터 연못까지의 유선에 핀붙이관을 사용해서 얻는 이익이 있는가? 유선은 매설해야 하는가 아니면 지상에서 지지해야 하는가? 연못으로 두 개의 유선이 있어야 하는가?
6. 연못을 파는 것을 포함한 총 비용을 추산하여라.

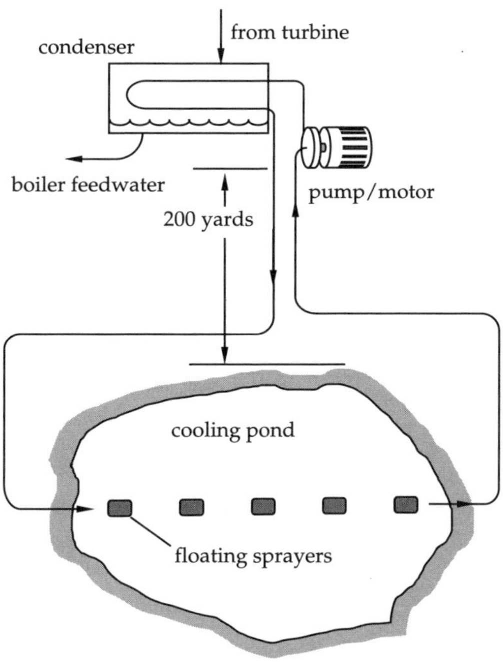

그림 11.17 냉각 연못 장치 개략도

11.64 | 간이 플랫폼 가열†(5명)

퍼레이드 플랫폼은 사람이 앉아서 축제를 관람할 수 있는 좌석 구조물이다. 그러나 추운 날씨 속에서 거의 움직이지 않는 것은(예를 들어, 앉거나, 서 있거나 혹은 파도응원만 하는 경우) 사람들의 행동수준을 올리는 데 거의 도움이 되지 않는다. 생산회사에서는 그들의 간이 플랫폼에 부가적인 가열 시스템이 장착되기를 원한다.

그림 11.18은 4단 관람 플랫폼의 측면 부분을 보여주고 있다. 그러나 모듈 디자인 특성상 조절 가능하며, 8단까지 조절 가능하다. 각 좌석은 등받이가 없는 2.44 m 길이의 압출성형 알루미늄 시트이다(2.44 m의 길이는 저장과 관리에 있어 기능과 이동성을 고려하였다). 일반적인 플랫폼은 2개의 2.44 m의 좌석구획과 그 사이에 915 mm의 복도가 있다. 플랫폼 좌석은 12.7 mm의 합판으로 덮여있는 철제 골조에 의해 지탱된다. 각 벤치 좌석의 바닥은 19 mm의 합판이며, 인접한 좌석들 간의 높이 차는 405 mm이다. 비를 막기 위한 캔버스 덮개 또한 부가적으로 사용 가능하다. 벤치 좌석 아래의 어딘가에 핀 관을 설치하고 고온 유체(증기나 뜨거운 물)가 관을 순환하도록 제안되었다. 이는 관중들의 발을 따뜻하게 하고 따뜻한 공기가 상승하여 추가적인 안락함을 제공할 것이다. (이는 **자연대류 방식**으로 불린다.)

다른 제안은 따뜻한 공기 강제대류 시스템을 사용하는 것이다. 열원은 예를 들어, 상자 내에서 생산된 따뜻한 공기를 공급한다. 따뜻해진 공기는 각각의 좌석 밑에 위치한 관들로 이송될 것이다. 관들에는 구멍이 있는데(정해진 위치에 뚫어진), 따뜻한 공기는 이 구멍들을 통해 관객들에게 전달된다. 따뜻한 공기를 이 관들에 이송하는 데 팬이 사용된다(이는 **강제대류 방식**으로 불린다).

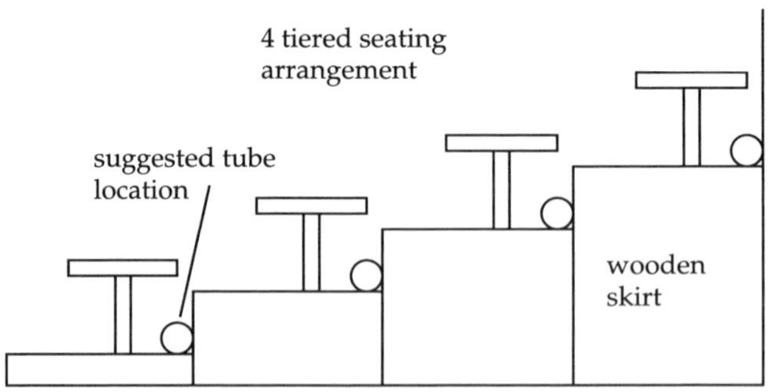

그림 11.18 4단 관람 플랫폼의 측면도

설계, 선정, 또는 결정되어야 하는 것들:

예비단계

1. 이 플랫폼의 열 용량을 결정하라. 얼마나 많은 사람들이 플랫폼 좌석에 편안히 앉을 수

있는가? 얼마나 많은 열이 공급되어야 하는가? 이때 안락함이 필요한 열을 고려하여 정의하라. 대기온도의 함수로 열의 양을 표현할 수 있겠는가?

자연대류 방식

1. 핀 관이 설치된 플랫폼을 설계하고 그것들의 정확한 위치를 지정하라. 종종 관에 설치된 핀들은 매우 얇은 알루미늄으로 만들어지며, 매우 섬세하다. 이러한 형태의 핀을 쓰지 않을 수 있을까?

2. 열원을 결정하고(증기 발생기, 온수 가열기, 혹은 전기 가열기) 어떠한 유체가 순환할 것인지도 결정하라. 펌프는 시스템에 필수적인가? 만약 그렇다면, 적절한 펌프의 사이즈를 결정하라. 가열 시스템은 플랫폼 아래에 위치하여 플랫폼 덮개에 의해 가려져야 한다.

3. 이 디자인에서 덮개를 사용해야 하는가? 단열은 어떠한가? 얼마나 많이 필요하며, 어디에 위치해야 하는가?

4. 이 시스템의 비용을 결정하라.

강제대류 방식

1. 구멍 난 관이 장착된 시스템을 설계하고 상세한 위치를 결정하라. 관은 어디에 위치해야 하며 구멍의 크기와 개수는 어떠한가?

2. 적절한 가열방식을 결정하고, 관을 통하여 방출되는 공기의 유량을 결정하라. 열원이 있는 박스의 크기를 결정하라. 아마도 팬이 시스템이 필요할 것이며 이때 팬 크기를 결정하라. 박스를 고려할 때 팬은 어디에 위치해야 하는가? 가열 시스템은 플랫폼 아래에 위치하여 플랫폼 덮개에 의해 가려져야 한다.

3. 이 디자인에서 덮개를 사용해야 하는가? 단열은 어떠한가? 얼마나 많이 필요하며, 어디에 위치해야 하는가?

4. 이 시스템의 비용을 결정하라.

결론:

어떠한 가열방식을 추천하며 이는 왜인가? 또는 이 아이디어에서 버릴 것은 무엇인가?

†Georgia Institute of Technology의 Prasanna V. Kadaba 명예교수에 의해서 제안됨

11.65 | 배관망의 해석(5명)

일요일 조간 신문들은 전국적인 소매상들로부터 광고 브로셔를 포함하고 있다. 광고들은 형형색색이며 여러 장으로 구성되어 있다. 이런 광고들을 출력하는 것은 탱크로부터 하나 이상의 회전 프레스로 펌프로 공급되는 잉크의 사용을 포함하고 있다. 이런 작업에서,

잉크는 작업장의 천장에 걸려 있는 배관계로 이송되는데, 이는 5개의 다른 프레스로 이어지는 배관망으로 구성되어 있다.

잉크는 염료가 혼합되어 있는 용매로 이루어져 있다. 잉크는 배관망으로 연속적으로 펌핑되며 필요할 때 프레스에 의해 꺼내지게 되어 있다. 꺼내지지 않은 잉크는 탱크로 되돌아간다. 이런 방법으로 잉크를 펌핑하는 것은 잉크가 잘 혼합되게 유지시킨다. 하지만, 탱크 내 온도 측정은 잉크가 가열됨을 나타내고 있다. 이는 환경 관점에서 보았을 때 바람직하지 않으므로, 잉크는 가열이 발생하는 순환 중에 서늘하게 유지되어야만 한다.

그림 11.19a는 출력 상점에서 볼 수 있는 배관 구성도의 개략도이다. 표시되어 있듯이, 배관망은 잉크를 필요한 장소로 운반하는 일련의 배관으로 구성되어 있다. 입구에서, 펌프는 망에 0.005 m^3/s의 잉크를 공급하고, 각각의 프레스는 0.001 m^3/s의 잉크를 사용한다. 펌프가 제공하는 에너지의 양을 줄이기 위해서는 몇 개의 내부 선을 추가하여 배관망을 변경하여야 한다. 그림 11.23b는 제안된 수정사항을 보여준다.

Dimensions:
$L_1 = 10$ m;
$L_2 = L_3 = L_3 = L_4 = L_9 = 5$ m;
$L_5 = 3$ m;
$L_6 = L_7 = 2$ m;
$Q_{out} = 0.001$ m^3/s

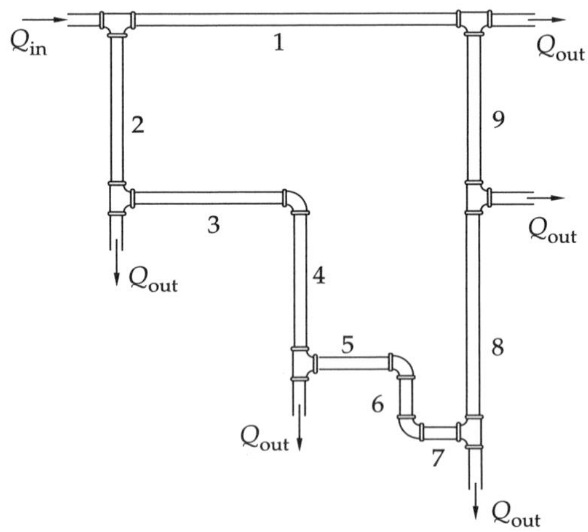

그림 11.19a 잉크를 운송하는 배관망의 평면도

설계, 선정, 또는 결정되어야 하는 것들:

1. 일반적인 일요일 조간 신문 광고지를 출력하기 위해 몇 개의 잉크가 있어야 하는가?

2. 이 과정에 사용되는 잉크는 정확히 무엇으로 구성되어 있는가? 이는 환경에 유해한가? 이 잉크들의 특성들(밀도, 점도, 등)은 무엇인가? 모든 잉크는 용매에 기반하는가 아니면 판매되는 수용성 잉크가 존재하는가?

3. 검은 잉크로만 작업한다고 할 때, 비용을 최소화하는 최적 지름을 사용하여 그림 11.19b의 배관선의 크기를 결정하여라. 배관을 위해 특수 금속이 사용되어야 하는가? 내부 선 각각에서 유량을 결정하여라.

4. 고려하고 해석하여야 하는 다른 수정사항들이 있는가?
5. 입구에서 공급되어야 하는 동력은 얼마인가? 얼마만큼의 압력이 필요한가?
6. 망을 통해 연속적으로 잉크를 이동시킬 때, 잉크의 온도는 약 10℃만큼 증가한다. 열을 입구 온도가 25℃인 물로 전달할 열교환기를 선정하고 크기를 결정하라. 열교환기 타입, 요구되는 양 유체의 유량, 그리고 출구 온도를 예측하여라.

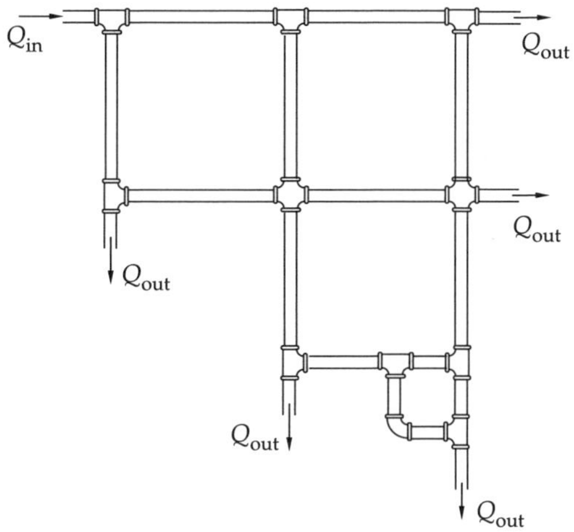

그림 11.19b 잉크를 운반하는 수정된 배관망의 평면도

11.66 | 증기와 공기 공급 시스템(5명)

작은 생산 공장은 건물의 다양한 장소에 공급해야 하는 증기와 공기를 필요로 하는 몇 가지의 일괄과 연속 공정을 가지고 있다. 그림 11.20은 건물의 계획(플랜뷰)을 보여준다. 증기 발전기와 압축기는 분리된 "기계실"에 위치한다. 각 공급원으로부터의 배관선들은 증기와 공기가 필요한 곳으로 배분하기 위해 설치되어야 한다. 장소들은 아래와 같다:

Location	Fluid	Condition	Minimum flow rate
1	Dry steam	125°C	0.01 kg/s
2	Dry steam	125°C	0.005 kg/s
3	Dry steam	125°C	0.007 kg/s
4	Dry air	30 psig	0.004 kg/s
5	Dry air	25 psig	0.004 kg/s
6	Dry air	30 psig	0.003 kg/s
7	Dry air	30 psig	0.002 kg/s

이 장소들은 벽을 따르고 있고 배선이 끝나는 곳에는 밸브가 있어야 한다. 경영진은 벽에 구

멍 뚫는 일이 없길 희망해 모든 배관선들은 벽을 돌아가야 한다. 천장은 구조물 전체에서 3.66 m의 높이다. 추천하는 두 유체에 대한 배관 배치는 그림 11.12와 11.22에 있다.

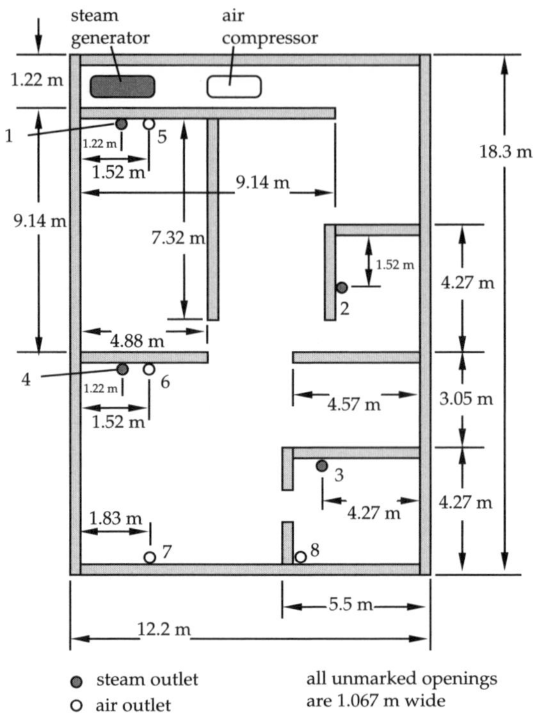

그림 11.20 작은 생산 공장의 평면도

설계, 선정, 또는 결정되어야 하는 것들:

1. 증기 발전기와 각 장소의 유동 라인의 크기를 정할 것. "증기 트랩"이란 무엇인가? 이 설치작업은 그것이 필요한가? 증기 관에 더 설치되어야 하는 기기들은 없는가?
2. 압축기와 각 장소의 유동 라인의 크기를 정할 것. 압력 조절기는 무엇인가? 어떻게 하면 공기가 "건조"(사양들은 건조한 공기를 필요로 함)될 수 있는가? 공기배관에 다른 기기들이 설치되어야 하는가? 공기와 스팀관은 어떻게 구별될 것인가?
3. 각 배관선은 어떻게 지지되는가? 천장걸이보다 벽걸이가 더 나은가?
4. 스팀과 공기 두 가지 배관의 전체 설치 비용은 얼마인가?
5. 가능하다면 최적 지름 조건에 따라서 배관선의 크기를 정할 것

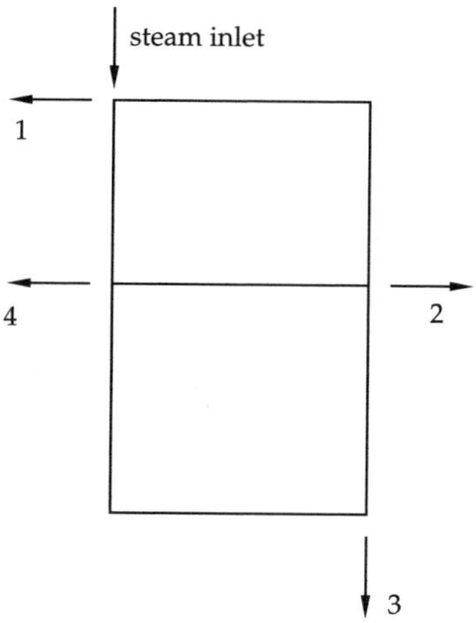

그림 11.21 증기 배관망

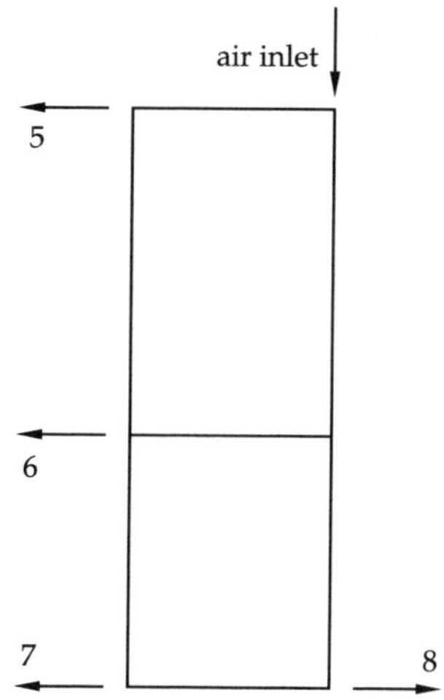

그림 11.22 공기 배관망

Appendix Tables

TABLE A.1. *Prefixes applicable to units in SI.*

Factor by which unit is multiplied	Prefix	Symbol
10^{12}	tera	T
10^{9}	giga	G
10^{6}	mega	M
10^{3}	kilo	k
10^{2}	hecto	h
10	deka	da
10^{-1}	deci	d
10^{-2}	centi	c
10^{-3}	milli	m
10^{-6}	micro	μ
10^{-9}	nano	n
10^{-12}	pico	p
10^{-15}	femto	f
10^{-18}	atto	a

Source: *E. A. Mechtly, NASA SP 7012, 1973.*

TABLE A.2. *Factors for converting to SI units, listed by physical quantity.*

To convert from	To	Multiply by
Acceleration (L/T^2)		
foot/second^2	*meter/second^2	3.048×10^{-1}
inch/second^2	*meter/second^2	2.54×10^{-2}
Area (L^2)		
foot^2	*meter^2	$9.290\ 304 \times 10^{-2}$
inch^2	*meter^2	6.4516×10^{-4}
mile^2 (U.S. statute)	*meter^2	$2.589\ 988\ 110\ 336 \times 10^{6}$
yard^2	*meter^2	$8.361\ 273\ 6 \times 10^{-1}$
Convection Coefficient or Film Conductance $[F{\cdot}L/(T{\cdot}L^2{\cdot}t)]$		
BTU/hour·ft^2·°R	W/(m^2·K)	5.678×10^{0}
Density (M/L^3)		
gram/centimeter^3	*kilogram/meter^3	1.00×10^{3}
lbm/inch^3	kilogram/meter^3	$2.767\ 990\ 5 \times 10^{4}$
lbm/foot^3	kilogram/meter^3	$1.601\ 846\ 3 \times 10^{1}$
slug/inch^3	kilogram/meter^3	$8.912\ 929\ 4 \times 10^{5}$
slug/foot^3	kilogram/meter^3	$5.153\ 79 \times 10^{2}$

* Indicates an exact conversion. Otherwise, conversions are approximate representations of definitions or are results of physical measurements. Source: *E. A. Mechtly, NASA SP 7012, 1973.*

TABLE A.2. *Factors for converting to SI units, continued.*

To convert from	To	Multiply by
Energy (F·L)		
BTU	joule	$1.054\ 350 \times 10^{3}$
calorie	*joule	4.184×10^{0}
foot–pound force	joule	$1.355\ 817\ 9 \times 10^{0}$
kilocalorie	*joule	4.184×10^{3}
kilowatt hour	*joule	3.60×10^{6}
watt hour	*joule	3.60×10^{3}
Energy/(area·time) or Heat Flux [F·L/(L^2·T)]		
BTU/(ft^2 second)	watt/$meter^2$	$1.134\ 893\ 1 \times 10^{4}$
BTU/($foot^2$ minute)	watt/$meter^2$	$1.891\ 488\ 5 \times 10^{2}$
BTU/($foot^2$ hour)	watt/$meter^2$	$3.152\ 480\ 8 \times 10^{0}$
BTU/($inch^2$ second)	watt/$meter^2$	$1.634\ 246\ 2 \times 10^{6}$
calorie/(cm^2 minute)	watt/$meter^2$	$6.973\ 333\ 3 \times 10^{2}$
watt/$centimeter^2$	*watt/$meter^2$	1.00×10^{4}
Force (F)		
lbf	*newton	$4.448\ 221\ 615\ 260\ 5 \times 10^{0}$
Length (L)		
foot	*meter	3.048×10^{-1}
inch	*meter	2.54×10^{-2}
mile (U.S. statute)	*meter	$1.609\ 344 \times 10^{3}$
mile (U.S. nautical)	*meter	1.852×10^{3}
yard	*meter	9.144×10^{-1}
Mass (M)		
gram	*kilogram	1.00×10^{-3}
lbm (pound mass)	*kilogram	$4.535\ 923\ 7 \times 10^{-1}$
slug	kilogram	$1.459\ 390\ 29 \times 10^{1}$
Power or Heat Flow Rate (F·L/T)		
BTU/second	watt	$1.054\ 350\ 264\ 488 \times 10^{3}$
BTU/hour	watt	$2.928\ 750\ 7 \times 10^{-1}$
calorie/second	*watt	4.184×10^{0}
calorie/minute	watt	$6.973\ 333\ 3 \times 10^{-2}$
foot lbf/hour	watt	$3.766\ 161\ 0 \times 10^{-4}$
foot lbf/minute	watt	$2.259\ 696\ 6 \times 10^{-2}$
foot lbf/second	watt	$1.355\ 817\ 9 \times 10^{0}$
horsepower	watt	$7.456\ 998\ 7 \times 10^{2}$
kilocalorie/minute	watt	$6.973\ 333\ 3 \times 10^{1}$

* Indicates an exact conversion. Otherwise, conversions are approximate representations of definitions or are results of physical measurements. Source: *E. A. Mechtly, NASA SP 7012, 1973.*

TABLE A.2. *Factors for converting to SI units, continued.*

To convert from	To	Multiply by
Pressure (F/L^2)		
atmosphere	*newton/meter^2	$1.013\ 25 \times 10^5$
bar	*newton/meter^2	1.00×10^5
centimeter Hg (0°C)	*newton/meter^2	$1.333\ 22 \times 10^{3*}$
centimeter H_2O (4°C)	newton/meter^2	$9.806\ 38 \times 10^1$
dyne/centimeter^2	*newton/meter^2	1.00×10^1
foot of H_2O (39.2°F)	newton/meter^2	$2.988\ 98 \times 10^3$
inch of Hg (32°F)	newton/meter^2	$3.386\ 389 \times 10^3$
inch of Hg (60°F)	newton/meter^2	$3.376\ 85 \times 10^3$
inch of water (39.2°F)	newton/meter^2	$2.490\ 82 \times 10^2$
inch of water (60°F)	newton/meter^2	$2.488\ 4 \times 10^2$
lbf/foot^2	newton/meter^2	$4.788\ 025\ 8 \times 10^1$
lbf/inch^2 (psi)	newton/meter^2	$6.894\ 757\ 2 \times 10^3$
pascal	*newton/meter^2	1.00×10^0
torr (0°C)	newton/meter^2	$1.333\ 22 \times 10^2$
Specific Heat Capacity [F·L/(M·t)]		
BTU/(lbm·°F)	joule/(kilogram·K)	4.187×10^3
Speed or Velocity (L/T)		
foot/hour	meter/second	$8.466\ 666\ 6 \times 10^{-5}$
foot/minute	*meter/second	5.08×10^{-3}
foot/second	*meter/second	3.048×10^{-1}
inch/second	*meter/second	2.54×10^{-1}
kilometer/hour	meter/second	$2.777\ 777\ 8 \times 10^{-1}$
knot (international)	meter/second	$5.144\ 444\ 444 \times 10^{-1}$
mile/hour	*meter/second	$4.470\ 4 \times 10^{-1}$
mile/minute	*meter/second	$2.682\ 24 \times 10^1$
mile/second	*meter/second	$1.609\ 344 \times 10^3$
Temperature (t)		
Celsius	Kelvin	$t_K = t_C + 273.15$
Fahrenheit	Kelvin	$t_K = (5/9)(t_F + 459.67)$
Fahrenheit	Celsius	$t_C = (5/9)(t_F - 32)$
Rankine	Kelvin	$t_K = (5/9)t_R$
Thermal Conductivity [F·L/(T·L·t)]		
BTU/(hour·foot·°R)	watt/(meter·K)	1.731×10^0
Thermal Diffusivity (L^2/T)		
foot^2/second	meter^2/second	9.29×10^{-2}
foot^2/hour	meter^2/second	2.581×10^{-5}

* Indicates an exact conversion. Otherwise, conversions are approximate representations of definitions or are results of physical measurements. Source: *E. A. Mechtly, NASA SP 7012, 1973.*

TABLE A.2. *Factors for converting to SI units, continued.*

To convert from	To	Multiply by
Thermal Resistance [T·t/(F·L)]		
hour·°R/BTU	K/watt	$1.895\ 8 \times 10^{0}$
Time (T)		
day	*second	8.64×10^{4}
hour	*second	3.60×10^{3}
minute	*second	6.00×10^{1}
month	*second	2.628×10^{6}
year	*second	$3.153\ 6 \times 10^{7}$
Viscosity–kinematic (L^2/T)		
centistoke	*meter²/second	1.00×10^{-6}
stoke	*meter²/second	1.00×10^{-4}
foot²/second	*meter²/second	$9.290\ 304 \times 10^{-2}$
Viscosity–absolute ($F{\cdot}T/L^2$)		
centipoise	*newton·second/meter²	1.00×10^{-3}
lbm/(foot·second)	newton·second/meter²	$1.488\ 163\ 9 \times 10^{0}$
lbf·second/foot²	newton·second/meter²	$4.788\ 025\ 8 \times 10^{1}$
poise	*newton·second/meter²	1.00×10^{-1}
Volume (L^3)		
acre·foot	meter³	$1.233\ 481\ 9 \times 10^{-3}$
barrel (42 gallons)	meter³	$1.589\ 873 \times 10^{-1}$
cup	*meter³	$2.365\ 882\ 365 \times 10^{-4}$
foot³	*meter³	$2.831\ 684\ 659\ 2 \times 10^{-2}$
gallon (U.S. dry)	*meter³	$4.404\ 883\ 770\ 86 \times 10^{-3}$
gallon (U.S. liquid)	*meter³	$3.785\ 411\ 784 \times 10^{-3}$
inch³	*meter³	$1.638\ 706\ 4 \times 10^{-5}$
liter	*meter³	1.00×10^{-3}
ounce (U.S. fluid)	*meter³	$2.957\ 352\ 956\ 25 \times 10^{-5}$
pint (U.S. dry)	*meter³	$5.506\ 104\ 713\ 575 \times 10^{-4}$
pint (U.S. liquid)	*meter³	$4.731\ 764\ 73 \times 10^{-4}$
quart (U.S. dry)	*meter³	$1.101\ 220\ 942\ 715 \times 10^{-3}$
quart (U.S. liquid)	meter³	$9.463\ 529\ 5 \times 10^{-4}$
tablespoon	*meter³	$1.478\ 676\ 478\ 125 \times 10^{-5}$
teaspoon	*meter³	$4.928\ 921\ 593\ 75 \times 10^{-6}$
yard³	*meter³	$7.645\ 548\ 579\ 84 \times 10^{-1}$

* Indicates an exact conversion. Otherwise, conversions are approximate representations of definitions or are results of physical measurements. Source: *E. A. Mechtly, NASA SP 7012, 1973.*

TABLE A.3. *Miscellaneous conversion factors.*

To convert from	To	Multiply by
acres	square feet	4.356×10^{4}
acres	square miles	1.562×10^{-2}
atmospheres	cm of Hg	7.6×10
BTU	horsepower-hours	3.931×10^{-4}
BTU	kilowatt-hours	2.928×10^{-4}
BTU/hr	watts	2.928×10^{-1}
calories	BTU	$3.968\ 5 \times 10^{-3}$
centimeters	feet	3.281×10^{-2}
centimeters	inches	3.937×10^{-1}
chain	inches	7.92×10^{2}
gallons per minute	cubic feet per second	2.228×10^{-3}

TABLE A.4. *Temperature conversions.*

K	°C	°R	°F
250	−23.15	450	−10
260	−13.15	468	8
270	−3.15	486	26
280	6.85	504	44
290	16.85	522	62
295	21.85	531	71
300	26.85	540	80
310	36.85	558	98
320	46.85	576	116
330	56.85	594	134
340	66.85	612	152
350	76.85	630	170
360	86.85	648	188
370	96.85	666	206
380	106.85	684	224
390	116.85	702	242
400	126.85	720	260
410	136.85	738	278
420	146.85	756	296

TABLE A.5. *The Greek alphabet.*

English Spelling	Greek Capital Letters	Greek Lowercase Letters	English Spelling	Greek Capital Letters	Greek Lowercase Letters
Alpha	A	α	Nu	N	ν
Beta	B	β	Xi	Ξ	ξ
Gamma	Γ	γ	Omicron	O	o
Delta	Δ	δ	Pi	Π	π
Epsilon	E	ε	Rho	P	ρ
Zeta	Z	ζ	Sigma	Σ	σ
Eta	H	η	Tau	T	τ
Theta	Θ	θ	Upsilon	Y	υ
Iota	I	ι	Phi	ϑ	φ
Kappa	K	κ	Chi	X	χ
Lambda	Λ	λ	Psi	Ψ	ψ
Mu	M	μ	Omega	Ω	ω

TABLE B.1. *Properties of liquids at room temperature and pressure.*

Fluid	Specific Gravity	Absolute Viscosity $(N{\cdot}s/m^2) \times 10^3$	Absolute Viscosity $(lbf{\cdot}s/ft^2) \times 10^5$	Surface Tension $(N/m) \times 10^3$
Acetone	0.787	0.316	0.659	23.1
Benzene	0.876	0.601	1.26	28.18
Carbon disulfide	1.265	0.36	0.752	32.33
Carbon tetrachloride	1.59	0.91	1.90	26.3
Castor oil	0.96	650	1356	–
Chloroform	1.47	0.53	1.11	27.14
Decane	0.728	0.859	1.79	23.43
Ether	0.715	0.223	0.466	16.42
Ethyl alcohol	0.787	1.095	2.29	22.33
Ethylene glycol	1.100	16.2	33.8	48.2
Glycerine	1.263	950	1983	63.0
Heptane	0.681	0.376	0.786	19.9
Hexane	0.657	0.297	0.622	18.0
Kerosene	0.823	1.64	3.42	–
Linseed oil	0.93	33.1	69.0	–
Mercury	13.6	1.53	3.20	484
Methyl alcohol	0.789	0.56	1.17	22.2
Octane	0.701	0.51	1.07	21.14
Propane	0.495	0.11	0.23	6.6
Propyl alcohol	0.802	1.92	4.01	23.5
Propylene	0.516	0.09	0.19	7.0
Propylene glycol	0.968	42	88	36.3
Turpentine	0.87	1.375	2.87	–
Water	1.00	0.89	1.9	71.97

Source: *Reprinted with permission from* CRC Handbook of Tables for Applied Engineering Science *(2nd ed), pages 90 and 92, Tables 1-44 and 1-46, 1973. Copyright CRC Press, Inc., Boca Raton, FL.*

Notes on reading the table:

Density ρ = (Sp.Gr. x 1.94) slug/ft^3 = (Sp.Gr. x 1 000) kg/m^3 = (Sp.Gr. x 62.4) lbm/ft^3

Viscosity of acetone: $\mu \times 10^3 = 0.316\ N{\cdot}s/m^2$; $\mu = 0.316 \times 10^{-3}\ N{\cdot}s/m^2$

TABLE B.2. *Properties of saturated liquids: unused* ***engine oil***.

Temp °C	Temp °F	Specific Gravity	Specific Heat C_p $\frac{J}{kg \cdot K}$	Specific Heat C_p $\frac{BTU}{lbm \cdot °R}$	Kinematic Viscosity ν $m^2/s \times 10^4$	Kinematic Viscosity ν $ft^2/s \times 10^3$	Thermal Conductivity k $\frac{W}{m \cdot K}$	Thermal Conductivity k $\frac{BTU}{hr \cdot ft \cdot °R}$	Thermal Diffusivity α $m^2/s \times 10^8$	Thermal Diffusivity α $ft^2/hr \times 10^3$	Prandtl Number Pr
0	32	0.899	1 796	0.429	42.8	46.1	0.147	0.085	9.11	3.53	47 100
20	68	0.888	1 880	0.449	9.0	9.7	0.145	0.084	8.72	3.38	10 400
40	104	0.876	1 964	0.469	2.4	2.6	0.144	0.083	8.34	3.23	2 870
60	140	0.864	2 047	0.489	0.839	0.903	0.140	0.081	8.00	3.10	1 050
80	176	0.852	2 131	0.509	0.375	0.404	0.138	0.080	7.69	2.98	490
100	212	0.840	2 219	0.530	0.203	0.219	0.137	0.079	7.38	2.86	276
120	248	0.828	2 307	0.551	0.124	0.133	0.135	0.078	7.10	2.75	175
140	284	0.816	2 395	0.572	0.080	0.086	0.133	0.077	6.86	2.66	116
160	320	0.805	2 483	0.593	0.056	0.060	0.132	0.076	6.63	2.57	84

$\beta = 0.70 \times 10^{-3}/K = 0.39 \times 10^{-3}/°R$ Example of reading values: kinematic viscosity at 0°C is $\nu = 42.8 \times 10^{-4}\ m^2/s$

Source: ANALYSIS OF HEAT AND MASS TRANSFER, *by Eckert. Copyright 1986 by Taylor & Francis Group LLC-Books. Reproduced with permission of Taylor & Francis Group LLC-Books in the format Textbook via Copyright Clearance Center.*

TABLE B.3. *Properties of saturated liquids:* ***ethylene glycol*** $C_2H_4(OH_2)$.

Temp		Specific	Specific Heat C_p		Kinematic Viscosity ν		Thermal Conductivity k		Thermal Diffusivity α		Prandtl
°C	°F	Gravity	$\frac{J}{kg \cdot K}$	$\frac{BTU}{lbm \cdot °R}$	$m^2/s \times 10^6$	$ft^2/s \times 10^5$	$\frac{W}{m \cdot K}$	$\frac{BTU}{hr \cdot ft \cdot °R}$	$m^2/s \times 10^8$	$ft^2/hr \times 10^3$	Number Pr
0	32	1.130	2 294	0.548	57.53	61.92	0.242	0.140	9.34	3.62	615
20	68	1.116	2 382	0.569	19.18	20.64	0.249	0.144	9.39	3.64	204
40	104	1.101	2 474	0.591	8.69	9.35	0.256	0.148	9.39	3.64	93
60	140	1.087	2 562	0.612	4.75	5.11	0.260	0.150	9.32	3.61	51
80	176	1.077	2 650	0.633	2.98	3.21	0.261	0.151	9.21	3.57	32.4
100	212	1.058	2 742	0.655	2.03	2.18	0.263	0.152	9.08	3.52	22.4

$\beta = 0.65 \times 10^{-3}/K = 0.36 \times 10^{-3}/°R$ Example of reading values: kinematic viscosity at 0°C is $\nu = 57.53 \times 10^{-6}\ m^2/s$

TABLE B.4. *Properties of saturated liquids:* ***glycerin*** $C_3H_5(OH)_3$.

Temp		Specific	Specific Heat C_p		Kinematic Viscosity ν		Thermal Conductivity k		Thermal Diffusivity α		Prandtl
°C	°F	Gravity	$\frac{J}{kg \cdot K}$	$\frac{BTU}{lbm \cdot °R}$	$m^2/s \times 10^3$	$ft^2/s \times 10^2$	$\frac{W}{m \cdot K}$	$\frac{BTU}{hr \cdot ft \cdot °R}$	$m^2/s \times 10^8$	$ft^2/hr \times 10^3$	Number Pr
0	32	1.276	2 261	0.540	8.31	8.95	0.282	0.163	9.83	3.81	84 700
10	50	1.270	2 319	0.554	3.00	3.23	0.284	0.164	9.65	3.47	31 000
20	68	1.264	2 386	0.570	1.18	1.27	0.286	0.156	9.47	3.67	12 500
30	86	1.258	2 445	0.584	0.50	0.54	0.286	0.165	9.29	3.60	5 380
40	104	1.252	2 512	0.600	0.22	0.24	0.286	0.165	9.14	3.54	2 450
50	122	1.244	2 583	0.617	0.15	0.16	0.287	0.166	8.93	3.46	1 630

$\beta = 0.50 \times 10^{-3}/K = 0.28 \times 10^{-3}/°R$ Example of reading values: kinematic viscosity at 0°C is $\nu = 8.31 \times 10^{-3}$ m^2/s

TABLE B.5. *Properties of saturated liquids:* ***water*** H_2O.

Temp °C	Temp °F	Specific Gravity	Specific Heat C_p J/kg·K	Specific Heat C_p BTU/lbm·°R	Kinematic Viscosity ν m²/s x 10⁷	Kinematic Viscosity ν ft²/s x 10⁶	Thermal Conductivity k W/m·K	Thermal Conductivity k BTU/hr·ft·°R	Thermal Diffusivity α m²/s x 10⁷	Thermal Diffusivity α ft²/hr x 10³	Prandtl Number Pr
0	32	1.002	4 217	1.0074	17.88	19.25	0.552	0.319	1.308	5.07	13.6
20	68	1.000	4 181	0.9988	10.06	10.83	0.597	0.345	1.430	5.54	7.02
40	104	0.994	4 178	0.9980	6.58	7.08	0.628	0.363	1.512	5.86	4.34
60	140	0.985	4 184	0.9994	4.78	5.14	0.651	0.376	1.554	6.02	3.02
80	176	0.974	4 196	1.0023	3.64	3.92	0.668	0.386	1.636	6.34	2.22
100	212	0.960	4 216	1.0070	2.94	3.16	0.680	0.393	1.680	6.51	1.74
120	248	0.945	4 250	1.015	2.47	2.66	0.685	0.396	1.708	6.62	1.446
140	284	0.928	4 283	1.023	2.14	2.30	0.684	0.395	1.724	6.68	1.241
160	320	0.909	4 342	1.037	1.90	2.04	0.670	0.393	1.729	6.70	1.099
180	356	0.889	4 417	1.055	1.73	1.86	0.675	0.390	1.724	6.68	1.004
200	392	0.866	4 505	1.076	1.60	1.72	0.665	0.384	1.706	6.61	0.937
220	428	0.842	4 610	1.101	1.50	1.61	0.572	0.377	1.680	6.51	0.891
240	464	0.815	4 756	1.136	1.43	1.54	0.635	0.367	1.639	6.35	0.871
260	500	0.785	4 949	1.182	1.37	1.48	0.611	0.353	1.577	6.11	0.874
280	537	0.752	5 208	1.244	1.35	1.45	0.580	0.335	1.481	5.74	0.910
300	572	0.714	5 728	1 368	1.35	1.45	0.540	0.312	1.324	5.13	1.109

$\beta = 0.18 \times 10^{-3}/K = 0.10 \times 10^{-3}/°R$ Example of reading values: kinematic viscosity at 0°C is $\nu = 17.88 \times 10^{-7}\ m^2/s$

TABLE C.1. *Physical properties of gases at room temperature and pressure.*

Gas	Density ρ		Specific Heat C_p		Kinematic Viscosity ν		Gas Constant R		$\gamma = C_p/C_v$
	kg/m³	lbm/ft³	$\frac{J}{kg \cdot K}$	$\frac{BTU}{lbm \cdot °R}$	m²/s x 10⁶	ft²/s x 10⁵	$\frac{J}{kg \cdot K}$	$\frac{ft \cdot lbf}{lbm \cdot °R}$	
Air	1.177	0.0735	1 005.7	0.240	15.68	16.88	0.026 24	0.01516	1.4
Carbon dioxide	1.797	0.1122	871	0.208	8.321	8.957	0.016 572	0.009575	1.3
Nitrogen	1.142	0.0713	1 040.8	0.2486	15.63	16.82	0.026 20	0.01514	1.4
Oxygen	1.300	0.0812	920.3	0.2198	15.86	17.07	0.026 76	0.01546	1.4

Example of reading values: kinematic viscosity of air is $\nu = 15.68 \times 10^{-6}$ m²/s

MW = molecular weight (engineering units) = molecular mass (SI units)

Gas constant $R = R_u/MW$; R_u = 1545 ft·lbf/lbmol·°R = 49,700 ft·lbf/slugmol·°R = 8 312 N·m/(mol·K)

1 BTU = 778 ft·lbf

Source: Data taken from a number of sources; see Bibliography at the end of the text.

TABLE C.2. *Properties of gases at atmospheric pressure* (101.3 kPa = 14.7 psia).

Air (*gas constant* = 286.8 J/(kg·K) = 53.3 ft·lbf/(lbm·°R); $\gamma = C_p/C_v = 1.4$)

Temp K	Temp °R	Density ρ kg/m³	Density ρ lbm/ft³	Specific Heat C_p J/(kg·K)	Specific Heat C_p BTU/(lbm·°R)	Kinematic Viscosity ν m²/s x 10⁶	Kinematic Viscosity ν ft²/s x 10⁵	Thermal Conductivity k W/(m·K)	Thermal Conductivity k BTU/(hr·ft·°R)	Thermal Diffusivity α m²/s x 10⁴	Thermal Diffusivity α ft²/hr	Prandtl Number Pr
100	180	3.601	0.225	1 026.6	0.245	1.923	2.070	0.009 246	0.005342	0.025 01	0.0969	0.770
150	270	3.268	0.148	1 009.9	0.241	4.343	4.674	0.013 735	0.007936	0.057 45	0.223	0.753
200	360	1.768	0.110	1 006.1	0.240	7.490	8.062	0.018 09	0.01045	0.101 65	0.394	0.739
250	450	1.413	0.0882	1 005.3	0.240	9.49	10.2	0.022 27	0.01287	0.131 61	0.510	0.722
300	540	1.177	0.0735	1 005.7	0.240	15.68	16.88	0.026 24	0.01516	0.221 60	0.859	0.708
350	630	0.998	0.0623	1 009.0	0.241	20.76	22.35	0.030 03	0.01735	0.298 3	1.156	0.697
400	720	0.883	0.0551	1 104.0	0.242	25.90	27.88	0.033 65	0.01944	0.376 0	1.457	0.689
450	810	0.783	0.0489	1 020.7	0.244	28.86	31.06	0.037 07	0.02142	0.422 2	1.636	0.683
500	900	0.705	0.0440	1 029.5	0.245	37.90	40.80	0.040 38	0.02333	0.556 4	2.156	0.680
550	990	0.642	0.0401	1 039.2	0.248	44.34	47.73	0.043 60	0.02519	0.653 2	2.531	0.680
600	1080	0.589	0.0367	1 055.1	0.252	51.34	55.26	0.046 59	0.02692	0.751 2	2.911	0.680
650	1170	0.543	0.0339	1 063.5	0.254	58.51	62.98	0.049 53	0.02862	0.857 8	3.324	0.682
700	1260	0.503	0.0314	1 075.2	0.257	66.25	71.31	0.052 30	0.03022	0.967 2	3.748	0.684
750	1350	0.471	0.0294	1 085.6	0.259	73.91	79.56	0.055 09	0.03183	1.077 4	4.175	0.686
800	1440	0.441	0.0275	1 097.8	0.262	82.29	88.58	0.057 79	0.03339	1.195 1	4.631	0.689
850	1530	0.415	0.0259	1 109.5	0.265	90.75	97.68	0.060 28	0.03483	1.309 7	5.075	0.692
900	1620	0.393	0.0245	1 121.2	0.268	99.3	107.0	0.062 79	0.03628	1.427 1	5.530	0.696
950	1710	0.372	0.0232	1 132.1	0.270	108.2	116.5	0.065 25	0.03770	1.551 0	6.010	0.699
1 000	1800	0.352	0.0220	1 141.7	0.273	117.8	126.8	0.067 52	0.03901	1.677 9	6.502	0.702
1 100	1980	0.320	0.0120	1 160	0.277	138.6	149.2	0.073 2	0.0423	1.969	7.630	0.704

Example of reading values: kinematic viscosity at 100 K is $\nu = 1.923 \times 10^{-6}$ m²/s

TABLE C.2. *Properties of gases at atmospheric pressure* (101.3 kPa = 14.7 psia), *continued.*

Air (*gas constant* = 286.8 J/(kg·K) = 53.3 ft·lbf/(lbm·°R); $\gamma = C_p/C_v = 1.4$)

Temp		Density ρ		Specific Heat C_p		Kinematic Viscosity ν		Thermal Conductivity k		Thermal Diffusivity α		Prandtl
K	°R	kg/m³	lbm/ft³	J/(kg·K)	BTU/(lbm·°R)	m²/s x 10⁶	ft²/s x 10⁵	W/(m·K)	BTU/(hr·ft·°R)	m²/s x 10⁴	ft²/hr	Number Pr
1 200	2160	0.295	0.0184	1 179	0.282	159.1	171.3	0.078 2	0.0452	2.251	8.723	0.707
1 300	2340	0.271	0.0169	1 197	0.286	182.1	196.0	0.083 7	0.0484	2.583	10.01	0.705
1 400	2520	0.252	0.0157	1 214	0.290	205.5	221.2	0.089 1	0.0515	2.920	11.32	0.705
1 500	2700	0.236	0.0147	1 230	0.294	229.1	246.6	0.094 6	0.0547	3.262	12.64	0.705
1 600	2880	0.221	0.0138	1 248	0.298	254.5	273.9	0.100	0.0578	3.609	13.98	0.705
1 700	3060	0.208	0.0130	1 267	0.303	280.5	301.9	0.105	0.0607	3.977	15.41	0.705
1 800	3240	0.197	0.0123	1 287	0.307	308.1	331.6	0.111	0.0641	4.379	16.97	0.704
1 900	3420	0.186	0.0115	1 309	0.313	338.5	364.4	0.117	0.0676	4.811	18.64	0.704
2 000	3600	0.176	0.0110	1 338	0.320	369.0	397.2	0.124	0.0716	5.260	20.38	0.702
2 100	3780	0.168	0.0105	1 372	0.328	399.6	430.1	0.131	0.757	5.715	22.15	0.700
2 200	3960	0.160	0.0100	1 419	0.339	432.6	465.6	0.139	0.0803	6.120	23.72	0.707
2 300	4140	0.154	0.00955	1 482	0.354	464.0	499.4	0.149	0.0861	6.540	25.34	0.710
2 400	4320	0.146	0.00905	1 574	0.376	504.0	542.5	0.161	0.0930	7.020	27.20	0.718
2 500	4500	0.139	0.00868	1 688	0.403	543.5	585.0	0.175	0.101	7.441	28.83	0.730

Example of reading values: kinematic viscosity at 100 K is $\nu = 159.1 \times 10^{-6}$ m²/s

TABLE C.3. *Properties of gases at atmospheric pressure* (101.3 kPa = 14.7 psia).

Carbon Dioxide (*gas constant* = 188.9 J/(kg·K) = 35.11 ft·lbf/(lbm·°R); $\gamma = C_p/C_v = 1.3$)

Temp		Density ρ		Specific Heat C_p		Kinematic Viscosity ν		Thermal Conductivity k		Thermal Diffusivity α		Prandtl
K	°R	kg/m³	lbm/ft³	J/(kg·K)	BTU/(lbm·°R)	m²/s x 10⁶	ft²/s x 10⁵	W/(m·K)	BTU/(hr·ft·°R)	m²/s x 10⁴	ft²/hr	Number Pr
220	396	2.473	0.1544	783	0.187	4.490	4.833	0.010 805	0.006243	0.059 20	0.2294	0.818
250	450	2.165	0.1352	804	0.192	5.813	6.257	0.012 884	0.007444	0.074 01	0.2868	0.793
300	540	1.797	0.1122	871	0.208	8.321	8.957	0.016 572	0.009575	0.105 88	0.4103	0.770
350	630	1.536	0.0959	900	0.215	11.19	12.05	0.020 47	0.01183	0.148 08	0.5738	0.755
400	720	1.342	0.0838	942	0.225	14.39	15.49	0.024 61	0.01422	0.194 63	0.7542	0.738
450	810	1.191	0.0744	980	0.234	17.90	19.27	0.028 97	0.01674	0.248 13	0.9615	0.721
500	900	1.073	0.067	1 013	0.242	21.67	23.33	0.033 52	0.01937	0.308 4	1.195	0.702
550	990	0.973	0.0608	1 047	0.250	25.74	27.72	0.038 21	0.02208	0.375 0	1.453	0.685
600	1080	0.893	0.0558	1 076	0.257	30.02	32.31	0.043 11	0.02491	0.448 3	1.737	0.668

Example of reading values: kinematic viscosity at 100 K is $\nu = 4.490 \times 10^{-6}$ m²/s

Source: ANALYSIS OF HEAT AND MASS TRANSFER, *by Eckert. Copyright 1986 by Taylor & Francis Group LLC-Books. Reproduced with permission of Taylor & Francis Group LLC-Books in the format Textbook via Copyright Clearance Center.*

TABLE C.4. *Properties of gases at atmospheric pressure* (101.3 kPa = 14.7 psia).

Nitrogen *(gas constant* = 296.8 J/(kg·K) = 55.16 ft·lbf/(lbm·°R); $\gamma = C_p/C_v = 1.4$)

Temp K	Temp °R	Density ρ kg/m³	Density ρ lbm/ft³	Specific Heat C_p J/(kg·K)	Specific Heat C_p BTU/(lbm·°R)	Kinematic Viscosity ν m²/s x 10⁶	Kinematic Viscosity ν ft²/s x 10⁵	Thermal Conductivity k W/(m·K)	Thermal Conductivity k BTU/(hr·ft·°R)	Thermal Diffusivity α m²/s x 10⁴	Thermal Diffusivity α ft²/hr	Prandtl Number Pr
100	180	3.480	0.2173	1 072.2	0.2571	1.971	2.122	0.009 450	0.005460	0.025 319	0.09811	0.786
200	360	1.710	0.1068	1 042.9	0.2491	7.568	8.146	0.018 24	0.01054	0.102 24	0.3962	0.747
300	540	1.142	0.0713	1 040.8	0.2486	15.63	16.82	0.026 20	0.01514	0.220 44	0.8542	0.713
400	720	0.853	0.0533	1 045.9	0.2498	25.74	27.71	0.033 35	0.01927	0.373 4	1.447	0.691
500	900	0.682	0.0426	1 055.5	0.2521	37.66	40.54	0.039 84	0.02302	0.553 0	2.143	0.684
600	1080	0.568	0.0355	1 075.6	0.2569	51.19	55.10	0.045 80	0.02646	0.748 6	2.901	0.686
700	1260	0.493	0.0308	1 096.9	0.2620	65.13	70.10	0.051 23	0.02960	0.946 6	3.668	0.691
800	1440	0.427	0.0267	1 122.5	0.2681	81.46	87.68	0.056 09	0.03241	1.168 5	4.528	0.700
900	1620	0.379	0.0237	1 146.4	0.2738	91.06	98.02	0.060 70	0.03507	1.394 6	5.404	0.711
1 000	1800	0.341	0.0213	1 167.7	0.2789	117.2	126.2	0.064 75	0.03741	1.625 0	6.297	0.724
1 100	1980	0.310	0.0194	1 185.7	0.2382	136.0	146.4	0.068 50	0.03958	1.859 1	7.204	0.736
1 200	2160	0.285	0.0178	1 203.7	0.2875	156.1	168.0	0.071 84	0.04151	2.093 2	8.111	0.748

Example of reading values: kinematic viscosity at 100 K is $\nu = 1.971 \times 10^{-6}$ m²/s

Source: *Data taken from* Analysis of Heat and Mass Transfer, *by E. R. G. Eckert and R. M. Drake, Jr., Taylor & Francis Group—Hemisphere Publishing Corp., New York, © 1987. Used with permission of the publisher.*

TABLE C.5. *Properties of gases at atmospheric pressure* (101.3 kPa = 14.7 psia).

Oxygen (*gas constant* = 260 J/(kg·K) = 48.3 ft·lbf/(lbm·°R); $\gamma = C_p/C_v = 1.4$)

Temp		Density ρ		Specific Heat C_p		Kinematic Viscosity ν		Thermal Conductivity k		Thermal Diffusivity α		Prandtl
K	°R	kg/m³	lbm/ft³	J/(kg·K)	BTU/(lbm·°R)	m²/s x 10⁶	ft²/s x 10⁵	W/(m·K)	BTU/(hr·ft·°R)	m²/s x 10⁴	ft²/hr	Number Pr
100	180	3.992	0.2492	947.9	0.2264	1.946	2.095	0.009 03	0.00522	0.023 876	0.09252	0.815
150	270	2.619	0.1635	917.8	0.2192	4.387	4.722	0.013 67	0.00790	0.056 88	0.2204	0.773
200	360	1.955	0.1221	913.1	0.2181	7.593	8.173	0.018 24	0.01054	0.102.14	0.3958	0.745
250	450	1.561	0.0975	915.7	0.2187	11.45	12.32	0.022 59	0.01305	0.157 94	0.6120	0.725
300	540	1.300	0.0812	920.3	0.2198	15.86	17.07	0.026 76	0.01546	0.223 53	0.8662	0.709
350	630	1.113	0.0695	929.1	0.2219	20.80	22.39	0.030 70	0.01774	0.296 8	1.150	0.702
400	720	0.975	0.0609	942.0	0.2250	26.18	28.18	0.034 61	0.02000	0.376 8	1.460	0.695
450	810	0.868	0.0542	956.7	0.2285	31.99	34.43	0.038 28	0.02212	0.460 9	1.786	0.694
500	900	0.780	0.0487	972.2	0.2322	38.34	41.27	0.041 73	0.02411	0.550 2	2.132	0.697
550	990	0.709	0.0443	988.1	0.2360	45.05	48.49	0.045 17	0.02610	0.644 1	2.496	0.700
600	1080	0.650	0.0406	1 004.4	0.2399	52.15	56.13	0.048 82	0.02792	0.739 9	2.867	0.704

Example of reading values: kinematic viscosity at 100 K is $\nu = 1.946 \times 10^{-6}$ m²/s

Source: ANALYSIS OF HEAT AND MASS TRANSFER, *by Eckert. Copyright 1986 by Taylor & Francis Group LLC-Books. Reproduced with permission of Taylor & Francis Group LLC-Books in the format Textbook via Copyright Clearance Center.*

TABLE C.6. *Properties of gases at atmospheric pressure* (101.3 kPa = 14.7 psia).

Water Vapor or Steam (*gas constant* = 461.5 J/(kg·K) = 85.78 ft·lbf/(lbm·°R); $\gamma = C_p/C_v$ = 1.333)

Temp K	Temp °R	Density ρ kg/m³	Density ρ lbm/ft³	Specific Heat C_p $\frac{J}{kg \cdot K}$	Specific Heat C_p $\frac{BTU}{lbm \cdot °R}$	Kinematic Viscosity ν m²/s x 10⁵	Kinematic Viscosity ν ft²/s x 10⁴	Thermal Conductivity k $\frac{W}{m \cdot K}$	Thermal Conductivity k $\frac{BTU}{hr \cdot ft \cdot °R}$	Thermal Diffusivity α m²/s x 10⁴	Thermal Diffusivity α ft²/hr	Prandtl Number Pr
380	684	0.586	0.0366	2 060	0.492	2.16	2.33	0.024 6	0.0142	0.293 6	0.789	1.060
400	720	0.554	0.0346	2 014	0.481	2.42	2.61	0.026 1	0.0151	0.233 8	0.906	1.040
450	810	0.490	0.0306	1 980	0.473	3.11	3.35	0.029 9	0.0173	0.307	1.19	1.010
500	900	0.440	0.0275	1 985	0.474	3.86	4.16	0.033 9	0.0196	0.386	1.50	0.996
550	990	0.400	0.0250	1 997	0.477	4.70	5.06	0.037 9	0.0219	0.475	1.84	0.991
600	1080	0.0365	0.0228	2 026	0.484	5.66	6.09	0.042 2	0.0244	0.573	2.22	0.986
650	1170	0.338	0.0211	2 056	0.491	6.64	7.15	0.046 4	0.0268	0.666	2.58	0.995
700	1260	0.314	0.0196	2 085	0.498	7.72	8.31	0.050 5	0.0292	0.772	2.99	1.000
750	1350	0.293	0.0183	2 119	0.506	8.88	9.56	0.054 9	0.0317	0.883	3.42	1.005
800	1440	0.274	0.0171	2 152	0.514	10.20	10.98	0.059 2	0.0342	1.001	3.88	1.010
850	1530	0.258	0.0161	2 186	0.522	11.52	12.40	0.063 7	0.0368	1.130	4.38	1.019

Example of reading values: kinematic viscosity at 380 K is $\nu = 2.16 \times 10^{-5}$ m²/s

Source: *Data taken from a number of references.*

TABLE D.1. *Pipe dimensions.*

Nominal Diameter	Outside Diameter in. (ft)	Outside Diameter cm	Schedule	Inside Diameter ft	Inside Diameter cm	Flow Area ft^2	Flow Area cm^2
1/8	0.405	1.029	40 (std)	0.02242	0.683	0.0003947	0.366 4
	(0.03375)		80 (xs)	0.01792	0.547	0.0002522	0.235 0
1/4	0.540	1.372	40 (std)	0.03033	0.924	0.0007227	0.670 6
	(0.045)		80 (xs)	0.02517	0.768	0.0004974	0.463 2
3/8	0.675	1.714	40 (std)	0.04108	1.252	0.001326	1.233
	(0.05625)		80 (xs)	0.03525	1.074	0.0009759	0.905 9
1/2	0.840	2.134	40 (std)	0.05183	1.580	0.002110	1.961
	(0.070)		80 (xs)	0.04550	1.386	0.001626	1.508
			160	0.03867	1.178	0.001174	1.090
			(xxs)	0.02100	0.640	0.0003464	0.321 7
3/4	1.050	2.667	40 (std)	0.06867	2.093	0.003703	3.441
	(0.0875)		80 (xs)	0.06183	1.883	0.003003	2.785
			160	0.05100	1.555	0.002043	1.898
			(xxs)	0.03617	1.103	0.001027	0.955 5
1	1.315	3.340	40 (std)	0.08742	2.664	0.006002	5.574
	(0.1095)		80 (xs)	0.07975	2.430	0.004995	5.083
			160	0.06792	2.070	0.003623	3.365
			(xxs)	0.04992	1.522	0.001957	1.815
$1^1/_4$	1.660	4.216	40 (std)	0.1150	3.504	0.01039	9.643
	(0.1383)		80 (xs)	0.1065	3.246	0.008908	8.275
			160	0.09667	2.946	0.007339	6.816
			(xxs)	0.07467	2.276	0.004379	4.069
$1^1/_2$	1.900	4.826	40 (std)	0.1342	4.090	0.01414	13.13
	(0.1583)		80 (xs)	0.1250	3.810	0.01227	11.40
			160	0.1115	3.398	0.009764	9.068
			(xxs)	0.09167	2.794	0.007700	6.131

Notes: std implies standard; xs is extra strong; xxs is double extra strong.

TABLE D.1. continued. *Pipe dimensions.*

Nominal Diameter	Outside Diameter in. (ft)	Outside Diameter cm	Schedule	Inside Diameter ft	Inside Diameter cm	Flow Area ft^2	Flow Area cm^2
2	2.375	6.034	40 (std)	0.1723	5.252	0.02330	21.66
	(0.1979)		80 (xs)	0.1616	4.926	0.02051	19.06
			160	0.1406	4.286	0.01552	14.43
			(xxs)	0.1253	3.820	0.01232	11.46
$2^1/_2$	2.875	7.303	40 (std)	0.2058	6.271	0.03325	30.89
	(0.2396)		80 (xs)	0.1936	5.901	0.02943	27.35
			160	0.1771	5.397	0.02463	22.88
			(xxs)	0.1476	4.499	0.01711	15.90
3	3.500	8.890	40 (std)	0.2557	7.792	0.05134	47.69
	(0.2917)		80 (xs)	0.2417	7.366	0.04587	42.61
			160	0.2187	6.664	0.03755	34.88
			(xxs)	0.1917	5.842	0.02885	26.80
$3^1/_2$	4.000	10.16	40 (std)	0.2957	9.012	0.06866	63.79
	(0.3333)		80 (xs)	0.2803	8.544	0.06172	57.33
4	4.500	11.43	40 (std)	0.3355	10.23	0.08841	82.19
	(0.375)		80 (xs)	0.3198	9.718	0.07984	74.17
			120	0.3020	9.204	0.07163	66.54
			160	0.2865	8.732	0.06447	59.88
			(xxs)	0.2626	8.006	0.05419	50.34
5	5.563	14.13	40 (std)	0.4206	12.82	0.1389	129.10
	(0.4636)		80 (xs)	0.4011	12.22	0.1263	117.30
			120	0.3803	11.59	0.1136	105.50
			160	0.3594	10.95	0.1015	94.17
			(xxs)	0.3386	10.32	0.09004	83.65
6	6.625	16.83	40 (std)	0.5054	15.41	0.2006	186.50
	(0.5521)		80 (xs)	0.4801	14.64	0.1810	168.30
			120	0.4584	13.98	0.1650	153.50
			160	0.4823	13.18	0.1467	136.40
			(xxs)	0.4081	12.44	0.1308	121.50

Notes: std implies standard; xs is extra strong; xxs is double extra strong.

TABLE D.1. continued. *Pipe dimensions.*

Nominal Diameter	Outside Diameter in. (ft)	Outside Diameter cm	Schedule	Inside Diameter ft	Inside Diameter cm	Flow Area ft^2	Flow Area cm^2
8	8.625 (0.7188)	21.91	20	0.6771	20.64	0.3601	334.60
			30	0.6726	20.50	0.3553	330.10
			40 (std)	0.6651	20.27	0.3474	322.70
			60	0.6511	19.85	0.3329	309.50
			80 (xs)	0.6354	19.37	0.3171	294.70
			100	0.6198	18.89	0.3017	280.30
			120	0.5989	18.26	0.2817	261.90
			140	0.5834	17.79	0.2673	248.60
			(xxs)	0.5729	17.46	0.2578	239.40
			160	0.5678	17.31	0.2532	235.30
10	10.750 (0.8958)	27.31	20	0.8542	26.04	0.5730	332.60
			30	0.8446	25.75	0.5604	520.80
			40 (std)	0.8350	25.46	0.5476	509.10
			60 (xs)	0.8125	24.77	0.5185	481.90
			80	0.7968	24.29	0.4987	463.40
			100	0.7760	23.66	0.4730	439.70
			120	0.7552	23.02	0.4470	416.20
			140 (xxs)	0.7292	22.23	0.4176	388.10
			160	0.7083	21.59	0.3941	366.10
12	12.750 (1.058)	32.39	20	1.021	31.12	0.8185	760.60
			30	1.008	30.71	0.7972	740.71
			(std)	1.000	30.48	0.7854	729.70
			40	0.9948	30.33	0.773	722.50
			(xs)	0.9792	29.85	0.7530	699.80
			60	0.9688	29.53	0.7372	684.90
			80	0.9478	28.89	0.7056	655.50
			100	0.9218	28.10	0.6674	620.20
			120 (xxs)	0.8958	27.31	0.6303	585.80
			140	0.8750	26.67	0.6013	558.60
			160	0.8438	25.72	0.5592	519.60
14	14.000 (1.1667)	35.57	30 (std)	1.104	33.65	0.9575	889.30
			160	0.9323	28.42	0.6827	634.40

Notes: std implies standard; xs is extra strong; xxs is double extra strong.

TABLE D.1. continued. *Pipe dimensions.*

Nominal Diameter	Outside Diameter in. (ft)	Outside Diameter cm	Schedule	Inside Diameter ft	Inside Diameter cm	Flow Area ft^2	Flow Area cm^2
16	16.000	40.64	30 (std)	1.271	38.73	1.268	1 178.00
	(1.333)		160	1.068	32.54	0.8953	831.60
18	18.000	45.72	(std)	1.438	43.81	1.623	1 507.00
	(1.500)		160	1.203	36.67	1.137	1 056.00
20	20.000	50.80	20 (std)	1.604	48.89	2.021	1 877.00
	(1.6667)		160	1.339	40.80	1.407	1 307.00
22	22.000	55.88	20 (std)	1.771	53.97	2.463	2 288.00
	(1.8333)		160	1.479	45.08	1.718	1 596.00
24	24.000	60.96	20 (std)	1.938	59.05	2.948	2 739.00
	(2.00)		160	1.609	49.05	2.034	1 890.00
26	26.000 (2.167)	66.04	(std)	2.104	64.13	3.477	3 230.00
28	28.000 (2.333)	71.12	(std)	2.271	69.21	4.050	3 762.00
30	30.000 (2.500)	76.20	(std)	2.438	74.29	4.666	4 335.00
32	32.000 (2.667)	81.28	(std)	2.604	79.34	5.326	4 944.00
34	34.000 (2.833)	86.36	(std)	2.771	84.45	6.030	5 601.00
36	36.000 (3.000)	91.44	(std)	2.938	89.53	6.777	6 295.00
38	38.000 (3.167)	96.52	—	3.104	94.61	7.568	7 030.00
40	40.000 (3.333)	101.6	—	3.271	99.69	8.403	7 805.00

Notes: std implies standard; xs is extra strong; xxs is double extra strong.

Source: *Dimensions in English units obtained from* ANSI B36.10–79, American National Standard Wrought Steel and Wrought Iron Pipe. *Reprinted by permission of the publisher, The American Society of Mechanical Engineers.*

TABLE D.2. *Dimensions of seamless copper tubing.*

Standard Size	Outside Diameter in. (ft)	Outside Diameter cm	Type	Inside Diameter ft	Inside Diameter cm	Flow Area ft^2	Flow Area cm^2
1/4	0.375 (0.03125)	0.953	K	0.02542	0.775	0.0005074	0.471 7
			L	0.02625	0.801	0.0005412	0.503 9
3/8	0.500 (0.04167)	1.270	K	0.03350	1.022	0.0008814	0.820 3
			L	0.03583	1.092	0.001008	0.936 6
			M	0.03750	1.142	0.001104	1.024
1/2	0.625 (0.05208)	1.588	K	0.04392	1.340	0.001515	1.410
			L	0.04542	1.384	0.001620	1.505
			M	0.04742	1.446	0.001766	1.642
5/8	0.750 (0.0625)	1.905	K	0.05433	1.657	0.002319	2.156
			L	0.05550	1.691	0.002419	2.246
3/4	0.875 (0.0729)	2.222	K	0.06208	1.892	0.003027	2.811
			L	0.06542	1.994	0.003361	3.123
			M	0.06758	2.060	0.003587	3.333
1	1.125 (0.09375)	2.858	K	0.08292	2.528	0.005400	5.019
			L	0.08542	2.604	0.005730	5.326
			M	0.08792	2.680	0.006071	5.641
$1^1/_4$	1.375 (0.1146)	3.493	K	0.1038	3.163	0.008454	7.858
			L	0.1054	3.213	0.008728	8.108
			M	0.1076	3.279	0.009090	8.444
$1^1/_2$	1.625 (0.1354)	4.128	K	0.1234	3.762	0.01196	11.12
			L	0.1254	3.824	0.01235	11.48
			M	0.1273	3.880	0.01272	11.82
2	2.125 (0.1771)	5.398	K	0.1633	4.976	0.02093	11.95
			L	0.1654	5.042	0.02149	19.97
			M	0.1674	5.102	0.02201	20.44
$2^1/_2$	2.625 (0.21875)	6.668	K	0.2029	6.186	0.03234	30.05
			L	0.2054	6.262	0.03314	30.80
			M	0.2079	6.338	0.03395	40.17

TABLE D.2. continued. *Dimensions of seamless copper tubing.*

Standard Size	Outside Diameter in. (ft)	Outside Diameter cm	Type	Inside Diameter ft	Inside Diameter cm	Flow Area ft^2	Flow Area cm^2
3	3.125	7.938	K	0.2423	7.384	0.04609	42.82
	(0.2604)		L	0.2454	7.480	0.04730	43.94
			M	0.2484	7.572	0.04847	45.03
$3^1/_2$	3.625	9.208	K	0.2821	8.598	0.06249	58.06
	(0.3021)		L	0.2854	8.700	0.06398	59.45
			M	0.2883	8.786	0.06523	60.63
4	4.125	10.48	K	0.3214	9.800	0.08114	75.43
	(0.34375)		L	0.3254	9.922	0.08317	77.32
			M	0.3279	9.998	0.08445	78.51
5	5.125	13.02	K	0.4004	12.21	0.1259	117.10
	(0.4271)		L	0.4063	12.38	0.1296	120.50
			M	0.4089	12.47	0.1313	112.10
6	6.125	15.56	K	0.4784	14.58	0.1798	167.00
	(0.5104)		L	0.4871	14.85	0.1863	173.20
			M	0.4901	14.93	0.1886	175.30
8	8.125	20.64	K	0.6319	19.26	0.3136	291.50
	(0.6771)		L	0.6438	19.62	0.3255	302.50
			M	0.6488	19.78	0.3306	307.20
10	10.125	25.72	K	0.7874	24.00	0.4870	452.50
	(0.84375)		L	0.8021	24.45	0.5053	469.50
			M	0.8084	24.64	0.5133	476.80
12	12.125	30.80	K	0.9429	28.74	0.6983	648.80
	(1.010)		L	0.9638	29.38	0.7295	677.90
			M	0.9681	29.51	0.7361	684.00

Note: *Type K is for underground service and general plumbing; type L is for interior plumbing; type M is for use only with soldered fittings.*

Source: *Dimensions in English units obtained from ANSI/ASTM B88–78,* Standard Specifications for Seamless Copper Water Tube. *Copyright ASTM. Reprinted with permission.*

참고문헌

Bibliography

General References

Transport Phenomena by R. B. Bird, W. E. Stewart, and E. N. Lightfoot, John Wiley and Sons, Inc., New York, 1960.

Standard Mathematical Tables, 28th ed., edited by W. H. Beyer, CRC Press, Inc., Boca Raton FL, 1987.

Standard for Metric Practice, American Society for Testing and Materials, Philadelphia, PA, Designation: E 380-76, 1976.

ASME Orientation and Guide for Use of SI (Metric) Units, 8th ed., published by ASME, New York, ASME Guide SI-1.

NASA SP-7012 by E. A. Mechtly, 1969. (Contains conversion factors from most units to SI units.)

Transport Phenomena, Equations and Numerical Solutions, by E. Saatdjian, John Wiley & Sons, West Sussex, England, 2000.

Heat and Mass Transfer, by K. C. Rolle, Prentice-Hall, New Jersey, 2000.

Fluid Mechanics References

Introduction to Fluid Mechanics 3rd edition, by W. S. Janna, CRC Press, Inc., Boca Raton FL, 2009.

Introduction to Fluid Mechanics, 3rd ed., by J. E. A. John and W. Haberman, Prentice-Hall, Inc., Englewood Cliffs, NJ, 1988.

Engineering Fluid Mechanics, 4th edition, by J. A. Roberson and C. T. Crowe, Houghton-Mifflin Co., Boston, MA, 1990.

The Handbook of Fluid Dynamics, edited by R. W. Johnson, CRC Press, Inc., Boca Raton FL, 1998.

"An Explicit Equation for Friction Factor in Pipe," by N. H. Chen, American Chemical Society Communication, 1979.

Engineering Data Book, Hydraulic Institute, Cleveland, OH, 1979. "Friction Factors for Pipe Flow," by L. F. Moody, Trans *ASME*, v. 66, 1944, p. 671.

Heat Transfer References

Engineering Heat Transfer 3rd edition, by W. S. Janna, CRC Press, Inc., Boca Raton FL, 2009.

Heat Conduction 4th edition, by Y. Yener and S. Kakaç, Taylor and Francis Group, New York, NY, 2008.

Principles of Heat Transfer, 5th edition, by F. Kreith and M. S. Bohn, PWS Publishing, Boston, MA, 1997.

Properties of Substances

Handbook of Tables for Applied Engineering Science 2nd edition, edited by R. E. Bolz and G. L. Tuve, CRC Press, Inc., Boca Raton, FL, 1973.

Transport Processes and Unit Operations by Christie J. Geankoplis, Allyn and Bacon, Inc., Boston, MA, 1978.

Heat and Mass Transfer, 2nd ed., by E. R. G. Eckert and R. M. Drake, McGraw-Hill Book Co., New York, 1958.

U. S. National Bureau of Standards Circular 564, 1955.

Heat Exchanger References

A Working Guide to Shell-and-Tube Heat Exchangers by S. Yokell, McGraw-Hill Publishing Co., New York, 1990.

Process Heat Transfer by Don Q. Kern, McGraw-Hill Publishing Co., New York, 1990.

Heat Exchanger Design by A. P. Fraas, John Wiley and Sons, Inc., New York, 1989.

Heat Exchangers—Selection, Design and Construction by E. A. D. Saunders, Longman Scientific and Technical Publishers; co-published with John Wiley and Sons, Inc., New York, 1988.

Compact Heat Exchangers by W. M. Kays and A. L. London, McGraw-Hill Book Co., New York, 1964.

Efficient Surfaces for Heat Exchangers, by E. K. Kalinin et al, Begell House, Inc., New York, NY, 2002.

Heat Exchangers: Selection, Rating and Thermal Design, 2nd edition, by S. Kakaç nd H. Liu, CRC Press, Inc., Boca Raton, FL, 2002.

Pipe and Tube Specifications

ANSI B36.10-1979, *American National Standard Wrought Steel and Wrought Iron Pipe*, published by ASME, New York, 1979.

ANSI/ASTM B88-78, *Standard Specifications for Seamless Copper Water Tube*, published by ASTM, New York, 1978.

찾아보기

Index

한글

ㄱ

ㄴ

ㄷ

ㅅ

ㅇ

ㅈ

ㅌ

ㅍ

ㅎ

영문

A

B

C

D

F

H

K

L

M

N

O

P

R

S

U

기타

• 강태곤　포항공과대학교 기계공학과
포항공과대학교 기계공학과 박사
한국항공대학교 항공우주 및 기계공학부 교수

• 곽재수　고려대학교 기계공학과
Texas A&M (美) 기계공학과 박사
한국항공대학교 항공우주 및 기계공학부 교수

• 남영석　서울대학교 기계항공공학부
UCLA (美) 기계공학과 박사
경희대학교 기계공학과 교수

• 이충엽　서울대학교 기계항공공학부
UCLA (美) 기계공학과 박사
경희대학교 기계공학과 교수

• 장석필　부산대학교 기계공학부
KAIST 기계항공공학부 박사
한국항공대학교 항공우주 및 기계공학부 교수

열유체시스템설계 4e
Design of Fluid Thermal Systems　　정가 35,000원

인　쇄　2015년 9월 1일 초판 1쇄
발　행　2022년 3월 10일 초판 2쇄
저　자　William S. Janna
역　자　강태곤 · 곽재수 · 남영석 · 이충엽 · 장석필
발행인　정우용
발행처　도서출판 동화기술
경기도 파주시 광인사길 201(문발동, 파주출판도시)
Tel (031)955-4211~6　　donghwapub@nate.com
Fax (031)955-4217　　www.donghwapub.co.kr
(등록) 1977년 12월 19일/9-16호

Printed in Korea
ISBN 978-89-425-9019-3

SELECTED PHYSICAL PROPERTIES

Property	SI	USCS
Water (fresh)		
weight density	9.81 kN/m^3	62.4 lb/ft^3
mass density	1000 kg/m^3	1.94 slugs/ft^3
Sea water		
weight density	10.0 kN/m^3	63.8 lb/ft^3
mass density	1020 kg/m^3	1.98 slugs/ft^3
Aluminum (structural alloys)		
weight density	28 kN/m^3	175 lb/ft^3
mass density	2800 kg/m^3	5.4 slugs/ft^3
Steel		
weight density	77.0 kN/m^3	490 lb/ft^3
mass density	7850 kg/m^3	15.2 slugs/ft^3
Reinforced concrete		
weight density	24 kN/m^3	150 lb/ft^3
mass density	2400 kg/m^3	4.7 slugs/ft^3
Atmospheric pressure (sea level)		
Recommended value	101 kPa	14.7 psi
Standard international value	101.325 kPa	14.6959 psi
Acceleration of gravity (sea level, approx. 45° latitude)		
Recommended value	9.81 m/s^2	32.2 ft/s^2
Standard international value	9.80665 m/s^2	32.1740 ft/s^2

SI PREFIXES

Prefix	Symbol	Multiplication factor
tera	T	10^{12} = 1 000 000 000 000
giga	G	10^{9} = 1 000 000 000
mega	M	10^{6} = 1 000 000
kilo	k	10^{3} = 1 000
hecto	h	10^{2} = 100
deka	da	10^{1} = 10
deci	d	10^{-1} = 0.1
centi	c	10^{-2} = 0.01
milli	m	10^{-3} = 0.001
micro	μ	10^{-6} = 0.000 001
nano	n	10^{-9} = 0.000 000 001
pico	p	10^{-12} = 0.000 000 000 001

Note: The use of the prefixes hecto, deka, deci, and centi is not recommended in SI.